U0826127

中国枣

种质资源

图书在版编目（CIP）数据

中国枣种质资源 / 刘孟军，汪民主编. —北京：中国林业出版社，2009.12
(中国林木种质资源丛书)
ISBN 978-7-5038-5742-3

I. 中… II. ①刘…②汪… III. 枣－种质资源－中国 IV. S665.102.4

中国版本图书馆CIP数据核字（2009）第218852号

出 版：中国林业出版社（100009 北京西城区刘海胡同7号）
网 址：www.cfph.com.cn
E-mail：cfphz@public.bta.net.cn 电话：83224477
发 行：新华书店北京发行所
印 刷：北京佳信达欣艺术印刷有限公司
版 次：2009年12月第一版
印 次：2009年12月第一次
开 本：210mm×285mm 1/16
印 张：32
字 数：900千字

定 价：260.00元

中国林木种质资源丛书
国家林业局国有林场和林木种苗工作总站 / 主持

中国枣种质资源

GERMPLASM RESOURCES OF
CHINESE JUJUBE

◆ 刘孟军 汪民 主编
Mengjun Liu and Min Wang
(Chief Editors)

中国林业出版社
China Forestry Publishing House

中国林木种质资源丛书

编委会

主　任　郝燕湘
副主任　刘　红　马志华
委　员　鲁新政　赵　兵　李世峰　丁明明

中国枣种质资源

编委会

主　编　刘孟军　（河北农业大学中国枣研究中心，国家北方山区农业工程技术研究中心　教授）

汪　民　（河北省林木种苗管理站　教授级高工）

副主编　刘　平　（河北农业大学中国枣研究中心　研究员）

王印肖　（河北省林木种苗管理站　教授级高工）

彭建营　（河北农业大学园艺学院　教授）

李登科　（山西省农业科学院果树研究所国家枣种质资源圃　研究员）

编　者　（按姓氏汉语拼音排序）

代　丽　（河北农业大学中国枣研究中心　副研究员）

董玉慧　（河北农业大学中国枣研究中心　博士）

孔德仓　（河北沧县金丝小枣良繁场　工程师）

李登科　（山西省农业科学院果树研究所国家枣种质资源圃　研究员）

李建增　（云南省农业科学院热区生态农业研究所　研究员）

刘孟军　（河北农业大学中国枣研究中心，国家北方山区农业工程技术研究中心　教授）

刘　平　（河北农业大学中国枣研究中心　研究员）

刘新云　（河北农业大学中国枣研究中心　高级农艺师）

彭建营　（河北农业大学园艺学院　教授）

祁业凤　（河北农业大学图书馆　馆员）

汪　民　（河北省林木种苗管理站　教授级高工）

王玖瑞　（河北农业大学林学院　教授）

王文江　（河北省山区研究所　研究员）

王印肖　（河北省林木种苗管理站　教授级高工）

王永康　（山西省农业科学院果树研究所国家枣种质资源圃　副研究员）

赵　锦　（河北农业大学生命科学学院　教授）

赵智慧　（河北农业大学中国枣研究中心　副研究员）

周广芳　（山东省果树研究所　研究员）

提供照片和资料人员　（按姓氏汉语拼音排序）

白瑞霞　曹　明　成思敏　褚新房　代　丽　董玉慧　杜彦敏　高福玲　郭振启　侯富华

贾斌英　贾春香　贾胜各　贾艳丽　孔德仓　卢宝明　卢艳清　李登科　李国松　李海山

李建增　李庆国　李素荣　李宪松　刘嘉宾　刘金亮　刘孟军　刘　平　刘廷俊　刘新云

刘志国　路　芳　吕瑞江　潘青华　彭　博　彭建营　彭艳芳　祁业凤　隋串玲　汪　民

王洪旗　王玖瑞　王丽娟　王　娜　王文江　王学军　王　尧　王印肖　王永康　王振亮

吴改娥　吴国林　武媛林　武晓红　解孝满　徐秀琴　薛治慧　闫　超　闫　梅　杨　雷

张朝红　张超英　张连增　赵爱玲　赵　锦　赵　庆　赵旭生　赵智慧　周广芳　周全良

A. Blumenfeld　B. Nasri-Ayachi　C. Sudhersan　D. A. Osborn　O. P. Awarthi

序一 PREFACE

林木种质资源是林木遗传多样性的载体，是生物多样性的重要组成部分，是开展林木育种的基础材料。有了种类繁多、各具特色的林木种质资源，就可以不断地选育出满足经济社会发展多元化需求的林木良种和新品种，对于发展现代林业，提高我国森林生态系统的稳定性和森林的生产力，都有着不可估量的积极作用。切实搞好林木种质资源的调查、保护和利用是我国林业一项十分紧迫的任务。

我国幅员辽阔，地形复杂多样，造就了自然条件的多样性，使得各种不同生态要求的树种以及不同历史背景的外来树种都能各得其所，生长繁育。据统计，中国木本植物大约有 9000 多种，其中乔木树种约 2000 多种，灌木树种约 6000 多种，乔木树种中优良用材树种和特用经济树种达 1000 多种，另外还有引种成功的国外优良树种 100 多种，这些丰富的树种资源为我国林业生产发展提供了巨大的物质基础和育种材料，保护好如此丰富的林木种质资源是各级林业部门的历史使命，更是林木种苗管理部门义不容辞的责任。

国家林业局国有林场和林木种苗工作总站组织编撰的“中国林木种质资源丛书”是贯彻落实《中华人民共和国种子法》和《林木种质资源管理办法》的重大举措。“中国林木种质资源丛书”的出版集中展现了我国在林木种质资源调查、保护和利用方面的研究成果，同时也是对多年来我国林业科技工作者辛勤劳动的充分肯定，更重要的是为林木育种工作者和广大林农提供了一部实用的参考书。

“中国林木种质资源丛书”是以树种为基本编写单元，一本书介绍一个树种，这些树种都是多年来各省在林木种质资源调查中了解比较全面的树种，其中有调查中发现天然分布的优良群体和类型，也有性状独特、表现优异的单株，更多的是通过人工选育出的优良家系、无性系和品种。特别是书中介绍的林木良种都是

依据国家标准《林木良种审定规范》的要求，由国家林业局林木品种审定委员会或各省林木品种审定委员会审定的，在适生区域内产量和质量以及其他主要性状方面具有明显的优势，是具有良好生产价值的繁殖材料和种植材料。

“中国林木种质资源丛书”有以下五个特点：一是详细介绍了每类种质资源的自然分布区域、生物学特性和生态学特性、主要经济性状和适生区域，为确定该树种的推广范围和正确选择造林地提供了可靠的依据；二是介绍的优良类型多、品种全，多数优良类型和单株都有具体的地理位置以及详细的形态描述，为林木育种工作者搜集育种材料大开方便之门；三是详细介绍了这些优良种质资源的特性、区域试验情况和主要栽培技术要点，对于生产者正确选择品种和科学培育苗木有着很强的指导作用；四是严格按照种子区划和适地适树原则，对每个类型的林木种质资源都规定了适宜的种植范围，避免因盲目推广给林业生产带来不必要的损失；五是图文并茂，阐述通俗易懂，特别是那些优良单株优美的树形和形状奇异的果实，令人赏心悦目，可大大提高读者的阅读兴趣，是一部集学术性、科普性和实用性于一体的专著，对从事林木种质资源管理、研究和利用的工作者都具有很好的参考价值。

2008年8月18日

序二 PREFACE

枣树是我国原产果树中的一朵奇葩，是栽培历史最为悠久的果树之一，具有抗旱、耐瘠薄、耐盐碱、早花早果、经济寿命长、营养丰富、用途广泛以及适于长期间作等突出特点。枣树种质资源非常丰富，开展枣树种质资源研究意义重大。

河北农业大学中国枣研究中心是枣树科学研究的核心基地，建国60年来，在枣种质资源研究方面做了大量的基础性工作。早在20世纪50年代至80年代末，该中心老一辈的枣树专家曲泽洲和王永蕙教授等就组织开展了全国性的枣树资源普查，并对枣树的栽培历史、起源演化、生物学特性以及细胞学、孢粉学、同工酶等方面进行了系统研究，主编出版的《中国果树志·枣卷》全面展示了截至20世纪80年代末有关枣种质资源研究的成果。

进入20世纪90年代以后，我国的枣树产业进入了快速发展期。近20年来，河北农业大学中国枣研究中心、河北省林木种苗管理站和山西省农业科学院果树研究所国家枣种质资源圃等单位，在枣及其近缘种酸枣和毛叶枣珍稀优异种质的深入调查与收集、种质资源的系统评价与创新、新品种引种与选育、种质资源描述规范与数据标准、枣属植物分类和学名考证、品种间亲缘关系分析、核心种质构建以及种质资源信息平台建设等方面又做了大量开拓性的研究工作，并取得一大批创新成果。

河北农业大学中国枣研究中心刘孟军教授等组织的团队，在《中国果树志·枣卷》基础上，依托近20年的自主研究成果，编写完成了《中国枣种质资源》一书，可喜可贺！该书全面反映了国内外枣种质资源研究的历史成就和最新进展，是在《中国果树志·枣卷》基础上的新发展，是枣种质资源研究方面的又一代表性著作，其出版发行将是从事枣研究工作者的重要参考书，并对推动枣种质资源的深入研究与科学利用产生重要而深远的影响。

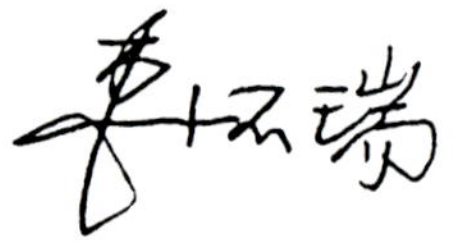

中国工程院院士　山东农业大学教授

2009年7月

序三 PREFACE

种质资源是果树产业可持续发展的保障。枣树原产我国，栽培历史悠久，早在7000多年以前，我国的先民就已经开始采摘和利用枣树的果实。到2000多年前的汉朝，枣树已遍及大江南北，成为我国重要的栽培果树。目前，枣树已发展成为我国第一大干果树种，面积达150多万公顷，产量300多万吨，位居世界首位。在长期的进化和人工选择过程中，各地形成了非常丰富的枣树种质资源。深入发掘和利用枣树中蕴涵的抗旱、耐瘠薄、耐盐碱、高营养和早花早果等优异资源，对促进枣产业的持续健康发展具有十分重要的意义。

河北农业大学中国枣研究中心老一辈科学家曲泽洲、王永蕙教授主编的《中国果树志·枣卷》，曾对我国地方枣树品种资源进行过系统的整理，收录了全国各地的700个枣品种和30个酸枣类型，为推动我国枣种质资源的科学开发利用发挥了重要作用。近20年来，河北农业大学等单位的一批科技人员在枣种质资源研究方面又做了大量工作，发掘了一批新的优异种质，审定（认定）、鉴定了100多个新品种；在枣属植物分类、种质资源评价与创新、枣品种亲缘关系分析与核心种质构建，以及枣近缘种酸枣和毛叶枣优异种质调查和遗传多样性评价等方面开展了大量的基础性研究，取得显著成绩。在这一背景下，由河北农业大学中国枣研究中心刘孟军教授等主持编写的《中国枣种质资源》一书在《中国果树志·枣卷》基础上，汇集了近20年国内外枣种质资源的最新研究成果。其中新增的资料中，许多是源自作者的研究，有些是首次发表。该书含有许多珍贵的彩色图片，并为目录和所有图表提供了英文对照。该书的出版对促进枣树种质资源的保护与利用以及产业可持续发展均具有重要价值。

中国工程院院士　华中农业大学教授

2009年7月

前言
FOREWORD

枣树是原产我国的特色优势果树。2006 年，全国枣树栽培面积达到 150 万 hm^2，枣果产量达到 305 万 t，在干果中居于首位，在所有果树中面积排第 3 位、产量居第 7 位。枣产业在农业产业结构调整、山沙碱旱荒地治理、退耕还林、出口创汇和农民增收中发挥着越来越重要的作用。

种质资源是枣树生产和科研的物质基础，种质资源研究对于枣树的育种、栽培和加工利用等具有基础性和关键性的支撑作用。我国对枣树的栽培、利用至少已有 7000 多年的历史。在古代，枣与桃、杏、李、栗一起并称为我国北方最重要的“五果”。在漫长的自然演进和人为选择过程中，在全国各地形成了非常丰富的枣树种质资源。很久以前，我国就开展了枣种质资源的调查和整理工作。早在成书于公元前 600 年（周朝）的《尔雅》中就记载了 11 个枣树品种，公元 1300 年（元朝）柳贯所著《打枣谱》一书收集的枣品种已达 73 个，到 1720 年（清朝）吴其濬所著《植物名实图考》中记述的枣品种达到了 87 个，但真正有组织的全国范围枣种质资源调查是在 1949 年新中国成立以后。在全国枣种质资源普查基础上，河北农业大学曲泽洲、王永蕙教授主编出版了《中国果树志・枣卷》（1993），该书详细介绍了截至 20 世纪 80 年代末全国已知的 700 个枣品种和 30 个酸枣类型。

20 世纪 90 年代以来，我国科技工作者在枣种质资源研究方面又做了大量开拓性的工作，尤其在枣珍稀濒危种质资源的深入调查与收集保存、种质资源的系统评价与创新、新品种选育和利用、种质资源描述规范和数据标准、分类和学名考证、品种演进路线和亲缘关系分析、核心种质构建、种质资源信息平台建设和国际登录以及枣的主要近缘种——酸枣和毛叶枣的优异种质调查、评价与新品种开发等方面取得了长足进展。与此同时，我国枣产业发展迅猛，生产和科研上对枣优良品种和优异种质资源的需求日益迫切。《中国枣种质资源》一书正是在这样一种背景下应运而生，旨在系统总结近 20 年来我国枣种质资源研究取得的最新成果，全面展示我国枣树及其近缘种的种质资源尤其是新发现、新培育和新创造的种质资源，以期更好地指导今后的枣树育种和生产实践。

《中国枣种质资源》一书分为上、下两篇，上篇为总论，包括 6 章，分别对枣产业发展及枣种质资源研究历史与现状，枣种质资源研究的主要内容和方法，枣树的起源演化与栽培历史，枣属植物的种质资源及其分类，枣种质资源的调查、收集、保存与信息平台建设，枣种质资源的评价、创新与利用进行了系统阐述；下篇包括 2 章，分别对我国主要的枣树种质资源，枣树近缘种酸枣和毛叶枣的优异种质资源等进行了介绍。为了便于国内外学术交流与科技合作，本书还对目录及正文中所有的图表全部实行了中英文对照，并附录了全国枣种质资源信息一览表、全国各地枣种质资源圃保存的品种名录、枣树品种现场检测技术规范以及枣、酸枣、毛叶枣品种（类型）的中文名和拉丁名检索表等。此外，本书还在正文前安排了反映我国古枣树资源、枣树生长环境、枣的国外传播、各类枣产品以及其他枣属植物等的彩色照片 36 张。

为充分展示我国枣种质资源的全貌又有别于《中国果树志・枣卷》，本书采取了详述重点和新种质与简介一般种质相结合的方法。一方面，分 4 个部分，即传统主栽和地方名特优品种、新审（认）定品种、新鉴定品种、近年来新报道尚未鉴定和审定的种质资源，对 325 个具重要开发价值或利用潜力的优异种质进行了详细介绍，内容包括选育单位或个人、品种来源或原产地、地理分布、品种特性（经济学和植物学性状）、综合评价和适宜种植范围等，其中大多数配有 1～3 张有关果实形态、结果状和树形的彩色图片；另一方面，以附录的形式对迄今已知的 944 个枣品种（优系）逐一进行了简介。同时，单列一章（第八章）介绍了我国枣主要近缘种——酸枣和毛叶枣的优良品种和类型。本书编委会对截至2009年6月已知的枣、酸枣和毛叶枣的种质资源及其名称进行了收集和整理，对同物异名和同名异物进行了甄别、归并和重新命名，统一以《中国果树志·枣卷》上采用的品种名称为正名，其余的以审（认）定、鉴定和首次正式报道的名称为正名，正名以外的名称全部作为别名予以保留，以便交流。全书共收录枣树及其近缘种酸枣和毛叶枣的种质资源1033个，除《中国果树志·枣卷》记载过的700个枣品种和30个酸枣类型外，新收录枣品种和优系244个（包括近20年来审定和认定的新品种67个、鉴定的新品种21个、新报道或发现的地方品种和优系93个，河北省2006～2008年林木种质资源普查中新发现的优系63个），酸枣品种和类型35个、毛叶枣品种24个；全书配设彩色照片628张、黑白照片18张、墨线图35幅，表格75个；利用国家枣资源圃连续多年的观测结果和各地枣品种审（认）定的最新数据，对《中国果树志·枣卷》记载过的126个枣品种进行了数据补充和更新。

全书8章中，有5章（第二、四、五、六、八章）的内容在《中国果树志·枣卷》中没有涉及或涉及很少，其他3章中也有相当一部分内容是新增的。本书中新增的资料绝大多数源自作者及其研究生的研究成果，其中不少数据资料和照片都是首次发表，如2006～2008年河北省林木种质资源普查结果以及河北农业大学中国枣研究中心有关酸枣的遗传多样性和优良类型、枣果实功能成分含量和抗性多样性评价、枣和酸枣的倍性种质创新、枣属主要种的名称考证、枣栽培历史的5个阶段划分、国外枣属植物资源、世界和我国枣属植物的分布、全国主要枣资源圃品种名录等方面的最新研究结果。

《中国枣种质资源》一书是在国家林木种质资源保护专项经费资助和国家林业局国有林场和林木种苗工作总站主持下，由河北农业大学中国枣研究中心、河北省林木种苗管理站、山西省农业科学院果树研究所国家枣种质资源圃等全国从事枣种质资源研究的一线中青年专家和管理人员，以20多年的自主研究成果积累为主体，参考国内外有关资料编写而成。本书由刘孟军和汪民担任主编，负责全书的整体设计和组织协调。第一章由刘孟军主笔，第二章由彭建营、李登科和刘孟军主笔，第三章、第四章由刘孟军和彭建营主笔，第五章由刘平、王永康主笔，第六章由刘平、刘孟军和彭建营主笔，第七章由刘平、王印肖、李登科、王永康主笔，第八章由刘平和李建增主笔，附录部分由刘平、祁业凤、李登科和王永康主笔。枣属植物种的形态特征墨线图由贾春香绘制。在资料收集、整理过程中，刘孟军、汪民、刘平、王印肖、彭建营、李登科、王永康、祁业凤、孔德仓、董玉慧、周广芳等做了大量工作，特别是刘平、王永康、祁业凤协助主编完成了繁重的基础性和后期整理工作。国内外75名专家学者、研究生和相关管理人员为本书提供了第一手照片和研究成果等。

本书旨在全面、准确地反映国内外枣种质资源研究的历史成就和最新进展。在编写过程中，力求内容系统全面、资料新颖翔实、图文并茂、论述简明、分析准确，以期为进一步开展枣种质资源研究和育种提供有益的借鉴和指导，为国内外从事枣树科研、教学、生产和经营管理等工作的相关单位和人员提供有价值的参考，为枣产业的可持续健康发展提供基础支撑。但限于时间和水平，不妥之处在所难免，敬请同行和读者批评指正。

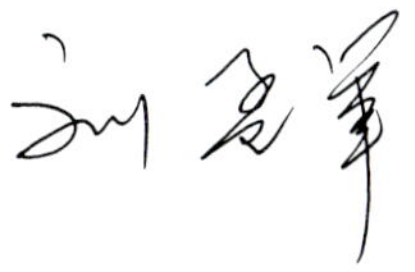

2009年7月

目录

CONTENTS

PART Ⅱ MAIN GERMPLASM RESOURCES

上篇　总论

枣树（*Ziziphus jujuba* Mill.）是我国独具特色优势的重要果树。目前，全国枣树栽培面积已达 150 万 hm^2，枣果年产量 300 万 t 以上，占世界的 99% 以上，成为我国第一大干果树种。枣树以其特产我国、抗旱耐瘠、早果速丰、营养丰富、用途广泛等优点，在促进农民增收和改善生态环境方面居十分重要的地位。

枣树原产黄河中下游地区，是我国先民从野生酸枣（*Ziziphus acidojujuba* C.Y.Cheng et M.J.Liu）中择优培育而来。其栽培利用历史可追溯到 7000 多年前的新石器时代，早在 2500 年前的战国时期枣已成为重要的果品和常用中药，与桃、杏、李、栗一起并称为古代"五果"。在长期的自然演进和人工选择过程中，形成了非常丰富的枣树种质资源，迄今已经发现和记载的枣树品种和优良类型近 1000 个。

枣树在植物分类学上隶属于鼠李科（Rhamnacace）枣属（*Ziziphus* Mill.）。在世界主要栽培果树中，枣与葡萄最为近缘，同属于鼠李目（Rhamnale）。在已知的 170 多种枣属植物中，枣树是分布范围最广、栽培数量最多、经济价值最高的一个栽培种，并以其在植物界罕见的结果枝自然脱落习性区别于绝大多数其他枣属植物。

本书分为上、下两篇。本篇包括 6 章，分别对枣产业发展及枣种质资源研究历史与现状，枣种质资源研究的主要内容和方法，枣树的起源演化与栽培历史，枣属植物种质资源及其分类，枣种质资源的调查、收集、保存与信息平台建设，枣种质资源的评价、创新与利用进行了系统阐述。

图 0-1　长红枣古树（山东，庆云）
Figure 0-1　Old tree of ‘Changhong’ (Qingyun, Shandong)

图 0-4　金丝小枣古树（河北，沧县）
Figure 0-4　Old tree of ‘Jinsixiaozao’ (Cangxian, Hebei)

图 0-2　木枣古树（陕西，佳县）
Figure 0-2　Old tree of ‘Muzao’ (Jiaxian, Shaanxi)

图 0-5　灰枣古树（河南，新郑）
Figure 0-5　Old tree of ‘Huizao’ (Xinzheng, Henan)

图 0-6　赞皇大枣古树(河北,赞皇)
Figure 0-6　Old tree of ‘Zanhuangdazao’ (Zanhuang,Hebei)

图 0-3　绵枣古树（河北，沧县）
Figure 0-3　Old tree of ‘Mianzao’ (Cangxian, Hebei)

图 0-7　山地枣园
Figure 0-7　Upland Chinese jujube orchard

图 0-8　平原枣园

Figure 0-8　Flat Chinese jujube orchard

图 0-12　枣麦间作园

Figure 0-12　Chinese jujube orchard intercropped with wheat

图 0-9　设施枣园

Figure 0-9　Protected Chinese jujube orchard

图 0-10　黄土高原枣园

Figure 0-10　Loess altiplano Chinese jujube orchard

图 0-11　原始枣园

Figure 0-11　Aboriginal Chinese jujube orchard

图 0-13　枣在以色列

Figure 0-13　Chinese jujube in Israel

图 0-14　枣在斯洛文尼亚

Figure 0-14　Chinese jujube in Slovenia

图 0-16　枣在韩国

Figure 0-16　Chinese jujube in South Korea

图 0-17　枣在突尼斯

Figure 0-17　Chinese jujube in Tunisia

图 0-15　枣在保加利亚

Figure 0-15　Chinese jujube in Bulgaria

图 0-18　枣在美国

Figure 0-18　Chinese jujube in USA

图 0-19　我国部分枣产品

Figure 0-19　Chinese jujube products in China

图 0-22　韩国的枣产品

Figure 0-22　Chinese jujube products from South Korea

图 0-20　枣装饰品

Figure 0-20　Chinese jujube ornamental products

图 0-23　枣木农具

Figure 0-23　Farming tools made from Chinese jujube wood

图 0-21　宴会上的枣

Figure 0-21　Chinese jujube at banquet

图 0-24　枣木雕刻工艺品

Figure 0-24　Carving product of Chinese jujube wood

图 0-25　酸枣

Figure 0-25　*Z. acidojujuba* C. Y. Cheng et M.J.Liu

图 0-28　毛叶枣

Figure 0-28　*Z. mautitiana* Lam.

图 0-26　毛叶枣

Figure 0-26　*Z. mautitiana* Lam.

图 0-29　荷叶枣

Figure 0-29　*Z. lotus* Lam.

图 0-27　圆叶枣

Figure 0-27　*Z. rotundifolia* Roth

图 0-30　圣冠枣

Figure 0-30　*Z. spina-christi* Willd.

图 0-31　河北农业大学中国枣研究中心（河北，保定）
Figure 0-31　Research Center of Chinese Jujube, Agricultural University of Hebei (Baoding, Hebei)

图 0-32　河北省沧县红枣良种基因库
Figure 0-32　Jujube Germplasm Repository of Cangxian, Hebei

图 0-33　好想你枣业股份有限公司枣标本室
Figure 0-33　Chinese Jujube Specimen Room, Haoxiangni Jujube Co. Lmt.

图 0-34　国家枣种质资源圃（山西，太谷）
Figure 0-34　National Chinese Jujube Germplasm Repository (Taigu, Shanxi)

图 0-35　河北省农林科学院石家庄果树研究所枣资源圃
Figure 0-35　Jujube Germplasm Repository of Shijiazhuang Pomology Institute, Hebei Academy of Agricultural and Forestry Sciences

图 0-36　毛叶枣资源圃（云南，元谋）
Figure 0-36　Germplasm Repository of Ber (Yuanmou,Yunnan)

图 6-1　主干皮裂方式（董玉慧，2008）
Figure 6-1　Trunk craking habits（Dong,2008）

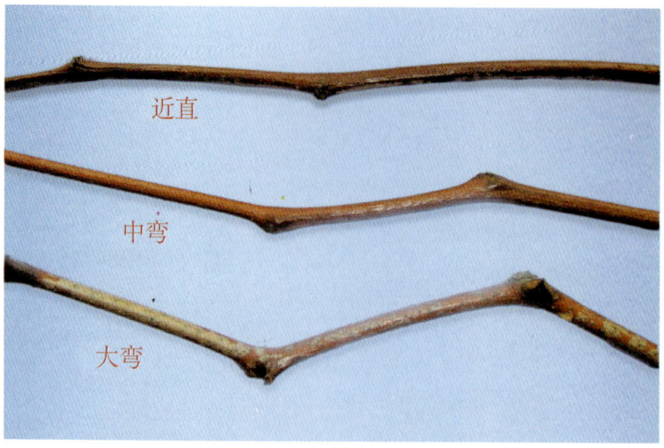

图 6-2　二次枝弯曲度（董玉慧，2008）
Figure 6-2　Bending degrees of secondary shoots（Dong,2008）

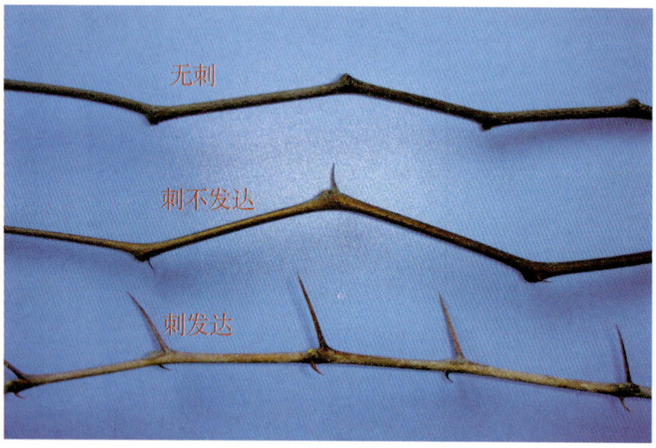

图 6-3　针刺（董玉慧，2008）
Figure 6-3　Thorn（Dong,2008）

图 6-4　叶片形状（董玉慧，2008）
Figure 6-4　Leaf shape（Dong,2008）

图 6-5　果实形状（董玉慧，2008）
Figure 6-5　Fruit shape（Dong,2008）

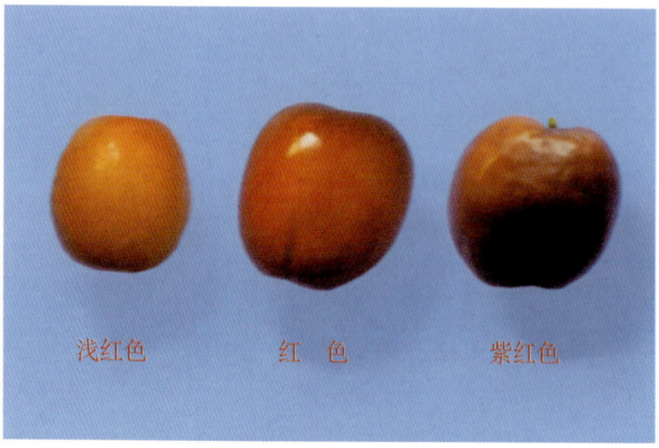

图 6-6　果实颜色（董玉慧，2008）
Figure 6-6　Fruit color（Dong,2008）

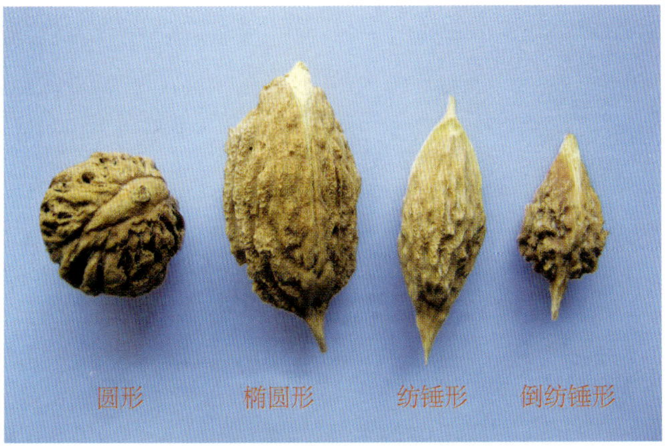

图 6-7　核形（董玉慧，2008）

Figure 6-7　Stone shape（Dong,2008）

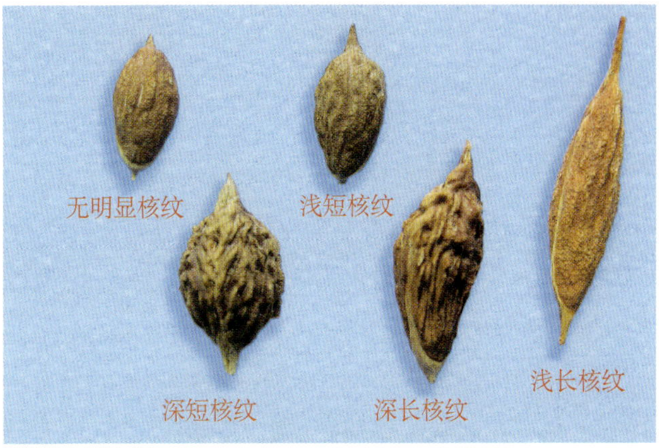

图 6-8　核纹（董玉慧，2008）

Figure 6-8　Stone wrinkle（Dong,2008）

1

2

图 6-9　雄性不育 1 号的花药（王玖瑞，2004）

Figure 6-9　Anther of male-sterile germplasm JMS1 (Wang,2004)

1. 正常品种的花药 Normal anther；

2. JMS1 的花药 Anther of JMS1

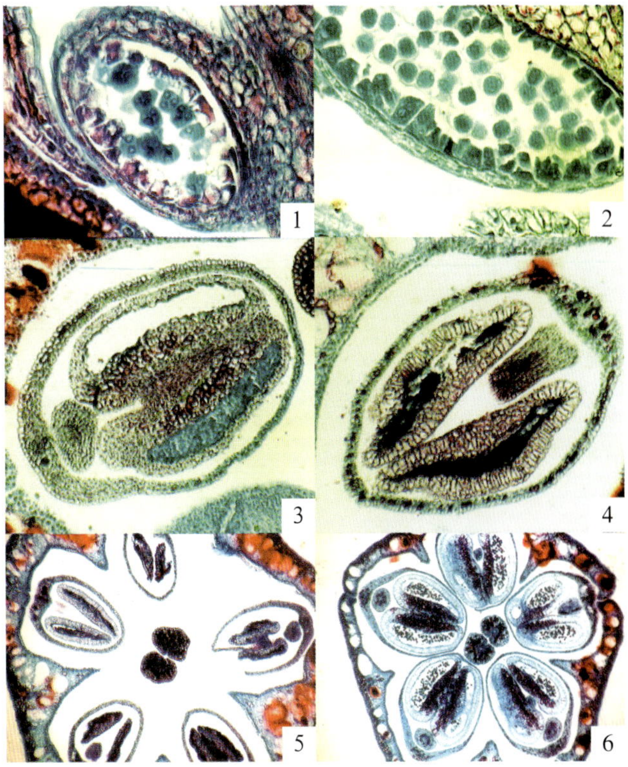

图 6-10　雄性不育 1 号（JMS1）花粉发育的解剖学结构（王玖瑞，2004）

Figure 6-10　Anatomical structure of pollen development of male-sterile 1 in Chinese jujube（JMS1）(Wang，2004)

1.JMS1 四分体（×400）Tetrads of JMS1（×400）；2.JMS1 小孢子（×100）Microspore of JMS1（×100）；3.JMS1 花药部分空囊（×100）JMS1 anther with one empty pollen sac（×100）；4.JMS1 黄蕾（×100）Cross section of JMS1 yellow bud（×100）；5.JMS1 黄蕾（×40）Cross section of JMS1 yellow bud（×40）；6. 雄性可育品种湖南鸡蛋枣的黄蕾（×40）Cross section of ‘Hunanjidanzao’（normal cultivar）yellow bud（×40）

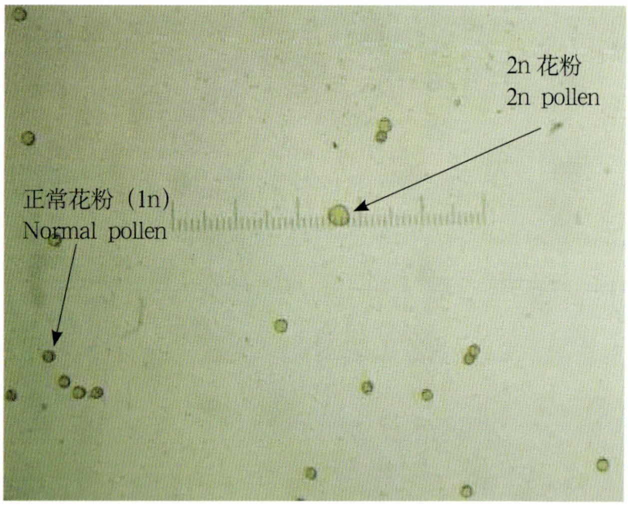

图 6-11　枣正常花粉（1n）和 2n 花粉的比较（100×）（彭博，2008）

Figure 6-11　Comparison between normal pollen（1n）and 2n pollen（100×）（Peng, 2008）

图 6-16　自花不实异花可实的品种（闫超，2008）

Figure 6-16　Self-fruitless cultivar（Yan,2008）

左枝（Left branch）：自然授粉 Natural pollination

右枝（Right branch）：自花授粉 Self-pollination

A　B　C

图 6-17　枣缩果病症状类型

Figure 6-17　Types of fruit shrinking symptoms in Chinese jujube

A. 临猗梨枣 'Linyilizao'；B. 骏枣 'Junzao'；C. 婆枣 'Pozao'

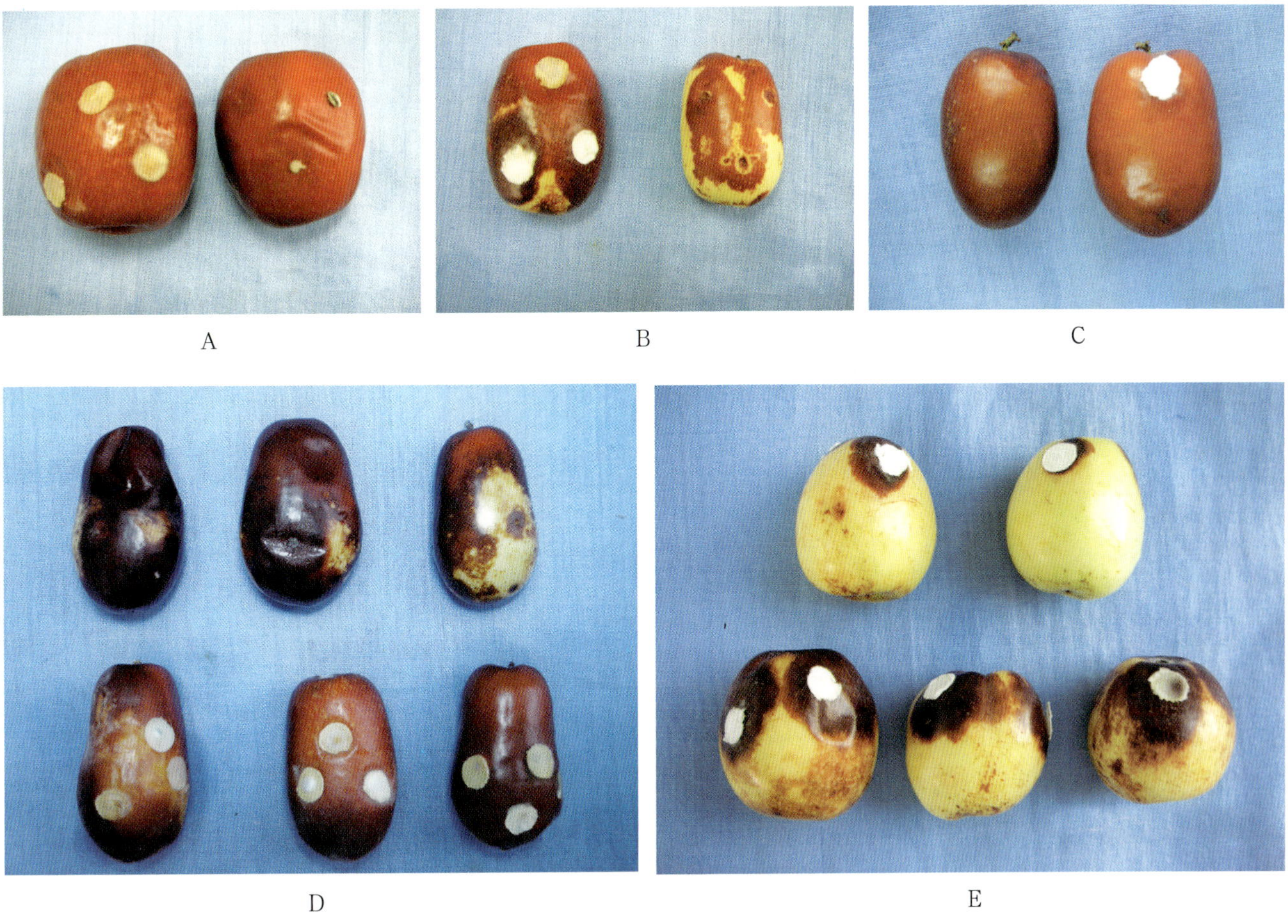

图 6-18　不同品种果实室内接种缩果病病原的表现

Figure 6-18　Performance of fruits of different cultivars after indoor inoculation of fruit shrink disease

A. 苹果枣 'Pingguozao'；B. 中阳木枣 'Zhongyangmuzao'；C. 辣椒枣 'Lajiaozao'；D. 躺枣 'Tangzao'；E. 临猗梨枣 'Linyilizao'

图 6-19　枣的不同裂果方式（卢艳清，2008）

Figure 6-19　Cracking types of Chinese jujube fruit（Lu,2008）

A. 纵裂 Vertical cracking；B. 环裂 Horinzontal cracking；C. 纵裂 + 环裂 Vertical and horinzontal cracking；D. 不规则裂 Irregular cracking

0　　I　　II　　III　　IV　　V

图6-20　田间不同裂果级别枣果的典型图片（卢艳清，2008）

Figure 6-20　Typical photo for different fruit cracking degrees in field（Lu,2008）

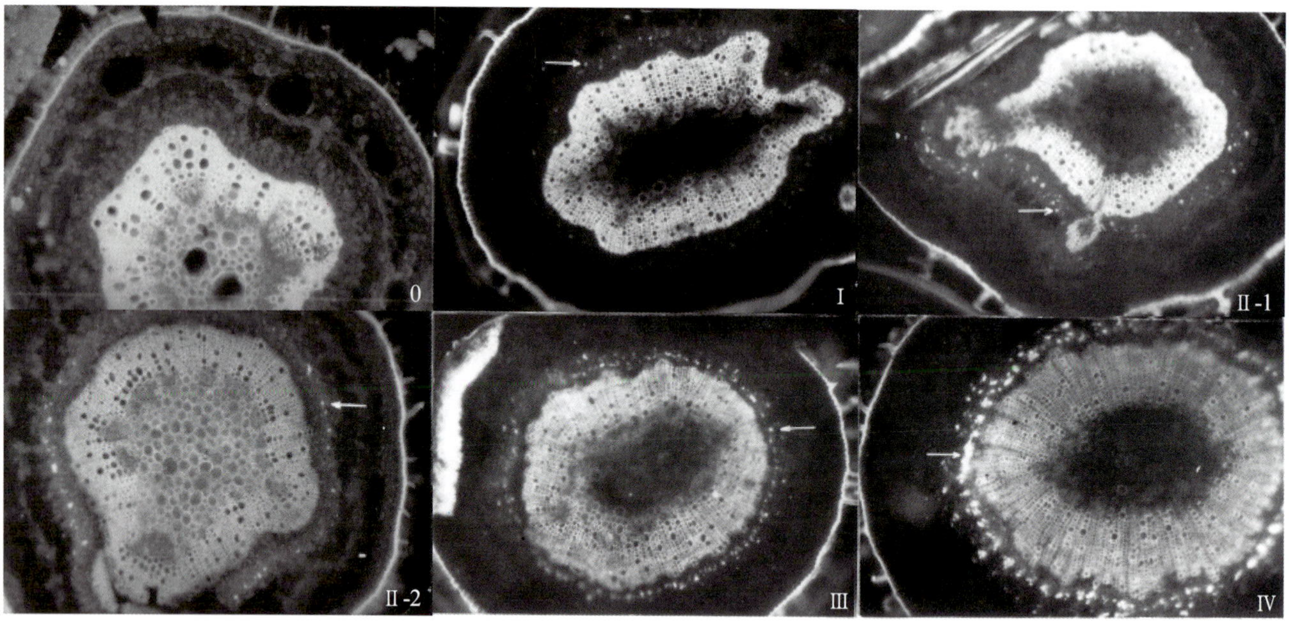

图 6-21　枣疯病病原浓度组织显微水平分级（枣吊）（刘孟军，2006）

Figure 6-21　Grading of phytoplasma density in diseased bearing shoot under fluorescence microscope（Liu, 2006）

I　　II　　III　　IV　　V

图 6-22　枝条水平上枣疯病病情的分级（刘孟军，2006）

Figure 6-22　Apparent symptom grading of witches’ broom disease at shoot level（Liu,2006）

I　　II　　III

IV　　V

图 6-23　植株水平上枣疯病病情的分级（病叶在冬季未正常落叶）（刘孟军，2006）

Figure 6-23　Grading of witches’ broom disease at tree level（diseased leaves not fall in winter）（Liu,2006）

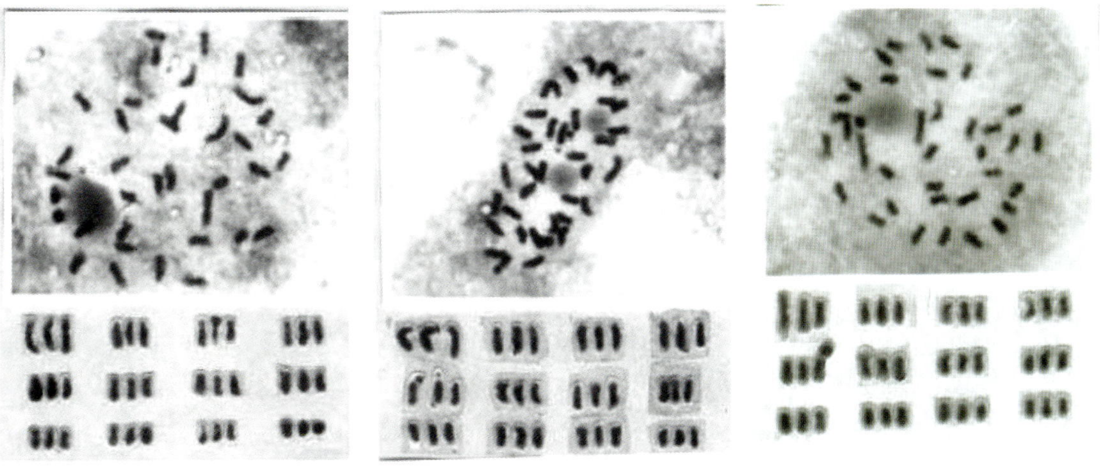

2n=3x=15m+21sm　　2n=3x=21m（2SAT）+15sm　　2n=3x=21m（1SAT）+15sm

图 6-24　赞皇大枣不同类型的核型分析结果（彭建营等，2005）

Figure 6-24　Karyotypes of different type of ‘Zanhuangdazao’（Peng *et al.*, 2005）

图 6-25　薛城冬枣自然实生后代果实的多样性（2008-10-01）

Figure 6-25　Fruit diversity of the progenies from natural-pollinated 'Xuechengdongzao'（Sampled on October 1, 2008）

图 6-26　枣树控制杂交

Figure 6-26　Controlled hybridization of Chinese jujube

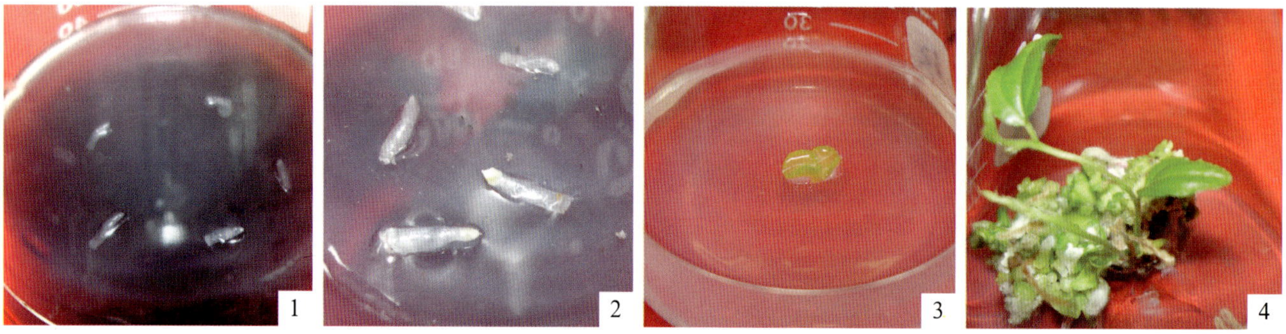

图 6-27　极早期幼胚培养成苗过程（张曼，2007）

Figure 6-27　Culture process of very young embryo（Zhang,2007）

1. 幼胚接种 Inoculation；2. 幼嫩的子叶 Young cotyledon；3. 转入出苗培养基的子叶 Cotyledon regeneration；4. 成苗 Plantlet

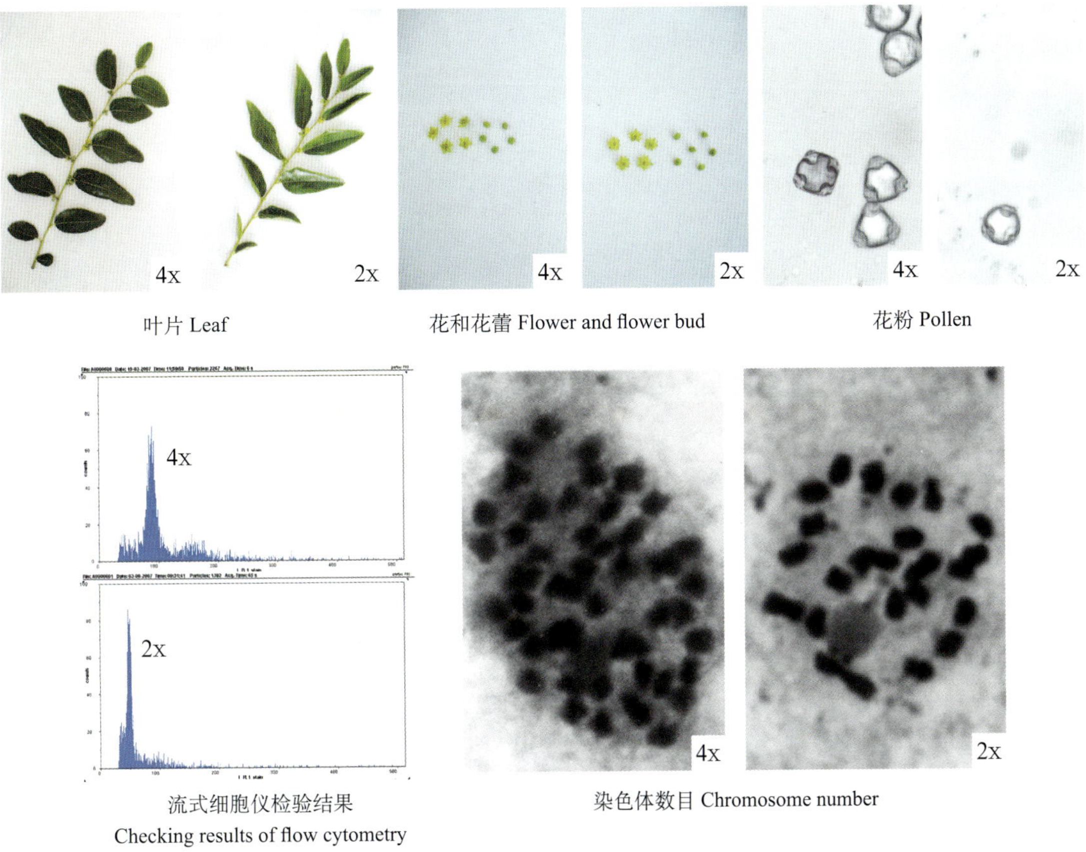

图 6-28　冬枣四倍体和二倍体的比较

Figure 6-28　Comparison between tetraploidy and diploidy　‘Dongzao’

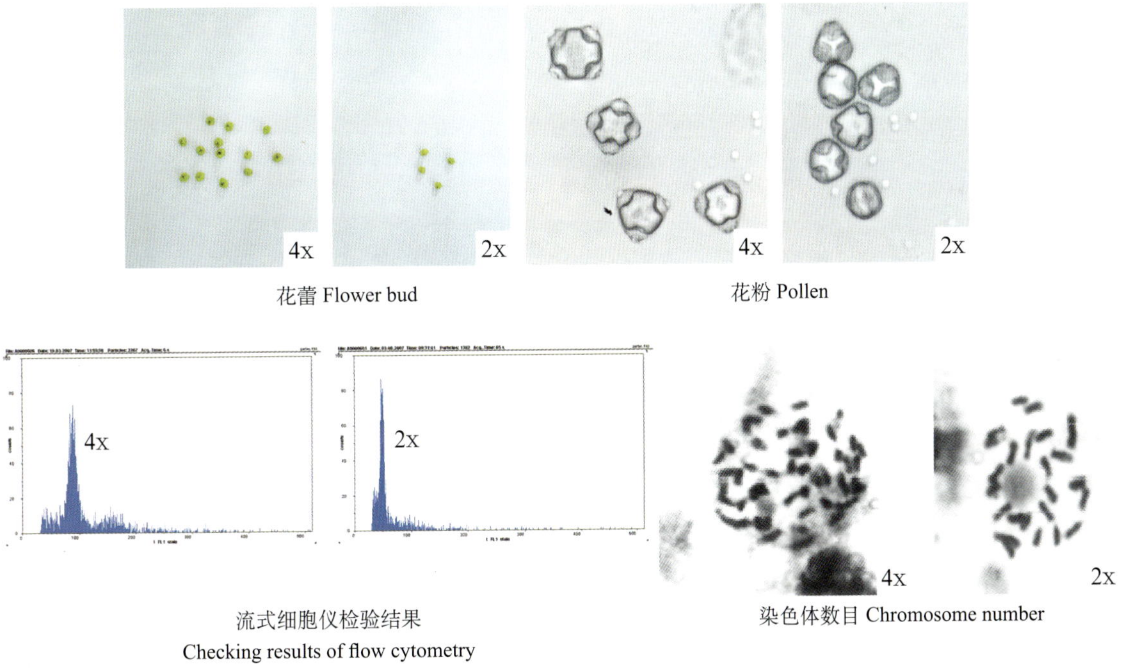

图 6-29　临猗梨枣四倍体和二倍体的比较

Figure 6-29　Comparison between tetraploidy and diploidy　‘Linyilizao’

叶片 Leaf

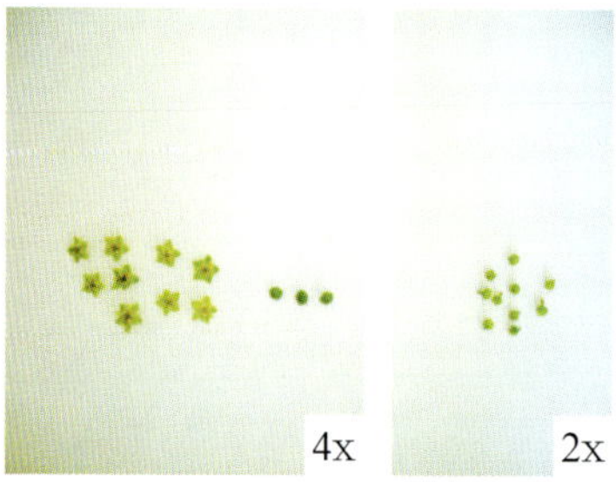

花和花蕾 Flower and flower bud

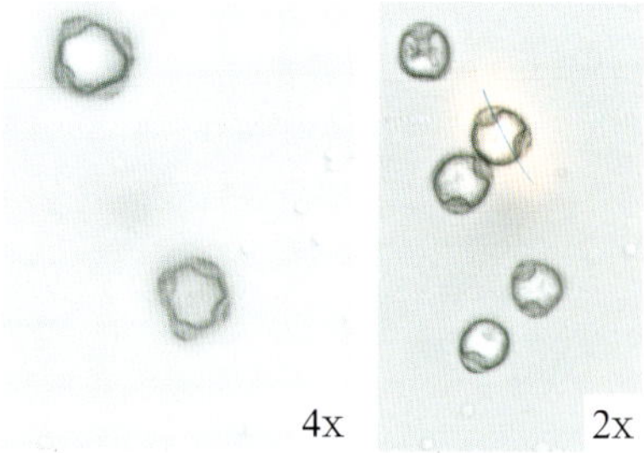

花粉Pollen

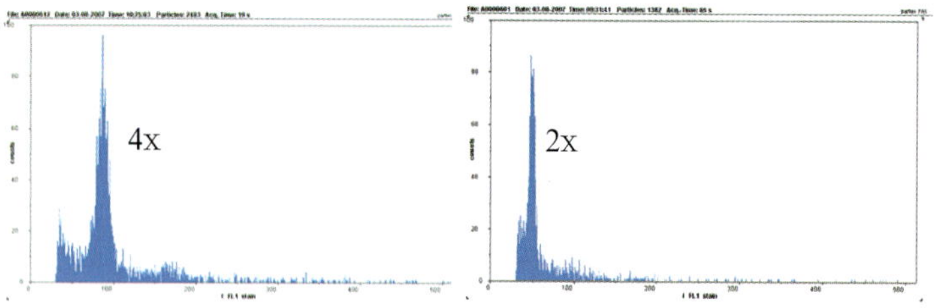

流式细胞仪检验结果
Checking results of flow cytometry

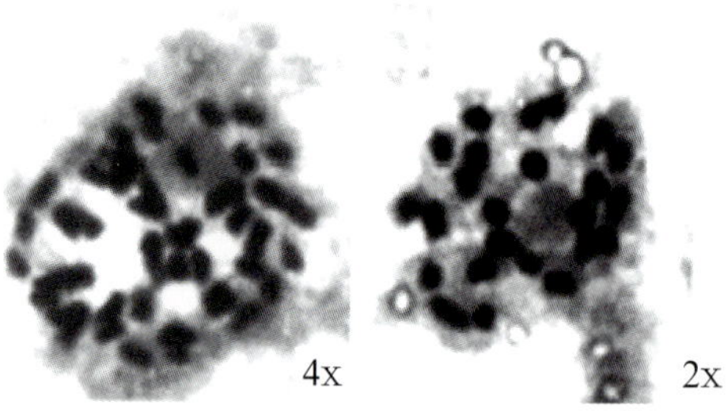

染色体数目 Chromosome number

图 6-30　辣椒枣四倍体和二倍体的比较
Figure 6-30　Comparison between tetraploidy and diploidy ‘Lajiaozao’

组培苗 Tissue culture plantlets

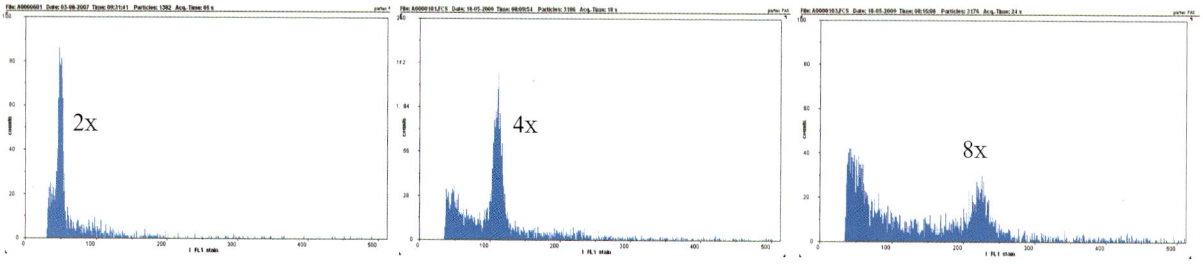

流式细胞仪检验结果 Checking results of flow cytometry

图 6-31　不同倍性酸枣的比较
Figure 6-31　Comparison among different ploidy sour jujube

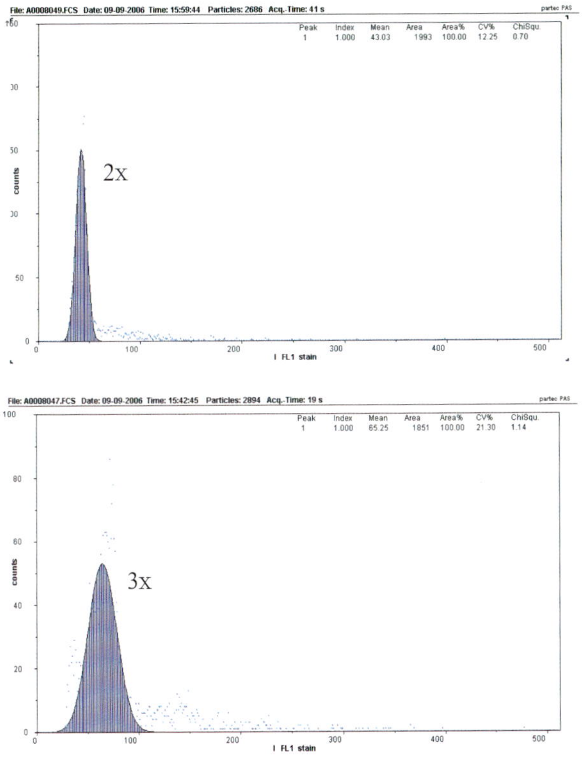

流式细胞仪检验结果

Checking results of flow cytometry

组培苗 Tissue culture plantlets

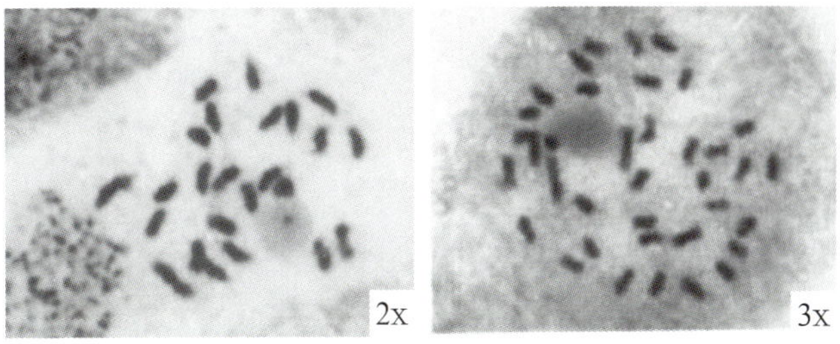

染色体数目 Chromosome number

图 6-32　不同倍性赞皇大枣的比较（武晓红，2008）

Figure 6-32　Comparison between different ploidy ‘Zanhuangdazao’（Wu,2008）

图 6-33　不同倍性临猗梨枣的结果状

Figure 6-33　Bearing status of different ploidy ‘Linyilizao’

左 Left，临猗梨枣二倍体 Diploidy ‘Linyilizao’；右，Right 临猗梨枣四倍体 Tetraploidy ‘Linyilizao’

第一章 概论

枣树（*Ziziphus jujuba* Mill.）原产我国黄河中下游，已有 7 000 多年栽培利用历史，枣与桃、杏、李、栗一起被列为我国古代最重要的“五果”。几千年来，枣树以其抗逆性强、早果速丰、管理容易、营养丰富、用途广泛以及可兼顾经济和生态效益等诸多优点，一直昌盛不衰。目前，枣树是我国第一大干果树种和发展最快的经济林树种之一，已成为山、沙、碱、旱贫困地区 2 000 多万农民的主要经济来源和地方政府破解经济与生态协调发展难题的重要抓手。

第一节　枣树的特点和重要价值

一、枣树的主要特点和利用价值

（一）抗逆性强、适生区域广阔

枣树的适应性和抗逆性均很强，适栽区域广泛(表 1-1，表 1-2，表 1-3)，被称为"铁杆庄稼"。枣树的抗旱性尤为突出，不仅耐旱，而且能在干旱条件下正常生长结果。1986 年河北太行山枣区和 1997~2001 年晋陕黄土高原枣区连年持续高温干旱，秋季作物几乎绝收，核桃、柿树等出现焦梢并严重减产，而枣树仍获得丰收。

枣树的耐盐碱、耐瘠薄和抗风沙能力也很强。目前我国的主要枣区大多是在过去不适宜耕作的山、沙、碱、旱地区建立和发展起来的。在河北省历史上，滏阳河一带一度出现沙漠化，后来通过大力发展枣树，不仅锁住了风沙，而且变成了高效益农业区。又比如，河北、山东环渤海金丝小枣产区和河南内黄扁核酸枣区在历史上都曾是大片的盐碱区，陕西大荔、河南新郑枣区历史上曾是有名的风沙区，河北太行山枣区、晋陕黄河峡谷枣区是典型的旱薄山区，近年来在新疆阿克苏、宁夏同心等迅速发展的新枣区则是荒漠戈壁区。

表 1-1　中国枣分布区的气候条件（刘孟军，2006）

Table 1-1　Natural climatic conditions of the production areas of Chinese jujube in China（Liu, 2006）

项　目 Items	数　值 Value
年均温 Annul average temperature（℃）	5.5～22
花期平均温度 Average temperature of flowering season（℃）	≥ 22～24
最低温度 Minimum temperature（℃）	≥ −38.2
无霜期 Frost-free period（d）	≥ 100
年降水量 Annual rainfall（mm）	87～2000
年日照 Annual sunshine（h）	≥ 1100

表 1-2　中国枣分布区的土壤条件（刘孟军，2006）

Table1-2　Natural soil conditions of the production areas of Chinese jujube in China（Liu，2006）

土壤条件 Soil condition	数　值 Value
土壤深度 Depth（cm）	≥ 30
pH	4.5～8.4
NaCl（%）	≤ 0.15
Na_2CO_3（%）	≤ 0.3
Na_2SO_4（%）	≤ 0.5

表 1-3 中国枣树分布北缘的气候条件（曲泽洲、王永蕙，1993）

Table 1-3 Climatic conditions of the north border of distribution of Chinese jujube in China（Qu and Wang, 1993）

产 地 District	纬 度 Latitude	气 温 Temperature（℃） 平 均 Average	气 温 Temperature（℃） 最 低 Minimum	年降水量 Annual rainfall (mm)	年日照 Annual sunshine (h)
辽宁朝阳 Chaoyang,Liaoning	41° 33'	8.3	−31.1	474.2	2893.9
内蒙古呼和浩特 Huhehaote,Inner-Mongolia	40° 49'	5.5	−32.8	437.2	2960.7
宁夏灵武 Lingwu,Ningxia	38° 06'	9.1	−28.0	219.8	2894.4
甘肃高台 Gaotai,Gansu	39° 23'	8.1	−26.4	87.4	3049.3
新疆昌吉 Changji,Xinjiang	44° 10'	5.7	−38.2	203.2	2827.0

（二）枝芽独特、整形修剪简便

枣树具有不同于一般果树的枝芽特点。枣树的发育枝称枣头，由主芽萌发而来，发生当年即可开花结果；随枣头生长，其侧生副芽（为早熟性芽）逐节萌生二次枝，二次枝停止生长后不形成顶芽，翌春先端回枯；二次枝上的主芽萌发后形成结果母枝，称枣股，枣股每年仅伸长 1mm 左右；二次枝上和枣股上的副芽萌发后形成结果枝，细弱柔软，结果后下垂，称枣吊，秋后随叶片一起脱落。枣树不是落叶归根而是落枝（结果枝）归根，这是植物界非常罕见的现象。

由于枣股生长量极小、二次枝顶端回枯不再延长、枣吊在秋后脱落，只有枣头一次枝的顶芽萌发形成新的延长枝，枣股和枣头一次枝的侧主芽通常都不萌发，使得枣树的成枝力很弱，枝条比较稀疏。加之开花结果比较容易，枣树的整形修剪任务较轻。

（三）成花容易、早果速丰长寿

枣树花芽分化不同于一般果树，具有当年分化、多次分化（随枝条生长不断分化新花芽），单花分化时间短（6d 左右）、全树持续时间长（2~3 个月）等特点。这一花芽分化特点决定了枣树成花容易、花量大、丰产潜力大、稳产性强。如管理得当，栽后当年即可开花结果，经济寿命可达千年以上，是一种多收的木本粮食、铁杆庄稼。在山东庆云、陕西清涧、山西五台等地上千年的古枣树仍在开花结果。在山西交城林研所每公顷栽植 15 000 株的超密临猗梨枣试验园，栽植当年每公顷产鲜枣 1 789.5kg、第 2 年 11 323.4kg、第 3 年 19 089kg、第 4 年 26 077.5kg，5 年后保持在 22 500kg 左右。近年来，在河北赞皇和新疆阿克苏创造了赞皇大枣每公顷产鲜枣 50 000kg 以上的高产记录。在河北沧州，曾创造每公顷冬枣产值 60 万元以上的高效益。发展枣树生产，经济效益非常显著。

（四）营养丰富、经济用途多样

据测定，枣果的 Vc（380~800mg/100g • FW）、cAMP（20~500nmol/g • DW）、碳水化合物（63~76g/100g • DW）等重要食疗成分的含量居百果前茅，同时含有丰富的多糖、膳食纤维、三萜酸等功能成分以及蛋白质、脂肪、矿质元素、维生素等，是名副其实的高营养果品（表 1-4）。其中鲜枣果肉 Vc 含量比苹果、梨、桃等高出数十倍至上百倍；含糖量比甘蔗、甜菜等制糖原料植物的还要高。枣果除鲜食和制干外，还可加工蜜枣、乌枣、南枣、醉枣、罐头、枣泥、枣酱、枣粉、枣汁、枣片（果丹皮）、枣茶、枣酒、滋补精、烟用香精、食用红色素，以及膳食纤维、多糖和环核苷酸糖浆等功能性食品。除作为一般果品外，枣果还是重要的节日用品、婚庆果品、传统中药、滋补保健佳品以及食品加工的重要原料。枣果及其加工品作为我国拳头特色果品，远销亚、欧、美、非、澳等几十个国家和地区。随着人们生活水平的提高，以营养丰富见长的枣产品必将获得更大的国内外市场空间。

枣树适应性强、耐干旱瘠薄，为优良的防风固沙和水土保持树种；枣树根和树皮富含生物碱等生物活性物质，可入药；枣木质地坚硬、纹理细密美观，是雕刻和制作家

表 1-4 枣与其他果品营养成分的比较

Table 1-4 Comparison of nutritional composition among Chinese jujube and other fruits

营养成分 Component	鲜枣 Fresh Chinese jujube	干枣 Dry Chinese jujube	干酸枣 Dry sour jujube	苹果 Apple	柑橘 Orange	核桃 Walnut	板栗 Chestnut
水分 Water（%）	73.4	14～27.8	16.8	84.6～87.0	85.4～89.2	3.0～4.0	54.0
碳水化合物 Carbohydrate（%）	23.2	63.0～76.3	74.8	11.5～13.2	9.4～12.8	5.4～10.9	39.9
蛋白质 Protein（%）	1.2	2.9～6.3	4.5	0.2～0.4	0.6～0.9	15.4～19.6	4.0
脂肪 Fat（%）	0.2	0.3～2.3	1.0	0.2～0.5	0.1～0.3	63.0～69.0	1.1
热量 Quantity of heat	99	284～333	326	49～58	41～56	671～721	186
粗纤维 Coarse cellulose（%）	1.6	1.8～3.1	0.2	0.6～1.2	0.3～0.4	1.1～6.6	1.0
灰分 Ash（%）	0.4	1.3～1.4	2.7	0.2～0.3	0.4～0.5	1.4～1.9	1.0
Ca（mg/100g）	14	20～63	270	5～22	20～56	43～119	15
P（mg/100g）	23	55～75	59	3～9	8～20	329～386	77
Fe（mg/100g）	0.5	1.6～3.1	3.8	0.2～1.0	0.2～2.0	2.9～3.9	1.5
胡萝卜素 Carotin（mg/100g）	0.01	0.01	–	0.05～0.4	0.55	0.16～0.17	0.02
硫胺素 Aneurine（mg/100g）	0.06	0.06	–	0.01～0.03	0.08	0.30～0.32	0.07
核黄素 Lactoflavin（mg/100g）	0.04	0.3	–	0.01～0.03	0.03	0.11～0.16	0.05
尼克酸 Niacin（mg/100g）	0.6	1.2	–	0.1	0.3	1.0～1.7	1.0
抗坏血酸 Ascorbic acid(mg/100g)	540	12～29	–	1～6	34	3	60

资料来源：中国医学科学院卫生研究所编《食物成分表》(1985)。

Data from: *Food Component List* compiled by Sanitation Research Institute, Chinese Academy of Medicinal Research（1985）.

具的优良木材；枣叶富含黄酮等生物活性物质，可入药和制茶；枣刺亦可入药，有消炎作用；枣树花期长、花量大、花蜜丰富而且质量优良，是上等蜜源植物；枣核可加工活性炭和糠醛。此外，有些品种具有独特优美的果形、树形和颜色等，可作为观赏和城市绿化树种。

（五）根稀叶疏、适于长期间作

在不适于粮棉生产的山、沙、碱、旱和土壤贫瘠的地区，不仅可进行商业化的枣树栽培，而且种植枣树可以改善土壤和生态条件，进而通过枣粮间作发展粮棉生产。在各种果树中，枣树萌芽最晚，落叶最早，加之根稀叶疏，与主要粮油作物物候期交错，间作小麦、谷子和花生等作物，可实现枣粮双丰收。特别是河北、山东环渤海枣区的枣麦间作、河北省太行山枣区和黄土高原枣区的枣与花生间作，以及近年来在新疆沙漠戈壁边缘枣区的枣棉（密植矮化棉花）间作，由于兼顾了经济效益、生态效益和社会效益，被公认为农林复合经营高效利用土地资源的成功典范。

（六）变异丰富、发掘潜力巨大

枣树的起源和栽培历史非常悠久，分布十分广泛，在长期的自然演进和人工选择过程中，产生了非常丰富的遗传变异。据本书编委会的调查统计，截至 2009 年，全国已发现的枣树品种类型至少已有944个，而尚未发现的珍稀地方资源和自然变异类型还有很多，值得进一步调查和收集。据河北农业大学研究报道，枣树品种间在抗病性、抗寒力、营养含量、花粉数量和活力、自花结实能力、胚育性等重要性状上的多样性非常丰富，可进一步挖掘和开发利用的潜力很大。此外，枣树中蕴涵着丰富的抗旱、耐瘠薄、耐盐碱、高营养和早花早果等优异基因，深入发掘这些优异基因，不仅对枣树而且对其他果树的遗传改良具有广阔的应用前景。

二、枣产业的重要地位

枣树是我国第一大干果树种和最具代表性的民族果树之一。枣产业是一个具有巨大发展潜力的朝阳产业，一个有着广阔出口创汇前景的民族产业，一个滋补强壮13亿中国人和世界人民的健康产业，一个事关全国贫困地区近千万农民生计的致富产业，一个在山、沙、碱、旱贫困地区破解经济与生态协调发展难题、建设社会主义新农村的抓手产业。

（一）枣产业是我国第一大干果产业

据统计，2006年我国枣树的栽培面积已达150万 hm^2 左右（中国枣产业发展报告1949~2007），枣果总产量305万t（中国农业年鉴，2007）。无论面积和产量，枣树都是名副其实的我国第一大干果树种。从栽培面积看，枣树在所有果树中仅位于苹果和柑橘之后，已成为我国第三大果树；从产量看，枣树则是我国的第七大果树，位于苹果、柑橘、梨、桃、葡萄和香蕉等水果之后（表1-5）。

（二）枣产业是破解经济与生态协调发展难题的抓手产业

如前所述，枣树的适应性和抗逆性极强，尤以抗旱、耐瘠薄能力最为突出，是果树上山下滩的先锋树种和理想

表1-5 2006年我国主要果树的栽培面积和产量（刘孟军，2006）

Table 1-5 The growing area and yield of the main fruit species of China in 2006（Liu, 2006）

果树 Fruit trees	面积（千公顷） Area（1000 hm^2）	排名 Rank	产量（吨） Yield（t）	排名 Rank
总计 Total			88 343 142	
苹果 Apple	1898.8	1	26 059 300	1
柑橘 Citrus	1814.5	2	17 898 330	2
梨 Pear	1087.4	4	11 986 080	3
桃 Peach	669.5	5	8 214 700	4
香蕉 Banana	285.7	9	6 901 249	5
葡萄 Grape	418.7	8	6 270 756	6
枣 Chinese jujube	1500	3	3 052 860	7
柿 Persimmon	653.2	6	2 320 346	8
荔枝 Litchi	570.4	7	1 507 978	9
板栗 Chinese chestnut	126.0	11	1 139 661	10
龙眼 Longan			1 107 707	11
菠萝 Pineapple	53.2	12	890 701	12
山杏 Apricot			518 019	13
核桃 Walnut	188.0	10	475 455	14

的生态经济林树种，是能够适应干旱、贫瘠、风沙、盐碱等恶劣自然条件，不与粮棉争地的木本粮食、铁杆庄稼，能够在一般果树和农作物难以正常生长的条件不利地区形成上万亩[①]至数百万亩的林带或林区。发展枣树生产不仅能够增加农民收入，有良好的经济效益，还可绿化荒山荒地、高效利用荒地资源，产生良好的生态效益。

在河北省和山东省环渤海盐碱地区，原本是难以进行粮食生产的不毛之地，现已建设成我国规模最大、最具影响力、总面积超过500万亩的金丝小枣、冬枣产区，枣树不仅成为当地农民最主要的经济来源(占30%~50%以上)，而且构成当地最主要的森林树种(占60%~80%以上)，此外通过发展枣树还改善了土壤和生态环境，通过枣粮间作有效解决了当地的粮食生产问题。在新疆塔克拉玛干沙漠边缘（环塔里木盆地）干旱贫瘠的戈壁地带，近年来成功建设了数百万亩的大枣基地，在改善生态的同时，成为了当地农民实现亩收入上万元的主要产业。在陕北黄土高原，通过发展枣树，每年减少输入黄河的泥沙量超过500万t。

（三）枣产业是滋补强壮华夏民族和世界人民的健康产业

枣果素以营养丰富著称，是传统中药和滋补保健佳品。由于其热量值与米面相当，又被称为“木本粮食”。在古代，枣是人们度过灾荒战乱和疾病的救命树；在抗日战争和解放战争中，枣是冬吃不冷、夏吃不热、好吃易带的功勋军粮；目前，枣是深受人们喜爱的特色果品、节日用品和滋补保健佳品。

枣是常用中药。枣味甘、性平、无毒，具有补中益气、养血安神、调营卫、生津液、解药毒等功效。在《神农本草经》、《本草纲目》等历代医药典籍中，枣均被列为上品，是新中国确认的国家首批药食兼用食品。据统计，在我国常用重要配方中60%的用到枣。在宋朝孙光宪所著的《北梦琐言》一书中曾载有一则故事，说很早以前，在河南淇县的一个小村里，有一位名叫青姑的妇女，虽已年过半百但依然长得亭亭玉立，“如处子”，原因就是她平常爱吃当地生产的一种无核枣。正因如此，民间有“一日三枣，一辈不老”之说。

随着国内枣产品消费的日益普及和出口规模的不断扩大，枣产品必将为全中国和世界人民的健康事业做出更大的贡献。

（四）枣产业是独具国际竞争优势的出口创汇产业

枣树原产我国，是我国最具代表性和特色优势的民族果树之一。虽然迄今已有40多个国家引种了我国的枣品种，且在韩国形成了较大规模的商品化栽培，但韩国的产量尚自给不足，对我国枣产品的出口基本不构成竞争。这样，枣产品由于特产我国，加之营养丰富、口味独特，在国际市场上具有独一无二的竞争优势，出口创汇潜力巨大。随着我国对外开放的不断深入，枣果及其加工品作为我国特产必将不断走向世界，成为最具特色的拳头出口农产品之一。

（五）枣产业是两千多万农民的致富产业

新中国成立以后，尤其改革开放以来，枣产业发展迅猛，已成为许多地区特别是山、沙、碱、旱贫困地区的支柱性农业产业，成为农民脱贫致富和增加地方财政收入的“摇钱树”和“致富树”。21世纪初，在河北沧州曾创下一亩冬枣年产值4万元以上的高效益。2007年，新疆阿克苏地区实验林场的灰枣和赞皇大枣品种平均亩产1000~1500kg、产值15 000~20 000元。20世纪90年代，山西临猗县庙上乡山东庄通过发展临猗梨枣，人均增收6000~8000元。位于陕北黄土高原的清涧县，1996年枣树业税收464万元，占当年县财政收入的46%；1985年时，清涧县石盘乡有贫困人口2900人，占农业人口的50%，通过大力发展枣树生产，到1995年人均红枣收入超过千元，使贫困人口下降到400人，10年间86%的贫困人口靠枣树脱了贫。位于山西临县黄土高原的克虎镇庞家庄村，将全村1400亩山地全部进行了枣粮间作，1997年人均枣园达到4亩，人均枣树业收入达2500元，占经济总收入的80%以上，由贫困村一举成为远近闻名的先富村、小康村。

据国家林业局调查统计，2007年全国枣区人口达2 241.53万人，占全国人口的1.8%，其中枣区人口超过100万的省份有河北省(300万人)、山东省(300万人)、山西省(800万人)、陕西省(179万人)、河南省(115万人)、辽宁省(192万人)、新疆维吾尔自治区(258万人)，约占全国枣区人口的91.6%。2007年全国枣产业总产值200多亿元，枣产业收入占枣农收入的40%，有的重点产枣县高达80%。

① 1亩=1/15hm^2，下同。

第二节 枣产业发展现状

一、我国枣产业发展现状

（一）分布

枣树是我国分布最为广泛的栽培果树之一，目前除黑龙江外，北纬 19°~43°、东经 76°~124° 的各个省份均有分布，其垂直分布在华北和西北的个别地区可达 1300~1800m，在低纬度的云贵高原可达 2000m。

关于枣树的栽培面积，迄今尚无国家级政府部门的权威统计，据作者对各省、市、自治区林业管理部门和枣树技术人员的调查，全国枣树面积约 150 万 hm^2。关于全国枣产量的记载最早为 1973 年 395 765t （见《中国农业统计资料》），最新的记载为 2006 年 3 052 860t，增长了 6.71 倍（图 1-1）。

从 2004~2006 年各省（自治区、直辖市）的平均枣产量来看（表 1-6），排在前 5 位的省份为河北、山东、河南、山西、陕西，该五省为我国枣树生产的第一方阵，年产量都在 20 万 t 以上，总产量 2 179 063t，占全国的 86.56%；排在第二方阵的有甘肃、辽宁、新疆、广西、天津、湖北、湖南、安徽和宁夏，年产量在 1 万 t 以上 10 万 t 以下；排在第三方阵的为江苏、四川、北京、江西、重庆、云南、贵州、上海和福建，年产量都在 1 万 t 以下，其中产量较多的是江苏（9160t），福建最少（90t）。此外，浙江也有与江苏和江西相当的产量，但近年没有统计资料。其他省份，除了黑龙江外也都有少量的枣树栽培。

从近年来各产枣省份的产量变动情况看，河北、山东、河南、山西和陕西五大产枣省普遍增势强劲，是全国增产的最主要贡献者。无论从我国枣树的现有布局还是从各地枣树的发展趋势来看，在今后相当长一段时期内，上述五大产枣省仍将对我国的枣树生产起决定性的作用。同时，新疆、天津、宁夏、四川、江苏、北京 6 省（自治区、直辖市），特别是新疆和宁夏的枣树发展非常迅猛，正在成为新的重点栽培区。

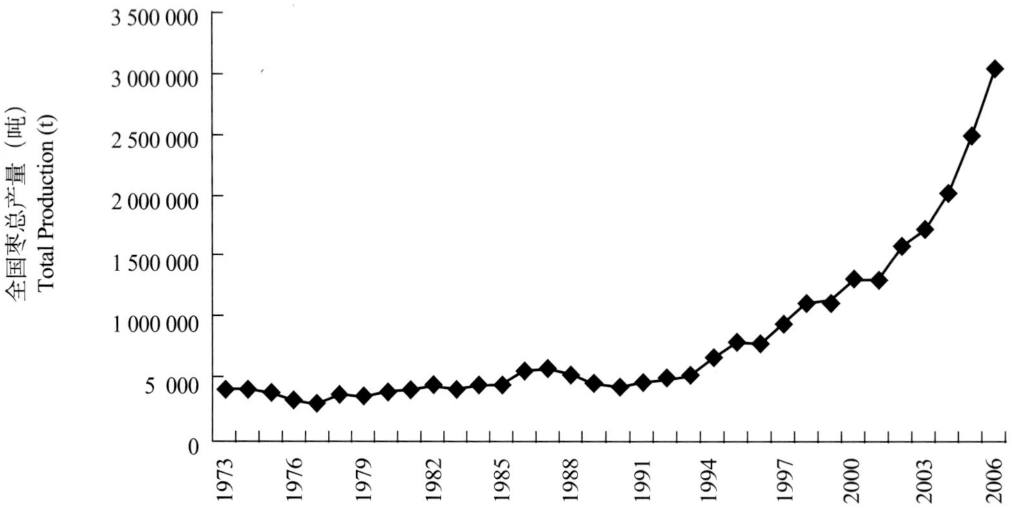

图 1-1 我国枣果总产量年变化情况

Figure 1-1 Changes of annual production of Chinese jujube in China

资料来源：《中国农业年鉴》。Data from: *China Agriculture Yearbook.*

表 1-6 2004 ~ 2006 年全国及各省（自治区、直辖市）的枣产量（吨）（刘孟军，2006）

Table 1-6 The production of Chinese jujube in different provinces, autonomous regions, municipalities in 2004 ~ 2006 (t) (Liu, 2006)

省（自治区、直辖市） Province, Autonomous region, Municipality	2004	2005	2006	2004 ~ 2006 平均 Average	2004 ~ 2006 平均产量排名 Rank in average 2004 ~ 2006	历史平均产量排名 Rank in average of history
全国 China	2011217	2488506	3052860	2517528		
河北 Hebei	666445	807577	909161	794394	1	1
山东 Shandong	533978	687372	852446	691265	2	2
河南 Henan	246510	268091	301301	271967	3	3
山西 Shanxi	152780	196858	314302	221313	4	4
陕西 Shaanxi	131213	188232	280928	200124	5	5
甘肃 Gansu	58602	75450	81528	71860	6	6
辽宁 Liaoning	52167	71883	90168	71406	7	7
新疆 Xinjiang	15840	28620	46470	30310	8	11
广西 Guangxi	24895	22892	23615	23801	9	9
天津 Tianjin	13560	24691	30574	22942	10	13
湖北 Hubei	26252	20182	21553	22662	11	10
湖南 Hunan	20480	21567	24167	22071	12	8
安徽 Anhui	14646	20166	16366	17059	13	12
宁夏 Ningxia	13418	15566	20104	16363	14	16
江苏 Jiangsu	7744	9978	9758	9160	15	18
四川 Sichuan	6513	8261	8163	7646	16	17
北京 Beijing	4349	6950	6522	5940	17	19
江西 Jiangxi	5574	5467	5423	5488	18	14
重庆 Chongqing	10817	1696	1706	4740	19	15
云南 Yunnan	3076	4062	5072	4070	20	20
贵州 Guizhou	1628	1822	1792	1747	21	21
上海 Shanghai	597	1038	1689	1108	22	22
福建 Fujian	133	85	52	90	23	23

资料来源：《中国农业年鉴》。Data from: *China Agriculture Yearbook.*

（二）栽培区划

根据地理、气候、土壤及枣树品种特点等，《中国果树志·枣卷》一书把我国枣树划分为南北两大区系，即北方栽培区和南方栽培区。

1．北方栽培区

指淮河、秦岭以北的广大地区，与南方栽培区的分界线大约与年均温15℃等温线相吻合，年降水量多在650mm以内。该产区枣树栽培历史悠久、品种资源丰富。2004~2006年，该区平均枣果总产量2 397 886t，约占全国总产量的95.25%。按气候、土壤、地貌、品种等特点，该区又可分为3个栽培亚区。

(1) 黄河中下游流域冲积土栽培亚区

该区枣树栽培历史悠久，是当前我国最重要的枣区，产量占全国的75%以上。该区枣树栽培集中，品种资源十分丰富，枣果品质优良。枣树多分布在河流冲积地带和低山丘陵区，包括辽宁西南部，河北、山东、河南的全部和山西中南部及陕西中部。重要的产区有河北的黑龙港流域、太行山区；山东的鲁西北平原、泰沂山区；河南的豫中平原；山西的汾河流域、涑水流域、漳河流域、晋南黄河沿岸、滹沱河沿岸和五台山区；陕西的渭河平原等。我国十大枣树主栽品种中的9个，即金丝小枣、婆枣、赞皇大枣、圆铃、长红枣、灰枣、扁核酸、冬枣和临猗梨枣，集中分布于该区，该区还有板枣、骏枣、灵宝大枣、鸡心枣、晋枣、无核小枣等著名优良品种。该区在地理上属于暖温带半湿润区。海拔较低，多在200~600m；年平均温度12~14℃左右，夏季温度较高，7月平均温度28~29℃，9月枣成熟期日温差较大；年降水量450~600mm，大部分集中在7~9月份。

(2) 黄土高原丘陵栽培亚区

该区为我国枣树的发源地，历史悠久，古树较多，品种也较多，但枣果品质较为一般。目前为我国第二大枣区，产量约占全国的12%。主要包括山西西北部和陕西东北部黄河沿岸的黄土高原，土壤肥力较差，栽培管理较为粗放。主要品种有木枣（约占80%以上）、油枣等，近年来引种了赞皇大枣、骏枣、临猗梨枣等。该区属暖温带干旱区。海拔一般在600~800m，降雨较少，年降水量为380~400mm，大部分集中在秋季；年平均温度12~13℃左右，夏季气温较低，7月份平均温度24℃左右。

(3) 西北干旱地带河谷丘陵栽培亚区

该区是我国枣树分布的北缘地区，为正在迅速崛起的优质干枣产区。包括甘肃的河西走廊、宁夏北部、内蒙古大青山以南地区、青海湟水河谷和新疆南部低海拔河谷地区等。枣树分布以沿河地带为主，靠灌溉供水，多零星栽培，大的集中产区较少；但近年来新疆、宁夏等地发展很快，正在建设集中连片的大产区。有些地区因气候较好、日照充足、灌水方便，因此果实质量好，如新疆阿克苏、喀什等引种灰枣、赞皇大枣、骏枣等，都表现出品种的独特品质，甚至优于原产区。该区原产品种较少。属温带干旱区，土壤较贫瘠。海拔较高，常在1000m以上。年平均温度10℃左右，7月份平均气温22~23℃，年温差常达29℃以上；雨量稀少，年降水量仅200~300mm，甚至更少。

2．南方栽培区

指淮河、秦岭以南的地区，为早熟鲜食枣的新兴产区。该区年均温15℃以上，年降水量多大于700mm，土壤多呈微酸性和酸性，光照较少，不利于果实糖分积累；枣树品种数量和栽培面积较少，产量约占全国的5%；干制品质一般不如北方，多用于加工蜜枣和鲜食，近年来鲜食枣发展较快。按自然条件的差异，也可分为3个栽培亚区。

(1) 江淮河流冲积土栽培亚区

该区包括安徽北部、江苏北部、湖北北部以及甘肃、陕西南部等。枣树多分布在平原地区，栽培零散，数量较少，但近年来在陕西关中地区建设了较大规模的冬枣、晋枣、水枣等鲜食枣商品产区。主要品种有泗洪沙枣、濉溪苹果枣、随县大枣、冬枣、晋枣、水枣等。属于北亚热带，年平均气温15~16℃，7月份平均温度28℃左右，年降水量700~1000mm，处于南北两大栽培区的交接地带。

(2) 南方丘陵栽培亚区

该区指长江以南丘陵枣区，是南方栽培区的中心地带，包括安徽、江苏南部、湖南、江西、广西、广东、福建以及台湾等。该区产量较高，果实主要加工蜜枣，是我国传统的蜜枣产区。主要品种有义乌大枣、马枣、宣城尖枣、宣城圆枣、灌阳长枣等。属于中亚热带和南亚热带。地形复杂，土壤较黏，偏酸性，温度较高，生长期长，日温差小，年均气温16~22℃，7月份平均温度28℃左右，年降水量在1000mm以上。

(3) 云贵川栽培亚区

该区包括四川盆地和云贵高原。主要产区在四川沿长江各县、云南北部和中部及贵州西北各县，枣树多零星分布，近年来在云南蒙自已形成数万亩的鲜食枣产区。主要品种有苦楝枣、木洞小甜枣、涪陵鸡蛋枣、宜良枣等，近年来从内地引种了月光枣、葫芦枣、金丝小枣等。该区土壤酸性，较黏重；气候条件常随海拔变化而有很大差异。一般低海拔地区多为亚热带气候，年平均气温多在16~20℃之间，夏季酷热，多雾；1300~1500m的高海拔地区一般为温带气候，年平均温度11~15℃，夏季温度较低，年降水量800~1200mm，多阴雨天气，日照较差。

（三）品种结构

迄今，枣的品种分类方法尚不统一，传统上有的按大小分为大枣和小枣2类，有的按大小结合果形分为小枣、长枣、圆枣、扁圆枣和葫芦枣5种，后来有人以年平均温度15 ℃等温线为界将枣分为南枣和北枣2个生态型。陈贻金等（1991）还曾将枣品种归类为枣原栽培品种群（Jujuba group）、无刺枣品种群（Inermisa group）、曲枝枣品种群（Tortuosa group）、缢痕枣品种群（Lageniformis group）、宿萼枣品种群（Carnosicalicis group）和无核枣品种群（Anucleatus group）6个品种群。此外，还有根据花粉形态、染色体、同工酶和分子标记等进行分类的。

但是，目前应用最广的还是《中国果树志·枣卷》编委会提出的枣品种分类系统，即依用途将枣品种划分为制干品种、鲜食品种、蜜枣品种和兼用品种4类，并据枣果生育期长短将鲜食品种分为极早熟品种（60d成熟）、早熟品种（80d左右成熟）、中早熟品种（90~95d成熟）、中熟品种（100d左右成熟）、中晚熟品种（100~110d成熟）和晚熟品种120d成熟6类。作者认为在上述按用途划分的4类之外还应列上观赏品种。

据《中国果树志·枣卷》（1993）记载，我国有枣树品种700个。从目前我国各枣区主栽品种的构成来看，不同用途枣品种的分布存在一定的规律性，如制干类、鲜食类和兼用类品种主要分布在淮河以北，蜜枣类主要在淮河以南，观赏类则多在各地零散分布（表1-7）。

迄今为止，占品种总量37%以上的261个鲜食枣品种绝大多数尚未形成规模化栽培。但近十几年，河北、山东、河南、山西、陕西、北京、江苏等地对临猗梨枣、冬枣、大白铃、桐柏大枣、泗洪大枣等优良鲜食品种进行了大规模开发。据估计，我国鲜食品种的栽植面积已达10万hm^2以上。

从品种结构看，干制品种（包括干鲜兼用）一统天下（90%以上）的时代已成为过去，鲜食品种正迅速成为枣业发展的生力军。目前的基本态势是，东北和南方大力发展鲜食品种、中西部大规模发展干制品种，原有格局正在被打乱。据估算，目前我国制干、鲜食、兼用和蜜枣品种的产量大概为60:15:20:5，另外有很少量的观赏品种。

（四）繁殖和栽培技术

在长期的枣树栽培实践中，我国古代劳动人民在繁殖、栽植、“开甲”、疏花等方面都积累了不少经验。但真正系统地研究枣树丰产栽培技术还是在新中国成立以后，尤其改革开放以来的近30年间，在国家科技部、农业部、国家林业局以及有关省市科技管理部门等的组织和大力支持下，河北农业大学、河北省果树研究所、河北省林业科学院、山东省果树研究所、山西省果树研究所、陕西省果树研究所、河南省林业科学研究院、河南新郑市枣树研究所以及中国林业科学研究院、北京林业大学、中南林学院等科研单位，在单项技术攻关基础上，先后组装配套出了一批适于不同地区和不同年龄时期特点的枣树优质丰产栽培综合技术，并建立了一大批优质丰产示范园区。

近30年，在枣树栽培方面比较显著的变化主要表现在以下3个方面：一是河北、山东等传统的枣粮间作区向纯枣园、密植枣园转变，而许多新兴产区则从稳健发展和减少与粮食争地的角度出发发展了大量新的枣粮间作园，特别是突破常规观念的枣棉间作在新疆的特殊条件和棉花种植模式（矮化密植）下得到迅猛发展；二是矮化密植枣园（1~2m×2~4m）逐渐成为常规模式，不少地方在探索每公顷5000株以上的超高密度枣园；三是无公害绿色栽培迅速发展，设施栽培正在成为鲜食枣的新兴发展方向。

表1-7 我国的枣品种资源（刘孟军，2004）

Table 1-7 Cultivar resources of Chinese jujube in China (Liu, 2004)

品种用途 Use	制干 Dry	鲜食 Table	蜜枣 Candy	兼用 Multiple	观赏 Ornamental
品种数 Number of cultivar	224	261	56	159	≈10
产量 Production (%)	≈80	<5	5~8	≈10	<1
分布 Distribution	主产北方 North	各地 Nationwide	主产南方 South	各地 Nationwide	北方 North

1. 育苗模式

枣树的育苗方法有嫁接、扦插、分株和组织培养育苗。其中嫁接育苗是当前枣树生产中最常用的苗木繁育方法，特别是规模化育苗一般都采用嫁接育苗法。嫁接方法主要有劈接、切接、腹接等。

枣树嫁接育苗的砧木有3种，一是酸枣砧，即用酸枣（*Ziziphus acidojujuba* C. Y. Cheng et M. J. Liu）的根蘖苗或实生苗做砧木。酸枣分布广泛，多野生、出仁率高、成本低、繁殖容易、抗旱耐瘠，是目前嫁接枣树的最常用的砧木；二是本砧，即用栽培枣的根蘖苗或实生苗做砧木，目前多采用根蘖苗做砧木，如河北沧州一带常用金丝小枣根蘖苗做砧木嫁接冬枣；三是用铜钱树（*Paliurus hemsleyanus* Rhed.）为砧木，铜钱树为我国野生树种，属鼠李科马甲子属，大乔木，分布于湖北、四川、陕西、安徽、江苏、云南、广西等地，适应性强、繁殖容易、生长快、根系发达、抗病虫害，是我国长江以南多雨地区较理想的枣树砧木。

分株育苗是枣树上最传统且一直沿用至今的育苗方式，目前农民自用和小规模育苗时常采用此法。最传统的分株育苗，是从母株上挖取根蘖苗后直接栽植。近二三十年，随着育苗量的加大和人们对商品苗要求的提高，分株育苗逐渐发展为开沟断根育苗、根芽育苗和归圃育苗。开沟育苗是在春季萌芽前，选择无枣疯病、树势健壮、丰产稳产、品种纯正的成龄枣园，在树冠外围挖宽30~40cm，深40~50cm的条沟，切断直径2cm以下的小根，铺湿土埋住所有断根，使伤口愈合产生不定芽，人为促进根蘖苗的形成。归圃育苗又叫二级育苗，是将从枣园刨出的根蘖苗，按其质量分级栽植，抚育1~2年后再出圃，以提高苗木质量。根芽育苗是介于开沟断根育苗和归圃育苗的一种方法，即春季在树冠外围挖沟断根后，当年在小根上常发生成丛的根芽（有的品种无需特意断根处理也会产生），翌春取下根芽分切后栽入圃地抚养，次年成苗出圃。

枣树的扦插育苗又分为根插和枝插。根插成活率较高，但取根较难。根插时选择1~3年生、直径1~2cm、长15cm的根段扦插，效果较好。枝插又分硬枝和绿枝扦插两种。硬枝扦插生根比较困难，需对插条进行软化处理及萘乙酸或吲哚丁酸处理，并在初期遮荫保湿，以提高扦插成活率。绿枝扦插成活率高，取半木质化新梢，用500~5 000mg/kg IBA速蘸处理5~10s，然后插于塑料大棚的沙床中，保持室温20~30℃，相对湿度90%以上（插穗叶片保持一层水膜），生根率可达92.5%，移栽后适时遮荫，成活率可达90%以上。

枣组织培养工厂化育苗是以枣树的茎尖或茎段为外植体，在人工培养基上脱分化、再分化，最后长成完整植株，再经过驯化炼苗和大田培养，最后培育成苗。目前，多个枣优良品种的组培育苗技术已经成熟，但存在前期投资大、要求技术水平高、品种间培养条件难以统一等问题，已投入商品化运营的很少。但是组织培养工厂化育苗是未来枣树育苗的发展方向，有着广阔的应用前景。

2. 建园模式

当前，枣树的建园方式有多种多样，如山地枣园、平原枣园，纯枣园、间作枣园，密植枣园、普通枣园，露地枣园、设施枣园，常规枣园、观光枣园。

普通露地枣园的栽植密度一般为4~5m×5~6m。枣树控冠比较容易，对纯枣园实行密植是发展方向，密度一般为2~3m×3~4m，早果性强且矮化的品种，可加密到0.5~1m×2m，实行计划密植。设施枣园，一般用于早熟鲜食品种的进一步提早成熟栽培，也可以用于延迟成熟的栽培，栽培密度通常在0.5~1m×1~2m，各地正在积极探索和试验中，枣树的设施栽培尚未进入大规模商品化生产阶段。

枣粮间作是我国古代劳动人民独创的一种非常成功的立体农作制度，目前仍是我国南北各主要产枣区重要的农作方式，具有较高的经济效益和生态效益，被公认为国际农林复合经营的成功典范。枣粮间作又有如下2种形式：一是以枣为主，以粮为辅，枣树的栽植密度为3~4m×7~10m，主要间作矮生的豆类等，在生产管理上以枣为主要对象；二是枣粮并重，枣树的栽植密度为3~4m×15~20m，间作物种类按冠下区、近冠区和远冠区分别布局，这种形式便于机械化耕作，枣树也容易管理，可获得枣粮双丰收。

3. 栽培技术

改革开放以来，我国枣树栽培技术的进步是最明显的。20世纪80年代，重点进行了枣品种矮化密植、整形修剪、病虫害防治和提高坐果率等单项丰产技术研究示范；20世纪90年代，开展了优质丰产栽培技术的组装配套和大规模推广；进入21世纪后，枣树的无公害（绿色）标准化栽培技术得到大面积普及，有机栽培和设施栽培也正在从探索阶段进入生产应用阶段。

通过大批先进实用技术的普及推广，我国枣树栽培管理的整体水平虽然有了大幅度提高，但由于受传统习惯、经济条件和推广力度等影响，新技术在不同地区、不同农户的发展还很不均衡，许多关键技术如优种密植、夏季修剪、病虫测报、适期采收等尚未得到全面推广，总体水平还相当低，每公顷平均产量仍徘徊在3 000kg

左右。总体看，河北沧州的金丝小枣、冬枣产区，河南新郑的灰枣产区，河北太行山区的阜平大枣和赞皇大枣产区，山西运城梨枣产区等管理水平普遍较高。如河北太行山区的阜平县车道村2.5万株（约$60hm^2$）成龄枣树连续多年稳定在每公顷12 000~15 000kg、无虫果率保持在95%~99%以上；山西交城林科所在80年代末实现了3年生高密度梨枣园每公顷产20 000kg；湖南溆浦在20世纪80年代、山西临猗和新疆阿克苏在21世纪初先后创造了每公顷产鲜枣37 500~45 000kg以上的高产记录。

4. 主要病虫害

据《中国果树志·枣卷》（1993）统计，已知的枣树病虫害有113种。其中害虫86种，分属于昆虫纲的6个目和蛛形纲蜱螨目，病害有24种，寄生性种子植物4种。在生产上能成灾的主要害虫有桃小食心虫（*Carpasina niponensis* Wals）、枣尺蠖（*Chihuo zao* Yang）、枣粘虫（*Ancylis sativa* Liu）、绿盲蝽（*Lygus pratensis* Linn.）、皮暗斑螟（甲口虫 *Euophera batangensis* Caradja）、山楂红蜘蛛（*Tetranychus viennensis* Zacher）、枣龟蜡蚧（*Ceroplastes japonicus* Gr.）、枣瘿蚊（*Contarinia* sp.）、黄刺蛾（*Cnidocampa flavescens* Walkor.）、枣豹蠹蛾（*Zeuzera* sp.） 枣食芽象甲（*Scythropus yasumatsui* Kone et Mor.）等；主要病害有枣疯病（病原为植原体，phytoplasma）、枣锈病（*Phakopsora zizyphi-vulgaris* Diet.）、裂果（生理性病害）、缩果病（对其病原有多种说法）等。

上述主要病虫草害很少在同一枣园的同一年份同时发生，但任何一种在大发生年份都可给枣树生产造成重大损失，有时会绝产、绝收，甚至大量死树（如枣疯病），必须做好实时监测和有效控制。一个枣区的病虫害往往是此消彼长，比如我国北方枣区在20世纪80和90年代初期危害非常严重而普遍的有桃小食心虫、枣尺蠖、枣粘虫、枣锈病，20世纪90年代后期以来逐渐被绿盲蝽象、皮暗斑螟（甲口虫）、山楂红蜘蛛、缩果病等所取代，而近几年一些枣区的桃小食心虫和枣锈病等又死灰复燃重新成灾。有效地防控各种枣树病虫害，始终是提高枣果产量和质量的重要保证。

枣疯病是枣树上的一种致死性的传染性检疫病害，近些年来日趋猖獗，已导致许多枣园甚至枣区被毁，在河北省太行山枣区的年发病致死率高达3%~5%。最近，枣疯病防治研究取得了突破性进展，河北农业大学选育出了高抗枣疯病的优良品种“星光”，并研制出输液治疗枣疯病的特效药剂“祛疯1号”及其配套药械，同时提出了利用高抗枣疯病优良品种“星光”高接改造病树的枣疯病防治新途径，有关成果“枣疯病控制理论与技术”2006年获得国家科技进步二等奖，这是我国枣树界获得的最高级别的科技成果奖。

5. 采收方式

目前，枣果的采收时期和采收方法主要因枣果的用途而异。制作蜜枣用的枣果在白熟期采收，手工采摘或振落后拣拾。干制红枣的多在完熟期采收，20世纪80~90年代曾普遍出现过分早采（提前1~2周）现象，严重影响了产量和干枣的质量，但为了躲避成熟期的连阴雨避免大量浆烂损失，可以在雨前及时采收进行人工干制；采收方法多为振落拣拾，更好的方法是采前5~7d用200 ~300mg/kg乙烯利催落采收，可提高工效10倍左右，并可提高果实品质，对树体还没有伤害，目前生产应用的还不普遍，今后应大力推广。鲜食和加工乌枣、南枣、酒枣等，以脆熟期采收为佳，但为了延长贮藏期，用于保鲜的枣常在半红期采收。

（五）采后处理与加工

总体看，枣的采后处理与加工水平仍然较低，但近10多年来无论从贮藏、分级包装到加工普遍有明显进步，特别是最近各枣主产区普遍高度重视，正处于大发展、大变革的前夜。

1. 采后利用方式

近年来，随着经济社会的发展、枣业科技进步和人们生活水平的提高，枣果的采后利用方式正在发生深刻的变革。历史上，商品化生产的枣绝大多数用于制干或加工蜜枣、枣干等传统的初级加工品。1990年北京亚运会后，鲜食枣生产崛起并迅速实现了规模化和产业化，同时枣汁、香精、色素、枣干红酒、枣膳食纤维、环核苷酸糖浆等现代枣加工品相继问世进入市场。近年来，各地出现了大量的鲜枣采摘园（北京）、大枣采摘节（河北赞皇）、枣乡风情游（河南新郑）等，并且出现了干制和兼用品种鲜食化的趋势，比如干鲜兼用的赞皇大枣在采摘节期间主要用于鲜食，又比如河北省沧州著名的制干品种金丝小枣和无核小枣近年来大量作为鲜枣销售，这样就形成了当今鲜销、干制、加工和观光采摘等多样化的枣果利用方式。

2. 采后处理

传统上，干枣一直主要采用大麻袋混合包装。随着市场经济的建立，分级包装对产品价格和销路的影响日显突出，受价格利益驱动枣区群众开始主动的进行人工分级，并逐渐用瓦楞纸箱和塑料袋小包装取代了大麻袋混合包装。近年来，随着枣产业的企业化经营水平迅速提高，进入市场的枣果和枣产品的分级和包装日益小型化、精细化、多样化，在包装方面已经基本上与其他大宗果品处于相同的水平。最近，关于枣果质量分级的新的《红枣》国家标准枣果正由中华全国供销合作总社济南果品研究院修订中。

在鲜枣贮藏方面，从20世纪80年代起，山西农业大学、山西省保鲜研究所、山东省果树研究所、北京农学院、河北农业大学、中国农业大学、国家农产品保鲜工程技术研究中心（天津）、中国林业科学研究院等在对鲜枣采后生理、影响耐贮性因素等进行系统研究的基础上，相继提出了打孔塑料薄膜小包装低温贮藏技术，气调贮藏、冰温贮藏等，使鲜枣保鲜期由室温自然放置下的3~5d延长到60d（一般品种）至120d以上（晚熟耐贮品种），冬枣已能实现春节期间供应。鲜枣贮藏技术的显著进展，大大推动了我国鲜食枣品种的大规模商品化开发，但迄今与市场上要求的周年供应还有相当距离。

在干枣的贮藏方面，除了传统的缸藏、囤藏和屋藏外，从20世纪80年代起，冷藏、塑料帐减压气调贮藏、辐照贮藏以及用60°白酒喷洒处理后密封贮藏等可有效抑制过夏生虫和霉烂的新技术已开始应用于生产。近些年，对干枣贮藏的研究很少。

3．加工

在加工方面，干制仍然是目前枣果最主要的初级加工方式。从干制方法来看绝大多数仍采用自然晾晒，干制过程中的浆烂损失相当普遍。但令人可喜的是，近年来在山西吕梁枣区、河北省太行山枣区和沧州枣区、河南新郑枣区等建立了大量的烘干房，并出现了一批主要进行枣果清洗、分级、人工干制（烘干）、真空小包装的小型加工企业，一些地方还出现了较大规模的机械化枣果干制经营企业，对有效控制成熟期裂果浆烂损失、提高枣果商品品质发挥了重要作用。

近年来，我国历史上形成的北方以干制为主、南方以加工果脯为主的格局已被打破，北方枣区凭借其丰富的资源，在枣的各主要加工品方面均已占据了主导地位，但在果脯经营特别是外销方面仍以南方企业为主。据不完全统计，目前我国以枣果为主要原料的果脯、罐头、饮料、果酒、果茶、果酱、色素、香精等已达上百个品种。最近，河北农业大学又开发出了枣膳食纤维、枣环核苷酸、枣多糖和枣三萜酸等功能性新产品（2007年获得河北省技术发明二等奖）。

值得提出的是，近年来我国枣生产加工企业迅速壮大，加工能力明显提高，出现了诸如好想你枣业有限公司、河北沧州思际生物制品有限公司、山东鼎立集团、山西天骄集团等产值上亿的大型枣企业。但真正走出国门实现了国际化经营的枣企业还基本没有。

（六）贸易与消费

1．国内贸易

我国枣及其加工品的产地主要在河北、山东、河南、山西和陕西，但消费主要在南方和东北。改革开放以来，我国枣产品总量虽然增加了8倍以上，但迄今尚未出现大的积压，而且售价持续稳步增长。

1949年新中国成立以后到1978年改革开放以前，我国一直实行高度集中的计划经济体制，政府对几乎所有农产品实行严格的统购统销政策。1978年以后，我国开始放开农村集贸市场。1979年4月全国供销合作社在长沙召开会议，决定放松果品经营，但枣与苹果、柑橘仍列为统一收购的二类物资，不过在完成计划后可以议购议销、产销见面直接挂钩。1984年，国务院出台《关于合作商业组织和个人贩运农副产品若干问题的规定》，同年国家体改委、商业部、农牧渔业部做出部署，发展多种经营方式，实行多渠道流通和自由购销。1991年国务院又下发了《关于进一步搞活农产品流通的通知》，主要内容就是进一步改革与完善农副产品流通体制，发展批发市场、建设流通设施、培育市场流通主体。之后，枣产品的流通全部放开。

目前，我国的枣产品主要通过城乡集贸市场、批发市场、产销一体化企业、超市等零售商店以及近年来发展起来的各种果业协会等渠道进行销售。近年来，一些大中型枣产品批发市场在枣的集中产区如雨后春笋般蓬勃发展，其中最著名的是河北沧州崔尔庄（纪晓岚故乡）的红枣市场，年交易额已达到30亿元。

改革开放后至今，我国枣果销售价格整体上保持了逐渐提高的趋势。近几年，我国产量最大的制干品种金丝小枣和产量最大的鲜食品种冬枣价格开始下滑，但大多数的优良干、鲜品种的价格仍然维持在较高水平。

2．国际贸易

枣是我国传统的拳头出口农产品，远销五大洲的30多个国家和地区。韩国的枣基本上全部供应国内，且自给不足。我国枣及其加工品的年出口量在2万t左右，不到全国枣总产量的1%，其中原枣和加工品出口各占一半左右。我国出口枣的主要省（直辖市）有河北、河南、山东、山西、北京、天津和广东，以河北出口量最大，约占全国的50%。香港等地转口的枣产品均来自我国内地。

我国出口的主要枣品种为河北和山东的金丝小枣、河北太行山的婆枣和赞皇大枣（主要以蜜枣和枣酱形式）、河南新郑的鸡心枣和灰枣以及山西稷山的板枣等。从出口的国家和地区来看，主要为中国香港和澳门、日本、韩国、新加坡和马来西亚，占出口总量的80%～90%；其次为英国、法国、意大利、荷兰、美国、加拿大、阿根廷、澳大利亚和新西兰；此外对也门和毛里求斯等也有少量出口。目前，除非洲外，我国的枣及其加工品已出口到世界五大洲的30多个国家和地区。

近年来，红枣（干枣）的出口数量有所下滑，从2003年的17 483t下降到2006年的9 539t；但出口单价迅速上升，2003年为每吨563美元，2006年则提高到每吨1 123美元，上升了近1倍；由于出口单价的上升，在出口数量下滑的情况下，总的出口产值仍略有上升。

从今后的发展来看，枣产品出口要走出长期徘徊不前的局面，必须实现出口对象由95%以上在华人圈（海外华人和东南亚人）向发达国家广大消费群体的转变，而要实现这一突破又必须在出口产品的种类和构成上做出重大调整。目前，我国主要的枣出口产品为干制后的红枣和蜜枣等，都属于高糖食品，其消费市场基本上局限于海外华人和受中国传统文化影响较深的东亚和东南亚人，而此市场基本固定甚至在不断萎缩。要真正把枣产品打入发达国家的广大消费市场，必须充分发掘枣的营养优势，开发新的适合发达国家消费者需求的出口产品。基于此，鲜枣和枣的功能性深加工品应该会有比较好的出口前景。这是因为冬枣等优质鲜枣，口感酥脆爽口、营养丰富，特别是维生素C含量可与有维生素C王之称的猕猴桃相媲美；而功能性深加工品可以突出枣的高营养特点和食疗价值，并可突破干枣和蜜枣等传统加工品外观一般和高糖的制约。

3. 消费变化

多年来，我国的枣产品一直基本上依靠内销，约占99%。2006年，全国枣总产量305万t，出口0.95万t，国内人均枣果占有量约2.3kg（1978年时年产仅34.9万t，人均不到0.5kg）。

历史上，我国枣产品的消费90%以上都是干枣。改革开放以后，枣产品的生产结构和消费结构都发生了重大变化。第一次重大变化发生在20世纪80年代末90年代初，随着枣产量的迅速上升，北方许多大的枣产区引进了南方的蜜枣加工工艺，使得蜜枣产量大幅度增加，蜜枣的消费随之增加。第二次重大变化是20世纪90年代中期以来，以枣为原料的罐头、饮料、果酒、果茶、果酱、色素、香精等加工品大量涌现，枣产品的消费也日趋多样化，特别是鲜枣消费异军突起，成为仅次于干枣的第二大消费方式，而且所占比例仍在持续提高。此外，近年来随着人们生活水平的提高，以枣为主的农业旅游和采摘节越来越多，成为枣果消费的新时尚。

二、世界枣产业发展现状

（一）世界枣的种类、分布及利用现状

据河北农业大学刘孟军等进行的考证和统计分析，全世界约有枣属植物170种。枣属基本上是一个泛热带分布属，但有少数种延伸到两半球温带。枣属植物水平分布的最北端约在英国伦敦（51° 30'N），南端是非洲的好望角（34° 21'S）；垂直分布多在1 500m以下，最高可达2 000～2 800m。我国南部和南亚地区枣属种类最丰富，是枣属的分布和演化中心。枣属植物中分布最广的种是原产我国的枣（*Z. jujuba* Mill.）和原产南亚的毛叶枣（*Z. mauritiana* Lam.），前者分布于整个北温带和亚热带，并有少量分布于澳大利亚，后者则分布于亚洲、非洲、大洋洲三大洲的热带和亚热带地区。

（二）中国枣在世界上的分布和利用现状

早在古代我国的枣树就传入了朝鲜和日本等亚洲邻国，后沿丝绸之路传到欧美等地，目前已引种到亚、欧、美、非、大洋五大洲的40多个国家和地区。根据对枣树的利用程度，这些国家可以分为三类。一类是规模化商品栽培枣树的国家，目前只有韩国；二类是正在试验栽培或有少量栽培的国家，如美国、泰国、乌克兰、澳大利亚、以色列等，有小规模的商品栽培和研发；三类是仅作为资源收集保存的国家，大多数国家属于这一类。

韩国是除我国之外唯一有规模化枣树商品栽培的国家。在韩国，枣树主要分布在中南部的全罗南道、全罗北道、忠清北道和庆尚南道。主栽品种为从地方品种中优选出的锦城、无等、月出、红颜、福枣等，20世纪90年代初期河北农业大学刘孟军教授已将其引种到我国。由于枣树较一般果树管理省工，加之枣果价格高（每吨6 000～8 000美元，是苹果、梨等大宗水果的3～5倍）、销路好，韩国在20世纪80～90年代初曾一度发展十分迅速，1985～1994年10年间栽培面积由851hm^{2}扩大到

4 676hm^2，增长了4.5倍，年产量达到2万t。中韩建交后，受我国廉价枣产品的冲击，韩国农民枣树种植的效益下降，枣树发展受到抑制，目前的栽培面积和产量基本上停留在20世纪90年代的水平上，约占世界总量的1%。目前韩国的枣果产量尚供不应求，每年需从我国大量进口原枣和枣的初级加工品。与韩国比较，我国在栽培面积、总产量、品种资源、基础研究、高密度栽培以及加工品种类和数量等方面占有明显的优势，但在良种普及率、单位面积产量、人工干制、深细加工和国内市场开拓等方面则不及韩国。

日本在奈良和平安朝时代（710~1192年），枣树栽培曾一度相当普及。在日本，和中国一样把枣作为珍贵的药材，并制成糕点或生食，迄今在长野、岗山、京都、福井等地的庭院中还较常见。但后来，随着其他果树的大量引进，尤为苹果、梨、桃、葡萄和柑橘的迅猛兴起，枣树的数量大大减少，目前日本的枣主要从我国进口。

从枣产品的国际贸易来看，虽涉及到亚洲、欧洲、美洲和大洋洲的20多个国家和地区，但只有我国是出口国，其他除韩国曾在1992和1993年分别有500美元和17 000美元的微量枣产品出口外，均为进口国。

由上述可见，目前我国拥有全世界99%的枣树资源和近100%的枣产品国际贸易，在世界枣树生产和贸易中仍占有绝对的主导地位。

第三节　枣种质资源研究利用概况

一、枣种质资源研究的历史

我国是枣树的起源中心，栽培历史悠久，种质资源研究与利用源远流长（表1-8）。枣树最早是我国先民从野生酸枣中选择驯化而来，后来的许多品种则多是从实生变异中选育而来。后魏（534年）贾思勰所著《齐民要术》在介绍枣树时就曾提到，“常选好味者，留栽之”。据《中国果树志·枣卷》的考证，早在成书于3 000年前的《诗经》中就有关于枣的记载，到公元前600年出版的《尔雅》中就记载了11个枣树品种。说明我国很早以前就开展了枣树资源的调查和整理工作。

东晋郭朴（公元4世纪）对《尔雅》加以注释时，已注意到果实的大小、形状、色泽、品质风味等，并出现了无核枣，称为晳，无实枣。到汉代以后，对枣树品种的选育更加重视，新的良种不断出现。如郭义恭所著《广志》（公元4世纪）中记载有，“蹙咨枣，一名大白，核小肌肥；谷城柴枣，长二寸；西王母枣，大如李核。”贾思勰所著《齐民要术》（公元6世纪）中有：“乐氏枣，出青州，丰肌细核，多膏，肥美为天下第一，相传乐毅破齐时，燕来齐所植也。”陶谷《清异录》（公元10世纪）有：“鸡冠枣，出睢阳，宜作脯；醍醐枣，宜生啖。”寇宗奭《本草衍义》（公元11世纪）有：“御枣，甘美轻脆，后众枣熟，而易生虫，今人谓朴落酥者是也；牙枣，先众枣熟，亦甘美，微酸而尖长，二枣皆可啖，不堪收曝。”以上古书不仅记载了枣果的品质，还注意到成熟期、用途以及产地和品种来源等。到元朝（1300年）柳贯所著《打枣谱》一书收集到的枣品种已达73个，并简略记载了品种性状、产地和原始文献等。明、清时期出版的《本草纲目》、《农政全书》等均有枣品种的记载，以清朝汪灏编著的《广群芳谱》和吴其濬所著《植物名实图考》中叙述的枣品种最多，达87种，而且记载比较详细。但真正系统的全国范围的枣树资源调查、收集、保存和评价工作还是在新中国成立以后。

二、枣种质资源研究现状

和其他果树一样，现代枣树种质资源调查、收集和保存工作开始于20世纪50年代。通过实地调查，各地相继发现了一批具有特殊优良性状的种质资源。在资源调查的基础上，在枣的主产省份相继建立了规模不等的种质资源圃。1986年，农业部在山西太谷依托山西省农业科学院果树研究所建立了国家枣种质资源圃，目前保存品种和优系资源约560份。在国家林业局等部门的支持下，河北沧县建立的枣资源圃收集枣树品种和品系300多个。

1979年，在全国果树科技规划会议上提出了《中国果树志》编写计划，由中国农业科学院果树研究所负责主持实施。1981年，中国农业科学院在重庆召开《中国果树志》

表 1-8 我国古文献中记载的枣品种数目

Table 1-8 The number of Chinese jujube cultivar recorded in ancient Chinese books

编号 Code	古农书名 Name of book	著者 Author	出版年代 Published year	记载品种数 Cultivar recorded
1	《尔雅》Erya		周，BC 600	11
2	《西京杂记》Xijingzaji	葛洪 Ge Hong	晋，300	7
3	《广志》Guangzhi	郭义恭 Guo Yigong	晋，300	21
4	《齐民要术》Qiminyaoshu	贾思勰 Jia Sixie	后魏，534	45
5	《本草衍义》Bencaoyanyi	寇宗奭 Kou Zongshi	宋，1000	3
6	《打枣谱》Dazaopu	柳贯 Liu Guan	元，1300	73
7	《本草纲目》Bencaogangmu	李时珍 Li Shizhen	明，1578	42
8	《农政全书》Nongzhengquanshu	徐光启 Xu Guangqi	明，1639	42
9	《花镜》Huajing	陈淏子 Chen Haozi	清，1688	8
10	《广群芳谱》Guangqunfangpu	汪灏 Wang Hao	清，1708	87
11	《植物名实图考》Zhiwumingshitukao	吴其濬 Wu Qijun	清，1720	87
12	《钦定授时通考》Qindingshoushitongkao	鄂尔泰 E Ertai	清，1742	36

编写工作座谈会，决定出版 29 个专志。此后，枣树专志的编委会在全国范围内组织科技人员对全国枣树种质资源进行了系统的补充调查和整理，基本摸清了枣的种质资源家底。1993 年，《中国果树志 • 枣卷》由中国林业出版社正式出版，成为《中国果树志》正式出版的第一卷，该书记载枣树品种 700 个，其中制干品种 224 个、鲜食品种 61 个、蜜枣加工品种 56 个、兼用品种 159 个。

在枣种质资源评价方面，主要涉及现有资源圃保存的品种，评价指标除了一般的农艺性状和果实的一般营养成分之外，逐渐加强了育种相关性状和果实功能性成分的评价。在多年研究实践基础上，2006 年，国家枣种质资源圃还编辑出版了《枣种质资源描述规范和数据标准》一书。

三、枣种质资源利用现状与展望

枣种质资源研究与利用大大推动了枣产业的发展。例如，河北农业大学经染色体鉴定发现综合性状优良的唯一已知自然三倍体赞皇大枣以后，使之迅速走向全国，成为第一个全国性发展的枣品种，随后地方优良鲜食品种资源临猗梨枣和冬枣的推出则带动了整个鲜枣产业的蓬勃发展。

近年来，我国枣树发展迅速，面积和产量持续快速上升（图 1-1）。一方面，枣树抗旱、耐瘠薄、生态适应性强、营养丰富、好管理、耐贮运、不与粮棉油争地，而且为我国特产，市场竞争力强，发展前景十分看好。另一方面，由于枣树是我国许多地区的主导农业产业，受到地方政府的高度关注。基于此，国家林业局在最近组织成立了全国枣产业协作组和专家组，使枣产业的产学研队伍组织化程度大幅度提高。科技界也对枣树给予了越来越多的关注，2001 年中国园艺学会成立了干果分会（挂靠河北农业大学），2007 年中国经济林协会成立了专门的枣工作组（挂靠河北农业大学），国际园艺学会还于 2008 年成立了专门的枣工作组（挂靠河北农业大学）。近年来，有关枣的全国性和国际性学术活动非常活跃，从 1999 年开始每两年召开一次全国干果生产与科研进展学术研讨会，枣为重要研讨内容。2008 年，在我国召开了首届国际枣属植物研讨会和首届中国枣业大会等大型学术会议。

综上所述，我国枣产业正在进入一个快速发展的新阶段，已成为果树中发展最快的树种之一。与之相适应，生产上对枣树种质资源研究提出了更高的要求。

四、我国枣种质资源研究和利用中存在的问题与对策

（一）存在问题

近年来，我国枣种质资源研究和利用虽然取得了很大成绩，但仍存在很多问题急需解决。

资源调查方面：地方优异资源的挖掘仍有很多工作要做，资源调查还有许多死角，特别是在偏远地区、农村和城市庭院中的许多珍稀优异类型尚未被发现和记载；另一方面，资源调查缺乏规范性，调查项目及标准不统一。

种质资源的收集保存方面：迄今全国各地收集保存的资源种类还只有已知资源的70%左右，且保存手段单一，基本上仅限于资源圃异地保存；此外，各地资源的收集保存缺乏统一规划，盲目性很大，由于重复建设造成资金和耕地的浪费，而许多优异资源则没有得到充分的保护，甚至处于濒危状态。

种质资源评价方面：主要表现在：(1) 枣树种质资源描述规范和数据标准应用普及率低，致使评价结果缺乏可比性，给信息的共享带来了一定难度。(2) 评价不够系统和深入，即不同指标评价涉及的品种不同，大多数品种都缺乏一套完整的数据资料，特别是具有枣树特色的营养学和抗逆性以及与育种密切相关的生殖生物学性状等评价还很不够，在水果上已受到高度重视的矮化和砧木资源的收集评价仍基本处于空白，资源评价对育种、栽培和加工利用的支撑作用不够。(3) 资源评价的动态性和重复性需要加强，许多性状的表达除受遗传因素影响外，还受到诸多外界环境因素的影响，所以在不同年份、不同发育期、不同气候条件下的表现常有所变化，现有的评价时间一般为1~2年，对于不同（极端）气候年份的品种表现缺乏了解。故此，对于各性状的评价应进行不同年份、不同发育期和不同生态条件的观察，以便为该品种的进一步利用提供技术支撑。随着调查和评价的不断深入，发现的具有优异性状的种质也越来越多，如何及时、高效率地利用这些优异资源是今后值得大力加强的重要工作。此外，我国目前从事枣种质资源研究的单位和人员很少，科研落后于生产需求的问题比较突出，枣树的品种分类方法还不成熟，基于亲缘演化关系的系统分类体系还没有建立起来。

新品种选育方面：目前，我国枣树的育种手段比较落后，较低的含仁率和常规杂交育种技术的限制使得枣树杂交育种进展缓慢。迄今，新审定的枣品种均来源于地方品种选优和实生选种，均基于现有品种固有遗传背景的基础之上，而且选种目标一般为丰产性、熟期、果个和果实品质等，对于特色品种如专用加工品种、高营养品种、设施栽培品种、耐贮藏品种等的选育还少见报道。枣树新品种的创新程度低，通过杂交和转基因等基因重组后的创新品种还没有。

品种审定方面：枣树品种的审定工作还不够规范，主要表现在新品种区试范围、面积不够，对照品种缺乏科学统一的标准，并且常缺乏品种区试的科学合理安排和规范。

良种繁育基地建设与管理方面：我国良种繁育基地建设缺少长期稳定的投资，基地建设还不够规范，生产经营与管理粗放，生产、科研、管理三结合的运行机制没有真正建立起来，对良种的宣传、示范和推广工作还有待进一步加强。

新品种推广方面：对新品种的宣传推广力度不够，示范效果欠佳，品种更新速度慢，良种普及率低。韩国的主要优良品种有5个，良种覆盖率几乎为100%。而我国目前的现状是不管良莠、就地繁殖、就近引种，新品种宣传力度不够，新品种的普及率很低。如近年来河北省审定了24个新品种，绝大多数还没有形成规模，新选育品种在河北省枣树生产中所占比例还不到5%，严重影响了枣产业的健康发展。

（二）对策与建议

随着国内外市场对枣果需求的日益增加和多样化，枣树生产对新品种的需求会大量增加，进而对枣种质资源的研究提出了更高和更迫切的要求。今后应立足于枣种质资源已有研究成果，针对上述存在问题和发展需求，重点开展以下几方面的研究工作。一是广泛发动基层技术人员和群众，调查收集新的珍稀优异资源，并因地制宜采取就地保护、异地保存、离体保存等多种形式予以科学的保护；二是对已收集保存的种质资源进行深入的评价，特别是加强功能成分、抗性、矮化等方面的深入评价；三是利用现代生物技术手段深入发掘枣的优异基因，为杂交育种和生物工程育种奠定基础；四是加强国外优良品种和优异资源的引进和适应性评价研究，进一步丰富我国的枣种质资源。

1. 提高资源保存和评价水平

一是扩大资源收集范围，增加收集数量。资源收集应避免重复建设，加大对特色资源特别是稀有、不同生态环境（如南方品种等）资源的收集。同时，枣的野生种——酸枣蕴含大量的优质、抗逆基因，必须加大对酸枣资源的调查和收集力度。

二是规范品种引进，建立引种档案。由于枣树多为地

方农家品种，同名异物和同物异名的现象比较突出，给种质的科学利用带来一定难度。这就要求建立规范化的品种引进档案，最好从原产地直接引入或者引种来源非常明确的单株，每个品种建立一个“身份证”或指纹图谱，包括引种具体地点(可追溯的位置描述)、树龄、所有人、引种人、引种年限、主要特点等。

三是增加资源圃投资力度，确保树体正常生长结果。品种资源是枣发展产业的基础，是宝贵的财富，资源圃也是枣产业发展水平的一种体现。应建立多渠道投资（政府直接投资、项目合作、地方投资等）体系，确保种质的正常生长和结果是当务之急。

四是建立保存品种档案，创建种质资源和信息共享机制。今后应该利用统一的资源调查方法，建立品种档案，并实现网上资源共享，以最大限度地提高资源的利用率。

五是增加科技投入和人员投入，制定科学的评价标准。应在已有工作的基础上，下大力对现有的资源进行系统调查和评价，特别是加工性状、育种性状和抗逆性的评价，为科学、高效利用提供基础支撑。

2．加大新品种选育力度

建立稳定的枣树育种科技队伍和育种基地。在进一步发掘地方优异资源、继续完成地方品种选优的同时，充分利用近年来在育种方法上取得的新进展，尽快把枣树育种工作转向以杂交育种、倍性育种、基因工程育种等现代育种手段为主的创新育种上来。选育目标亦应由丰产性、果实一般品质转向能够创造高附加值的优良性状如专用加工性状、高营养、抗逆性等。此外，在枣树育种工作中应充分利用酸枣这一蕴含丰富抗性和高营养（如高 Vc、高保健成分）基因的种质。

在加强新品种选育的同时，还应在全国范围内科学确定区域试验点，进一步规范新品种的现场检测和审定标准。

3．规范良种苗木的管理

按照《种子法》的规定，生产经营良种苗木，实行省级林业主管部门许可制度，生产单位要建立良种采穗圃，销售的苗木(或接穗）必须经过检验、检疫，并附有良种苗木标签。

4．加速良种推广进程

加大宣传力度，提高枣农的良种栽培意识，充分发挥良种示范园的示范作用，加快良种推广进程，提高良种普及率。

第二章 枣种质资源研究的主要内容和方法

深入开展种质资源研究是科学利用种质资源的基础。枣种质资源研究的主要内容包括种质资源的起源与分布、演化与传播、遗传多样性与分类、调查与收集、保存与评价、创新与利用、种质资源描述规范和数据标准等。枣种质资源研究的基本方法因研究内容而异。比如，起源演化研究方法包括历史考古、古文献考证、野生群落调查以及孢粉学、细胞学、植物化学、生物化学、分子生物学等方法；保存保护方法有异地保存、原地保存、离体保存等；评价方法有观察记载法、植物化学方法、植物生理生化方法、孢粉学方法、细胞学方法、分子生物学方法、遗传学方法等；创新和利用方法主要有芽变的利用、实生选种、杂交育种、诱变育种、生物技术育种等。

第一节　种质资源学的基本概念和研究内容

一、种质资源学的基本概念

1. 种质（Germplasm）

是指决定生物性状遗传并将其遗传信息从亲代传递给后代的遗传物质，在遗传学上称为基因。

2. 种质资源（Germplasm resources）

携带种质的载体，它可以是一个植株或某个器官，如根、块茎、胚芽或种子等，它们都具有遗传潜能性，具有个体的全部遗传物质。

3. 果树种质资源（Germplasm resources of fruits）

携带果树种质的载体。包括果树的野生种、近缘野生种、变种、栽培种、半栽培种、栽培品种、品系和单株等，也包括用于嫁接繁殖的砧木及果树病毒指示植物。

4. 种质资源学（Science of germplasm resources）

研究种质资源起源、演化和传播及其分布和分类，并对种质资源进行考察、收集、保存、评价、研究、创新和利用的科学。

5. 果树种质资源学（Science of germplasm resources of fruits）

研究果树种质资源起源、演化和传播及其分布和分类，并对果树种质资源进行考察、收集、保存、评价、研究、创新和利用的科学。

二、种质资源学研究的主要内容

（一）起源与分布

研究现代果树的原产地及其古今分布范围。每种果树种类都发生于某一特定地区，有一定的地域性，但其分布受人类传播的影响，分布范围会发生改变。搞清果树的起源，对于资源的引种、创新及利用有着十分重要的作用。果树资源分布问题，也是果树资源学研究的重要内容，对引种和利用同样具有指导作用。

（二）演化与传播

果树资源的演化包括研究野生种演变为当今栽培果树的过程、野生种类与栽培种类之间的亲缘关系、野生种类之间的亲缘关系等，这是一个资源学研究的理论问题，直接涉及到资源的合理分类。目前在资源研究中，许多果树种类的演化关系不清楚，如枣属植物中，枣和酸枣的亲缘关系和分类地位曾长期存在争议，又如梨中的白梨，有人认为是独立的一个种，又有人认为是种间杂种。而对众多野生种之间的进化关系更缺乏详细的了解。

通过研究果树的传播可以揭示人类利用果树资源的历史过程，从中汲取经验，可以为现代果树资源的开发利用提供借鉴，如可帮助人们有效地引种原生种质，从而改进现有品种的不足。

（三）遗传多样性与分类

遗传多样性是指存在于生物个体内、单个物种内以及物种之间的基因多样性。一个物种的遗传组成决定着它的特点，这包括它对特定环境的适应性，以及它被人类利用的可能性等。任何一个特定的个体和物种都保持着大量的遗传类型，就此意义而言，它们可以被看作为单独的基因库。基因多样性，包括分子、细胞和个体 3 个水平上的遗传变异度，因而成为生命进化和物种分化的基础。一个物种的遗传变异愈丰富，它对生存环境的适应能力便愈强；而一个物种的适应能力愈强，则它的进化潜力也愈大。

丰富多彩的果树种质资源，需按照某种属性进行一定的分类处理，这是资源进一步研究利用的基础。这方面主要包括传统的植物学分类，即新种的鉴定与命名（包括种的归并），不同种的系统分组等；品种学分类，依照品种的亲缘关系，结合栽培利用属性、生态环境等，对不同品种予以分类。

（四）收集与保存

有效的收集与保存果树种质资源，不但可以防止种质资源的流失，而且有利于集中评价、研究和利用。

果树种质资源收集研究的主要内容包括资源收集对象的选择和收集时期。选择正确的收集对象包括两方面的含义：一方面是指含有不同遗传信息的资源类型（如种、亚种、变种、品种、单株）；另一方面是携带这些遗传信息的载体（如个体、器官、染色体、基因等）。只有收集适当，才能做到经济节约，且不会遗漏，同时也便于以后利用。对于不同的果树资源来说，收集的最适时期会有所不同，这也需要分别加以考虑解决。

果树种质资源保存研究的内容主要是保存方法的研究，如田间种植保存、组织培养保存法、超低温保存法、种子花粉保存法、基因文库保存法等，是热门的研究领域之一。没有可靠有效的保存方法，就谈不上对丰富多样的资源种类进行保存，以致其他工作无从或很难开展。

（五）资源的评价与利用

资源的评价工作是资源利用的基础，同时本身又对资源的收集保存起着一定的反馈指导作用。

果树种质资源评价研究的内容主要包括两个方面：一是各种果树评价系统的建立，即评价标准和方法。二是对各种果树资源特性做出具体的评价。需要指出的是，有关果树资源的评价系统，应是一个不断发展的开放系统，它会随着研究的不断深入增加一些新的项目，以适应资源利用所提出的新要求。如当人们对病毒病还不大清楚的时候，资源的抗病毒能力并不为人们所关注，但当其成为广为人知的一类严重病害时，这一特性又会被人们高度重视。

资源的利用是资源研究的最终目的。在果树种质资源学中，资源的利用研究只涉及为有关资源提供何种利用价值的信息，以及指出资源利用的可能途径。

第二节　枣种质资源研究的基本方法

一、起源演化研究方法

（一）历史考古法

借鉴历史学、考古学，来探讨枣树种质资源的起源、演化、传播及利用情况，是一种重要的研究手段。

1. 化石资料

在山东省临朐县曾发现中新世（距今1200万～1400万年）矽藻土中山旺枣（*Ziziphus miojujuba* Hu et Chang）叶化石，与现代酸枣叶片进行比较后认为，这种化石与现代酸枣很相似。山旺枣广泛分布于中国北部各省，南到江苏、安徽、四川。据此可以证明，中国早在1200万年以前就有酸枣，且分布范围较广，从而为酸枣原产我国提供了强有力的证据。

2. 出土文物

20世纪60年代以来，先后在湖北随州、江陵、云梦以及湖南长沙、广东广州、江苏连云港、四川昭化、甘肃武威、新疆吐鲁番等地古墓中均挖掘出枣核和干枣。这些古墓均有2000年以上的历史，说明在2000年以前在中国广大地区已有大量栽培。20世纪70年代在河南密县莪沟北岗新石器时代遗址发掘出碳化枣核和干枣，^{14}C测定结果表明，距今已有7240±80年的历史，说明中国早在7000年前就已开始利用枣果了，为枣最早栽培于黄河中下游提供了有力证据。

（二）古文献记载

古文献记载为枣的起源地提供了有力的佐证。《诗经》（公元前10世纪）是最早记载枣树栽培的史书。在《诗经·豳风篇》中载有“八月剥枣，十月获稻”的诗句。一般认为，豳是周王朝开国的地方，即今陕西省的彬县。《彬县志》中曾指出，现在当地的产枣区在周朝就称为“枣林川”、“枣林坪”。《尔雅》（公元前600年）中也有“洗，大枣，今河东猗氏出大枣子如鸡卵”的记载。河东即山西运城附近。从这些可看出，陕、晋是枣栽培最早的地区。

（三）酸枣的野生群落分布和古酸枣树

野生酸枣的群落分布可以作为枣起源演化的旁证。酸枣在中国北方的太行山、吕梁山、五台山区均有大量分布且类型繁多，这是因为经过长期演化和自然选择所形成的丰富的基因库。至今，在黄河流域仍生存着多株树龄在500～1000年的古酸枣树，而在南方未发现具有一定树龄的大酸枣树。这些为枣起源于我国北方这一论点提供了旁证。

（四）孢粉学方法

用醋酸酐处理花粉，在光学显微镜和扫描电镜下观察花粉大小、形态、萌发孔类型和数目、外壁纹饰等，在透射电镜下观察花粉壁的结构，这些结果可用于枣的起源演化分析。

（五）细胞学研究方法

用细胞学方法研究枣种质资源的起源演化主要是应用染色体分析技术，包括染色体组分析、染色体核型分析和染色体带型分析等。染色体组分析是观察生物细胞内染色体数目、染色体组的组成和其减数分裂行为。染色体核型分析是分析细胞内染色体的长度、着丝点位置、臂比、随体大小等特征。染色体带型分析是以染色体带纹的数目、部位、宽窄与浓淡等具有相对稳定性的特征为依据，借助特殊的理化方法及染料进行染色，使染色体显现出深浅不同的染色体带纹特征，继而进行分析。

（六）植物化学和生物化学研究方法

生物化学是研究生物的化学组成和生命过程中化学变化的一门科学。主要有植物化学分析、血清学分析、同工酶分析等。

植物化学分析主要是研究有机物的种类、含量以及相互作用的方法，通过薄层层析、气相或高效液相等技术进行分析。植物化学分析可以为枣种质资源研究提供有效的信息，化学成分在一定程度上可以反映枣的起源和演化关系。

血清学分析是用蛋白质的血清鉴定法来测定植物种质资源的亲缘关系。血清学是运用凝胶扩散和电泳的方法，抗原和抗体在琼脂凝胶中借助电泳力相对扩散形成沉淀，对蛋白质结构进行定性鉴定，可以用于枣的亲缘关系研究。

同工酶是指能催化同一种化学反应，但其酶蛋白本身的分子结构组成有所不同的一组酶。不同的枣属植物种、枣的不同品种，根据其同工酶谱的相似性，即可分析它们的亲缘关系。在分析中要注意同工酶的发育阶段性。

（七）分子生物学方法

分子生物学是20世纪50年代以来发展最快的学科，是研究核酸、蛋白质等生物大分子的形态、结构特征及相互关系的科学。近些年发展最快的是分子标记技术。分子标记是以生物大分子，尤其是生物体的遗传物质——核酸的多态性为基础的遗传标记。近20年来，在人类基因组研究计划的推动下，分子标记的研究与应用得到了迅速的发展。用核酸的碱基序列、叶绿体和线粒体的碱基序列以及分子标记技术可以研究枣属植物的起源、演化和亲缘关系。

二、调查收集方法

枣资源调查法就是实地考察枣的品种和类型、生长及分布情况，可以组建枣种质资源调查工作队，人员由从事枣、植物、土壤等有关专业的人员组成；也可以通过行政主管部门安排协调。通过资源调查，可以揭示枣品种的生长习性，为资源评价奠定基础。

枣种质资源的收集方法可以根据不同情况采用不同的方法，对于当地种质资源，只要采用适当的材料（芽、枝条）就地嫁接保存即可；对于酸枣等野生资源，收集时可采用芽、枝条，也可采用种子。但采用种子繁殖后，子代性状会发生一定的变异，在收集酸枣资源时，要注意从不同地区收集种源。为了保持所采酸枣母株的特性，最好也采集无性繁殖材料。

三、保存保护方法

枣种质资源保存的方式主要有异地保存、原地保存和离体保存3种。

（一）异地保存

把整株枣树迁离它自然生长的地方，或采集母株的无性繁殖材料繁殖成苗木，移栽或嫁接于种质资源圃中。

（二）原地保存

在枣树的产地通过保护其所处的自然生态条件来保存枣树种质资源。如建立自然保护区保护野生资源。古枣树的就地保存也属于这种方式，如山东庆云隋唐老枣树的就地保存。

（三）离体保存

指利用种子、花粉、枝条等在适宜贮藏条件下进行保存。对酸枣可以用种子保存。花粉的低温干燥保存，在目前的技术水平下，仅限于短期保存。枝条保存也是短期保存方法。超低温保存方法在枣上还没有研究。

组织培养保存，主要用茎尖或其他组织在一定的培养基和培养条件下保存，以后能重新生长分化成新组织，长成小植株，能在较小的空间保存较多的材料。但由于枣的再生培养相对其他树种较难，目前用此方法还不成熟。

随着保存方法的研究和改进，其他的保存方法在枣上也值得探索，如基因文库保存等。

四、评价方法

枣种质资源评价的方法较多，概括介绍如下。

观察记载法：对枣资源直观记载，不需要复杂的试验设计及仪器分析，从而对其性状进行一定的描述或评价。观察记载中，一定要注意所观察对象的描述记载结果有可比性、易读性和综合分析性。

植物化学研究方法：对枣树有机物特别是功能性营养成分的种类、含量进行分析测定。

植物生理生化方法：对枣树的抗逆性、呼吸代谢、酶活性等生理生化指标进行测定。

孢粉学方法：对枣树的花粉形态、萌发孔类型、外部纹饰、花粉壁结构进行测定。

细胞学方法：对枣树的染色体数目、核型、带型及减数分裂行为等进行测定。

分子生物学方法：对枣树的DNA序列、分子标记等进行研究。

遗传学方法：对枣树有关性状的遗传特性进行分析。

五、创新和利用方法

枣种质资源的创新方法主要有芽变的利用、实生选种、杂交育种、诱变育种、生物技术育种等。

芽变是体细胞突变的一种，突变发生在芽的分生组织细胞中，当芽萌发长成枝条开花结果以后，表现出与原品种的性状有明显差异时才易被发现。芽变总是以枝变的形式出现。有时发生枝变后，在没有被觉察前，已被无意识地用于无性繁殖，当长成新的植株时才被首次发现，这时称为株变。枣自古以来以分株繁殖为主，枣树的水平根易发生不定芽，萌发长成根蘖苗，利用根蘖苗进行分株繁殖。当体细胞突变发生在不定芽时，就会出现整株突变。如鸣山大枣就是一株敦煌大枣根蘖苗的整株芽变。

实生选种仍是主要的选种方法。实生选种可以是从自然条件下的实生变异中选优，也可以是有计划地采集和播种自然杂交种子。与杂交育种相比，实生选种是利用现有的变异，省去了人工创造变异的过程，选出的良种对当地有较强的适应性，便于繁殖推广，但存在着被动等待变异、基因型单一及难于定向培育品种等问题。

杂交育种是按特定的育种目标选配亲本，通过杂交获得杂种，继而在杂种后代中进行选择以育成符合生产和消费要求的新品种，是果树育种中最重要的途径。但在枣树上，由于花小、去雄困难、坐果率低、胚败育率高等原因，至今没有培育出良种。利用雄性不育和胚挽救技术或采用局部隔离法结合子代的分子检测，枣的杂交育种有可能获得突破。

诱变育种和生物技术育种也是枣种质创新的重要途径。目前，枣的倍性育种已取得突破性进展。

枣种质利用的方法有直接利用和间接利用。直接利用是指调查发现的枣种质经审定直接应用于生产，间接利用是指调查发现的枣种质作为育种的材料加以利用。

第三节　枣种质资源描述规范和数据标准

一、枣种质资源基本术语及其定义

1. 形态特征和生物学特性 Morphological and biological characteristics

枣种质资源的物候期、植物学形态、生长结果习性、产量性状等特征特性。

2. 品质性状 Fruit quality

枣种质资源果实的外观品质、感官品质和营养品质性状。外观品质性状主要包括果实大小、果实形状、果实颜色、果实整齐度等；感官品质性状包括果肉质地、果肉粗细、果肉汁液、果实风味、果实异味等；营养品质性状包括鲜枣和干枣可溶性固形物含量、可溶性糖含量、可滴定酸含量、维生素 C 等功能性成分的含量。

3. 抗逆性 Stress resistance

枣种质资源对各种非生物胁迫的适应或抵抗能力，包括抗裂果性、耐旱性、耐寒性、耐涝性、耐盐碱性等。

4. 抗病虫性 Resistant to diseases and pests

枣种质资源对各种生物胁迫的适应或抵抗能力，包括枣疯病、缩果病、桃小食心虫、绿盲蝽等。

5. 枣头 Extention shoot（图 2-1）

由主芽萌发形成的当年生发育枝，是形成树体骨架和结果单位枝的主要枝条。枣头具有多年连续延长生长的特性。一年中多一次生长，生长曲线呈单“S”形，生长期 50～90d，生长量较大，一般 50～100cm，有时可达 200cm 以上。

6. 二次枝 Secondary shoot（图 2-2）

枣头上由副芽形成的永久性枝，呈“之”字形生长，是着生枣股的主要枝条，故又称结果基枝。枣头中下部着生的二次枝长而健壮，越近顶端越细弱，甚至形成短芽；近基部着生的二次枝，当年落叶期后多脱落。二次枝生长量较小，生长盛期仅 15～20d，二次枝停止生长后不形成顶芽，翌春先端回枯。

7. 枣股 Mother bearing shoot（Fruit bearing spur）（图 2-2）

枣股是枣树的结果母枝，主要着生在 2 年生以上的二次枝上，个别着生在枣头的顶端或基部。枣股形成后可连续多年生长结果，一般可抽生 2~7 个枣吊，枣股年生长量极小，一般仅 0.1～0.2cm。据枣股的生长习性和形态特征可认为枣股是短缩的枣头，枣吊相当于二次枝。枣股的结实能力与品种、栽培管理措施，尤其是枝条的种类、枝龄、部位等有关。一般 3~8 年生二次枝上的枣股结实能力强。枣股的寿命可达 15~20 年。

8. 枣吊 Bearing shoot（图 2-3）

枣吊是枣树的结果枝，又称脱落性枝、落性枝等。枣吊主要着生于枣股上，枣头基部和二次枝各节也着生枣吊。枣吊一般长约 10~34cm，具 10~18 个节位。枣吊每年由枣股上的副芽萌发，随着枣吊生长，叶片增多，叶腋间形成花序，开花结果。即枣树的枝条生长和开花结果是同时进行的。在同一枣吊上，以 4~8 节的叶片最大，3~7 节最易结果，且果个大。

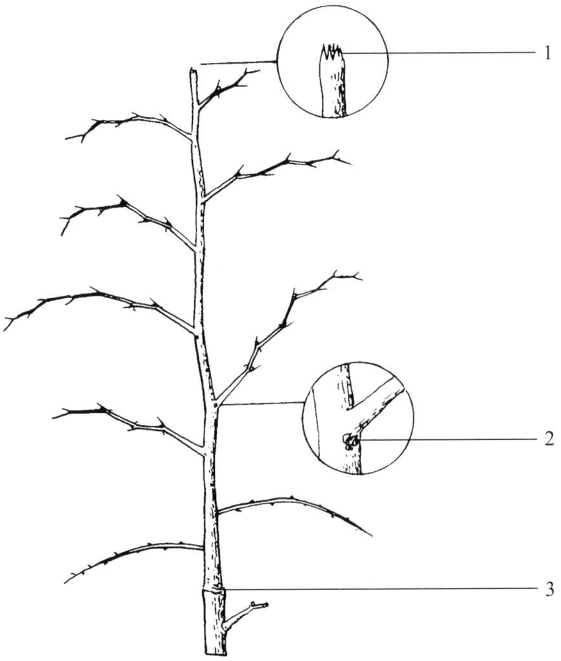

图 2-1 枣头

Figure 2-1 Extention shoot

1. 顶芽主芽 Top main bud；2. 腋间主芽 Axillary main bud；3. 枣头萌发处 Germinating place

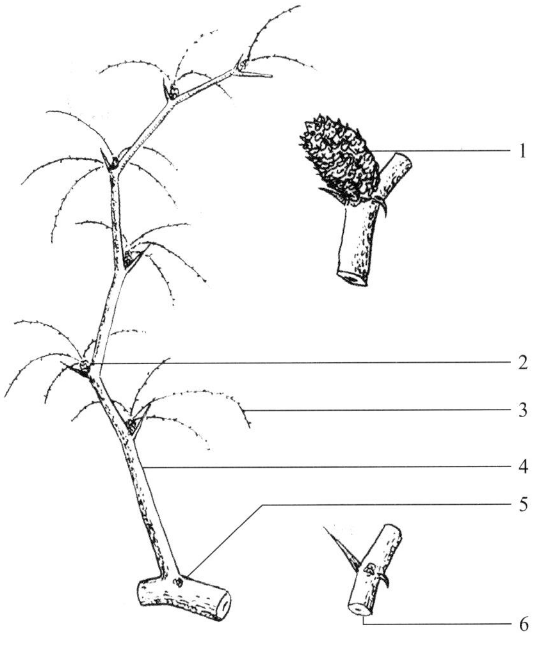

图 2-2 二次枝和枣股

Figure 2-2 Secondary shoot and mother bearing shoot

1. 老年枣股 Old mother bearing shoot；2. 中年枣股 Middle-age mother bearing shoot；3. 枣吊 Bearing shoot；4. 二次枝 Secondary shoot；5. 枝腋间主芽 Axillary main bud；6. 一年生枣股 1-year-old mother bearing shoot

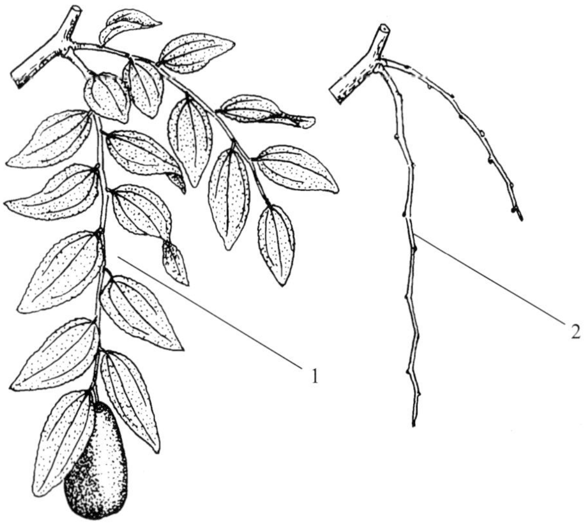

图 2-3　枣吊

Figure 2-3　Bearing shoot

1. 生长期枣吊 Bearing shoot during growing period；
2. 落叶期枣吊 Bearing shoot after defoliation

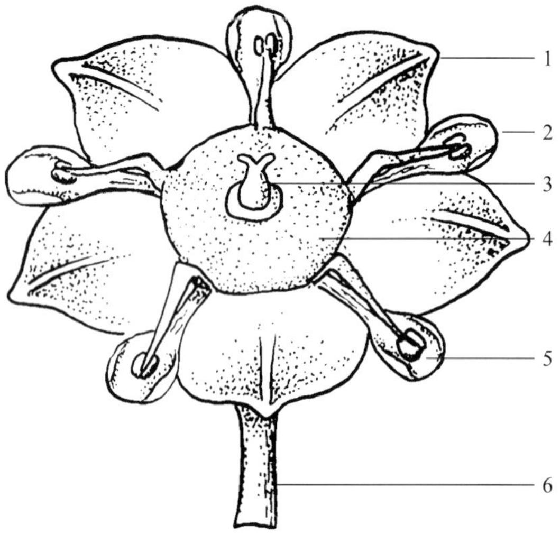

图 2-5　花

Figure 2-5　Flower

1. 萼片 Sepal；2. 花瓣 Petal；3. 雌蕊 Pistil；4. 蜜盘 Flower disk；
5. 雄蕊 Stamen；6. 花梗 Flower stalk

9. 花序和花 Inflorescence and flower（图 2-4、图 2-5）

枣花序为二歧聚伞花序或不完全二歧聚伞花序。其开花顺序为位于花序中心的花（零级花或中心花）先开，然后是一级花、二级花、多级花。枣的花序最多 6 级，但 3 级以上花质量差，发育不良而脱落。枣花的花小，具萼片、花瓣、

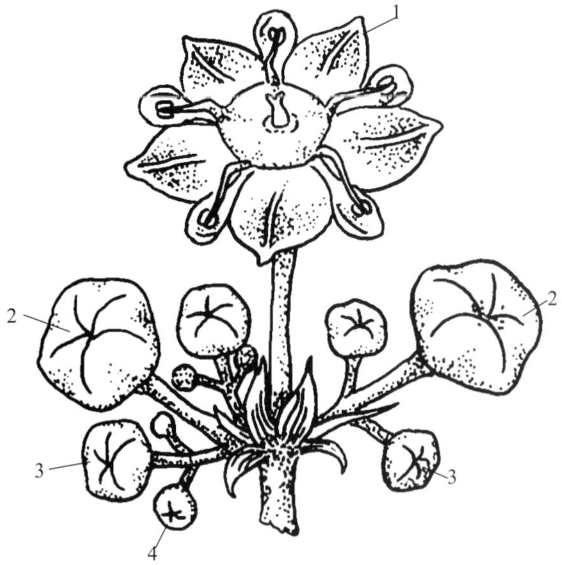

图 2-4　花序

Figure 2-4　Inflorescence

1. 零级花 Center flower；2. 一级花 One-grade flower；
3. 二级花 Second-grade flower；4. 三级花 Third-grade flower

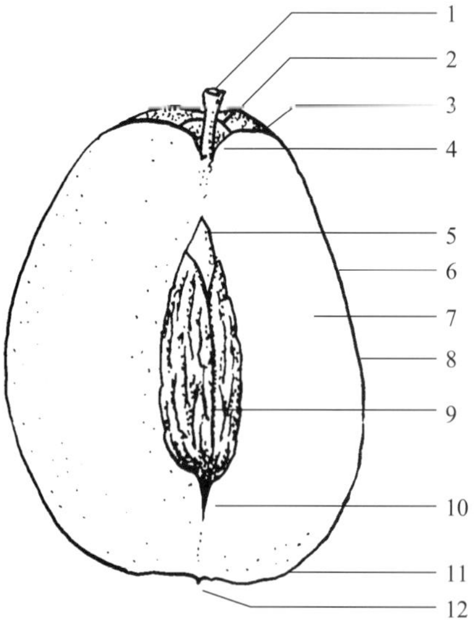

图 2-6　果实

Figure 2-6　Fruit

1. 果柄 Stalk；2. 萼痕 Sepal scar；3. 果肩 Fruit shoulder；4. 梗洼 Stalk cavity；5. 核脐部 Stone omphalos；6. 果皮 Fruit skin；7. 果肉 Flesh；8. 胴部 Carcass；9. 缝合线 Seam；10. 核尖 Stone peak；11. 果顶 Fruit top；12. 柱头痕 Stigma scar

雄蕊各 5 枚，雌蕊由 2 心皮合成，柱头 2 半裂，稀 3 裂，子房 2 室。

10. 果实 Fruit（图 2-6）

枣果为真果，子房外壁形成外果皮，中壁形成果肉，内壁硬化成核，花梗形成果柄，属于核果类，但其梗洼环

及其附近部分由蜜盘形成。

11. 休眠期 Dormancy period

枣树年生长周期中从落叶至翌年萌芽的一段时期。

12. 停止生长期 No growing period

枣树年生长周期中枣头停止生长后至翌年萌芽前的一段时期。

二、枣种质资源描述的基本信息和方法

（一）基本信息 Basic information

1. 全国统一编号 Accession number

种质的惟一标识号。枣种质资源的全国统一编号由"ZF"加4位顺序号组成的6位字符串，如"ZF0001"。其中"Z"代表枣种质资源，"F"代表国家枣种质资源圃，后4位为顺序码，从"0001"，到"9999"，代表具体枣种质的编号。

2. 种质圃编号 Repository number

枣种质在国家枣种质资源圃中的编号。是由"Z"加4位顺序号组成的5位字符串，如"Z0101"，第一位是"Z"代表枣，后4位为顺序号，从"0001"到"9999"，代表具体枣种质的编号。每份种质具有惟一的种质圃编号。

3. 引种号 Introduction number

枣种质从国外引入时赋予的编号。引种号是由年份加4位顺序号组成的8位字符串，如"19940024"，前4位表示种质的引进年份，后4位为顺序号，从"0001"到"9999"。每份引进种质具有惟一的引种号。

4. 采集号 Collecting number

枣种质在野外采集时赋予的编号。一般由年份加2位省份代码加4位顺序号组成。

5. 种质名称 Accession name

枣种质的中文名称。国内种质的原始名称和国外引进种质的中文译名，如果有多个名称，可以放在英文括号内用英文逗号分隔，如"种质名称1 (种质名称2, 种质名称3)"，国外引进种质如果没有中文译名，可直接填写种质的外文名。

6. 种质外文名 Alien name

国外引进种质的外文名或国内种质的汉语拼音名。国内种质每个汉字的汉语拼音之间不留空格，首字母大写。国外引进种质的外文名应注意大小写和空格。

7. 科名 Family

鼠李科 (Rhamnaceae)。科名由拉丁名（正体）加英文括号内的中文名组成，如"Rhamnaceae (鼠李科)"。如没有中文名，直接填写拉丁名。

8. 属名 Genus

枣属 (*Ziziphus* Mill.)。属名由拉丁名（斜体）加英文括号内的中文名组成，如"*Ziziphus* Mill. (枣属)"。如没有中文名，直接填写拉丁名。

9. 学名 Species

枣的学名为 *Ziziphus jujuba* Mill.。学名由拉丁名（属名和种加词，即前两个词斜体；定名人为正体）加英文括号内的中文名组成，如"*Ziziphus jujuba* Mill. (枣)"。如没有中文名，直接填写拉丁名。

10. 原产国 Country of origin

枣种质原产国家名称、地区名称或国际组织名称。国家和地区名称参照 ISO 3166 和 GB/T 2659。如该国家已不存在，应在原国家名称前加"原"，如"原苏联"。国际组织名称用该组织的外文名缩写，如"IPGRI"。

11. 原产省 Province of origin

国内枣种质原产省份名称，省份名称参照 GB /T 2260；国外引进种质原产省用原产国家一级行政区的名称。

12. 原产地 Origin

枣种质的原产地。比较清楚明确地标明到县、乡、村。县名参照 GB/T2260。不详的注明"不详"。

13. 海拔 Altitude

枣种质原产地的海拔高度。单位为 m。

14. 经度 Longitude

枣种质原产地的经度，单位为(°）和(′)。格式为 DDDFF，其中 DDD 为度，FF 为分。东经为正值，西经为负值，例如，"12125"代表东经 121° 25′，"-10209"代表西经 102° 9′。

15. 纬度 Latitude

枣种质原产地的纬度，单位为(°）和(′)。格式为 DDFF，其中 DD 为度，FF 为分。北纬为正值，南纬为负值，例如，"3208"代表北纬 32° 8′，"-2542"代表南纬 25° 42′。

16. 来源地 Sample source

国内枣种质的来源省、县名称，国外引进种质的来源国家、地区名称或国际组织名称。国家、地区和国际组织名称同第 10 项，省和县名称参照 GB /T 2260。

17. 保存单位 Donor institute

枣种质提交国家种质资源圃前的原保存单位名称。单位名称应写全称，例如"山西省农业科学院果树研究所"。

18. 保存单位编号 Donor accession numbe

枣种质原保存单位赋予的种质编号。保存单位编号在

同一保存单位应具有惟一性。

19. 系谱 Pedigree

枣选育品种（系）的亲缘关系。

20. 选育单位 Breeding institute

选育枣品种（系）的单位或个人。单位名称应写全称，例如“山西省农业科学院果树研究所”。

21. 育成年份 Releasing year

枣品种(系) 培育成功的年份。例如“1980”、“2002” 等。

22. 选育方法 Breeding method

枣品种（系）的育种方法。例如“系选”、“杂交”、“辐射” 等。

23. 种质类型 Biological status of accession

枣种质类型分为 6 类：

1 野生资源 Wild germplasm；

2 地方品种 Traditional cultivar/Landrace；

3 选育品种 Advanced/improved cultivar；

4 品系 Breeding line；

5 遗传材料 Genetic stocks；

6 其他 Other。

24. 图像 Image file

枣种质的图像文件名，图像格式为.jpg。图像文件名由统一编号加半连号“-” 加序号加“.jpg” 组成。如有两个及两个以上图像文件，图像文件名用英文分号分隔。如“ZF0010-1.jpg; ZF0010-2.jpg”。图像对象主要包括植株、花、果实、特异性状等。图像要清晰，对象要突出。

25. 观测地点 Observation location

枣种质形态特征和生物学特性观测地点的名称，记录到省和县名，如“山西太谷”。

（二）形态特征和生物学特性
Morphological and biological characteristics

26. 树姿 Tree posture

未整形修剪成年树的自然生长分枝状态（图 2-7）。在树体休眠期观察测定，每株树选取树冠靠下部的 3 个主枝或骨干枝，测定主枝或骨干枝与中心主干的基角。

依据调查结果，对照树姿模式图和下列标准确定树姿。

1 直立 Erect （主枝基角< 45°）；

2 半开张 Half spreading （45° ≤主枝基角< 75°）；

3 开张 Spreading （主枝基角≥ 75°）。

27. 树形 Tree form

未整形修剪成年树自然生长状态的树冠形状（图 2-8）。在树体休眠期观察，对照树形模式图确定树形。

1 圆头形 Globose shape；

2 圆锥形 Circular cone shape；

3 圆柱形 Cylinder shape；

4 偏斜形 Trunk oblique extending shape；

5 乱头形 Multiple head shape；

6 伞形 Umbrella shape；

7 半圆形 Half globose shape。

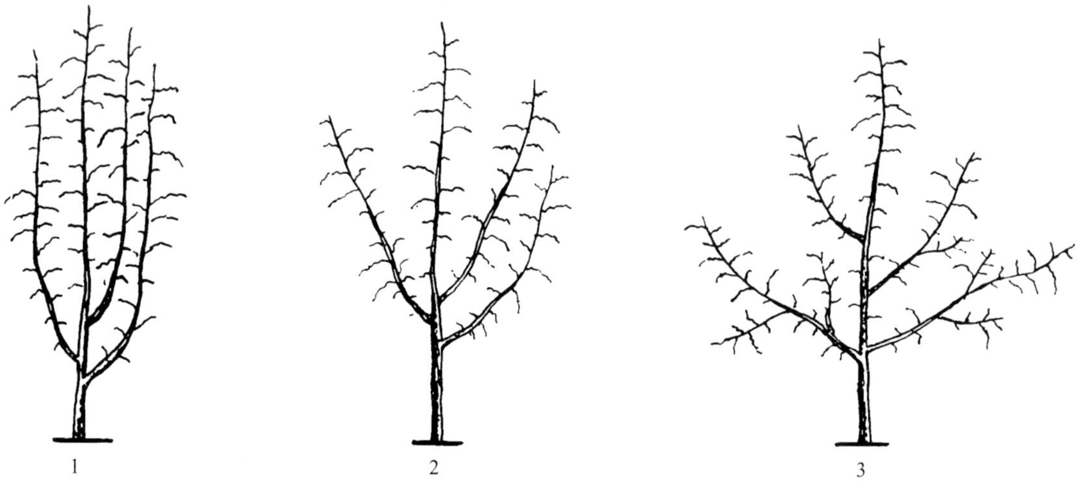

图 2-7 树姿

Figure2-7 Tree posture

1. 直立 Erect； 2. 半开张 Half spreading； 3. 开张 Spreading

图 2-8　树形

Figure 2-8　Tree form

1. 圆头形 Globose shape；2. 圆锥形 Circular cone shape；3. 圆柱形 Cylinder shape；4. 偏斜形 Trunk oblique extending shape；5. 乱头形 Multiple head shape；6. 伞形 Umbrella shape；7. 半圆形 Half globose shape

28. 树势 Tree vigor

正常生长的成年树体的生长势状况。在生长后期或休眠期均可观察测定，根据树体高度、冠径、干粗和枣头生长量等，综合判断树体的强弱状况，确定树势的强弱。

3 强 Vigorous；

5 中 Intermediate；

7 弱 Weak。

29. 主干皮裂状况 Trunk cracking habit

成年树主干表皮以外干枯死亡组织开裂状况，根据裂片的形状分为 2 种（图 2-9）。在生长期和休眠期均可观察。以成年树为观察对象，采用目测法观察树体主干表皮干枯坏死组织裂纹的特征，判断皮裂的状况。还应注意不同种质主干裂块剥落的难易程度等特征。

1 条状 Stripe（纵向裂纹深而多，且多无横向裂纹切断，纵向裂纹开裂长度远大于宽度）；

2 块状 Lumpy（纵向和横向裂纹深度、数量相差不明显，纵向裂纹间有一定宽度）。

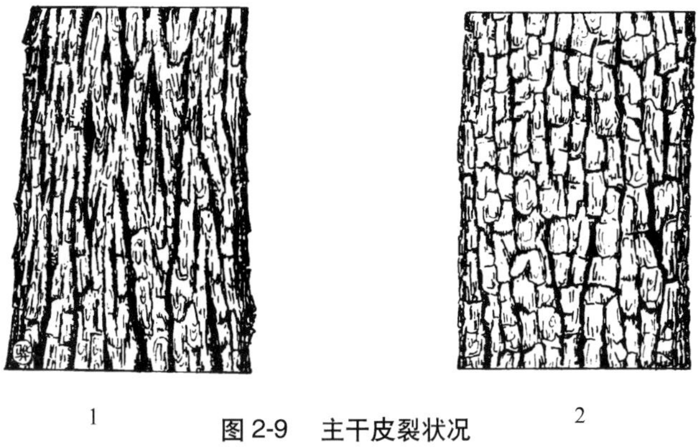

图 2-9　主干皮裂状况

Figure 2-9　Trunk cracking habit

1. 条状 Stripe；2. 块状 Lumpy

30. 枣头长度 Length of extension shoot

枣头停止生长期，正常生长和整形修剪的成年树枣头基部至先端的距离。在枣头停止生长后至休眠期，至少选取3株成龄树，每株样本树随机选取树冠外围不同方位的20个枣头，选取的枣头要求尽可能处于斜生状态、冬季修剪程度基本一致、夏季未摘心。测定枣头的基部至顶端生长点的长度，取平均值。单位为cm，精确到0.1cm。

31. 枣头节间长度 Length of internode

枣头停止生长期，正常生长和整形修剪的成年树枣头节间长度。在枣头停止生长后至休眠期，至少观测3株树，每株样本树选取10个枣头上的30个节。测量枣头从第一个永久性二次枝开始至其上的4~7节位的长度，根据下列公式计算节间长度，取平均值。单位为cm，精确到0.1cm。

$$LI=l/n$$

式中：LI——节间长度；

l——枣头测量部分的长度；

n——节数。

32. 枣头粗度 Thickness of extension shoot

枣头停止生长期，正常生长和整形修剪的成年树枣头距基部5cm处的直径。以第30项中选取的枣头为观测对象，测量枣头的基部向上5cm处的直径即粗度，取平均值。单位为cm，精确到0.01cm。

33. 枣头色泽 Color of extension shoot

枣头停止生长期，正常生长和整形修剪的成年树枣头距基部15cm以内表皮的颜色。在枣头停止生长后至休眠期，以树冠外围光线直射处的枣头为观测对象，通过目测或比色卡观察枣头距基部15cm以内向阳面表皮的色泽。

依据观察结果，确定种质的枣头色泽。

1 浅灰色 Light grey；

2 灰绿色 Celadon；

3 黄褐色 Yellow brown；

4 红褐色 Fusco rufous；

5 灰褐色 Taupe；

6 紫褐色 Purple brown。

上述没有列出的其他枣头色泽，需要另外给予详细的描述和说明。

34. 枣头蜡层 Wax layer on the surface of extension shoot

正常生长的成年树枣头表面蜡层的有无和多少。以第33项中选取的枣头为观测对象，采用目测和用手擦拭相结合的方法，观察枣头表面蜡层。

根据观察结果和下列说明，确定种质枣头蜡层的有无和多少。

0 无 None（无蜡层）；

1 少 Sparse（蜡层不明显，蜡质少）；

2 多 Dense（蜡层明显，蜡质多）。

35. 二次枝长度 Length of secondary shoot

枣头停止生长期，正常生长和整形修剪的成年树枣头上4~7节处生长健壮的二次枝的长度。在枣头停止生长后，选取树冠外围不同方位的中下部的枣头4~8节处生长健壮的二次枝，每株样本树选取4个枣头，总计16~20个二次枝。测量每个二次枝的长度，取平均值，并以此作为一次重复，至少观测3株成龄树。单位为cm，精确到0.1cm。

36. 二次枝节数 Number of secondary shoot node

枣头停止生长期，正常生长和整形修剪的成年树枣头上二次枝的节数。以第35项中选取的二次枝为观测对象，调查每个二次枝节数，取平均值。单位为节，精确到0.1。

37. 二次枝弯曲度 Curvatura degree of secondary shoot

枣头停止生长期，正常生长和整形修剪的成年树枣头中部二次枝相邻两节的内夹角。以第35项中选取的二次枝为观测对象，分别测量二次枝3~8节相邻节间的夹角，取平均值。单位为“°”，精确到整数位。

38. 成枝率 Branching ability

枣头停止生长期，正常生长和整形修剪的成年树上1年生枣头在短截后抽生新枣头的能力。每株样本树随机选取树冠外围生长健壮一致的枣头20个，在休眠期进行冬季修剪，修剪的方法是对枣头留4~6节短截，并疏除剪口下第1个二次枝。在当年的生长期和休眠期调查统计剪口下第1个主芽抽生新枣头的数量，并计算抽生枣头的百分率，并以此作为一次重复，至少选取5株成龄树。以%表示，精确到0.1%。

另外，二次枝的成枝率大小对幼树树形培养极为重要，其观测计算方法同上述的枣头的成枝率。但其修剪技术有不同要求，主要方法是冬季修剪时选取中央领导干枣头上生长健壮、方位适宜的二次枝3个左右，留2~3节短截，观察剪口下第1个芽抽生新枣头的数量。

39. 针刺状况 Thorn

正常生长和整形修剪的成年树枣头上的针刺状况（图2-10）。在枣头停止生长后至整个休眠期，观察树冠外围不同方位中下部的枣头上针刺的发达程度。

参照针刺状况模式图，确定种质的针刺状况。

0 无 Thornless；

1 不发达 Thorny；

2 发达 Flourish thorn。

针刺由托叶演生而来，有两种生长状态，一为直刺，较长；一为钩刺，较短。应注意观察不同种质两类针刺的生长状况。另外，随着枝龄的增大，其针刺有脱落退化现象，应注意观察不同种质针刺的变化趋势。

40. 枣吊长度 Length of bearing shoot

枣吊停止生长期，正常生长成年树的 3~6 年生枣股上着生的枣吊基部至顶端生长点的长度。在枣吊停止生长期，选树冠外围不同方位 3~6 年生枣股上着生的枣吊，一般每株树选取 15~20 个枣股，每枣股调查生长中庸健壮的、较长的枣吊 2~3 个，测量枣吊基部至先端生长点的长度，取平均值。每株样本树的平均值为 1 个观察值，至少重复 3 次。单位为 cm，精确到 0.1cm。

41. 枣吊叶片数 Number of leaf on bearing shoot

枣吊停止生长期，正常生长成年树的 3~6 年生枣股着生的枣吊上叶片数。以第 40 项中选取的枣吊为观测对象，调查每个枣吊的叶片数，取平均值。每株样本树的平均值为 1 个观察值，至少重复 3 次。单位为片，精确到 0.1。

42. 叶片面积 Leaf area

枣吊停止生长期，正常生长成年树 3~6 年生枣股着生的枣吊中部成熟叶片的面积。以第 40 项中选取的枣吊为观测对象，每枣吊调查 2~3 片完全成熟叶片，测量叶片最长和最宽处的值，按以下公式计算叶面积。每株样本树的平均值为 1 个观察值，至少重复 3 次。单位为 cm^2，精确到 $0.1cm^2$。

$$S = L \times B \times C$$

式中：S——叶片面积；

L——叶长；

B——宽度；

C——系数。

也可直接用叶面积仪测定其叶片面积大小。

43. 叶片颜色 Leaf color

正常生长成年树 3~6 年生枣股上枣吊中部的成熟叶片正面的颜色。以第 40 项中选取的枣吊为观测对象，采用目测或比色卡的方法，确定叶片正面的颜色。

1 浅绿 Light green；

2 绿 Green ；

3 深绿 Dark green。

44. 叶片光泽 Leaf glossiness/luster

正常生长成年树 3~6 年生枣股上枣吊中部的成熟叶片正面的光泽明暗状况。在全树大部分叶片成熟时期，在正常一致的光照条件下，采用目测的方法观察全树叶片表面的光泽有无和亮度。

根据观测结果和下列说明，确定种质的叶片光泽类型。

1 灰暗 Dull（叶面无光泽，暗淡）；

2 较光亮 Glossier（叶面稍显光泽）；

3 光亮 Glossy（叶面有光泽，且鲜亮）。

45. 叶片状态 Leaf state

正常生长成年树 3~6 年生枣股着生的枣吊中部成熟叶片是否平展或卷曲状态（图 2-11）。以第 44 项中选取的叶片为观测对象，采用目测的方法观察叶片表面的平展或弯曲状态。根据观测结果和下列说明，确定种质的叶片状态类型。

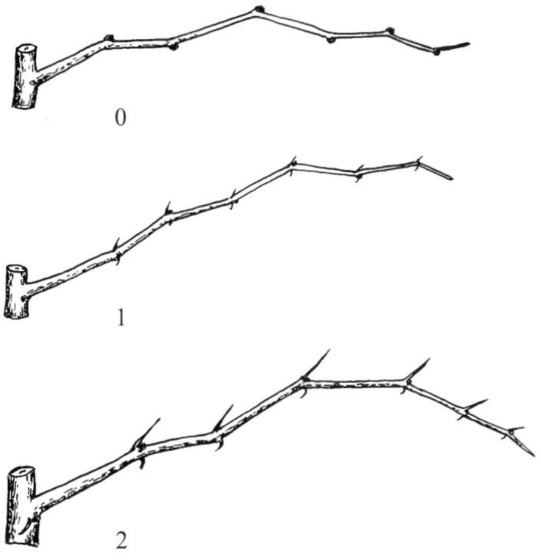

图 2-10 针刺

Figure 2-10 Thorn

0. 无 Thornless；1. 不发达 Thorny；2. 发达 Flourish thorn

图 2-11 叶片状态

Figure 2-11 Leaf state

1. 合抱 Curving；2. 平展 Flat；3. 反卷 Back curving

1 合抱 Curving（叶片四周边缘或相对的两边向叶片上表面弯曲）；

2 平展 Flat（叶片表面基本平直，无明显弯曲）；

3 反卷 Back curving（叶片四周边缘或相对的两边向叶片背面弯曲）。

46. 叶片形状 Leaf shape

正常生长成年树 3~6 年生枣股着生的枣吊中部的成熟叶片形状（图 2-12）。以第 40 项中选取的枣吊上的叶片为观测对象，采用目测的方法观察发育正常的叶片形状。根据叶片形状模式图，确定种质的叶片形状。

1 椭圆形 Ellipse；

2 卵圆形 Ovoid；

3 卵状披针形 Egg-oviform。

47. 叶尖形状 Shape of leaf apex

枣吊中部成熟叶片的叶尖形状（图 2-13）。以第 40 项中选取的枣吊上的叶片为观测对象，采用目测的方法观察发育正常的叶片叶尖形状。

根据叶尖形状模式图，确定种质的叶尖形状。

1 锐尖 Sharp tine；

2 急尖 Rapid tine；

3 钝尖 Blunt tine；

4 尖凹 Acute-recessed。

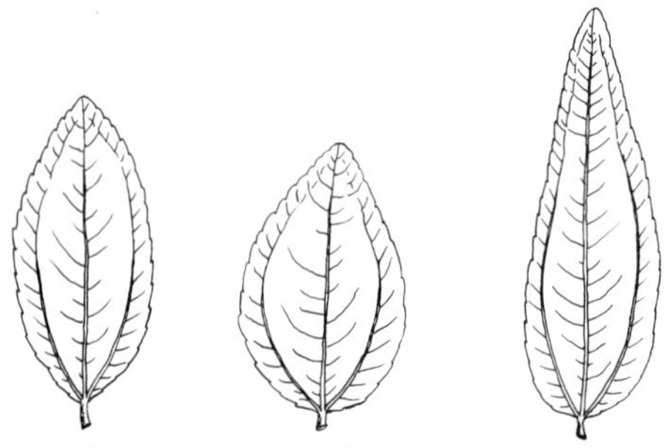

图 2-12 叶片形状

Figure 2-12 Leaf shape

1. 椭圆形 Ellipse；2. 卵圆形 Ovoid；3. 卵状披针形 Egg-oviform

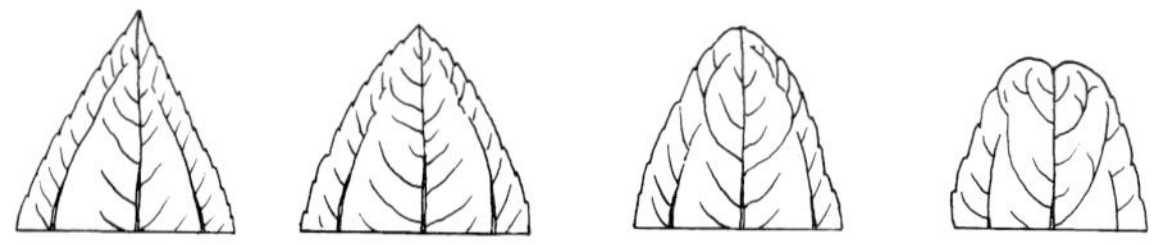

图 2-13 叶尖形状

Figure 2-13 Shape of leaf apex

1. 锐尖 Sharp tine；2. 急尖 Rapid tine；3. 钝尖 Blunt tine；4. 尖凹 Acute-recessed

48. 叶基形状 Shape of leaf base

枣吊中部成熟叶片基部的形状（图 2-14）。以第 40 项中选取的枣吊上的叶片为观测对象，采用目测的方法观察发育正常的叶片的叶基形状。根据叶基形状模式图，确定叶片基部的形状。

1 圆形 Round shape；

2 心形 Heart shape；

3 截形 Cut shape；

4 圆楔形 Round-cuneiform；

5 偏斜形 Inclination shape。

49. 叶缘形状 Shape of leaf margin

枣吊中部成熟叶片的边缘形状（图 2-15）。以第 40 项中选取的枣吊上的叶片为观测对象，采用目测的方法观察发育正常的叶片的叶缘形状。

根据叶缘形状模式图，确定种质叶缘的形状。

1 锐锯齿 Minute sawtooth；

2 钝齿 Bicrenate。

50. 每花序花朵数 Number of flower per Inflorescence

盛花期 3~6 年生枣股着生的枣吊中部 4~8 节处每个花序的平均花朵数。在盛花期选取树冠外围 3~6 年生枣股上着生的生长中庸健壮的枣吊中部 4~6 节的花序，每株样本树选 4~6 个枣股进行调查，每个枣股选 2 个枣吊，

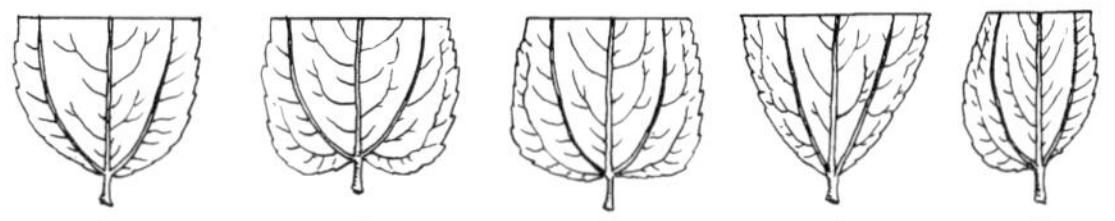

图 2-14 叶基形状

Figure 2-14 Shape of leaf base

1. 圆形 Round shape；2. 心形 Heart shape；3. 截形 Cut shape；4. 圆楔形 Round-cuneiform；5. 偏斜形 Inclination shape

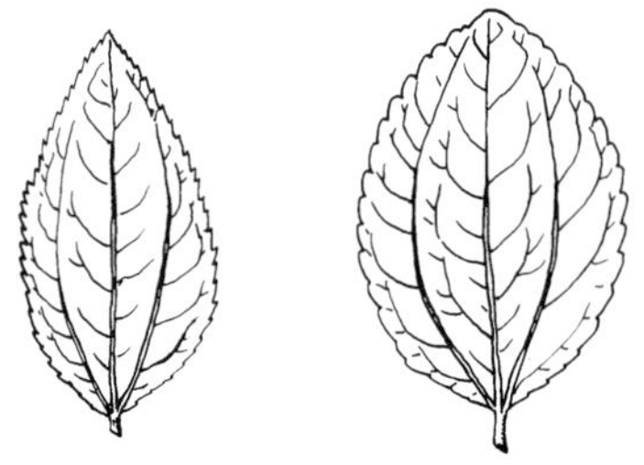

图 2-15 叶缘形状

Figure 2-15 Shape of leaf margin

1. 锐锯齿 Minute sawtooth；2. 钝齿 Bicrenate

每个枣吊选 1~2 个花序，调查每花序的花朵数，取平均数，以此作为 1 个重复观察值，至少选取 3 株树。单位为朵，精确到 0.1。

51. 花径大小 Size of opened flower

盛花期 3~6 年生枣股枣吊中部零级花萼片平展期相对萼片边缘的最大距离。在盛花期调查。选取树冠外围 3~6 年枣股上着生的生长中庸健壮的枣吊中部 4~6 节花序上着生的处于萼片平展期的零级花。每株树选 8~10 个枣股，每个枣股选 2 个枣吊，每个枣吊选 2 个花序的零级花，测量其相对萼片边缘间的最大距离。每株样本树的平均值作为 1 个重复观察值，至少重复 3 次。单位为 mm，精确到 0.1mm。

52. 雄蕊数 Number of stamen

盛花期正常开放的花朵的雄蕊数。以第 51 项中选取的零级花为观测对象，调查统计每朵花的雄蕊数，每株样本树的平均值作为 1 个重复观察值，至少重复 3 次。单位为枚，精确到 0.1。

53. 蜜盘色泽 Color of flower disk

盛花期正常开放花朵萼片的颜色。以第 51 项中选取的零级花为观测对象，采用目测或比色卡的方法观察，对照下列标准确定零级花的萼片色泽。

1 乳白色 Milky；

2 乳黄色 Whitish yellow；

3 黄绿色 Yellowish green；

4 粉红色 Pink。

54. 始果年龄 First harvesting age

种质苗木定植后正常生长至开始结果的年限。在开花坐果期调查。至少选取 5 株嫁接树作为观测对象。调查从嫁接品种在苗圃中开始生长的当年算起至选取的样本树有 50% 以上的植株开始结果的年限，至少观测 3 年。要求一致的环境条件和管理措施，苗木状况也要尽可能相同，还要参考该种质在生产栽培中的实际开始结果年龄。单位为 a，精确到整数位。

55. 股吊率 Number of bearing shoots per mother bearing shoot

3~6 年生枣股上着生的枣吊数量。在盛花期 1 个月后至落叶期调查。每株样本树选取树冠外围 3~6 年生枣股 50 个，调查选取枣股的枣吊总数，按以下公式计算该样本树每个枣股着生枣吊数。以每株样本树的平均值作为 1 个重复观察值，至少重复 3 次。单位为吊，精确到 0.1。

$$S=\frac{n}{N}$$

式中：S——股吊率；

n——枣吊总数；

N——调查枣股总数。

56. 吊果率 Percentage of total fruits to total bearing shoots

3~6 年生枣股上枣吊坐果的数量。在盛花期后 1 个月调查。每株样本树选取树冠外围 3~6 年生枣股上着生的生长中庸健壮的枣吊，一般每株树选 50 个枣股，每个枣股选 3 个枣吊，调查选取枣吊的坐果总数，按以下公式计算该样本树的吊果率。以每株样本树的平均值作为 1 个重复观察值，至少重复 3 次。以 % 表示，精确到 0.1%。

$$B=\frac{n}{N}\times 100\%$$

式中：B—— 吊果率；

n—— 坐果数；

N—— 调查枣吊总数。

不同枣股年龄的吊果率有一定差异。尤其是 1~2 年生枣股的吊果率高低可反映其早期结果性和丰产性，应注意观测。

57. 自花结实率 Ratio of self-fruitfulness

同一种质内经授粉或未经授粉结实的能力。至少选取 3 株样本树，每株树选取枣吊中部花序上的中心花，每个枣吊最多留 4 朵花，其余全部疏除，取 100 朵花。选取的花要求处于近乎开放状态但萼片尚未开裂，不去雄套袋，套袋前不授粉或授同一种质的花粉，授粉时要选在蜜盘泌液较多时进行。套袋 1 周后除袋，生理落果前调查花朵坐果率。以 % 表示，精确到 0.1%。

58. 采前落果程度 Degree of abscission before fruit harvesting

果实进入完熟期前 1 个月至完熟期落果的程度。收集称量完熟期前 1 个月即采收前 1 个月内落果（不含病虫果）总重量，采收后按以下公式计算落果量占总结果量的百分率。以 % 表示，精确到整数位。

$$A=\frac{W}{W_1+W_2}\times 100\%$$

式中：A——采前落果程度；

W_1——落果重量；

W_2——采收产量。

依据调查结果，对照下列标准确定采前落果程度。

1 重 Serious（≥ 30%）；

2 中 Intermediate（10%~30%）；

3 轻 Light (＜10%)。

59. 单株产量 Yield per tree

果实成熟采收后，单株树所收获正常果的质量。选取3株盛果期正常生长的样本树，在完熟期采收后分别称取正常成熟果实的总质量，连续观测3年，取平均值。单位为kg，精确到0.1kg。

60. 大小年程度 Yield stability

连续大小年年份间产量变化的程度。在枣果采收期进行田间调查。至少选取3株样本树，连续调查6年，称量统计每年每株样本树的产量。按以下公式计算大小年程度，然后取平均值。以1个大小年循环的产量变化幅度为1个观察值，重复3次。以%表示，精确到整数位。

$$B=\frac{y}{Y}\times100\%$$

式中：B —— 大小年程度；

y —— 小年产量；

Y —— 大年产量。

依据调查结果，对照下列标准确定大小年程度。

1 重 Unstability (≥50%)；

2 中 Common stability (30%～50%)；

3 轻 High stability (＜30%)。

61. 萌芽期 Date of bud break

全树3～6年生枣股上的5%以上主芽鳞片膨大开裂，顶部微显绿色的日期。每株样本树选取1个大主枝目测或计数3～6年生枣股上的5%以上主芽鳞片膨大开裂，顶部微显绿色时的日期。表示方法为“年月日”，格式“YYYYMMDD”。如“20030418”，表示2003年4月18日为萌芽期。至少观测3株样本树，以3年的平均值为最终观察值。

62. 初花期 Date of full blooming

全树3～6年生枣股上枣吊中部25%的零级花开放的日期。每株样本树选取1个大主枝目测并记录3～6年生枣股上着生的枣吊中部25%的零级花开放的日期。表示方法和格式同第61项。

63. 盛花（始）期 Date of full blooming

全树3～6年生枣股上枣吊中部50%的零级花开放，并有少数花朵脱落的日期。每株样本树选取1个大主枝目测并记录3～6年生枣股上着生的枣吊中部50%的零级花开放的日期。至少观测3株样本树，以3年的平均值为最终观察值。表示方法和格式同第61项。

64. 终花（始）期 Date of final blooming

全树3～6年生枣股上枣吊中部90%的零级花脱落的日期。每株样本树选取1个大主枝目测并记录3～6年生枣股上着生的枣吊中部90%以上的零级花脱落的日期。至少观测3株样本树，以3年的平均值为最终观察值。表示方法和格式同第61项。

65. 果实白熟期 Date of white mature

全树3～6年生枣股上90%枣果的果面褪绿变白的日期。每株样本树选取1个大主枝目测并记录3～6年生枣股上90%以上枣果的果皮褪绿变白的时期。至少观测3株样本树，以3年的平均值为最终观察值。表示方法和格式同第61项。

66. 果实脆熟期 Date of crisp mature

全树3～6年生枣股上90%枣果全红的日期。每株样本树选取1个大主枝目测并记录3～6年生枣股上90%以上的枣果的果皮全红的日期。至少观测3株样本树，以3年的平均值为最终观察值。表示方法和格式同第61项。

67. 果实完熟期 Date of full mature

全树3～6年生枣股上90%的枣果全红、色泽加深、果肉变软的日期。每株树选取1个大主枝目测并记录3～6年生枣股上90%以上枣果全红且果皮色泽加深、果肉变软的日期。至少观测3株样本树，以3年的平均值为最终观察值。表示方法和格式同第61项。

68. 果实发育期 Days of fruit growth

从开花至果实成熟的总天数。观察记载开花至果实完熟期持续间隔的天数。至少观测3株样本树，以3年的平均值为最终观察值。单位为d，精确到整数位。

69. 落叶期 Date of defoliation

全树50%叶片脱落的日期。10月份进行田间调查，每株样本树选取1个大主枝目测并记录全树50%的叶片脱落的日期。至少观测3株样本树，以3年的平均值为最终观察值。表示方法和格式同第61项。

70. 营养生长期 Days of vegetative growth

树体从萌芽到落叶期的天数。观察记载萌芽期至落叶期持续间隔的天数。至少观测3株样本树，以3年的平均值为最终观察值。单位为d(天)，精确到整数位。

（三）品质特性 Quality characteristics

71. 单果重 Fruit weight

脆熟期单个果实的质量。在果实脆熟期，从每株样本树上随机采集树冠外围不同方位3~6年生枣股上发育正常的全红果实（以下简称样果）30个以上，称量全部样果质量，取平均值。单位为g，精确到0.1g。

72. 果实纵径 Fruit vertical length

脆熟期果实的果顶到果肩部的最大距离。测量样果果实的果顶至果肩部的最大距离。单位为cm，精确到0.01cm。

73. 果实横径 Fruit cross diameter

脆熟期果实横切面最宽处的直径。测量样果果实横切面最宽处的长度。单位为cm，精确到0.01cm。

74. 果实整齐度 Fruit uniformity

同株树上果实大小差异的程度，根据变异系数分为3个类型。在果实脆熟期至完熟期，每株样本树选取树冠外围3~6年生枣股各10个，并选取枣股上着生的中庸健壮的枣吊，分别随机采枣果25个，用托盘天平称重，然后按以下公式计算变异系数。以%表示，精确到0.1%。

$$V = S / \overline{X} \times 100\% \text{（其中 } S=\sqrt{\frac{\sum (x-\overline{x})^2}{n-1}}\text{）}$$

式中：V——变异系数；

$\overline{X}$——平均数；

S——标准差；

x——样本每个果的重量；

n——样本果数。

根据变异系数和下列标准，确定种质果实整齐度。

1 整齐 Same size（< 10.0%）；

2 较整齐 Relatively same size（10.0%~30.0%）；

3 不整齐 Different size（≥ 30.0%）。

75. 果实形状 Fruit shape

脆熟至完熟期果实的形状（图2-16）。采用目测的方法观察样果的果实形状。根据果实形状模式图，确定种质果实形状的类型。

1 圆形 Globose；

2 扁圆形 Oblate；

3 卵圆形 Ovoid；

4 长圆形 Oblong globose；

5 倒卵圆形 Obovate；

6 圆柱形 Cylinder；

7 圆锥形 Coniform；

8 磨盘形（带缢痕） Millstone（with constriction）；

9 扁柱形 Flat cylinder；

10 茶壶形 Teapot。

76. 果肩形状 Shape of fruit shoulder

脆熟期果实肩部的形状（图2-17）。在果实脆熟期，每株树选1个主枝目测下垂状态发育正常的果实肩部的形状。根据果肩形状模式图，确定种质果肩形状的类型。

1 平 Flat；

2 凸 Convex。

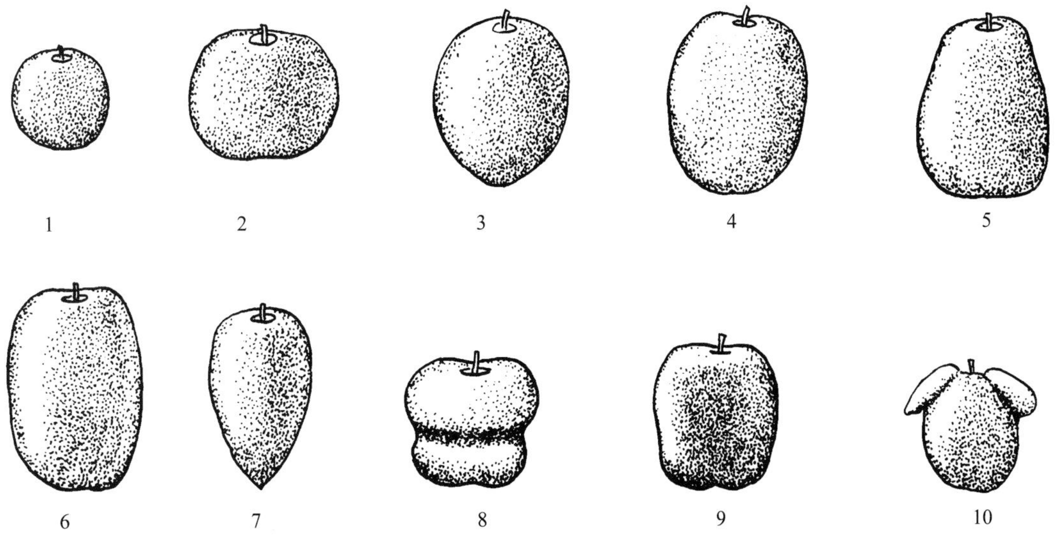

图2-16 果实形状

Figure 2-16 Fruit shape

1. 圆形 Globose；2. 扁圆形 Oblate；3. 卵圆形 Ovoid；4. 长圆形 Oblong globose；5. 倒卵圆形 Obovate；6. 圆柱形 Cylinder；7. 圆锥形 Coniform；8. 磨盘形（带缢痕） Millstone（with constriction）；9. 扁柱形 Flat cylinder；10. 茶壶形 Teapot

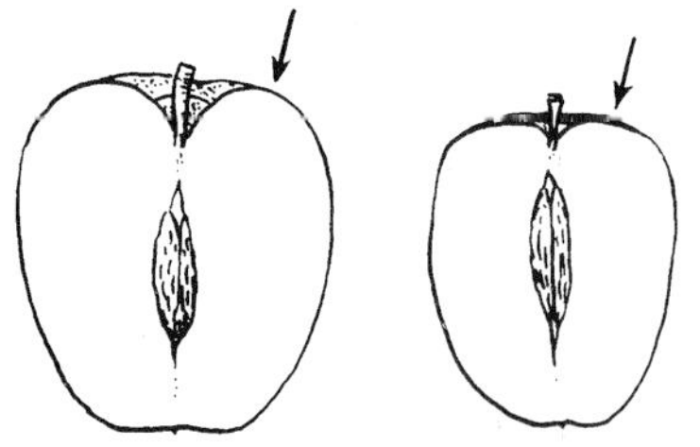
1 2

图 2-17 果肩形状

Figure 2-17 Shape of fruit shoulder

1. 平 Flat；2. 凸 Convex

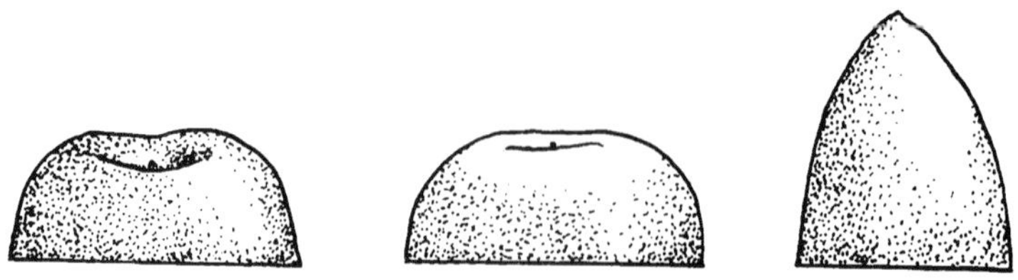
1 2 3

图 2-18 果顶形状

Figure 2-18 Shape of fruit top

1. 凹 Concave；2. 平 Flat；3. 尖 Tine

77. 果顶形状 Shape of fruit top

脆熟期果实顶部的形状（图 2-18）。在果实脆熟期，每株树选 1 个主枝目测下垂状态发育正常的果实顶部的形状。根据果顶形状模式图，确定种质果顶形状的类型。

1 凹 Concave；

2 平 Flat；

3 尖 Tine。

78. 果实颜色 Fruit color

脆熟期果实中部阳面表皮的颜色。在果实脆熟期，每株树选取树冠外围 3~6 年生的枣股上光照条件良好的全红果实 30 个以上，采用目测或用比色卡方法观察比较果实中部阳面果皮的颜色，根据观测结果，确定种质的果实颜色。

1 浅红 Light red；

2 红 Red；

3 紫红 Mauve；

4 赭红 Reddish brown。

上述未列出的其他果实色泽，需另外给予详细的描述和说明。

79. 果面光滑度 Lubricity of fruit skin

脆熟期果实表面光滑程度。采用目测和手触摸感觉的方法观测感觉样果果实表面，并与下列各级对应的对照品种比较，确定种质的果面光滑度。

1 光滑 Smooth（用手触摸感觉光滑无阻力，对照品种为赞皇大枣、冬枣）；

2 粗糙 Rough（用手触摸感觉有阻力，对照品种为哈密大枣）；

3 有隆起 Rised（目测凹凸不平，用手触摸感觉阻力大，对照品种为临猗梨枣、宁阳六月鲜）。

80. 果皮厚度 Thickness of fruit skin

脆熟期果实阳面果肩部果皮的厚度。从中部纵切样果果实，采用目测和口感品尝的方法感觉果实阳面果肩部果皮，并与下列各级对应的对照品种比较，确定种质果皮厚度的类型。

1 薄 Thin（对照品种为冬枣、宁阳六月鲜）；

2 中 Intermediate（对照品种为赞皇大枣、壶瓶枣）；

3 厚 Thick（对照品种为哈密大枣、中阳木枣）。

81. 果点大小 Size of fruit dot

脆熟期果实中部阳面果点的大小。采用目测方法观察样果果实中部阳面果点的大小。与下列各级对应的对照品种比较，确定种质果点大小的类型。

1 小 Small（对照品种为蜂蜜罐、壶瓶枣）；

2 中 Intermediate（对照品种为临猗梨枣）；

3 大 Large（对照品种为哈密大枣）。

82. 果点密度 Density of fruit dot

脆熟期果实中部阳面果点的疏密程度。采用目测方法观察样果果实中部阳面果点的疏密状况，与下列各级对应的对照品种比较，确定种质果点的密度类型。

1 疏 Sparse（对照品种为相枣）；

2 中 Intermediate（对照品种为临猗梨枣）；

3 密 Dense（对照品种为壶瓶枣）。

83. 果柄长度 Length of fruit stalk

脆熟期果实梗洼基部至花序梗分叉处的距离。测量样果梗洼基部至花序梗分叉处的距离，取平均值。单位为 mm，精确到 0.1 mm。

84. 梗洼深度 Depth of stalk cavity

脆熟期果实纵切面梗洼的深浅状况（图 2-19）。纵切样果果实，采用目测的方法观察果实梗洼的深浅状况。根据梗洼深度模式图，确定种质梗洼深度的类型。

1 浅 Shallow；

2 中 Intermediate；

3 深 Deep。

85. 梗洼广度 Width of stalk cavity

脆熟期果实纵切面梗洼的广狭状况（图 2-20）。纵切样果果实，采用目测的方法观察果实梗洼的狭窄状况。根据梗洼广度模式图，确定种质梗洼广度的类型。

1 狭 Narrow；

2 中 Intermediate；

3 广 Broad。

86. 萼片状态 Sepal attitude

脆熟期果实萼片的存在状态（图 2-21）。采用目测的方法观察样果果实萼片的状态。根据萼片状态模式图，确定种质萼片状态的类型。

1 宿存 Keep；

2 残存 Remnant；

3 脱落 Desquamate。

87. 柱头状态 Stigma state

脆熟期果实柱头的存在状态（图 2-22）。采用目测的方法，观察样果果实柱头的存在状态。

1 宿存 Keep；

2 残存 Remnant；

3 脱落 Desquamate。

88. 果实外观综合评价 Comprehensive evaluation of fruit appearance

根据果实大小、形状、整齐度、色泽等状况综合判定。按照 GB/T 10220-1988 感官分析方法总论中有关部分进行评尝员的选择、样品的准备以及感官评价的误差控制。依据样果果实的大小、形状、整齐度及颜色的表现对果实进行综合评价。按 10 分评定，其中果实大小 3 分，形状 3 分、整齐度 2 分、颜色 2 分，计算总分值。最后计算品尝员的平均值，精确到 0.1。

按照下列标准，综合评价果实外观级别。

1 极差 Worst（< 5.0）；

2 差 Bad（5.0~6.0）；

3 中 Intermediate（6.0~8.0）；

4 好 Good（8.0~9.0）；

5 极好 Best（≥ 9.0）。

89. 核重（鲜重） Fresh stone weight

果肉削除干净后枣核的质量。在果实脆熟期至完熟期，从每株树上随机采集树冠外围不同方位 3~6 年生枣股上发育正常的果实 30 个以上，将枣果果肉削除干净后称重，取平均值。单位为 g，精确到 0.01g。

90. 核形 Stone shape

果肉削除干净后枣核的形状（图 2-23）。将样果的果肉削除干净后，采用目测的方法观察枣核的形状。

根据核形模式图，确定种质枣核的形状。

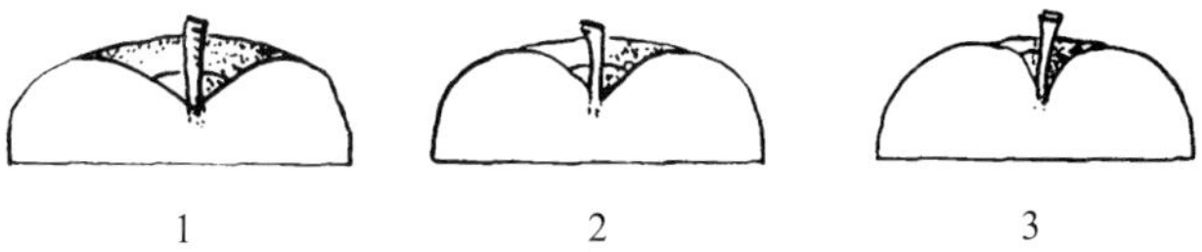

图 2-19 梗洼深度

Figure 2-19 Depth of stalk cavity

1. 浅 Shallow；2. 中 Intermediate；3. 深 Deep

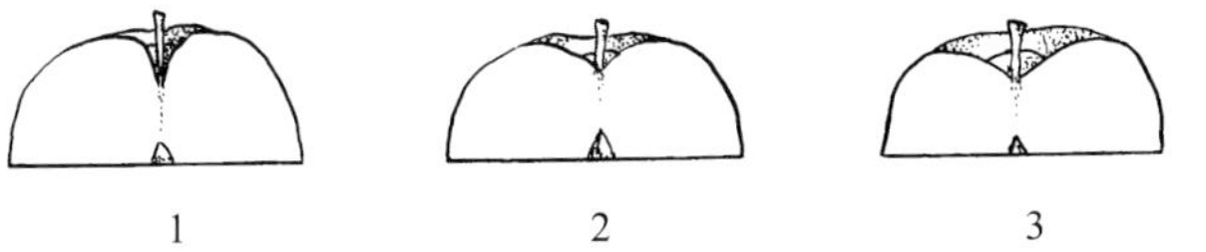

图 2-20 梗洼广度

Figure 2-20 Width of stalk cavity

1. 狭 Narrow；2. 中 Intermediate；3. 广 Broad

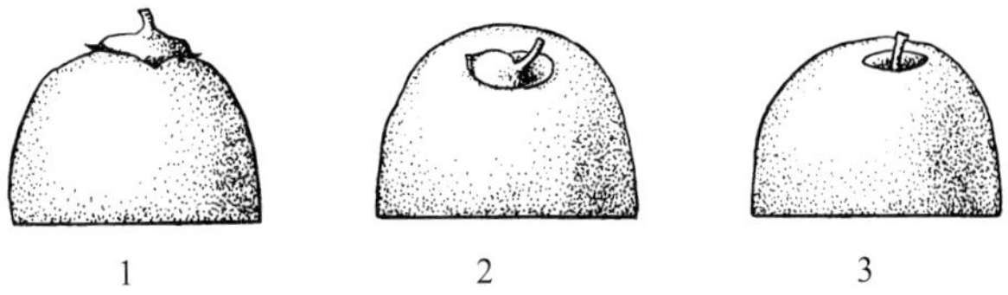

图 2-21 萼片状态

Figure 2-21 Sepal attitude

1. 宿存 Keep；2. 残存 Remnant；3. 脱落 Desquamate

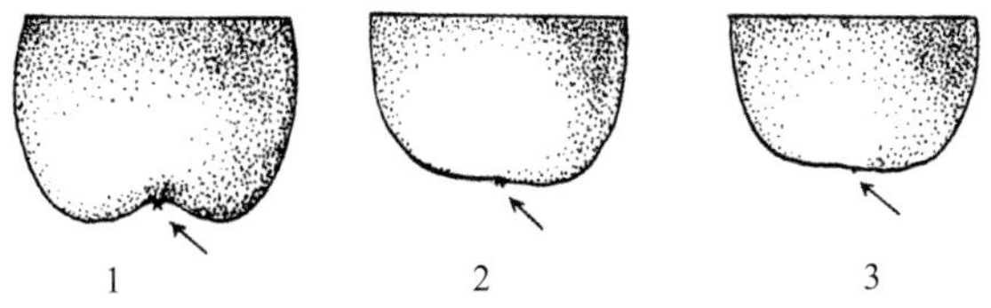

图 2-22 柱头状态

Figure 2-22 Stigma state

1. 宿存 Keep；2. 残存 Remnant；3. 脱落 Desquamate

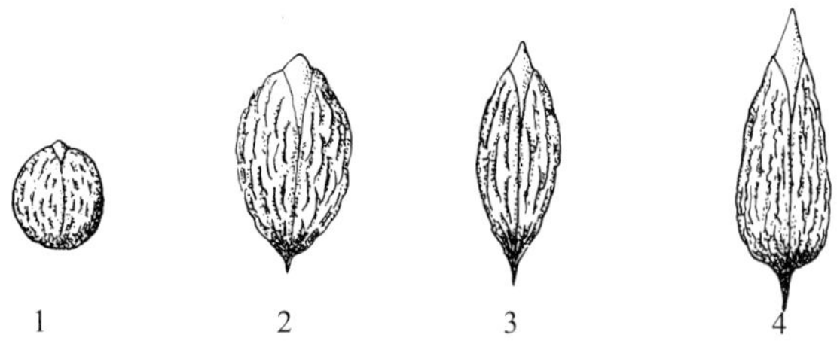

1　　2　　3　　4

图 2-23　核形

Figure 2-23　Stone shape

1. 圆形 Globose；2. 椭圆形 Ellipse；

3. 纺锤形 Spindly；4. 倒纺锤形 Inverted spindly

1 圆形 Globose；

2 椭圆形 Ellipse；

3 纺锤形 Spindly；

4 倒纺锤形 Inverted spindly。

91. 核壳的有无 State of stone shell

脆熟期至完熟期，3~6 年生枣股上着生的正常生长发育果实核壳的有无。脆熟期至完熟期，以 3~6 年枣股上发育正常的果实为观测对象，用目测和咀嚼感觉的方法判断果实内核壳的状态。

根据观测结果和下列描述，确定种质核壳的有无。

0 无核 None（目测无核，用牙咬切时无阻力）；

1 残核 Remnant（目测有核，用牙咬切时稍有阻力）；

2 有核 Contain（目测有核，用牙咬切时难以开裂）。

92. 种仁饱满程度 Degree of kernel full

完熟期横切果实观察种仁的有无及与核壳心室紧贴的程度。在果实完熟期，选取树冠外围不同方位 3~6 年生的枣股上枣吊中部发育正常的果实 30 个以上，将枣果从中部横切，目测观察种仁与核壳心室紧贴的程度。根据观测结果和下列说明，确定种质的种仁饱满程度。

0 无 None（核壳心室内为空腔）；

1 瘪 Lean（种仁与核壳心室间有较大空隙，种皮凹陷，种仁发黄或干枯）；

2 较饱满 Intermediate（种仁组织较致密，但不能完全充满心室）；

3 饱满 Full（种仁组织致密，充满心室）。

93. 含仁率 Ratio of kernel

白熟期至脆熟期，含仁果实数占果实总数的百分率。将样果的枣核从中部横切，统计种仁较饱满、饱满的果实数，按以下公式计算含仁率。以 % 表示，精确到 0.1%。如 1 个果含 1 个以上种仁应备注记载。

$$Pk=\frac{n}{N}\times 100\%$$

式中：Pk——含仁率；

n——含仁果数；

N——总果数。

枣树存在严重的早期种胚败育及发育不完全现象，而且与品种、枣果发育期密切相关，建议在枣果不同发育时期分别观察，以了解其种胚发育状况的动态变化。

94. 果肉颜色 Color of fruit flesh

脆熟期果实近表皮处的果肉颜色。采用目测或用比色卡方法观测样果果实中部近表皮处果肉的颜色。根据观测结果，确定种质果肉颜色。

1 白色 White；

2 浅绿色 Light green；

3 绿色 Green。

以上未列出的其他果肉颜色，需另外给予详细的描述和说明。

95. 果肉质地 Texture of fruit flesh

脆熟期果肉的疏密程度。在果实脆熟期，从每株树上随机采集树冠外围不同方位 3~6 年生枣股上发育正常、有代表性的半红至全红果实 100 个以上，清洗干净后切成大小厚度一致的果片，混匀后取 100g 样品。

按照 GB/T 10220-1988 感官分析方法总论中有关部分进行评尝员的选择、样品的准备以及感官评价的误差控制。

参照 GB/T 12316-1990 感官分析方法“A”－非“A”检验方法，请 10~15 名评尝员对每一份种质的样品进行尝评，通过与以下 4 类果肉质地的对照品种进行比较，给出“与对照同”或“与对照不同”的回答。按照评尝员对每份种质和对照果肉质地的评判结果，汇总对每份种质和对照的各种回答数，并对种质样品和对照的差异显著性进行 x^2 测验，如果某样品与对照 1 无差异，即可判断该种质的果肉质地类型；如果某样品与对照 1 差异显著，则需与对照 2 进行比较，依此类推。

1 疏松 Loose（对照品种为赞皇大枣）；

2 酥脆 Crisp（对照品种为宁阳六月鲜、孔府酥脆枣）；

3 较致密 Intermediate（对照品种为襄汾圆枣、彬县晋枣）；

4 致密 Compact（对照品种为冬枣）。

96. 果肉粗细 Coarseness of fruit flesh

脆熟期果肉的粗细程度。参照第 95 项“果肉质地”中的方法进行取样和样品的准备。

按照 GB/T 10220-1988 感官分析方法总论中有关部分进行评尝员的选择、样品的准备以及感官评价的误差控制。

参照 GB/T 12316-1990 感官分析方法"A" -非"A"检验方法，请 10~15 名评尝员对每一份种质的样品进行尝评，通过与以下 3 类果肉粗细的对照品种进行比较，给出"与对照同"或"与对照不同"的回答。按照评尝员对每份种质和对照果肉粗细的评判结果，汇总对每份种质和对照的各种回答数，并对种质样品和对照的差异显著性进行 x^2 测验，如果某样品与对照 1 无差异，即可判断该种质的果肉粗细类型；如果某样品与对照 1 差异显著，则需与对照 2 进行比较，依此类推。

1 细 Delicate（对照品种为蜂蜜罐、山东梨枣）；

2 中 Intermediate（对照品种为临猗梨枣、壶瓶枣）；

3 粗 Coarse（对照品种为薛城冬枣、圆铃）。

97. 果肉汁液 Juice of fruit flesh

脆熟期果实汁液的多少。参照第 95 项"果肉质地"中的方法进行取样和样品的准备。

按照 GB/T 10220-1988 感官分析方法总论中有关部分进行评尝员的选择、样品的准备以及感官评价的误差控制。

参照 GB/T 12316-1990 感官分析方法"A" -非"A"检验方法，请 10~15 名评尝员对每一份种质的样品进行尝评，通过与以下 3 类果肉汁液的对照品种进行比较，给出"与对照同"或"与对照不同"的回答。按照评尝员对每份种质和对照果肉汁液的评判结果，汇总对每份种质和对照的各种回答数，并对种质样品和对照的差异显著性进行 x^2 测验，如果某样品与对照 1 无差异，即可判断该种质的果肉汁液类型；如果某样品与对照 1 差异显著，则需与对照 2 进行比较，依此类推。

1 少 Lack（对照品种为薛城冬枣、木枣）；

2 中 Medium（对照品种为壶瓶枣、赞皇大枣）；

3 多 Rich（对照品种为大白铃、冬枣）。

果肉汁液与气候条件，尤其降雨状况以及采样时期密切相关，要充分考虑和注意观察。

98. 果实风味 Fruit flavour

脆熟期果实的酸甜状况。参照第 95 项"果肉质地"中的方法进行取样和样品的准备。

按照 GB/T 10220-1988 感官分析方法总论中有关部分进行评尝员的选择、样品的准备以及感官评价的误差控制。

参照 GB/T 12316-1990 感官分析方法"A" -非"A"检验方法，请 10~15 名评尝员对每一份种质的样品进行尝评，通过与以下 5 类果实风味的对照品种进行比较，给出"与对照同"或"与对照不同"的回答。按照评尝员对每份种质和对照果实风味的评判结果，汇总对每份种质和对照的各种回答数，并对种质样品和对照的差异显著性进行 x^2 测验，如果某样品与对照 1 无差异，即可判断该种质的果实风味类型；如果某样品与对照 1 差异显著，则需与对照 2 进行比较，依此类推。

1 酸 Sour（对照品种为酸枣）；

2 甜酸 Sweet-sour（对照品种为赞皇大枣）；

3 酸甜 Sour-sweet（对照品种为壶瓶枣）；

4 甜 Sweet（对照品种为蜂蜜罐）；

5 极甜 Extremely sweet（对照品种为冬枣）。

果实风味与气候条件尤其降雨状况密切相关，要充分考虑降雨的影响。

99. 果实异味 Peculiar smell of fruit

脆熟期后期至完熟期果实异味的有无。参照第 95 项"果肉质地"中的方法进行取样和样品的准备。

按照 GB/T 10220-1988 感官分析方法总论中有关部分进行评尝员的选择、样品的准备以及感官评价的误差控制。根据异味（主要是苦味和青草味）的有无，确定种质果实异味的类型。

0 无 No；

1 有 Yes。

100. 果实口感品质综合评价 Comprehensive evaluation of taste

根据果肉质地、粗细、风味、汁液、有无异味等状况综合判定。参照第 95 项"果肉质地"中的方法进行取样和样品的准备。按照 GB/T 10220-1988 感官分析方法总论中有关部分进行评尝员的选择、样品的准备以及感官评价的误差控制。对该种质的果肉质地、粗细、风味、汁液、异味等特性进行综合评价。按 10 分评定，其中果肉质地 3 分，粗细 1 分、汁液 2 分、风味 3 分、有无异味 1 分，计算总分值。最后计算品尝员的平均值。精确到 0.1。

按照下列标准，进行种质的果实口感品质综合评价。

1 极差 Worst（< 5.0）；

2 差 Bad（5.0~6.0）；

3 中 Intermediate（6.0~8.0）；

4 好 Good（8.0~9.0）；

5 极好 Best（≥ 9.0）。

101. 鲜枣可溶性固形物含量 Soluble solid matter content of fresh jujube

脆熟期末 100g 鲜枣果肉含可溶性固形物的克数。将样果果肉切碎、混匀后，称取 250g，精确到 0.1g，放入加适量蒸馏水的高速组织捣碎机或匀浆机捣碎，用两层纱布挤出匀浆汁液测定。具体测定方法依据中华人民共和国国家标准 GB/T12295-1990 水果、蔬菜制品可溶性固形物含量的测定——折射仪法。至少重复 3 次，取平均值。以 % 表示，精确到 0.01%。

102. 鲜枣可溶性糖含量 Soluble sugar content of fresh jujube

脆熟期末 100g 鲜枣果肉含可溶性糖的克数。样果样品前处理及具体测定方法依据中华人民共和国国家标准 GB/T 6194-1986 水果、蔬菜的可溶性糖测定法。以 % 表示，精确到 0.01%。

103. 鲜枣可滴定酸含量 Titratable acids content of fresh jujube

脆熟期末 100g 鲜枣果肉含可滴定酸的克数。样果样品前处理及具体测定方法依据中华人民共和国国家标准 GB/T 12293-1990 水果、蔬菜制品的可滴定酸测定。以 % 表示，精确到 0.01%。

104. 鲜枣维生素 C 含量 Vc content of fresh jujube

脆熟期末 100g 鲜枣果肉含维生素 C 的毫克数。样果样品前处理及具体测定方法依据中华人民共和国国家标准 GB/T 6195－1986 水果、蔬菜维生素 C 含量测定法（2, 6 二氯靛酚滴定法）进行枣果维生素 C 含量的测定。单位为 10^{-2}mg/g，精确到 0.01×10^{-2}mg/g。

105. 鲜枣可食率 Ratio of edibility of fresh jujube

脆熟期末 100g 鲜枣果实所含果肉的克数。先称量 30～50 个样果的全部重量，然后削除果肉部分，再称枣核重量，最后按以下公式计算鲜枣可食率。至少重复 3 次，取平均值。以 % 表示，精确到 0.01%。

$$E=\frac{W_f-W_k}{W_f}\times100\%$$

式中：E——可食率；

W_f——果实重量；

W_k——核重量。

106. 干枣可溶性糖含量 Soluble sugar content of dried jujube

100g 干枣果肉所含可溶性糖的克数。完熟期鲜枣经过自然晒干，果皮表现明显失水、呈微皱状时，随机选取干枣 1kg，将果肉切碎、混匀后，称取 250g，精确到 0.1g，放入加适量蒸馏水的高速组织捣碎机或匀浆机捣碎，用两层纱布挤出匀浆汁液测定。具体测定方法同第 102 项。以 % 表示，精确到 0.01%。

107. 干枣可滴定酸含量 Titratable acids content of dried jujube

100g 干枣果肉所含可滴定酸的克数。参照第 106 项中的方法进行取样和样品的准备，具体测定方法同第 103 项。以 % 表示，精确到 0.01%。

108. 干枣维生素 C 含量 Vc content of dried jujube

100g 干枣果肉所含维生素 C 的毫克数。参照第 106 项中的方法进行取样和样品的准备，具体测定方法同第 104 项。单位为 10^{-2}mg/g，精确到 0.01×10^{-2}mg/g。

109. 制干率 Dried ratio of fruit

完熟期 100g 鲜枣制干后的克数。在完熟期后期，每株树采集 2kg 以上鲜枣，枣果已开始糖化，以果顶塌陷、发亮为标志，称重后自然晒干（勿置于阳光直射处）至果实表面表现为明显失水果皮呈微皱（含水量 25% 左右）时称重，按以下公式计算干枣占原鲜枣重量的百分率。以 % 表示，精确到 0.1%。

$$DR-\frac{W_d}{W_f}\times100\%$$

式中：DR——鲜枣制干率；

W_d——制干枣重；

W_f——鲜枣重。

110. 干枣可食率 Ratio of edibility of dried jujube

100g 干枣果实所含果肉的克数。参照第 106 项中的方法取样和制干处理，称量枣果全部重量，然后削除果肉部分，再称枣核重量，最后按第 105 项中公式计算干枣可食率，取平均值。以 % 表示，精确到 0.01%。

111. 鲜枣耐贮性 Fresh jujube tolerance to storage

鲜枣在一定贮藏条件下和一定期限内保持新鲜状态及原有品质不发生明显劣变的特性。鲜枣耐贮性适宜鲜食或干鲜兼用品种的观察测定。不同品种、不同贮藏条件对鲜枣耐贮性有明显影响，建议有条件时，分项、分次地测定其耐贮性能。另外，气候、土壤等环境条件、栽培技术及肥水状况等对鲜枣耐贮性也有一定影响。

鲜枣耐贮性可以通过以下贮藏试验来评价。

贮藏条件：温度保持 -1～0℃的普通冷库。

贮藏方法：采集半红果实，带果梗，不可有机械损伤，轻采轻放。入冷库贮存前先经预冷阶段，再装入打孔的保鲜用塑膜袋内。每个塑膜袋装 2kg 左右鲜枣，设 3 个以上重复。

数据采集：贮藏后观察枣果的褐变、霉烂状况，统计好果数量。好果的标准为无褐变、霉烂，果梗微绿、无明显皱缩现象，口感新鲜、酥脆、无酒精异味产生，贮后30d左右开始调查统计好果率，当好果率降到90%时，记录已贮存的天数。按以下公式计算好果率。

$$R=\frac{W}{W_0}\times 100\%$$

式中：R——好果率；

W_0——入库时鲜枣重量；

W——贮后鲜枣的好果重量。

根据好果率降到90%时的贮存天数D，按照下列标准评价种质鲜枣的耐贮性。

3 不耐贮 Weak storage quality（D＜60d）；

5 较耐贮 Intermediate（60d ≤ D＜90d）；

7 耐贮 Strong storage quality（D ≥ 90d）。

（四）抗逆性 Resistant ability to stresses

112. 抗裂果性 Resistance to fruit cracking

枣果遇雨时忍耐或抵抗裂果的能力。以处于半红至全红的枣果为观测对象。

以田间自然裂果状况为主要鉴定方法。在8~9月份果实脆熟期连续降雨后1~2 d进行。随机选取半红至全红状态的枣果100个以上，调查统计裂果果数，计算裂果率。根据观测结果和下列标准，确定种质的抗裂果性能。

1 极抗裂 High resistant（裂果率＜30）；

3 抗裂 Resistant（30 ≤裂果率＜50）；

5 中等 Intermediate（50 ≤裂果率＜70）；

7 易裂 Easier cracking（70 ≤裂果率＜90）；

9 极易裂 Easiest cracking（裂果率≥ 90）。

同时要结合实验室清水诱裂鉴定方法综合判定种质的抗裂果性能。实验室清水诱裂鉴定方法为：选取处于半红至全红状态的枣果100个以上，立即放入盛清水的玻璃容器内，然后在室温条件下放置48h，然后调查其裂口和裂果果数，确定裂果级别，计算裂果指数。按照下列标准确定其裂果级别。

裂果级别（i）	裂口数（T_i，条）
0	0
1	1
2	2
3	3
4	4
5	≥ 5

然后根据裂果级别按以下公式计算裂果指数。

$$CI=(\sum T_i\times i)/5n$$

式中：CI——裂果指数；

i——裂果级别；

T_i——表示裂果级别为i的果数；

n——为调查总果数。

根据实验室清水诱裂鉴定结果确定种质的抗裂果性能。按照下列标准，种质的抗裂果性能分5个等级。

1 极抗裂 High resistant（$CI<0.20$）；

3 抗裂 Resistant（$0.20\leqslant CI<0.40$）；

5 中等 Intermediate（$0.40\leqslant CI<0.60$）；

7 易裂 Easier cracking（$0.60\leqslant CI<0.80$）；

9 极易裂 Easiest cracking（$CI\geqslant 0.80$）。

由于裂果受多种因素影响，因而建议尝试诸如枣果果皮的细胞组织学鉴定及压力室法鉴定等多种技术方法进行抗裂性能鉴定，以相互验证其结果的可靠性，准确判断枣果抗裂性。

113. 耐旱性（参考方法）Tolerance to drought (for reference)

枣树忍耐或抵抗干旱的能力。枣树的耐旱性通过以下模拟试验来评价。

试验时期：春季枣树萌芽前开始。

试验方法：将上年假植在钵盆物内已度过缓苗期的苗木带土移栽到有防雨设施的网室内，在水泥苗床里进行正常的栽培管理，苗木数量在50株以上。当苗木萌芽生长到20cm左右时停止浇水，使枣苗的根际部位处于干旱缺水状态。

数据采集：停止浇水后1个月时调查枣树叶片萎蔫状况，并测定同期水泥池内枣树根际部位的土壤相对含水量，以反映土壤的干旱程度，并根据叶片萎蔫状况进行分级。

级别	萎蔫状况
0	全部叶片正常生长
1	20% 的叶片受害
2	21%~30% 的叶片受害
3	31%~40% 的叶片受害
4	41%~50% 的叶片受害
5	50% 以上的叶片受害

按以下公式计算受害指数。

$$PI=\frac{\sum(x_i n_i)}{XN}\times 100$$

式中：PI——受害指数；

x_i——代表级值；

n_i——该级值受害株数；

X——最高级值；

N——总株数。

按照下列标准，种质的耐旱性划分 5 个等级。

1 强 Strong ($PI < 15.0$)；

3 较强 Relative strong ($15.0 \leqslant PI < 30.0$)；

5 中等 Intermediate strong　($30.0 \leqslant PI < 60.0$)；

7 较弱 Relative weak ($60.0 \leqslant PI < 80.0$)；

9 弱 Weak ($PI \geqslant 80.0$)。

耐旱性的鉴定方法尚有束缚水含量、脯氨酸含量测定及蒸腾速率，气孔阻力等生理指标鉴定方法，建议综合运用，以相互验证结果的可靠性和实用性。

（五）抗病虫性 Resistant ability to diseases and pests

114. 枣疯病抗性 Resistance to jujube witches' broom disease

枣树植株对枣疯病的抗性强弱。枣疯病是我国北方枣区最主要的病害，对生产威胁极大。不同种质抗枣疯病的能力有一定差异，因此，鉴定种质资源的抗枣疯病性能有重要的意义。

枣树的抗枣疯病能力可以通过以下接种试验来评价。

接种时间：6 月下旬。

试验方法：选择正常生长的枣树苗木隔离栽植，每个品种资源至少选取 20 株，取当年发病树的树皮嫁接在正常供试品种的植株上。

数据采集：在接种第 2 年的 6、7 月份调查其发病株数，以发病株率表示其抗枣疯病的能力。发病症状表现为花叶、花变叶、丛枝等 3 种类型。

发病率计算公式为：

$$D=\frac{n}{N}\times 100\%$$

式中：D——发病率；

n——发病株数；

N——调查总株数。

按照下列标准，种质的抗枣疯病能力分为 5 个等级。

1 极抗 High resistant (D < 20.0%)；

3 抗病 Resistant (20.0% ⩽ D < 40.0%)；

5 中抗 Moderate resistant (40.0% ⩽ D < 60.0%)；

7 感病 Susceptive　(60.0% ⩽ D < 80.0%)；

9 高感 High susceptive (D ⩾ 80.0%)。

115. 缩果病抗性（参考方法） Resistance to jujube fruit brown cortex（for reference）

枣果对缩果病的抗性强弱。枣缩果病又名铁皮病、褐腐病、黑腐病、黑屁股病，是目前枣树上最主要的果实病害之一。该病在我国红枣主产区均有大面积发生，对红枣生产造成了极大影响。

枣树抗缩果病能力可以通过以下接种试验来评价。

病原菌的培养制备：取已在培养基上培养 7~10 d 的菌丝、分生孢子，用蒸馏水稀释成水悬浮液后备用。

选取材料的接种：6 月下旬至 7 月上旬枣果生理落果期后选取生长势一致的结果树 3 株，每株树选树冠外围正常生长发育的枣果 50 个以上，至少设 3 次重复。然后用装有孢子悬浮液的喷雾器喷布选取的枣果，进行接种，喷至果面湿润滴液为止。接种后套袋。

调查结果及数据处理：在 8 月中旬至 9 月上旬发病期调查枣果的发病状况，发病症状为：初期在果肩部或腰部出现淡黄色斑点，进而呈淡黄色水渍状斑块，后期病斑呈暗红色失去光泽，病果果肉由淡绿转为土黄色，果肉组织萎缩松软，呈海绵状坏死，最后枣果的果柄处形成离层而脱落，病果萎缩、味苦。根据发病状况进行分级，具体分级标准如下。

分级	发病状况
0	无病斑
1	1 块病斑
2	2 块病斑
3	3 块病斑
4	3 块以上病斑

感病指数的计算公式为：

$$DI=\frac{\sum(x_i s_i)}{XS}\times 100$$

式中：DI——感病指数；

n_i——发病果数；

s_i——代表级数；

N——总果数；

S——最高级代表数值；

i——病情级别。

按照下列标准，种质抗缩果病能力分 5 个级别。

1 极抗 High resistant（DI < 5）；

3 抗病 Resistant（5 ≤ DI < 10）；

5 中抗 Moderate resistant（10 ≤ DI < 30）；

7 感病 Susceptive （30 ≤ DI < 50）；

9 高感 High susceptive（DI ≥ 50）。

（六）其他特征特性 The other characters

116. 根蘖萌发率 Propagation ratio by root sucker

种质根系上的隐芽萌发直接形成幼苗或植株的能力。枣树根蘖萌发形成植株的能力非常强，在生产中利用根蘖是一种古老而传统的苗木繁育方式，枣根蘖萌发能力是枣树根系的重要特点。

枣树根蘖萌发能力通过萌发率试验进行评价鉴定。在华北地区 5~6 月份采集种质根系 30 根，粗度 1cm，长度 20cm。植入营养钵或露地条件下埋入土中，要求土质砂壤、肥力中等、保持适宜的土壤水分。2 个月后调查根蘖萌发形成幼苗的数量，然后按下列公式计算根蘖萌发率。以 % 表示，精确到 0.1%。

$$P=\frac{n}{N}\times 100\%$$

式中：P——萌发率；

n——幼苗数；

N——根蘖数。

同时结合生产实践经验和文献资料综合判断根蘖萌发能力的强弱。

117. 果实用途 Usage of fruit

能够发挥枣果最大商业价值和食用价值的利用方式。通过感观分析、市场调查和文献查阅相结合，了解相应种质的利用价值和食用方式。

枣果实用途分 5 类。

1 鲜食 Fresh；

2 制干 Dried；

3 鲜食制干兼用 Fresh or dried；

4 蜜枣 Candied；

5 观赏 Ornamental。

上述没有列出的其他果实用途类型，需要给予具体的描述和说明。

118. 花粉形态 Pollen modality

枣种质花粉的形状、极面观、外壁纹饰、孔沟、萌发孔、萌发沟等特征表现。采用细胞学方法对枣种质花粉的形状、极面观、外壁纹饰、孔沟、萌发孔、萌发沟等特征进行鉴定。如近圆形，凸三角形，中央区饱满，萌发孔凸出、有沟桥，脊不流畅、粗糙、小沟、小穴，极面观长球形等。

119. 核型 Karyotype

表示染色体的数目、大小、形态和结构特征的公式。采用细胞学遗传学方法对染色体的数目、大小、形态和结构进行鉴定。以核型公式表示。

120. 指纹图谱与分子标记 Finger printing and molecular marker

枣种质指纹图谱和重要性状的分子标记类型及其特征参数。对进行过指纹图谱分析或重要性状分子标记的枣种质，记录指纹图谱或分子标记的方法，并注明所用引物、特征带的分子大小或序列以及标记的性状和连锁距离。

121. 备注 Remarks

枣种质特殊描述符或特殊代码的具体说明。

三、枣种质资源数据采集表

对于调查和收集保存的枣种质资源，应按照前述方法和下面的枣种质资源数据采集表，及时进行规范化的观测和记录，以便进一步的评价与利用。其中，在枣种质资源数据采集表里标注 M 的项目为必选描述符。

1 基本信息			
全国统一编号（1）M		种质圃编号（2）M	
引种号（3）C/ 国外种质		采集号（4）C/ 野生资源和地方品种	
种质名称（5）M		种质外文名（6）M	

（续）

科名（7）M		属名（8）M	
学名（9）M		原产国（10）M	
原产省（11）M		原产地（12）M	
海拔（13）C/野生资源和地方品种	m	经度（14）C/野生资源和地方品种	
纬度（15）C/野生资源和地方品种		来源地（16）M	
保存单位（17）M		保存单位编号（18）M	
系谱（19）C/选育品种或品系		选育单位（20）C/选育品种或品系	
育成年份（21）C/选育品种或品系		选育方法（22）C/选育品种或品系	
种质类型（23）M	1：野生资源 2：地方品种 3：选育品种 4：品系 5：遗传材料 6：其他		
图像（24）O		观测地点（25）M	
2 形态特征和生物学特性			
树姿（26） M	1：直立 2：半开张 3：开张		
树形（27）M	1：圆头形 2：圆锥形 3：圆柱形 4：偏斜形 5：乱头形 6：伞形 7：半圆形		
树势（28）M	3：强 5：中 7：弱	主干皮裂状况（29）O	1：条状 2：块状
枣头长度（30）O	cm	枣头节间长度（31）O	cm
枣头粗度（32）O	cm		
枣头色泽（33）M	1：浅灰色 2：灰绿色 3：黄褐色 4：红褐色 5：灰褐色 6：紫褐色		
枣头蜡层（34）O	0：无 2：少 3：多	二次枝长度（35）O	cm
二次枝节数（36）O	节	二次枝弯曲度（37）O	°
成枝率（38）M	%	针刺状况（39）M	0：无 1：不发达 2：发达
枣吊长度（40）M	cm	枣吊叶片数（41）O	片
叶片面积（42）M	cm^2	叶片颜色（43）M	1：浅绿 2：绿 3：深绿
叶片光泽（44）O	1：灰暗 2：较光亮 3：光亮		
叶片状态（45）O	1：合抱 2：平展 3：反卷		
叶片形状（46）M	1：椭圆形 2：卵圆形 3：卵状披针形		
叶尖形状（47）M	1：锐尖 2：急尖 3：钝尖 4：尖凹		
叶基形状（48）M	1：圆形 2：心形 3：截形 4：圆楔形 5：偏斜形		

（续）

叶缘形状（49）O	1：锐锯齿　2：钝齿	每花序花朵（50）M	朵
花径大小（51）M	mm	雄蕊数（52）O	枚
萼片色泽（53）O	1：乳白色　2：乳黄色　3：黄绿色　4：粉红色		
始果年龄（54）M	a	股吊率（55）M	吊
吊果率（56）M	%	自花结实率（57）O	%
采前落果程度（58）O	1：重　2：中　3：轻	单株产量（59）M	kg
大小年程度（60）O	1：重　2：中　3：轻	萌芽期（61）M	
初花期（62）M		盛花期（63）M	
终花期（64）M		果实白熟期（65）M	
果实脆熟期（66）M		果实完熟期（67）M	
果实生长期（68）M	d	落叶期（69）M	
营养生长期（70）M	d		
3　品质特性			
单果重（71）M	g	果实纵径（72）O	cm
果实横径（73）O	cm	果实整齐度（74）M	%
果实形状（75）M	1：圆形 2：扁圆形 3：卵圆形 4：长圆形 5：倒卵圆形 6：圆柱形 7：圆锥形 8：磨盘形（带缢痕） 9：扁柱形　10：茶壶形		
果肩形状（76）O	1：平　2：凸	果顶形状（77）O	1：凹 2：平 3：尖
果实颜色（78）M	1：浅红　2：红　3：紫红　4：赭红	果面光滑度（79）M	1：光滑　2：粗糙　3：有隆起
果皮厚度（80）M	1：薄　2：中　3：厚	果点大小（81）M	1：小　2：中　3：大
果点密度（82）O	1：疏　2：中　3：密	果柄长度（83）O	cm
梗洼深度（84）O	1：浅　2：中 3：深	梗洼广度（85）O	1：狭　2：中　3：广
萼片状态（86）O	1：宿存 2：残存 3：脱落	柱头状态（87）O	1：宿存 2：残存 3：脱落
果实外观综合评价（88）M	1：极差　2：差　3：中　4：好　5：极好		
核重（鲜重）（89）M	g	核形（90）M	1：圆形 2：椭圆形 3：纺锤形 4：倒纺锤形
核壳的有无（91）M	0：无核　2：残核　3：有核		
种仁饱满程度（92）O	0：无　1：瘪　2：较饱满　3：饱满		
含仁率（93）M	%	果肉颜色（94）M	1：白色 2：浅绿色 3：绿色

（续）

果肉质地（95）M	1：疏松 2：酥脆 3：较致密 4：致密		
果肉粗细（96）M	1：细 2：中 3：粗	果肉汁液（97）M	1：少 2：中 3：多
果实风味（98）M	1：酸 2：甜酸 3：酸甜 4：甜 5：极甜		
果实异味（99）M	0：无 1：有		
果实口感品质综合评价（100）M	1：极差 2：差 3：中 4：好 5：极好		
鲜枣可溶性固形物含量（101）M	%	鲜枣可溶性糖含量（102）M	%
鲜枣可滴定酸含量（103）M	%	鲜枣维生素 C 含量（104）M	10^{-2}mg/g
鲜枣可食率（105）M	%	干枣可溶性糖含量（106）C	%
干枣可滴定酸（107）C	%	干枣维生素 C 含量（108）C	10^{-2}mg/g
制干率（109）C	%	干枣可食率（110）C	%
鲜枣耐贮性（111）C	3：不耐贮 5：较耐贮 7：耐贮		
4 抗逆性			
抗裂果性（112）M	1：极抗裂 3：抗裂 5：中等 7：易裂 9：极易裂		
耐旱性（113）O	1：强 3：较强 5：中等 7：较弱 9：弱		
5 抗病虫性			
抗枣疯病（114）M	1：极抗 3：抗病 5：中抗 7：感病 9：高感		
抗缩果病（115）O	1：极抗 3：抗病 5：中抗 7：感病 9：高感		
6 其他特征特性			
根蘖萌发率（116）O	%		
果实用途（117）M	1：鲜食 2：制干 3：鲜食制干兼用 4：蜜枣 5：观赏		
花粉形态（118）O			
核型（119） O			
指纹图谱与分子标记（120）O			
备注（121）O			

注：M，必选描述符（所有种质必须鉴定评价的描述符）；O，可选描述符（可选择鉴定评价的描述符）；C，条件描述符（只对特定种质进行鉴定评价的描述符）。

填表人： 审核： 日期：

四、枣种质资源利用情况报告

（一）报告格式

1．种质利用概况

当年提供利用的种质类型、份数、份次、用户数等。

2．种质利用效果及效益

包括当年和往年提供利用后育成的品种、品系、创新材料、生物技术利用、环境生态、开发创收等社会经济和生态效益。

3．种质利用存在的问题和经验

重视程度，组织管理，资源研究等。

（二）枣种质资源利用情况登记表

<table>
<tr><td>种质名称</td><td colspan="5"></td></tr>
<tr><td>提供单位</td><td></td><td>提供日期</td><td></td><td>提供数量</td><td></td></tr>
<tr><td>提供种质
类　型</td><td colspan="5">地方品种 □　育成品种 □　高代品系 □　国外引进品种 □　野生种 □
近缘植物 □　遗传材料 □　突变体 □　其他 □</td></tr>
<tr><td>提供种质
形　态</td><td colspan="5">植株（苗）□　果实 □　籽粒 □　根 □　茎（插条）□　叶 □　芽 □　花（粉）□
组织 □　细胞 □　DNA □　其他 □</td></tr>
<tr><td>统一编号</td><td></td><td colspan="2">国家种质资源圃编号</td><td colspan="2"></td></tr>
<tr><td colspan="6">提供种质的优异性状及利用价值：</td></tr>
<tr><td>利用单位</td><td colspan="2"></td><td>利用时间</td><td colspan="2"></td></tr>
<tr><td>利用目的</td><td colspan="5"></td></tr>
<tr><td colspan="6">利用途径：</td></tr>
<tr><td colspan="6">取得实际利用效果：</td></tr>
</table>

种质利用单位盖章　　种质利用者签名：　　年　月　日

第三章
枣树的起源演化与栽培历史

枣树原产我国黄河中下游一带，以晋陕黄河峡谷栽培最早，国外的枣树都是直接或间接从我国引进的。在植物学上，枣树起源于酸枣，是我国先民从野生酸枣的众多变异类型中择优驯化而来。酸枣向枣的演进可能存在多条路线。枣树的栽培利用历史可以追溯到 7 000 多年前的新石器时代。枣产业的发展先后经历了引种驯化期（新石器时代晚期至商朝）、传统产区形成期（周朝至汉朝）、传统生产技术发展期（汉末至北魏）、传统生产技术成熟期（北魏末年至新中国成立）和现代枣业形成发展期（新中国成立至今）。枣树在国内的传播，可能是由山西和陕西渐及河南、河北、山东等地，到汉代时枣树已遍及我国南北各地；枣树向国外的传播，首先是周边邻国，后沿“丝绸之路”经伊朗到欧洲，美国的枣最早于 1837 年由欧洲传入，枣树现已遍及世界五大洲的 40 多个国家和地区。

第一节　枣树的植物学起源

关于枣树的植物学起源，河北农业大学曲泽洲等通过对枣、酸枣和毛叶枣等枣属植物果实与枝叶特征、花粉形态、染色体数目和核型及同工酶谱等多方面的比较研究，结合化石、出土文物和古文献考证及实地调查，认为枣和酸枣均原产我国，二者亲缘关系极近，其中枣较酸枣进化。另外，基于自然界存在有酸枣向枣连续演进的过渡型（进化型）等证据，认为枣是由酸枣演进而来的。

一、枣和酸枣的形态特征、生物学特性及地理分布相似

在枣属植物的170多个种中，枣和酸枣最为相似，并且在分布上往往相伴而生。二者均为落叶果树，通体无毛，结果枝在秋后自然脱落，分布于北温带。而枣属中其他绝大多数的种器官被毛、结果枝宿存，主要分布于热带和亚热带。

枣和酸枣的形态特征有很多相似之处。在果形上，酸枣和枣均有圆形、柱形、椭圆形、卵形、扁圆形、葫芦形、宿萼形等；枣有果肉中带木栓化颗粒的（如薛城冬枣）品种，酸枣也有相应的类型（如砂酸枣）。此外，枣和酸枣的叶片、花、枝条的形态也都非常相似。

在生物学特性方面，枣和酸枣也颇为相似。二者的枝芽特性没有明显的区别，均有脱落性的结果枝和极度短缩的结果母枝；各物候期也基本一致，如在河北保定均为4月上中旬发芽，5月中、下旬进入初花期，6月份进入盛花期，10月下旬开始落叶；开花结果特性均表现为花芽当年分化、随生长随分化，单花芽分化速度快，整个花期长达2个月左右，果实发育呈单“S”曲线。而和枣属其他大多数的种相比，生物学特性则有明显差异，比如毛叶枣为常绿植物，一般在9、10月开花，第二年3、4月结果。

二、枣和酸枣之间存在众多过渡类型

枣虽然经过长期人工栽培有了很大变异，酸枣一直野生也有很大分化，但至今仍可看到二者许多性状的变异呈现连续性(表3-1)，个别类型不易分清应该属于枣还是酸枣。如一般酸枣果实较小，但有的大果型酸枣（如甜溜溜、老虎眼、牛奶子、算盘子等）甚至比一些小果型的枣品种（如金丝小枣、鸡心枣等）还要大；一般酸枣的果实风味多偏酸，但也有些类型是甜味的，枣的品种中则有些是带明显酸味的（如扁核酸、酸疙瘩枣、酸铃枣、酸鸡心枣等）；一般酸枣较矮小，常呈灌木状，但实际上酸枣也能长成大树，如在河北的邢台、内丘、临城、赞皇等地，为了采集酸枣仁而保护起来的灌木丛，若干年后大多能长成干周30cm以上、树高达4m的小乔木，在山西、河北、天津、北京、陕西等还发现了长成乔木乃至大乔木的古酸枣树，如胡先骕编著的《经济植物手册》中记载在华北有一株高36m的古酸枣树。

表3-1　酸枣驯化为枣的过程中性状的演变（曲泽洲和王永蕙，1993）

Table 3-1　The evolution of traits from wild sour jujube to Chinese jujube（Qu and Wang，1993）

项目 Items	酸枣 Sour jujube	过渡型 Transition	枣 Chinese jujube
树性 Tree type	丛生、小灌木 Tuft，small shrub	灌木、小至大乔木 Shrub，small to big arbor	小至中乔木 Shrub，small to big arbor
树高 Tree height（m）	1~3	2~5、<8、>25	<8

（续）

项目 Items	酸枣 Sour jujube	过渡型 Transition	枣 Chinese jujube
针刺 Thorn	多、长、尖 Many，long，sharp	少、短 Few，short	易脱落 Easy to drop
枣吊长 Bearing shoot (m)	10～18	18～25	20～35
叶大小 Leaf (m)	小 (2.5×1.1) Small	小→大 Small to big	大 (4.2～2.9) Big
叶柄 Leafstalk (mm)	1～3	短→长 Short to Long	3～6
叶缘 Sawtooth of leaf margin	细密 Small，dense	密→疏 Dense to distant	疏、较大 Distant，bigger
果形 Fruit shape	圆形 Round	长圆、卵圆、扁圆 Oblong，ovate，oblate	圆、长圆、卵圆、扁圆 Round，oblong，ovate，oblate
果梗 Fruit stalk (mm)	短 (2～2.5) Short	短→长 Short to long	长 (3～6) Long
果顶 Fruit apex	平 Flat	圆、凹 Round，concave	平、圆、凹 Flat，round，concave
风味 Flavor	酸 Sour	酸甜、甜酸 Sour sweet，sweet sour	甜酸、甜 Sweet sour，sweet
核形 Stone shape	圆形、先端钝圆 Round，end obtuse	长圆形、卵形、先端尖 Oblong，ovate，end sharp	长圆、纺锤形、先端尖 Oblong，spindly，end sharp
核表面 Stone surface	较光滑 Relative slick	有纵沟、欠光滑 Rough	纵沟深 Concavo-convex，deep channel
种仁 Seed	饱满多仁 More，plump	多→少 More to less	少仁→无仁 Few to seedless

三、枣由酸枣演进而来

酸枣除了在形态学上表现出树矮、叶小、果小、花小、托叶刺发达等原始性状外，在细胞学、花粉学、同工酶等方面也较枣更为原始。

闫桂军等（1984）和葛喜珍等（1997）对100多个枣品种和酸枣类型染色体数目和核型的研究表明，枣的染色体核型较酸枣的不对称性强，虽然绝大多数枣品种和酸枣类型的染色体数均为2n=2x=24，但在枣中发现了一个三倍体类型（赞皇大枣，2n=3x=36）。这些结果表明枣较酸枣进化。

李树林等（1985）对枣和酸枣花粉进行的研究表明，枣的花粉壁穿孔较酸枣大，花粉壁厚度与酸枣无显著差异，但花粉壁内层-1较酸枣的厚，枣花粉萌发孔的多样性比酸枣有所增加。这些花粉学方面的证据也表明，枣和酸枣亲缘关系很近，枣较酸枣进化。

张凝艳等（1986）对我国最常见的3种枣属植物——毛叶枣、酸枣和枣的过氧化物酶同工酶谱型进行的研究表明，枣与毛叶枣的酶谱近似值为0.40，而与酸枣的近似值则达0.60；对26个酸枣类型和31个枣品种过氧化物酶同工酶酶谱的分析表明，多数枣品种与酸枣的两个主要谱型Ⅰ、Ⅱ均相同，但枣品种谱带要多于酸枣。同工酶分析结果也支持枣与酸枣亲缘关系较近、枣较酸枣进化的观点。

综上所述，枣由酸枣演化而来。换言之，枣是我们的祖先从酸枣的众多变异类型中选择那些适于自己需要的优良类型，加以驯化栽培逐渐发展而来的。

第二节　枣树的地理学起源

一、有关枣树起源的不同观点

关于枣的起源地（原产地），曾有两种观点。第一种观点认为枣起源于我国，国外的著名植物学家德堪多尔（A.De Candolle，1870）、伯纳德（E. Bretschneideri，1882）、菊池秋雄（1956）、茹考夫斯基（Zhukovsky，1968）、哈尔金（I.R.Harlan，1882）以及我国的俞德俊（1978）、曲泽洲（1993）等大多数专家都持此观点。我国著名植物分类学家胡先骕（1957）认为，枣和酸枣均原产我国；俞德浚（1978）指出"枣原产我国各地，分布到东南欧和东南亚"，并认为枣的"初生基因中心在华中和华北"。另一种观点是多起源说，如前苏联学者瓦维洛夫（Н.Ивавидов，1936）、日本学者星川清親（1978）持此观点。佐藤公一（1972）和星川清親（1981）在其著作中曾写道，"枣原产东南欧和东南亚"。还有的学者认为，枣的原产地尚不明确。

二、枣树起源于我国的确凿证据

曲泽洲等通过对出土的炭化枣核、叶化石、古文献及古枣树和古酸枣树的考证，结合对枣和酸枣现有分布等的综合分析，确认了枣原产我国，黄河中下游一带是枣树最早的栽培中心，并以晋陕黄河峡谷栽培较早，国外的枣树都是直接或间接从我国引进的。

从古文献记载来看，我国早在成书于3000年前的《诗经》中就已有"八月剥枣"（即八月采收枣果）的记载。成书于战国至秦汉时期的《神农本草经》，成书于公元前600年的周朝（春秋时期）的《尔雅》，成书于东周（战国时期）的《黄帝内经》，及以后的《战国策》、《史记·货殖列传》、《三国·魏志》等古文献有大量关于枣树种植的记载，说明早在汉代（距今2000年左右）枣树已经遍布全国各地。

从出土文物来看，20世纪60年代起，先后在我国南方的湖北（随州、江陵、云梦）、湖南（长沙）、广东（广州）、江苏（连云港）、四川（昭化）以及北方的甘肃（武威）、西部的新疆（吐鲁番古高昌国）等地古墓中，发掘出有2000年以上历史的枣核和干枣遗迹，充分验证了古文献的记载，即2000年前我国的广大地域已大量栽培枣树。20世纪70年代，在河南密县莪沟北岗新石器时代遗址发掘出了具有7240±80年历史的碳化枣核和干枣，说明我国早在7000年前就已采集利用枣果了。

从各地发现的枣化石看，在山东临朐曾发现距今1200~1400万年（中新世）的山旺枣（*Z. miojujuba* Hu et Chang）叶化石（图3-2），其形态与现代的枣和酸枣叶片非常相似。考古学家还认为，山旺枣广泛分布于中国北部各省，南到江苏、安徽、四川。《中国百科全书·果树卷》（1993）

图 3-1　湖南长沙马王堆出土的"棘"（枣）和枣核

Figure 3-1　The excavated Chinese jujube fruit and stone from Mawangdui, Changsha, Hunan, China

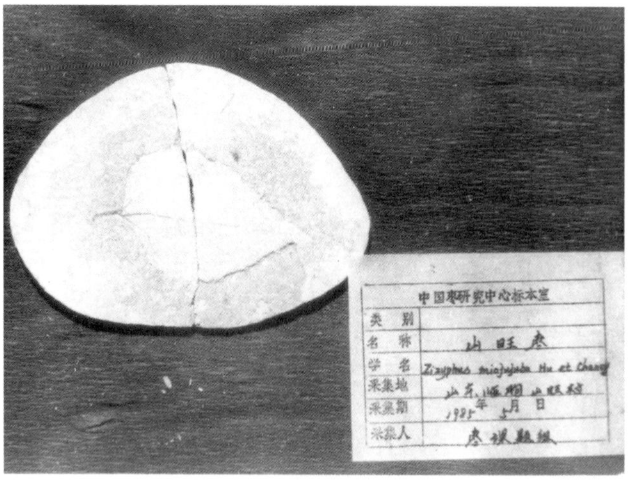

图 3-2　枣叶片化石
Figure 3-2　The leaf fossil of jujube

中还曾报道在山东临朐解河村出土过距今 2400 万年的枣树叶化石。由此可以看出，我国至少在 1200 万年以前就有了酸枣（枣），且分布范围较广。而国外迄今未见有枣和酸枣化石的报道。

而国外关于枣树的最早记录也只有 2000 年左右。枣树的英文名称有两个，Chinese jujube 和 Chinese date，都表明枣来自于中国。枣和酸枣均原产我国无可非议。

多数学者认为，野生群落的分布可作为起源地的重要旁证。目前，枣树的野生种酸枣在国外仅在我国的邻国（韩国和俄罗斯）有极少量分布，但在我国的分布却十分广泛，特别是在北方的太行山、黄土高原等枣树的主产区均有大量分布。此外，在五台山区还可以看到零星成片的大酸枣树，在山西高平、陕西清涧、北京等仍有 700~900 年生的大酸枣树。但迄今，在我国南方酸枣的分布比较稀少，而且没有发现酸枣的古树、化石等。现有的资料都表明，枣起源于我国北方，其起源中心可能在黄河中下游地区。

第三节　枣树品种的演化

一、枣由酸枣演进的路线

关于酸枣向枣演进的路线，是一条路线还是多条路线？一直没有定论。

彭建营等(1991) 根据对枣和酸枣花粉形态的研究结果，推断枣品种的演化有多条路线。花粉的形态特征和外壁纹饰是由基因型控制的，具有相当的稳定性。根据扫描电镜研究结果，按花粉的外壁纹饰可以把供试枣品种和酸枣类型分为 12 类，而在每类中基本都有酸枣类型。据此推测，栽培枣品种可能是由同组中具有类似纹饰的酸枣种质演化而来。

Stebbins (1957) 指出，核型越不对称就越进化，而核型不对称的增加是指染色体两臂长度不等，或是同一核内不同染色体大小不等。杨云贞（1991）在对枣树品种染色体核型进行分析的基础上，以平均臂比为横坐标，以最长染色体与最短染色体之比为纵坐标，做品种分布图，结果发现供试枣品种和酸枣类型基本上集中分布在 3 个区域，这 3 个区域的品种可能有各自独立的演化路线，支持枣品种的多条演化路线的观点。

王秀伶等（1994）通过对枣和酸枣过氧化物酶同工酶的数量化分析和重心法聚类，提出酸枣向枣的演化存在 4 条路线，但以其中一条为主线（占 72.0%）。

二、枣树品种间的亲缘关系

随着技术手段的不断进步，对枣品种间的亲缘关系研究不断深入，特别是分子标记的应用为品种间亲缘关系的研究注入了新的活力。根据 RAPD 技术结合已有的其他方面的研究结果，彭建营等（2002）认为龙爪枣、葫芦枣、无核枣等的起源是多元的，它们都曾经被作为变种处理，但其内部的遗传距离大于这些类群间的遗传距离，认为这些变种划分是不自然的，宜并入其原变种；枣种下不宜设变种，对枣种下的众多品种，可根据品种间的遗传关系，直接划分品种群。

如前所述，枣品种繁多，栽培演化历史悠久，枣品种演化具体有多少条演化路线还不能定论。以往的研究，如形态学、花粉学、细胞学、同工酶学等结果对一些品种的亲缘关系提供了一些证据，但都有一些局限性。近年来，随着分子标记技术的发展，彭建营（1999）、赵锦（2000）、白瑞霞（2008）等应用RAPD、AFLP和SRAP技术比较系统地对200多个枣品种的亲缘演化关系进行了探讨，结合已有的形态学、细胞学、花粉学、同工酶学、地理学、古文献等的各种资料，揭示出了26个品种群内或品种间的亲缘关系，主要研究结果如下：

1．圆铃品种群内的关系

杨云贞等（1991）的染色体核型研究表明，磨盘枣和核桃纹，具有相同的基本核型(20m+4sm)。彭建营等(1991)用扫描电镜观察到核桃纹与磨盘枣的花粉外壁纹饰相同，均为交织网状。王秀伶等（1999）所做过氧化物酶同工酶的聚类分析结果表明，核桃纹和磨盘枣聚在一起，亲缘关系较近。曲泽洲等（1990）的同工酶研究结果表明，磨盘枣与圆铃的枝皮过氧化物酶同工酶谱型相同，叶片过氧化物酶同工酶圆铃比磨盘枣多1条谱带。彭建营等（1999）的RAPD分析结果表明，磨盘枣与圆铃1号（圆铃中选出）聚在一起，二者亲缘关系较近，认为磨盘枣是由圆铃演变而来。白瑞霞（2008）利用AFLP和SRAP标记的研究结果表明：酥圆铃、核桃纹、老婆枣、大柿饼枣、延川狗头枣、圆铃1号与圆铃的亲缘关系较近，分布于山东泰安的酥圆铃与圆铃可能为同物异名；圆铃、核桃纹、圆铃1号等7个品种先聚在一起后再与磨盘枣聚在一起，说明磨盘枣与圆铃品种群的关系较近，是由圆铃演化而来。

2．义乌大枣、南京枣和宣城尖枣的关系

义乌大枣和南京枣的植物学特征和生物学特性相似，果实均为圆柱形，果肩平圆，有数条浅细的辐射沟纹，果面均稍有粗糙感，核内多含1粒饱满种子；树体特征也颇相似；开花、坐果习性也较一致。彭建营（1999）通过对这两个品种的RAPD分析表明，义乌大枣仅比南京枣多2条特异带，二者有极近的亲缘关系。白瑞霞（2008）的AFLP分析表明,二者的相似系数为0.984;SRAP分析表明,相似系数为1.000,表明义乌大枣和南京枣的亲缘关系极近，且它们的差异存在于非编码区；宣城尖枣与南京枣和义乌大枣的遗传系数分别为0.984、0.991和0.991，从DNA水平揭示出宣城尖枣与义乌大枣、南京枣非常近缘。

3．宁阳六月鲜、孔府酥脆枣和疙瘩脆的关系

宁阳六月鲜、孔府酥脆枣和疙瘩脆均为原产山东的鲜食品种。宁阳六月鲜和孔府酥脆枣的形态特性相似，果实形状不整齐，果肩平圆，梗洼中广，果柄粗短，果点较大，果核较大，长椭圆形，核蒂短，核尖尖长，核纹深，内有种子，树体特征也较相似。白瑞霞（2008）的AFLP分析表明，二者的相似系数达0.998，基于SRAP的相似系数为0.990，说明这两个品种的亲缘关系极近；疙瘩脆与宁阳六月鲜和孔府酥脆枣的AFLP相似系数分别为0.991和0.988，SRAP相似系数分别为0.980和0.970，说明疙瘩脆与这两个品种的亲缘关系极近，三者可能为同一近缘系。

4．长红枣品种群内的关系

长红枣品种群是山东省的主栽品种之一，历史悠久，分布很广，主要组成品种有早熟躺枣、短果长红、疙瘩长红、葫芦长红、大马牙和亚腰长红等。据《中国果树志·枣卷》报道，葫芦长红由大马牙演变而来。彭建营的RAPD分析研究表明，在342条RAPD扩增条带中，分布于河南的永城长红与早熟躺枣和葫芦长红有340条共同带，3个品种的亲缘关系极近,永城长红是长红枣的组成成员(彭建营等，2000)。白瑞霞（2008）的AFLP聚类结果显示，大马牙先与葫芦长红聚在一起（相似系数为0.998），然后与亚腰长红、早熟躺枣、永城长红聚在一起，最后才与短果长红相聚；SRAP分析结果表明，大马牙和葫芦长红（相似系数为1.000）与永城长红聚在一起，然后与亚腰长红和早熟躺枣在一组，从DNA水平上说明葫芦长红与大马牙的亲缘关系极近。白瑞霞（2008）的研究还发现，短果长红与其他4个品种的亲缘关系稍远。

5．龙枣类品种与长红枣的关系

龙枣别名龙须枣、龙爪枣、蟠龙枣、曲枝枣。分布于北京、河北、山东、山西、河南和陕西等地。在外部形态上，河南龙枣为二次枝弯曲，河北龙枣为一次枝弯曲，大荔龙枣的一次枝和二次枝都有弯曲。就弯曲程度而言，河南龙枣弯曲度最大，河北龙枣次之，陕西大荔龙枣弯曲度最小。王秀伶等（1999）的同工酶研究表明，河北龙枣与山东躺枣（长红枣）酶谱相似，不同的是河北龙枣比山东躺枣多几条带，用过氧化物酶同工酶的系统聚类分析结果表明，河北龙枣和河南龙枣聚在一起，亲缘关系较近。赵锦等（2003）的RAPD聚类结果表明,河南龙枣与河北龙枣先聚到一起，遗传距离为0.117，亲缘关系较近。彭建营等（2000）的RAPD分析表明，河北龙枣与山东龙枣扩增条带全部相同，二者与长红枣仅有4条扩增差异带，分析可能是由长红枣演变而来，从枝、叶、花、果形态和生长习性考察，龙枣是长红枣品种的特殊变异。白瑞霞(2008)的研究结果表明：在扩增的577条AFLP标记中，576条为相同带，河南龙枣比河北龙枣多1条特异带；在扩增的113条SRAP标记

中，有111条相同，两品种各有1条特异带，表明河北龙枣和河南龙枣的亲缘关系极近；基于AFLP和SRAP的聚类分析中均表现为，河北龙枣先与河南龙枣聚在一起后，再与长红枣品种群的几个品种聚合，反映了2种龙枣与长红枣的近缘关系；而陕西的大荔龙枣与前2种龙枣的亲缘关系较远，与长红枣品种群的几个品种差异也很大。综合分析，河北龙枣、河南龙枣和山东龙枣是同一近缘系，由长红枣演变而来，而大荔龙枣不是由长红枣演化而来。

6. 串铃和长红枣品种群的关系

串铃产于山东历城，因坐果能力强，枣吊常能连续成串坐果而得名。从枝叶形态和生长结果习性考察，串铃和长红枣品种群相近。王秀伶等（1999）的过氧化物酶同工酶的系统聚类分析结果表明，串铃和长红枣聚在一起。但彭建营（1991）在研究枣花粉形态时发现，串铃与长红枣、躺枣的花粉形态不同，串铃花粉近球形，外壁纹饰脊粗糙，呈片块状，无巨型花粉；长红枣和躺枣的花粉均为长球形，外壁纹饰脊光滑，呈交织网状，有巨型花粉。白瑞霞（2008）的AFLP和SRAP聚类分析表明，串铃均未与长红枣品种群的品种聚在一起，说明串铃与长红枣的亲缘关系较远，并不属于长红枣品种群。

7. 大名布袋枣与糸糸枣的关系

大名布袋枣产于河北大名，是鲜食和加工兼用品种，其果实为圆柱形，两端稍细。糸糸枣为北京著名鲜食品种，果实长葫芦形。白瑞霞等（2008）的AFLP和SRAP聚类分析结果表明，这2个品种均聚在一起，相似系数分别为0.988（AFLP）和0.960（SRAP），说明二者的亲缘关系较近。

8. 天津快枣、二秋枣、缨络枣、郎家园枣与金丝小枣的关系

天津快枣、二秋枣均是产于天津西郊的鲜食品种，从果实形状、树体特征、生长习性来看，这2个品种也与金丝小枣极为相似。白瑞霞（2008）的AFLP分析表明，这2个品种均聚在了金丝小枣品系的外围，与金丝小枣品系的相似系数均在0.960以上；SRAP分析表明，这2个品种也与金丝小枣品系聚在了一组，与金丝小枣品系的相似系数均在0.900以上，说明天津快枣、二秋枣与金丝小枣的亲缘关系很近。

缨络枣产于北京近郊，郎家园枣是原产于北京郎家园一带的鲜食品种。通过AFLP和SRAP聚类分析，结果表明，这2个品种均与金丝小枣品系聚在一组，与金丝小枣的相似系数均在0.900以上，说明二者与金丝小枣的亲缘关系较近（白瑞霞，2008）。

9. 长木枣、小木枣、马铃脆与金丝小枣的关系

长木枣产于山东的乐陵、无棣、庆云、商河等地，小木枣分布在河北献县、武强和山东乐陵、无棣一带，混栽在金丝小枣树行中。马铃脆是产于山东陵县的鲜食品种。白瑞霞（2008）的AFLP和SRAP聚类分析表明，这3个品种均与金丝小枣品系聚在一组，表明与金丝小枣具有较近的亲缘关系。

10. 无核小枣与金丝小枣的关系

无核小枣在金丝小枣产区有少量栽培，二者在植物学特征、生物学特性及用途上极为相似，只是有核、无核的差异，通常认为无核小枣是金丝小枣的芽变或实生变异。彭建营等的研究表明，金丝小枣和无核小枣的花粉大小、形状及外壁纹饰无明显差异，同工酶谱仅有一条酶带存在差异，并应用RAPD技术找到了一个可能与有核性状相关的分子标记（彭建营，1991；彭建营等，2001）。刘孟军和赵锦等分别用RAPD技术证明了无核小枣和金丝小枣的近缘关系（刘孟军，1995；赵锦和刘孟军，2003）。白瑞霞（2008）的AFLP聚类分析中，金丝4号与无核小枣相聚后才与金丝小枣和金丝蜜聚在一起，无核子枣与金丝小枣品系的平均相似系数为0.984；SRAP分析中，无核小枣先与天津快枣、缨络枣聚在一起后，再与金丝小枣品系聚合，与天津快枣的相似系数为0.970，与金丝小枣品系的平均相似系数为0.947。DNA水平的研究充分表明，无核小枣和金丝小枣极为近缘。

11. 馒头枣、大荔鸡蛋枣、湖南鸡蛋枣、涪陵鸡蛋枣、临猗梨枣等的关系

彭建营（1999）、白瑞霞（2008）研究发现，馒头枣、沧县傻枣、大白铃、大瓜枣、大荔鸡蛋枣、湖南鸡蛋枣、涪陵鸡蛋枣与临猗梨枣扩增条带相似，AFLP和SRAP聚类均聚为一组，这8个品种具有较近的亲缘关系。从地理区域上看，大荔鸡蛋枣、临猗梨枣的原产地较近，且临猗梨枣的栽培历史悠久，推测临猗梨枣、大荔鸡蛋枣是这些品种的原生品种，馒头枣、沧县傻枣、大白铃、大瓜枣、湖南鸡蛋枣和涪陵鸡蛋枣是由其演变而来。

12. 敦煌大枣和临泽大枣的关系

敦煌大枣主要分布于甘肃敦煌，临泽大枣主要分布于甘肃临泽，二者形态特征、树体特性、开花习性等方面基本相似。彭建营等（1999）的RAPD分析表明，敦煌大枣和临泽大枣聚在一起，表明它们的亲缘关系极近。白瑞霞（2008）的分析结果显示，敦煌大枣和临泽大枣基于AFLP

和 SRAP 的遗传相似系数分别为 0.981 和 0.990，进一步说明这 2 个品种亲缘关系极近。

13. 临泽小枣和中宁小枣的关系

临泽小枣主要分布在甘肃临泽、张掖、高台、酒泉、金塔等地，为当地原有的主栽品种，中宁小枣主要分布于宁夏中部的中宁、中卫、灵武。这 2 个品种在形态特征如果实形状、大小，核的形状、大小基本相同，树体特性、开花习性等方面也相似，地理分布区域相近。白瑞霞(2008)的 AFLP 和 SRAP 分析表明，临泽小枣和中宁小枣的遗传相似系数分别为 0.972 和 0.970，说明这 2 个品种的亲缘关系较近，可能为同一近缘系。

14. 大王枣、薛城冬枣、大雪枣的关系

大王枣、薛城冬枣和大雪枣分别是从河南桐柏、山东枣庄、山东蒙阴当地选出的大果形、晚熟鲜食枣品种。这 3 个品种的形态特征、树体特性、生长习性极为相似。白瑞霞 (2008) 用 AFLP 和 SRAP 数据进行聚类分析，这 3 个品种都聚在了一起，平均相似系数分别为 0.948 和 0.926，说明这 3 个品种的亲缘关系相近。

15. 赞新大枣和赞皇大枣的关系

赞皇大枣产于河北赞皇，是该县主栽品种，至少已有 400 多年的栽培历史。赞皇大枣存在种性分化，形成了许多株系。赞新大枣是 20 世纪 70 年代新疆阿拉尔农科所从引入的赞皇大枣苗中选出的一优良株系，在当地表现良好，被广泛栽培。它和赞皇大枣起源相同，故亲缘关系较近。白瑞霞 (2008) 的 AFLP 聚类分析结果表明，赞皇大枣 1 号株系先与赞新大枣聚在一起后与赞皇大枣 2 号株系相聚，赞新大枣与 2 个赞皇大枣株系的相似系数分别为 0.984 和 0.974；SRAP 分析中，赞新大枣和 2 个赞皇大枣株系扩增条带完全相同，反映了二者的近缘关系。赞新大枣虽然发生了一些遗传变异，但其本质上仍应属于赞皇大枣品种群。

赞皇大枣是惟一已知的三倍体品种，是枣品种中的进化类型，其起源不详。AFLP 分析中，婆枣 2 号与赞皇大枣的相似系数最大 (0.911)，二者的分布区域接近，可能有相近的起源 (白瑞霞，2008)。

16. 泡泡红、串干、沙枣、新乐大枣和婆枣的关系

婆枣别名串干、阜平大枣，分布较广，为河北西部太行山区的主栽品种，栽培历史悠久。沙枣分布于山西文水，起源历史不详。沙枣在形态特征、树体特性上与婆枣相似。白瑞霞 (2008) 的 AFLP 和 SRAP 分析表明，串干与沙枣先聚在一起后，再与婆枣株系聚在一起；SRAP 聚类结果中，串干和沙枣先后与婆枣株系聚在一起，表明串干和沙枣与婆枣的亲缘关系较近；泡泡红是北京的优良制干品种，形态特征与婆枣相似，AFLP 聚类表明，泡泡红与婆枣 1 号、2 号株系聚在一起，SRAP 聚类结果中，3 个婆枣株系聚在一起后，最后与泡泡红聚合在一起，表明泡泡红与婆枣的亲缘关系很近，可能与婆枣是同一近缘系；但 AFLP 和 SRAP 分析中，新乐大枣与婆枣的差异较大，并不是同一个品种。

17. 灵宝大枣和屯屯枣的关系

灵宝大枣别名灵宝圆枣、屯屯枣，分布于河南西部和山西西南部交界的黄河两岸，为当地主栽品种，有 400 多年的栽培历史。AFLP 和 SRAP 聚类分析中，灵宝大枣和屯屯枣均聚在一起，表明这 2 个品种亲缘关系较近，其差异应该属于品种内株系间的差异，灵宝大枣和屯屯枣应为同物异名 (白瑞霞，2008)。

18. 小平顶枣和朝阳圆枣的关系

小平顶枣分布于辽宁朝阳、凌源、喀左、建昌等地，朝阳圆枣分布于辽宁朝阳、喀左、凌源等地，2 个品种的分布地区相同。植物学特征和生物学特性表明，果实均为圆柱形，大小不整齐，果肩圆披斜，梗洼浅，环洼中深，果顶平圆，顶点略微凹陷，果柄较短，果面平滑，富光泽，果实着色后橘红色；果核黄褐色，纺锤形，核纹较深，呈斜条纹，少数核内含饱满种子，含仁率 30% 左右。树体特性也颇相似，开花、坐果习性也基本一致；这 2 个品种在 AFLP 和 SRAP 聚类分析中都聚在了一起，基于 AFLP 和 SRAP 的遗传相似系数分别为 0.955 和 0.950，进一步表明两个品种间有极近的亲缘关系 (白瑞霞，2008)。

19. 三变红和胎里红的关系

三变红别名三变丑、三变色，主要分布于河南的永城，为当地主栽品种，来源不祥，其果皮色泽由幼果到成熟，变化 3 次。花后子房由绿色渐转成深红色，随果实生长红色渐退又呈绿色，至白熟期呈紫条纹绿白色，成熟期变为深红色。胎里红别名老来变，产于河南镇平，幼果为紫红色，白熟期时呈绿白色并略带红晕，随果实成熟颜色加深，成熟时呈赭红色。除具有果皮颜色多变的特征外，三变红和胎里红的新生枝叶均呈紫红色，树体特征也比较相似。但在 AFLP 和 SRAP 聚类中，三变红和胎里红并未聚在一起，表明这 2 个品种的亲缘关系较远 (白瑞霞，2008)。

20. 蒲城晋枣和耙齿枣的关系

蒲城晋枣分布于陕西蒲城，为当地主栽品种。耙齿枣分布于陕西彬县、长武、大荔等地，为当地原产品种，栽培历史悠久。该 2 个品种的分布区域是陕西相邻的几

个县，植物学特征和生物学特性有许多相似之处，均表现为果实中等大，圆柱形，侧面较扁，果肩平圆，梗洼浅，果顶歪斜，顶点凹陷，果点圆形、密布、明显，果核倒卵形；树体高大，树冠呈自然圆头形；树干灰褐色，皮部裂纹深，呈条块状，不易剥落；枣头红褐色，皮孔中等大，圆形或椭圆形；针刺不发达；二次枝发育良好；枣股粗大，圆柱形；花较大；萼片短，呈桃形；抗裂果。在AFLP和SRAP聚类图中，蒲城晋枣和耙齿枣均聚在一组，相似系数分别为0.958（AFLP）和0.939（SRAP），进一步表明二者的亲缘关系较近（白瑞霞，2008）。

21. 稷山圆枣和柳罐枣的关系

稷山圆枣和柳罐枣均分布于山西稷山南阳一带。两个品种的形态特征和生物学特性极为相似，均表现为果肩圆，果顶圆，顶点微凹，柱头遗存；果肉厚，绿白色，质地硬；果核纺锤形；发枝力强，枝叶较密；根蘖少，产量不稳定；果实生育期110d左右，成熟期落果严重；树姿开张，枣头生长弱，枣股抽枝力强。通过AFLP和SRAP分析表明，稷山圆枣和柳罐枣均聚在一组，从DNA水平进一步证明二者的亲缘关系较近，可能起源于近缘系（白瑞霞，2008）。

22. 茶壶枣和扁核酸的关系

茶壶枣果实畸形，形似茶壶，极具观赏价值，产于山东的夏津和临清等地，起源历史不详。扁核酸因果核扁，果肉甜酸而得名，是河南重要主栽品种。从品种的特征特性看，二者具有很多相似之处，扁核酸果实为椭圆形，茶壶枣果实的主体也是椭圆形；果肉均为绿白色，质地粗松，味甜略酸；果核均为扁梭形，核内无种子；树姿开张，树冠均为自然半圆形，枝叶密度中等；树干灰褐色，树皮裂纹条状；枣股圆锥形；枣吊较粗壮；叶片宽大，扁核酸为卵圆形，茶壶枣近似心脏形；叶面平滑，均为深绿色，富光泽；叶尖渐尖，较短；叶缘锯齿粗大；适应性强，坐果稳定。从地理分布看，山东夏津、临清紧邻河北邯郸的扁核酸产区，距离河南产区内黄、濮阳、南乐、清丰和山东产区的东明也很近。在AFLP和SRAP聚类图中，2个品种均聚在一组，相似系数分别为0.972（AFLP）和0.939（SRAP），表明它们的亲缘关系较近，扁核酸种性变异较大，因此推测茶壶枣可能是由扁核酸变异而来（白瑞霞，2008）。

23. 韩国枣品种的亲缘关系

韩国是世界上第二枣树生产国。赵锦等（2003）对2个韩国枣品种月出和锦城的RAPD分析表明，2个品种聚在一起，遗传距离仅为0.092，表明韩国枣的遗传背景较窄。白瑞霞等（2008）对月出、红颜和福枣3个韩国品种进行AFLP和SRAP分析，3个品种间的平均相似系数为0.868（AFLP）和0.872（SRAP），聚类分析中，3个品种并未聚在一起，表明3个品种间的遗传差异较大。3个品种分别与中国的枣品种聚于不同的组中，与中国枣品种具有较近的亲缘关系。

24. 圆铃枣和临猗圆铃枣的关系

王永康（2007）利用AFLP标记技术研究表明，圆铃和临猗圆铃枣尽管名称相近，但不是一个品种，且差异较大，应为同名异物。

25. 大白铃、大瓜枣、山东梨枣的关系

AFLP分析结果表明，大白铃、大瓜枣首先聚在一起，然后与山东梨枣聚为一类。说明三者的亲缘关系较近。从果实形状和大小来看，三者较为相似，个大，果实倒卵圆形，均为原产山东的鲜食品种（白瑞霞，2008）。

26. 壶瓶枣与骏枣的关系

壶瓶枣与骏枣是分别产于山西太谷和交城的古老品种，据《中国果树志·枣卷》记载，两品种起源历史不详。据瓦窑建村碑记推测，骏枣的栽培历史有1000余年。形态学资料分析表明，两品种除果实形状存在极微小的差异外，其他植物学特征和生物学特性均相似，故推测这两个品种可能为同一起源。彭建营的RAPD研究结果表明，在扩增出的492条DNA带中，两个品种的带型完全一致，进一步说明壶瓶枣和骏枣是同一无性系（彭建营，1999）。王秀伶等（1999）的过氧化物酶同工酶聚类分析结果也支持这一推测。

第四节 枣树的栽培历史

我国枣产业的发展历史源远流长。早在7 000多年前的新石器时代，我国的先民就已开始采摘和利用枣果；距今3 000年前的西周时期，已有枣树栽培的文字记载；2 500年前的战国时期，枣已成为重要的果品和常用中药；距今2 000年前的汉朝，枣树栽培已经遍及我国南北各地；距今1 500年的后魏时期，传统的枣树栽培技术体系已经建立起来，其中许多技术一直沿用至今。我国近代枣树的发展历经曲折，特别是在日军侵华时期，实行“三光”政策后，枣树遭到了极大破坏。1949年新中国成立后，枣树生产得到迅速恢复。特别是改革开放以来，枣产业得到全面快速的发展，目前现代化的枣产业已经初步建立起来。

关于枣产业发展阶段的划分尚缺乏系统研究。刘孟军(2008) 主要根据技术进步水平和产业化程度曾将枣产业发展历史划分为3个阶段，即引种驯化栽培阶段、传统生产技术形成发展阶段和现代枣业形成发展阶段。在这里，进一步细化为以下5个阶段。准确地断代还需要大量的考古发掘及古文献的研究与分析。

一、引种驯化期（新石器时代晚期至商朝）

根据目前掌握的考古发掘和古文献考证资料，这一阶段最晚开始于公元前5000年的新石器时代晚期，经三皇五帝时期，一直延续到夏朝和商朝，这一阶段的主要特征是人们主动的从野生酸枣中引种驯化优良类型并进行栽培利用。但这个阶段主要是采摘利用自然生产的枣果，酸枣和枣的分化还不十分明显。关于古人开始驯化栽培枣树的起始年代目前尚难以确切推断，但根据20世纪70年代河南密县莪沟北岗新石器时代遗址发掘出的炭化枣果和枣核推测，我国至少在7 000多年（7 240±80年）以前就已开始采集和利用枣果了。目前，尚未发现商朝（公元前1600年至约公元前1046年）以前关于枣树的文字记载，但成书于公元前10世纪商朝末期的《诗经•豳风篇》中载有“八月剥枣，十月获稻”的诗句，说明距今3 000年以前人们已经开始有计划地采摘利用枣果了。

二、传统产区形成期（周朝至汉朝）

该阶段大致发生于周朝（公元前1066~前256）、秦朝（公元前221~公元前206年）和汉朝（公元前202~220年）3个朝代，在这个阶段野生酸枣和栽培枣的分化已很清楚，已选出一些枣的优良品种，枣果成为深受人们喜爱的果品、常用的祭祀和馈赠佳品以及重要的木本粮食和上品中药，同时通过规模化的引种栽培区域迅速扩大，至汉朝遍及我国南北各地，形成了陕、晋、豫、冀、鲁等传统栽培中心并一直保持至今，此期还积累下一定的栽培经验。

成书于战国至秦汉时期的《神农本草经》中记载“酸枣生川泽，名医曰‘生河东，八月采实，阴干，四十日成’。大枣生平泽，名医曰‘一名干枣，一名美枣，一名良枣，暴干’。”说明2 000多年以前，人们已经将枣和酸枣分开，各自有着不同的生境和制干方法。《齐民要术》中说古人“常选好味者，留栽之”，即进行品种选优和驯化栽培。成书于公元前600年的周朝（春秋时期）的《尔雅》一书中，载有“洗，大枣，今河东（现在的山西运城附近）猗氏出大枣子如鸡卵”，全书共记载有枣品种11个。

成书于东周（战国时期）的《黄帝内经》之《灵枢经五味》中提到“五果：枣甘、李酸、栗咸、杏苦、桃辛”，说明2 500年前，枣就与李、杏、桃、栗一起成为了重要的果品和中草药。《战国策》一书中记载：“苏秦说燕文侯曰：‘北有枣、栗之利，民虽不由佃作，枣栗之实，足食于民。’《史记•货殖列传》记载：“安邑千树枣……此其人与千户侯等。”成书于公元300年晋朝的《广志》一书上记载了许多品种的出处，包括河东安邑（今山西南部的夏县附近）、东郡谷城（今山东阿城附近）、河内汲郡（今河南赵堡附近）、东海（今山东郯城附近）、安平信都（今河北冀县附近）等，说明当时陕、晋、豫、冀、鲁都已有枣树的栽培而且形成了品种。《三国•魏志》记载：“冀州户口最大，又有桑枣之饶，国家征求之府。”这些都说明，2 000多年以前枣已成为富民产业和国家税收之源。此外，考古学家在江苏连云港、广东广州、四川昭化、甘肃武威、湖南长沙、湖北江陵和随县以及新疆吐鲁番等地发掘的汉代古墓中，都曾发现随葬的枣核和干枣遗迹，充分说明远在汉代（距今2 000年左右）以前枣树就已经是遍布全国的重要果树了。

三、传统生产技术发展期（汉末至北魏）

该阶段大致发生于汉朝（公元前202～220年）末期，至北魏（386～534年）末年，历时约500年。在这个阶段，枣树品种大量出现，特别是栽培技术发展迅速，随着疆域的扩大、与周边国家交往的增多尤其是丝绸之路的开通枣树开始走向世界。北魏末年（533～534年）贾思勰所著《齐民要术》一书的发行，标志着枣树传统栽培技术体系和利用方式的基本形成，也标志着该阶段的结束。

随着枣产业的不断发展，到公元300年晋朝的郭义恭所著《广志》一书记载的枣树品种已达到21个，《齐民要术》中更是创记录地收录了45个品种，对各品种来源、产地及生长状况的记载更加详细。随着汉朝以后中外交往的日益频繁，一些古老的枣品种开始被引种到周边国家和亚欧各国。

栽培管理方面的进步是该时期最显著的特征。《齐民要术》一书详细总结了我国古代人民积累下的非常丰富的枣树栽培经验，其中许多技术一直沿用至今。在枣树栽植方面《齐民要术》提出，“候枣叶始生而移之”，即在枣刚发芽时栽植为宜；在栽植密度上应“三步（约为现在的5m）一树，行欲相当”；在园地选择上，“其阜劳之地，不任耕稼者，历落种枣，则任矣”，说明不能种庄稼的零星土地皆可用来种植枣树。在枣园管理方面，《齐民要术》提出，“正月一日日出时，反斧斑驳锤之，名曰‘嫁枣’，不斧则花而不实，斫则子萎而落也。”其意思是说正月一日日出的时候，要用斧子的钝头在枣树的树干上交错锤打，否则只开花不结果；但若用斧子砍，则幼果就会萎蔫脱落。这一措施和当前河北、山东等地仍在使用的“开甲”和在河南新郑使用的“牙枣”等促进坐果的措施为同一道理，只是在时间上有所不同。《齐民要术》中还记载，“以杖击其枝间，振去狂花。不打，花繁不实，不成”，这是关于枣树疏花的最早记载。在采收和干制方面，《齐民要术》中提出“全赤即收”，并解释说“半赤而收者，肉未充满，干则色黄皮皱；将赤，味亦不佳美；久赤不收，则皮破，复有乌鸟为患”；在采收方法上主张“日日撼〈摇动〉而落之为上”，即分期采收；关于晒枣方法，指出“先治地，令净，布椽于箔下，置枣于箔上，以扒聚而复散之，一日中二十度乃佳。夜仍不聚。得霜露气，干速。成阴雨之时，乃聚而苫盖之。五六日后，别择；取红软者，上高厨而暴之，厨上者已干，虽厚一尺，亦不坏。择去胮烂者，胮者，永不干，留之徒令污枣。其未干者，晒曝如法。”这种晒枣方法至今各地仍在应用。此外，《齐民要术》中对枣的加工亦有详细描述，“郑玄曰：‘枣油：捣凿实，和；以涂缯上，燥而形似油也。乃成之，”意即把枣果捣烂和匀，涂抹于绸绢上，干燥后像一曾油膏，与现在的枣膏很相似。

四、传统生产技术成熟期（北魏末年至新中国成立）

该阶段大致发生于北魏（386～534年）末年《齐民要术》发表以后，至新中国成立（1949），历时约1 500年。在这个阶段，中央和地方政府积极倡导发展枣树，生产规模进一步扩大，栽培品种继续增加，传统的生产技术进一步成熟。

枣树在古代深受统治阶级的重视，历史上发展枣树的主要途径之一就是靠历代王朝的法令。据《魏书•食货志》（成书于公元6世纪）载：“太和九年下诏……初受田者，男夫一人给田二十亩，课莳馀种桑五十，树枣五株，榆三根，非桑之土，夫给一亩，依法课莳榆枣，奴各依良，限三年种毕，不毕，夺其不毕之地，于桑榆地分杂莳余果，及多种桑榆者不禁……”，直到距今500多年前乃沿袭此例。另据明《河间县志》记载：“洪武二十七年（1394年）命工部行文书教天下百姓，务要多栽桑枣，每一里种二亩秧，每一百户内共出人力挑运柴草，烧地耕过，再烧，耕烧三遍下种，待秧高三尺，然后分栽，每五尺阔五拢，每一户初年二百株，次年四百株，三年六百株，栽种过数目，造册回奏，违者，全家发云南金齿充军。据河南内黄县文物志中的枣林史话记载，在北宋元丰、崇宁等朝，黄河多次决口改道，田园林木多被埋没，而枣树适应性强，常被作为改造沙荒的先锋树种，待枣林形成后起防风固沙和保护农田的作用。长期以来，我国北方各省形成的宽行密株枣粮间作的栽培形式，就是在这种历史的发展过程中形成的。

这一阶段，在政府大力推动发展枣树的同时，枣树的新品种不断增加，栽培技术亦更加成熟。至元朝柳贯著《打枣谱》时，收集到枣品种达73个（《齐民要术》中记录为45个），待到清朝吴其濬著《植物名实图考》时，叙述的枣品种已达 87 个。该时期在栽培技术方面，出现了枣粮间作，将开甲时期由正月调至端午使之更加科学化（见明朝出版的《便民图纂》）；在贮藏方面，相继出现了干枣的缸藏、窖藏以及鲜枣的冰室保鲜技术；在加工方面，则出现了蜜枣、乌枣、南枣、枣干、酒枣、枣酒、枣醋等许多新的产品。

五、现代枣业形成发展期（新中国成立以来）

这一阶段为从新中国成立至今，已历时 60 年。这个时期是充分利用现代科学技术初步建立起现代枣产业的时期。这个阶段包括新中国成立初期的快速恢复发展期(1949~1966 年)，“文化大革命”时期的缓慢发展期（1966~1978 年），改革开放以来的全面发展期 （1978 年至今）。

这个阶段虽然经历了“文化大革命”的 10 年停滞甚至倒退，但在枣产业发展的历史长河中仍是枣产业发展最快、变化最大的时期。在这一时期，我国的枣产品开始大量出口，蜜枣的生产中心由南方转移到了北方，鲜食枣历史上第一次形成商品化的大产业（1990 年北京亚运会后，以临猗梨枣和冬枣为代表的鲜枣品种迅速实现了规模化和产业化），现代农业技术在枣树上得到大规模应用。在该阶段，以酸枣为砧木的嫁接育苗技术得到大规模推广应用，首次出现了扦插和组织培养育苗技术；现代化的土肥水管理，整形修剪，生长调节剂应用，病虫害的无公害防治，乙烯利人工催熟化学采收，冷藏和气调保鲜，枣汁、香精、色素、枣干红酒、枣膳食纤维、环核苷酸糖浆等现代加工品，大型枣专业市场，以及枣专家系统、枣网站等新生事物，都是在这阶段的短短几十年里出现的。

目前，这一阶段尚未结束，距离建立起完善的现代枣产业体系还有很长的路要走。

第五节　枣树的传播

一、枣树的国内传播

根据河北农业大学曲泽洲等的考证，山西和陕西是枣树栽培最早的地区，渐及河南、河北、山东等地，到汉代时枣树的栽培地区已遍及我国南北各地。

千百年来，枣树一直受到历朝政府的重视和农民的喜爱，枣树的栽培地域不断扩大，各地的相互引种特别是边远地区和南方从中原地区引种枣树的活动十分活跃。如宁夏、青海、四川从陕西、甘肃引种；湖南从河南引种；内蒙古由山西引种；贵州在 200 年前从陕西引种；新疆在乾隆时期（200 年前）由北京引进长枣、小圆枣；辽宁锦西、大连在 300 年前由河北、山东胶东半岛引进木枣；广西全州在 50 年前由河南引进秤陀枣。1950 年以后，新疆喀什地区、阿拉尔垦区又从河北、河南、山西等省大量引进灰枣、赞皇大枣、骏枣等；辽宁锦西则由山西、山东、河北引进赞皇大枣、圆铃、壶瓶枣、板枣、骏枣、金丝小枣、牙枣等。

1980 年以来，河北的赞皇大枣（干鲜兼用品种）、山西的临猗梨枣（中熟鲜食品种）以及河北、山东的冬枣（晚熟鲜食品种）相继在全国范围内大面积推广。进入 21 世纪后，灰枣、赞皇大枣、骏枣等再次大规模引种新疆，各产区间的相互引种也非常活跃，各地还从地方名优品种中优选出了一批新品种和品系并向周边地区推广，出现了一次全国范围的枣树优良品种的引种传播高潮。

二、枣树的国外传播

国外的枣树都是直接或间接从我国引进的。据曲泽洲等考证，枣树向国外的传播有多条路线。很早以前，朝鲜、日本、前苏联、阿富汗、印度、缅甸、巴基斯坦及泰国等邻国就开始从我国引种栽培。枣树向西欧的传播，最先是沿“丝绸之路”带到波斯（今伊朗）及地中海沿岸一些国家，约在 1 世纪叙利亚已有了枣的栽培。美国的小枣于 1837 年由欧洲传入，大枣最早在 1908 年引进，现加利福尼亚州等地有少量栽培。至今，美国和法国等国外著作中仍引用我国的郎（Lang）枣、梨（Li）枣等品种名称。枣树是日本引种的果树中最古老的一种，在日本古文献《三代实录》（908 年）上就记载有“光孝天皇仁和二年(887 年) 从信浓国进贡梨和大枣”。

新中国成立以后，美国再次引进了 225 个优良枣树品种；前苏联亦大量引进我国枣的品种，目前仅在乌克兰的Niikisky植物园就保存了140多个枣品种；澳大利亚North Perth的个体枣树种植者Phillip Ciminata现保存枣品种70个左右(其中部分为实生选育而来)；以色列引进了郎(Lang)枣、梨(Li)枣等品种(直接来源不详)；韩国从中国引进的古老品种的自然变异中，系统选育出了月出、红颜、无等、锦城、福枣等优良新品种，并得到了大规模普及推广。

目前，枣树已遍及五大洲的40多个国家和地区(表3-2)。但迄今为止除韩国已形成规模化商品栽培外，其他国家大多仅限于庭院栽培、小规模种植或作为种质保存。

近年来，由于枣果独特的口感、出众的保健价值以及良好的适应性和丰产性，枣树正引起美国、澳大利亚、意大利、保加利亚、以色列、朝鲜、突尼斯等越来越多国家和地区的关注。

表3-2 枣树在世界上的分布

Table 3-2 Distribution of Chinese jujube in the world

洲 Continent	国家 Country
亚洲 Asia	中国、韩国、日本、泰国、马来西亚、印度、孟加拉国、缅甸、蒙古、阿富汗、巴基斯坦、土库曼斯坦、吉尔吉斯斯坦、乌兹别克斯坦、亚美尼亚、阿塞拜疆、以色列、伊朗、伊拉克、叙利亚、黎巴嫩、巴勒斯坦、塞浦路斯、土耳其 China, South Korea, Japan, Thailand, Malaysia, India, Bengal, Burma, Mongolia, Afghanistan, Pakistan, Turkmenistan, Kyrgyzstan, Uzbekistan, Armenia, Azerbaijan, Israel, Iran, Iraq, Syria, Lebanon, Palestine, Cyprus, Turkey
欧洲 Europe	俄罗斯、乌克兰、英国、德国、法国、意大利、西班牙、葡萄牙、罗马尼亚、斯洛文尼亚、南斯拉夫、马其顿、希腊、保加利亚、捷克共和国 Russia, Ukraine, England, German, France, Italy, Spain, Portugal, Romania, Slovenia, Yugoslavia, Macedonia, Greece, Bulgaria, Czech
非洲 Africa	埃及、坦桑尼亚、突尼斯 Egypt, Tanzania, Tunisia
美洲 America	美国、加拿大 USA, Canada
大洋洲 Oceania	澳大利亚 Australia

第四章

枣属植物种质资源及其分类

枣属 (*Ziziphus* Mill.) 是鼠李科 (Rhamnaceae) 中最重要的一个属。全世界约有枣属植物 170 种，我国最重要的枣属植物为枣 (*Ziziphus jujuba* Mill.)、酸枣 (*Z.acidojujuba* C.Y.Cheng et M.J.Liu) 和毛叶枣 (*Z.mauritiana* Lam.)。枣属植物可依据结果枝自然脱落与否等分为枣组 (Sect. *Ziziphus* C.Y.Cheng et M.J.Liu) 和宿枝组 (Sect. *Perdurans* C.Y.Cheng et M.J.Liu)，后者又可依花序类型划分为聚伞花序系 (Ser.*Cymosiflora* C.Y.Cheng et M.J.Liu) 和聚伞圆锥花序系 (Ser.*Thyrsiflora* C.Y.Cheng et M.J.Liu)。枣和酸枣宜作为两个独立的种处理，而无刺枣变种 (Z. *vulgaris* Lam.var.*inermis* Bunge) 宜归并入枣。枣属植物的多度中心和演化中心在印度—马来西亚植物亚区。枣属学名的正确拼法应为 *Ziziphus* 而非 *Zizyphus*。*Z.jujuba* Lam. 是 *Z. mauritiana* Lam.(毛叶枣) 的同物异名和 *Z.jujuba* Mill.(枣) 的同名异物。按用途可将枣品种分为制干、鲜食、蜜枣、兼用和观赏品种 5 类。

第一节 枣属植物种质资源

一、我国和世界枣属植物种的数量

枣属 (*Ziziphus* Mill.) 是一个多型属。关于该属中种的数目其说不一，如 40 种 (J.C.Willis, 1951) 、60 种 (L.Core, 1955) 、100 种 (J.C. Willis and H.K.Airy Shaw, 1973；陈艺林等，1982；曲泽洲和王永蕙，1993)、138 种 (E.P. Phillips, 1951) 等。

刘孟军等 (1993) 对 *Index Kewensis*、*Index Londinensis*、*The Bradley Bibliography*、*The Kew Record of Taxonomic Literature* 以及《中国植物志》、《印度植物志》、《苏联植物志》等 100 多份植物分类学文献和大量标本进行的考证和统计分析表明，截至 1992 年底全世界累计发表枣属植物种名 271 个、变种名 15 个。经过甄别调整并去除异名后，全世界约有枣属植物 170 种，12 变种，其中包括一个杂交种 *Z. numularia* (Burm.f.) Wight Arn. ×*Z. spina-christi* (L.) Willd.。我国原产(或有野生分布)的枣属植物至少有 14 种、9 变型，另有 4 个种是从国外引入的。

我国最主要的枣属植物种为枣 *Ziziphus jujuba* Mill.、酸枣 *Z. acidojujuba* C. Y. Cheng et M. J. Liu-*Z. spinoza* (Bunge.) Hu 和毛叶枣 *Z. mauritiana* Lam.。其中，枣为栽培种，分布最广、数量最大；酸枣为野生种，仅有少量栽培或人工养护，主要分布于北方各省山区；毛叶枣主要分布于印度，在我国为半野生种，主要分布于我国华南和西南的热带地区，在台湾、海南、云南等地有规模化商品栽培。

二、我国的枣属植物种类

枣属 *Ziziphus* Mill., Gard. Dict. ed. 4, no.3. (1754); J. E. Dinsmore, Fl.Syria, Palestine and Sinai ed. 2, 1:288 (1932)；L. H. Bailey, Man. Cult. Plts, 645 (1949)；C. C. Townsend, Fl. Iraq, 432 (1980)；陈艺林等，中国植物志，48 (1) :131 (1982) —*Zizyphus*, Tourn., Inst. t. 403；Tourn. ex L., Syst.ed. 1, (1735), ut syn.；Adans., Fam., 2:304 (1763)；Gaert., Fruct., 1:43 (1788)；Juss. Gen. Pl. S., 380 (1789)；G. Don, Hist. Dichlamydeous Pl., 2:23 (1832); J. D. Hook., Fl. Brit. Ind., 1:632 (1872); B. K. Shishkin, Fl. USSR, 14:486 (1949)；C. A.Back., et al., Fl. Java, 2:81 (1965) —*Jujuba* Burm, Zeyl., 131. t. 61 (1737) — *Sarcomphalus* P.Browne, Hist. Jamaic., 179 (1756) — *Mansana* J. F. Gmel., Syst., 580 (1791) — *Decorima* Rafin., Sylva Tellur., 31 (1838) — *Zizyphon* St. Lag. in Ann. Soc. Bot. Lyon, 7:70, 137 (1880)。

落叶或常绿，乔木或灌木。叶互生，纸质或近革质，边缘具齿，主脉三出，稀五出；具柄；托叶针刺状。花小，两性，5 基数，常排成腋生聚伞花序或顶生聚伞圆锥花序；萼片三角卵形或三角状；花瓣具爪，稀无瓣；花盘厚、肉质；雄蕊与花瓣对生，近等长；子房球状，生于花盘内，2 室，稀 3~4 室，每室 1 胚珠，花柱与子房室同数。核果果形多样，通常为圆球状；中果皮肉质或软木栓质，内果皮厚硬木质或薄脆壳质；种子扁，光滑，无或仅有少量胚乳，子叶肥厚。染色体多为 2n=24，稀 2n=20、26、36、40、43、47、48、60、72、90。花粉基本为中小型(17~26×21~28 μm)，近扁球状，极面观钝三角形，具三孔沟，稀 2、4 或多孔沟。

全世界 170 多种，广布于热带和亚热带地区，温带亦有少数种分布。我国约 18 种，9 变型，除枣和酸枣在全国各地广泛分布外，主产于西南和华南地区。

模式种 (后选模式)：*Z. jujuba* Mill.，原产于中国，亚、欧和北美洲的温带至亚热带国家多有引种和零星栽培。

1. 酸枣 *Ziziphus acidojujuba* C. Y. Cheng et M. J. Liu

古称棘《诗经》、樲《尔雅》、樲枣《孟子》、棘刺花《名医别录》、野枣《述异记》等，现行的别名有山枣(东北)，山酸枣、葛针(河北)，棘子、角针(山东)，硬枣、山酸枣 (河南)，棘果枣 (浙江)，别大枣 (湖北)。*Ziziphus acidojujuba* C. Y. Cheng et M. J. Liu nom. nov.，刘孟军、诚静容，河北农业大学学报 ,17 (4) :1~10 (1994) —*Z. vulgaris* Lam. var. *spinosa* Bunge, Enum. Pl. China Bor., 14 (1831) — *Z. sativa* Gaertn.var. *spinosa* (Bunge) Schneid. Ill, Handb. Laubh., 2:281 (1909) — *Z. jujuba* Mill. var. *spinosa* (Bunge) Hu ex H. F. Chow, Trees Hopei,

307, f.118 (1934)；陈艺林、周邦楷，中国植物志， 48 (1) :135, 图版 36 (5-7) (1982) — *Z. spinosa* auct. non St. Lag. in Ann. Soc. Bot. Lyon, 7:70 (1880)； Hu ex Chen, 中国树木分类学 ,750. 图 639 (1937) — *Z. jujuba* auct. non Mill., 中国高等植物图鉴 2:753. 图 3236 (1972) 。

丛生灌木，稀长成乔木，高 2~6m，稀达 20~35m；枝“之”字形弯曲明显，节间较短。叶互生，纸质或近革质，阔卵形至卵状披针形，长 2~5 (7) cm，宽 0.7~3 (4.7)cm，先端渐尖至急尖，具小尖头，稀稍内凹，基部近圆形、心形或阔楔形，叶缘锯齿状，每厘米 3~6 齿，叶面光亮，主脉三出，侧脉通常不明显。叶柄扁平，长 2~10mm；针刺发达，小枝（结果枝）亦常具较硬的刺，二次枝上的长针刺 2~5cm。花单生或几至 10 余个聚成具短总花梗的腋生聚伞花序，花小，直径 4~6. 4mm，小花梗短。萼片卵状三角形，花瓣匙形、乳白色，雄蕊与花瓣近等长，花药近椭圆形、纵裂，花盘肥厚肉质，近五边形，在花盛开时黄色，具丰富蜜液，渐转为乳白色，子房下部与花盘合生，2 室，稀 3~4 室，每室 1 胚珠，花柱与子房室同数。核果形状多样，以近球状和椭圆状较普通，少数呈扁球状，柱状、纺锤状和锥状等，长（0.8)1~2. 5 (3.6)cm，直径(0.7)1~2 (2.6)cm，成熟时外果皮红至紫红色，稀黄红色，中果皮肉质较薄，味多偏酸，果实干后外果皮不皱缩，中果皮出现空腔，内果皮厚，木质。果核卵状、近球状或椭圆状，稀扁球状，两端通常较钝，多具 2 粒饱满种子，种子扁，卵形、近圆形或椭圆形。花期 5 ~ 8 月，果期 6 ~ 10 月。

原产我国，现分布于河北、山西、陕西、山东、河南、吉林、辽宁、内蒙古、甘肃、宁夏、新疆、江苏、安徽、浙江、湖北、湖南、四川、贵州等地，主要野生于北方山区，适应性很强。朝鲜、前苏联和蒙古亦有分布。花期长，蜜汁丰富。种仁可入药。常用做枣的砧木及绿篱等。除一般酸枣外，还有宿萼酸枣、刺酸枣、砂酸枣、紫蕾酸枣等特异类型。

2. 枣 *Ziziphus jujuba* Mill.

别名大枣、红枣、枣树，刺枣（四川、贵州）、枣子（福建），枣仔（台湾），赤小枣、康枣、糠秕枣《滇南本草》，枣子树、贯枣、木蜜《最新果树园艺学》，中国枣（前苏联）。*Ziziphus jujuba* Mill., Gard. Dict., ed. 8. no. 1 (1768) ; Rehd., in Journ.Arn. Arb., 3:220 (1922) ; 陈嵘，中国树木分类学，749. 图 637 (1937) ；Grubov., in Fl. USSR, 14: 637 (1949) ; C. C.Townsend and E. Guest, Fl. Iraq, 4:432-434. plate 77 (1980); 陈艺林、周邦楷，中国植物志 ,48 (1) :133. t36 (1982) —

图 4-1 酸枣

Figure 4-1 *Z. acidojujuba* C. Y. Cheng et M. J. Liu

图 4-2 酸枣的形态特征

Figure 4-2 The morphological characteristics of *Z. acidojujuba* C. Y. Cheng et M. J. Liu

Rhamnus zizyphus L., Sp. Pl., ed.1 (1753); *R. lucidus* Salisb., Prodr. Strip. chap. Allert., 139 (1796) — *Ziziphus officinarum* Medic., Bot. Beobacht., 333 (1782) — *Z. sativa* Gaertn. Fruct., 1:202 (1788); Schneid., Handb. Laubh., III 2:261 (1909); Hand-Mazz., Symb. Sin. 7:669 (1933) — *Z. vulgaris* Lam., Encycl. Meth. 3:316 (1789); D. Brandis, Ind. Trees, 171 (1911) — *Z. sinensis* Lam., l. c.; Miers, Contrib. Bot., 1.t.33 (1861) — *Z. chinensis* Larm.ex Sprengel, Syst. Veg., 1:770 (1827) — *Z. natsme* Sieb., Synop. Pl. Oecon. Jap., 48 (1830). nom. subnud. —*Z. vulgaris* Lam. var. *inermis* Bunge, in Mem. Acad. Sci. St. Petersb., 2:88 (1833) — *Z. zizyphus* (L.) Karsten, Fl. Deutsche, 870 (1880-1883); Charles Mohr, Pl. Life of Alabama 609 (1901) — *Z. flexuosa* Wall., in Roxb. Fl. Ind. ed. Carey., 2:365 (1824) — *Z. nitida* Roxb, Fl. Ind., 1:609 (1832) — *Z. soprifera* Roem. et Schult., Syst., 5:340 (1819) — *Z. sativa* Gaertn. var. *inermis* (Bunge) Schneid. l.c., 2:281 (1909) — *Z. jujuba* Mill. var. *inermis* (Bunge) Rehd., in Journ. Arn. Arb., 3:22 (1922); 中国高等植物图鉴 2:754. t. 3237(1972)。

乔木，高 5~10 (30)m；小枝略呈“之”字形弯曲。叶互生，纸质或近革质，阔卵形至卵状披针形，稀近椭圆形，长(2)2.5~5.5 (10)cm，宽(1)2~4 (8)cm，先端渐尖，具小尖头，基部近圆形或楔形、稀近心形，叶缘具锯齿，叶面光亮，主脉三出；叶柄扁，长 2~13mm；托叶针刺状，在成龄结果枝上通常无刺或仅有弱刺并早落，在多年生枝上宿存或脱落。花单生或数朵至数十朵聚成具短总梗的腋生聚伞花序，花较小，盛开时直径 3.5~10mm，小花梗短；萼片卵状三角形，花瓣匙形，乳白色，雄蕊与花瓣近等长，花盘肥厚肉质，钝五边形，花盛开时深黄色，具丰富蜜液，子房中下部与花盘合生，2 室稀多室，每室 1 胚珠，花柱与子房室同数。核果柱状、近圆球状、椭圆状、卵状或锥状，长 1. 5~6cm，直径 1.4~4cm，成熟时外果皮红至紫红色，中果皮肥厚，味甜、稀略具酸味，果实干后中、外果皮一起明显皱缩，内果皮木质。果核长卵状、长椭圆状或纺锤状，一端或两端具长尖头，侧面通常较扁，常不具种子或具 1~2 粒败育种子。种子扁，长卵形或长椭圆形。花期 5~8 月，果期 6~10 月。

原产我国，是我国和世界枣属植物中最主要的栽培种，南北各地均有分布，现在亚洲、欧洲、美洲、非洲和大洋

图 4-3 枣

Figure 4-3 *Z. jujuba* Mill.

图 4-4 枣的形态特征

Figure 4-4 The morphological characteristics of *Z. jujuba* Mill.

(仿自曲泽洲、王永蕙，1993。Immitated from Qu and Wang, 1993)

洲均已引种，但尚少经济栽培。枣是我国北方主要栽培果树、重要的蜜源植物和果粮间作树种。果实为滋补保健佳品，除生食和干制外，还可加工成蜜枣、乌枣、南枣、罐头、枣泥、枣香精、枣色素及饮料和枣酒、枣醋等上百种加工品，并可入药，为本草上品，常用做缓和强壮剂。木材为著名硬木。

3. 毛叶枣 *Ziziphus mauritiana* Lam.

别名台湾大青枣、滇刺枣《中国树木分类学》、酸枣（云南、广东），南枣、印度枣《台湾树木志》、缅枣（广西），嘛甸《西双版纳植物名录》、黑食子、嘘嘘果《滇南本草》、茅利枣《扬氏园艺植物大名典》等。

Ziziphus mauritiana Lam., Encycl. Meth., 3:319 (1789); Hand.-Mazz., Symb. Sin., 7:669 (1933) ; Rehd. in Journ. Arn. Arb., 15:10 (1934); Merr. in Trans. Amer. Philos. Soc. n. s. 24:252 (1935); 陈嵘，中国树木分类，750 (1937); 海南植物志，3:3 (1974)；Bhandari, Fl. Ind. Desert, 99 (1978) ；中国植物志，48 (1) :141 (1982) ；贵州植物志，8:185 (1988) — *Rhamnus jujuba* L., Sp.Pl., 194 (1753); Rheede, Hort. Mal., 4. t. 40 (1683) — *Ziziphus jujuba* auctt. non Mill.: Lam., l.c. 318 (1789)；Hook.f., Fl. Brit. Ind.1:632 (1872)；Dietrich Brandis, Ind. Trees, 169 (1911); Maiden, Usef. Native Pl. Austr., 68 (1975) — *Z. sororia* Schult., Syst. 5:337 (1819) ；DC., Prodr., 2:21 (1825) — *Z. orthacantha* DC., l. c. — *Z. abyssinica* Hochst. ex A. Rich., Tent. Fl. Abyss., 1:136 — *Z. xylopyrus* Hochst. ex A. Rich., l.c. — *Paliurus mairei* Levl. in Fedde. Rep. Sp. Nov., 12:535 (1913) — *Z. mairei* (Levl.) K. Browicz et L.A. Lauener, in Not. Bot.Gard. Edinb., 27:281 (1967), non Dode 1908。

常绿灌木或小乔木，高 3~15m。树皮粗糙，红灰色。树干灰黑色，条状细裂。幼枝密被黄灰色绒毛，小枝被短柔毛，老枝无毛或近无毛，紫红色，有时流有紫胶。叶纸质，矩状椭圆形或卵形，长 2.5~8cm，宽 1.5~6cm，先端圆形，稀微凹，基部近圆形，叶缘具细锯齿，叶面无毛，叶背密被黄色或灰白色绒毛，主脉三出，中央主脉的中上部每边具 1 至多条显著的次生侧脉，叶背具明显网脉；叶柄长 5~13mm，密被灰黄色绒毛；托叶针刺状，成对，一个斜向前伸，一个钩状后弯。花蕾密被黄色绒毛，花小，小花梗长 2~4mm，被灰黄色绒毛，数个至 10 余个密集成腋生二歧聚伞花序，近无总花梗或具短总花梗；萼片卵状三角形，顶端尖，外面被毛；花瓣长圆状匙形，基部具爪；雄蕊与花瓣近萼长；花盘肉质，10 裂，中央凹陷；子房球状。

图 4-5 毛叶枣

Figure 4-5 *Z. mauritiana* Lam.

图 4-6 毛叶枣的形态特征

Figure 4-6 The morphological characteristics of *Z. mauritiana* Lam.

（仿自曲泽洲、王永蕙，1993。Immitated from Qu and Wang, 1993）

图 4-7 蜀枣
Figure 4-7 *Z. xiangchengensis* Y. L. Chen et P. K.Chou

图 4-8 蜀枣的形态特征
Figure 4-8 The morphological characteristics of *Z. xiangchengensis* Y. L. Chen et P. K. Chou
(仿自曲泽洲、王永蕙，1993。Immitated from Qu and Wang, 1993)

核果多为椭圆状，近柱状或球状，长 1~3.5cm，直径 1~3cm，橙色或红色，成熟时黑色，中果皮薄，肉质，味甜酸，内果皮厚，硬革质；果梗长 5~8mm，短柔毛。果核椭圆状，先端锐尖；种子 1 或 2，长 6~7mm，宽 5~6mm，红褐色，有光泽。2~3 月新芽萌动，花期 8~11 月，果期 9 至翌年 4 月，12 月至翌年 4 月果实成熟。

分布于我国广东（紫金）、海南、台湾、香港、云南（金沙江流域）及四川、福建等地，印度、巴基斯坦、越南、缅甸、斯里兰卡、马来西亚及澳大利亚和非洲北部均有分布，在我国的台湾、云南、海南、广东等地以及印度等国有规模化商品栽培。为紫胶虫的重要寄主树种；木材坚硬，纹理细密，色泽淡白，适于做家具等；叶含单宁，可提取栲胶；树皮含生物碱，有消炎生肌之功效，可治烧伤、腹泻；果实可食，能调心肾交接，清目延年；种仁有镇静安眠作用，并可防治呕吐、腹痛等。

4. 蜀枣 *Ziziphus xiangchengensis* Y. L. Chen et P. K. Chou

Ziziphus xiangchengensis Y. L.Chen et P. K.Chou in Bull. Bot. Lab. North-East. Forest. Inst., 5:88,(1979)；中国植物志，48(1):136 (1982)；曲泽洲、孙云蔚，果树种类论，239(1990)。

灌木或小乔木，高 2~3m。幼枝红褐色，密被短柔毛，老枝灰褐色，无毛，“之”字形弯曲。叶纸质，互生或 2~3 叶簇生，卵形或卵状长圆形，长 2~4cm，宽 1.5~3cm，先端钝或圆形，基部近圆形，叶缘具圆齿状锯齿，叶面无毛，叶背无毛或仅脉腋有簇毛，叶脉在两面凸起，具不明显网脉，中脉无明显次生侧脉；叶柄长 5~8mm，疏被短柔毛；托叶针刺状，成对，细长，直立或 1 个下弯，长 1~1.6cm。花黄绿色，小花梗长 4~5mm，被锈色短柔毛，数个至 10 余个簇生于叶腋，近无总花梗；萼片卵状三角形，顶端尖，外面密被锈色柔毛；花瓣匙形，兜状；雄蕊短于花瓣；子房球状，花柱二浅裂。核果球状，黄绿色，直径 1.2~1.5cm，顶端具小尖头；果梗长 5~7mm，疏被短柔毛；中果皮木栓质，厚不超过 1mm，内果皮硬骨质，厚约 4mm。核 2 室，每室具 1 种子，种子扁，一面凸起，倒卵圆形，长约 8mm，宽 8 ~ 9mm。果期 7 ~ 8 月。

在四川（乡城）有分布，生于河岸边，海拔 2 800m。

5. 大果枣 *Ziziphus mairei* Dode

别名鸡蛋果（云南）。*Ziziphus mairei* Dode in Bull. Soc. Bot. France, 55：649 (1908)；陈艺林、周邦楷，中国植物志，48 (1)：136 (1982)—*Z. macrocarpa* Feng, ined。

乔木，高达 15 m。幼枝黄绿色，小枝紫红色，有纵条纹。叶纸质，卵状披针形，长(5)7.5~10 (15)cm，宽(2)

图 4-9　大果枣

Figure 4-9　*Z. mairei* Dode

图 4-10　大果枣的形态特征

Figure 4-10　The morphological characteristics of *Z. mairei* Dode

（仿自曲泽洲、王永蕙，1993。Immitated from Qu and Wang, 1993）

3.5~5.5 (7)cm，先端长渐尖，基部近圆形，叶缘具圆齿状锯齿，两面无毛，主脉三或五出，具明显网脉；叶柄长6~9mm，托叶针刺状，成对，直立或1个向上，另1个横向，长8~25mm；花小，黄绿色，小花梗长3~4mm，数个至10余个密集成腋生二歧聚伞花序，总花梗短，长2mm以下，被锈色绒毛；萼片卵状三角形，顶端尖或渐尖，外面疏被毛；花瓣倒卵状圆形，顶端微凹，基部具短爪；雄蕊与花瓣等长；花盘中央凸陷；子房基部约1/3与花盘合生，2室，每室有1胚珠，花柱2半裂至深裂。核果大，球状或近倒卵球状，黄褐色，带有斑点，干时多少皱褶，长2.4~3.5cm，直径1.8~3cm，顶端具宿存花柱，基部凹陷，边缘常增厚；果梗长5~7mm，无毛；中果皮木栓质，内果皮厚约6mm，硬骨质，2室；具1或2粒种子；种子扁平，长约12mm，宽约10mm。花期4~6月。

分布于云南中部至西北部（昆明、德钦、开远）。生长在河边灌丛或林缘，海拔1 900~2 000m。

6. 毛脉枣 *Ziziphus pubinervis* Rehd.

别名毛脉野枣《广西植物名录》。*Ziziphus pubinervis* Rehd. in Journ. Arn.Arb., 18:218 (1937)；陈艺林、周邦楷，中国植物志，48 (1) :140 (1982)；贵州植物志，8:185 (1988) — *Strychnos esquirolii* Levl. Fl. Kouy-Tche'ou, 262 (1915)— *Ziziphus fungii* auct non Merr.: Chun in Sunyats. 4:232 (1940)。

灌木或乔木，小枝纤细，无毛，无托叶刺。叶纸质，长圆状披针形或卵状椭圆形，长5~11cm，宽3~5cm，先端尾状渐尖或长渐尖，基部近圆形或宽楔形，叶缘具细锯齿，上面无毛，下面沿脉或脉下部疏被短柔毛；主脉三出，具明显网脉，叶脉上面下陷，下面凸起；叶柄长4~6mm，疏被短柔毛或无毛。花绿色，小花梗长3~4mm，疏被短柔毛，单生或2~4个排成无或具短总花梗的腋生聚伞花序。核果近卵球状，单生于叶腋，长1~1.5cm，直径0.9~1.2cm，顶端具小尖头，干时外果皮具皱纹；果梗长4~5mm，疏被短柔毛；2室，具1或2种子。果期8~9月。

分布于贵州（义兴）、广西西部（靖西、龙州），生于山坡林中。

7. 山枣 *Ziziphus montana* W. W. Smith

Ziziphus montana W.W. Smith in Not. Bot. Gard. Edinb. 10：78 (1917)；Hand-Mazz. Symb. Sin. 7：670 (1933)；陈艺林、周邦楷，中国植物志，48 (1) ：138 (1982)；吴征镒，西藏植物志，3：220 (1986)。

灌木或乔木，高达14 m。幼枝和当年生枝被红褐色绒毛，小枝褐色或紫黑色，具明显皮孔。叶纸质，卵状椭圆形或卵形，长5~8cm，先端锐尖，稀短尖突，基部近圆形，叶缘具细圆齿，上面无毛，下面沿脉疏被锈色柔毛，主脉三、稀五出，叶脉两面凸起，中脉两边无明显侧脉；叶柄长7~15mm，初疏被短柔毛，后变无毛；托叶针刺状，成对，

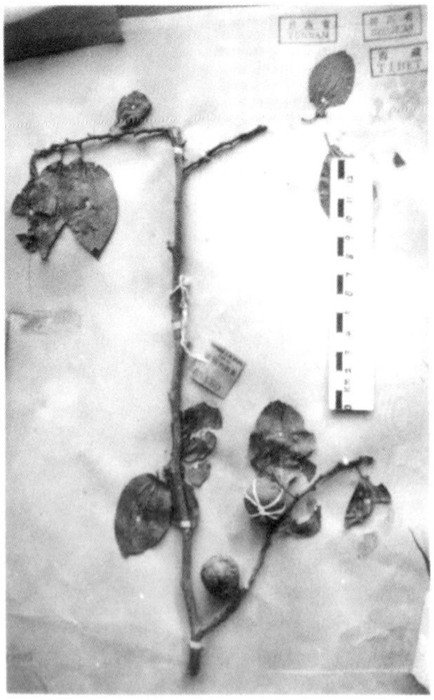

图 4-11 山枣
Figure 4-11 *Z. montana* W. W. Smith

图 4-12 山枣的形态特征
Figure 4-12 The morphological characteristics of *Z. montana* W. W. Smith
(仿自曲泽洲、王永蕙，1993。Immitated from Qu and Wang, 1993)

直立，长 10~18mm。花绿色，小花梗长 1~2mm，密被短柔毛，数至 10 余个密集成腋生二歧聚伞花序，总花梗短或近无总花梗，长 1~2mm，密被锈色短柔毛；萼片三角形，顶端尖，外被棕色短柔毛；花瓣倒卵圆形，兜状与萼片近等长；花盘厚，肉质，5 浅裂；子房球状，大部埋于花盘内，2 室，每室 1 胚珠，花柱长，二浅裂。核果球状或近球状，黄褐色，长 2.5~3cm，直径 2~2.5cm，无毛。基部凹陷，边缘不增厚；果梗长 6~12mm，常弯曲，疏被短柔毛；中果皮厚，海绵质，厚 6~7mm；内果皮硬骨质，壁厚 3~4mm，2 室，具 2 种子；种子扁平，倒卵圆形，橄榄色，长宽均 9~10mm。花期 4~6 月，果期 5~8 月。

分布于云南（中甸、昆明、丽江等地）、四川西南部和西部及西藏东南部。果实味甜，可生食及加工蜜饯等，并可入药，具生津补虚和安神的功效；花为良好蜜源。

8. 小果枣 *Ziziphus oenoplia*（L.）Mill.

别名麻核枣、锈毛叶野枣《广西植物名录》。*Ziziphus oenoplia* (L.) Mill., Gard. Dict., ed. 8. no 3 (1768) ；DC. Prodr. 2: 21 (1825) ；Lows in Hook. f. Fl. Brit. Ind., 1:634 (1875)；Pitard in Lecomte，F1. Ind-Chin., 1:920 (1912)；Chun in Suny ats., 4:231. 1940；陈艺林、周邦楷，中国植物志，48 (1) : 140 (1982) — *Rhamnus oenoplia* L.，Sp. Pl., 194 (1735) — *Zizyphus albens* Roxb., Fl. Ind., ed.2, 1:607 (1832) — *Z. celtidifolia* DC. Prodr., 2:20 (1825) — *Z. perrugihea* Henye in Wall. Cat., 4246 (1830) , p. p. — *Z. napeca* auct non Willd.: Roxb., Fl. Ind. 1:612 (1832) — *Z. pallens* Wall. Cat., 4247 (1830) — *Z. pedicellata* Wall. l. c., 4243 (1830) — *Z. rufula* Miq., Fl. Ind. Bat., 1:643 (1855) — *Z. scandens* Roxb., Hort. Beny., 17 (1814) ；Wall，l.c., 7269 (1830) 。

直立或藤状灌木，小枝密被锈色或黄褐色柔毛。叶纸质，卵形或卵状披针形，长 3~7cm、宽 1.5~3cm，先端渐尖，基部近圆形，叶缘近全缘或具不明显圆锯齿，叶面沿脉有疏柔毛，或后脱落，叶背或沿脉被锈色或黄色丝状柔毛，主脉 3 或稀 4 出，中脉无明显次生侧脉，叶脉在叶面明显下陷，在叶背凸起；叶柄长 3~6mm，密被黄褐色柔毛；托叶针刺状，1 个或有时 2 个，长 3~4mm，被毛，1 个下弯，基部宽，另一个直立。花绿色，小花梗长 2~3mm，被柔毛，数至 10 余个密集成腋生聚伞花序，具极短的总花梗；萼片卵状三角形，顶端尖，外面疏被短柔毛；花瓣匙形；雄蕊略短于花瓣；花盘五边形，厚肉质；子房球状，埋于花盘内，花柱 2 浅裂。核果小，球状或倒卵球状，黑色，有光泽，长 5~7mm，直径 5~6mm，顶端有小尖头；果梗长 3~4mm，有短柔毛；内果皮硬骨质，厚约 2mm，具 1~2

图 4-13 小果枣
Figure 4-13 *Z. oenoplia* Mill.

种子；种子球状，有光泽。花期8~9月，果期10月。

分布于云南南部(宁江、景洪、勐海、孟连、车里、镇康、宁江、西双版纳、镇越)、广西(南宁、龙州、宁明、那坡、百色)等。生长在海拔500～1 100m的林中或灌丛中。南亚、东南亚和澳大利亚北部亦有分布。

9. 球枣 *Ziziphus laui* Merr.

Z. laui Merr. in Lingn. Sci Journ., 14:32(1935)；陈焕镛、侯宽昭，植物分类学报，7:63 (1958)；海南植物志，3:3 (1974)；陈艺林、周邦楷，中国植物志，48(1):141 (1882)。

攀缘或直立灌木，稀乔木，小枝紫红色，被锈色或黄褐色柔毛，老枝黑紫色。叶薄纸质或近膜质，卵形、稀卵状椭圆或卵状长圆形，长3~5cm，宽2~4cm，先端渐尖或短渐尖，叶基近圆形或阔楔形，叶缘具疏细锯齿或全缘，两面同色，无毛或幼叶下面沿脉有疏毛，主脉三出稀五出，叶面网脉明显，叶背叶脉凸起，叶柄长4~8mm，密被锈色短柔毛；托叶针刺状，单生，长3~4mm，或双生，1个直立，另1个下弯。花小，数个至10余个密集成腋生二歧聚伞花序，总花梗长2~5mm，被短柔毛；萼片卵状三角

图 4-14 小果枣的形态特征
Figure 4-14 The morphological characteristics of *Z. oenoplia* Mill.
(仿自曲泽洲、王永蕙，1993。Immitated from Qu and Wang, 1993)

图 4-15 球枣
Figure 4-15 *Z. laui* Merr.

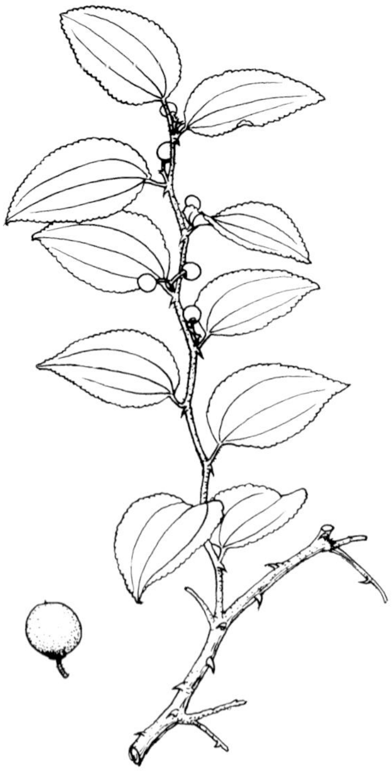

图 4-16　球枣的形态特征

Figure 4-16　The morphological characteristics of *Z. laui* Merr.

（仿自曲泽洲、王永蕙，1993。Immitated from Qu and Wang, 1993）

形，长约1.3mm，顶端尖或渐尖，外面疏被柔毛；花瓣长圆状倒卵形，兜状，顶端圆形或微凹，短于萼片；雄蕊与花瓣等长；花盘厚肉质，中央凹陷；子房球状，花柱2半裂。核果小，近球状，直径4~5mm，顶端具宿存花柱；果梗长2~3mm，有短柔毛。花期6~8月，果期8~11月。

分布于我国海南的崖县、东方、感恩、三亚等地。生长在海滨沙地灌丛或疏林中。越南也有分布。

10. 滇枣 *Ziziphus incurva* Roxb.

别名印度枣《中国植物志》、麦抱（广西）。*Ziziphus incurva* Roxb. Fl. Ind., ed. Carey 2:364 (1824)；ed. 2.1:614 (1832)；Laws. in Hook. f. Fl. Brit, Ind. 1:635 (1875)；Hand-Mazz. Symb. Sin., 7:670 (1933)；陈嵘，中国树木分类学，751 (1937)；Momiyama in Hara, Fl. East.Himal., 1:198 (1966)；陈艺林、周邦楷，中国植物志，48 (1):142 (1982)；西藏植物志，3: 222 (1986)；贵州植物志，8:187 (1988)—*Z. yunnanensis* Schneid. in Sarg. Pl. Wisom, 2:212 (1914)； —*Z. pubinervis* auct. non. Rehd.: Chun in Sunyats., 4:232 (1940)。

乔木，高达15m，幼枝被棕色短柔毛，小枝黑褐色或紫黑色。叶纸质，卵状长圆形或卵形，稀阔卵形，长(3.5)5～10 (14)cm，宽(2)3～5 (6)cm，先端渐尖，具钝尖头，稀近圆形，叶基阔楔形、近圆形或微心形，叶缘具不明显圆齿状锯齿，叶面无毛或仅中脉有疏柔毛，叶背初沿脉被柔毛，后脱落或沿脉基部有疏柔毛，主脉三或稀五出，中脉通常不具明显次生侧脉；叶柄长5～11mm，被棕色短柔毛；托叶针刺状，1～2个，直立，长4～6mm，早落。花绿色，数至10余个密集成腋生二歧聚伞花序，总花梗长7～16mm，被棕色细柔毛；萼片卵状三角形，顶端尖，外面被短柔毛；花瓣匙形，兜状，与雄蕊近等长；花盘厚肉质；子房球状，顶端被微毛，花柱2半裂。核果近球状椭圆或球状，长1~1.2cm，直径0.8~1.1cm，成熟时红褐色；果梗长4~11mm，被短柔毛；中果皮薄，内果皮厚骨质；2室稀1室发育，种子黑褐色，平滑有光泽。花期4~5月，果期6~10月。

分布于云南（景东、景谷、耿马、勐海、景洪、富宁、思茅、佛海、西康、车里、西双版纳、漾濞）、广西（百色、

图 4-17　滇枣

Figure 4-17　*Z. incurva* Roxb.

图 4-18　滇枣的形态特征
Figure 4-18　The morphological characteristics of *Z. incurva* Roxb.
(仿自曲泽洲、王永蕙，1993。Immitated from Qu and Wang, 1993)

图 4-19　褐果枣的形态特征
Figure 4-19　The morphological characteristics of *Z. fungii* Merr.
(仿自曲泽洲、王永蕙，1993。Immitated from Qu and Wang, 1993)

那坡、德林、靖西、凌云、南丹、阳朔)、贵州南部(兴义)、西藏南部(吉隆)。生于海拔1 000~2 500m的混交林中。在尼泊尔、印度、不丹也有分布。为喜光性植物，喜湿润性环境，生于低海拔至中海拔灌木丛中或密林中，一般适应酸性土及钙质土。外形略似枣，但叶较大，果较小，近球形而易与枣区别，可作枣的砧木。

11. 褐果枣 *Ziziphus fungii* Merr.

别名花枣、滇南枣。*Ziziphus fungii* Merr. in Lingn. Sci. Journ. 13:61 (1934)；陈焕镛、侯宽昭，植物分类学报，7:63 (1958)；海南植物志，3:4，图528 (1974)；陈艺林、周邦楷，中国植物志，48 (1) :143 (1982)。

攀缘灌木，高达5 m，幼枝和当年生枝被锈色短柔毛，小枝黑紫色或紫红色，疏被短柔毛，具明显皮孔。叶纸质，卵状椭圆形、卵形或卵状长圆形，长5~13cm，先端渐尖或短渐尖，基部阔楔形至近圆形，叶缘具不明显的细锯齿，叶面仅中脉初被短柔毛，主脉三出，中脉每边2至多条明显的次生侧脉，叶背网脉明显；叶柄长5~7mm，疏或密被锈色柔毛；托叶针刺状，1个，钩状下弯，长3~5mm，基部宽扁，被锈色柔毛。花黄绿色，二歧聚伞花序腋生或再组成腋生或顶生聚伞圆锥花序，总花梗长6~10mm，花序轴和花梗均密被锈色柔毛；萼片三角形，外面密被锈色柔毛，无花瓣；花盘厚肉质；子房球状，被锈色柔毛，花柱2浅裂。核果近球状，长0.9~1.4cm、直径1.2~1.5cm，深褐色，幼时密被锈色柔毛，后渐脱落；果梗长4~5mm，被短柔毛；内果皮薄，脆壳质，厚约1mm，1~2室，1~2种子，种子横肾状，红褐色，长8~9mm，宽10~12mm。花期2~4月，果期4~5月。

分布于海南(陵水、崖县、昌江、澄迈)及云南南部和西南部(澄迈、西双版纳、镇康等)，生长在海拔1 600m以下的疏林中。

12. 毛果枣 *Ziziphus attopensis* Pierre.

别名老鹰枣《果树种类论》。*Ziziphus attopensis* Pierre, Fl. Forest. Cochinch., 4:316 (1894)；Pitard in Lecomte, Fl. Ind-Chin., 1:921 (1912)；陈艺林、周邦楷，中国植物志，48 (1) :143 (1982)—*Z.tricho-carpa* Chang. 中山大学学报，41 (1959)。

攀缘灌木，小枝紫黑色，老枝红褐色，具明显皮孔。叶纸质或近革质，长圆形或卵状椭圆形，长7~13cm，宽3.5~7cm，先端长渐尖或渐尖，具略弯的长5~10mm的钝尖头，叶基阔楔形至近圆形、稀近心形，叶缘具不明显细齿，叶面无毛，叶背无毛或脉腋疏被髯毛，主脉三出稀五出，无显著次生侧脉；叶柄长5~9mm，近无毛或有疏短

图 4-20 毛果枣

Figure 4-20 *Z. attopensis* Pierre.

图 4-21 毛果枣的形态特征

Figure 4-21 The morphological characteristics of *Z. attopensis* Pierre.

(仿自曲泽洲、王永蕙，1993。Immitated from Qu and Wang, 1993)

柔毛；托叶针刺状，1 个，下弯，长 3~5mm，基部宽。花黄色、多数，在枝顶排成聚伞圆锥或大聚伞圆锥花序，花序长达 25cm，分枝长 2~11cm，密被黄褐色柔毛；萼片卵状三角形，长约 1.5mm，外面密被黄褐色短毛；花瓣短于萼片，倒卵圆形，基部具窄爪；雄蕊略短于花瓣；花盘五边形，5 浅裂，肥厚肉质；子房球状，密被柔毛，花柱 2 裂。核果椭圆状或圆球状，长 1.9~2.2cm，直径 1.3~1.8cm，被橘黄色和黄褐色密短柔毛，顶端有小尖头；果梗长 4~7mm，被黄褐色短柔毛；中果皮薄、肉质，内果皮脆壳状，厚约 1mm，1 室，1 种子；果序轴粗壮，长可达 30cm，分枝长 5~15cm，密被黄褐色短柔毛；种子扁、椭圆球，长约 1.3cm、宽 1.1cm，种皮红褐色。花期 2~5 月，果期 4~6 月。

分布于我国云南南部（金平、景洪、富宁、屏边、勐海、文山、耿马、河口、南峤、佛海、西双版纳）、广西西部（扶绥、龙州、那坡、田阳）有分布，生长在海拔 1 500 m 以下的疏林或灌木丛中。老挝亦有分布。

13. 皱枣 *Ziziphus rugosa* Lam.

别名皱皮枣《果树种类论》、弯腰果、弯腰树（云南）、吗果汉（云南）。*Ziziphus rugosa* Lam. Encycl. Meth., 3:319 (1789)； Laws in Hook. f. Fl. Brit. Ind., 1:636 (1875)；Pitard in Lecomte, Fl. Ind-Chin., 1:917 (1912)；Chun in Sunyats., 4:232 (1940), 5:116 (1940)；海南植物志 3:4 (1974)；陈艺林、周邦楷，中国植物志 ,48 (1) :144，图 39:1-3 (1982)。

常绿灌木或小乔木，高达 9m，幼枝密被锈色或黄褐色绒毛，老枝红褐色，具明显皮孔，常有 1、稀 2 个下弯的短托叶刺。叶纸质或近革质，阔卵形或椭圆形，长 8~14cm，宽 4.5~9.5cm，先端圆形，基部近心形或圆形，叶缘具细锯齿，叶面被长柔毛，渐脱落无毛或仅脉腋有疏柔毛，叶背密被锈色或黄褐色绒毛，主脉 3~5 出，具明显网脉；叶柄短粗，长 5~9mm，密被黄褐色绒毛。花绿色，密被柔毛，通常排成顶生或腋生的聚伞圆锥花序，总花梗长 5~12mm，花序可达 20cm，小花梗 1~2mm，花序、总花梗及小花梗均密被锈色绒毛；萼片卵状三角形或三角形，顶端尖，外面被锈色绒毛；无花瓣，花盘稍厚，圆形，5 裂，子房球状，密被绒毛，基部 1/3 与花盘合生，花柱 2 浅裂或 2 半裂。核果倒卵球状或近球状，橙黄色，成熟

图 4-22　皱枣

Figure 4-22　*Z. rugosa* Lam.

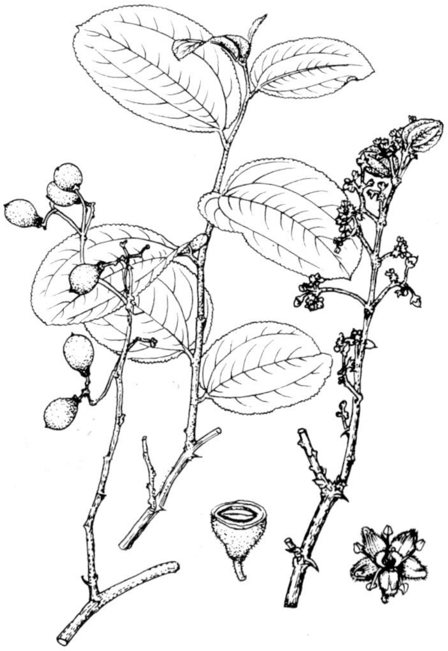

图 4-23　毛果枣的形态特征

Figure 4-23　The morphological characteristics of *Z. rugosa* Lam.

（仿自曲泽洲、王永蕙，1993。*Immitated* from Qu and Wang, 1993）

时黑色，长 0.9～1.2 cm，直径 0.8～1cm，初被毛，后渐脱落；果梗长 7～10mm，有绒毛；内果皮薄，脆壳状，1 室、1 种子成熟;种子球状，红褐色，直径 6～7mm。花期 3～5 月，果期 4～6 月。

分布于广西(田阳、百色)、海南、云南南部及西南部（景谷、耿马、金平、西双版纳等）。在印度、尼泊尔、斯里兰卡、缅甸、越南、老挝等也有分布。生于海拔 1400m 的丘陵、山地。为紫胶虫的良好寄主。

14. 达南枣 *Ziziphus talanai* （Blanco） Merr.

别名菲律宾枣树《台湾木本植物名录》。*Ziziphus talanai* (Blanco) Merr.，Sp. Blancoanae，224 (1918)；Enum. Philip. Fl. Pls., 2:523 (1923)；杨恭毅，杨氏园艺植物大名典，7176 (1984) — *Rhamnus talanai* Blanco，Fl. Filip., 171 (1837) — *Rhamnus zonulatus* Blanco，l.c., 72 (1837) — *Ziziphus zonulata* Blanco，l.c., ed.2. 120 (1845)；Merr. in Philip.Journ. Sci. I: Suppl. 88 (1906)；Fl. Manila, 308 (1912) — *Z. latifolia* auct.non Roxb.:Blanco，l.c., ed.2:121 (1845)；ed 3.1:27 (1877) — *Z. xylopyrus* F. Vill.，Nill, Novis. App., 48 (1880)，non Willd — *Z. arborea* Merr. in Govt. Lab. Publ. (Philip.)，6:11 (1904)。

乔木，高可达 25 m。枝或多或少被柔毛。叶卵形至长圆状卵形，长 8～15 cm，花先端渐尖，基部圆形或亚心形，幼叶被毛，成熟叶片无毛或几乎无毛；托叶针刺状，宿存。花序具总花梗，被毛，长达 5cm，花黄绿色，有香气，直径 5～6mm。果实球状，直径 1.5～2cm，被锈色柔毛，干时果皮明显皱缩。

原产菲律宾，1935 年引入台湾，现台湾双溪热带树木园有栽培，作观赏用。

此外，云南西双版纳自治州等地还分布有无瓣枣 (*Z. apetala* Hook. f.)，生于平原、低山林缘，攀缘于树上，果可食，亦可作药用。台湾地区从国外引种了 4 种枣属植物，除了达南枣外，还有巴利枣 (*Z. parrvi* Torr.，落叶灌木，作观赏用，原产于北美，1935 年引入台湾)，凸枣 (*Z. mucronata* Willd.，又叫非洲枣，落叶乔木，可供观赏、食用、药用，原产非洲)，钝叶枣 (*Z. obtusifolia* A.Gray，为灌木，供观赏、药用，原产于北美)。

第二节 枣属植物的分类

一、枣属植物的分类系统

G. Don (1832) 曾据叶片被毛情况将当时已知的 39 种枣属植物归为叶片两面光滑和叶片背面有毛二类，但没指出该两类群的分类学地位和拉丁学名。据刘孟军等调查考证，叶片被毛不是一个稳定性状，在属内甚至种内均有广泛变异，被 G. Don 归为叶两面无毛类中的许多种其叶背亦不同程度地被毛。

J. D. Hooker (1872) 和 D.Brandis (1911) 据花序类型和总花梗长短对印度产枣属植物进行了划分，亦未指出所分各类的分类学地位。由于总花梗有无和长短在种内和种间均呈连续性变异，而且与其他性状无明显相关差异，也不是好的分类性状。

K. Sussanguth (1953) 依据花序种类和大小将当时已知枣属植物分为 4 类，即腋生简单聚伞花序类、顶生或腋生大聚伞花序类、带叶大花梗花序类、带叶短枝状花序类 (介于第一和第二类之间)。该研究亦未指出所分各类的分类学地位。

枣属的属下分类系统一直到 20 世纪末才正式建立起来。刘孟军等 (1995) 对收集到的国内外 50 多个标本和资料比较完整的种进行的全面分析，发现枣属植物在结果枝的脱落性、器官的被毛等性状上存在明显的相关变异，即有些种的结果枝在果实成熟后不久随叶脱落，植体表面无毛，分布在较高纬度；而大多数种结果枝不脱落，2 至多个器官被毛，分布在较温热地带，二者显然具不同形态和地理上区别，是本属的 2 个自然类群。基于此，将枣属划分为 2 个组，即枣组(Sect. *Ziziphus* C. Y. Cheng et M. J. Liu)和宿枝组(Sect. *Perdurans* C. Y. Cheng et M. J. Liu)，后者又依据花序类型划分为聚伞花序系(Ser. *Cymosiflora* C. Y. Cheng et M. J. Liu)和聚伞圆锥花序系(Ser. *Thyrsiflora* C. Y. Cheng et M.J. Liu)。从我国和世界范围的枣属植物来看，绝大多数的种均属于宿枝组，已知属于枣组的只有原产我国北方的枣、酸枣和原产地中海 (突尼斯等) 的 *Z. lotus* L.。

中国枣属植物分种检索表

1. 落叶乔灌木，植体光滑无毛；结果枝细弱，单生或 3~7 个轮生于矩状短枝上，随叶脱落。主要分布于北温带，可达亚热带 (组 1. 枣组 Sect. *Ziziphus* C. Y. Cheng et M. J. Liu)
  2. 灌木、稀乔木；果实长多在 2 cm 以下，中果皮薄，干后外果皮不皱缩，中果皮有空腔，味偏酸；核占比例较大，两端较钝，具 2 粒饱满种子……………………1. 酸枣 *Z. acidojujuba* C.Y. Cheng et M. J. Liu
  2. 乔木；果实较大，长多在 2 cm 以上，中果皮肥厚，干后与外果皮一起皱缩，味甜；核所占比例较小，卵状至纺锤状，一端或两端具长尖头，常无种子或种子发育不成熟 ……………………2. 枣 *Z. jujuba* Mill.
1. 落叶或常绿乔灌木，直立或攀缘；枝、叶、花、果等至少两种器官被毛，枝不脱落。主要分布于热带和亚热带 (组 2. 宿枝组 Sect.*Perdurans* C. Y. Cheng et M. J. Liu)
  3. 聚伞花序腋生，子房及幼果无毛，内果皮较厚，硬骨质 (系 I. 聚伞花序系 Ser. *Cymosiflora* C. Y. Cheng et M. J. Liu)
    4. 总花梗近无或极短，长不超过 2 mm
      5. 叶单生或 2~3 叶簇生，两面无毛或仅下面基部脉腋有簇毛
        6. 叶小，长 2~4 cm，宽 1.5~3 cm，叶尖钝或圆形；核果小，直径 1.2~1.5 cm, 基部不凹陷……………………3. 蜀枣 *Z. xiangchengensis* Y. L. Chen et P.K.Chou

6. 叶较大，长 7.5～15 cm，宽 3.5～7 cm，叶尖长渐尖；核果大，直径 1.8～3 cm，基部凹陷……………………………………………………………………………………………………4. 大果枣 *Z. mairei* Dode

5. 叶单生，叶背被毛或至少沿脉被毛

7. 叶背仅沿脉被毛

8. 小枝被毛，具托叶刺 2 个；果实较大，直径 2～2.5 cm……………………………5. 山枣 *Z. montana* W.W.Smith

8. 小枝无毛，无托叶刺；果实小，直径 0.9～1.2 mm …………………………6. 毛脉枣 *Z. pubinervis* Rehd.

7. 叶背被毛

9. 常绿乔灌木，叶矩圆形或椭圆形，近中部最宽，叶尖圆形、稀锐尖，中脉中上部具明显次生侧脉，叶背被黄色或灰白色密绒毛；核果直径约 1～3 cm ……………………7. 毛叶枣 *Z. mauritiana* Lam.

9. 藤本或直立灌木；叶卵状长圆形至卵状披针形，下部最宽，叶尖锐尖或渐尖，中脉无明显次生侧脉，叶背被锈色或黄褐色丝状毛；核果小，直径 0.5～0.6 cm……………………………………………………………………………………8. 小果枣 *Z. oenoplia* (L.) Mill.

5. 总花梗明显，长 2～16 mm

10. 藤状或直立灌木，具钩状下弯或一直一弯的托叶刺；叶小，长不超过 5 cm；总花梗长 2～5 mm；核果直径 4～5 mm，果梗长 2～3 mm…………………………………9. 球枣 *Z. laui* Merr.

10. 乔木，托叶刺直生；叶较大，长多在 5 cm 以上；总花梗长 7～16 mm；核果直径 8～11 mm，果梗长 4～11 mm……………………………………………………………………10. 滇枣 *Z. incurva* Roxb.

3. 常由聚伞花序排成顶生或腋生聚伞圆锥花序；果实或至少子房、幼果被毛，内果皮常较薄，脆壳状（系 2. 聚伞圆锥花序系 Ser. *Thyrsiflora* C. Y. Cheng et M. J. Liu）

11. 直立乔木或灌木，叶背被毛或至少幼叶叶背被毛

12. 叶卵形至长圆状卵形，成熟叶背面无毛或近无毛；果实较大，直径 1.5～2 cm……………………………………………………………………………………11. 达南枣 *Z. talanai* (Blanco)Merr.

12. 叶椭圆形或阔卵形，成熟叶背面被毛；果实较小，直径 0.8～1cm……………………12. 皱枣 *Z. rugosa* Lam.

11. 藤状灌木，叶背无毛或仅沿脉被毛

13. 叶中脉每边有 2～3 条明显次生侧脉；花无花瓣；核果近球状，长不超过 1.5 cm，初时密被柔毛，后多少脱落……………………………………………………………………13. 褐果枣 *Z. fungii* Merr.

13. 叶中脉无明显次生侧脉；花具花瓣；核果扁椭圆状或扁圆球状，长约 2 cm，密被橘黄色柔毛………………………………………………………………………………14. 毛果枣 *Z. attopensis* Pierre.

二、酸枣和枣的分类

关于枣和酸枣的分类学地位，长期存在很大争议，归纳起来有以下几种观点：①酸枣是枣的变种；②枣是酸枣的变种；③枣和酸枣为同一个种；④枣和酸枣为 2 个独立种。由于分类学处理上的不同加之命名上的混乱，致使枣的学名先后出现过 16 个，酸枣的学名出现过 6 个。这一问题的存在给枣和酸枣的生产、科研，尤为文献交流带来了很大困难。

（一）枣和酸枣的分类地位

刘孟军 (1994) 等以全国范围内的枣、酸枣资源调查结果为基础，通过对二者果实大小、果核形状、外果皮皱缩等形态特征，花粉形态、染色体核型、同工酶谱型、化学成分、核 DNA 多态性、生境分布以及用途等多方面的比较研究，认为酸枣和枣这两个群体有着多方面的相关差异，宜应作为 2 个独立种处理。理由如下。

(1) 枣和酸枣虽然在一些性状上存在过渡类型，但从群体的角度和综合性状上看，通常情况下二者并不难区分。一般酸枣多为灌木，自然生长于干旱山区的坡地或田埂地埝，枝弯曲度大且节间较短，托叶刺发达，叶、花、果较小，果实长多在 2.0cm 以下，外果皮较厚，干后不皱缩，中果皮较薄、质松，味偏酸，干后出现空腔，核两端较钝，含 2 粒饱满种子；而枣通常为乔木，生于平原或山区的梯田上，枝弯曲度较小，托叶刺通常较弱，在老枝上常脱落，果实

较大，长多在 2.0cm 以上，外果皮较薄，中果皮厚，味甜，干后外果皮与内果皮一起明显皱缩，核一端或两端具长尖头，常无种子或种子发育不成熟。

(2)据对全国 16 个省（自治区、直辖市）的 200 个枣品种和 7 个省、自治区、直辖市的 150 个酸枣类型部分数量性状的测定和统计分析，二者虽在各性状的极端数值上有交叉，但从标准偏差看则在果实长度、中果皮厚度与果核直径之比及果核长度等性状上存在明显间断。换言之，枣和酸枣在这几个数量性状上存在明显的相关差异。

(3)据有关报道，酸枣无近端和端部着丝点染色体，属 2A 核型，而枣有近端和端部着丝点染色体，主要为 2B 或 2C 核型；酸枣的花粉均为小型花粉且无巨型花粉，而枣花粉中、小型兼有并常含巨型花粉，据花粉极轴长、赤道轴长、极轴长 / 赤道轴长、沟间距、壁厚、沟深、孔径等数量性状，经聚类分析可把枣和酸枣聚为 2 类；酸枣枝皮过氧化物同工酶谱带明显少于枣(平均带数分别为 6 和 8)，且快带区变异较大；酸枣果肉 Vc 含量，花蕾的芦丁、桑色素及花粉的丙氨酸和异丙氨酸含量均明显高于枣。

(4)在我国历史上很早就将枣和酸枣加以区别，并给予了不同的名称，分别加以利用。成书于战国至秦汉时期的《神农本草经》中记载“酸枣生川泽，名医曰‘生河东，八月采实，阴干，四十日成’。大枣生平泽，名医曰‘一名干枣，一名美枣，一名良枣，暴干’。”说明 2 000 多年以前，人们已经将枣和酸枣分开，各自有着不同的生境和制干方法。《本草纲目》(1578) 上更是清楚地记载:“按陆佃埤雅云，大曰枣，小曰棘，酸枣也，枣性高，故重朿，棘性低，故并朿。朿音次，枣棘皆有托刺，含义也”。在用途上，迄今酸枣仍主要药用其种仁或利用其果肉做饮料，而枣则主要利用其果肉鲜食、制干或加工蜜枣等。

综上，在弄清枣起源于酸枣的基础上，考虑到二者形态和用途差异明显且传统上被看作两种植物，为便于知识传承以及比较研究和利用等，将酸枣和枣作为 2 个种处理较为合适。

（二）枣和酸枣的种下划分

据在河北、河南、山东、山西、陕西、辽宁、浙江等枣和酸枣主要产区实地调查以及有关文献考证，枣和酸枣在漫长的演进过程中形成了十分广泛的自然变异类群，其中有些变异类群具有 1~2 个独特而显著的区别特征，个体数量较少，呈零星分布，多数具特殊用途，刘孟军 (1994) 将其处理为变型。

1. 酸枣的种下划分

(1) 砂酸枣 *Z. acidojujuba* C.Y. Cheng et M. J. Liu f. *granulata* C.Y.Cheng et M. J. Liu

与原变型主要区别为果面不平整，中果皮含木栓化颗粒。用途与原变型略同。

(2) 刺核酸枣 *Z. acidojujuba* C.Y. Cheng et M. J. Liu f. *trachysperma* C.Y.Cheng et M.J.Liu

别名刺酸枣(河北赞皇)、碴酸枣、僧帽酸枣(河北邢台)。与原变型主要区别在于果面不平整，果核具一圈规则或不规则木质突起。用途与原变型略同，果核具规则刺芒状突起者在民间用于加工念珠。

(3) 叶花酸枣 *Z. acidojujuba* C.Y. Cheng et M. J. Liu f. *pseudoinflorescentia* C.Y. Cheng et M.J.Liu

别名公酸枣、伪花序酸枣。与原变型区别是花无萼片、花瓣、雄蕊及雌蕊和花盘结构，各部分均退化成不育叶状，花序叶丛状。变型加词取意于花各部分退化成叶状。

2. 枣的种下划分

在以往的文献中，枣下多列出无刺枣变种，是 Bunge 于 1883 年根据采自中国北部的标本以 *Z. vulgaris* Lam. var. *inermis* Bunge 为学名首次发表的，以后由于对枣学名的不同看法，又相继出现了 *Z. sativa* Gaertn. var. *inermis* (Bunge) Schneid. (1912)，*Z. jujuba* Mill. var. *inermis* (Bunge) Rehd. (1922) 两个学名。从文献所述看，无刺枣和其原变种形态、产地和用途等均相同，惟以枝上无托叶刺相区别，原本不足以单独成一变种。另据刘孟军等 (1994) 大量的实地调查和全国范围的标本考证，枝上无刺不是一个稳定的好的分类学性状，其强弱和有无在枣树的不同品种、同一品种的不同个体甚至同一个体的不同类型枝条和不同发育阶段之间存在广泛而连续的变异，没有发现真正无托叶刺的枣树，有的只是一些枣树的托叶刺较弱而早落或随树龄增大逐渐脱落以至不易看到。此外，托叶刺强弱与其他性状之间无明显相关变异，应视为种内个体间的差异，建议取消这一变种，将之归并入其原变种——枣。

在枣下，葫芦枣、龙爪枣、宿萼枣亦曾被作为变种处理。刘孟军 (1994) 认为，这些所谓的变种没有特定的自然分布，且其内部变异甚至大于之间的变异，不适宜作为植物学上的变种处理，可作为变型处理。彭建营等亦认为，龙枣、葫芦枣、无核枣等的起源都是多元的，不宜设为变种，在栽培学上可将其作为品种群处理。

(1) 龙爪枣 *Z. jujuba* Mill. f. *tortuosa* C. Y. Cheng et M. J. Liu (*Z. jujuba* Mill. var. *tortuosa* Hort.)

别名：龙须枣、龙枣、蟠龙枣。与原变型的主要区别是树体矮小，通常不超过4m，枝扭曲生长。河北、山西、河南、山东、陕西、北京、天津、江苏等地零星栽培。主要供观赏。

（2）变色枣 *Z. jujuba* Mill. f. *allochroa* C. Y. Cheng et M. J. Liu

别名胎里红、三变红、三变色、三变丑。与原变型区别是新生枝、叶、花和果最初均呈紫红色。河北、山西、河南等地有零星种植。可供观赏，其他用途与原变型略同。

（3）宿萼枣 *Z. jujuba* Mill.f. *carnosicalycis* (Wang) C. Y. Cheng et M. J. Liu (*Z. jujuba* var. *carnosicalycis* Wang)

别名柿蒂枣、柿顶枣、留花枣。与原变型主要区别是果实基部具增大、肉质肥厚或革质化的宿存花萼。陕西、山西、河北等地有零星种植。

（4）变形枣 *Z. jujuba* Mill. f. *heteroformis* C. Y. Cheng et M. J. Liu

别名茶壶枣、五花枣、怪枣。与原变型区别是同一株树上果形变化大，果实中下部常具1至多个纵向凸起，凸起的中央有浅沟，形似茶壶；核具棱；结果枝常具次生分枝。山西、山东、河北等地有零星种植。可供观赏，其他用途与原变型略同。

（5）葫芦枣 *Z. jujuba* Mill. f. *lageniformis* (Nakai) Kitag. (*Z. sativa* Gaertn. var. *legeniformis* Nakai，*Z. jujuba* Mill. var. *lageniformis* Hort.)

别名磨盘枣、羊奶枣、乳头枣、妈妈枣、坛子枣、磨杆枣、皑皑枣、缢痕枣。河北、山西、山东、河南等地有少量分布。与原变型区别是果实中上部具一圈缢缩。供观赏及食用，其他用途与原变型略同。

（6）无核枣 *Z. jujuba* Mill. f. *apyrena* C. Y. Cheng et M. J. Liu

别名虚心枣。与原变型主要区别是内果皮软膜质、可食，常无种子。河北、山东、山西、河南等地有少量分布。用途与原变型同。

枣和酸枣的种下划分检索表

1. 灌木、稀乔木；果实长多在2 cm以下，中果皮薄，干后外果皮不皱缩，中果皮有空腔，味偏酸；核占比例较大，两端较钝，具2粒饱满种子。
    2. 花及花序正常发育
        3. 核果表面平滑，果肉不含木栓颗粒，核无显著木质突起……………1a. 酸枣 *Z. acidojujuba* C.Y. Cheng et M. J. Liu
        3. 核果表面凸凹不平
            4. 果肉含木栓颗粒，核无显著木质突起 ……………………………1b. 砂酸枣 f. *granulata* C.Y.Cheng et M.J.Liu
            4. 果肉不含木栓颗粒，核近中部具规则或不规则刺芒状或斑块状突起……1c. 刺核酸枣 f. *trachysperma* C.Y.Cheng et M.J.Liu
    2. 花无萼片、花瓣、雄蕊、雌蕊和花盘结构，各部分均呈叶状，花序呈丛生叶状……1d. 叶花酸枣 f. *pseudoinflorescentia* C.Y. Cheng et M.J.Liu
1. 乔木；果实较大，长多在2 cm以上，中果皮肥厚，干后与外果皮一起皱缩，味甜；核所占比例较小，卵状至纺锤状，一端或两端具长尖头，常无种子或种子发育不成熟…………………………………………………………2a. 枣 *Z. jujuba* Mill.
    5. 树体矮小，通常不超过4 m，枝强烈扭曲，果实有时亦稍扭曲…………2b. 龙爪枣 f. *tortuosa* C. Y. Cheng et M. J. Liu
    5. 树体较高大，成年树多在5 m以上，枝"之"字形弯曲。
        6. 新生枝、叶、花、果实均呈紫红色…………………………………………2c. 变色枣 f. *allochroa* C.Y.Cheng et M. J. Liu
        6. 新生枝、叶、花、果均呈绿黄色
            7. 果实基部具肉质或革质化宿存的萼片…………………2d. 宿萼枣 f. *carnosicalycis* (Wang) C.Y.Cheng et M. J. Liu
            7. 萼片早落
                8. 果实从果柄端生出1至多个长短不等的纵向突起，结果枝常具次生分枝，核具棱………………………………………………………………………………………………………2e. 变形枣 f. *heteroformis* C. Y. Cheng et M. J. Liu
                8. 果面无纵向突起
                    9. 果实中上部有一环状缢缩………………………………………………2f. 葫芦枣 f. *lageniformis* (Nakai) Kitag.
                    9. 果实无明显缢缩，内果皮薄膜质，常不具种仁……………2g. 无核枣 f. *apyrena* C. Y. Cheng et M. J. Liu

第三节 枣属植物的地理分布

一、世界枣属植物的地理分布

据刘孟军等考证(1995)，枣属基本上是一个热带分布属，但因有少数种延伸到两半球温带，也可称为亚世界分布属(图 4-24)；枣属植物分布的北界是英国伦敦(51° 30′ N)，南界是非洲的好望角(34° 21′ S)；垂直分布多在 1500m 以下，最高可达 2000～2800m，如 *Z. jujuba* Mill. 2000m(印度)、*Z. montana* W.W.Smith 1400～2600 m (中国西藏)，*Z.incurva* Roxb.1000～2500 m(中国云南)、*Z.xiangchengensis* Y.L.Chen et P.K Chou 2800 m(中国四川)。

枣属是一个特有种百分率很高的属，其中洲特有种共 161 个，占世界总种数的 94. 7%，地区性(面积 200 万 km^2 以下)特有种约占 80%，如圣冠枣 *Z. spinachristi* Willd. 和小果枣 *Z. oenoplia* Mill.。枣属中也有一些较广布的种，其中分布最广的是两个栽培种 *Z. jujuba* Mill. 和 *Z.mauritiana* Lam.，前者分布于整个北温带和亚热带(图 4-25)，后者分布于亚、非、大洋洲的热带和亚热带地区（图 4-25)；圣冠枣 *Z. spinachristi* Willd. 集中分布于非洲北部和亚洲的中东地区，小果枣 *Z. oenoplia* Mill. 则分布于南亚和东南亚地区(图 4-26)；*Z. numularia* Wight et Arn. 主要分布于中东地区，*Z.rugosa* Lam. 主要分布于南亚地区（图 4-27)；*Z. lotus* Lam. 主要分布在地中海沿岸的亚、非、欧国家（图 4-27)。枣属的广布种多为栽培果树或具重要利用价值，其广布性与人类的活动密切相关。

在枣属植物分布区，种数量较多的国家有中国(14 个)、印度(20 多个)、巴西(10 个)、美国(8 个)、古巴(6 个)等。在 Takhtajan (1978)世界植物区系中，除斐济地区外的印度-马来西亚植物亚区枣属种类最为丰富。该区包括南

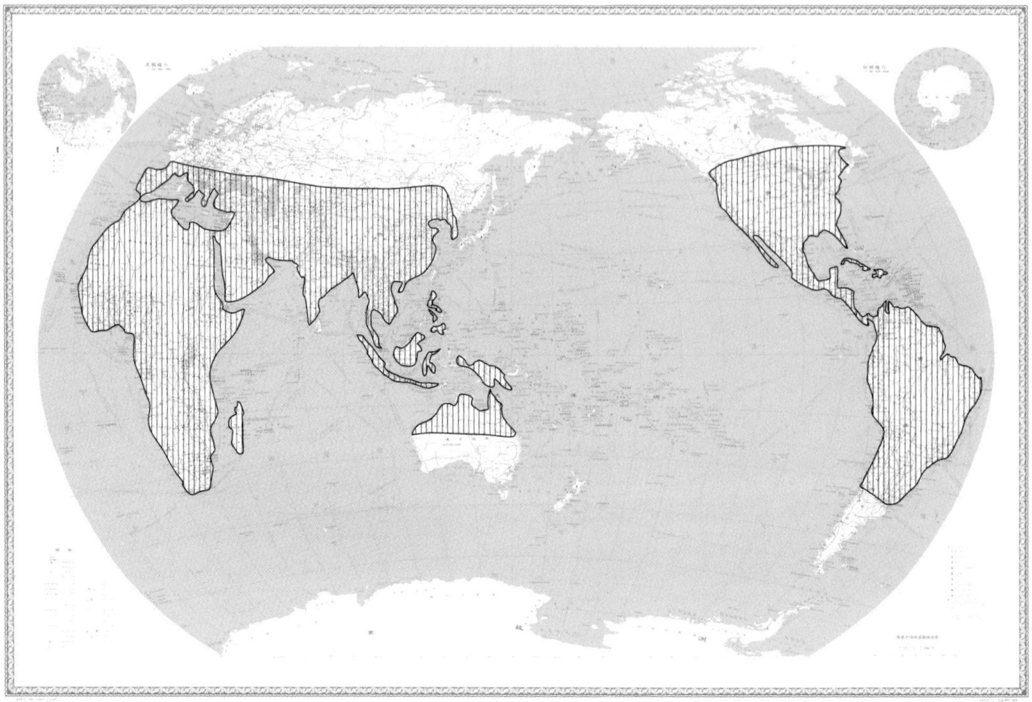

图 4-24 世界枣属植物的分布示意

Figure 4-24 The distribution of *Ziziphus* Mill. in the world

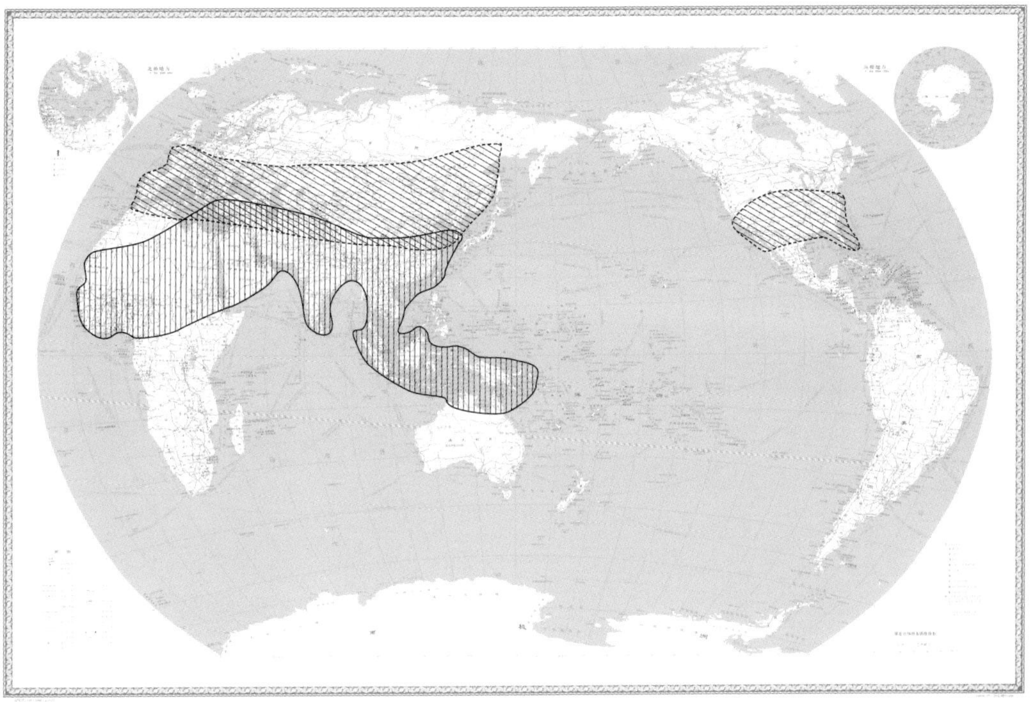

图 4-25　枣 *Z. jujuba* Mill. 和毛叶枣 *Z. mauritiana* Lam. 的分布示意

Figure 4-25　The distribution of *Z. jujuba* Mill. And *Z. mauritiana* Lam.

: 枣 *Z. jujuba* Mill.; : 毛叶枣 *Z. mauritiana* Lam.

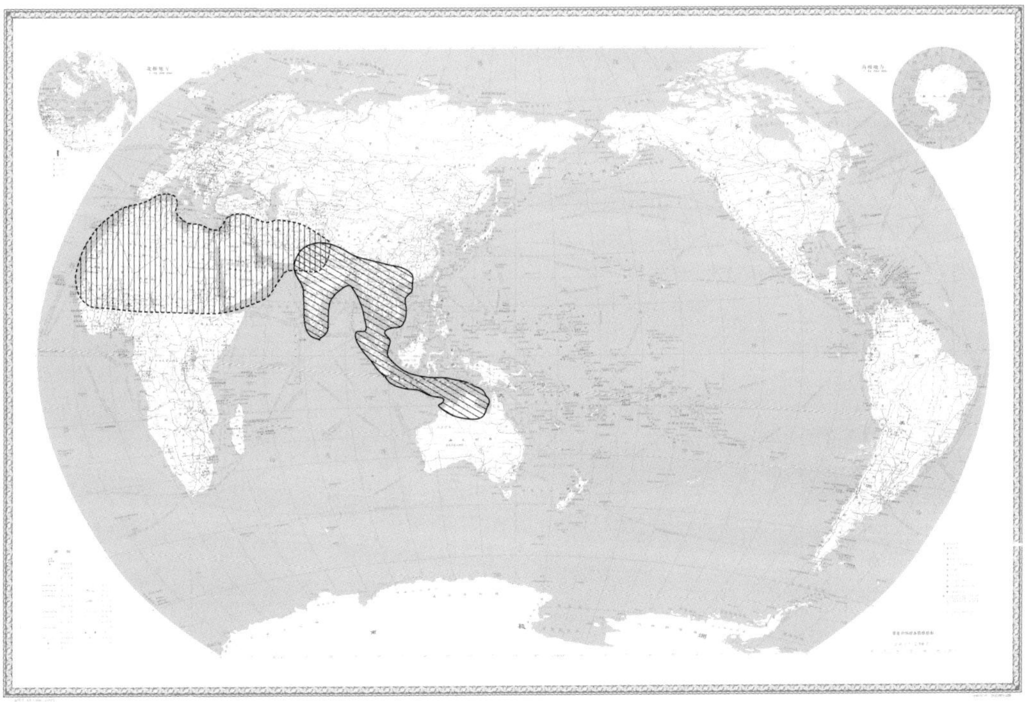

图 4-26　圣冠枣 *Z. spinachristi* Willd. 和小果枣 *Z. oenoplia* Mill. 的分布示意

Figure 4-26　The distribution of *Z. spinachristi* Willd. And *Z. oenoplia* Mill.

: 圣冠枣 *Z. spinachristi* Willd.; : 小果枣 *Z. oenoplia* Mill.

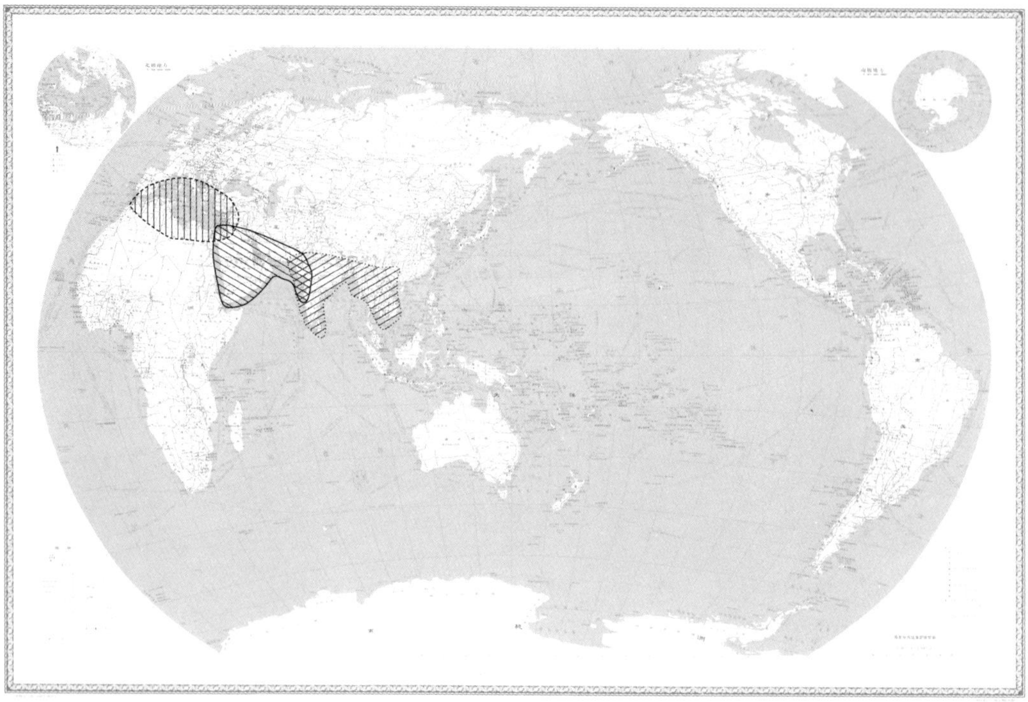

图 4-27　皱枣 *Z. rugosa* Lam.，*Z. lotus* Lam. 和 *Z. numularia* Wight et Arn. 的分布示意

Figure 4-27　The distribution of *Z.rugosa* Lam., *Z. lotus* Lam. and *Z. numularia* Wight et Arn.

：皱枣 *Z. rugosa* Lam.; ：*Z. lotus* Lam.; ：*Z. numularia* Wight et Arn.

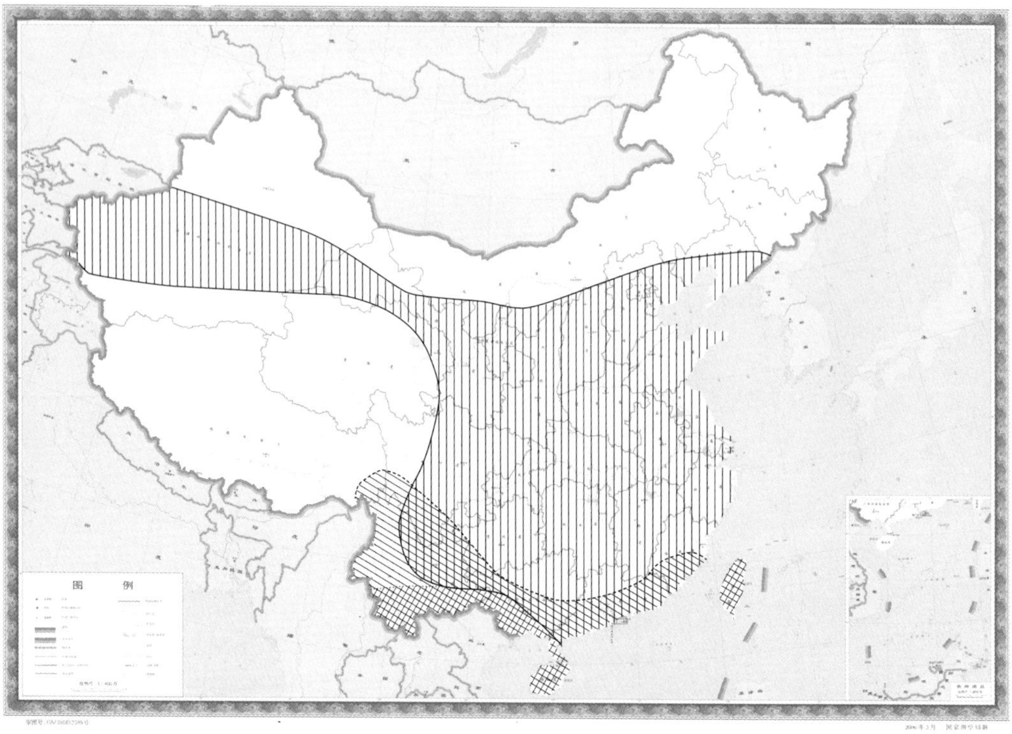

图 4-28　中国枣属植物的分布示意

Figure 4-28　The distribution of *Ziziphus* Mill. in China

：枣组 Sect. *Ziziphus* C.Y.Cheng et M.J. Liu; ：聚伞花序系 Ser. *Cymosiflora* C.Y.Cheng et M.J.Liu;

：聚伞圆锥花序系 Ser. *Thyrsiflora* C.Y.Cheng et M.J.Liu

亚和东南亚，共有枣属植物81种，占亚洲的92.05%、世界的47.65%。此外，该区包括枣属所有的组和系，而且聚伞圆锥花序系几乎全部分布于该区。可见，印度-马来西亚植物亚区是枣属植物的多度中心和演化中心。至于枣属的起源地带，由于缺少足够的化石等资料，尚待进一步研究。

二、中国枣属植物的地理分布

我国位于枣属植物的多样化中心。原产我国的枣属植物共有14种，包括刘孟军等（1995）枣属植物分类系统中所有的组和系，自然分布于除黑龙江省之外的所有省份（图4-28）。从种的分布式样看，我国的14种枣属植物中有特有种5个，即*Z. xiangchengensis* Y. L. Chen et P. K. Chou、*Z. mairei* Dode、*Z. montana* W. W. Smith、*Z. pubinervus* Rehd. 和 *Z. fungii* Merr.，其中前4种分别只在四川和云南特产。

从实地调查和资料分析看，我国枣属的分布有一个明显的梯度分布特点。在北方尤以华北和西北，枣属种的密度很低，只有枣和酸枣两种，但个体密度非常高，是最为常见的植物；而在南方尤以云南、广西和海南种的密度高，但个体密度远不及北方。云南南部、广西西南部和海南是我国枣属的多度中心和演化中心。

第四节　枣属植物的学名考证

一、枣属的学名和英文名称

枣属的学名 *Ziziphus* 源于 *Z. lotus* L. 的阿拉伯名称‘Zizouf’(Bailey,1947)，也有人认为源于古希腊语‘Zizyphon’。枣属的拉丁文拼写方法长期以来一直有2种：*Ziziphus* 和 *Zizyphus*。据考证，前者系承袭 Phillip Miller 1754年建立枣属时使用的学名，后者系 Tournefort 1735年最早使用。据国际植物命名法规第13和7条之规定，后者虽出现较早，但因早于种子植物学名合格发表的起点日期（1753年5月1日前），而林奈又未承认其属名地位，为不合格发表。因此，枣属学名的正确拼法应为 *Ziziphus*。

由于历史上关于枣属的分类有不同的认识以及重复命名等问题的存在，关于枣属的学名还曾出现过多个（表4-1）。1753年，林奈（Linnaeus）在其著名的植物分类学巨著《植物种志》(Species Plantum) 一书中将枣属植物放入了鼠李属（*Rhamnus* L.）。枣属作为一个独立的属（*Ziziphus*

表4-1　历史上曾有过的枣属植物学名

Table 4-1　The scientific names used for the genus of jujube in the history

学名 Scientific name	定名人 Nomenclator	原始文献 Reference	发表年份 Year
Ziziphus	Phillip Miller	Gard. Dict. Ed. 4, no.3	1754
Rhamnus	Linnaeus	Sp. Pl. ed. 1	1753
Zizyphus	Tournefort	Inst. t. 403	1735
Jujuba	Joannis Burmani	Thesaurus Zeylanicus, 131～132	1737
Sarcomphalus	P. Brown	Hist. Jamaic. 179	1756
Mansana	J. F. Gmelin	Syst. 580	1791
Decorima	Rafin	Sylva Tellur. 31	1838
Ziziphon	St. Lag	Ann. Soc. Bot. Lyon, 7:70, 137	1880

表 4-4 毛叶枣的学名及其使用情况
Table 4-4 The scientific name used for ber / Indian jujube

学名 Scientific name	世界 Worldwide		1990～2007				参考文献 References
	1990～1999	2000～2007	中国 China	印度 India	韩国 South Korea	美国 USA	
Z. mauritiana Lam.	337	416	39	365	0	4	Encycl. Meth. 3:319(1789)
Z. jujuba Lam.	10	22	0	15	0	0	l.c(Encycl. Meth.). 318 (1789)
Z. xylopyrus Hochst.	13	13	0	24	0	0	l.c.
Z. abyssinica Hochst.	5	3	0	1	0	0	Tent. Fl. Abyss. 1:136
Z. mairei(Levl.)K. Browicz et L.A. Lauener	0	0	0	0	0	0	Not. Bot. Gard. Edinb. 27:281(1967)
Z. sororia Schult.	0	0	0	0	0	0	Syst. 5:337(1819)
Z. orthacantha DC	0	0	0	0	0	0	l.c.(Prodr.)2:21(1825)
Paliurus mairei Levl.	0	0	0	0	0	0	Fedde. Rep. Sp. Nov. 12:535 (1913)
Rhamnus jujuba L.	0	0	0	0	0	0	Sp. Pl.194(1753)
Total	365	454	39	405	0	4	

91.94%。

毛叶枣的英文名称，常用的有 ber 和 Indian jujube 等。

五、不同国家不同语言中枣及其主要种的名称

弄清一种植物在不同地区的名称对于其学术交流和文献检索会很有帮助。鉴于此，2008 年 9 月在河北农业大学召开的首届国际枣属植物研讨会期间，刘孟军等对枣属及其 7 个主要种在 25 个国家和地区所使用的名称及发音进行了调查(表 4-5)。调查结果表明，一个种的名称及其发音因国家不同和同一国家的不同地区而有很大差异。例如，毛叶枣 *Z. mauritiana* Lam. 在印度至少有 15 个地方名，如 Ber, Indian jujube, Csj, Hindi ber, Marathi bor, Sankrit badara, Tamil elandai, Telagu regu, Assameses bogori, Bengali kul, Gujarati bor, Udiya barkoli, Yelandham pazham, Bore 等。在中国对于 *Z. mauritiana* Lam. 至少有 4 种称呼，如毛叶枣(最常用)、大青枣 (用语称呼其大果型的栽培品种)、印度枣、滇刺枣等。在印度北方广泛使用的官方语言 Hindi 语中，枣属植物所有的种及其果实都称为 Ber. 但在印度西北部沙漠地区，村民们将枣属植物称为 Bor 而非 Ber。

六、问题与建议

如上所述，普遍存在的同名异物和同物异名现象给枣属植物的学术交流和文献检索造成很大困难。此外，文献中存在的错误拼写及其相互引用使得这一问题更加糟糕。比如，枣的学名 *Z. jujuba* Mill. 时常被错误的写成 *Z. jujuba*, *Z. jujube* 或 *Z. jujube* Mill.，最常见的错误是漏写定名人。根据刘孟军等的统计，关于枣的文章中，80.14% 的不写定名人，学名完全写正确的只有 19.39% (表 4-6)。这样只写 *Z. jujuba*，读者可能会弄不清究竟是指 *Z. jujuba* Mill. (枣) 还是 *Z. jujuba* Lam .(毛叶枣)。

鉴于此，在发表文章和学术交流时一定要使用完整的、正确的学名和英文名称。

表 4-5 在不同国家和语言中枣属植物的名称

Table4-5 The names of jujubes in different countries and languages

国家 Country	语言 Language	当地对枣的称呼 / 发音 Local name/ Pronunciation		
		Ziziphus Mill.	*Z. jujuba* Mill.	*Z. mauritiana* Lam.
China	Chinese	枣属 /Zaoshu	枣 /Zao; 红枣 /Hongzao	毛叶枣 /Maoyezao; 印度枣 / Induzao; 大青枣 Daqingzao; 滇刺枣 /Diancizao
Japan	Japanese		なつめ /Natsmae	
Korea	Korean		대추 /Daechu	
India	Indian	Ber;Bor; Jujube	Chinese jujube; Chinese ber; Jhadi ber	Ber; Indian jujube; Csj; Hindi ber; Marathi bor; Sankrit badara; Tamil elandai; Telagu regu; Assameses bogori; Bengali kul; Gujarati bor/Bordi; Udiya barkoli
	Tamil	Yelandham pazham		Yelandham pazham
	Hindi			Bore; Boyer; Ber
Bangladesh	Bengali			Ber; Bey; Baer; Kool; Tak kool;Topa kool
Pakistan	English, Urdu		Aho/Aa-ho; Soofi/ Soo-fi; Haji/Ha-ji	Khiro/Khi-rol; Desi/De-si; Jhangri/Jhan-gri; Gola-Go-la
Iran	Persian	كنار /Konar	عناب/ Onnab; Annab	كنارموريتاني/Konar bambaei, Konare mouritani; كنار موريتانيايي يا آفريقايي /Konar muritania or Konar Africa
Kuwait	Arabic English	Sider-*Ziziphus*	*Z. jujuba*	*Z. mauritiana*
Israel	Hebrew	Sheizaf	Sheizaf	Indian sheizaf
England	English	Jujube	Chinese jujube; Chinese date	Indian jujube; Ber
Czech	Czech	Cicimek	*Z. jujuba*	*Z. mauritiana*
Slovenia	Slovene		Žižula/ jəju'lə; čičimak/ chichima	
Romania	Romanian		Curmal chinezesc/ Kurmal kinezesk	
Hungary	Hungarian	Jujuba	Kínai datolya jujuba	Jujuba
Ukraine	Ukrainian	Унабі Зизифус/ Unabi Zyzyphus	Зизифус ююба/ Zyzyphus jujube	
Georgia	Georgian		Unabi,Urnabi	
Tunisia	Arabic		عناب/Ennaab	سدرة /Nbeg ou Sedra
Zimbabwe	English Shona, Ndebele	Musau/ Mu-sa-u		Musau/ Mu-sa-u
Senegal				Ngitj; Siddem; Diabi
Mali				Tomono; Tabakat
BurkinaFaso				Mougounouga
Niger				Magaria
Chad				Nabagaïe
Chile	Spanish	Zizifus	Ziziphus hohobe	*Z.mauritiana*
USA	English	*Ziziphus*	*Z. jujuba*	

（续）

国家 Country	语言 Language	当地对枣的称呼 / 发音 Local name/ Pronunciation				
		Z. lotus Lam.	*Z. spinachristi* Willd.	*Z. nummularia* Wight et Arn.	*Z. oenoplis* Mill.	*Z. xylopyrus* Willd.
China	Chinese				小果枣 /Xiaoguozao	
India	Indian			Mallah ber; Palla bor; Jhar ber/Jhar beri; Bordi	Makoh ber, Makoh	Goth ber
	Tamil				Nari yelandham	
	Hindi			Ber; Boyer	Makai	Kat ber; Kakor; Ghont
Bangladesh	Bengali				Shia kool; Siakul; Makua; Jhauskal; Jangal kul	
Pakistan	English, Urdu			Bair/Vern. Malla,Jherberi		
Iran	Persian	ی رن و د ر ان ک ی‌ن‌ورزاکا‌ی‌ز /Konar dane riz; Konar Kazerooni	يسراپرانك،رانك /Konar, Konare parsi ر د س ا ی ر ا ن ک Konar; Sedr	رملیك،مرد,رملیک /Ramlik; Ramleak; Ramlek Derreh		
Kuwait	Arabic English		Kanar			
Israel	Hebrew		Sidriya; Dom			
Czech	Czech		Cicimek			
Hungary	Hungarian	Jujuba	Jujuba		Jujuba	
Mali			Abaka			
Niger			Kourna			
Chad			Karnoya			
Chile	Spanish	*Z. lotus*	*Z. spinachristi*		*Z. oenoplia*	

表 4-6　枣的拉丁学名 *Z. jujuba* Mill. 的各种错误写法

Table 4-6　A statistics on the miswriting of *Z. jujuba* Mill.

学名 Scientific name	世界 Worldwide		1990～2007			
	1990～1999	2000～2007	中国 China	印度 India	韩国 South Korea	美国 USA
Z. jujuba Mill.	26	56	20	1	16	4
Z. jujuba	57	260	117	29	13	4
Z. jujube	4	18	10	0	2	0
Z. jujube Mill.	1	1	2	0	0	0
Total	88	335	149	30	31	8

第五节　枣树的品种分类

一、枣品种的一般分类

据本书编委会统计，我国有栽培枣品种和类型944个。迄今枣的品种分类方法尚不统一。传统上按地区（年平均温度15 ℃等温线为界）分为南枣和北枣2个生态型或按果形和大小分为小枣、长枣、圆枣、扁圆枣和葫芦枣5类；《中国果树志·枣卷》按用途将枣品种分为制干、鲜食、蜜枣、兼用4类，刘孟军等认为还应加上观赏品种，共5类；陈贻金等还曾将枣品种归类为枣原栽培品种群（Jujuba group）、无刺枣品种群（Inermisa group）、曲枝枣品种群（Tortuosa group）、缢痕枣品种群（Lageniformis group）、宿萼枣品种群（Carnosicalicis group）和无核枣品种群（Anucleatus group）。

关于鲜食品种的成熟期划分还没有公认的标准。笔者根据多年的观察，初步认为可根据果实发育期天数分为极早熟、早熟、中熟、晚熟和极晚熟5类。其中极早熟品种的果实发育期在90d以内，如铃铃枣（山西太谷）、月光；早熟品种的为90～100d，如梨枣（山东）、蜂蜜罐；中熟品种的为100～110d，如临猗梨枣、大白铃、湖南鸡蛋枣；晚熟品种的为110～120d，如蛤蟆枣、襄汾圆枣、冷白玉；极晚熟品种的为120d以上，如冬枣、成武冬枣（芒果冬枣）、薛城冬枣（大雪枣）。

二、枣品种的花粉学分类

李树林等（1985）根据花粉上脊的粗细将供试枣品种归成5类，并指出依花粉形态及外壁纹饰可将供试40个枣品种全部分开。彭建营等（1991）进一步根据花粉外壁纹饰把供试的67个枣品种和酸枣类型分为复合网状、变织网状、条网脑纹状、网眼不规则网状、网状具穿孔、小沟小穴状和片块状等7类，同时利用花粉的外壁纹饰、巨型花粉的有无、4孔沟及2孔沟的有无、萌发孔加厚的类型、极面观花粉类型、萌发沟的延伸程度和H型明显与否等特征，列出了65个枣品种和酸枣类型的花粉检索表。

三、枣品种的同工酶分类

曲泽洲等（1986）用过氧化物酶、酯酶、淀粉酶、多酚氧化酶和超氧化物歧化酶等5种同工酶，对84个栽培枣品种进行了研究，结果表明，用过氧化物酶同工酶结合脂酶或淀粉酶可把供试枣品种和类型全部分开，并指出酶谱相似性在一定程度上反映了品种间的亲缘关系。Oh. S. D.等（1988）利用聚丙烯酰胺电泳技术对韩国的11个枣品种进行了8种同工酶分析，结果表明谷草转氨酶（GOT）的一条RF值为0.05的酶带可把上午开花类型与下午开花类型分开，酯酶和过氧化物酶可分别把供试材料分为2组和4组，而延胡索酸酶、可溶性蛋白酶、乙醇脱氢酶、苹果酸脱氢酶和硫辛酰胺脱氢酶则在品系间未表现出差异。王秀伶等（1994）通过对过氧化物酶同工酶扫描数据进行重心法聚类分析，可将供试的83个酸枣类型和36个枣品种归成6大类群。

四、枣品种的综合分类法

枣由酸枣演化而来。彭建营等（1991）根据花粉形态研究结果，提出枣品种的演化存在多条路线，在同一条演化路线上的品种其遗传背景比较一致，分析品种间的遗传关系，找出基本品种，据此可科学地进行品种群划分。品种群（Group）应是亲缘关系比较相似的一类品种的集合。研究品种分类的目的不仅从形态上分别异同，便于认识，更重要的是了解品种之间的相互关系，总结品种系统发生规律，建立完整的体系，以指导资源的利用和育种实践。据统计，我国共有栽培枣品种700多个，对枣品种群划分，不少学者做了有益尝试，但尚不统一，同时未能很好地反映品种间的亲缘演化关系。彭建营（1999）、白瑞霞（2008）根据RAPD、AFLP和SRAP指纹图谱，并结合形态学特征，把枣品种或类型分为39个品种群。

（1）长红枣品种群：由葫芦长红、永城长红、早熟躺枣、山东龙枣（河北龙枣）、河南龙枣、大马牙、亚腰长红、短果长红、朝阳圆枣、小平顶、尖枣组成。主要分布于山东中南部枣区和河南永城产区、山西平陆和辽宁朝阳、凌源等地。

(2)圆铃品种群：由圆铃、酥圆铃、核桃纹、老婆枣、圆铃1号、磨盘枣、大柿饼枣、延川狗头枣组成。主要分布于山东西部枣区、河南永城、内黄产区和陕西延川等地。

(3)金丝小枣品种群：由金丝小枣、无核小枣、马铃脆、金丝蜜、金丝4号、家枣、天津快枣、二秋枣、长木枣、缨络枣、郎家园枣和肉兜子枣组成，主要分布于河北东部沧州及山东的北部产区、天津和北京。

(4)赞皇大枣品种群：由赞皇大枣和赞新大枣组成，主要分布于河北赞皇和新疆产区。

(5)临猗梨枣品种群：由临猗梨枣、大荔鸡蛋枣、大白铃、大瓜枣、红梨枣(临猗梨枣变异类型)、湖南鸡蛋枣、涪陵鸡蛋枣、沧县傻枣、馒头枣组成，主要分布于山西运城、陕西大荔产区、湖南溆浦产区及其他产区。

(6)相枣品种群：由相枣、狮子头、稷山圆枣、柳罐枣、珍珠枣、柿顶枣组成，主要分布于山西运城、湖南和陕西。

(7)中阳木枣品种群：由中阳木枣、郎枣、新乐大枣、保德小枣和洪赵葫芦枣组成，主要分布于山西、陕西、黄河两岸的中阳、柳林、绥德、佳县、延川产区及山西太谷、祁县产区。

(8)板枣品种群：由板枣、直社疙瘩枣组成，主要分布于山西稷山和陕西产区。

(9)壶瓶枣品种群：由壶瓶枣、骏枣、壶瓶酸、交城甜酸枣、铃铃枣和洪赵十月红组成，主要分布于山西太谷、清徐、交城、洪赵等产区。

(10)晋枣品种群：由晋枣和蛤蟆枣组成，主要分布于陕西、甘肃交界和山西永济等地。

(11)酥枣品种群：由无头枣、圆脆枣、襄汾圆枣、酥枣、九月青和大铃枣组成，主要分布于河南北部、山东西部和山西夏县、襄汾等地。

(12)疙瘩脆品种群：由疙瘩脆、宁阳六月鲜和孔府酥脆枣组成，分布于山东中南部。

(13)八升胡品种群：由八升胡、新疆小圆枣、大荔疙瘩枣、喀什葛尔小枣、六月枣、大果算盘和羊奶枣组成，主要分布于陕西大荔、湖南溆浦和新疆。

(14)辣椒枣品种群：由辣椒枣、辣角枣和秤砣枣组成，主要分布于山东与河北交界、河北沧县和陕西等地。

(15)临泽大枣品种群：由临泽大枣、敦煌大枣组成，主要分布于甘肃临泽、敦煌、新疆哈密等地。

(16)义乌大枣品种群：由义乌大枣、南京枣和宣城尖枣组成，主要分布于浙江义乌、兰溪和安徽宣城等地。

(17)宣城圆枣品种群：由宣城圆枣、婆婆枣和小梨枣组成，主要分布于安徽宣城、山西运城和山东庆云等地。

(18)冬枣品种群：由冬枣和成武冬枣组成，主要分布于山东与河北交界、山东成武和菏泽等地。

(19)灰枣品种群：由灰枣、齐头白、福枣组成，主要分布于河南新郑产区和韩国。

(20) 妈妈枣品种群：由妈妈枣、大名布袋枣、尜尜枣和湖南牛奶枣组成，主要分布于山东西北部、河北大名、北京和湖南西部等地。

(21) 绵枣品种群：由绵枣和酸绵枣组成，主要分布河北沧县、山东乐陵等地。

(22) 小木枣品种群：由酸鸡心枣和小木枣组成，主要分布于河北、山东交界和河南。

(23) 马连小枣品种群：由马连小枣、骨头小枣和圆铃小枣组成，主要分布于河北南部、山东北部。

(24) 临泽小枣品种群：由临泽小枣和中宁小枣组成，主要分布于甘肃和宁夏。

(25) 桐柏大枣品种群：由桐柏大枣、五台绵枣和不落酥组成，主要分布于河南和山西。

(26) 临泽大枣品种群：由临泽大枣、敦煌大枣、文县砂糖枣和历山大枣组成，主要分布于甘肃和山西。

(27) 蜂蜜罐品种群：由蜂蜜罐和蜂蜜枣组成，主要分布于陕西和湖北。

(28) 连县木枣品种群：由连县木枣和遵义甜枣组成，主要分布于广东和贵州。

(29) 襄汾木枣品种群：由襄汾木枣和胜利枣组成，主要分布于山西。

(30) 团枣品种群：由团枣、吕梁团枣和临汾团枣组成，主要分布于山西。

(31) 胎里红品种群：由胎里红和三变红组成，主要分布于河南。

(32) 扁核酸品种群：由扁核酸、鸭枣、大糖枣、茶壶枣、斑枣、苹果枣、衡水扁枝枣、红颜、串铃、条枣和大叶无核组成，主要分布于河南、河北、山东、山西和江苏。

(33) 婆枣品种群：由婆枣、泡泡红、沙枣和串干组成，主要分布于山东和河南。

(34) 榆次团枣品种群：由端子枣、黑叶枣、榆次团枣、林檎枣、榆次九月青和大荔面枣组成，主要分布于山西、山东和陕西。

（35）大马枣品种群：由河北串杆、早脆王、梨枣、醋枣和大马枣组成，主要分布于河北、山东、陕西和山西。

（36）灵宝大枣品种群：由灵宝大枣、屯屯枣和大荔龙枣组成，主要分布于河南、山西交界和山西大荔。

（37）广洋枣品种群：由大木枣、日出、小紫枣、陕西葫芦枣和广洋枣组成，主要分布于河北、陕西和河南。

（38）兰溪马枣品种群：由嵊县白蒲枣、兰溪马枣、官滩枣和雁来红组成，主要分布于浙江嵊县、兰溪，山西襄汾和江苏盱眙等地。

（39）雪枣品种群：由雪枣、大王枣、薛城冬枣和结不齐组成，主要分布于山东和河南。

第五章
枣种质资源的调查、收集、保存与信息平台建设

种质资源的调查、收集和保存是种质资源评价的基础，对于新品种的选育、种质创新等具有重要价值。我国对枣种质资源的收集和整理可以追溯到公元前6世纪，成书于周朝的《尔雅》中就记载了枣品种11个，新中国成立以前记载枣品种最多的当属《植物名实图考》，为87个。20世纪50年代起，在中国农业科学院果树研究所的统一部署下，河北农业大学组织开展了全国性的枣树资源普查工作，并于1993年出版了《中国果树志 · 枣卷》，收录枣品种700个，另附酸枣优良类型30个。20世纪90年代开始，各地对其主栽品种的内部变异和地方优异资源进行了深入的调查。迄今，发现和报道过的枣树品种和类型已达900多个。我国的枣树种质资源以大田异地保存为主，各地枣资源圃保存的枣种质总计在700个左右。有关枣种质资源的专业信息平台目前主要有3个，即国家多年生和无性繁殖作物种质资源信息网——枣种质资源信息网（http://www.ziyuanpu.net.cn）、河北农业大学的中国枣种质资源网络信息系统（http://www.ziziphus.net/zzzy）和枣种质资源的国际登录（http://www.fao.org/hortivar）。

第一节 枣种质资源的调查

一、枣种质资源普查

20 世纪 50 年代以来，在中国农业科学院果树研究所的统一部署下，开展了第一次也是迄今唯一的一次全国性的枣树资源普查工作。河北农业大学曲泽洲教授等统一制定了枣树资源调查标准，经过对果实、蜡叶标本、照片及相关资料深入细致的甄别，核对了同名异物品种 94 个，同物异名品种 36 个，新定名品种 10 个。在 1993 年中国林业出版社出版的《中国果树志·枣卷》中确定的枣品种共有 700 个，其中制干品种 224 个、鲜食品种 261 个、蜜枣品种 56 个、兼用品种 159 个，另附有枣的近缘种——酸枣的优良类型 30 个（曲泽洲和王永蕙，1993）。对各个品种的描述涉及分布、生物学性状、经济学性状、适应性、综合评价等。此次枣树资源普查为枣树资源的收集、保存和评价利用奠定了重要基础。

从 20 世纪 90 年代开始，各地对当地主栽品种的内部变异和地方优异资源进行了深入的调查。如河北农业大学与赞皇县林业局一道，对赞皇大枣的不同类型进行了调查，开展了地方品种的内部优选工作。山东省果树研究所、沧州市林业局、沧县林业局、青县林业局等则对金丝小枣和无核小枣的变异类型进行了系统调查，发现金丝小枣和无核小枣的优良单株近 50 份。近年来，河北农业大学联合阜平县林业局、北京林业大学联合沧县林业局等单位对圆铃、婆枣和冬枣等主栽品种的内部变异进行了深入调查，发现了一批优良类型。另外，河南新郑市枣树研究所、河南农业大学等对灰枣，山西省农业科学院果树研究所、植物保护研究所、山西省林业科学研究院等对骏枣、壶瓶枣和木枣，西北农林科技大学、陕西省林业技术推广总站对晋枣，西北农林科技大学对蜂蜜罐的品种内部变异等进行了调查。

自 2006 年起，河北省林木种苗站组织开展了为期 3 年的全省林木种质资源普查工作，对枣树的主栽品种、农家地方品种和优良类型、新选育、新引进品种及古树名木等进行了详细调查，根据本次调查，新发现农家地方品种 13 个，优良枣和酸枣类型 88 个，新审（认）定品种 26 个；新鉴定品种 9 个，新引进品种 162 个；百年以上的老枣树有上千株，老酸枣树至少有 100 株（部分详见第五章第二节，第七章第二节、第三节和第四节）。

二、主栽品种的内部变异调查

（一）金丝小枣和无核小枣

金丝小枣栽培历史长，分布面积广，主栽区覆盖河北和山东省的整个黑龙港流域，在长期的栽培过程中产生了大量的遗传变异。如单果重，最小的为 3.1g，最大的可达 12.6g。果形变异也比较大，有圆形、椭圆形、柱形、鸡心形、倒卵形等。另外，果核有有核、无核无仁、无核有仁等类型，金丝小枣还有矮化类型等。尤其是各类型的坐果率、果实的含糖量等差异很大。山东省果树研究所、沧州市农业科学院、沧县林业局、献县林业局、河北农业大学、河北省农林科学院昌黎果树所等单位对金丝小枣进行了选优工作，筛选出的‘金丝 1 号’、‘金丝 2 号’、‘金丝 3 号’、‘金丝 4 号’、‘金魁王’、‘金丝蜜’、‘金丝丰’、‘品 10’、‘品 17’、‘姜皇庄 1 号’、‘研金 1 号’、‘研金 2 号’、‘乐金 1 号’、‘乐金 2 号’、‘乐金 3 号’、‘沧蜜 1 号’、‘金丝魁王枣’等 17 个优系通过了新品种审定、认定或成果鉴定。从无核小枣中选出的‘无核丰’、‘沧无 1 号’、‘沧无 3 号’、‘无核红’、‘无核金丝小枣’、‘乐陵无核 1 号’等通过了新品种审定、认定或成果鉴定。

（二）赞皇大枣

赞皇大枣原生型主要分布在河北省赞皇县，其中以西阳泽乡、院头镇最为集中，南清河乡、城关镇、西龙门乡、张愣乡、黄北坪乡，元氏县的苏村乡、高邑县的西富村乡、临城县的西竖乡等地亦有赞皇大枣原生型的分布（刘平，2002）。通过形态学的变化结合地理位置，对有代表性的 42 个赞皇大枣类型的染色体数目进行观察，发现供试赞皇大枣均为三倍体，即 2n=3x=36（彭建营等，2005）。

作为我国目前发现的唯一的自然三倍体品种，赞皇大枣在长达400多年的栽培历史中产生了许多变异。"八五"期间，河北农业大学与赞皇县林业局合作对赞皇大枣进行了广泛的调查，发现赞皇大枣变异类型51个。1996年，在前期资源普查和选优的基础上，初选出优株17个。依据丰产性、果实大小、成熟期、抗性等指标，复选出7个优良单株。将复选的7个优良单株高接，建立决选圃，对入选优系的母株及其无性系的植物学特征、生物学特性及果实的内外品质进行了观察分析。1999年，从决选圃中决选出3个综合性状表现优良的株系，并进行了中试示范。2004年，该3个优系通过了河北省林木品种审定委员会的审定，分别定名为'赞宝'、'赞晶'和'赞玉'。

2005年开始，河北农业大学与赞皇县林业局再度合作，又从赞皇大枣中发现了4个优良株系，在果实大小、丰产性、稳产性、抗性等方面表现突出。目前正在进一步观察之中。

（三）婆枣

早在20世纪90年代初期，河北农业大学就与阜平县林业局合作，对阜平县境内的婆枣优良变异单系进行了调查，发现了个大、丰产的'河北沟大枣'（暂定名）、'狼窝沟大枣'（暂定名）等优系。2007年，在果实成熟期遭遇连阴雨，裂果和缩果病大发生的情况下，调查发现了2个抗裂果和1个抗缩果的品系。2005年行唐县林业局从婆枣中选育的'行唐长枣'、'行唐墩子枣'和'行唐大圆枣'通过了河北省林木品种审定委员会的审定。2009年河北农业大学与行唐县林业局合作，从行唐县的婆枣中选出的抗裂、抗缩果、大果型的优系'鳌王'和'园丰'通过了成果鉴定。

（四）圆铃

圆铃栽培历史长，分布范围广，变异类型较多。山东省果树研究所从圆铃中选育出了'圆铃1号'和'圆铃2号'；河北省广宗农林科技开发有限公司从圆铃中选出了丰产性好、果实个大均匀且极抗裂的'广紫6号'；2005年，河北省农林科学院从圆铃中选出了'南宫大紫枣'等。

（五）冬枣

冬枣栽培历史悠久，历史上多零星栽培，仅在河北省黄骅市的齐家务乡有上千亩的古枣园。在长期的无性繁殖过程中，产生了变异并保留至今。变异主要表现在丰产性、果实大小、风味等方面。近年来，北京林业大学、沧州市林业局和黄骅市林业局等对冬枣的品种内变异进行了调查，发现了一些优株。沧州市农业科学院从冬枣中选育出的'冀星冬枣'于2008年通过了河北省林木品种审定委员会的审定。

（六）晋枣

晋枣主产于陕西、甘肃交界的泾河及其支流一带，该区地处渭北旱塬西部和陇东旱塬，塬面、沟壑和河流相间，生态类型多样，晋枣品种内部的变异较大。咸阳市林业站(1993)曾在长武、彬县初选出13个晋枣优株，建立了无性系圃，比较研究其栽培和结果特性。在此基础上，西北农林科技大学对晋枣的12个无性系的7个植物学性状和9个果实性状进行了调查研究，并进行了POD同功酶变异分析，揭示了晋枣品种内部的变异程度（黄健，2005）。

（七）骏枣、壶瓶枣

骏枣主产于山西交城一带，为著名的干鲜兼用品种。山西省林业科学研究院从骏枣中发现了大果形的类型，定名为'骏枣1号'（杨建华，2007），通过了省级品种审定。河北农业大学中国枣研究中心从骏枣中选育出了极抗枣疯病的'星光'（刘孟军等，2006）。山西农业大学在交城骏枣自然分布区进行资源调查的基础上，选出优系12个，进而对其丰产性状和果实经济学性状进行了比较，通过主成分分析指出丰产性状、Vc含量、含糖量和可食率可作为骏枣优良单株选优的基本指标，依此选出了优良单株5号（冯耀先，2005）。

壶瓶枣是与骏枣非常近缘的一个品种，主产于山西太谷、榆次、清徐一带，山西省农业科学院植物保护研究所和果树研究所从壶瓶枣中选育出果个大、近圆柱形、商品价值更高的'金昌1号'和2个较抗病、抗裂果的新品系。

（八）木枣

木枣是晋陕黄河峡谷的主栽品种，占该区枣树面积的70%以上。该品种起源历史悠久，栽培地域广泛，立地类型多样，在果形、单果重、制干率以及营养成分和结果特性等方面都有很大变异。西北农林科技大学在资源调查和选择基础上，共收集了42个木枣株系，建立优良株系试验园，并对性状差异较为显著的29个株系进行了研究，通过其丰产性、抗裂性、抗病性、含糖量等经济指标的比较，筛选出制干率极高、丰产性极强、中度感枣锈病但易裂果的C-05和丰产性极强、制干品质优、抗裂果、中度抗枣锈病的C-12（高文海，2006）。在山西吕梁木枣产区，近年来还选出了'帅枣1号'、'帅枣2号'、'帅枣3号'和'虎枣'、'冠枣'等优系。

第二节 枣树种质资源的收集、保存与保护

一、枣树种质资源收集与保存概况

目前，我国的枣树种质资源保存大多以大田异地保存为主，就地保护和组织培养保存等尚不多见。

农业部的国家枣种质资源圃设在山西省农业科学院果树研究所(山西太谷)，截至目前共收集保存了全国24个省(自治区、直辖市）的560多个枣品种资源；在国家林业局资助下建立的沧县红枣良种基因库（收集圃)，保存枣种质材

表 5-1 我国各枣种质资源圃的基本情况

Table 5-1 General informations of jujube repositories in China

资源圃名称 Repository name	位置 Location	品种（类型）个数 Cultivar/type number	树龄（年） Tree age(a)
国家枣种质资源圃 National Chinese Jujube Repository	山西太谷 Taigu, Shanxi	560	45
山西省农业科学院园艺研究所枣资源圃 Jujube Repository of Horticultural Institute, Shanxi Academy of Agricultural Sciences	山西太原 Taiyuan, Shanxi	56	15
河北沧县红枣良种基因库（收集圃） Jujube Repository of Cangxian, Hebei	河北沧县 Cangxian , Hebei	340	20
河北农业大学献县枣树试验站 Xianxian Jujube Experiment Station of Agricultural University of Hebei	河北献县 Xianxian , Hebei	88	3
河北农业大学枣资源圃 Jujube Repository of Agricultural University of Hebei	河北保定 Baoding,Hebei	57	15
河北省农林科学院石家庄果树研究所枣资源圃 Jujube Repository of Pomology Institute of Shijiazhuang, Hebei Academy of Agricultural and Forestry Sciences	河北石家庄 Shijiazhuang, Hebei	45	15
新郑市枣树科学研究所枣资源圃 Jujube Repository of Xinzheng Jujube Research Institute	河南新郑 Xinzheng, Henan	93	6
山东省果树研究所枣资源圃 Jujube Repository of Pomology Institute of Shandong	山东泰安 Taian, Shandong	62	20～25
新疆温宿县枣资源圃 Jujube Repository of Wensu, Xinjiang	新疆温宿 Wensu, Xinjiang	84	2
西北农林科技大学枣资源圃 Jujube Repository of Northwest Agricutural and Forestry University	陕西杨陵 Yangling,Shaanxi	170	—
北京林业大学枣资源圃 Jujube Repository of Beijng Forestry University	北京 Bejing	65	—
江苏省中国科学院植物研究所枣资源圃 Jujube Repository of Plant Institute of Jiangsu and Chinese Academy of Sciences	江苏南京 Nanjing, Jiangsu	100	—

料340余份；西北农林科技大学对陕西省的枣品种资源进行了调查收集，并引进了我国枣主产省份的主要枣树品种，建立了资源圃，保存品种170多个；江苏省中国科学院植物研究所枣品种资源圃保存枣品种近100个；河南新郑市枣树科学研究所保存枣品种资源93个；山东省果树研究所枣资源圃保存了62个枣品种；新疆温宿保存枣种质资源84个。北京林业大学在分析了我国40个枣主产区的13个地理、气候因子的基础上，将枣分布划分为4个气候区和3个气候亚区，并从北京、河北、山东、山西等13个省（自治区、直辖市）筛选出分别属于不同分布气候区的65个代表性枣品种，建立了枣种质资源圃（孙浩元，2006）。

河北农业大学中国枣研究中心保存了57个代表性枣品种（其中包括5个韩国品种）及1 000余份枣属植物果实和蜡叶标本；在对河北、河南、山东、山西、陕西、辽宁、北京等主要酸枣产区的酸枣资源系统调查基础上，收集了有代表性的130个酸枣类型，建立了酸枣种质资源圃并保存酸枣果实、果核和种仁标本各100余份。近年来，与献县人民政府共建了河北农业大学献县枣树试验站，收集保存了88个枣品种和100余个优良酸枣类型。

据不完全统计，目前我国各地枣资源圃中集中大田保存了枣种质资源1 670份。各个资源圃枣品种的收集情况见表5-1，收集的品种名录见附录3。

二、古枣树及其保护

枣起源于酸枣，枣和酸枣均原产我国，栽培历史悠久，至今还保存着上千年生的古树。古树在河北、河南分布较多，另在山东、山西、天津、北京、陕西、宁夏、甘肃、新疆也有古树的记载。

自2006年起，河北省林木种苗站组织了全省范围的林木种质资源普查。从调查结果来看，百年以上的老枣树有上千株，老酸枣树至少有100株，以沧州、衡水最多，邯郸、邢台、张家口、保定、石家庄、廊坊、秦皇岛也有零星分布的古树。

河南新郑很重视古枣树的保护。据记载，新郑有古枣树44 450株，其中300年以上的有14 036株，500年以上的有2 098株（周沛云，2003）。

古枣树的主要品种有：绵枣、躺枣、木枣、长红、金丝小枣、缨络枣、晋枣、蛤蟆枣、灰枣、悠悠枣、灵武长枣、长圆枣、新疆小圆枣、磨盘枣、冬枣等（徐树文，2000；周沛云，2003；曲泽洲，2003）。据不完全统计，估算树龄超过1 000年的古枣树有4株，分别为河北沧县王会头的绵枣古树（树龄达1 300年）、山西五台古枣树、山西柳林古枣树和山东无棣的古躺枣树。特别需要指出的是，目前还有自然生长的成片老枣树林，如陕西佳县通镇泥河沟古老枣林，最大树龄达千年；沧县高川乡朴寺的古金丝小枣林，最大树龄达800年；位于新郑的中华古枣园，保存500年左右的古枣树568株；河北邯郸小堤村有保护等级为一级(500年以上)的枣树古树群(300余株)；在河北黄骅齐家务乡西聚官的古贡枣园，保存有成片的百年以上的古冬枣林。

目前报道的最老的酸枣树位于山西高平，达2 000年。另外，北京及河北蠡县、河间、昌黎等，保存有树龄1 000年左右的酸枣树。

我国古枣树和古酸枣树的情况见表5-2。

表5-2　我国保存的古枣树和古酸枣树

Table 5-2　Old jujube and sour jujube trees in China

种 Species	产地 Location	品种/类型 Cultivar/type	树龄（年） Tree age (a)	数量 Tree number	资料来源 Data source
枣 Chinese jujube	河北沧县王会头 Wanghuitou,Cangxian,Hebei	绵枣 Mianzao	1300	1	A
	河北交河 Jiaohe,Hebei	金丝小枣 Jinsixiaozao	300～400	1	C
	河北涿鹿 Zhuolu,Hebei	金丝小枣 Jinsixiaozao	150	16	A
	河北涿鹿城区村 Chengqucun,Zhuolu,Hebei	悠悠枣 Youyouzao	150～350	4	A

（续）

种 Species	产地 Location	品种 / 类型 Cultivar/type	树龄（年） Tree age （a）	数量 Tree number	资料来源 Data source
枣 Chinese jujube	河北馆陶县河寨村 Hezhaicun,Guantao,Hebei	磨盘枣 Mopanzao	200	1	A
	河北馆陶县平庄村 Pingzhuang,Guantao,Hebei	磨盘枣 Mopanzao	120	1	A
	河北故城县辛庄 Xinzhuang,Gucheng,Hebei	冬枣 Dongzao	100～120	零星 Seldom	A
	河北黄骅西聚官 Xijuguan,Huanghua,Hebei	冬枣 Dongzao	100	片林 Many	A
	河北深州 Shenzhou,Hebei	不明 Unclear	900	1	B
	河北沧县高川 Gaochuan, Cangxian,Hebei	不明 Unclear	800	片林 Many	A
	河北河间 Hejian, Hebei	不明 Unclear	500～600	3	B
	河北大城 Dacheng,Hebei	不明 Unclear	400～600	2	A
	河北邯郸小堤 Xiaodi,Handan,Hebei	不明 Unclear	500	300	A
	河北赞皇 Zanhuang,Hebei	不明 Unclear	350	4	A
	河北辛集 Xinji,Hebei	不明 Unclear	300	1	A
	河北赵县 Zhaoxian,Hebei	不明 Unclear	300	1	A
	河北泊头 Botou,Hebei	不明 Unclear	200～300	较多 Some	A
	河北枣强 Zaoqiang,Hebei	不明 Unclear	150～300	34	A
	河北平山 Pingshan,Hebei	不明 Unclear	250	1	A
	河北深州张刘郭 Zhangliuguo,Shenzhou,Hebei	不明 Unclear	210	1	A
	河北鹿泉 Luquan,Hebei	不明 Unclear	200	1	A
	河北清苑北宋村 Beisongcun,Qingyuan,Hebei	不明 Unclear	200	1	A
	河北饶阳 Raoyang,Hebei	不明 Unclear	200	零星 Seldom	A
	河北阜城 Fucheng,Hebei	不明 Unclear	120～200	2	A

（续）

种 Species	产地 Location	品种 / 类型 Cultivar/type	树龄（年） Tree age （a）	数量 Tree number	资料来源 Data source
枣 Chinese jujube	河北满城孙村 Suncun,Mancheng,Hebei	不明 Unclear	160	3	A
	河北文安 Wen'an,Hebei	不明 Unclear	100～150	14	A
	河北南宫东八里 Dongbali,Nangong,Hebei	不明 Unclear	130	零星 Seldom	A
	河北安平 Anping,Hebei	不明 Unclear	105	较多 Some	A
	河北昌黎县汇文二中 Huiwen Second Middle School, Changli,Hebei	不明 Unclear	100	1	A
	河北肥乡 Feixiang,Hebei	不明 Unclear	100	较多 Some	A
	河北海兴许庄子 Xuzhuangzi,Haixing,Hebei	不明 Unclear	100	较多 Some	A
	河北武邑黄口 Huangkou,Wuyi,Hebei	不明 Unclear	100	较多 Some	A
	山东无棣 Wudi,Shandong	躺枣 Tangzao	1000	1	C
	山东无棣 Wudi,Shandong	金丝小枣 Jinsixiaozao	600～700	1	C
	山东庆云 Qingyun,Shandong	长红 Changhong	600～700	1	C
	山西五台 Wutai,Shanxi	木枣 Muzao	700～800	5	C
	山西稷山 Jishan,Shanxi	蛤蟆枣 Hamazao	300～400	1	C
	山西太谷、清徐 Taigu and Qingxu,Shanxi	壶瓶枣 Hupingzao	200	较多 Some	
	山西交城 Jiaocheng, Shanxi	骏枣 Junzao	200	较多 Some	
	山西五台县李家庄 Lijiazhuang,Wutai,Shanxi	不明 Unclear	1200	1	D
	山西柳林高家塔 Gaojiata,Liulin,Shanxi	不明 Unclear	1000	1	D
	山西高平 Gaoping,Shanxi	不明 Unclear	800～900	1	B
	山西古县店上乡 Dianshang,Guxian,Shanxi	不明 Unclear	600～700	1	B
	山西交城磁窑 Ciyao,Jiaocheng,Shanxi	不明 Unclear	600	1	D

（续）

种 Species	产地 Location	品种 / 类型 Cultivar/type	树龄（年） Tree age （a）	数量 Tree number	资料来源 Data source
枣 Chinese jujube	山西浮山高家庄 Gaojiazhuang,Fushan,Shanxi	不明 Unclear	400	1	D
	山西忻州 Xinzhou,Shanxi	不明 Unclear	200	1	D
	山西榆次苏家庄 Sujiazhuang,Yuci,Shanxi	不明 Unclear	170	1	D
	陕西彬县 Binxian,Shaanxi	晋枣 Jinzao	400～500	1	C
	陕西佳县 Jiaxian,Shaanxi	木枣 Muzao	1000	片林 Many	E
	陕西清涧 Qingjian,Shaanxi	木枣 Muzao	900	2	C
	陕西佳县 Jiaxian,Shaanxi	木枣 Muzao	500	1	C
	陕西米脂 Mizhi,Shaanxi	不明 Unclear	600	1	C
	陕西铜川 Tongchuan,Shaanxi	不明 Unclear	500～600	1	B
	陕西神木 Shenmu,Shaanxi	不明 Unclear	500	1	B
	陕西绥德 Suide,Shaanxi	不明 Unclear	300	1	B
	北京府学胡同 Fuxue Street,Beijing	缨络枣 Yingluozao	600～700	1	C
	北京 Beijing	不明 Unclear	600～700	1	B
	天津 Tianjin	不明 Unclear	680	1	B
	天津疙瘩庙 Gedamiao,Tianjin	不明 Unclear	550	1	B
	甘肃合水 Heshui,Gansu	不明 Unclear	400	1	B
	新疆库车 Kuche,Xinjiang	长圆枣 Changyuanzao	300	1	C
	新疆叶城 Yecheng,Xinjiang	小圆枣 Xiaoyuanzao	200	1	C
	宁夏灵武果园村 Guoyuancun,Lingwu,Ningxia	灵武长枣 Lingwuchangzao	200	1	www.chinayn.gov.cn

第三节 中国枣种质资源信息平台建设

伴随着计算机和网络技术的快速发展以及对枣种质资源研究的逐步深入，中国枣种质资源信息平台的建设也日益完善。目前主要有3个专业性较强的信息平台，一是国家多年生和无性繁殖作物种质资源信息网——枣种质资源信息网；二是河北农业大学的中国枣种质资源网络信息系统；三是枣种质资源的国际登录（Hortivar）。

3个信息平台的数据来源、功能不同，面向的用户也有所不同。枣种质资源信息网建立在国家枣种质资源圃所保存的枣品种基础上，目前涉及品种243个，数据是各个品种在相同栽培和管理条件下的表现，该系统具有浏览、查询、检索功能，主要面向国内用户；中国枣种质资源网络信息系统是建立在《中国果树志·枣卷》记载的700个枣品种数据基础上的，数据反映了各品种在原产地的表现，此外还包括了91个新通过审定的品种，具有浏览、查询、检索等基本功能，另有各个品种的文字介绍和主要性状的规范化调查方法；Hortivar指联合国粮农组织园艺品种登陆组织，是面向全世界的信息系统，其数据库为全英文，由河北农业大学中国枣研究中心刘孟军教授负责，目前正在建设之中，主要具有查询功能。3个信息平台均是动态的，各具特色、相互补充，共同搭建起了较为完善的中国枣种质资源信息平台。

一、多年生和无性繁殖作物种质资源信息网——枣种质资源信息网

（一）枣种质资源信息网的建立

实现信息共享是国家自然科技资源共享平台建设的主要目标之一。2004年以来，在国家科技基础条件平台建设专项的支持下，全国32个国家种质资源圃（库）建立了包括枣在内的40余种多年生和无性繁殖作物种质资源的数据库系统。在此基础上，中国农业科学院茶叶研究所建立了“多年生和无性繁殖作物种质资源信息网”（http://www.ziyuanpu.net.cn/），枣种质资源信息网便是其中之一。

山西省农业科学院果树研究所国家枣种质资源圃在多年资源调查基础上，制定了《枣种质资源描述规范和数据标准》，并建立了枣种质资源信息网。该系统实现了品种浏览、查询、检索等基本功能，为枣种质资源的进一步利用提供了信息共享平台。目前，该平台上登录的枣品种有243个。

检索字段分为以下6类：即“基本信息”、“形态特征和生物学特性”、“品质特性”、“抗逆性”、“抗病虫性”和“其他特征特性”。

“基本信息”包含全国统一编号、种质圃编号、引种号、采集号、种质名称、种质外文名、科名、属名、学名、原产国、原产省、原产地、海拔、经度、纬度、来源地、保存单位、保存单位编号、系谱、选育单位、育成年份、选育方法、种质类型、图像、观测地点等共25个字段。

“形态特征和生物学特性”包含树姿、树形、树势、主干皮裂状况、枣头长度、枣头节间长度、枣头粗度、枣头色泽、枣头蜡层、二次枝长度、二次枝节数、二次枝弯曲度、成枝率、针刺状况、枣吊长度、枣吊叶片数、叶片面积、叶片颜色、叶片光泽、叶片状态、叶片形状、叶尖形状、叶基形状、叶缘形状、每花序花数、蜜盘大小、雄蕊数、萼片色泽、始果年龄、股吊率、吊果率、自花结实率、采前落果程度、单株产量、大小年程度、萌芽期、初花期、盛花期、终花期、果实白熟期、果实脆熟期、果实完熟期、果实生长期、落叶期、营养生长期等共45个字段。

“品质特性”包含单果重、果实纵径、果实横径、果实整齐度、果实形状、果肩形状、果顶形状、果实颜色、果面光滑度、果皮厚度、果点大小、果点密度、果柄长度、梗洼深度、梗洼广度、萼片状态、柱头状态、果实外观评价、鲜枣核重、核形、核壳有无、种仁饱满程度、含仁率、果肉颜色、果肉质地、果肉粗细、果肉汁液、果实风味、果实异味、口感综合评价、鲜枣可溶性固形物含量、鲜枣可溶性糖含量、鲜枣可滴定酸含量、鲜枣维生素C含量、鲜枣可食率、干枣可溶性糖含量、干枣可滴定酸含量、干枣维生素C含量、制干率、干枣可食率、鲜枣耐贮性等共41个字段。

“抗逆性”包含抗裂果性和耐旱性2个字段；“抗病虫性”

包含枣疯病抗性和缩果病抗性2个字段。

“其他特征特性”包含根蘖萌发率、果实用途、花粉形态、核型、指纹图谱与分子标记、备注等共6个字段。

（二）枣种质资源信息网的应用

1．注册和登录

网络链接后，在地址栏中输入http://www.ziyuanpu.net.cn/，即可进入“多年生和无性繁殖作物种质资源信息网”首页，见图5-1。新用户输入“用户名”和“密码”并单击“立即注册”，按照提示即可完成注册。已经注册过的用户直接输入“用户名”和“密码”并单击“登录”，即可成功登录该网站。

2．枣树种质资源信息查询

该系统收集了国家枣种质资源圃经过整理、整合的品种资源，通过网站首页“资源查询”，可以浏览作物种类，点击“果树”，在弹出的页面上点击“枣”，即可进入“枣种质资源信息网”。具体过程见图5-2和图5-3。

直接点击“数据查询”，点击“资源清单”，共有243个品种的信息。在“种质名称”中选择所要查询的枣品种(图5-4)，进入该品种信息页面(图5-5)。

3．种质资源检索

点击“普通搜索”，输入或双击选择输入要查询的条件，可以单一条件查询也可多条件查询；可以选“包含”查询需要的资源，也可选“不包含”以排除不需要的资源，然后点击页面下方“查询”。以“品质特性”为例，分别选择果肉质地“酥脆”，果肉汁液“多”，“不包含”果肉“粗”，

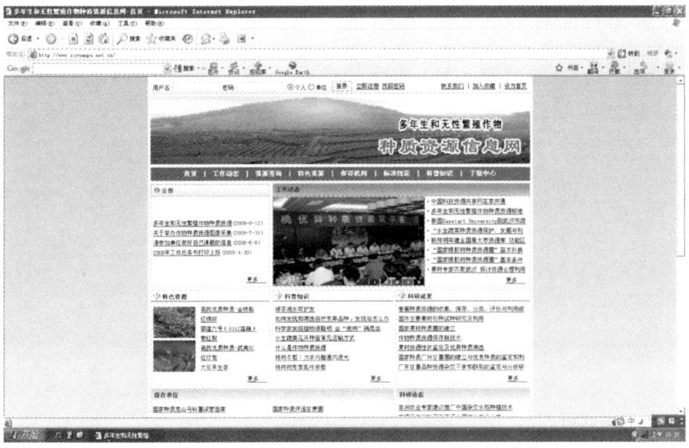

图5-1 多年生和无性繁殖作物种质资源信息网主页

Figure 5-1 Home page of Internet Information System for Perennial and Asexual Crop Germplasm Resources (IISPACGR)

图5-3 枣种质资源信息网界面

Figure 5-3 Page for jujube germplasms in IISPACGR

图5-2 资源查询的界面

Figure 5-2 Page of germplasm inquiry of IISPACGR

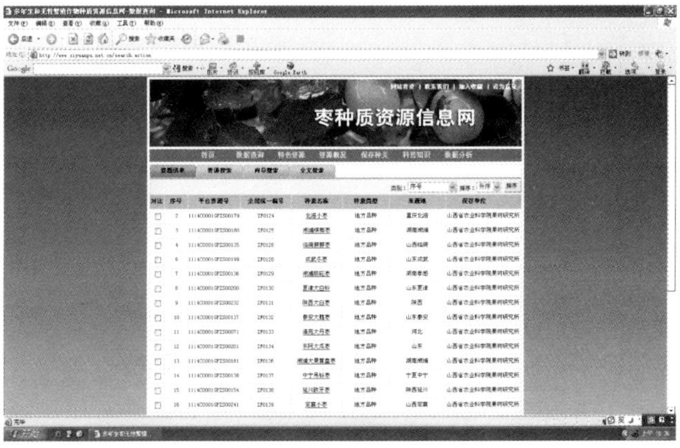

图5-4 枣资源清单

Figure 5-4 List of jujube germplasm in IISPACGR

图5-5 枣资源品种信息

Figure 5-5 Information of individual jujube germplasm in IISPACGR

图5-6 ‘山西葫芦枣’信息页面

Figure 5-6 Information page of cultivar ‘Shanxihuluzao’ in IISPACGR

点击“查询”，即显示出符合条件的资源清单。

另外，也可按照“向导搜索”分2步进行，先选择需要查询的数据项，进入查询参数输入界面，输入或选择输入，点击“查询”，显示查询结果，进而点击资源名称显示品种信息。同样以“品质特性”为例，分别选择“果肉质地”、“果肉汁液”、“果肉粗细”，点击进入参数输入选择页面，选择包含“酥脆”、“多”，不包含“粗”，点击“查询”，即显示出符合条件的资源清单。

“全文搜索”功能可以实现输入关键词一步得到检索结果。

4. 优异特色资源查询

为了方便对优异特色种质资源的查询，在网站页面上均有“特色资源”直接查询键。从网站首页开始，依次点击选择“特色资源”，“果树”，“枣”，进入枣优异资源页面，直接选择品种资源，查询有关文字和图像信息。同时优异资源分为“高产”、“抗虫”、“抗病”、“耐逆”以及“其他”几类，可以直接选择相应的键直接查询所需资源。以“山西葫芦枣”为例，查询结果见图5-6。

二、中国枣种质资源网络信息系统

（一）中国枣种质资源网络信息系统的建立

2007年，河北农业大学中国枣研究中心联合河北农业大学网络中心建立了“中国枣种质资源网络信息系统”(http://www.ziziphus.net/zzzy)。该系统包括《中国果树志•枣卷》记载的700个枣品种和近年来新选育品种的信息，实现了品种浏览、查询、检索等基本功能，为枣种质的进一步利用提供了信息平台(董玉慧，2008)。

检索字段包括30个数值型性状和31个描述型性状。数值型性状字段包括：果实纵径、果实横径、最大单果重、可溶性固形物含量、平均果核重量、可食率、鲜枣可溶性总糖含量、鲜枣可滴定酸含量、鲜枣Vc含量、平均单果重、单核重、含仁率、花径、始果年龄、生长期天数、果吊比、永久性二次枝个数、叶面积、新枣头长度、新枣头粗度、新枣头平均节间长、新枣头二次枝长度、平均二次枝节数、二次枝短托刺长度、枣吊长度、枣吊叶片数、叶片纵径、叶片横径、叶形指数、吊股率；描述型性状字段包括：品种名称、原产省份、树形、主干皮裂方式、枣头色泽、枣头蜡层多少、二次枝弯曲度、二次枝伸展状态、针刺发达程度、二次枝短托刺弯曲度、枣吊脱落情况、叶片形状、叶片色泽、叶缘形状、叶缘深浅、叶尖形状、叶基形状、叶片平展度、蕾裂类型、果实成熟期、果实形状、整齐度、果实颜色、果肉质地、汁液多少、果实风味、果皮厚度、果实品质综合评价、果核形状、核纹、用途等。

（二）中国枣种质资源网络信息系统的应用

1. 网站注册和登录

网络链接后，在地址栏中输入http://www.ziziphus.net/zzzy，即可进入“中国枣种质资源网络信息系统”首页(图5-7)。新用户输入“用户”名和“密码”并单击“用户注册”，按照提示即可完成注册。已经注册过的用户直接输入“用户”名和“密码”并单击“登录”，即可成功登录该网站。

2. 新品种简介

该系统收集了近些年来新通过审(认)定的枣新品种，

图5-7 中国枣种质资源网络信息系统首页

Figure 5-7 Home page of Internet Information System for Chinese Jujube Germplasms（IISCJG）

图5-9 “主干皮裂方式”的规范化调查方法

Figure 5-9 Standard investigation method of “Trunk cracking habit” provided in IISCJG

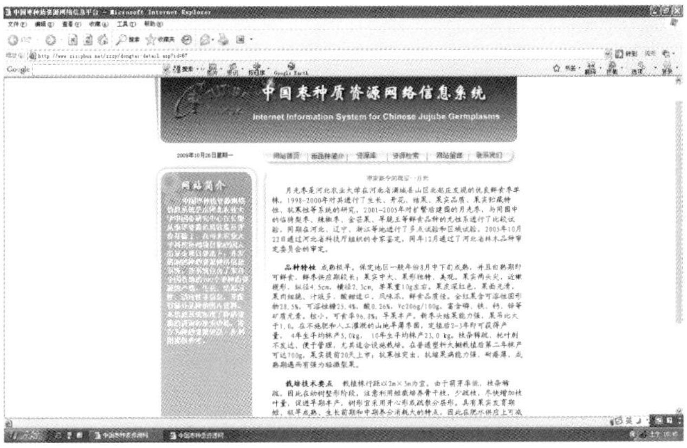

图5-8 新品种‘月光’简介的界面

Figure 5-8 Introduction page of new cultivar ‘Yueguang’ in IISCJG

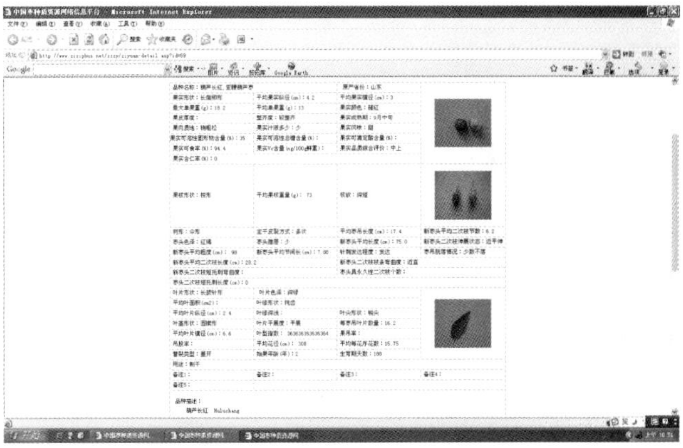

图5-10 ‘葫芦长红’资源信息界面

Figure 5-10 Information page of cultivar ‘Huluchanghong’ in IISCJG

通过网站首页“新品种简介”，可以浏览新品种及相关信息，点击需要查看的品种名称，即可查看相关文字信息和图片信息，见图5-8。

3．枣种质资源性状规范化调查方法

为了提高用户资源检索的准确度，在网站首页介绍了“枣种质资源性状规范化调查方法”（图5-7）。对树形、主干皮裂方式、枣头色泽、枣头蜡层、枣头长度、枣头粗度、枣头节间长度、二次枝长度、二次枝节数、二次枝枝条弯曲度、二次枝伸展状态、针刺多少、二次枝短托刺弯曲度、短托刺长度、枣吊脱落情况、枣吊长度、每吊叶片数、叶片形状、叶片纵径和叶片横径、叶形指数、吊股率、蕾裂类型、花径大小、每花序花数、始果年龄、果实成熟期、生长期、果吊率、果形、单果重、果实整齐度、果实色泽、果肉质地、汁液、风味、鲜枣可食率、可溶性总糖含量、可滴定酸含量、Vc含量、含仁率、果核形状、核纹等42个性状的规范化调查方法进行了描述。单击某个性状，即可浏览该性状的调查方法及分类标准。为了使得分类标准更直观，部分性状配有分类标准的图片。以“主干皮裂方式”为例，见图5-9。

4．资源库

本系统收集了《中国果树志·枣卷》中记载的700个枣品种的文字描述资料，另附有部分品种的果实、叶片和果核图片资料。点击网站主页“资源库”，即可直接显示品种的原产省份、平均单果重及果实形状等主要信息，点击“详细信息”，可以看到该品种共61个字段的所有信息，以及果实、果核和叶片的图片信息等，见图5-10（以葫芦长红为例）。

5．种质资源检索

该系统可实现种质资源的检索功能，即系统根据给出的检索条件，可检索出符合检索条件的种质资源。根据性状类型的不同，该系统可实现描述型性状模糊检索、描述型性状精确检索、数值型性状检索、多条件检索等 4 种功能。资源检索页面见图 5-11。

6．描述型性状模糊检索

在图 5-11 所示页面的“描述型性状模糊检索”下拉菜单中选择描述型性状名称。下拉菜单中包括品种用途、原产省份、树形、枝条性状、叶片性状、果实性状、果核性状等 31 个检索项，从中选择拟检索的性状，并于检索词一栏中输入该性状的某一特征词，单击“检索”，即可检索到符合检索条件的所有品种及相关信息。例如从下拉菜单中选择性状“树形”，并输入特征词“圆形”，即可检索到树形为圆形的所有品种，单击各个品种的“详细信息”可以进一步查看详细信息。模糊检索中输入的关键词可以不十分精确，检索出的结果范围大，用户可以再根据检索出的品种的详细信息，从中选出理想的资源。

7．描述型性状精确检索

在图 5-11 所示页面的“描述型性状精确检索”的下拉菜单中选择描述型性状名称，下拉菜单中的性状名称与描述型性状模糊检索的性状相同。从中选择拟检索的性状，并于检索词一栏中准确输入该性状的某一特征词，单击“检索”，即可检索到符合检索条件的所有品种及相关信息。例如，从下拉菜单中选择性状“果实颜色”，并输入特征词“红”，即可检索到果实颜色为红色的所有品种，单击各个品种的“详细信息”可以进一步查看详细信息。与模糊检索相比，精确检索中输入的关键词要精确。

8．数值型性状检索

在图 5-11 所示页面的“数值型性状检索”下拉菜单中选择数值型性状名称，下拉菜单中包括果实性状、枝条性状、叶片性状、生长期天数、始果年龄、果吊率、吊股率等 30 个检索项。从中选择拟检索的性状名称，同时选择“大于等于”或“小于”，然后输入临界值，单击“检索”，即可检索到符合检索条件的所有品种名单及相关信息。例如从下拉菜单中选择“平均单果重 (g)”，“大于等于”并附临界值为“15”，即可检索到平均单果重大于等于 15g 的所有品种，单击各个品种的“详细信息”可以进一步查看详细信息。

9．多条件检索

为了方便用户提高检索效率，设计了多条件检索，可同时对 1 个描述型性状和 1~2 个数值型性状进行检索。首先在图 5-11 所示页面的“多条件检索”下拉菜单中选择描述型性状名称，并输入该性状的特征词；同时从数值型性状下拉菜单中选择 1~2 个性状，并给出相应的检索条件，单击“检索”，即可检索到符合检索条件的所有品种及相关信息。例如从下拉菜单中选择描述型性状“果实风味”，并输入特征词“酸甜”；同时在数值型性状下拉菜单中选择性状“平均单果重 (g)”、“大于等于”、“12”；并在数值型性状下拉菜单中选择性状“果实 Vc 含量 (mg/100g 鲜重)”、“大于等于”、“200”。即可检索到果实风味为酸甜并且平均单果重≥ 12g，果实 Vc 含量≥ 200 mg/100g 鲜重的品种。单击各个品种的“详细信息”可以进一步查看详细信息。值得一提的是，这里作为检索条件之一的描述型性状的检索为模糊检索。

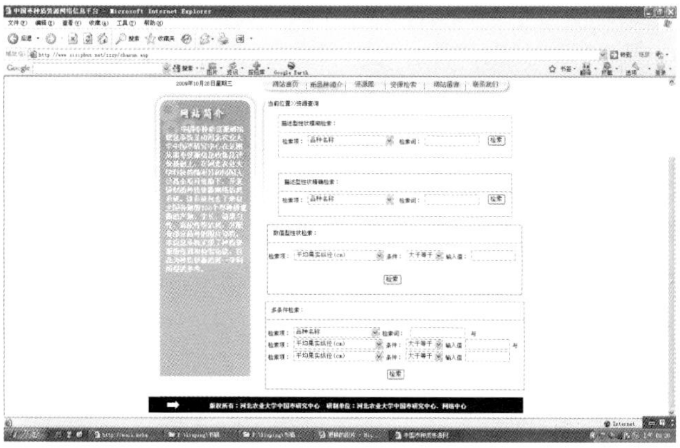

图5-11　资源检索页面

Figure 5-11　Page of germplasm searching in IISCJG

三、枣种质资源的国际登录

为了便于枣树种质资源信息的共享，2008 年，河北农业大学中国枣研究中心刘孟军教授应联合国粮农组织 (FAO) 园艺品种登录组织 (Hortivar) 邀请，组织有关专家对中国枣品种的基本信息进行国际登陆。Hortivar 的主页面如图 5-12 所示。涉及到基本信息 (分类、国别、英文名称、拉丁学名、砧木名称拉丁学名等)、信息来源、基本栽培模式和产量 (栽植密度、采收期、产量等)、抗性 (抗病性、抗虫性、抗非生物逆境能力如抗旱、抗寒、早霜危害等)、栽培立地条件 (土质、年降水量、年均温、无霜期、日照天数 / 时数等)、果实特性 (干物质含量、单果重、用途等)、

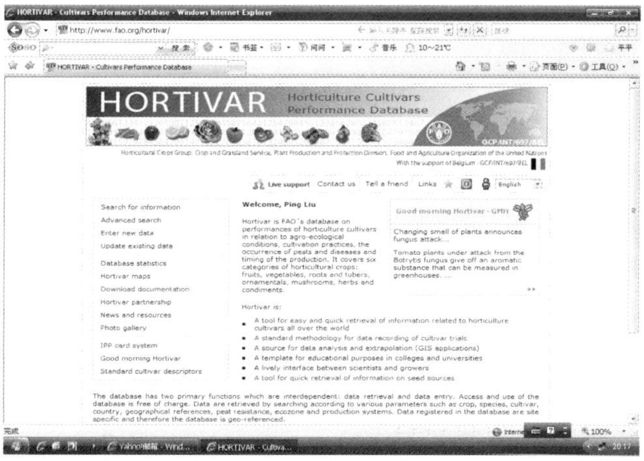

图5-12　Hortivar主页面

Figure 5-12　Home page of Hortivar

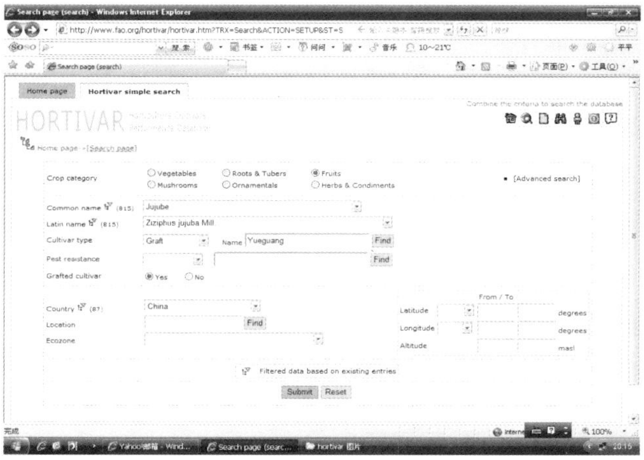

图5-13　枣品种查询页面

Figure 5-13　Searching page of Chinese jujube cultivars in Hortivar

间作模式及间作物、繁殖方式及灌溉方式等。

在Hortivar页面上，点击“Search for information”，则出现图5-13所示的页面。点击“Common name”的下拉菜单，从中选择“jujube”；点击“Latin name”下拉菜单，选中“*Ziziphus jujuba* Mill.”；在“Cultivar type”的下拉菜单中选择适当的品种类型，如“Graft”，单击“Find”按钮，选择查询的品种名称，如‘Yueguang’，并在“Country”的下拉菜单中选择国别“China”，最后点击“Submit”，即可浏览‘月光’的相关信息。

点击“Click for extra information”，则出现“Production system, Cultural media, Planting date, Peak harvest date”等信息。如点击“Details about this date entry”则出现如下信息。

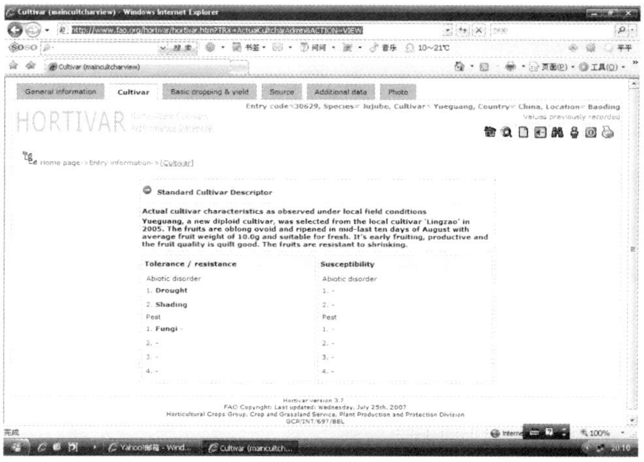

图5-14　‘月光’品种描述

Figure 5-14　Descriptor of Chinese jujube ‘Yueguang’ in Hortivar

‘月光’枣的一般信息(General information)。包括Crop category(所属类别),Location(地理位置),Species(所属的种)，Rootstock(砧木)等。

‘月光’枣品种描述，包括品种描述及生物和非生物抗性等，见图5-14。

‘月光’枣的种植和产量信息“Basic cropping and yield”。包括Target plant product(目标产品)，Production system(生产系统)，Culture media(栽培基质)，Data record environment(数据来源地),Planting/Seeding system(种植方式)，Production method(生产方式)，Planting density(种植密度)，Planting date(种植时间)，First harvest date(首次采收时间)，Peak harvest date(采收高峰期)，Last harvest date(采收末期)，Crop cycle (Field occupation)(生长期)等。

数据来源“Source”。包括Data entry created on(数据生成日期)，Data entry last updated on(上次数据更新日期)，Field observation(数据是否来自田间观察)，Personal communication(是否来自私人交流)，Internal technical report(是否来自内部技术报告)，Publication(是否来自出版物)，Host institute(研究所名称)，Queries(问询信息)等等。

其他信息“Additional data”(图5-15)。包括Climatic conditions(气候条件)，Product information(产品信息)，Nursery(育苗)，Field operations and practices(田间栽培与实践)等。

照片“Photo”(图5-16)。

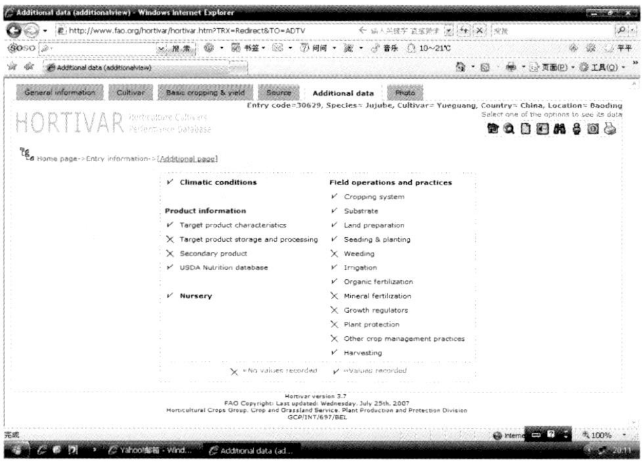

图 5-15 ‘月光’其他信息

Figure 5-15　Additional data of Chinese jujube ‘Yueguang’ in Hortivar

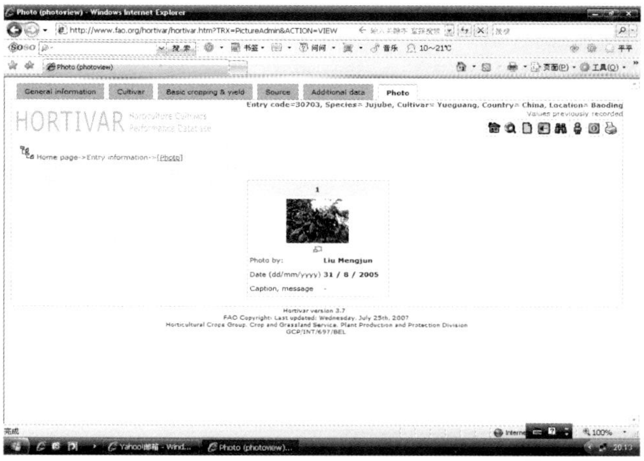

图 5-16 ‘月光’照片

Figure 5-16　Photo of Chinese jujube ‘Yueguang’ in Hortivar

第六章

枣种质资源的评价、创新与利用

评价、创新与利用是种质资源研究的核心内容。近20多年来，枣种质资源的评价、创新与利用研究取得了显著进展。目前，大多数枣品种已进行了一般农艺性状的评价，并在几十个到几百个不等的枣品种上，分别开展了染色体数目观察和核型分析、同工酶酶谱分析、生殖生物学特性（花粉形态和育性、胚育性、杂交亲和力等）观察、功能性成分（cAMP、cGMP、膳食纤维、黄酮、芦丁、皂苷、三萜酸）分析、抗病性（枣疯病、裂果、缩果病）鉴定以及RAPD、AFLP和SRAP等分子评价。在分析主要数量性状的品种间变异和分布特征基础上，建立起了枣树数量性状的概率分级体系和分级标准。依据形态学和农艺性状以及分子标记等，已初步建立了枣品种的核心种质。通过地方品种选优和实生选种选育出了100多个枣新品种；枣树的倍性育种已取得突破性进展，通过秋水仙素诱变、胚培养、花药培养等培育出了枣和酸枣的花粉单倍体、花粉二倍体、胚乳三倍体、四倍体和八倍体新种质；枣树杂交育种中的雄性不育种质利用和胚挽救两大技术瓶颈均被攻克，枣树杂交育种工作已全面启动。

第一节 枣种质资源评价研究进展

1949年新中国成立以来特别是1978年改革开放以来，河北农业大学、山西省农业科学院果树研究所国家枣种质资源圃、北京林业大学、中南林业科技大学等单位运用形态学、分子生物学、细胞学、孢粉学、同工酶学、植物生理生化和生物数学等多种手段，对枣和酸枣品种、类型进行了较系统的评价。

迄今河北农业大学中国枣研究中心等已对160多个枣和酸枣品种、类型的染色体数目进行了鉴定，并对65个品种进行了核型分析（曲泽洲等，1986；温陟良等，1987；陈永利，1988；杨云贞，1991；葛喜珍，1993）。对110多个品种、类型的花粉形态进行了研究，并进行了模糊聚类分析（李树林等，1987；彭建营，1991）；测定了250多个品种和类型的过氧化物酶、酯酶、淀粉酶、多酚氧化酶、超氧化物歧化酶、谷草转氨酶和苹果酸脱氢酶等7种同工酶系，得到了不同品种和类型的特征性同工酶酶谱（曲泽洲等，1990；王秀伶等，1999；苏冬梅等，2001；高梅秀等，2004；於朝广等，2005；李宁等，2008）；对300余个品种的生殖生物学特性（花粉活力、胚育性、杂交亲和力等）进行了测定（祁业凤，2002；刘平等，2004；王玖瑞，2004；祁业凤等，2004；刘玲等，2006；王尧，2008；彭博，2008；闫超，2008）；对300多个枣品种和100余个酸枣类型的成熟果实或果皮中的cAMP、cGMP、膳食纤维、黄酮、芦丁、皂苷含量进行了系统的测定（曲泽洲等，1987；刘孟军和王永蕙，1990；刘孟军和王永蕙，1991；刘孟军和王永蕙，1993；彭艳芳，2008；武媛林，2008；赵爱玲等，2008）；对400余个枣品种的抗裂果、抗缩果病能力进行了检测（毛永民等，1999；卢艳清，2008）；对200多个枣品种、类型进行了RAPD、AFLP和SRAP分子评价（宋婉，1999；彭建营等，2000a，2000b，2001；赵锦等，2001；彭建营等，2002；刘平等，2002；Liu Mengjun，2003；刘平等，2005；刘平等，2006；王永康，2007；白瑞霞，2008）。

山西省农业科学院果树研究所国家枣种质资源圃对400余份枣种质资源进行了植物学性状和生物学特性及果实经济性状等的系统调查和鉴定，筛选出一批优异或特异种质材料。河北沧县红枣良种基因库（收集圃）对300多个品种和类型进行了形态学观察。何业华等（1995）从全国枣主产区收集了27个地方性优良品种，根据早实、丰产、优质、高效的原则，提出了枣种质资源丰产性、稳定性和果实品质的评价标准，通过综合评价筛选出了4个经济性状特别优良的种质。单公华等（2001）对60多个枣品种进行了早实丰产性调查，将早实性分为特强、较强、一般和差4种类型，根据花朵坐果率、落果情况及常年产量情况，将丰产性分为稳定丰产、稳定中产、产量不稳定和不丰产4类。王长柱等（1998）对枣主栽品种进行了抗裂性测定，根据枣果的抗裂程度把枣品种分为极抗裂、抗裂、较抗裂、易裂和极易裂5个类型。高京草（2005）等将陕西的枣资源按果实用途分为鲜食、制干、兼用、蜜枣、观赏以及特殊用途6类进行评价，并提出了各类资源中具有开发价值的优良品种。杨雷等（2005）采用灰色关联度分析对70份酸枣的5个果实数量性状进行了综合评价，筛选出综合性状较好的10份酸枣种质。于孟杰等（1992）对37个枣品种果实的14种有机营养成分和矿质营养元素含量进行了定量分析，并运用灰色关联度分析原理进行灰色评判，将果实品质分为优良、良好、一般和较差4个等级。

刘孟军（1996）借助计算机和概率理论对枣树主要数量性状的品种间变异和分布特征进行了分析，建立了枣树数量性状的概率分级方法，即用$\overline{X}-1.2818S$、$\overline{X}-0.5246S$、$\overline{X}+0.5246S$、$\overline{X}+1.2818S$共4个分界点（其中$\overline{X}$代表性状的平均值，S代表性状的标准差），将数量性状分为5级，使各级出现的概率分别为10%、20%、40%、20%和10%；利用$\overline{X}-0.5246S$和$\overline{X}+0.5246S$两个分界点将数量性状分为3级，使各级出现的概率分别为30%、40%和30%，并利用该方法提出了枣树9个主要数量性状的概率分级指标体系。刘平等（2003）建立了我国主要枣产区的124个枣品种19个重要数量性状的概率分级指标体系。杨雷等对149份酸枣种质的9个果实主要数量性状进行概率分级，提出了酸枣的5级分级标准。

王永蕙等（1992）对枣和酸枣种质资源性状描述系统

进行了修订，删除了雌、雄蕊数等品种间无显著差异或对品种鉴别意义不大的项目，修改了名称或内容不妥的项目，增列了果实耐贮性、新生枣头结实率等品种间差异大有助于品种鉴别的项目，还初步确定了资源的取样部位、方法和取样数量等。在科技部和财政部国家自然科技资源共享平台项目的资助下，国家枣种质资源圃制定并出版了《枣种质资源描述规范和数据标准》（李登科，2006），该书规定了枣种质资源25项基本信息、45个形态学和生物学特性、41个果实品质特性、4个抗逆性和6个其他特征特性数据采集过程中的规范和数据标准，为枣种质资源的标准化整理和数字化表达、信息的共享提供了重要平台（详见第二章第三节）。

第二节　枣种质资源的评价

自20世纪中期开始，河北农业大学对枣的栽培历史、地理分布、枣属植物分类、起源与演化、生物学和农业技术特点等进行了较为系统的研究，并组织全国各地科技工作者对全国21个省市的700个农家品种进行了来源分布、物候期、生物学特性、经济性状描述、适应性及综合评价，出版了《中国果树志·枣卷》。后来，随着科学技术的不断进步，各单位对枣及酸枣种质资源的多样性评价逐渐由形态学、生物学、细胞学拓展到酶学、孢粉学、DNA水平，评价的品种范围和数量也不断扩大。目前，评价主要涉及各品种营养或保健价值、抗性、生殖生物学等重要性状及主栽品种内部的遗传多样性等。

一、一般农艺性状的遗传多样性评价

国家枣种质资源圃现保存枣品种560余个。自20世纪80年代开始,对其中124个品种进行了生长期、枣头长度、二次枝节数、平均节间长度、二次枝长度、枣吊长度、枣吊花数、枣吊叶数、叶片大小、果吊比、果实发育期、单果重、可食率、果核重、鲜枣可溶性糖含量、可滴定酸含量、Vc含量及干枣可溶性糖含量、可滴定酸含量、Vc含量等19个数值型性状（用数值表示的性状）和果实颜色等10多个描述型性状（用文字描述的性状）的系统评价。之后，又联合河北农业大学，对生长结果情况较好的248个品种的农艺性状进行了系统的评价，评价指标涉及到枣头长度、枣头粗度、枣头节间长度、枣头二次枝长度、二次枝节数、短针刺长度、枣吊长度、枣吊叶片数量、叶片纵径、叶片横径、叶形指数、果吊比、蜜盘大小、每花序花数、始果年龄、含仁率、生育期、可食率、果实可溶性糖含量、可滴定酸含量、Vc含量、单果重、股吊率等23个数值型性状和树形、皮裂方式、枣头色泽、一年生枝蜡层多少、二次枝弯曲度、针刺发达程度、叶片形状、果形、果色、肉质、汁液、风味、核形、核纹、蕾裂型、二次枝伸展状态、二次枝针刺弯曲度、枣吊脱落情况、果实整齐度等19个描述型性状。

另外，河北沧县红枣良种基因库（收集圃）收集保存了枣品种及类型340余个。自20世纪90年代开始，联合河北农业大学中国枣研究中心共同建立了200个品种和类型的档案，包括品种名称、编号、位置、生态概况、植株概况（树龄、树势、树姿、繁殖方法、树形、树高、干高、干周、东西枝展、南北枝展）、植物学特征（枣头色泽、节间长、皮孔大小、形状、针刺长度、二次枝自然生长节数、每股抽生枣吊数、枣吊长度、叶片数、每吊果数、叶片形状、叶片色泽、叶片长度、宽度、厚度、叶尖形状、叶基形状、锯齿、茸毛有无、花瓣色泽）、生物学特性（干性、骨干枝分角度、枣头数量、生长势、自然落果情况、单株平均产量、萌芽期、开花期、成熟期、落叶期等）、果实特性（单果重、果实纵径、横径、形状、颜色、果点大小、颜色、果皮厚度、果顶、梗洼、果肉颜色、肉质、汁液、风味、果核纵径、横径、形状、核重、核纹深浅、制干率、用途）、图片资料等。

（一）数值型性状的遗传多样性和分布特点

董玉慧（2008）对山西省农业科学院果树研究所国家枣种质资源圃中生长、管理水平一致的248个枣品种的23个数值型性状的分布特征进行了研究，结果表明，枣头粗度、枣头节间长、二次枝长度、二次枝节数、枣吊长度、枣吊叶片数量、叶片纵径、叶片横径、叶形指数、股吊率、每花序总花数（开花前枣吊套袋，花期结束后调查袋中花蕾和幼果总数量)、可溶性总糖含量、可滴定酸含量、Vc 含量、枣头长度、蜜盘直径、生长期、可食率等 18 个性状均符合正态分布；而短针刺长度、单果重、果吊比、始果年龄、含仁率等 5 个性状不符合正态分布。不符合正态分布的这些性状多为人们最为关注的，由于选择压力大，导致分布曲线向人们希望的方向拖尾，而呈近似 χ^2 分布。有的性状在不同的研究中呈现不同的分布类型，如 Vc、可溶性总糖含量、可食率、二次枝节数等性状在刘平等 (2003) 的研究中均为 χ^2 分布，这种差异的产生可能与供试品种群体大小或品种来源有关。各性状变异情况及分布类型见表 6-1。

为便于各品种在数值型性状上的比较，董玉慧 (2008) 参照刘孟军 (1996) 的方法，对符合正态分布的性状进行了概率分级，对不符合正态分布的性状进行了等差分级。

表 6-1　枣树主要数值型农艺性状的变异情况和分布类型（董玉慧，2008）

Table 6-1　Variation and distribution of the main numberical agronomic characters in Chinese jujube（Dong, 2008）

性状 Character	最小值 Min.	最大值 Max.	均值 Mean	标准差 STD.	变异系数 Cov.	分布类型 Distribution type
Vc 含量 Vc content（mg/100g·FW）	166	808	414	103.7	0.25	正态 Normal
股吊率 Bearing shoot No. per mother bearing shoot	2.4	5.0	4.1	0.4	0.1	正态 Normal
二次枝长度 Secondary shoot length（cm）	17.0	43.7	29.1	5.0	0.17	正态 Normal
二次枝节数 Internode No. of secondary shoot	3.4	10.2	6.1	0.9	0.15	正态 Normal
蜜盘直径 Flower disk diameter（cm）	0.24	0.40	0.32	0.03	0.09	正态 Normal
可滴定酸含量 Titratable acids content（%）	0.18	1.02	0.62	0.17	0.27	正态 Normal
可溶性总糖含量 Soluble sugar content（%）	3.28	35.0	26.0	3.28	0.13	正态 Normal
可食率 Ratio of edibility（%）	86.3	98.0	94.3	2.04	0.02	正态 Normal
每花序总花数 Flower No. per inflorescence	5.25	40.0	18.3	7.54	0.41	正态 Normal
生长期 Growing days（d）	170	200	183	9.43	0.05	正态 Normal
叶片横径 Cross length of leaf（cm）	1.70	7.32	3.00	0.59	0.2	正态 Normal
叶片纵径 Vertical length of leaf（cm）	3.75	8.51	6.17	0.96	0.16	正态 Normal
叶形指数 Leaf shape index	1.34	3.26	2.09	0.26	0.12	正态 Normal
枣吊长度 Bearing shoot length（cm）	3.62	32.6	21.6	4.18	0.19	正态 Normal
枣吊叶片数量 Leaf No.per bearing shoot	4.8	21.2	13.0	2.42	0.19	正态 Normal
枣头长度 Extension shoot length（cm）	7.9	103	70.4	13.9	0.2	正态 Normal

（续）

性状 Character	最小值 Min.	最大值 Max.	均值 Mean	标准差 STD.	变异系数 Cov.	分布类型 Distribution type
枣头粗度 Extension shoot diameter（cm）	0.66	1.32	1.00	0.13	0.13	正态 Normal
枣头节间长 Internode length of extension shoot（cm）	4.8	10.3	7.5	1	0.13	正态 Normal
单果重 Fruit weight（g）	2.1	37.8	12.8	5.42	0.43	非正态 Unnormal
短针刺长度 Short thorn length（cm）	0	3.2	0.52	0.74	1.42	非正态 Unnormal
果吊比 Fruit No. per bearing shoot	0.1	2.5	0.4	0.4	1	非正态 Unnormal
含仁率 Ratio of kernel（%）	0	100	42.8	39.3	0.92	非正态 Unnormal
始果年龄 First harvesting age	1	4	2.6	0.581	0.22	非正态 Unnormal

对于单果重、可溶性糖含量、果吊比、Vc 含量、含仁率等重要而且变异范围较大的性状进行了 5 级分级，使落入 1~5 级的品种分别占 10%、20%、40%、20% 和 10%，其他性状进行了 3 级分级，使落入 1~3 级的品种分别占 30%、40% 和 30%。为了便于记忆和使用，对分点值进行了调整，方法是：具有两位整数以上的数值保留整数；具有一位整数且无单位的数值保留 1 位小数，如叶形指数、股吊率；具有一位以下整数且有单位的数值，缩小计量单位后取整或保留一位小数。如枣头粗度的测量值原含一位整数，单位为厘米（cm），调整后以毫米（mm）为单位，原数值扩大 10 倍并取整；蜜盘直径原单位为厘米（cm），改为毫米（mm）为单位后，因级差很小，仍需保留一位小数，以确保调整后的分点值与调整前的误差在 5% 以下。调整后各性状的分级标准见表 6-2。

表 6-2　枣数值型性状的分级标准（董玉慧，2008）

Table 6-2　Grading criteria of different numberical characters in Chinese jujube（Dong, 2008）

性状 Character	级别 Grade	分级区间 Range	性状 Character	级别 Grade	分级区间 Range
单果重 Fruit weight（g）	1	≤ 6	可溶性总糖含量 Soluble sugar content（%）	1	≤ 22
	2	6～10		2	22～24
	3	10～16		3	24～28
	4	16～20		4	28～30
	5	>20		5	>30
果吊比 Fruits No. per bearing shoot	1	≤ 0.5	Vc 含量 Vc content（mg/100·FW）	1	≤ 280
	2	0.5～1.0		2	280～360
	3	1.0～1.5		3	360～470
	4	1.5～2.0		4	470～550
	5	>2.0		5	>550

（续）

性状 Character	级别 Grade	分级区间 Range	性状 Character	级别 Grade	分级区间 Range
始果年龄 First harvesting age	1	1	含仁率 Ratio of kernel（%）	1	≤ 20
	2	2		2	20～40
	3	3		3	40～60
				4	60～80
	4	4		5	>80
可食率 Ratio of edibility（%）	1	≤ 93	可滴定酸含量 Titratable acids content（%）	1	≤ 0.5
	2	93～95		2	0.5～0.7
	3	>95		3	>0.7
短针刺长度 Short thorn length（cm）	1	0	枣头长度 Extension shoot length（cm）	1	≤ 63
	2	0～1.0		2	63～78
	3	>1.0		3	>78
枣头粗度 Extension shoot diameter（mm）	1	≤ 9	二次枝长度 Secondary shoot length（cm）	1	≤ 27
	2	9～11		2	27～32
	3	>11		3	>32
枣头节间长度 Internode length of extension shoot（mm）	1	≤ 70	二次枝节数 Internode No. of secondary shoot	1	≤ 5.5
	2	70～80		2	5.5～6.5
	3	>80		3	>6.5
枣吊长度 Bearing shoot length（cm）	1	≤ 19	叶片纵径 Vertical length of leaf（mm）	1	≤ 57
	2	19～24		2	57～67
	3	>24		3	>67
枣吊叶片数量 Leaf No. per bearing shoot	1	≤ 12	叶片横径 Cross length of leaf（mm）	1	≤ 27
	2	12～14		2	27～33
	3	>14		3	>33
蜜盘大小 Flower disk diameter（mm）	1	≤ 3.0	叶形指数 Leaf shape index	1	≤ 1.9
	2	3.0～3.4		2	1.9～2.2
	3	>3.4		3	>2.2
股吊率 Bearing shoot No. per mother bearing shoot	1	≤ 3.9			
	2	3.6～3.9			
	3	3.9～4.3			

（二）描述型性状的遗传多样性和性状分类

表型种类及其分布频率可反映枣品种的描述型性状的遗传多样性。董玉慧（2008）对国家枣种质资源圃中248个枣品种的19个主要描述型性状的不同表型种类及其分布频率进行了研究，并提出了各表型的参考品种（表6-3），部分描述型性状的分类图片见图6-1至图6-8。

表6-3 枣树描述型性状的种类及其出现频率和代表品种（董玉慧，2008）

Table 6-3 Types of descriptive characters and their occurring frequencies and representative cultivars in Chinese jujube (Dong, 2008)

性状 Character	类别 Type	品种数量 Cultivar number	所占比例 Percentage (%)	代表品种 Representative cultivars
树形 Tree form	圆头形 Globose shape	64	27.4	金丝小枣 Jinsixiaozao, 冬枣 Dongzao
	乱头形 Multiple head shape	51	21.8	保德油枣 Baodeyouzao, 义乌大枣 Yiwudazao
	伞形 Umbrella shape	39	16.7	灵宝大枣 Lingbaodazao
	圆锥形 Circular cone shape	36	15.4	赞皇大枣 Zanhuangdazao, 蜂蜜罐 Fengmiguan
	圆柱形 Cylinder shape	15	6.4	延川狗头枣 Yanchuangoutouzao, 南京大木枣 Nanjingdamuzao
	偏斜形 Trunk oblique extending shape	15	6.4	临猗辣椒枣 Linyilajiaozao
	半圆形 Half globose shape	12	5.1	临猗梨枣 Linyilizao, 湖南鸡蛋枣 Hunanjidanzao
	主枝斜伸形 Main branch oblique extending shape	2	0.9	大荔耙齿枣 Dalibachizao, 大荔疙瘩枣 Daligedazao
皮裂方式 Trunk cracking habit	条状 Stripe	154	63.1	赞皇大枣 Zanhuangdazao, 临猗梨枣 Linyilizao
	块状 Lumpy	90	36.9	骏枣 Junzao, 金丝小枣 Jinsixiaozao
枣头色泽 Color of extension shoot	红褐色 Fusco rufous	119	49.6	金丝小枣 Jinsixiaozao, 壶瓶枣 Hupingzao
	黄褐色 Yellow brown	73	30.4	永城长红 Yongchengchanghong, 义乌大枣 Yiwudazao
	紫褐色 Purple brown	45	18.8	冬枣 Dongzao
	灰绿色 Celadon	1	0.4	苏木枣 Sumuzao
	浅灰色 Light grey	1	0.4	定襄小枣 Dingxiangxiaozao
	灰褐色 Taupe	1	0.4	酥圆铃 Suyuanling
一年生枝蜡层 Surface wax of one year old shoot	少 Sparse	128	57.1	灰枣 Huizao, 金丝小枣 Jinsixiaozao, 义乌大枣 Yiwudazao
	多 Dense	56	25.0	平遥不落酥 Pingyaobuluosu, 壶瓶酸 Hupingsuan
	无 None	40	17.9	相枣 Xiangzao, 湖南鸡蛋枣 Hunanjidanzao

图 6-1 主干皮裂方式（董玉慧，2008）
Figure 6-1 Trunk craking habits（Dong,2008）

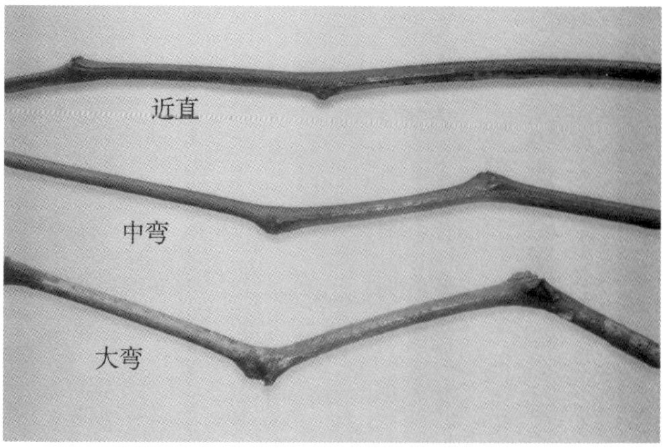

图 6-2 二次枝弯曲度（董玉慧，2008）
Figure 6-2 Bending degrees of secondary shoots（Dong,2008）

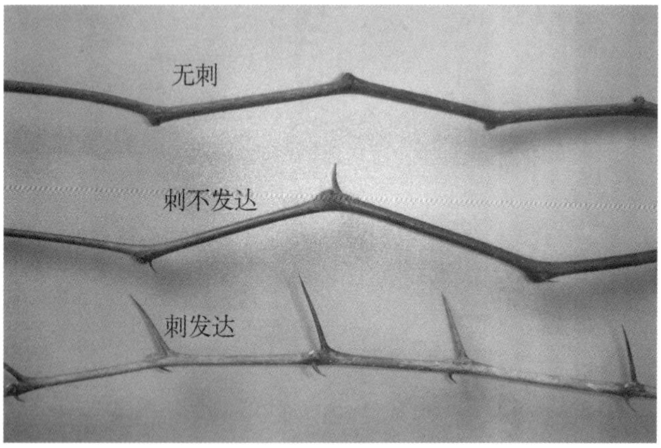

图 6-3 针刺（董玉慧，2008）
Figure 6-3 Thorn（Dong,2008）

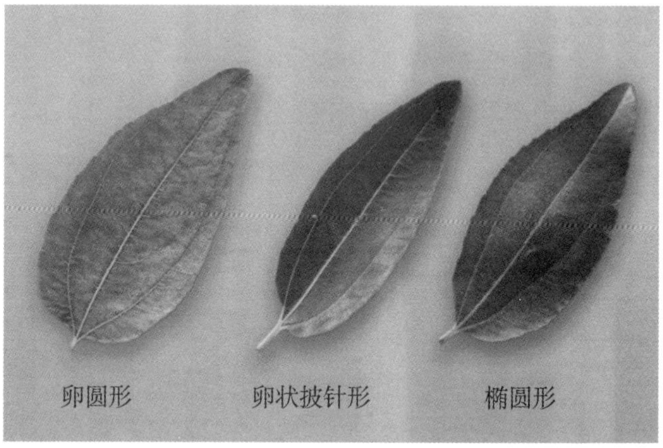

图 6-4 叶片形状（董玉慧，2008）
Figure 6-4 Leaf shape（Dong,2008）

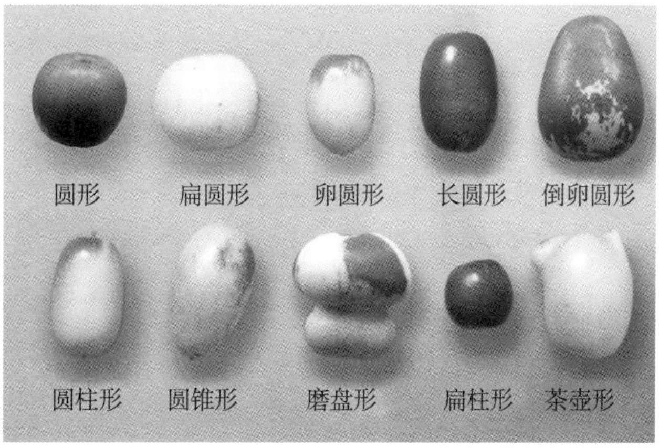

图 6-5 果实形状（董玉慧，2008）
Figure 6-5 Fruit shape (Dong,2008)

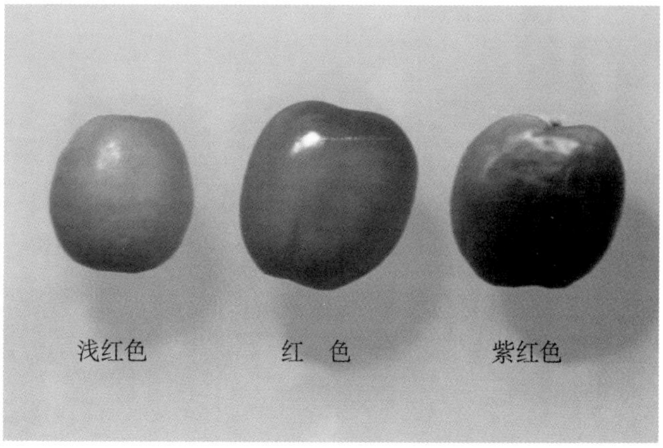

图 6-6 果实颜色（董玉慧，2008）
Figure 6-6 Fruit color (Dong,2008)

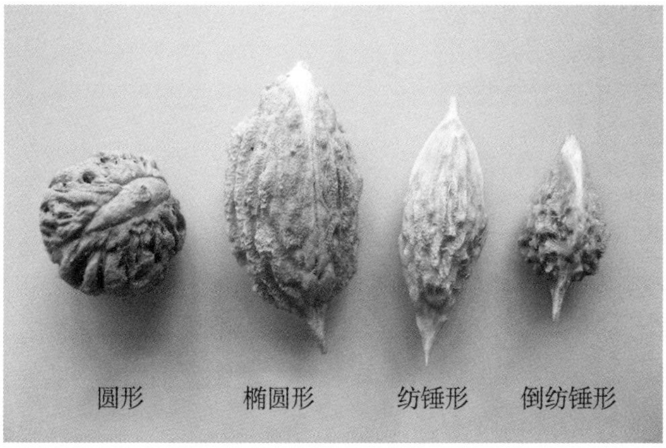

图 6-7 核形（董玉慧，2008）
Figure 6-7 Stone shape（Dong,2008）

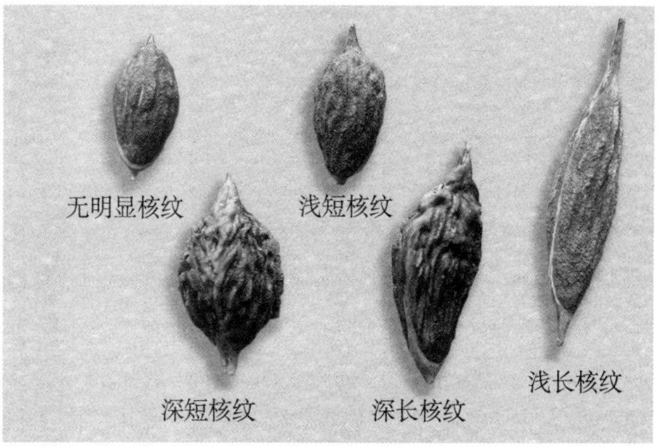

图 6-8 核纹（董玉慧，2008）
Figure 6-8 Stone wrinkle（Dong,2008）

二、生殖生物学性状评价

（一）花药和花粉特性

1．花药开裂时间

花药开裂时间对于杂交育种中母本去雄时间的确定尤为重要。不同品种的花药开裂时间不同，刘平等（2004）对 28 个枣品种类型进行了观察，发现辣椒枣、扁核酸、核桃纹、铃铃枣、湖南鸡蛋枣、脆枣等 16 个品种的花药在蕾黄期开裂并开始散粉，而壶瓶枣、骏枣等 12 个品种的花药在蕾裂期开裂并散粉（表 6-4）。

2．花粉量

不同品种的单药花粉量存在差异。王玖瑞、刘玲等对河北沧县红枣良种基因库等地的 189 个枣品种进行了单花药花粉量的多年、多点观测，结果表明，不同品种的单药花粉量在 0~33333 之间（表 6-5），筛选出了没有花粉且表现稳定的雄性不育材料 3 个，即 JMS1、JMS2、JMS3。另外，六月枣、山东梨枣、酸疙瘩枣 3 个品种花粉的有无在年份间稳定性较差；月光枣、袁随铃枣、小梨枣、冬枣等品种的单药花粉量均在 1 000 个以下；孔府酥脆枣、壶瓶枣、相枣、大荔龙枣、缨不落等品种的单药花粉量较大，均在 20 000 个以上。

3．花粉育性

花粉育性研究可为杂交育种提供重要的参考价值。花粉育性研究的主要方法有：①花粉离体萌发法；② 染色法（I_2-KI 染色、过氧化物酶测定法、TTC 染色或醋酸洋红染色法）；③授粉受精试验。相应地，反映花粉育性的指标主要有①花粉发芽（萌发）率；②花粉生活力；③杂交坐果率和含仁率。

以上 3 种方法各有优缺点，离体萌发法是人为的创造适合于花粉发芽的环境条件，以花粉发芽的情况来鉴定花粉生活力的强弱，操作方便，能测定出相对发芽率，缺点是花粉发芽条件与实际不完全相符，所得的结果与实际有

表 6-4 枣品种和酸枣的花药开裂时间（刘平等，2004）
Table 6-4 Anther broken time of Chinese jujube cultivar and sour jujube（Liu *et al.*, 2004）

时期 Period	品种名称 Cultivar name
蕾黄期 Yellow flower bud stage	赞皇大枣 Zanhuangdazao, 临猗梨枣 Linyilizao, 福枣 Fuzao, 无等 Wudeng, 辣椒枣 Lajiaozao, 扁核酸 Bianhesuan, 条枣 Tiaozao, 三变红 Sanbianhong, 核桃纹 Hetaowen, 铃铃枣 Linglingzao, 酥枣 Suzao, 永城长红 Yongchengchanghong, 灵宝大枣 Lingbaodazao, 湖南鸡蛋枣 Hunanjidanzao, 脆枣 Cuizao, 酸枣 Sour jujube
蕾裂期 Flower bud split stage	壶瓶枣 Hupingzao, 骏枣 Junzao, 红颜 Hongyan, 月出 Yuechu, 冬枣 Dongzao, 葫芦枣 Huluzao, 九月青 Jiuyueqing, 大叶无核 Dayewuhe, 糖枣 Tangzao, 稷山圆枣 Jishanyuanzao, 晋枣 Jinzao, 串杆枣 Chuanganzao

表 6-5 不同枣品种的单药花粉量（刘玲等，2006）

Table 6-5 Pollen number per anther of different cultivars（Liu, *et al*., 2006）

单药花粉量（粒） Pollen number per anther（grains）	品种名称 Cultivar name
0	JMS1,JMS2,JMS3, 六月枣 Liuyuezao, 山东梨枣 Shandonglizao, 酸疙瘩枣 Suangedazao
≤ 1000	月光 Yueguang, 袁随铃枣 Yuansuilingzao, 小梨枣 Xiaolizao, 小墩墩枣 Xiaodundunzao, 九月寒 Jiuyuehan, 暄铃 Xuanling, 陕西鸡蛋枣 Shaanxijidanzao, 老婆枣 Laopozao, 冬枣 Dongzao, 山枣 Shanzao, 河津小枣 Hejinxiaozao, 合阳铃铃枣 Heyanglinglingzao, 大白枣 Dabaizao, 河南苹果枣 Henanpingguozao
1001～5000	冬枣 Dongzao, 金丝丰 Jinsifeng, 临汾团枣 Linfentuanzao, 湖南牛奶枣 Hunanniunaizao, 大算盘枣 Dasuanpanzao, 新郑马牙枣 Xinzhengmayazao, 吊铃枣 Diaolingzao, 桐柏大枣 Tongbaidazao, 涪陵鸡蛋枣 Fulingjidanzao, 宣城尖枣 Xuanchengjianzao, 葫芦长红 Huluchanghong, 西营笨枣 Xiyingbenzao, 鸡心蜜枣 Jixinmizao, 延川狗头枣 Yanchuangoutouzao, 九月青 Jiuyueqing , 鸣山大枣 Mingshandazao, 大马枣 Damazao, 无核小枣 Wuhexiaozao, 大相枣 Daxiangzao, 大白铃 Dabailing, 天津快枣 Tianjinkuaizao, 金丝 2 号 Jinsi 2, 平顺俊枣 Pingshunjunzao, 脖脖枣 Bobozao, 沙糖枣 Shatangzao, 黎城小枣 Lichengxiaozao, 兰溪马枣 Lanximazao, 落地红 Luodihong, 陕西水枣 Shaanxishuizao, 疙瘩脆 Gedacui, 礼品枣 Lipinzao, 梨枣 Lizao, 陕西牙枣 Shaanxiyazao, 八升胡 Bashenhu, 柳罐枣 Liuguanzao, 密云小枣 Miyunxiaozao, 崖枣 Yazao, 溆浦尖枣 Xupujianzao, 交城端枣 Jiaochengduanzao, 南京木枣 Nanjingmuzao, 湘圆枣 Xiangyuanzao, 京西小白枣 Jingxixiaobaizao, 溆浦糖枣 Xuputangzao, 陕西条枣 Shaanxitiaozao, 永济鸡蛋枣 Yongjijidanzao, 嘎嘎枣 Gagazao, 洪赵脆枣 Hongzhaocuizao, 大叶无核 Dayewuhe, 大瓜枣 Daguazao, 胎里红 Tailihong
5001～10000	涞水铃枣 Laishuilingzao, 茶壶枣 Chahuzao, 苏南白蒲枣 Sunanbaipuzao, 小小枣 Xiaoxiaozao, 糠头枣 Kangtouzao, 沧县小枣 Cangxianxiaozao, 中阳团枣 Zhongyangtuanzao, 五星枣 Wuxingzao, 星星枣 Xingxingzao, 傻枣 Shazao, 太谷葫芦枣 Taiguhuluzao, 壶瓶酸 Hupingsuan, 河津晋枣 Hejinjinzao, 皖木头枣 Wanmutouzao, 寿星枣 Shouxingzao, 旻枣 Minzao, 干尾巴枣 Ganweibazao, 串杆红枣 Chuanganhongzao, 赞新大枣 Zanxindazao, 直社疙瘩枣 Zhishegedazao, 棒棰枣 Bangchuizao, 棉絮枣 Mianxuzao, 马牙枣 Mayazao, 永城长红 Yongchengchanghong, 汝城枣 Ruchengzao, 跌牙枣 Dieyazao, 新乐大枣 Xinledazao, 河南糖枣 Henantangzao, 姑苏小枣 Gusuxiaozao, 大圆丰枣 Dayuanfengzao, 成武冬枣 Chengwudongzao, 沂水大雪枣 Yishuidaxuezao, 蜂蜜罐 Fengmiguan
10001～15000	新郑大枣 Xinzhengdazao, 驴粪蛋 Lvfendan, 骏枣 Junzao, 板枣 Banzao, 河南鸡蛋枣 Henanjidanzao, 蜜蜂枣 Mifengzao, 大小枣 Daxiaozao, 临猗辣椒枣 Linyilajiaozao, 稷山圆枣 Jishanyuanzao, 中阳木枣 Zhongyangmuzao, 陕西小圆枣 Shaanxixiaoyuanzao, 灌阳长枣 Guanyangchangzao, 鸡心枣 Jixinzao, 珍珠枣 Zhenzhuzao, 榆次团枣 Yucituanzao, 稷山长枣 Jishanchangzao, 北京泡泡枣 Beijingpaopaozao, 甜酸枣 Tiansuanzao, 鲁长木枣 Luchangmuzao, 陕西葫芦枣 Shaanxihuluzao, 河北无核 Hebeiwuhe, 乐陵小枣 Lelingxiaozao, 轱辘枣 Guluzao, 胜利枣 Shenglizao, 苹果枣 Pingguozao, 临猗梨枣 Linyilizao, 郎家园枣 Langjiayuanzao, 铃铃枣 Linglingzao, 金丝小枣 Jinsixiaozao
15001～20000	保德油枣 Baodeyouzao, 灵宝大枣 Lingbaodazao, 木枣 Muzao, 不落酥 Buluosu, 大龙枣 Dalongzao, 陕西墩墩枣 Shaanxidundunzao, 圆脆枣 Yuancuizao, 晋枣 Jinzao, 大脆枣 Dacuizao, 陕西绵枣 Shaanximianzao, 圆小枣 Yuanxiaozao, 圆枣 Yuanzao, 嵩县大枣 Songxiandazao, 延川白枣 Yanchuanbaizao, 美蜜枣 Meimizao, 宁夏长枣 Ningxiachangzao, 疙瘩枣 Gedazao, 陕西龙枣 Shaanxilongzao, 遵义甜枣 Zunyitianzao, 鲁灵枣 Lulingzao, 羊奶枣 Yangnaizao, 三变红 Sanbianhong, 圆铃 Yuanling, 新郑尖头灰枣 Xinzhengjiantouhuizao, 长红枣 Changhongzao
20001～25000	二秋枣 Erqiuzao, 临猗笨枣 Linyibenzao, 义乌酸甜枣 Yiwusuantianzao, 乐陵无核 Lelingwuhe, 长小枣 Changxiaozao, 湘酸枣 Xiangsuanzao, 灰枣 Huizao, 牛奶枣 Niunaizao, 观音枣 Guanyinzao, 大荔水枣 Dalishuizao, 蛤蟆枣 Hamazao, 辣椒枣 Lajiaozao, 郎枣 Langzao, 核桃纹 Hetaowen, 磨盘枣 Mopanzao
25001～30000	官滩枣 Guantanzao, 尖枣 Jianzao, 婆枣 Pozao, 大荔圆枣 Daliyuanzao, 清徐圆枣 Qingxuyuanzao
≥ 30001	十月红 Shiyuehong, 大荔龙枣 Dalilongzao, 相枣 Xiangzao, 襄汾圆枣 Xiangfenyuanzao, 冷枣 Lengzao, 壶瓶枣 Hupingzao, 缨不落 Yingbuluo, 黑叶枣 Heiyezao, 孔府酥脆枣 Kongfusucuizao

一定的差异；染色法是利用有活力花粉中过氧化物酶活跃、淀粉积累较多、呼吸作用强等特点，通过与底物的呈色反应测定花粉活力，方便快捷，适于大量品种花粉活力检测，但准确性较差；授粉受精方法最为直接地反映花粉活力，但是费时费工。从目前来看，在枣树上最常用的是花粉离体萌发法和染色法（张学英等，1999；张俊娥，2001；王玖瑞，2004）。

花粉育性是影响授粉成功与否的关键因素之一。刘玲等（2006）于2005年研究了苹果枣、辣椒枣、大白铃、薛城冬枣、大瓜枣、胜利枣、月光、大叶无核、成武冬枣、冬枣、无核小枣和涞水铃枣等12个品种初花期、盛花期和末花期的花粉量和花粉萌发率，发现各品种的花粉量和花粉萌发率在不同花期既有易变性又有相对稳定性，12个品种均在盛花期出现花粉萌发率和花粉量的高峰，初花期和末花期均较低。综合分析认为，盛花中后期开花量大、花粉多且萌发率高，是开展授粉和杂交育种的最适期（刘玲等，2006）。

就单花开放的各个阶段来看，花粉发芽率存在显著差异。刘平等（2004）研究了枣和酸枣单花不同开放阶段的花粉发芽率，结果表明溆浦糖枣和酸枣分别以花瓣与雄蕊分离期和萼片展平期的花粉发芽率最高，但从蕾裂期到瓣平期的花粉发芽率差异不显著，蕾黄期及雄蕊展平期以后

表 6-6　单花不同开放阶段的花粉发芽率（刘平等，2004）

Table 6-6　Pollen germination percentage（PGP）at different stages of single flower opening in Chinese jujube（Liu *et al.*, 2004）

种 / 品种 Species/Cultivar	开放阶段 Stage	花粉发芽率 PGP（%）
溆浦糖枣 Xuputangzao	蕾黄期 Yellow flower bud	15.0B
	蕾裂期 Flower bud split	54.0A
	初开期 Initial open	57.5A
	萼片展平期 Sepal flat	49.3A
	花瓣与雄蕊分离期 Petal separated from stamen	66.9A
	瓣平期 Petal flat	57.8A
	雄蕊展平期 Stamen flat	29.1B
	雄蕊下垂期 Stamen droopping	14.6B
酸枣 Sour jujube	蕾黄期 Yellow flower bud	22.6CD
	蕾裂期 Flower bud split	31.9ABCD
	初开期 Initial open	47.2ABC
	萼片展平期 Sepal flat	54.5A
	花瓣与雄蕊分离期 Petal separated from stamen	52.1AB
	瓣平期 Petal flat	29.2ABCD
	雄蕊展平期 Stamen flat	27.1BCD
	雄蕊下垂期 Stamen droopping	16.9D

注：A、B、C、D代表差异达到0.01的显著性水平。

Note：A、B、C、D means significant difference at 0.01 level.

花粉发芽率显著下降（表 6-6）。

不同品种的花粉育性差别很大。张学英（1999）利用TTC染色法（室温下放置30min后镜检）研究了31个枣品种的花粉活力后指出，不落酥、福枣的花粉活力较高、达87.9%，其次是大糖枣、辣椒枣、灰枣、月出、串杆枣、稷山圆枣、溆浦糖枣、葫芦枣、条枣、南京鸭枣、铃铃枣、尖头枣、酥枣、湖南鸡蛋枣、襄汾圆枣、脆枣、九月青、大叶无核、梨枣、锦城（韩国品种）、晋枣、长红枣、沙枣、壶瓶枣、无核小枣、骏枣，三变红的花粉活力最低。王玖瑞（2004）分别利用I_2-KI染色法（35℃恒温箱，15min后镜检）和离体萌发法（26±2℃培养，24h后镜检）测定了74个品种的花粉育性，并对花粉育性进行了分级，结果见表6-7和表6-8。红颜、稷山圆枣、壶瓶枣、辣椒枣、大糖枣、鸣山大枣、马连小枣、苹果枣、酸绵枣、无头枣、长鸡心

表 6-7　枣花粉育性（I_2-KI 染色法）的概率分级（王玖瑞，2004）

Table 6-7　Probability grading for pollen fertility of Chinese jujube（Wang, 2004）

分级 Grade	花粉可育率 Percentage of fertile pollen（%）	品种名称 Cultivar name
高度可育 High fertile	≥ 54	鸣山大枣 Mingshandazao, 马连小枣 Malianxiaozao, 苹果枣 Pingguozao, 酸绵枣 Suanmianzao, 无头枣 Wutouzao, 长鸡心枣 Changjixinzao, 大荔龙枣 Dalilongzao
中度可育 Medium fertile	43～54	圆铃 Yuanling, 大铃枣 Dalingzao, 朝阳圆枣 Chaoyangyuanzao, 磨塞子枣 Mosaizizao, 茶壶枣 Chahuzao, 薛城冬枣 Xuechengdongzao
可育 Fertile	28～43	鸡蛋枣 Jidanzao, 秤砣枣 Chengtuozao, 婆婆枣 Popozao, 连县木枣 Lianxianmuzao, 怀柔大脆 Huairoudacui, 相枣 Xiangzao, 俊枣 Junzao, 妈妈枣 Mamazao, 尖枣 Jianzao, 短果长红 Duanguochanghong, 梨枣 Lizao, 郎家园枣 Langjiayuanzao, 骨头小枣 Gutouxiaozao, 圆枣 Yuanzao, 大酸枣 Dasuanzao, 蚂蚁枣 Mayizao , 河南大马牙 Henandamaya , 灰枣 Huizao , 软核枣 Ruanhezao, 大木枣 Damuzao
中度不育 Medium sterile	17～28	灵宝大枣 Lingbaodazao, 缨不落 Yingbuluo, 山东梨枣 Shandonglizao, 九月青 Jiuyueqing, 敦煌大枣 Dunhuangdazao, 义乌大枣 Yiwudazao, 小紫枣 Xiaozizao, 临泽小枣 Linzexiaozao, 金丝小枣 Jinsixiaozao, 结不齐 Jiebuqi, 绵小枣 Mianxiaozao, 牛角枣 Niujiaozao, 金丝2号 Jinsi 2, 馒馒枣 Manmanzao
高度不育 High sterile	＜ 17	冬枣 Dongzao, 葫芦长红 Huluchanghong, 板枣 Banzao, 无核小枣 Wuhexiaozao

表 6-8　枣树花粉离体萌发率的分级（王玖瑞，2004）

Table 6-8　Grading for pollen germination percentage of Chinese jujube（Wang, 2004）

级别 Grade	萌发率 Germination percentage (%)	品种名称 Cultivar name
高度可育 High fertile	≥ 30	红颜 Hongyan, 稷山圆枣 Jishanyuanzao, 壶瓶枣 Hupingzao, 辣椒枣 Lajiaozao, 大糖枣 Datangzao
中度可育 Medium fertile	15～30	葫芦枣 Huluzao, 新郑尖头灰枣 Xinzhengjiantouhuizao, 无等 Wudeng, 南京鸭枣 Nanjingyazao, 脆枣 Cuizao
可育 Fertile	10～15	大叶无核 Dayewuhe, 珍珠枣 Zhenzhuzao, 酥枣 Suzao, 湖南鸡蛋枣 Hunanjidanzao, 福枣 Fuzao, 核桃纹 Hetaowen, 条枣 Tiaozao
中度不育 Medium sterile	5～10	湘枣 Xiangzao, 灵宝大枣 Lingbaodazao, 扁核酸 Bianhesuan, 三变红 Sanbianhong, 沙枣 Shazao, 长红枣 Changhongzao
高度不育 High sterile	＜ 5	冬枣 Dongzao

枣和大荔龙枣的花粉育性高，而冬枣的很低。

张俊娥（2001）研究了29个枣品种的单花药花粉量，并采用离体培养（恒温26℃ ±1℃，24h后镜检）的方法测定了各品种的花粉发芽率。结果表明，相对花粉发芽率更能说明花粉育性，根据每个花药相对发芽花粉数可将育性划分为4类，即高育性、中育性、低育性和不育性（表6-9）。其中壶瓶枣和临汾团枣的花粉育性很高。

张俊娥和王玖瑞的研究结果既有相同之处，也有不同之处。二者都将壶瓶枣列为高度可育品种，但稷山圆枣的花粉在张俊娥的研究中为低度育性，而在王玖瑞的研究中为高度可育。造成这种结果的原因可能与品种花粉育性稳定的差异以及试验树的树势、气候和栽培条件等有关。

以上花粉育性的研究表明，湖南鸡蛋枣、辣椒枣、灰枣、壶瓶枣、苹果枣、稷山圆枣、不落酥、无头枣、长鸡心枣、大荔龙枣、福枣、红颜、月出、葫芦枣、新郑尖头灰枣、临汾团枣、铃铃枣、马连小枣、鸣山大枣、南京鸭枣等的花粉育性较高；而冬枣、三变红、相枣、灵宝大枣、扁核酸、长红枣、板枣、无核小枣、中阳木枣、黑叶枣、蛤蟆枣，鸡心蜜枣、平顺俊枣、美蜜枣、赞皇大枣等的花粉育性很低（张学英等，1999；张俊娥，2001；王玖瑞，2004；刘玲等，2006）。JMS1、JMS2、JMS3等雄性不育材料适宜做杂交母本。

4. 雄性不育及其机制

王玖瑞等（2004）对雄性不育材料的花粉败育机理进行了研究。结果表明，雄性不育1号（JMS1）的花药在发育初期与花粉高度可育品种湖南鸡蛋枣（花粉量大，可育）的相似，但中后期表现出明显不同。JMS1在四分体时期绒毡层异常加厚；四分体彼此分离后，小孢子可以形成，但之后花粉囊内小孢子逐渐聚集成团，绒毡层消失；至黄蕾期花药空瘪，或仅存花粉残迹。据此认为，JMS1花粉败育在四分体以后发生，至蕾黄期无花粉（图6-9, 6-10）。

王玖瑞（2005）等还对冬枣（花粉高度不育）和湖南鸡蛋枣（花粉可育）单花不同开放阶段花粉萌发率和内源激素水平进行了研究。结果表明，冬枣单花开放过程中较高水平的内源乙烯及低水平的赤霉素和玉米素与花粉萌发率低有关。

5. 2n 花粉

彭博（2008）在光学显微镜下，以TTC染色剂为介质观察，对河北沧县红枣良种基因库中142个枣品种、国家枣种质资源圃中81个枣品种的2n花粉（大花粉、巨型花粉）进行了观察。结果表明，枣花粉以圆形为主，偶有椭圆形和三角形，正常花粉的最长直径平均为24.18μm，最短直径平均为19.82μm。2n花粉大小为正常花粉大小的1.5倍以上，为圆形或椭圆形，或二者兼有。2n花粉最长直径为31.20～53.04μm，最短直径为27.04～48.88μm，最长直径平均为37.94μm，最短直径为34.26μm（图6-11）。

在沧县红枣良种基因库的142个枣品种中，有33个枣品种（品系）在自然状态下能够产生2n花粉，其中铃铃枣的2n花粉比例高达9.41%，其次是缨络枣、赞皇长枣等；国家枣种质资源圃的81个枣品种中，有43个品种存在2n

表6-9 枣品种花粉育性（发芽率）分级（张俊娥，2001）

Table 6-9 Grading of Chinese jujube pollen fertility in terms of germinating percentage of pollen（Zhang, 2001）

分级 Grade	花粉发芽率 Germinating percentage of pollen（%）	品种名称 Cultivar name
高育性 High fertile	≥ 30	壶瓶枣 Hupingzao, 临汾团枣 Linfentuanzao
中育性 Medium fertile	15～30	鸡蛋枣 Jidanzao, 襄汾木枣 Xiangfenmuzao, 官滩枣 Guantanzao, 郎枣 Langzao, 襄汾龙枣 Xiangfenlongzao, 相枣 Xiangzao, 黎城小枣 Lichengxiaozao, 梨枣 Lizao, 灵宝大枣 Lingbaodazao, 清徐圆枣 Qingxuyuanzao, 稷山长枣 Jishanchangzao, 保德油枣 Baodeyouzao, 婆婆枣 Popozao
低育性 Low fertile	10～15	金丝小枣 Jinsixiaozao, 铃铃枣 Linglingzao, 稷山圆枣 Jishanyuanzao, 骏枣 Junzao, 洪赵小枣 Hongzhaoxiaozao, 襄汾圆枣 Xiangfenyuanzao
不育性 Sterile	<10	中阳木枣 Zhongyangmuzao, 黑叶枣 Heiyezao, 蛤蟆枣 Hamazao, 板枣 Banzao, 鸡心蜜枣 Jixinmizao, 平顺俊枣 Pingshunjunzao, 美蜜枣 Meimizao, 赞皇大枣 Zanhuangdazao

1

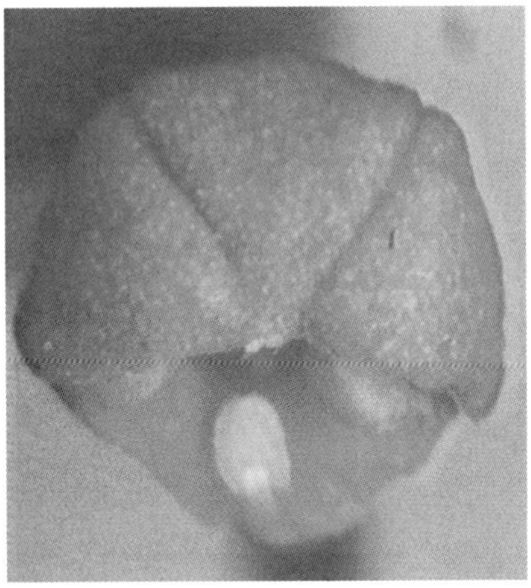

2

图 6-9 雄性不育 1 号的花药（王玫瑞，2004）

Figure 6-9 Anther of male-sterile germplasm JMS1 (Wang,2004)

1. 正常品种的花药 Normal anther；
2. JMS1 的花药 Anther of JMS1

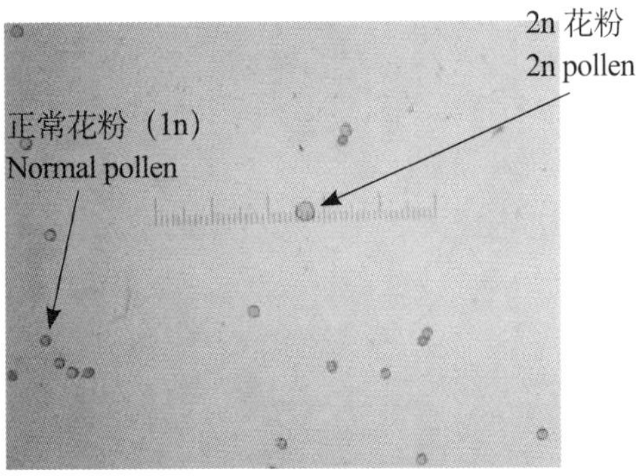

图 6-11 枣正常花粉（1n）和 2n 花粉的比较（100×）（彭博，2008）

Figure 6-11 Comparison between normal pollen（1n）and 2n pollen（100×）（Peng, 2008）

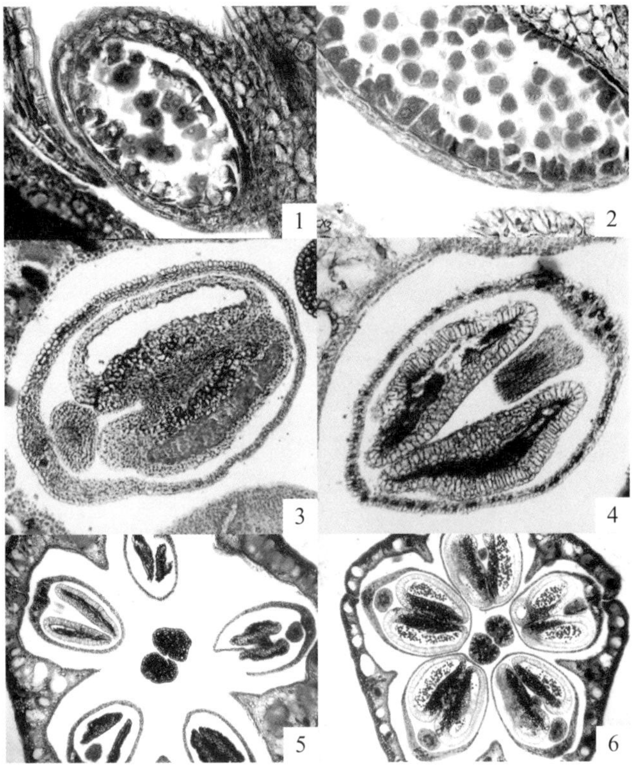

图 6-10 雄性不育 1 号（JMS1）花粉发育的解剖学结构（王玫瑞，2004）

Figure 6-10 Anatomical structure of pollen development of male-sterile 1 in Chinese jujube（JMS1）（Wang，2004）

1.JMS1 四分体（×400）Tetrads of JMS1（×400）；2.JMS1 小孢子（×100）Microspore of JMS1（×100）；3.JMS1 花药部分空囊（×100）JMS1 anther with one empty pollen sac（×100）；4.JMS1 黄蕾（×100）Cross section of JMS1 yellow bud（×100）；5.JMS1 黄 蕾（×40）Cross section of JMS1 yellow bud（×40）；6. 雄性可育品种湖南鸡蛋枣的黄蕾（×40）Cross section of ‘Hunanjidanzao’（normal cultivar）yellow bud（×40）

花粉，2n 花粉比例最高为缨络枣 (3.71%)，其次为赞皇长枣 (1.47%) 和中阳木枣 (1.15%)，有 21 个品种的 2n 花粉比例均在 1% 以下 (表 6-10)，斑枣、槟榔枣、长鸡心枣、长小枣、大脆枣、观音枣、灌阳短枣、辣椒枣、葫芦长红、金丝 3 号、苦楝枣、天津快枣、郎家园枣、旻枣、平陆尖枣、三变红、三变色、大马牙、嵩县大枣、太谷铃铃枣、歙县马枣、小小枣、新乐大枣、湖南鸡蛋枣、油荷枣、玉田小枣、紫铃蛋等品种可观察到大花粉的出现，但是数量极少。

2n 花粉的发生除了因品种而异外，也受环境条件的影响，如逆境能够增加 2n 花粉发生的几率。2n 花粉的发生常常伴随着花粉数量的减少，2n 花粉比例较高的铃铃枣，花粉数量明显较少。

表 6-10 不同枣品种的 2n 花粉比例（彭博，2008）

Table 6-10 Percentage of 2n pollen in different Chinese jujube cultivars（Peng, 2008）

品种 Cultivar	观察花粉量 Number of pollen observed	2n 花粉数量 Number of 2n pollen	2n 花粉比例 Percentage of 2n pollen（%）
铃铃枣 Linglingzao	202	19	9.41
缨络枣 Yingluozao	620	26	3.71
赞皇长枣 Zanhuangchangzao	1290	19	1.47
灰枣 Huizao	1350	16	1.18
中阳木枣 Zhongyangmuzao	869	10	1.15
金丝小枣 Jinsixiaozao	2030	20	0.99
相枣 Xiangzao	1617	15	0.93
延川狗头枣 Yanchuangoutouzao	2310	19	0.82
壶瓶酸 Hupingsuan	1047	9	0.76
晋县木枣 Jinxianmuzao	1150	7	0.61
清徐圆枣 Qingxuyuanzao	2549	12	0.47
串铃枣 Chuanlingzao	850	4	0.47
河北木枣 Hebeimuzao	2690	12	0.45
金丝 1 号 Jinsi 1	2074	9	0.43
河南小圆枣 Henanxiaoyuanzao	2032	10	0.43
金丝小枣 3 Jinsixiaozao 3	3503	10	0.29
新乐大枣 Xinledazao	2160	6	0.28
美蜜枣 Meimizao	2852	7	0.25
细腰枣 Xiyaozao	2143	5	0.23
广东白枣 Guangdongbaizao	3150	7	0.22
南京大木枣 Nanjingdamuzao	2327	6	0.21
黑叶枣 Heiyezao	1493	3	0.20
平遥大枣 Pingyaodazao	4240	9	0.19
六月枣 Liuyuezao	3074	5	0.16
无核枣 Wuhezao	2858	4	0.14
灌阳短枣 Guanyangduanzao	4065	4	0.10

（二）开花结实特性及胚的发育

1．单花开放时间

曲泽洲等将枣单花的开花进程划分为8个阶段，即蕾黄期、蕾裂期、初开期、萼片展平期、花瓣和雄蕊分离期、花瓣展平期、花瓣下垂期和雄蕊下垂期。其中萼片展平期对于杂交育种来说是十分关键的时期之一，此期花的花粉容易取出、花粉活力高，而且由于花瓣和雄蕊尚未分离，还没有外来花粉的干扰，是最佳的取粉时期。据彭博（2008）2005年6月初在连续晴天情况下对142个枣品种1~2级花的观察，从蕾裂期到萼片展平期大约需要2h的时间，萼片展平期持续半小时左右。对各品种萼片展平期出现时间的调查发现，47.88%的品种在15：00~17：00之间；27.47%的品种在05：00~08：00之间；15.49%的品种在12：00~14：00之间；9.15%的品种在9：00~11：00之间（表6-11）。义乌大枣、壶瓶枣、冬枣的花朵一般在上午开花，赞皇大枣、金丝小枣、临猗梨枣、无核小枣、圆铃、辣椒枣一般在下午开花。

萼片展平期出现的时间除了与品种有关外，还与花本身的发育状态、温度和光照有关，高温和晴天使枣花的开花进程提前，雨天会推迟开花进程，在雨后或阴天后可观察到同一品种一天开2次花。

2．结实特性

2006和2007年连续两年，河北农业大学对河北沧县红枣良种基因库和国家枣种质资源圃中280个枣品种的自然授粉和自花授粉条件下的坐果率及种仁发育情况进行了调查，枣自然授粉和自花授粉条件下的平均结实率（果数/100枣吊）分别为37.06%和20.63%，变幅分别为4.17%~175.00%和0~163.64%；平均可育率（含仁果实/果实总数×100%）分别为12.10%和3.07%，变幅均为0~100%；自花结实率和自然结实率极显著正相关，相关

表6-11　不同枣品种萼片展平期的时间（彭博，2005）

Table 6-11　Sepal flat time of different Chinese jujube cultivars（Peng, 2005）

时间 Time	品种名称 Cultivar name	品种比例 Percentage(%)
5：00	骨头小枣 Gutouxiaozao, 不落酥 Buluosu, 宣城圆枣 Xuanchengyuanzao, 灰枣 Huizao, 紫枣 Zizao	3.52
6：00	壶瓶枣 Hupingzao, 傻枣 Shazao, S181, 敦煌大枣 Dunhuangdazao, 文县砂糖枣 Wenxianshatangzao, 冬枣 Dongzao, 蚂蛉枣 Malingzao, 磨塞子枣 Mosaizizao, 连县木枣 Lianxianmuzao, 临泽小枣 Linzexiaozao, 绵枣 Mianzao	7.75
7：00	马连小枣 Malianxiaozao, 布袋枣 Budaizao, 遵义甜枣 Zunyitianzao, 义乌大枣 Yiwudazao, 冬枣38 Dongzao 38, 九月青 Jiuyueqing, 马牙枣 Mayazao, 灵宝大枣 Lingbaodazao, 长鸡心枣 Changjixinzao, 相枣 Xiangzao, 鸣山大枣 Mingshandazao, 冬枣40 Dongzao 40	8.45
8：00	大酸枣 Dasuanzao, 猫儿头 Maoertou, 襄汾木枣 Xiangfenmuzao, 团枣 Tuanzao, 鸭枣 Yazao, 脆枣洪 Cuizaohong, 冬枣101 Dongzao 101, 鸡蛋枣 Jidanzao, 磨盘枣 Mopanzao, 小木枣 Xiaomuzao, 大荔龙枣 Dalilongzao	7.75
9：00	晋矮3号 Jin' ai 3, 无头枣 Wutouzao, 金丝小枣74 Jinsixiaozao 74, 短果长红 Duanguochanghong, 金丝小枣75 Jinsixiaozao 75	3.52
10：00	串铃 Chuanling, 苏南白蒲枣 Sunanbaipuzao, 金丝小枣3 Jinsixiaozao 3, 胎里红 Tailihong, 冬枣70 Dongzao 70, S161, 冬枣103 Dongzao 103, 成武冬枣 Chengwudongzao	5.63
12：00	晋矮2号 Jin'ai 2	0.70
13：00	美蜜枣 Meimizao, 金丝小枣4 Jinsixiaozao 4	1.41
14：00	尖枣 Jianzao, 晋枣 Jinzao, 蛤蟆枣 Hamazao, 串杆 Chuangan, 蜂蜜罐 Fengmiguan, 金丝小枣29 Jinsixiaozao 29, 嵩县大枣 Songxiandazao, 金丝小枣27 Jinsixiaozao 27, 端子枣 Duanzizao, 临猗梨枣 Linyilizao, 满城屯屯枣 Manchengtuntunzao, 金丝小枣24 Jinsixiaozao 24, 湖南鸡蛋枣 Hunanjidanzao, 无核小枣12 Wuhexiaozao 12, 薛城冬枣 Xuechengdongzao, 金丝小枣1 Jinsixiaozao 1, 金丝小枣14 Jinsixiaozao 14, 黑叶枣 Heiyezao, 酸鸡心枣 Suanjixinzao	13.38

（续）

时间 Time	品种名称 Cultivar name	品种比例 Percentage(%)
15：00	赞皇大枣 Zanhuangdazao, 棱枣 Lengzao, 小平顶 Xiaopingding, 金丝小枣 15 Jinsixiaozao 15, 广洋大枣 Guangyangdazao, 临汾蜜枣 Linfenmizao, 金丝小枣 11 Jinsixiaozao 11, 金丝小枣 23 Jinsixiaozao 23, 金丝小枣 22 Jinsixiaozao 22, 延川狗头枣 Yanchuangoutouzao, 赞优 2 号 Zanyou 2, 肉兜子枣 Roudouzizao, 朝阳园枣 Chaoyangyuanzao, 圆铃 Yuanling, 金丝小枣 18 Jinsixiaozao 18, 蚂蚁枣 Mayizao, 雪枣 209 Xuezao209, 金丝小枣 77 Jinsixiaozao 77, 金丝小枣 30 Jinsixiaozao 30, 辣椒枣 Lajiaozao, 木枣 Muzao, 河南龙枣 Henanlongzao, 嵊县白蒲枣 Shengxianbaipuzao, 金丝小枣 6 Jinsixiaozao 6, 金丝小枣 5 Jinsixiaozao 5, 金丝小枣 83 Jinsixiaozao 83, 金丝小枣 8 Jinsixiaozao 8, 马铃脆 Malingcui, 圆铃小枣 Yuanlingxiaozao, 金丝小枣 28 Jinsixiaozao 28, 金丝 1 号 Jinsi 1, 甘肃小口 Gansuxiaokou, 长木枣 Changmuzao, 三变丑 Sanbianchou, 金丝小枣 17 Jinsixiaozao 17, 无核小枣 79 Wuhexiaozao 79, 孔府酥脆枣 Kongfusucuizao, 婆婆枣 Popozao, 苹果枣 Pingguozao, 晚熟圆铃 Wanshuyuanling, 铃铃枣 Linglingzao, 馒馒枣 Manmanzao, 金丝小枣 88 Jinsixiaozao 88, 无核小枣 68 Wuhexiaozao 68, 无核小枣 72 Wuhexiaozao 72	31.69
16：00	无核小枣 76 Wuhexiaozao 76, 金丝小枣 81 Jinsixiaozao 81, 缨不落 Yingbuluo, 宁阳六月鲜 Ningyangliuyuexian, 疙瘩枣 Gedazao, 扁柿枣 Bianshizao, 灰枣 154 Huizao 154, 酥圆铃 Suyuanling, 金丝小枣 80 Jinsixiaozao 80, 河南 216 Henan 216, 怀柔大脆 Huairoudacui, 南京枣 Nanjingzao, 早熟躺枣 Zaoshutangzao,S192, 郎家园枣 Langjiayuanzao, 无核小枣 32 Wuhexiaozao 32, 金丝 2 号 Jinsi 2, 平顺俊枣 Pingshunjunzao, 月牙枣 Yueyazao, 鸡蛋枣 Jidanzao	14.08
17：00	无核小枣 95 Wuhexiaozao 95, 瓜枣 Guazao, 金丝小枣 39 Jinsixiaozao 39, S006	2.11

系数为 0.597 (闫超，2008；闫超等，2009)。

自花结实率、自然结实率、自花可育率和自然可育率均不呈正态分布 (图 6-12 至图 6-15)。枣自花结实率主要集中在 0~15%，占总品种数的 56.4%；自然结实率主要集中在 14.8%~60%，占总品种数的 81.8%；自花可育率主要集中在 0~10%，占总品种数的 92.5%；自然可育率也主要集中在 0~10%，占总品种数的 68.6% (闫超，2008)。

自花可实不育是枣树结实的基本类型。枣品种可分成自花不实异花可实不育、自花不实异花可育、自花异花均可实不育、自花可实不育异花可育、自花异花都可育等 5 种结实类型，分别占总品种数的 10.27%、16.06%、45.19%、17.15%、11.33%。同一品种在不同年份、不同栽培条件下可表现不同的结实类型，即结实类型间可以相互转化。总体看来，自花可实不育与自花不实和自花可育类

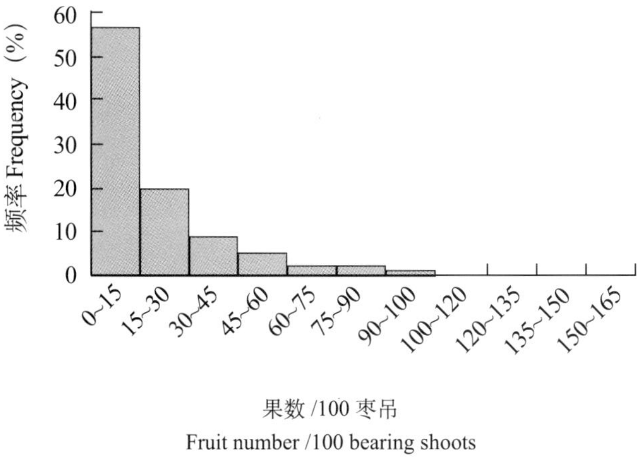

图 6-12　枣自花结实率频率分布图（闫超，2008）
Figure 6-12　Frequency distribution of fruits bearing under self-pollination of Chinese jujube（Yan, 2008）

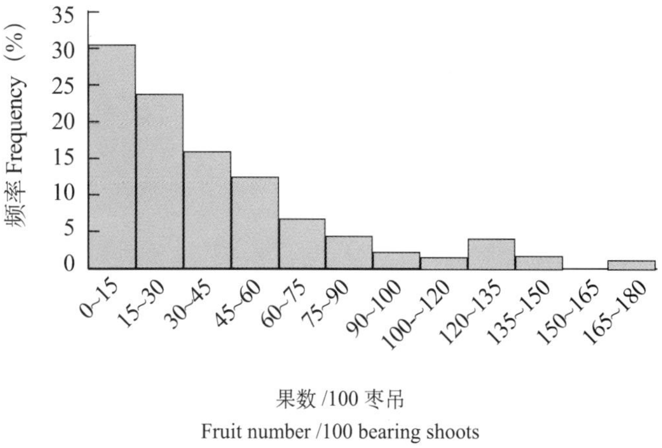

图 6-13　枣自然结实率频率分布图（闫超，2008）
Figure 6-13　Frequency distribution of fruits bearing under natural-pollination of Chinese jujube（Yan, 2008）

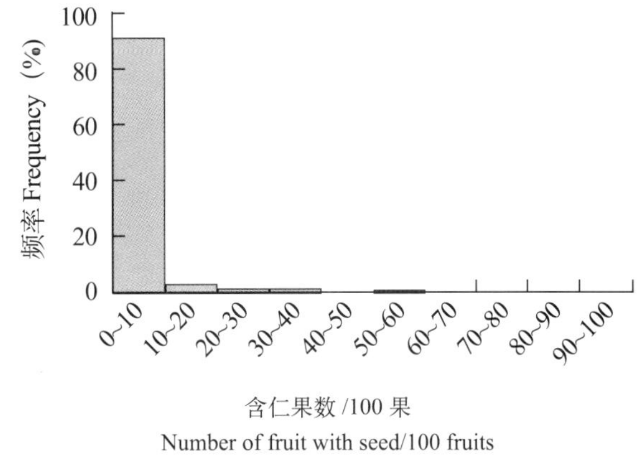

图 6-14 枣自花可育率频率分布图（闫超，2008）

Figure 6-14 Frequency distribution of fruit with seed under self-pollination of Chinese jujube（Yan, 2008）

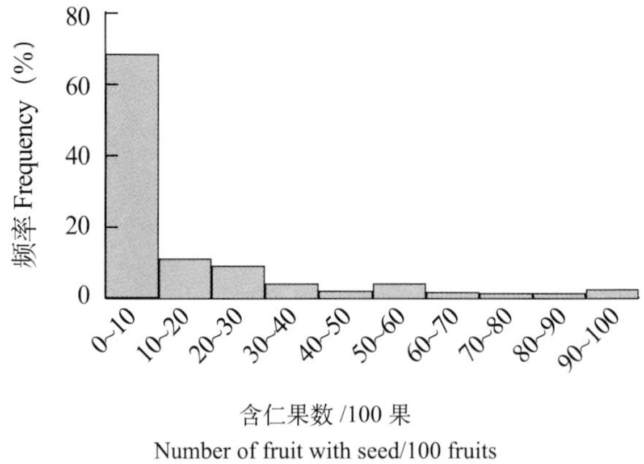

图 6-15 枣自然可育率频率分布图（闫超，2008）

Figure 6-15 Frequency distribution of fruit with seed under natural-pollination of Chinese jujube（Yan, 2008）

之间可相互转化，而自花可育和自花不实之间相互转化极少(闫超，2008)。

用自花不实(图 6-16) 或自花可实不育而异花授粉可育率高的品种作为杂交母本，可以省去繁琐的人工去雄，大幅度提高杂交育种效率。此类品种有：肉兜子枣、S192、婆婆枣、木枣、金丝小枣 39、灰枣、马牙枣、湖南鸡蛋枣、安阳团枣、清徐圆枣、乐陵小枣、临猗笨枣、西营笨枣、洪赵十月红、灵宝灵 1 号、宁阳六月鲜、广东白枣、磨盘枣、襄汾圆枣、马铃酸、大荔圆枣、大算盘、金丝小枣 4、金丝小枣 5、广东糖枣、圆梨枣、秋团枣、皖木头枣、临泽大枣、宁夏大红枣、相枣、敦煌大枣、圆铃、马连小枣、小墩墩枣、库尔勒小枣、襄汾崖枣、大脆枣、洪赵脆枣、细腰腰枣、水枣、河津条枣、河南小圆枣等(闫超，2008)。

图 6-16 自花不实异花可实的品种（闫超，2008）

Figure 6-16 Self-fruitless cultivar（Yan,2008）

左枝（Left branch）：自然授粉 Natural pollination

右枝（Right branch）：自花授粉 Self-pollination

在上述自花不实或自花可实不育但异花可育的品种中，金丝小枣 4(自然结实率 50.98%，自然可育率 19.23%)、洪赵十月红(自然结实率 22.00%，自然可育率 36.36%)、金丝小枣 25(自然结实率 57.41%，自然可育率 19.35%)、广东白枣(自然结实率 16.47%，自然可育率 85.71%)、大荔圆枣(自然结实率 11.48%，自然可育率 42.86%)、圆铃 (自然结实率 48.89%，自然可育率 31.82%) 的自然结实率(果数 /100 吊)和可育率(含仁果数 /100 果) 都较高，并且综合品质优良，可作为不需去雄的理想育种母本(闫超，2008)。

一些自花结实率高的品种，如赞皇大枣(自花结实率为 41.89%)、大瓜枣(自花结实率为 58.33%)、金丝小枣 3(自花结实率为 97.92%)、金丝小枣 30(自花结实率为 100%)、金丝 1 号(自花结实率为 163.64%) 等均可单一品种栽培。蛤蟆枣、团枣、无核小枣、马牙枣、核桃纹等自花不实而异花可实的品种，在栽植时应配置授粉树(闫超，2008)。

但是需要指出的是，枣树的结实性和胚育性因品种、品系、年份、地区、栽培技术、树冠方位不同而有差异，其中影响最大的是品种。胚育性的稳定性要高于结实性的稳定性。不同年份和地区间结实性变化大而育性相对稳定，年份间结实类型均表现稳定的仅有 4.17%、可育类型表现稳定的则高达 64.58%；地区间结实类型和可育类型表现稳定的分别为 15.38% 和 73.08%(闫超，2008)。

3. 胚（胚囊）败育

枣品种的胚囊败育率很低，在0~8.24%之间。张学英等（1999）对33个枣品种零级花的胚囊生活力（用石蜡切片法检查是否有正常卵细胞）进行了研究（表6-12），结果表明大叶无核枣的胚囊败育率最高，而湖南鸡蛋枣、无核小枣、稷山圆枣、串杆枣、襄汾圆枣的胚囊败育率为0。

虽然枣胚囊的败育率很低，但胚的败育率却很高。山西省农业科学院果树研究所于2003~2005年连续3年对国家枣种质资源圃中300多个枣品种的胚败育状况进行了调查，结果表明花后1个月胚败育率低于10%的品种有100个，占调查品种的28.9%，胚败育率高于90%的有137个品种，占33.8%，其他109个品种的败育率介于10%~90%之间，其中襄汾圆枣、灰枣、北京白枣、冷白玉、胜利枣、相枣、晋枣等品种败育率较低，而临猗梨枣、大白铃、壶瓶枣、赞皇大枣、湖南鸡蛋枣、中阳木枣、板枣等品种败育严重。

从河北农业大学梁春莉2004年8月13日对河北沧县红枣良种基因库74个品种的调查结果来看，含仁率大于50%的品种有木枣、妈妈枣、长鸡心枣、襄汾木枣、秤砣枣、婆婆枣、大酸枣、团枣、辣椒枣、茶壶枣、灰枣、骨头小枣、新磨盘、短果长红、磨塞子枣、蛤蟆枣，占总品种数的21.6%；只有大果含有仁，中等果不含仁的品种有葫芦长红、大铃枣、山东梨枣、尖枣、蚂蛉枣、无头枣、苏南白蒲枣、连县木枣、蜂蜜罐、怀柔大脆、金丝小枣20、小平顶、宣城圆枣、金丝小枣18、河北串杆枣、月牙枣、龙须枣、大荔龙枣、无核小枣、无核小枣76、早熟躺枣、金丝1号、嵩县大枣、酸绵枣、小紫枣、延川狗头枣、柿顶枣、河南大马牙，占总品种数的37.8%；含仁率小于50%的品种有蚂蚁枣、长鸡心枣、圆铃小枣、临泽小枣、马连小枣、串杆，占总品种数的8.1%；不含种仁的品种有马铃脆、梨枣、赞皇大枣、义乌大枣、小圆枣、鸣山大枣、嵊县白蒲枣、朝阳圆枣、苹果枣、壶瓶枣、馒馒枣、俊枣、敦煌大枣、牛角枣、湖南鸡蛋枣、广洋大枣、馒头枣、鸡蛋枣、

表6-12　不同枣品种的胚囊败育率（张学英等，1999）

Table 6-12　Percentage of abortive megaspore in Chinese jujube cultivars（Zhang *et al.*, 1999）

品种 Cultivars	胚囊败育率 Percentage of abortive megaspore（%）	品种 Cultivars	胚囊败育率 Percentage of abortive megaspore（%）	品种 Cultivars	胚囊败育率 Percentage of abortive megaspore（%）
大叶无核 Dayewuhe	8.24	躺枣 Tangzao	4.26	月出 Yuechu	2.63
葫芦枣 Huluzao	7.14	灵宝大枣 Lingbaodazao	4.17	不落酥 Buluosu	2.50
长红枣 Changhongzao	6.67	三变红 Sanbianhong	3.85	壶瓶枣 Hupingzao	2.22
沙枣 Shazao	5.17	无等 Wudeng	3.45	晋枣 Jinzao	1.47
新郑尖头灰枣 Xinzhengjiantouhuizao	5.00	条枣 Tiaozao	3.13	无核小枣 Wuhexiaozao	0.00
核桃纹 Hetaowen	5.00	临猗梨枣 Linyilizao	3.03	稷山圆枣 Jishanyuanzao	0.00
圆枣 Yuanzao	5.00	九月青 Jiuyueqing	2.94	串杆枣 Chuanganzao	0.00
辣椒枣 Lajiaozao	4.88	脆枣 Cuizao	2.86	襄汾圆枣 Xiangfenyuanzao	0.00
红颜 Hongyan	4.65	磨盘枣 Mopanzao	2.78	湖南鸡蛋枣 Hunanjidanzao	0.00
酥枣 Suzao	4.54	大马牙枣 Damayazao	2.77	酸枣 Sour jujube	4.76
锦城 Jincheng	4.26	福枣 Fuzao	2.70		

历山大枣、历城串铃、民勤大枣、酥圆铃、遵义甜枣、晋枣，占总品种数的 32.4%（梁春莉，2005）。

祁业凤等（2003）于 2000~2001 年果实成熟期调查了河北沧县红枣良种基因库的 31 个品种的胚发育程度并进行了分级。只有薛城冬枣的含仁率大于 50%；相枣、肉兜子枣、紫枣、大叶无核、结不齐、月牙枣、圆铃小枣、三棱枣、圆枣、成武冬枣、嵩县大枣等品种的含仁率均在 5% 以下，为胚高度败育的品种，占供试材料的 42%（表 6-13）。

4．胚败育机理

枣胚发育不良或中途败育的现象非常普遍，不同品种胚败育时期差异明显。据国家枣种质资源圃的调查，临猗梨枣、赞皇大枣和湖南鸡蛋枣在花后 1 周时即发生败育，至 2 周时达败育高峰，3 周后种胚全部败育，早期胚败育现象较为严重；而宁阳六月鲜、冷白玉、酸枣胚败育较轻，在花后 4 周调查，败育率均未超过 20%；另外，枣胚胎发育的组织细胞学观察表明，不同品种的胚珠发育有明显差异，与田间调查结果一致。壶瓶枣、临猗梨枣等品种的胚珠最早败育，败育的速度最快，果实成熟时，几乎无胚珠残迹；胜利枣、宁阳六月鲜等品种的胚珠最晚败育，败育速度最慢，且胚珠败育程度低，直到枣果成熟时，还有大约 50%~90% 的果实内有种子，只是这些种子的萌发成活率仅为 30% 左右，可能是胚发育不完全。

胚珠败育时，子房外部由绿色变黄褐色，内腔空瘪。枣胚发育的胚胎学观察结果表明，枣合子胚的发育经历原胚、球形胚、心形胚、鱼雷形胚和子叶胚等 5 个阶段。但大多数品种的种胚从球形期或心形期即开始败育，只有少数品种可发育为成熟胚。合子胚形成的能力、胚败育时发育的程度等在品种间均存在很大差异；同一品种甚至同一个体内胚发育进程都不同步。枣胚中途败育通常在球形期、心形期后开始发生。

祁业凤（2002）采用 HPLC 方法对梨枣（胚高度败育）和冬枣（胚育性高）果肉及种子中 4 种内源激素的含量进行了测定，结果表明梨枣果肉中高含量的 GA_3 和 IAA 造成果肉营养竞争能力强，而相应的胚的营养竞争能力差，导致败育。

枣胚败育的其他原因可能有：①胚受自然条件影响而发育不良、中途败育；②胚的生长依赖于胚乳的发育，如胚乳败育，胚的发育就会停止；③珠被发生萎缩而影响胚发育；④内部分泌醌类物质影响胚的正常发育等。

表 6-13　枣品种的胚育性分级（祁业凤等，2003）

Table 6-13　Grading of embryo fertility among Chinese jujube cultivars（Qi *et al.*, 2003）

级别 Grade	含仁率 Ratio of kernel (%)	品种 Cultivars	品种数量 Cultivar number	比例 Percentage (%)
高度可育 High fertility	≥ 50	薛城冬枣 Xuechengdongzao	1	3.2
中度可育 Medium fertility	35～50	临泽小枣 Linzexiaozao，牛角枣 Niujiaozao 新磨盘枣 Xinmopanzao	3	9.7
轻度可育 Low fertility	20～35	蜂蜜罐 Fengmiguan，壶瓶枣 Hupingzao，蛤蟆枣 Hamazao，大酸枣 Dasuanzao，雄性不育 1 号 JMS1	5	16.1
中度败育 Medium abortion	5～20	九月青 Jiuyueqing，早熟躺枣 Zaoshutangzao，小梨枣 Xiaolizao，美蜜枣 Meimizao，柿顶枣 Shidingzao，马连小枣 Malianxiaozao，大荔龙枣 Dalilongzao，晚熟圆铃 Wanshuyuanling，晚绵枣 Wanmianzao	9	29.0
高度败育 High abortion	<5	相枣 Xiangzao，肉兜子枣 Roudouzizao，敦煌大枣 Dunhuangdazao，紫枣 Zizao，大叶无核 Dayewuhe，结不齐 Jiebuqi，月牙枣 Yueyazao，圆铃小枣 Yuanlingxiaozao，三棱枣 Sanlengzao，圆枣 Yuanzao，成武冬枣 Chengwudongzao，嵩县大枣 Songxiandazao，临猗梨枣 Linyilizao	13	42.0

（三）柱头可授性和杂交亲和力

1．柱头可授性

柱头可授性反映了柱头的活力，对于杂交育种具有一定指导意义。王尧（2008）采用联苯胺—过氧化氢法检测枣花的柱头活力（试材为当天开放的花），将枣花的柱头可授性分为三级，其中三级柱头（采用联苯胺—过氧化氢法检测时，柱头周围呈蓝色，并有大量气泡产生）为高活力柱头。

不同品种的柱头可授性不同。2007年5月24日，山东梨枣、孔府酥脆枣、葫芦长红枣、相枣、圆铃小枣、马连小枣、长鸡心枣、蚂蚁枣、妈妈枣等的三级柱头率在30%以上；5月27日的，孔府酥脆枣、辣椒枣、金丝小枣、蜂蜜罐、晋枣、义乌大枣、葫芦长红、早脆王、短果长红等的三级柱头率在30%以上（表6-14）。

不同开花时期的柱头可授性不同，从三级可授性柱头的比例来看，'冬枣'初花期和末花期柱头可授性较差，盛花期柱头可授性较高（表6-15）。

单花不同开放阶段，柱头可授性也不同。总体来看，'月光'从蕾黄期至花后3d，柱头可授性较高；而花后4d以后，三级柱头率明显减低（表6-16）。

2．杂交亲和力

王尧（2008）的研究还表明，冬枣×大叶无核、冬枣×无核小枣、冬枣×苹果枣、JMS3×无核小枣、JMS3×金芒果枣和JMS3×涞水铃枣等组合，花粉黏附率和萌发率高、深入花柱的花粉比例高，是亲和力较好的杂交组合。

山西省农业科学院果树研究所国家枣种质资源圃的杂交授粉试验结果表明，在晋矮1号×壶瓶枣（正反交）、核桃纹×壶瓶枣、冬枣×临猗梨枣、大白铃×北京鸡蛋枣、临猗梨枣×冷白玉、湖南鸡蛋枣×山东梨枣、宁阳六月鲜×大丹枣和冬枣×大白铃等8对杂交组合中，湖南鸡蛋枣×山东梨枣、宁阳六月鲜×大丹枣、核桃纹×壶瓶枣等3个组合的坐果率（授粉前，每个枣吊留3~4朵花，对枣吊进行摘心处理并授粉，7月初调查花朵坐果率）较高，达10%以上，而北京鸡蛋枣×大白铃、临猗梨枣×冷白玉、冬枣×大白铃、冬枣×临猗梨枣则极低。壶瓶枣×晋矮1号的正交坐果率高于反交。花粉萌发及花粉管生长动态的显微观察表明，花粉粒通常在授粉后2h开始萌发并产生花粉管，花粉萌发率随授粉时期的延长而提高。花粉管穿过花柱的乳突组织伸入花柱内，并顺着引导组织继续向下生长。授粉后4h时花粉管长度约为花粉粒直径的6~8倍，6h时为11~14倍，8h时为20~30倍，达到整个花柱长度的1/3，72h后达到花柱长度的2/3，120~144h时花粉管到达花柱基部。观察花粉管的生长动态，其生长速率表现为"快－慢－快"的规律，即2~8h花粉管生长快，然后减慢，48~72h又有较快增长，之后又减慢。

山西省农业科学院果树研究所国家枣种质资源圃的观

表6-14　不同品种的柱头可授性比较（王尧，2008）

Table 6-14　Stigma receptivity of Chinese jujube cultivars（Wang, 2008）

品种 Cultivars	2007-05-24			品种 Cultivars	2007-05-27		
	一级柱头率 PFDS（%）	二级柱头率 PSDS（%）	三级柱头率 PTDS（%）		一级柱头率 PFDS（%）	二级柱头率 PSDS（%）	三级柱头率 PTDS（%）
山东梨枣 Shangdonglizao	5.6	34.6	59.8	孔府酥脆枣 Kongfusucuizao	0	48.3	51.7
孔府酥脆枣 Kongfusucuizao	0	47.0	53.0	辣椒枣 Lajiaozao	0.02	46.4	51.3
葫芦长红 Huluchanghong	0	50.1	49.9	金丝小枣 Jinsixiaozao	0	55.6	44.4
相枣 Xiangzao	0	53.5	46.5	蜂蜜罐 Fengmiguan	0	61.3	38.7
圆铃小枣 Yuanlingxiaozao	0	53.8	46.3	晋枣 Jinzao	0	61.7	38.3
马连小枣 Malianxiaozao	0	55.5	44.5	义乌大枣 Yiwudazao	0	62.2	37.8

表 6-17　不同授粉组合的坐果率（王小元等，2002）　单位：%

Table 6-17　Fruit setting of different pollination combinations（Wang *et al.*，2002），unit:%

母本 Mother plant	调查日期 Investigation date	自花授粉 SP	自然授粉 NP	父本 Father plant					
				郎枣 Langzao	保德油枣 Baodeyouzao	壶瓶枣 Hupingzao	相枣 Xiangzao	骏枣 Junzao	板枣 Banzao
郎枣 Langzao	6.28	30.8	52.6	65.2	23.5	17.5	7.3	12.0	3.8
	8.17	7.7	10.2	17.4	3.9	7.0	3.6	8.0	1.9
保德油枣 Baodeyouzao	6.28	48.4	41.8	37.5	38.1	25.0	59.4	68.8	16.7
	8.17	1.6	10.9	6.3	3.6	6.3	2.1	6.3	0
壶瓶枣 Hupingzao	6.28	0	2.2	8.2	21.1	0	4.3	1.3	0
	8.17	0	0	2.7	5.6	0	0	1.3	0
相枣 Xiangzao	6.28	5.9	8.9	22.7	33.8	9.7	17.3	12.2	11.1
	8.17	0	1.7	2.7	2.7	1.6	0	0	0
骏枣 Junzao	6.28	0	3.5	13.9	10.7	2.0	0	1.0	2.2
	8.17	0	0	1.4	2.7	0	0	0	1.1
板枣 Banzao	6.28	2.1	0	0	0	0	2.5	2.8	0
	8.17	0	0	0	0	0	0	0	0

SP——self pollination，自花授粉；NP——natural pollination，自然授粉

果率最高，可达 21.12%，其次为郎枣。壶瓶枣自然授粉和自花授粉都未坐果，说明壶瓶枣有较强的自花不结实特性。相枣以油枣和郎枣授粉坐果率较高，分别为 33.78% 和 22.66%，相枣作为油枣的授粉树坐果率也比较高，二者可互为授粉树，相枣的自花授粉坐果率为 5.9%。骏枣以郎枣、油枣授粉坐果率较高，分别为 13.88% 和 10.66%，自花套袋未见果实，人工自花授粉坐果也仅为 1%，说明骏枣也需配置授粉树。

三、抗逆、抗病虫能力评价

（一）抗缩果病能力

1．缩果病病情分级及症状类型

康绍兰等（1997）根据病斑大小对田间枣缩果病（铁皮病）的发病程度进行了分级（表 6-18）。

河北农业大学张朝红根据缩果病病斑位置、颜色、病原菌的种类等将缩果病症状分为 3 种类型：

第一类：表现典型的铁皮病的症状，病斑多分布于果肩部。病原菌以毁灭茎点霉为主，另外有细交链格孢菌和少量的壳梭孢菌。此类症状多发生于临猗梨枣、核桃纹、溆浦鸡蛋枣等果实卵圆形或圆形、果个较大的品种（图 6-17 A）。

第二类，病斑多发生于果实的胴部，略显深或呈黑色。病原菌为细交链格孢菌、毁灭茎点霉菌、壳梭孢菌。此类症状多发生于不落酥、骏枣、赞皇大枣等果实椭圆或长圆形、果个较大的品种（图 6-17B）。

第三类，病斑也多分布于果实的胴部，受危害的果实果皮皱缩，出现“干腰”症状，病原分离情况随年份变化较大。婆枣、板枣等果个中等或稍小的品种多发生此症状(图 6-17C)。

2．枣品种间抗缩果病的差异

枣品种间田间缩果病发生情况差异很大。河北农业大学张朝红于 2006~2007 年对河北沧县红枣良种基因库、山西省农业科学院园艺研究所枣种质资源圃及国家枣种质资源圃的 252 个品种的田间缩果病情况进行了调查，结果表明，大瓜枣、紫枣、早熟躺枣、圆铃小枣、永城长红、义乌大枣、薛城冬枣、文县砂糖枣、晚熟圆铃、团枣、躺枣、

表 6-18　枣缩果病的病情分级（康绍兰等，1997）
Table 6-18　Grading of fruit shrinking for Chinese jujube（Kang *et al.*,1997）

级别 Grade	症状 Symptom
0	无症状 No symptom
Ⅰ	病斑面积小于或等于 $2mm^2$ Lesion less than $2mm^2$
Ⅱ	病斑大于 $2mm^2$，小于果实面积的 1/4 Lesion bigger than $2mm^2$, less than 1/4 of the fruit surface
Ⅲ	病斑占果实总面积的 1/4～1/2 Lesion covering 1/4～1/2 of the fruit surface
Ⅳ	病斑超过果实总面积的 1/2 Lesion covering over 1/2 of the fruit surface

A　　B　　C

图 6-17　枣缩果病症状类型
Figure 6-17　Types of fruit shrinking symptoms in Chinese jujube
A. 临猗梨枣‘Linyilizao’；B. 骏枣‘Junzao’；C. 婆枣‘Pozao’

胎里红、三棱枣、磨盘枣、美蜜枣、蚂蚁枣、妈妈枣、宁阳六月鲜、黎城小枣、辣椒枣、孔府酥脆枣、晋枣、金丝小枣、交城端枣、尖枣、怀柔大脆、河北绵枣、龙须枣、骨头小枣、蜂蜜罐、短果长红、大叶无核枣、大荔龙枣、历城串铃枣、串杆枣、朝阳圆枣、茶壶枣、扁柿枣、板枣等在田间没有表现缩果病症状；牛角枣、疙瘩枣、圆铃、沧县傻枣、布袋枣、嵊县白蒲枣、马连小枣、嵩县大枣、蛤蟆枣、早脆王、苏南白蒲枣、婆婆枣、缨不落、相枣、长鸡心枣、苹果枣、软核枣、灰枣、广洋大枣、无核小枣、肉兜子枣、临泽小枣、成武冬枣、甘肃小口枣、郎家园枣、小紫枣、中阳木枣、铃铃枣、延川狗头枣、月牙枣、葫芦长红、酥圆铃、连县木枣、长木枣、襄汾木枣、金丝 1 号、鸣山大枣、大木枣、酸鸡心枣等品种的缩果病病情指数均在 5% 以下。

2007 年，张朝红对田间表现较抗缩果病的 30 个枣品种和感病的临猗梨枣、赞皇大枣进行了室内病原接种试验，继而以田间病情指数、室内接种发病率及室内病原的分离率为指标，利用离差平方和法进行了聚类分析，将 32 个枣品种分为高抗、抗、中抗、感病和高感 5 类（5 类的室内接种情况见图 6-18）。高抗品种有长鸡心枣、成武冬枣、苹果枣、串铃枣、孔府酥脆枣、酥圆铃、宁阳六月鲜；抗性品种有襄汾木枣、中阳木枣、月牙枣、骨头小枣、早熟躺枣、宣城圆枣、官滩枣、相枣、葫芦长红；缨不落、辣椒枣为中抗品种；苏南白蒲枣、短果长红、大木枣、保德油枣、躺枣、九月青枣、圆铃小枣、清徐圆枣、连县木枣、紫枣

A　B　C　D　E

图 6-18　不同品种果实室内接种缩果病病原的表现

Figure 6-18　Performance of fruits of different cultivars after indoor inoculation of fruit shrink disease

A. 苹果枣 'Pingguozao'；B. 中阳木枣 'Zhongyangmuzao'；C. 辣椒枣 'Lajiaozao'；D. 躺枣 'Tangzao'；E. 临猗梨枣 'Linyilizao'

为感病品种；临猗梨枣、泡泡枣、十月红、赞皇大枣为高感缩果病品种。

（二）抗裂果能力

1．裂果方式和程度分级

卢艳清（2008）观察了枣果的裂果方式，发现枣裂果以纵裂为主，占所有裂果品种的59%以上，其次是纵裂＋环裂、不规则裂和环裂（图 6-19），分别占裂果品种的22%、11% 和 8%；品种的裂果方式是非常稳定的性状，一般不随环境条件的变化而改变。

2．品种间裂果发生能力的差异

目前，对于枣品种抗裂果能力的研究主要有 3 种方法一是调查田间自然裂果率；二是通过室内果实浸泡试验进行抗裂性鉴定；三是田间和室内鉴定相结合。

卢艳清（2008）于 2006~2007 年对河北沧县红枣良种基因库、山西省农业科学院园艺研究所枣种质资源圃及国家枣种质资源圃的 406 个品种进行了田间裂果率的动态调查，将裂果程度分为不裂、较轻、中、较重和重 6 级，分级标准见表 6-19，图 6-20。

卢艳清（2008）在田间裂果分级标准（表 6-19）基础上，计算裂果指数，并根据调查品种的裂果指数分别将 3 个试验地点的枣品种进行聚类，依据聚类图将不同品种自然条件下的抗裂能力分为极抗裂、抗裂、较抗裂、较易裂、易裂和极易裂等 6 级。在国家枣种质资源圃的 183 个品种中，极抗裂的品种最多，占 44.8%，依次是较抗裂品种、抗裂品种、较易裂品种、易裂品种和极易裂品种，分别占 16.9%、14.8%、13.1%、8.2% 和 2.2%；河北沧县红枣良种基因库中的抗裂品种占 25.8%，易裂的占 24.2%，较抗裂的占 21.2%，极抗裂和较易裂品种均占 12.1%，极易裂品种占 5% 以下。

依据上述抗裂能力分级标准，田间极抗裂的品种有成武冬枣、长红枣、冬枣、葫芦长红、尖枣、官滩枣、历城

A B C D

图 6-19 枣的不同裂果方式（卢艳清，2008）

Figure 6-19 Cracking types of Chinese jujube fruit（Lu,2008）

A. 纵裂 Vertical cracking；B. 环裂 Horinzontal cracking；C. 纵裂 + 环裂 Vertical and horinzontal cracking；D. 不规则裂 Irregular cracking

表 6-19 枣田间裂果分级标准（卢艳清，2008）

Table 6-19 Grading criterion of fruit cracking for Chinese jujube in field（Lu, 2008）

级别 Grade		分级标准 Grading criterion of jujube fruit cracking
0	不裂 No cracking	果面无裂果现象 No cracking
I	轻 Light	（1）果面有 1 道裂口，长度不超过果实纵径或横径的 1/2 One split with length shorter than half of the fruit vertical length or cross diameter （2）果面裂口细小，裂口部位面积不超过果面面积的 1/4 Small split with area smaller than one fourth of the total fruit skin area
II	较轻 Relative light	（1）果面有 1 道裂口，长度超过果实纵径或横径的 1/2 One split with length longer than half of the fruit vertical length or cross diameter （2）果面有 2 道裂口，长度不超过果实纵径或横径的 1/2 Two splits with length shorter than half of the fruit vertical length or cross diameter （3）果面裂口细小，裂口部位面积达果面面积的 1/4～1/3 Small split with area of 1/4～1/3 of the total fruit skin area （4）果面裂口无规则，裂口部位面积不超过果面面积的 1/4 Irregular splits with area smaller than one fourth of the total fruit skin area
III	中 Moderate	（1）果面有 2 道裂口，长度超过果实纵径或横径的 1/2 Two splits with length longer than half of the fruit vertical length or cross diameter （2）果面有 3 道裂口，长度不超过果实纵径或横径的 1/2 Three splits with length shorter than half of the fruit vertical length or cross diameter （3）果面裂口细小，裂口部位面积达果面面积的 1/3～1/2 Small split with area of 1/3～1/2 of the total fruit skin area （4）果面裂口无规则，裂口部位面积达果面面积的 1/4～1/3 Irregular splits with area of 1/4～1/3 of the total fruit skin area
IV	较重 Relative severe	（1）果面有 3 道裂口，长度超过果实纵径或横径的 1/2 Three splits with length longer than half of the fruit vertical length or cross diameter （2）果面有 4 道裂口。长度不超过果实纵径或横径的 1/2 Four splits with length shorter than half of the fruit vertical length or cross diameter （3）果面裂口无规则，裂口部位面积达果面面积的 1/3～1/2 Irregular splits with area of 1/3～1/2 of the total fruit skin area
V	重 Severe	裂口部位面积超过果面面积的 1/2 Splitting area larger than half of the total fruit skin area

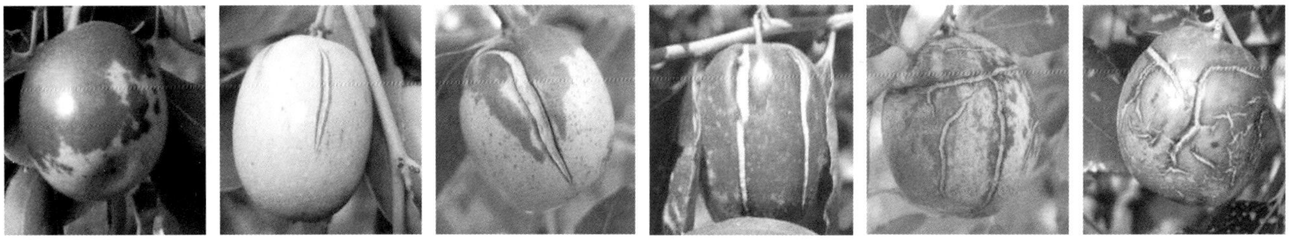

0 I II III IV V

图6-20 田间不同裂果级别枣果的典型图片（卢艳清，2008）

Figure 6-20 Typical photo for different fruit cracking degrees in field（Lu,2008）

串铃枣、河北龙须枣、磨盘枣、保德油枣、茶壶枣、薛城冬枣、苹果枣、灵宝灵1号、板枣、紫铃蛋、崖枣、斑枣、十月红枣、缨络枣、糠头枣、珍珠枣、相枣、溆浦糖枣、小算盘、襄汾木枣、槟榔枣、柳罐枣、六月枣、甜酸枣、南京大木枣、垣曲枣、皖牛奶枣、稷山长枣、晒枣、平顺笨枣、棉絮枣、清徐圆枣、冷枣、榆次牙枣、南京枣、平顺俊枣、南京鸭枣、苦端枣、灌阳长枣、平遥大枣、吊吊枣、大马枣、临泽大枣、墩墩枣、吾库扎克小枣、新乐大枣、西双小枣、广东木枣、中阳木枣、喀什葛尔小枣、广东大枣、辣椒枣、太原十月红、大糖枣、棒棰枣、条枣、沧县傻枣、河津晋枣、扁核酸、灵宝大枣、新郑鸡心枣、洪赵葫芦枣、无头枣、暄铃、河南酥枣、酥圆铃、永城长红、宁阳六月鲜、新郑大马牙枣、三变色、轱辘枣、知枣、山东灵枣、细腰枣、陕西牙枣、九月青枣、核桃纹等。其中河北龙须枣、茶壶枣、薛城冬枣、尖枣、葫芦长红、历城串铃枣、成武冬枣、保德油枣、磨盘枣、官滩枣、长红枣等在不同年份和地点的裂果率均为零，表现出极好的抗裂性能。

其他报道的抗裂品种有阎良相枣（李新岗等，2004）、姜皇庄1号（冉辛拓等,2003）、水枣、束鹿婆枣、溆浦香枣（毛永民等，1999）、雨丰等。

毛永民等（1999）的研究表明，室内浸果试验中，随着浸水时间的延长，裂果率和裂果指数增大，浸水48h的裂果率所反映的枣品种间的裂果差异与一般年份田间的观察结果基本符合，并提出了室内浸果条件下枣品种抗裂性的划分标准（表6-20）。

裂果率除了与品种有关外，还与果实成熟度、栽培条件、年份等因素有关。一般来说，处于脆熟期的枣果裂果率和裂果指数均高于处于白熟期的果实；果实脆熟期遭遇连阴雨，裂果严重；果实细胞迅速分裂期肥水条件较好的枣园，裂果情况稍微轻一些。

表6-20 室内浸果鉴定中枣品种抗裂性的标准（毛永民等，1999）

Table 6-20 The grading criterion of fruit cracking resistance for Chinese jujube cultivar by dipping fruit in water（Mao *et al.*, 1999）

类别 Group	裂果率 Percentage of cracking fruit (%)	品种名称 Cultivar name
极易裂 Highly sensitive	80.0～100	壶瓶枣 Hupingzao, 无头枣 Wutouzao, 脆枣 Cuizao, 骏枣 Junzao, 尜尜枣 Gagazao, 金丝小枣 Jinsixiaozao, 梨枣 Lizao, 串杆枣 Chuanganzao
易裂 Sensitive	50.0～79.9	灵宝大枣 Lingbaodazao, 赞皇大枣 Zanhuangdazao, 圆铃 Yuanling, 相枣 Xiangzao, 灰枣 Huizao, 灵宝大枣 Lingbaodazao, 胎里红 Tailihong, 长鸡心枣 Changjixinzao
中等 Intermediate	20.0～49.9	串铃 Chuanling, 晋枣 Jinzao, 婆婆枣 Popozao, 洪赵小枣 Hongzhaoxiaozao, 俊枣 Junzao, 北京泡泡枣 Beijingpopozao, 湖南牛奶枣 Hunanniunaizao, 灌阳长枣 Guanyangchangzao
较抗裂 Resistant	10.0～19.9	板枣 Banzao, 鸡心枣 Jixinzao, 软核蜜 Ruanhemi, 紫圆 Ziyuan, 湖南糖枣 Hunantangzao, 孔府酥脆枣 Kongfusucuizao
抗裂 Highly resistant	0.0～9.9	长红 Changhong, 柳林木枣 Liulinmuzao, 水枣 Shuizao, 束鹿婆枣 Shulupozao, 连县木枣 Lianxianmuzao, 溆浦香枣 Xupuxiangzao, 湖南糠头枣 Hunankangtouzao, 小算盘枣 Xiaosuanpanzao

（三）抗枣疯病能力

1．病情分级

枣疯病是一种植原体（Phytoplasma）病害。河北农业大学刘孟军等（2006）在多年的枣疯病病原检测的基础上，结合田间症状调查，以病情的发展进程和可控程度为依据，从微观到宏观提出了组织、病枝、病株、病园和病区5个水平的枣疯病病情分级标准。

（1）组织水平上的枣疯病病情分级

在组织显微水平上，按荧光亮点（DAPI荧光检测法，王秀伶等，2000）的多少和大小，将病情划分成5级（表6-21），不同病级的DAPI荧光检测结果见图6-21。

（2）枝条水平上的枣疯病病情分级

根据枝条表观症状的发展阶段可将病情分为6级，具体分级标准见表6-22，相关图片见图6-22。

（3）植株水平上的枣疯病病情分级

根据病树整株的病情发展情况，在植株水平上可将病情分为6级，具体分级标准见表6-23，Ⅰ～Ⅴ级的相应图片见图6-23。

（4）枣园水平上的枣疯病病情分级

以累积发病株率为标准进行病园水平的病情分级，具体分级标准见表6-24。

（5）枣区水平上的枣疯病病情分级

根据枣疯病累积发病株率的高低，可在枣区水平上将枣区病情分为6级，具体分级标准见表6-25。

2．品种间抗枣疯病能力的差异

传统上对枣疯病的抗性鉴定多采用在待检测植株上嫁接病皮的方法。早在1962年，王清和等用嫁接方法测定了23个枣树品种的抗病性，发现品种间存在着显著差异（高京草，2005）。采用该方法研究报道过的抗性品种有葫芦枣（桂晓春等，1995）、婆婆枣和洪赵小枣（田国忠等，2002），感病品种有梨枣（田国忠等，2002）、扁核酸等（高京草，2005）。

温秀军等（2005）利用嫁接病皮、枝条等方法，采用DAPI荧光显微镜、PCR检测、酚类物质的薄层层析分析等技术，对壶瓶枣、蛤蟆枣、婆枣、马牙枣、鲀子枣、长红枣、酸枣和46个婆枣单株进行了枣疯病抗性鉴定。结果表明：壶瓶枣和蛤蟆枣对枣疯病具有高度抗性；长红枣、马牙枣、酸枣、婆枣和鲀子枣表现为感病；46个婆枣单株的平均发病率为81.1%，单株间抗病性表现差异明显，有4个单株经过6年6次传病一直没有发病，说明其对枣疯病有很强的抗性。

河北农业大学在收集资料、通信征集及向有关专家和

表6-21　枣疯病病情的组织水平分级及表观症状（以枣吊为例）（刘孟军，2006）

Table 6-21　Grading of phytoplasma density in diseased bearing shoot under fluorescence microscope and apparent symptom (Liu,2006)

级别 Grade	荧光显微镜下的病原浓度 Phytoplasma density under fluorescence microscope	表观症状 Apparent symptom	发生部位 Location
0	无荧光亮点和小碎点 No fluorescent spots	无症状 No symptom	健树和轻病树远离疯枝的健康枝部位 Healthy trees and healthy branches far from diseased ones on mild diseased tree
Ⅰ	有大量小碎点，偶尔夹杂一个较小的荧光亮点 Large amounts of ambiguous tiny spots，with few bright fluorescent spot	无症状 No symptom	轻病树距离疯枝较近的枝、中度发病树的“健康”枝 Branches close to diseased ones on light diseased tree, healthy branches on mild diseased tree
Ⅱ	有大量小碎点，明显夹杂少量零星分布的荧光亮点 Large amounts of tiny spots mixed with some bright fluorescent spots	花梗延长、花变叶等 Peduncle elongated, flowers changed into tiny leaves	疯枝和健枝结合部位；Ⅰ～Ⅱ级疯枝 Joint part between healthy and diseased branch, diseased branch of grade I-II
Ⅲ	有较多荧光亮点，其中一些连成片或半环状，局部小范围构成亮带 Large amounts of bright fluorescent spots	丛枝症状 Condensed branch	Ⅲ～Ⅳ级疯枝 Diseased branch of grade III-IV
Ⅳ	有大量荧光亮点，几乎呈连续的均匀分布，在韧皮部组成一条亮环 Big size fluorescent spots forming a bright circle	短缩丛枝 Condensed branch	Ⅴ级疯枝 Diseased branch of grade V

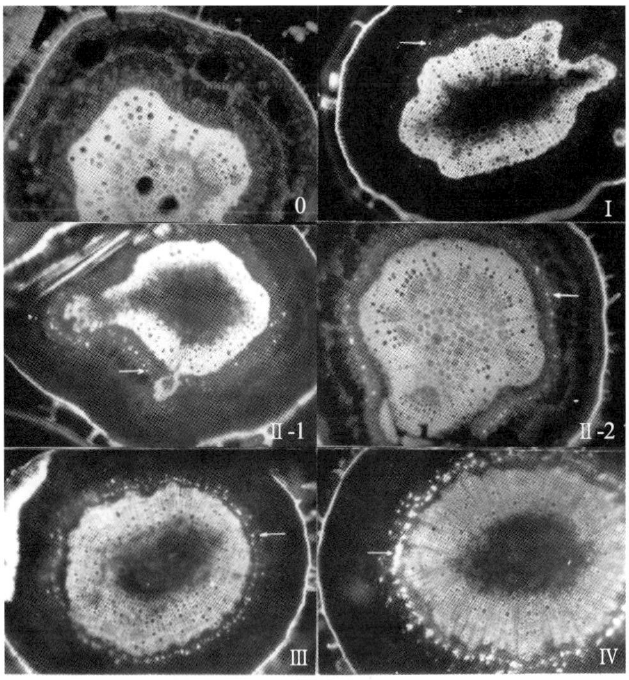

图 6-21 枣疯病病原浓度组织显微水平分级（枣吊）（刘孟军，2006）

Figure 6-21 Grading of phytoplasma density in diseased bearing shoot under fluorescence microscope（Liu, 2006）

图 6-22 枝条水平上枣疯病病情的分级（刘孟军，2006）

Figure 6-22 Apparent symptom grading of witches' broom disease at shoot level（Liu,2006）

表 6-22 枝条水平上枣疯病病情的分级（刘孟军，2006）

Table 6-22 Symptom grading of witches' broom disease at shoot level（Liu,2006）

级别 Grade	表观症状 Apparent symptoms
0	无症状 No symptoms
I	花梗延长，叶片、枝条外观正常 Peduncle elongated, leaf and branch looked normal
II	花变为多个小叶，枝条外观正常 Flower changed into phyllody, branch looked normal
III	花变为多个小叶，新枝顶端叶片明显变小 Flower changed into tiny leaves, top leaves of new branch obviously smaller
IV	新枝中度短缩，叶片明显变小，但仍有少量正常叶片 New branch moderately condensed, leaves obviously smaller, a few normal leaves remained
V	新枝极度短缩，叶片均变小，基本没有正常叶片 New branch extremely condensed, all leaves smaller, almost no normal leaves

表 6-23　植株水平上枣疯病病情的分级（刘孟军，2006）

Table 6-23　Grading of witches’ broom disease at tree level（Liu,2006）

级别 Grade	表观症状 Apparent symptoms
0	无疯枝 No diseased branches
Ⅰ	仅有 1～2 个小病枝，其他枝条外观正常 Only 1～2 diseased branches
Ⅱ	病枝占总枝量的 1/3 以下，其他枝条外观正常 The proportion of diseased branches less than 1/3
Ⅲ	病枝占总枝量的 1/3～2/3，其他枝条外观正常 The proportion of diseased branches between 1/3-2/3
Ⅳ	病枝占总枝量的 2/3 以上，但尚有枝条外观正常 The proportion of diseased branches more than 2/3
Ⅴ	病枝遍布全树，基本无正常枝条 Almost no healthy branches

图 6-23　植株水平上枣疯病病情的分级（病叶在冬季未正常落叶）（刘孟军，2006）

Figure 6-23　Grading of witches’ broom disease at tree level（diseased leaves not fall in winter）（Liu,2006）

表 6-24　枣园水平上枣疯病病情的分级（刘孟军，2006）
Table 6-24　Grading of witches' broom disease at orchard level（Liu, 2006）

级别 Grade	累积发病株率 Accumulated rate of diseased tree
0	无病树 No diseased trees
Ⅰ	5% 以下 Less than 5%
Ⅱ	5%～10% Between 5%-10%
Ⅲ	10%～30% Betweent 10%-30%
Ⅳ	30%～50% Betweent 30%-50%
Ⅴ	50% 以上 More than 50%

表 6-25　枣区水平上枣疯病病情的分级（刘孟军，2006）
Table 6-25　Grading of witches' broom disease at regional level（Liu,2006）

级别 Grade	累积发病株率 Accumulated rate of diseased tree
0	无病树 No diseased trees
Ⅰ	1% 以下 Less than 1%
Ⅱ	1%～5% Between 1%-5%
Ⅲ	5%～10% Between 5%-10%
Ⅳ	10%～20% Between 10%-20%
Ⅴ	20% 以上 More than 20%

科技工作者咨询的基础上，从全国700份枣品种中甄别收集到29个品种的未见发生或很少发生枣疯病的单株200余个。1998～1999年采用自主开发的在重病大树上高接待鉴定种质的高强度抗性鉴定新方法，筛选出病情指数在30%以下，即抗性明显强于婆婆枣（已知高抗枣疯病的品种）的种质材料7份，分别来自于南京木枣、壶瓶枣、秤砣枣、骏枣、灵宝大枣、清徐圆枣和火石沟铃枣（赵锦等，2006）。在此基础上，经过复选发现，骏枣单系、秤砣枣单系、清徐圆枣单系和南京木枣单系的发病率均为0，且抗病性非常稳定。对该4个单系进行病树高接，发现骏枣抗病单系对枣疯病抗性稳定，发病率一直为0，且综合经济性状优良。2005年，该高抗枣疯病的骏枣优系通过了河北省科技厅组织的成果鉴定，同年通过了河北省林木品种审定委员会的审定，正式定名为'星光'（刘孟军等，2006）。

另外，《中国果树志•枣卷》中对55个枣品种的抗枣疯病能力进行了记载（依据是各品种的自然发病情况），其中抗性品种20个、较抗品种5个、略抗品种6个、不抗品种24个。抗枣疯病品种有婆婆枣、郎溪甜枣、清徐圆枣、榆次团枣、河南辉县狗牙酸、官滩枣、蛤蟆枣、太谷铃铃枣、北京小白枣、广德木枣、安徽歙县蜜蜂汁、南京大木枣、歙县秤砣枣、宣城圆枣、洪赵小枣、黎城小枣、山西文水沙枣、定襄星星枣、定襄油荷枣、夏县圆脆枣；较抗品种有：襄汾崖枣、襄汾木枣、永城长红、灌阳短枣、交城甜酸枣；略抗品种有：延川长条枣、相枣、保德油枣、太谷端子枣、太谷墩墩枣、西峰山小枣；不抗品种为：冷枣、安徽菱枣、豫北酥枣、平顺俊枣、浙江淳安白皮马枣、平顺笨枣、湖南茶陵猪笼枣、赞皇大致枣、湖南沙枣、连县苦楝枣、连县糖枣、河南镇平滋味枣、繁昌长枣、涪陵鸡蛋枣、郎溪牛奶枣、连县木枣、广西全州糠头枣、歙县马枣、宣城尖枣、洛阳夏白枣、全州秤砣枣、耀县吊吊枣、密云小枣（曲泽洲和王永蕙，1993）。

（四）抗枣锈病和绿盲蝽能力

1．抗枣锈病能力

《中国果树志•枣卷》中对6个枣品种的抗锈病能力进行了记载，抗病品种有河南嵩县的笨疙瘩枣、新郑酥枣、新郑大木枣；略抗的品种有山东的月牙脆；不抗的品种有冷枣、鸡心枣（曲泽洲和王永蕙，1993）。

同一品种的不同品系抗锈病能力也存在差异。高文海等（2006）制定了木枣锈病的分级标准（表6-26），进而根据分级标准计算病情指数，给出了木枣不同品系对枣锈病的抗性分级标准：发病指数小于10%，为抗病；10%~20%为中度抗病；30%~40%为中度染病；40%以上为染病。从木枣中筛选出抗病品系3个，中度抗病品系2个，中度感病品系8个，感病品系16个。

2．对绿盲蝽的抗性

近年来，绿盲蝽严重影响枣树的开花坐果。据李登科等2009年在国家枣种质资源圃的观察，品种间遭受绿盲蝽危害的程度不同。磨盘枣、金丝小枣、赞皇大枣、扁核酸、陕西大白枣、圆铃、宁阳六月鲜、葫芦长红、核桃纹、斑枣、三变红、疙瘩枣、玉田小枣、献县木枣、清苑大丹枣、蜂蜜罐、延川狗头枣、郎家园枣、临泽小枣、官滩枣、蒲城晋枣等品种绿盲蝽发生较轻，坐果较好；而灵宝大枣、尜尜枣、羊奶枣、马铃脆、大瓜枣、柿顶枣、佳县白枣、大白铃、梨枣、

表 6-26 木枣锈病病情分级标准（高文海，2006）

Table 6-26 Grading criterion for rust disease in ‘Muzao’ (Gao, 2006)

级别 Grade	典型症状 Typical symptom
I	叶部无症状 No symptom
II	在叶脉两侧零星分布淡灰褐色病斑 Few light brown lesion on both sides of vein
III	在叶脉、叶尖和叶基出现暗褐色条状病斑，叶片呈花叶状，叶面平整 Dark brown lesion on veins, leaf tip and leaf base, the leaves flat with green and yellow
IV	病斑在叶背呈片状分布，叶面产生大量的褐色斑块，占叶面的 1/2 以上，叶面不平整 Large lesion on both sides of leaf，coving more than half of the surface, leaves not flat
V	孢子堆遍布叶面，密布叶背，叶片变形或卷曲，叶色发黄，出现落叶 Spores scattering on both surface of leaves, the leaves deformed or curved, yellow, even drop

冬枣、茶壶枣、苹果枣、蛤蟆枣、鸡心枣、濮阳糖枣、无核小枣等绿盲蝽发生较为严重，坐果较少。

（五）其他

1. 抗寒性

对枣树品种抗寒性的系统研究还较少。据河北农业大学周俊义等在 2003 年（枣树冻害极其严重）的田间调查，冬枣、月光、辣椒枣、薛城冬枣、苹果枣、大瓜枣、礼品枣、涞水铃枣等 8 个鲜食品种的抗寒性明显不同，苗木抗寒性由高到低依次为月光枣、苹果枣、礼品枣、大瓜枣、冬枣；成龄树抗寒性由高到低依次是月光枣、辣椒枣、苹果枣、大瓜枣、涞水铃枣、冬枣、礼品枣、薛城冬枣。

树体不同部位的抗寒能力不同。从河北农业大学 2003 年在太行山区对成龄树的冻害调查结果来看，所有品种的根系均未表现冻害症状，各部位受害程度由低到高依次是根系、一次枝主芽、枣头、枣股芽、多年生枝、主干（表 6-27）。

表 6-27 枣树不同部位的抗寒性

Table 6-27 Cold hardness of different parts of Chinese jujube

品种 Cultivar	主干 Trunk		多年生枝 Old branches		枣头 Extension shoot		一次枝主芽受冻率 CDP of main buds (%)	枣股芽受冻率 CDP of buds on mother branches (%)
	冻害率 CDP (%)	冻害指数 CDI (%)	冻害率 CDP (%)	冻害指数 CDI (%)	冻害率 CDP (%)	冻害指数 CDI (%)		
月光 Yueguang	100	24	46	8.6	20	9.6	26	34
礼品枣 Lipinzao	100	50	80	20	90	39.1	88	96
冬枣 Dongzao	100	52.5	80	25.2	66.7	37.5	86	96
涞水铃枣 Laishuilingzao	100	37.5	100	25	-	-	80	60
辣椒枣 Lajiaozao	100	35	66.7	16.6	33.3	8.3	33.3	100
薛城冬枣 Xuechengdongzao	100	75	80	30	100	40.7	93.5	100
苹果枣 Pingguozao	100	47.5	80	25	85	13.4	50	42.3
大瓜枣 Daguazao	100	42.5	80	18.7	86.7	18.1	82.6	78.1
平均 Average	100	45.5	77	21.1	68.8	23.8	67.4	75.8

Note: CDP——Cold damaged percentage; CDI——Cold damage index。

国家枣种质资源圃于2004年将1年生枣苗主干处表皮、韧皮部和形成层的冻害程度分为3级，不同品种受害株率和受害程度不同，湖南鸡蛋枣受冻率最低且冻害程度较轻，大白铃受冻株率最高但冻害程度较轻，大白枣受冻害程度最重。

从品种的自然分布来看，辽宁朝阳的金铃圆枣（张连增等，2003）、金铃长枣、大平顶、小平顶、大尖顶等抗寒性较强。

2．需冷量

落叶果树需要一定时数的低温才能正常生长发育。对枣不同品种的需冷量（低温需求量）的研究可为设施栽培中推迟或提早萌芽开花以及枣的引种等提供理论依据。

常用的需冷量估算模型有低于7℃模型、犹它模型和动力学模型。① 7℃模型以秋季日平均温度稳定通过7℃的日期为有效低温累计点，以打破生理休眠所需7℃或以下的积累低温值作为品种的需冷量，单位为c.h。但是，低于7℃的温度与7℃本身在有效程度上是否相同，以及有效低温有没有下限值这些问题没有解决。后来在此基础上，又有人提出0~7.2℃模型，0~7.2℃是打破生理休眠的最有效温度范围。7℃模型和0~7.2℃模型均未考虑不同温度可能存在的效果不同，这与自然条件及生物体的多样性不符。②犹它模型，又称“低温单位模型”，该模型规定对破眠效率最高的最适冷温1h为1个冷温单位；而偏离适期适温的破眠效率下降甚至具有负作用的，其冷温单位小于1或为负值。以秋季负累积低温单位绝对值达到最大值时的日期为有效低温累积的起点，单位为CU（chill unit）。不同温度的加权效应值不同（即不同温度对需冷量累积的贡献大小不同）：2.5~9.1℃打破休眠最有效，该温度范围内1h为1个冷温单位（1CU）；1.5~2.4℃及9.2~12.4℃只有半效作用，该温度范围内1h相当于0.5个冷温单位；低于1.4℃或12.5~15.9℃之间则无效；16~18℃低温效应被部分抵消，该温度范围内1h相当于-0.5个冷温单位；18.1~21℃低温效应被完全抵消，该温度范围内1h相当于-1个冷温单位；21.1~23℃温度范围内1h相当于-2个冷温单位。只有当积累的冷温单位之和达到或超过最低需冷量时数时，才能解除休眠，才能进行促成栽培。③动力学模型以冷温单位反应曲线为基础，考虑到了冷温对时间的非线性反应。目前犹它模型相对来说是较为完善的，也是应用最普遍的，但并没有考虑树种、品种间对低温反应的差异。

贺润平等（2004）利用犹它模型研究了24个枣品种的需冷量，指出枣树的需冷量较一般果树低，在399~580CU之间。不同枣品种自然休眠期、需冷量有所不同。梨枣、不落酥、板枣、大叶无核枣、鸡蛋枣、相枣、壶瓶枣、骏枣、郎枣、团枣、黑叶枣和龙枣需冷量为399CU（在山西太原设施栽培时12月上旬扣棚好）；蛤蟆枣、涪陵鸡蛋枣、孔府酥脆枣、蜂蜜罐、襄汾圆枣和赞新大枣需冷量为401CU（12月中旬扣棚好）；薛城冬枣需冷量为521CU（1月上旬扣棚好）；金丝小枣、绵枣、晋枣、鸡心蜜枣和冬枣需冷量为580 CU（1月中旬扣棚好）。其中梨枣等23个品种10月下旬进入自然休眠，而冬枣11月上旬进入自然休眠，可进行延迟栽培。

另外，据河北农业大学田间观察，月光枣的需冷量很少，在河北唐山，12月上中旬扣棚，进行设施促成栽培，丰产性和果实品质均有很好的表现。

3．花期耐低温能力

与其他果树相比，枣树开花晚，开花需要的气温较其他果树要高，枣树花粉萌发的适宜温度为24~26℃（曲泽洲和王永蕙，1993）。

不同品种对花期温度的要求不尽相同（曲泽洲等，1993；王斌等，2001；徐秀良等，2008）。大瓜枣坐果低限日均温为21℃；金莱特花期耐低温能力强，在日均温达到20~22℃即可结果；婆枣和山东荣城麻枣正常坐果要求的日均温在22~23℃以上；金丝小枣、无核小枣要求23℃以上；圆铃1号花期坐果低限温度为22~23℃；献王枣坐果适宜的日均温为22~25℃；冬枣和宁阳六月鲜坐果适宜的日均温为24~26℃。

从河北农业大学刘平等在2008年（花期气温较往年偏低）对国家枣种质资源圃等地的结果情况调查来看，大尖顶、长红枣、圆铃、冬枣、不落酥、襄汾圆枣、十月红、茶壶枣、南京木枣、秤砣枣、清徐圆枣、骏枣、壶瓶枣、婆婆枣、灵宝大枣、官滩枣、襄汾崖枣、无名枣、金丝小枣等对花期温度要求要高一些。临猗梨枣、郎枣、木枣、保德油枣、赞皇大枣、大荔龙枣、大荔疙瘩枣、大荔圆枣、河北龙枣、胎里红、郎家园枣、湖南鸡蛋枣、湖南牛奶枣、灌阳短枣、河北屯屯枣、板枣、婆枣对花期气温的要求稍低一些。2009年盛花期温度较高，日均温多在23℃以上，各品种坐果普遍较好。

四、营养学评价

（一）一般营养成分

枣果营养丰富，是上等的滋补佳品。经中国农业科学院分析中心测定，干枣中糖含量达55%~80%，粗蛋白2.92%，粗纤维2.41%，粗脂肪2.41%，磷0.09%~1.27%，钾0.61%~1.05%，钙0.03%~0.06%，镁0.03%~0.05%，铁11.5~65.5 mg/kg，锰4.34~7.82 mg/kg，锌2.12~14.98 mg/kg，维生素C约87mg/100g，维生素B_1约0.17mg/100g，维生素$B_2$0.35mg/100g，胡萝卜素（在人体内能转变为维生素A）0.4mg，尼克酸（维生素PP）5.2mg。枣果中含16种氨基酸，其中有8种必需氨基酸和幼儿不能合成的精氨酸和组氨酸（中国公众营养网，http://www.pndc.gov.cn）。

各种营养物质的含量因果实发育阶段的不同而有所差别。枣果的可溶性糖含量在脆熟期达到最高，含量为30%~35%。枣果成熟期，果肉中的糖以蔗糖为主，其次是果糖和葡萄糖。果实含糖量因品种而异。可溶性总糖含量大于30%的高糖品种有冬枣、溆浦糖枣、深县串杆枣、广洋枣、灰枣、鸡心枣、平顺俊枣、板枣、板枣1号、郎枣、襄汾木枣、美蜜枣、壶瓶枣、夏县紫圆枣、赞宝、无核丰、金魁王、金铃圆枣、金铃长枣、雨丰枣、骏枣1号、壶瓶枣1号、金昌1号、官滩枣、保德油枣等（曲泽洲和王永蕙，1993；董玉慧，2008）。

随着果实的不断发育，可滴定酸含量总体呈下降趋势，脆熟期一般为0.2%~1.0%。可滴定酸含量大于0.7%的高酸资源有婆枣、保德小枣、沧傻枣、襄汾崖枣、献县绵枣、临潼轱辘枣、历城串铃枣、扁核酸、晋县木枣、交城甜酸枣、献县酸枣、献县小大枣、郎枣、深县串杆枣、献县木枣、新乐大枣、大糖枣、平顺俊枣、稷山圆枣、相枣、延川大白枣等（曲泽洲和王永蕙，1993；董玉慧，2008）。

Vc是枣果中的特色优势成分之一，枣果中Vc含量（平均为414mg/100g·FW）与猕猴桃相近（平均为420mg/100g·FW）。赵智慧（2003）的研究结果表明，枣果Vc含量在幼果期升高，白熟期达到最高，之后下降。果实半红期Vc含量高于550mg/100g·FW的品种有婆枣、祁阳糠头枣、洪赵葫芦枣、献县小大枣、北碚小枣、晋县木枣、阿克苏小枣、交城甜酸枣、辣椒枣、新郑尖头灰枣、板枣、深县串杆枣、灵武长枣；Vc含量低于196.01mg/100gFW的有大荔圆枣、大荔马牙枣、陕西大白枣、内黄苹果枣、大荔知枣、大白铃、湖南鸡蛋枣、彬县酸疙瘩枣、新郑马牙枣、北京马牙白枣、清徐圆枣、大荔鸡蛋枣、北京鸡蛋枣、冷4号、冬枣等（曲泽洲和王永蕙，1993；董玉慧，2008；Zhao *et al.*，2009）。

（二）生物活性物质

1. cAMP和cGMP

cAMP（3’,5’-环磷酸腺苷）是20世纪50年代发现的一种具重要生物活性的环核苷酸类物质。临床证明，cAMP对冠心病、心肌梗塞、心源性休克等多种疾病有显著疗效。环核苷酸是枣果中特色最为突出的重要生物活性物质，枣成熟果肉中环核苷酸含量达10~300nmol/g·DW，是所有已测动植物材料中最高的，为一般动植物材料环核苷酸含量的数千倍以上（刘孟军，1987）。

枣、酸枣品种和类型间成熟果肉cAMP含量存在很大差异。河北农业大学刘孟军（1987）采用蛋白结合法对44个枣品种、59个酸枣类型成熟果肉的cAMP含量进行了测定，枣成熟果肉中的cAMP含量在0.74~105.03μg/g·FW之间，平均为13.375μg/g·FW；山西木枣的cAMP含量最高，其次是壶瓶枣、大婆枣、斑枣、牙枣、壶瓶酸、苦端枣、相枣、襄汾圆枣、骏枣、清徐圆枣、婆枣等，板枣的含量最低；31.8%的品种果肉中cAMP含量在5μg/g·FW以下，9.1%的品种含量在40μg/g·FW以上（表6-28）。酸枣类型果肉的cAMP含量在1.30~52.78μg/g·FW之间，平均值为

表6-28 不同枣品种成熟果肉cAMP含量的分布（刘孟军，1987）

Table 6-28 Distribution of cAMP content in pulp of Chinese jujube（Liu,1987）

含量 Content（μg/g·FW）	品种数量 Cultivar number	所占比例 Percentage（%）
>40	4	9.1
>30~40	1	2.3
>20~30	2	4.5
>10~20	12	27.3
5~10	11	25.0
≤5	14	31.8

8.637μg/g·FW，以酸枣54号的含量最高，近一半的品种含量在5μg/g·FW以下（表6-29）。

赵爱玲等（2009）于2007年利用HPLC法测定了276个枣品种果皮（果皮中含量显著高于果肉）中cAMP含量和264个品种果皮中的cGMP的含量。cAMP含量在4.79～622.51μg/g·DW之间，平均为154.4μg/g·DW。含量最高的是义乌大枣，其次是万荣玻璃脆、壶瓶枣、临泽大枣、大荔林檎枣、大糖枣、合阳铃铃枣、定襄山枣、北京鸡蛋枣、南京鸭枣、溆浦香枣、榆次九月寒、斑枣、大荔圆枣、山西大铃枣等；含量最低的是遵义甜枣，其次是河北13号、郎家园枣、北京马牙白枣、阿克苏小枣、交城甜酸枣、蒲城晋枣、北京坠子白枣、扁核酸、清苑大丹枣等。含量在100～200μg/g·DW的品种占38.4%，含量在100μg/g·DW以下的占35.2%（表6-30）。

264个枣品种果皮中cGMP含量范围为4.2～220.9μg/g·DW，平均为62.9μg/g·DW。cGMP含量最高的是北京鸡蛋枣，其次是南京鸭枣、大糖枣、临泽大枣、大荔圆枣、大荔马牙枣、临猗辣椒枣、定襄山枣、义乌大枣、骏枣、临猗圆铃枣、大荔林檎枣、斑枣、宁阳六月鲜、平遥苦端枣、大荔中草笨枣、合阳铃铃枣、内黄苹果枣、山西哈八枣、密云小枣、陕西七月鲜枣；含量最低的是河北13号，其次是中阳木枣、连县苦楝枣、乐陵蚂蚙枣、蒲城直社枣、灌阳长枣、郎家园枣、清苑大丹枣、大白铃、交城甜酸枣等。36.7%的品种果皮cGMP含量范围为50～100μg/g·DW（表6-31）。在阿克苏小枣、北京马牙白、北京坠子白枣、涪陵鸡蛋枣、稷山长枣、临泽小枣、扁核酸、平顺笨枣、平遥大枣、蒲城晋枣、山东小梨枣、武乡甜枣、献县小小枣、薛城冬枣、遵义甜枣等15个品种果皮中未检测到cGMP。

2．三萜酸类

枣属植物三萜类以羽扇烷型为主，主要以游离型三萜酸和三萜酸酯形式存在。目前已经从枣中检测到的有桦木酸、齐墩果酸和熊果酸等（彭艳芳，2008）。桦木酸对黑色

表6-29 不同酸枣类型成熟果肉cAMP含量的分布（刘孟军，1987）

Table 6-29 Distribution of cAMP content in pulp of sour jujube（Liu，1987）

含量 Content（μg/g·FW）	品种/类型数量 Cultivar /type number	所占比例 Percentage（%）
>40	2	4.1
>30～40	2	4.1
>20～30	3	6.1
>10～20	8	16.3
>5～10	10	20.4
≤5	24	49.0

表6-30 不同枣品种果皮cAMP含量的分布（赵爱玲等，2009）

Table 6-30 Distribution of cAMP content in pericarp of Chinese jujube（Zhao *et al.*, 2009）

含量 Content（μg/g·DW）	品种数量 Cultivar number	所占比例 Percentage（%）
>500	4	1.4
>400～500	7	2.5
>300～400	9	3.3
>200～300	53	19.2
>150～200	43	15.6
>100～150	63	22.8
>50～100	64	23.2
≤50	33	12.0

表 6-31　不同枣品种果皮 cGMP 含量的分布（赵爱玲等，2009）

Table 6-31　Distribution of cGMP content in pericarp of Chinese jujube（Zhao *et al*., 2009）

含量 Content（μg/g·DW）	品种数量 Cultivar number	所占比例 Percentage（%）
>200	4	1.5
>150～200	8	3.0
>100～150	29	11.0
>50～100	97	36.7
≤ 50	126	47.7

素瘤细胞等肿瘤细胞有较为广谱的抑制作用，低剂量就有抑制肿瘤生长的作用，但对人的毒性极低。桦木酸还具有较好的抗病毒活性，能够在体外抑制 HIV 的复制。齐墩果酸具有抗肿瘤作用，能降低放射性治疗后造血组织的损伤程度。熊果酸，又名乌索酸（乌苏酸），具有广泛的生物活性，抗肿瘤活性是其最主要的药理作用。

表 6-32　金丝小枣不同器官总三萜酸含量的比较（彭艳芳，2008）

Table 6-32　Contents of total triterpenoids of different organs in cultivar 'Jinsixiaozao'（Peng, 2008）

器官 Organ	含量 Content（mg/g·DW）
叶片 Leaf	41.570A
全红果 Red Fruit	13.199B
枣花 Flower	8.499C

注：A、B、C 代表差异达到 0.01 显著水平

Note：A、B、C means significant difference at 0.01 level

河北农业大学彭艳芳（2008）利用高效液相色谱法（HPLC）对金丝小枣不同器官总三萜酸含量的研究表明，叶片中（花期到果实成熟期）的总三萜含量均显著高于枣花和枣果（表 6-32）。而 Zhao Ailing 等（2008）利用 HPLC 的研究结果表明，果肉中三萜酸含量要高于果皮、叶片，茎中三萜酸含量最低，这可能与品种、叶片的发育状态等因素有关。

赵爱玲（2009）等采用比色法（香草醛—冰醋酸、高氯酸显色）对 279 个枣品种的三萜酸含量的测定表明，枣成熟果肉中三萜酸含量范围为 3.0~25.7mg/g·DW，平均为 9.32mg/g·DW。含量最高的品种是义县木枣，其次是麻枣、金丝 2 号、沧县小枣和茶壶枣；含量较高的有早板枣、溆浦圆枣、榆次面枣、乐陵无核小枣、金丝 3 号、广东珍珠枣、溆浦砂糖枣、临汾蜜枣、新郑大枣、朝阳磨盘枣等；含量最低的是牛奶脆枣，其次是深县串杆红、新郑马牙枣、交城端枣、大荔水枣、晋南 1 号、赞皇大枣、婆婆枣、广东木枣、彬县黑疙瘩枣等。53% 的品种三萜酸含量集中在 5～10mg/g·DW（表 6-33）。

表 6-33　不同枣品种果肉三萜酸含量的分布（赵爱玲等，2009）

Table 6-33　Distribution of triterpenic acid content in pulp of Chinese jujube（Zhao *et al*., 2009）

含量 Content（mg/g·DW）	品种数量 Cultivar number	所占比例 Percentage（%）
>20	6	2.2
>15～20	18	6.5
>10～15	79	28.3
>5～10	148	53.0
≤ 5	28	10.0

表 6-36 不同枣品种果实黄酮含量的分布范围（彭艳芳，2008）

Table 6-36 Distribution of flavone content in fruits of Chinese jujube（Peng, 2008）

含量 Content（mg/g·DW）	品种数量 Cultivar number	品种名称 Cultivar name
>15	1	扁核酸 Bianhesuan
>10～15	4	壶瓶枣 Hupingzao, 板枣 Banzao, 赞皇大枣 Zanhuangdazao, 永城长红 Yongchengchanghong
>5～10	20	圆铃 Yuanling, 献县酸枣 Xianxiansuanzao, 湖南鸡蛋枣 Hunanjidanzao, 鸡心枣 Jixinzao, 襄汾木枣 Xiangfenmuzao, 相枣 Xiangzao, 滕州长红 Tengzhouchanghong, 灌阳长枣 Guanyangchangzao, 临猗梨枣 Linyilizao, 义乌大枣 Yiwudazao, 阜平大枣 Fupingdazao, 官滩枣 Guantanzao, 桐柏大枣 Tongbaidazao, 宣城尖枣 Xuanchengjianzao, 宣城圆枣 Xuanchengyuanzao, 临泽大枣 Linzedazao, 郎枣 Langzao, 金丝小枣（山东）Jinsixiaozao（Shandong）, 延川狗头枣 Yanchuangoutouzao, 灰枣 Huizao
≤ 5	2	金丝小枣（河北）Jinsixiaozao（Hebei）, 骏枣 Junzao

表 6-37 不同枣品种果皮黄酮含量的分布（赵爱玲等，2009）

Table 6-37 Distribution of flavone content in pericarp of Chinese jujube（Zhao *et al.*, 2009）

含量 Content（mg/g·DW）	品种数量 Cultivar number	所占比例 Percentage（%）
>80	1	0.4
>60～80	1	0.4
>40～60	6	2.2
>20～40	31	11.1
>15～20	18	6.5
>10～15	57	20.4
>5～10	86	30.8
≤ 5	79	28.3

枣花中芦丁含量最高（3.367mg/g·DW），依次为叶片（2.054 mg/g·DW）和枣果（113μg/g·DW）；就不同品种而言，枣果的芦丁含量为 87～164μg/g·DW，平均为 115μg/g·DW（表 6-38）；永城长红、扁核酸、板枣的芦丁含量均在 150μg/g·DW 以上，77.7% 的品种芦丁含量在 90～130μg/g·DW 之间（表 6-38）。

6．膳食纤维

膳食纤维是指食物中不被人体内源酶消化吸收的植物细胞、多糖、木质素以及其他物质的总和。这一定义包括食物中大量组成成分如纤维素、半纤维素、木质素、胶质、改性纤维素、黏质、寡糖、果胶以及其他小量组成成分，如蜡质、胶质、软木质。膳食纤维可以分为水溶性膳食纤维（水溶性多糖）和水不溶性膳食纤维。不溶性膳食纤维包括纤维素、木质素和大部分半纤维素；可溶性膳食纤维包括果胶、β-葡聚糖、寡糖、树胶、黏浆、藻胶、部分半纤维素和耐消化淀粉。水溶性膳食纤维（水溶性多糖）可有效清除人体内的氧自由基，并具有明显的抗衰老、增强机体免疫力、止咳、祛痰、行血、止血、通经活络之功效。

据苗利军（2006）采用中性洗涤法的测定，枣果膳食纤维的含量一般为 3.35%～9.04%，平均为 5.95%；磨盘枣的膳食纤维含量最高，其次是郎枣、蛤蟆枣、冬枣、北京鸡蛋枣、官滩枣、辣椒枣、献县酸枣、直社疙瘩枣、平陆尖枣等，

表 6-38 不同品种果实芦丁含量的分布（彭艳芳，2008）

Table 6-38 Distribution of rutin content in fruit of Chinese jujube（Peng, 2008）

含量 Content（g/g·DW）	品种数量 Cultivar number	品种名称 Cultivar name
>150	3	永城长红 Yongchengchanghong, 扁核酸 Bianhesuan, 板枣 Banzao
>130～150	2	灌阳长枣 Guanyangchangzao, 官滩枣 Guantanzao
>110～130	10	赞皇大枣 Zanhuangdazao, 襄汾木枣 Xiangfenmuzao, 阜平大枣 Fupingdazao, 桐柏大枣 Tongbaidazao, 临猗梨枣 Linyilizao, 滕州长红 Tengzhouchanghong, 宣城尖枣 Xuanchengjianzao, 壶瓶枣 Hupingzao, 延川狗头枣 Yanchuangoutouzao, 献县酸枣 Xianxiansuanzao
>90～110	11	骏枣 Junzao, 郎枣 Langzao, 湖南鸡蛋枣 Hunanjidanzao, 鸡心枣 Jixinzao, 金丝小枣（山东）Jinsixiaozao（Shandong）, 金丝小枣（河北）Jinsixiaozao（Hebei）, 圆铃 Yuanling, 广洋大枣 Guangyangdazao, 宣城圆枣 Xuanchengyuanzao, 义乌大枣 Yiwudazao, 相枣 Xiangzao
≤ 90	1	灰枣 Huizao

尜尜枣、壶瓶枣的含量很低；93.7% 的品种膳食纤维含量在 4%~8% 之间 (表 6-39)。就不同用途品种膳食纤维含量的比较来看，制干品种膳食纤维含量最高，其次为鲜食品种，兼用品种含量最少，分别为 6.34%，6.07% 和 4.70%。

据彭艳芳 (2008) 采用中性洗涤法的测定，冬枣和金丝小枣果实不同发育期的总膳食纤维主要由水不溶性膳食纤维组成，水不溶性膳食纤维含量约为水溶性多糖的 9~21 倍；就金丝小枣不同器官水不溶性膳食纤维含量和总膳食纤维含量来看，枣叶中含量最高，分别为 323.8mg/g·DW 和 329.9mg/g·DW，其次为枣花和枣果，枣叶中含量分别是枣花和枣果含量的 1.85 倍和 4.20 倍。就金丝小枣不同器官水溶性多糖含量来看，枣花中含量最高，其次为枣果和枣叶，枣花中含量分别是枣果和枣叶含量的 2.66 倍和 2.81 倍。Zhao *et al.* (2006，2007，2008) 的研究表明，随着果

表 6-39 枣品种果实膳食纤维含量的分布（苗利军，2006）

Table 6-39 Distribution of edible fibre content in fruit of Chinese jujube（Miao，2006）

含量 Content	品种数量 Cultivar number	品种名称 Cultivar name
>8%	1	磨盘枣 Mopanzao
>6%～8%	22	郎枣 Langzao, 蛤蟆枣 Hamazao, 冬枣 Dongzao, 北京鸡蛋枣 Beijingjidanzao, 官滩枣 Guantanzao, 辣椒枣 Lajiaozao, 献县酸枣 Xianxiansuanzao, 直社疙瘩枣 Zhishegedazao, 平陆尖枣 Pinglujianzao, 紫圆枣 Ziyuanzao, 扁柿枣 Bianshizao, 赞皇大枣 Zanhuangdazao, 板枣 Banzao, 永济鸡蛋枣 Yongjijidanzao, 扁核酸 Bianhesuan, 襄汾圆枣 Xiangfenyuanzao, 无名枣 Wumingzao, 苦端枣 Kuduanzao, 月光 Yueguang, 滕州长红 Tengzhouchanghong, 骏枣 Junzao, 临猗梨枣 Linyilizao
>4%～6%	22	金昌 1 号 Jinchang 1, 新乐大枣 Xinledazao, 长枣 Changzao, 婆婆枣 Popozao, 磨塞子枣 Mosaizizao, 泰安马铃脆 Taianmalingcui, 木枣 Muzao, 大白枣 Dabaizao, 临汾团枣 Linfentuanzao, 湖南鸡蛋枣 Hunanjidanzao, 蜂蜜罐 Fengmiguan, 羊奶枣 Yangnaizao, 牛奶脆枣 Niunaicuizao, 小墩墩枣 Xiaodundunzao, 磨盘枣 Mopanzao, 胎里红 Tailihong, 灵宝大枣 Lingbaodazao, 三变红 Sanbianhong, 蜜枣 Mizao, 不落酥 Buluosu, 新郑大枣 Xinzhengdazao, 虎枣 Huzao
≤ 4%	2	天津尜尜枣 Tianjingagazao, 壶瓶枣 Hupingzao

实的发育，水溶性多糖含量缓慢增加。

彭艳芳 (2008) 对 27 个枣品种果实中的水溶性多糖含量进行了测定。结果表明，成熟果肉中的水溶性多糖含量范围为 4.3~9.1mg/g·DW，平均为 6.3mg/g·DW。义乌大枣、扁核酸的含量在 8mg/g·DW 以上；圆铃、襄汾木枣、延川狗头枣的含量在 7~8mg/g·DW 之间；近 45% 的品种果肉中水溶性多糖的含量在 6~7mg/g·DW 之间 (表 6-40)。

赵爱玲 (2008) 采用（水抽提）苯酚—硫酸比色法测定了 279 个枣品种成熟果肉中的多糖含量。结果表明，枣果肉中多糖含量范围为 28~201mg/g·DW，平均为 89.6mg/g·DW；多糖含量最高的是山东梨枣，依次是彬县晋枣、临猗梨枣、孔府酥脆枣、榆次团枣、辣椒枣、哈密大枣、大白铃、灰枣、郎溪牛奶枣等；含量最低的是献县圆小枣，其次是溆浦岩枣、蒲城直社枣、昆明枣、中阳木枣、武乡甜枣、汝城枣、平遥大枣、圆铃、乐陵蚂蛉枣等。近一半的品种果肉多糖含量在 80~140mg/g·DW 之间 (表 6-41)。

赵智慧等(2006,2007,2008) 利用 HPLC 法研究了冬枣、金丝小枣、月光、怀柔大脆、圆铃、圆铃小枣等 6 个枣品种成熟果实中水溶性多糖的性质。酸性多糖是水溶性多糖中最主要的类型，酸性单糖成分为半乳糖醛酸，中性单糖组成以阿拉伯糖、半乳糖和鼠李糖为主。从金丝小枣果实的水溶性多糖中分离纯化得到 12 个均一多糖，其中 11 个为酸性多糖，1 个为中性多糖 (表 6-42)。

表 6-40 不同枣品种果实水溶性多糖含量的分布 （彭艳芳，2008）

Table 6-40 Distribution of water soluble polysaccharides content in fruit of Chinese jujube （Peng，2008）

含量 Content（mg/g·DW）	品种数量 Cultivar number	品种名称 Cultivar name
>8	2	义乌大枣 Yiwudazao, 扁核酸 Bianhesuan
>7～8	3	圆铃 Yuanling, 襄汾木枣 Xiangfenmuzao, 延川狗头枣 Yanchuangoutouzao
>6～7	12	金丝小枣（山东）Jinsixiaozao（Shandong）, 灌阳长枣 Guanyangchangzao, 宣城尖枣 Xuanchengjianzao, 鸡心枣 Jixinzao, 临泽大枣 Linzedazao, 骏枣 Junzao, 滕州长红 Tengzhouchanghong, 壶瓶枣 Hupingzao, 官滩枣 Guantanzao, 赞皇大枣 Zanhuangdazao, 永城长红 Yongchengchanghong, 阜平大枣 Fupingdazao
>5～6	8	临猗梨枣 Linyilizao, 金丝小枣（河北）Jinsixiaozao（Hebei）, 宣城圆枣 Xuanchengyuanzao, 相枣 Xiangzao, 郎枣 Langzao, 桐柏大枣 Tongbaidazao, 板枣 Banzao, 湖南鸡蛋枣 Hunanjidanzao
≤ 5	2	灰枣 Huizao, 献县酸枣 Xianxiansuanzao

表 6-41 不同枣品种果肉多糖含量的分布范围 （赵爱玲等，2008）

Table 6-41 Distribution of polysaccharides content in pulp of Chinese jujube（Zhao *et al.*, 2008）

含量 Content（mg/g·DW）	品种数量 Cultivar number	所占比例 Percentage（%）
>170	4	1.4
>140～170	22	7.9
>110～140	67	24.0
>80～110	77	27.6
>50～80	42	15.1
≤ 50	67	24.0

表 6-42 枣品种果实中的水溶性多糖的组成（赵智慧，2006）

Table 6-42 Composition of water soluble polysaccharides in fruit of Chinese jujube（Zhao, 2006）

品种 Cultivar	含量 Content (%)	中性单糖组成相对比例 Relative ratio of monosaccharides						酸性多糖含糖（以糖醛酸计）Acid polysaccharides content（Count in uronic acid,%）
		鼠李糖 Rha	阿拉伯糖 Ara	木糖 Xyl	甘露糖 Man	葡萄糖 Glu	半乳糖 Gal	
金丝小枣 Jinsixiaozao	4.52	1	8.04	0.53	—	0.52	5.01	3.99
冬枣 Dongzao	2.45	1	3.52	0.23	—	0.48	0.94	1.8
圆铃 Yuanling	2.30	1	4.23	0.08	—	1.59	1.91	1.68
圆铃小枣 Yuanlingxiaozao	2.16	1	5.69	0.09	—	2.87	2.68	1.76
月光 Yueguang	1.76	1	13.13	0.09	—	2.37	7.94	1.32
怀柔大脆枣 Huairoudacuizao	1.42	1	3.44	0.14	—	1.6	1.4	1.09

五、其他遗传性状评价

（一）细胞学

河北农业大学自20世纪80年代起对117个枣品种、40个酸枣类型的染色体数目及39个枣品种、26个酸枣类型的染色体核型进行了研究（闫桂军，1984；曲泽洲，1986；温陟良等，1987；陈永利，1988；杨云贞，1991; 葛喜珍等，1997）。结果表明，枣和酸枣的染色体基数均为12，除赞皇大枣为三倍体（2n=3x=36）外，其他品种和类型均为二倍体（2n=2x=24）。经染色体数目鉴定确定为二倍体的枣品种有安阳枣（河南）、板枣、保德小枣、保德油枣、北京笨枣、扁核酸、槟榔枣、沧县小枣、茶壶枣（山东）、长红枣、串杆枣（河北）、串铃枣（河北）、大马枣（山西）、墩墩枣（山西）、蜂蜜罐（陕西）、疙瘩枣（陕西）、官滩枣、广东珍珠枣、广洋枣、河北龙枣、河南龙枣、核桃纹、洪赵脆枣、洪赵葫芦枣、洪赵小枣、湖南长枣、灰枣、鸡蛋枣（河南）、鸡心枣（河南）、稷山长枣、尖枣（山西）、交城端枣、骏枣、金丝小枣、晋枣（陕西）、九月青、苦端枣（山西）、辣椒枣、狼牙枣（河北易县）、梨枣（山东、山西、河北）、黎城小枣、临汾团枣、灵宝大枣、铃铃枣（陕西）、留花枣（山西）、宁阳六月鲜、马连小枣、马牙枣（河北）、馒头枣、米枣、绵枣（河北）、磨盘枣（山东）、南京鸭枣、宁夏大红枣、不落酥、平遥大枣、清徐圆枣、软核蜜（河南）、三变红（河南）、傻枣（河北）、深县串杆红、十月红（山西）、柿顶枣、大婆枣、大糖枣、水枣（陕西）、酥枣（河南）、壶瓶枣、太谷葫芦枣、郎枣、美蜜枣、甜酸枣（山西）、屯子枣（河北）、无核枣（河北、山东）、无名枣（山西）、无头枣（河南）、襄汾木枣、襄汾圆枣、小小枣（河北）、新疆小圆枣、星星枣（山西）、永济蛤蟆枣、有头枣（河南）、榆次团枣、榆次牙枣、圆脆枣（山西）、圆铃、圆小枣（河北）、圆枣（河南）、婆婆枣、相枣、知枣（陕西）、中阳木枣、中阳团枣等。

枣和酸枣均属于小染色体植物，枣染色体长度范围为0.49～6.00μm，酸枣为0.54～4.67μm。不同品种和类型的核型在随体数目、位置、最长与最短染色体之比、臂比大于2：1的染色体比例、着丝点端化等方面的变异明显。核型包括了Stebbins分类的1A、1B、2A、2B、2C、3A、WB等7种类型。枣以2B核型为主，占69.2%；酸枣以1B核型为主，占53.8%，其次是2B型（表6-43）。

彭建营等（2005）对赞皇大枣42个株系的染色体核型进行了分析，结果表明株系间存在核型多态性，主要归纳为3种核型（图6-24），核型公式分别是2n=3x=15m+21sm，2n=3x=21m（2SAT）+15sm和2n=3x=21m（1SAT）+15sm。

（二）孢粉学

彭建营（1991）对枣和酸枣的花粉形态及结构进行了

观测，主要结果见表6-44。枣、酸枣的花粉为近扁球形，少数近球形，极面观为钝三角形。

据G. Erdtman的划分标准，枣的花粉属中、小型。枣不同品种花粉极轴长18.46~21.52μm，赤道轴长21.10~26.39μm，其中冬枣花粉最小为18.98 μm×22.10μm，紫零蛋枣花粉最大为20.22μm×26.39μm。不同品种还有数量不等的巨型花粉（普通花粉体积的2~3倍），含巨型花粉的品种占供试品种的70.4%。

酸枣花粉极轴长19.11~22.10μm，赤道轴长21.00~25.61μm。据G. Erdtman的划分标准，酸枣的花粉大部分属小型，仅一个类型（河北酸枣1号）属中型花粉。供试酸枣类型未发现有巨型花粉。

表6-43 枣、酸枣品种和类型的染色体核型（曲泽洲和王永蕙，1986；杨云贞，1991；葛喜珍等，1997）

Table 6-43 Karyotypes of Chinese jujube and sour jujube cultivars/types（Qu and Wang,1986; Yang, 1991；Ge *et al.*,1997）

种 Species	核型 Karyotype	品种数目 Cultivar number	所占比例 Percentage（%）
枣 Chinese jujube	2B	27	69.2
	2C	6	15.4
	2A	4	10.3
	1B	1	2.6
	3A	1	2.6
酸枣 Sour jujube	1B	14	53.8
	2B	5	19.2
	2A	2	7.7
	1A	2	7.7
	WB	2	7.7
	3A	1	3.8

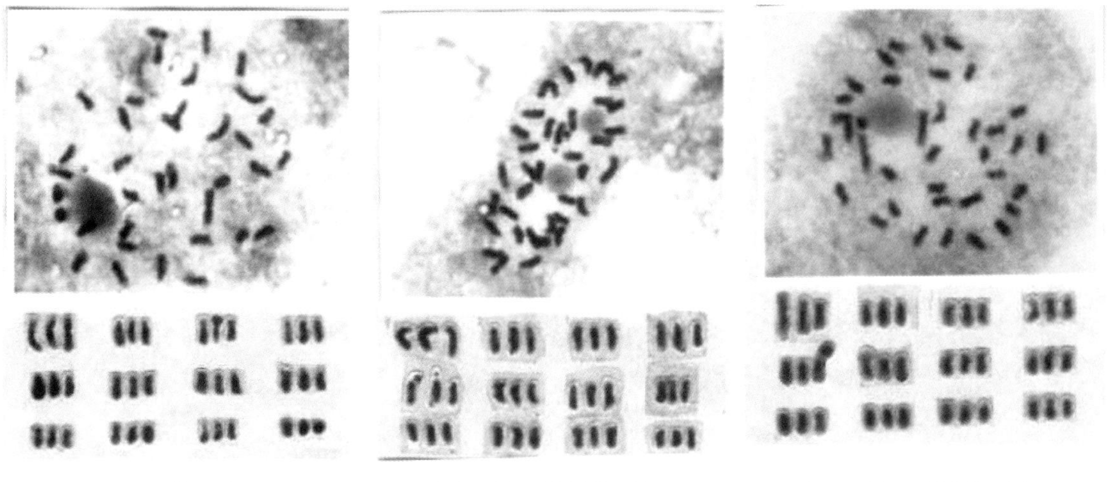

图6-24 赞皇大枣不同类型的核型分析结果（彭建营等，2005）

Figure 6-24 Karyotypes of different type of ‘Zanhuangdazao’（Peng *et al.*, 2005）

表 6-44 枣、酸枣品种和类型的花粉形态（彭建营 ,1991）

Table 6-44 Pollen morphology of Chinese jujube cultivars and sour jujube types（Peng, 1991 ）

品种或类型 Cultivar/type	形状 Shape	大小 Size(μ m)	极轴 / 赤道轴 Polar axis/ Equatorial axis	巨型花粉 Huge pollen	萌发孔 Aperture	外壁厚度 Exine thickness	纹饰 Ornamentation
笨枣 Benzao	近扁球形 Suboblate	20.74 × 25.22	0.823	无 None	三孔沟，稀二孔沟，长条形加厚 3-colporate,rarely 2-colporate, 4 thickenings like strip	1.59	脊流畅、光滑，交织网状 Muri fluent, velvet; interlace reticulate
扁核酸 Bianhesuan	近扁球形 Suboblate	21.39 × 25.68	0.833	有 Have	三孔沟，稀二孔沟、四孔沟，成圆形加厚 3-colporate,rarely 2-colporate and 4-colporate, 4 thickenings forming circle	1.56	脊流畅、光滑，交织网状 Muri fluent, velvet; interlace reticulate
长红 Changhong	近扁球形 Suboblate	19.76 × 23.92	0.826	有 Have	三孔沟，稀二孔沟、四孔沟，圆形加厚 3-colporate,rarely 2-colporate and 4-colporate, 4 thickenings forming circle	1.43	脊不流畅、粗糙，网状，网眼不规则 Muri not fluent, coarse; reticulate, lumina abnormity
成武冬枣 Chengwudongzao	近扁球形 Suboblate	19.70 × 24.12	0.817	无 None	三孔沟，稀二孔沟，萌发孔圆形，四点加厚 3-colporate,rarely 2-colporate , 4 thickenings like dot	1.56	脊不流畅、粗糙，片块状 Muri not fluent, coarse； clump
串铃 Chuanling	近扁球形 Suboblate	21.03 × 26.15	0.805	无 None	三孔沟，四块加厚少，成椭圆形，H 形不明显 3-colporate,4 thickenings small, forming ellipse, H-shape indistinct	1.73	脊不流畅，粗糙片块状 Muri not fluent, coarse clump
大荔圆枣 Daliyuanzao	近扁球形 Suboblate	21.39 × 26.07	0.821	有 Have	三孔沟，稀二孔沟，四点加厚 3-colporate,rarely 2-colporate, 4 thickenings like dot	1.56	脊不流畅、粗糙，小沟、小穴 Muri not fluent, coarse; foveolate
大糖枣 Datangzao	近扁球形 Suboblate	20.61 × 25.68	0.803	无 None	三孔沟，稀二孔沟、四孔沟，四点加厚，H 形不明显 3-colporate, a few 4-colporate, rarely 2-colporate, 4 thickenings like dot and H-shape indistinct	1.56	脊不流畅、粗糙，网状，网眼不规则 Muri not fluent, coarse; reticulate, lumina abnormity

（续）

品种或类型 Cultivar/type	形状 Shape	大小 Size(μ m)	极轴 / 赤道轴 Polar axis/ Equatorial axis	巨型花粉 Huge pollen	萌发孔 Aperture	外壁厚度 Exine thickness	纹饰 Ornamentation
大叶枣 Dayezao	近扁球形 Suboblate	21.52 × 25.35	0.849	有 Have	三孔沟，稀二孔沟、四孔沟，四点加厚 3-colporate,rarely 2-colporate and 4-colporate, 4 thickenings like dot	1.69	脊不流畅、粗糙，网状，网眼不规则 Muri not fluent, coarse; reticulate, lumina abnormity
冬枣 Dongzao	近扁球形 Suboblate	18.98 × 22.10	0.859	有 Have	三孔沟，稀二孔沟、五孔沟少量四孔沟，圆形加厚 3-colporate, rarely 2-colporate and 5-colporate, a few 4-colporate, 4 thickenings forming circle	1.43	脊流畅、光滑，交织网状 Muri fluent, velvet; interlace reticulate
墩墩枣 Dundunzao	近扁球形 Suboblate	19.96 × 24.51	0.816	有 Have	三孔沟，稀二孔沟，四点加厚 3-colporate,rarely 2-colporate, 4 thickenings like dot	1.56	脊流畅、光滑，条纹状 Muri fluent, velvet, striate
蜂蜜罐 Fengmiguan	近扁球形 Suboblate	19.5 × 23.73	0.822	无 None	三孔沟，稀二孔沟 3-colporate,rarely 2-colporate	1.56	脊不流畅、粗糙，网状，网眼不规则 Muri not fluent, coarse; reticulate, lumina abnormity
干尾巴枣 Ganweibazao	近扁球形 Suboblate	21.19 × 26.26	0.808	有 Have	三孔沟，稀二孔沟、四孔沟，长条形加厚 3-colporate,rarely 2-colporate and 4-colporate, 4 thickenings like strip	1.56	脊流畅、光滑，交织网状 Muri fluent, velvet; interlace reticulate
疙瘩枣 Gedazao	近扁球形 Suboblate	20.67 × 24.7	0.838	有 Have	三孔沟，稀二孔沟，椭圆加厚 3-colporate,rarely 2-colporate, 4 thickenings forming ellipse	1.56	脊流畅、光滑，交织网状 Muri fluent, velvet; interlace reticulate
广东糖枣 Guangdongtangzao	近扁球形 Suboblate	19.5 × 23.21	0.841	有 Have	三孔沟，稀二孔沟、四孔沟，四点加厚 3-colporate,rarely 2-colporate and 4-colporate, 4 thickenings like dot	1.56	脊流畅、光滑，条网状 Muri fluent, velvet, striate
广东珍珠枣 Guangdongzhenzhuzao	近扁球形 Suboblate	18.92 × 22.69	0.835	有 Have	三孔沟，稀二孔沟，四块加厚大，且明显，四点加厚。有些花粉沟延伸很短 3-colporate,rarely 2-colporate, 4 thickenings large and distinct	1.56	脊不流畅、粗糙，小沟小穴 Muri not fluent, coarse; foveolate

（续）

品种或类型 Cultivar/type	形状 Shape	大小 Size(μ m)	极轴 / 赤道轴 Polar axis/ Equatorial axis	巨型花粉 Huge pollen	萌发孔 Aperture	外壁厚度 Exine thickness	纹饰 Ornamentation
广洋枣 Guangyangzao	近扁球形 Suboblate	20.22 × 24.51	0.815	有 Have	三孔沟，稀二孔沟，四点加厚 3-colporate,rarely 2-colporate, 4 thickenings like dot	1.56	脊不流畅、粗糙，网状，网眼不规则 Muri not fluent, coarse; reticulate, lumina abnormity
河北龙枣 Hebeilongzao	近扁球形 Suboblate	19.18 × 24.38	0.788	无 None	三孔沟，稀二孔沟、四孔沟，四点加厚，H 形明显 3-colporate,rarely 2-colporate and 4-colporate, 4 thickenings like dot ,H-shape distinct	1.95	脊不流畅、粗糙，网状，网眼不规则 Muri not fluent, coarse; reticulate, lumina abnormity
河南糖枣 Henantangzao	近扁球形 Suboblate	20.41 × 25.48	0.801	有 Have	三孔沟，稀二孔沟，四点加厚 3-colporate,rarely 2-colporate , 4 thickenings like dot	1.43	脊流畅、光滑，条网状 Muri fluent, velvet, striate
核桃纹 Hetaowen	近扁球形 Suboblate	20.02 × 25.48	0.786	无 None	三孔沟，稀二孔沟，圆形加厚，孔是圆的 3-colporate,rarely 2-colporate , 4 thickenings forming circle lpate	1.56	脊不流畅、粗糙，小沟、小穴 Muri not fluent, coarse; foveolate
湖南糖枣 Hunantangzao	近扁球形 Suboblate	19.24 × 22.49	0.857	有 Have	三孔沟，稀二孔沟、四孔沟，长条形加厚 3-colporate,rarely 2-colporate and 4-colporate, 4 thickenings like strip	1.56	脊不流畅、粗糙，小沟、小穴 Muri not fluent, coarse; foveolate
湖南甜酸枣 Hunantiansuanzao	近扁球形 Suboblate	19.76 × 23.79	0.832	无 None	三孔沟，四点加厚 3-colporate, 4 thickenings like dot	1.56	脊不流畅、粗糙，小沟小穴 Muri not fluent, coarse; foveolate
湖南珍珠枣 Hunanzhenzhuzao	近扁球形 Suboblate	19.70 × 23.34	0.844	有 Have	三孔沟，少量二孔沟，稀四孔沟，四点加厚 3-colporate, some 2-colporate ,rarely 4-colporate, 4 thickenings like dot	1.56	脊不流畅、粗糙，网状，网眼不规则 Muri not fluent, coarse; reticulate, lumina abnormity
灰枣 Huizao	近扁球形 Suboblate	19.37 × 23.99	0.808	无 None	三孔沟，稀二孔沟、四点加厚 3-colporate, rarely 2-colporate, 4 thickenings like dot	1.56	脊不流畅、粗糙，小沟、小穴 Muri not fluent, coarse; foveolate

（续）

品种或类型 Cultivar/type	形状 Shape	大小 Size(μm)	极轴／赤道轴 Polar axis/ Equatorial axis	巨型花粉 Huge pollen	萌发孔 Aperture	外壁厚度 Exine thickness	纹饰 Ornamentation
鸡心枣 Jixinzao	近扁球形 Suboblate	19.50×24.12	0.81	有 Have	三孔沟，稀二孔沟、四孔沟，四点加厚 3-colporate,rarely 2-colporate, a few 4-colporate, 4 thickenings like dot	1.43	脊流畅、光滑，脑纹状 Muri fluent, velvet; cerebroid
尖枣 Jianzao	近扁球形 Suboblate	21.06×24.57	0.858	有 Have	三孔沟，稀二孔沟，长条形加厚 3-colporate,rarely 2-colporate , 4 thickenings like strip	1.56	脊流畅、光滑，交织网状 Muri fluent, velvet; interlace reticulate
金丝小枣（沧县）Jinsixiaozao(Cangxian)	近扁球形 Suboblate	19.24×23.99	0.803	无 None	三孔沟，稀二孔沟，四点加厚 3-colporate, rarely 2-colporate, 4 thickenings like dot	1.59	脊不流畅，粗糙，网状具穿孔 Muri not fluent, coarse, reticulate and perforate
金丝小枣（乐陵）Jinsixiaozao（Leling）	近扁球形 Suboblate	19.18×23.34	0.822	有 Have	三孔沟，稀四孔沟，少量二孔沟，成圆形加厚，具合沟，沟延伸程度大 3-colporate, rarely 4-colporate, a few 4-colporate, 4 thickenings forming circle, exceptionally having syncolpate	1.43	脊流畅、粗糙，网状具穿孔 Muri fluent, coarse；reticulate and perforate
晋县木枣 Jinxianmuzao	近扁球形 Suboblate	20.35×24.70	0.824	有 Have	三孔沟，稀二孔沟，椭圆形加厚，具合沟 3-colporate,rarely 2-colporate, 4 thickenings forming ellipse, having syncolpate	1.56	脊不流畅、粗糙，网状，具穿孔 Muri not fluent, coarse, reticulate and perforate
九月青 Jiuyueqing	近扁球形 Suboblate	19.89×23.4	0.851	无 None	三孔沟，少量二孔沟，四点加厚 3-colporate, a few 2-colporate, 4 thickenings Like dot	1.43	脊不流畅、粗糙，片块状 Muri not fluent, coarse clump
苦楝枣 Kulianzao	近球形 Subspheroidal	21.06×23.01	0.916	有 Have	三孔沟，稀二孔沟、四孔沟，四点加厚 3-colporate,rarely 2-colporate and 4-colporate, 4 thickenings like dot	1.43	脊不流畅、粗糙，小沟、小穴 Muri not fluent, coarse; foveolate
落地红 Luodihong	近扁球形 Suboblate	19.63×23.92	0.821	有 Have	三孔沟，稀二孔沟、四孔沟，长条形加厚 3-colporate,rarely 2-colporate and 4-colporate, 4 thickenings like strip	1.56	脊流畅、光滑，复合网状 Muri fluent, velvet; complexly reticulate

（续）

品种或类型 Cultivar/type	形状 Shape	大小 Size(μm)	极轴 / 赤道轴 Polar axis/ Equatorial axis	巨型花粉 Huge pollen	萌发孔 Aperture	外壁厚度 Exine thickness	纹饰 Ornamentation
马铃脆 Malingcui	近扁球形 Suboblate	20.22×24.51	0.826	有 Have	三孔沟，稀二孔沟、四孔沟，圆形加厚，有合沟现象 3-colporate,rarely 2-colporate and 4-colporate, 4 thickenings forming circle, exceptionally having syncolpate	1.43	脊流畅、光滑，交织网状 Muri fluent, velvet; interlace reticulate
平陆棒棰枣 Pinglubangchuizao	近扁球形 Suboblate	21.13×24.77	0.854	无 None	三孔沟，稀二孔沟，四点加厚 3-colporate,rarely 2-colporate , 4 thickenings like dot	1.56	脊不流畅、粗糙，小沟、小穴 Muri not fluent, coarse; foveolate
婆枣 Pozao	近扁球形 Suboblate	19.89×24.05	0.828	有 Have	三孔沟，少量四孔沟，稀二孔沟，椭圆形加厚 3-colporate, a few 4-colporate, rarely 2-colporate, 4 thickenings forming ellipse	1.63	脊不流畅、粗糙，网状、网眼不规则 Muri not fluent, coarse; reticulate, lumina abnormity
齐头白 Qitoubai	近扁球形 Suboblate	19.18×23.21	0.827	有 Have	三孔沟，稀二孔沟，椭圆形加厚 3-colporate,rarely 2-colporate, 4 thickenings forming ellipse	1.56	脊流畅、光滑，条网状 Muri fluent, velvet, striate
山东磨盘枣 Shandongmopanzao	近扁球形 Suboblate	18.79×23.47	0.802	无 None	三孔沟，稀二孔沟，长条形加厚 3-colporate,rarely 2-colporate, 4 thickenings like strip	1.56	脊流畅、光滑，交织网状 Muri fluent, velvet; interlace reticulate
山西脆枣 Shanxicuizao	近扁球形 Suboblate	20.93×24.31	0.861	无 None	三孔沟，稀二孔沟，长条形加厚 3-colporate,rarely 2-colporate, 4 thickenings like strip	1.56	脊流畅、光滑，复合网状 Muri fluent, velvet; complexly reticulate
山西俊枣 Shanxijunzao	近扁球形 Suboblate	19.83×24.18	0.82	有 Have	三孔沟，少量二孔沟，四点加厚 3-colporate,rarely 2-colporate , 4 thickenings like dot	1.43	脊流畅、光滑，交织网状 Muri fluent, velvet; interlace reticulate
山西木枣 Shanximuzao	近扁球形 Suboblate	20.67×24.05	0.861	无 None	三孔沟，长条形加厚 3-colporate, 4 thickenings like strip	1.43	脊不流畅、粗糙，片块状 Muri not fluent, coarse clump

（续）

品种或类型 Cultivar/type	形状 Shape	大小 Size(μ m)	极轴 / 赤道轴 Polar axis/ Equatorial axis	巨型花粉 Huge pollen	萌发孔 Aperture	外壁厚度 Exine thickness	纹饰 Ornamentation
山西牙枣 Shanxiyazao	近球形 Subspheroidal	20.80 × 23.53	0.885	有 Have	三孔沟，稀二孔沟、四孔沟，四点加厚 3-colporate,rarely 2-colporate and 4-colporate, 4 thickenings like dot	1.56	脊流畅、光滑，条网状 Muri fluent, velvet, striate
陕西龙枣 Shaanxilongzao	近扁球形 Suboblate	21.13 × 25.74	0.821	有 Have	三孔沟，稀二孔沟，四点加厚 3-colporate,rarely 2-colporate, 4 thickenings like dot	1.69	脊流畅、光滑，交织网状 Muri fluent, velvet; interlace reticulate
陕西药枣 Shanxiyaozao	近扁球形 Suboblate	20.8 × 24.44	0.852	有 Have	三孔沟，少量四孔沟，长条形加厚 3-colporate, a few 4-colporate , 4 thickenings like strip	1.43	脊不流畅，粗糙，网状，网眼不规则 Muri not fluent, coarse; reticulate, lumina abnormity
柿饼枣 Shibingzao	近扁球形 Suboblate	21.08 × 24.12	0.842	有 Have	三孔沟，少量四孔沟（较多），长条形加厚 3-colporate,some 4-colporate, 4 thickenings like strip	1.56	脊流畅、光滑，复合网状 Muri fluent, velvet; complexly reticulate
水枣 Shuizao	近扁球形 Suboblate	20.41 × 24.18	0.844	无 None	三孔沟，稀二孔沟，四点加厚 3-colporate,rarely 2-colporate, 4 thickenings like dot	1.43	脊流畅、光滑，复合网状 Muri fluent, velvet; complexly reticulate
酸枣 10 Sour jujube 10	近球形 Subspheroidal	20.02 × 22.56	0.888	无 None	三孔沟，四点加厚 3-colporate, 4 thickenings like dot	1.56	脊不流畅、粗糙，网状，网眼不规则 Muri not fluent, coarse; reticulate, lumina abnormity
酸枣 15 Sour jujube 15	近扁球形 Suboblate	21.00 × 24.51	0.857	无 None	三孔沟，椭圆形加厚 3-colporate, 4 thickenings forming ellipse	1.43	脊不流畅、粗糙，网状，网眼不规则 Muri not fluent, coarse; reticulate, lumina abnormity
酸枣 17 Sour jujube 17	近球形 Subspheroidal	21.52 × 24.05	0.895	无 None	三孔沟，四点加厚 3-colporate, 4 thickenings like dot	1.56	脊流畅、光滑，复合网状 Muri fluent, velvet; complexly reticulate

（续）

品种或类型 Cultivar/type	形状 Shape	大小 Size(μ m)	极轴 / 赤道轴 Polar axis/ Equatorial axis	巨型花粉 Huge pollen	萌发孔 Aperture	外壁厚度 Exine thickness	纹饰 Ornamentation
酸枣 1 Sour jujube 1	近扁球形 Suboblate	22.1 × 25.61	0.864	无 None	三孔沟，稀四孔沟，成圆加厚 3-colporate,rarely 4-colporate, 4 thickenings forming circle	1.56	脊不流畅、粗糙，小沟、小穴 Muri not fluent, coarse; foveolate
酸枣 20 Sour jujube 20	近球形 Subspheroidal	19.11 × 21.00	0.911	无 None	三孔沟，四点加厚 3-colporate, 4 thickenings like dot	1.43	纹饰脊不流畅、粗糙，网状，网眼不规则 Muri not fluent, coarse; reticulate, lumina abnormity
酸枣 22 Sour jujube 22	近扁球形 Suboblate	19.44 × 24.4	0.831	无 None	三孔沟，少量二孔沟、四孔沟，长条形加厚 3-colporate, a few 2-colporate and 4-colporate , 4 thickenings like strip	1.56	脊流畅、光滑，条网状 Muri fluent, velvet；striate
酸枣 35 Sour jujube 35	近扁球形 Suboblate	20.15 × 23.66	0.852	无 None	三孔沟，四点加厚 3-colporate, 4 thickenings like dot	1.56	脊流畅、光滑，条网状 Muri fluent, velvet； striate
酸枣 69 Sour jujube 69	近扁球形 Suboblate	20.11 × 24.7	0.815	无 None	三孔沟，稀二孔沟、四孔沟，成圆形加厚 3-colporate,rarely 2-colporate and 4-colporate, 4 thickenings forming circle	1.56	脊流畅、光滑，条网状 Muri fluent, velvet；striate
躺枣 Tangzao	近扁球形 Suboblate	18.46 × 23.34	0.792	有 Have	三孔沟，稀二孔沟、四孔沟，椭圆形加厚 3-colporate, rarely 2-colporate and 4-colporate, 4 thickenings forming ellipse	1.56	脊不流畅、粗糙，网状具穿孔 Muri not fluent, coarse；reticulate and perforate
条枣 Tiaozao	近扁球形 Suboblate	19.57 × 22.82	0.858	有 Have	三孔沟，稀二孔沟，长条形加厚 3-colporate,rarely 2-colporate , 4 thickenings like strip	1.56	脊流畅、光滑，交织网状 Muri fluent, velvet; interlace reticulate
无核小枣 Wuhexiaozao	近扁球形 Suboblate	20.02 × 25.03	0.8	有 Have	三孔沟，稀二孔沟、四孔沟，四点加厚，不明显 3-colporate,rarely 2-colporate and 4-colporate, 4 thickenings like dot and indistinct	1.43	脊不流畅，粗糙，短脊型 Muri not fluent, coarse and short

（续）

品种或类型 Cultivar/type	形状 Shape	大小 Size(μ m)	极轴／赤道轴 Polar axis/ Equatorial axis	巨型花粉 Huge pollen	萌发孔 Aperture	外壁厚度 Exine thickness	纹饰 Ornamentation
无头枣 Wutouzao	近扁球形 Suboblate	20.09 × 24.64	0.816	有 Have	三孔沟，稀二孔沟，圆形加厚，有合沟现象 3-colporate, rarely 2-colporate , 4 thickenings forming circle, exceptionally having syncolpate	1.56	脊不流畅、粗糙，网状、短脊型 Muri not fluent, coarse and short, reticulate
武乡碳枣 Wuxiangtanzao	近扁球形 Suboblate	20.93 × 26.00	0.806	有 Have	三孔沟，稀二孔沟，少量四孔沟，四点加厚 3-colporate,rarely 2-colporate, a few 4-colporate, 4 thickenings Like dot	1.43	脊流畅、光滑，条网状 Muri fluent, velvet, striate
香枣 Xiangzao	近扁球形 Suboblate	19.57 × 22.88	0.856	有 Have	三孔沟，稀二孔沟、四孔沟，四点加厚，个别花粉有合沟 3-colporate,rarely 2-colporate and 4-colporate, 4 thickenings Like dot, exceptionally having syncolpate	1.56	脊不流畅、粗糙，网状，网眼不规则 Muri not fluent, coarse; reticulate, lumina abnormity
新乐大枣 Xinledazao	近扁球形 Suboblate	19.5 × 23.79	0.82	无 None	三孔沟，稀二孔沟、四孔沟，四块加厚少，成椭圆形，H 形较明显 3-colporate,rarely 2-colporate and 4-colporate, 4 thickenings small, forming ellipse,H-shape rather distinct	1.56	脊不流畅、粗糙，网状、网眼不规则 Muri not fluent, coarse; reticulate, lumina abnormity
新郑大枣 Xinzhengdazao	近扁球形 Suboblate	19.37 × 23.92	0.81	有 Have	三孔沟，稀二孔沟，成圆圈加厚 3-colporate,rarely 2-colporate , 4 thickenings forming circle	1.43	脊不流畅、粗糙，小沟、小穴 Muri not fluent, coarse; foveolate
岩枣 Yanzao	近扁球形 Suboblate	19.76 × 22.49	0.879	有 Have	三孔沟，稀二孔沟，长条形加厚 3-colporate,rarely 2-colporate , 4 thickenings like strip	1.56	脊流畅、光滑，复合网状 Muri fluent, velvet; complexly reticulate
玉田小枣 Yutianxiaozao	近扁球形 Suboblate	19.31 × 23.40	0.826	无 None	三孔沟，稀二孔沟，四点加厚 3-colporate, rarely 2-colporate, 4 thickenings like dot	1.56	脊不流畅、粗糙，网状具穿孔 Muri not fluent, coarse, reticulate and perforate

（续）

品种或类型 Cultivar/type	形状 Shape	大小 Size(μ m)	极轴／赤道轴 Polar axis/ Equatorial axis	巨型花粉 Huge pollen	萌发孔 Aperture	外壁厚度 Exine thickness	纹饰 Ornamentation
圆铃 Yuanling	近扁球形 Suboblate	19.24 × 23.40	0.823	有 Have	三孔沟，稀二孔沟、四孔沟，圆形加厚 3-colporate,rarely 2-colporate and 4-colporate, 4 thickenings forming circle	1.56	脊流畅、光滑，交织网状 Muri fluent, velvet; interlace reticulate
知枣 Zhizao	近扁球形 Suboblate	20.8 × 25.81	0.807	有 Have	三孔沟，稀二孔沟，成椭圆加厚 3-colporate,rarely 2-colporate, 4 thickenings forming ellipse	1.43	脊不流畅、粗糙，网状具穿孔 Muri not fluent, coarse, reticulate and perforate
紫零蛋 Zilingdan	近扁球形 Suboblate	20.22 × 26.39	0.766	有 Have	三孔沟，稀二孔沟，四孔沟，成圆圈加厚，个别有沟桥 3-colporate,rarely 2-colporate and 4-colporate, 4 thickenings forming circle, exceptionally having aperture bridge	1.56	脊流畅、光滑，复合网状 Muri fluent, velvet; complexly reticulate

表 6-45　枣和酸枣叶片的 POD 同工酶酶型（王秀伶等，1999）

Table 6-45　Zymogram types in leaf peroxidase of Chinese jujube and sour jujube（Wang *et al*., 1999）

谱区 Region		I 区 I Region						F 区 F Region				
		I1	I2	I3	I4	I5	I6	F1	F2	F3	F4	F5
枣 Chinese jujube	Rf	0.32	0.30					0.46	0.48	0.50	0.52	0.54
	出现频率 Frequency (%)	19.5	36.1					5.6	97.2	100	100	13.9
酸枣 Sour jujube	Rf	0.30	0.31	0.33	0.37	0.42	0.44	0.47	0.49	0.51	0.53	0.55
	出现频率 Frequency (%)	2.4	2.4	67.5	72.3	2.4	2.4	48.1	90.6	100	83.0	25.5

品种遗传多样性时，多态性条带的比例不尽相同。王永康（2007）利用AFLP技术对大脆枣、疙瘩脆、郎枣、郎枣1号、大郎枣、官滩枣、官滩2号、圆铃、圆铃1号、临猗圆铃枣、三变色、三变丑、小铃枣、大铃枣、葫芦长红、猴头枣、山西葫芦枣、柿饼枣、茶壶枣、河北龙枣、临猗梨枣、七月鲜、孔府酥脆枣、赞皇特大枣、板枣、核桃纹、相枣、婆婆枣等28个品种进行了分析，共扩增出213条清晰的条带，其中多态性位点172个，多态性百分率76.16%，利用5对引物可鉴别出供试28个品种。文亚峰等（2007）利用AFLP技术分析了适合我国南方地区栽培的26个枣优良品种的遗传多样性，多态性比例达到了92.2%，并利用计算机开发出枣优良品种分子鉴别系统。

据不完全统计，目前至少报道了78个枣品种的142个AFLP特有标记（表6-47）。

DNA水平的评价已不仅局限于枣品种间，还成功地应用于揭示品种内部的变异和实生后代的变异。刘平（2002）利用RAPD技术研究了51个赞皇大枣类型的指纹，结果表明：赞皇大枣群体内部平均遗传距离为0.087，远小于枣品种（类型）间的平均遗传距离（0.181）和酸枣群体内的平均遗传距离（0.254）。李守勇等（2006）利用RAPD技术揭示了河北黄骅、沧州、山东沾化、乐陵、庆云等5个产地的冬枣无性系和成武冬枣DNA水平的变异。郑世英等（2005）建立了9个金丝小枣类型的分子标记检索表。

表6-47 枣品种特有的AFLP分子标记（宋婉，1999；白瑞霞，2006；文亚峰等，2007）

Table 6-47 Cultivar-specific AFLP markers（Song, 1999; Bai,2006；Wen *et al.*, 2007）

品种 Cultivar	AFLP标记 AFLP Marker	品种 Cultivar	AFLP标记 AFLP Marker
八升胡 Bashenghu	E-ACT/M-CAT-192 E-ACT/M-CAT-374	临猗梨枣 Linyilizao	E-ACC/M-CAT-52 E-ACC/M-CAT-142
保德小枣 Baodexiaozao	E-AAG/M-CCA-102 E-AAG/M-CCA-235	灵宝大枣 Lingbaodazao	E-AAC/M-CAT-82 E-AAC/M-CAT-304
串杆小枣 Chuanganxiaozao	E-ACC/M-CAT-98	铃铃枣 Linglingzao	E-AAG/M-CTA-329
大白铃 Dabailing	E-AAC/M-CAT-168 E-AAC/M-CAT-186 E-AAC/M-CAT-238	六月鲜 Liuyuexian	E-ACT/M-CAT-112
大丹枣 Dadanzao	E-ACC/M-CAT-465	蚂蚁枣 Mayizao	E-ACA/M-CAT-84
大瓜枣 Daguazao	E-ACT/M-CCG-120 E-ACT/M-CCG-320*	民勤大枣 Minqindazao	E-ACT/M-CAT-76*
大马牙 Damaya	E-AAG/M-CCA-115 E-AAG/M-CCA-152 E-AAG/M-CCA-179 E-ACC/M-CAT-71*	鸣山大枣 Mingshandazao	E-ACT/M-CAT-137* E-ACT/M-CAT-374*
大马枣 Damazao	E-AAC/M-CAT-203 E-AAC/M-CAT-355 E-ACT/M-CAT-149	南阳大王枣 Nanyangdawangzao	E-ACA/M-CAT-120 E-ACA/M-CAT-214
大名布袋枣 Damingbudaizao	E-AAG/M-CCC-160*	耙齿枣 Bachizao	E-AAG/M-CCC- 143
大木枣 Damuzao	E-ACT/M-CAT-315	平陆尖枣 Pinglujianzao	E-AAG/M-CTA-346 E-AGG/M-CCC-85 E-ACC/M-CAT-155 E-AAC/M-CAT-63 E-ACT/M-CCG-76
大柿饼枣 Dashibingzao	E-AAC/M-CAT-110 E-AAG/M-CCC-96	平遥大枣 Pingyaodazao	E-ACC/M-CAT-313

（续）

品种 Cultivar	AFLP 标记 AFLP Marker	品种 Cultivar	AFLP 标记 AFLP Marker
冬枣 Dongzao	E-ACC/M-CAT-113 E-ACC/M-CAT-289 E-ACC/M-CAT-302	蒲城晋枣 Puchengjinzao	E-ACC/M-CAT-271 E-ACT/M-CCG-97 E-AAG/M-CCA-112 E-AAG/M-CCA-188
端子枣 Duanzizao	E-ACT/M-CAT-54	齐头白 Qitoubai	E-AAG/M-CCC-75 E-AAG/M-CCC-186
蜂蜜枣 Fengmizao	E-AAG/M-CCC-92 E-AAG/M-CCC-174	软核枣 Ruanhezao	E-AAG/M-CCA-141
涪陵鸡蛋枣 Fulingjidanzao	E-AAG/M-CCC-80	三变红 Sanbianhong	E-AAG/M-CCA -114
福枣 Fuzao	E-ACA/M-CAT-207 E-ACA/M-CAT-210	酥圆铃 Suyuanling	E-AAG/M-CCA-223*
尜尜枣 Gagazao	E-ACT/M-CAT-186* E-AAG/M-CCA-121*	酥枣 Suzao	E-ACT/M-CAT-186*
疙瘩脆 Gedacui	E-ACT/M-CCG-99 E-ACT/M-CCG-391	胎里红 Tailihong	E-ACC/M-CAT-116
轱辘枣 Guluzao	E-AAG/M-CCC-52	天津二秋枣 Tianjinerqiuzao	E-AAG/M-CCA-76 E-AAG/M-CCA-102 E-AAG/M-CCA-249 E-AAG/M-CCA-250 E-AAC/M-CAT -322
骨头小枣 Gutouxiaozao	E-ACT/M-CAT-100 E-ACT/M-CAT-201	无核小枣 Wuhexiaozao	E-ACT/M-CAT-88 E-ACT/M-CAT-106
观音枣 Guanyinzao	E-ACA/M-CAA-255 E-ACC/M-CAT-136	五台锦枣 Wutaijinzao	E-ACC/M-CAT-130 E-ACC/M-CAT-160
广洋大枣 Guangyangdazao	E-ACT/M-CCG-242	相枣 Xiangzao	E-ACT/M-CAT-78 E-AAG/M-CAC-292
黑叶枣 Heiyezao	E-ACA/M-CAT-67	襄汾圆枣 Xiangfenyuanzao	E-ACT/M-CCG-126* E-ACT/M-CAT-92* E-AAC/M-CAT-402* E-AAG/M-CTA-333
红颜 Hongyan	E-ACT/M-CAT-285	小口枣 Xiaokouzao	E-AAC/M-CAT-139 E-AAC/M-CAT-186
湖南牛奶枣 Hunanniunaizao	E-AAC/M-CAT-96 E-AAC/M-CAT-316	新疆小圆枣 Xinjiangxiaoyuanzao	E-AAC/M-CAT-288*
葫芦枣 Huluzao	E-AAG/M-CCA-164	薛城冬枣 Xuechengdongzao	E-ACC/M-CAT-137 E-ACT/M-CCG-70
灰枣 Huizao	E-ACC/M-CAT-157	鸭枣 Yazao	E-ACT/M-CAT-342 E-AAG/M-CCA-1121
交城甜酸枣 Jiaochengtiansuanzao	E-ACT/M-CCG-73 E-AAG/M-CAC-267	延川狗头枣 Yanchuangoutouzao	E-AAC/M-CAT-59 E-AAG/M-CCA-209*
晋枣 Jinzao	E-ACT/M-CCG-170 E-ACT/M-CCG-320	义乌大枣 Yiwudazao	E-ACT/M-CCG-120 E-ACT/M-CCG-190
骏枣 Junzao	E-AAG/M-CCA-82	缨络枣 Yingluozao	E-AAC/M-CAT-203 E-ACA/M-CAT-122* E-ACA/M-CAT-201*

（续）

品种 Cultivar	AFLP 标记 AFLP Marker	品种 Cultivar	AFLP 标记 AFLP Marker
孔府酥脆枣 Kongfusucuizao	E-AAG/M-CCC-35*	永济蛤蟆枣 Yongjihamazao	E-ACT/M-CCG-224 E-ACT/M-CCG-487
辣椒枣 Lajiaozao	E-AAG/M-CCA-99	榆次九月青 Yucijiuyueqing	E-AAC/M-CAT-94 E-AAC/M-CAT-141 E-AAC/M-CAT-342
兰溪马枣 Lanximazao	E-AAC/M-CAT-226 E-AAC/M-CAT-274	圆铃 Yuanling	E-AAG/M-CCC-200*
郎家园枣 Langjiayuanzao	E-AAG/M-CCC-145*	赞皇大枣 Zanhuangdazao	E-ACA/M-CAT-120 E-ACA/M-CAT-154
老婆枣 Laopozao	E-AAG/M-CCA-118*	赞新大枣 Zanxindazao	E-AAG/M-CCA-129 E-AAG/M-CCA-152 E-AAG/M-CCA-206
冷枣 Lengzao	E-ACA/M-CAT-202* E-ACA/M-CAT-232*	直社疙瘩枣 Zhishegedazao	E-ACT/M-CAT-93 E-ACT/M-CAT-100
厉山大枣 Lishandazao	E-ACA/M-CAT-78* E-ACA/M-CAT-82*	中宁大红枣 Zhongningdahongzao	E-ACC/M-CAT-152 E-ACC/M-CAT-127
林檎枣 Linqinzao	E-ACT/M-CAT-157 E-ACT/M-CAT-219	中阳木枣 Zhongyangmuzao	E-ACT/M-CAT-180 E-AAC/M-CAT-142
临汾团枣 Linfentuanzao	E-ACA/M-CAT-137 E-ACA/M-CAT-282		

注：* 为缺失条带。Note: * absent band

第三节 枣树核心种质的构建

核心种质(Core collection) 是 Frankel 于 1984 年提出后，由他和 Brown 等发展起来的一个新概念，目的是以最小的群体来保存最完整的遗传信息。核心种质的构建不仅可节约大量的资源管理费用，而且便于育种学家深入地研究其遗传背景，提高种质资源的利用效率。建立核心种质成为当前国际上正在兴起的一个新的种质资源研究领域。

关于核心样品的选择，有几种策略，但其基本方法均是首先评价所有收集到的材料的遗传关系，根据遗传差异来选择核心样品。彭建营等 (1999) 对 64 个枣品种进行了 RAPD 分析，构建了含有 20 个品种的核心种质，这样 64 个品种减少到 20 个品种，减少了 2/3。

白瑞霞 (2008) 在形态学调查基础上，在全国范围内选择 166 个枣品种进行 AFLP 和 SRAP 分析，用逐步聚类法构建了含 50 个品种的核心种质。通过比较初始种质与核心种质的多态性位点数、多态性位点百分率、观测等位基因数、有效等位基因数、Nei’s 遗传多样性指数和 Shannon’s 信息指数，发现多态性位点和多态性位点百分率保留率为 88.73%，观测等位基因数、有效等位基因数、Nei’s 遗传多样性指数和 Shannon’s 信息指数的保留率分别为 96.14%、99.86%、98.30% 和 97.20% (表 6-48)，表明核心种质能很好地代表初始种质。该核心种质，从用途上看，包括了 20 个制干品种、15 个鲜食品种、5 个兼用品种、6 个蜜枣品种和 4 个观赏品种；从植物学特征看，包括了枣的各种特异性状；从地理分布看，覆盖了我国枣品种较多的陕西、山西、河南、河北、山东及南方产区 (表 6-49)。

董玉慧 (2008) 选择了国家枣种质资源圃引自全国各地的 170 个代表性枣品种，在进行农艺性状多样性评价的基础上，用 Ward's 法聚类，按 20% 的取样比例抽取了 33 个枣品种建立了初始核心种质库。该初始核心种质库能够保存总体 90.8% 的表现型，包括了枣树的主要特殊性状，如新生枣头红色 (胎里红等)、缢痕形果形 (乐陵磨盘枣)、枝条弯曲状 (大荔龙枣)、果核退化 (乐陵无核)、高糖 (金丝小枣)、高酸 (献县酸枣)、高抗枣疯病资源 (婆婆枣、骏枣) 等；还包括了主要的名优品种，如相枣、壶瓶枣、

表 6-48　初始种质与核心种质的遗传多样性比较（白瑞霞，2008）

Table 6-48　Comparison of the genetic diversity between primary sample and core collection（Bai,2008）

评价参数 Parameter	初始种质 Primary sample	核心种质 Core collection	保留率 Percentage of reserve（%）
种质数 Number of sample	166	50	30.12
多态位点数 Number of polymorphic loci（NPL）	426	378	88.73
多态位点百分率（%）Percentage of polymorphic loci（PPL）	62.37	55.34	88.73
观测等位基因数 Observed number of alleles（Na）	1.5668	1.5063	96.14
有效等位基因数 Effective number of alleles（Ne）	1.2548	1.2531	99.86
Nei' s 遗传多样性指数 Nei' s gene diversity（H）	0.1530	0.1504	98.30
Shannon' s 信息指数 Shannon' s information index（I）	0.2356	0.2290	97.20

表 6-49　枣品种核心种质（白瑞霞，2008）

Table 6-49　Core collection of Chinese jujube（Bai,2008）

品种 Cultivar	原产地 Origin	用途 Usage
板枣 Banzao	山西 Shanxi	兼用 Two or more usages
扁核酸 Bianhesuan	河南 Henan	制干 Dry
茶壶枣 Chahuzao	山东 Shandong	鲜食 Fresh
串干枣 Chuanganzao	河北 Hebei	制干 Dry
串铃枣 Chuanlingzao	山东 Shandong	兼用 Two or more usages
醋枣 Cuzao	陕西 Shaanxi	鲜食 Fresh
大荔龙枣 Dalilongzao	陕西 Shaanxi	观赏 Ornamental
大荔水枣 Dalishuizao	陕西 Shaanxi	制干 Dry
大叶无核 Dayewuhe	河南 Henan	鲜食 Fresh
冬枣 Dongzao	山东、河北 Shandong,Hebei	鲜食 Fresh
短果长红 Duanguochanghong	山东 Shandong	制干 Dry
蜂蜜罐 Fengmiguan	陕西 Shaanxi	鲜食 Fresh
疙瘩脆 Gedacui	山东 Shandong	鲜食 Fresh
灌阳长枣 Guanyangchangzao	广西 Guangxi	蜜枣 Candy
广洋枣 Guangyangzao	河南 Henan	制干 Dry
河北龙枣 Hebeilongzao	河北 Hebei	观赏 Ornamental
河南龙枣 Henanlongzao	河南 Henan	观赏 Ornamental
壶瓶枣 Hupingzao	山西 Shanxi	兼用 Two or more usages

（续）

品种 Cultivar	原产地 Origin	用途 Usage
交城甜酸枣 Jiaochengtiansuanzao	山西 Shanxi	鲜食 Fresh
金丝小枣 Jinsixiaozao	河北、山东 Hebei,Shandong	制干 Dry
晋枣 Jinzao	陕西、甘肃 Shaanxi,Gansu	兼用 Two or more usages
辣椒枣 Lajiaozao	山东、河北 Shandong,Hebei	鲜食 Fresh
冷枣 Lengzao	江苏 Jiangsu	鲜食 Fresh
梨枣 Lizao	山东 Shandong	鲜食 Fresh
临汾团枣 Linfentuanzao	山西 Shanxi	兼用 Two or more usages
临猗梨枣 Linyilizao	山西 Shanxi	鲜食 Fresh
临泽小枣 Linzexiaozao	甘肃 Gansu	制干 Dry
灵宝大枣 Lingbaodazao	河南、山西 Henan,Shanxi	制干 Dry
妈妈枣 Mamazao	山东 Shandong	鲜食 Fresh
美蜜枣 Meimizao	山西 Shanxi	鲜食 Fresh
磨盘枣 Mopanzao	较广 Wide	观赏 Ornamental
南京枣 Nanjingzao	浙江 Zhejiang	蜜枣 Candy
肉兜子枣 Roudouzizao	河北 Hebei	制干 Dry
三变红 Sanbianhong	河南 Henan	制干 Dry
嵊县白蒲枣 Shengxianbaipuzao	浙江 Zhejiang	蜜枣 Candy
柿顶枣 Shidingzao	陕西 Shaanxi	制干 Dry
桐柏大枣 Tongbaidazao	河南 Henan	蜜枣 Candy
无核小枣 Wuhexiaozao	河北、山东 Hebei,Shandong	制干 Dry
相枣 Xiangzao	山西 Shanxi	制干 Dry
襄汾木枣 Xiangfenmuzao	山西 Shanxi	制干 Dry
小口枣 Xiaokouzao	甘肃 Gansu	制干 Dry
宣城圆枣 Xuanchengyuanzao	安徽 Anhui	蜜枣 Candy
雪枣 Xuezao	山东 Shandong	鲜食 Fresh
羊奶枣 Yangnaizao	陕西 Shaanxi	鲜食 Fresh
永城长红 Yongchengchanghong	河南 Henan	制干 Dry
圆铃 1 号 Yuanling 1	山东 Shandong	制干 Dry
圆铃小枣 Yuanlingxiaozao	河北 Hebei	制干 Dry
赞皇大枣 Zanhuangdazao	河北 Hebei	制干 Dry
直社疙瘩枣 Zhishegedazao	陕西 Shaanxi	制干 Dry
中阳木枣 Zhongyangmuzao	山西、陕西 Shanxi,Shaanxi	制干 Dry

冬枣、灰枣、临猗梨枣、义乌大枣等；从地域上，涵盖了河北、河南、山东、山西、陕西、甘肃（临泽大枣）、浙江（义乌大枣）、江苏（南京鸭枣）、新疆（喀什葛尔小枣）等省份。在该核心库中，缺少枣头色泽和果实风味的4个性状，后加入了枣头灰绿色及果实风味为酸的苏木枣、枣头浅灰色的定襄小枣和枣头灰褐色的酥圆铃，使核心库的表型保留比例达100%。另外，由于在系统评价的170个枣种质中，缺少了唯一的三倍体枣品种——赞皇大枣、果形茶壶形的茶壶枣、主枝斜伸的大荔疙瘩枣，故把这3个品种也同时归入枣的核心种质库。至此，枣的核心种质库包含了33个初始核心种质和苏木枣、定襄小枣、酥圆铃、赞皇大枣、茶壶枣、大荔疙瘩枣共39个品种，总体抽样比例达22.5%。

该39个核心种质分别为乐陵磨盘枣、洪赵小枣、金丝小枣、无核小枣、壶瓶枣、相枣、针葫芦、冬枣、婆婆枣、胎里红、义乌大枣、大荔龙枣、临猗梨枣、圆铃、滕州躺枣、灵宝大枣、灰枣、献县酸枣、串铃枣、溆浦六月枣、三变红、太谷端子枣、临汾团枣、苏南白蒲枣、兖州三变色枣、溆浦观音枣、南京大木枣、成武冬枣、新郑尖头灰枣、连县苦楝枣、大荔小墩墩枣、临泽大枣、彬县黑疙瘩枣、苏木枣、定襄小枣、酥圆铃、赞皇大枣、茶壶枣、大荔疙瘩枣。

第四节　枣种质资源的发掘、创新与利用

1978年改革开放以来，我国在枣树种质资源发掘、创新和利用方面做了大量工作。迄今为止，枣树种质发掘创新的主要途径有：地方品种系统选优、实生选种、杂交育种、诱变育种等。

一、地方品种选优和实生选种

近20多年来，通过审（认）定或鉴定的枣品种至少有116个，其中金莱特、金丝4号、沧蜜1号、冀星冬枣等通过自然实生选种而来，其他品种均是从地方品种系统选育而来。从金丝小枣中选出的新品种有金丝1号、金丝2号、金丝3号、金丝4号、金魁王、金丝蜜、金丝丰、品10、品17、姜皇庄1号、研金1号、研金2号、乐金1号、乐金2号、乐金3号、沧蜜1号、金丝魁王枣等17个；从无核小枣中选出了无核丰、沧无1号、沧无3号、无核红、无核金丝小枣、乐陵无核1号等6个；从婆枣中选出了行唐长枣、行唐大圆枣、行唐墩子枣、鳌王、园丰；从赞皇大枣中选出了赞晶、赞宝、赞玉、雨丰；从圆铃中选出了圆铃1号；从灰枣中选出了新郑红枣1号、新郑红枣2号；从鸡心枣中选出了豫枣1号、新郑红枣6号；从壶瓶枣中选出了金昌1号、壶瓶枣1号；从骏枣中选出了星光、骏枣1号；从木枣中选出了木枣1号、帅枣1号、帅枣2号、帅枣3号；从板枣中选出了板枣1号。

河北农业大学对10个枣品种的自然授粉种子进行了播种，并对后代生长结果特性进行了观察，发现同一母株的实生后代变异很大，表现在成花难易、成枝力、花量、开花时间、果实大小、果实形状、成熟期等方面。薛城冬枣自然实生后代果实的变化见图6-25。

二、杂交育种

（一）优良杂交亲本资源的筛选

1. 雄性不育资源

河北农业大学通过对189个品种间花粉量、花粉活力的多年观测，筛选出了表现稳定的蕾黄期无花粉的雄性不育资源JMS1、JMS2和JMS3。利用这些不育材料为母本，在杂交过程中完全可以省去繁杂的去雄操作。另外，六月枣、山东梨枣、酸疙瘩枣、冬枣由于花粉量极少或活力很低，也可以作为雄性不育资源利用。

2. 自花不实或自花不育资源

利用自花不实或自花可实不育、而异花授粉可育率高的品种作为杂交母本，不但可以省去繁琐的人工去雄工作，还可克服由于雄性不育材料遗传背景狭窄给枣树杂交育种带来的局限性。据河北农业大学报道，在自花不实或自花可实不育的品种中，灰枣、圆铃、相枣、大脆枣、敦煌大枣、金丝小枣39、乐陵小枣、木枣等品种不但综合性状突出，

图 6-25　薛城冬枣自然实生后代果实的多样性（2008-10-01）
Figure 6-25　Fruit diversity of the progenies from natural-pollinated 'Xuechengdongzao'（Sampled on October 1, 2008）

而且杂交可育率较高，适宜作为杂交育种的优选母本。

3. 胚高度可育资源

胚高度可育资源在枣树杂交育种母本选择中具有重要的地位。从河北农业大学近些年的调查结果来看，月光、团枣、沂水大雪枣、大酸枣、短果长红、长鸡心枣、襄汾木枣、辣椒枣、蛤蟆枣、骨头小枣、妈妈枣、茶壶枣、软核枣等品种的胚育性较高，但这些材料做杂交母本时需要人工去雄。冬枣在前些年胚高度可育，近些年胚育性逐渐下降，主要与生产中采用环剥和喷施赤霉素等提高坐果率的措施有关。

4. 花粉高度可育资源

父本花粉的高可育性是杂交育种成败的关键之一。近年来，河北农业大学筛选出了一批花粉育性高且综合性状优良或具有特殊育种价值的品种，如湖南鸡蛋枣、辣椒枣、灰枣、壶瓶枣、苹果枣、无等、月出、相枣、孔府酥脆枣、核桃纹、铃铃枣、稷山圆枣、不落酥、大荔龙枣、磨盘枣、葫芦枣等，可供开展枣杂交育种时参考。

5. 富含 2n 花粉的资源

富含 2n 花粉的枣品种在倍性育种中具有很大的应用潜力。目前，河北农业大学已经筛选出铃铃枣、缨络枣、赞皇长枣、中阳木枣等一些具有较高 2n 花粉比例的枣品种。有关 2n 花粉的化学诱导也正在研究之中。

（二）杂交育种

近年来，河北农业大学先后攻克了枣树杂交育种中雄性不育种质利用和胚挽救两大技术瓶颈，全面启动了枣树杂交育种工作。充分利用雄性不育材料和自花不实异花可育、自花不育异花可育材料做母本，利用花粉高度可育且综合性状优良的品种做父本，并根据育种目标和性状遗传规律合理选配杂交亲本，进行控制杂交（图 6-26）或人工杂交，结合杂种后代的分子标记鉴定进行种质创新和新品种选育。目前，已批量获得杂交后代，有望在近期内培育出杂交品种。

枣的胚挽救工作已取得重要突破。河北农业大学于 2006 年建立了针对极早期幼胚（花后 1 个月以内）和早期幼胚（花后 45d 左右）的二步培养法（图 6-27）。幼胚首先

图 6-26　枣树控制杂交
Figure 6-26　Controlled hybridization of Chinese jujube

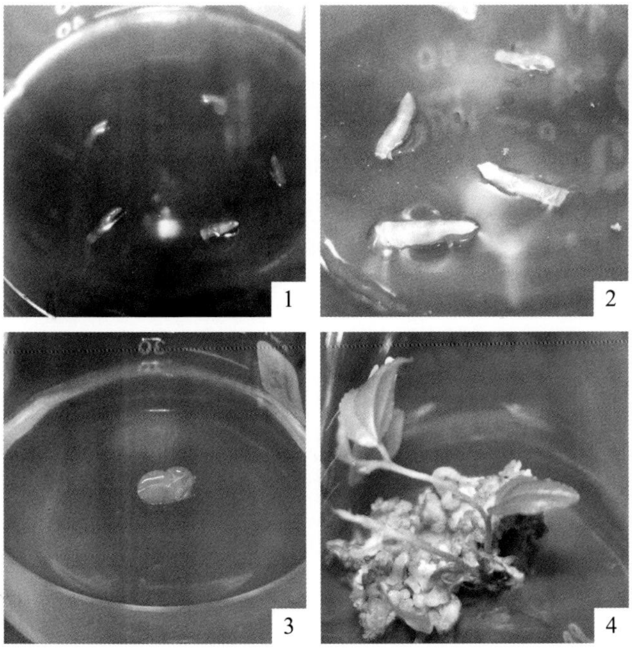

图 6-27　极早期幼胚培养成苗过程（张曼，2007）
Figure 6-27　Culture process of very young embryo (Zhang,2007)
1. 幼胚接种 Inoculation；2. 幼嫩的子叶 Young cotyledon；3. 转入出苗培养基的子叶 Cotyledon regeneration；4. 成苗 Plantlet

接种到幼胚生长培养基上，发育成较成熟的子叶后，再转入出苗培养基。应用枣胚挽救技术已获得了多个杂种组合的后代群体。

在上述研究基础上，河北农业大学已开展枣种内杂交组合 50 余个，另外还开展了枣与酸枣等的种间杂交。

三、倍性育种

枣树的倍性育种已取得突破性进展。早在 20 世纪 80 年代初期，山东果树所通过胚乳培养，就获得了金丝小枣、圆铃和长红枣的胚乳三倍体植株（石荫坪等，1985）；天津农学院在离体条件下获得了金丝小枣的茎段四倍体材料（严仁玲等，1996）；河北农业大学通过茎尖诱变、组培条件下丛芽诱变和花药培养成功获得冬枣四倍体（图 6-28）、临猗梨枣四倍体（图 6-29）、辣椒枣四倍体（图 6-30）和八倍体材料、酸枣四倍体和八倍体（图 6-31）以及赞皇大枣（2n=3x=36）的花粉植株（图 6-32）（2n=2x=24），目前临猗梨枣四倍体已经结果（图 6-33），并于 2009 年 9 月通过了河北省科技厅组织的品种现场检测（蒋洪恩等，2004；王娜等，2005，2007）。2009 年，河北农业大学在组培条件

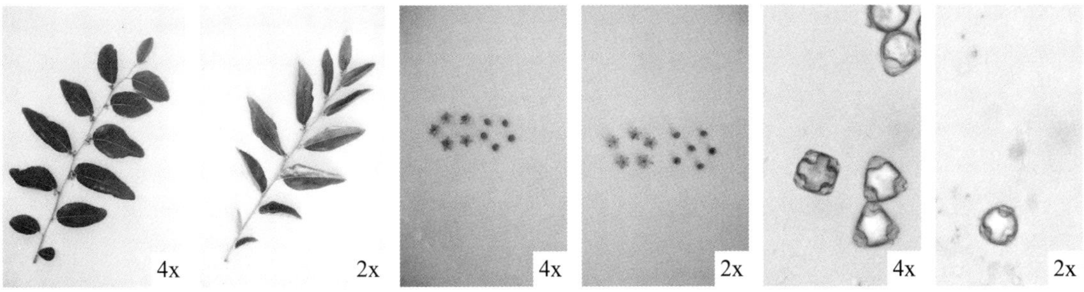

叶片 Leaf　　花和花蕾 Flower and flower bud　　花粉 Pollen

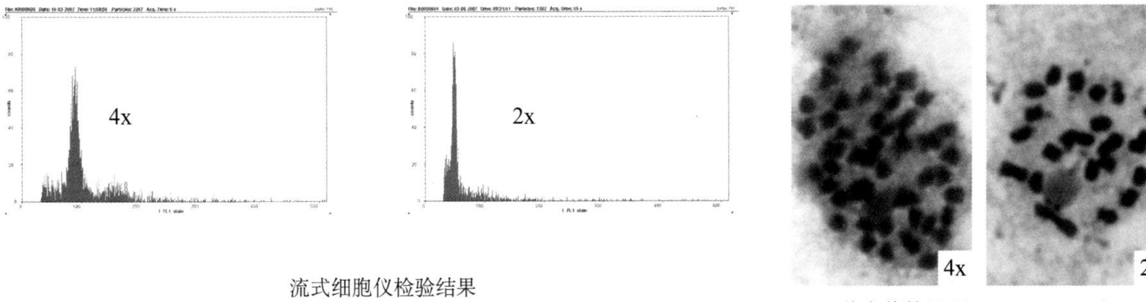

流式细胞仪检验结果
Checking results of flow cytometry

染色体数目 Chromosome number

图 6-28　冬枣四倍体和二倍体的比较
Figure 6-28　Comparison between tetraploidy and diploidy ‘Dongzao’

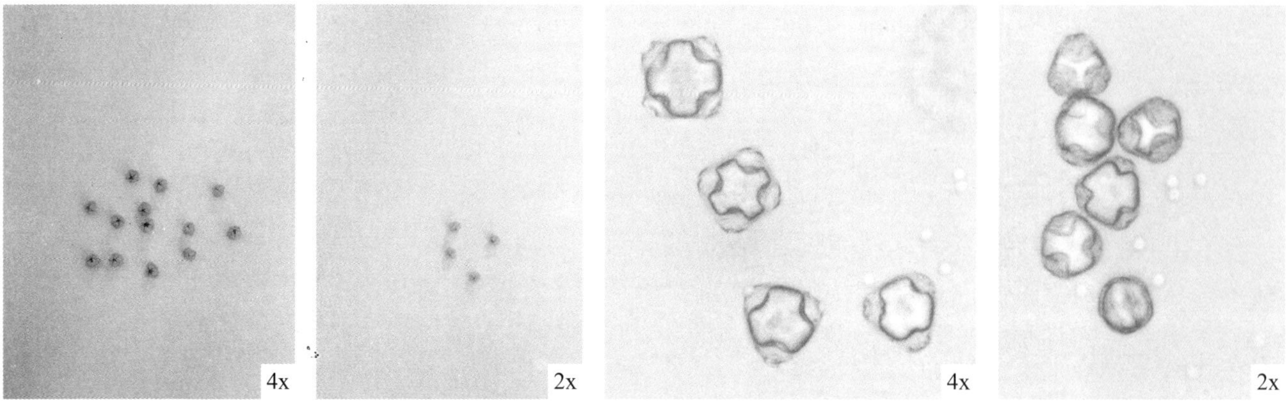

花蕾 Flower bud　　花粉 Pollen

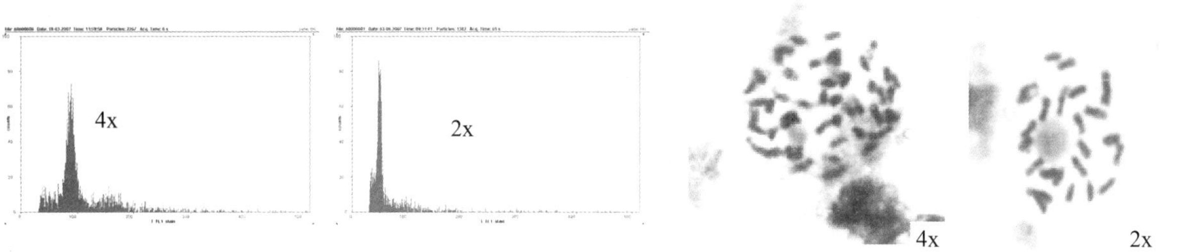

流式细胞仪检验结果
Checking results of flow cytometry

染色体数目 Chromosome number

图 6-29　临猗梨枣四倍体和二倍体的比较

Figure 6-29　Comparison between tetraploidy and diploidy 'Linyilizao'

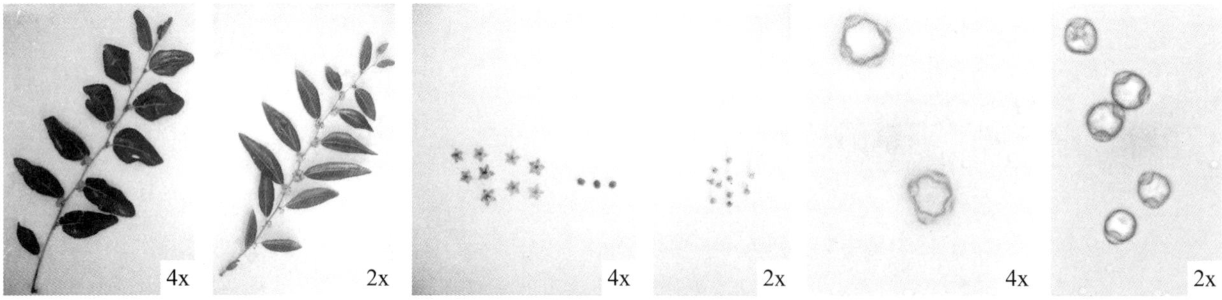

叶片 Leaf　　花和花蕾 Flower and flower bud　　花粉Pollen

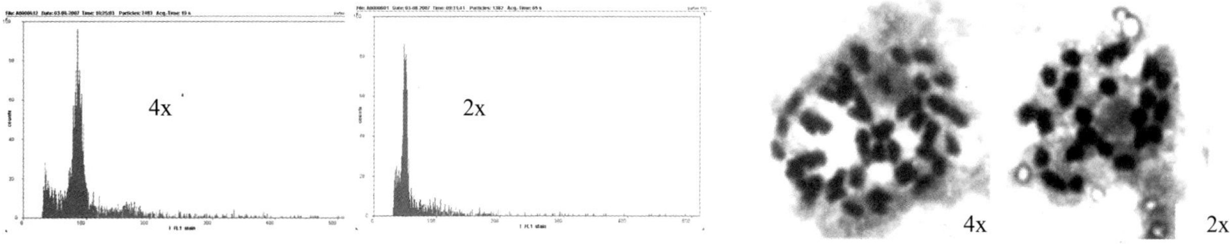

流式细胞仪检验结果
Checking results of flow cytometry

染色体数目 Chromosome number

图 6-30　辣椒枣四倍体和二倍体的比较

Figure 6-30　Comparison between tetraploidy and diploidy 'Lajiaozao'

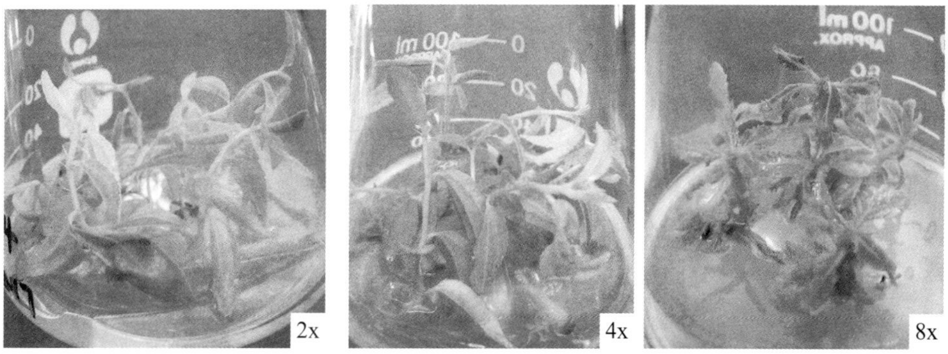

组培苗 Tissue culture plantlets

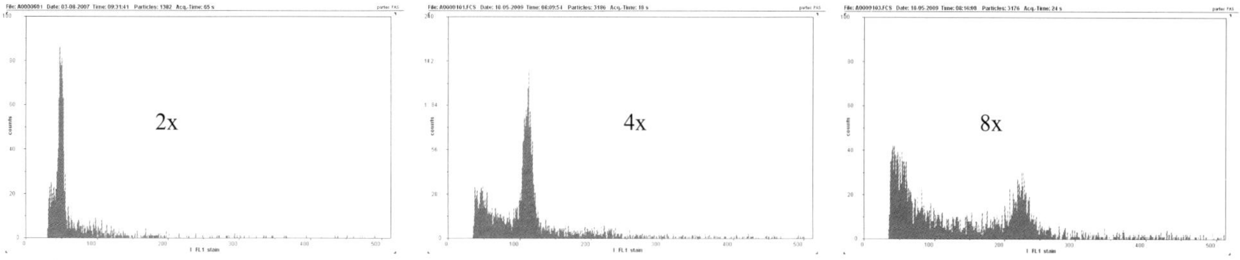

流式细胞仪检验结果 Checking results of flow cytometry

图 6-31　不同倍性酸枣的比较

Figure 6-31　Comparison among different ploidy sour jujube

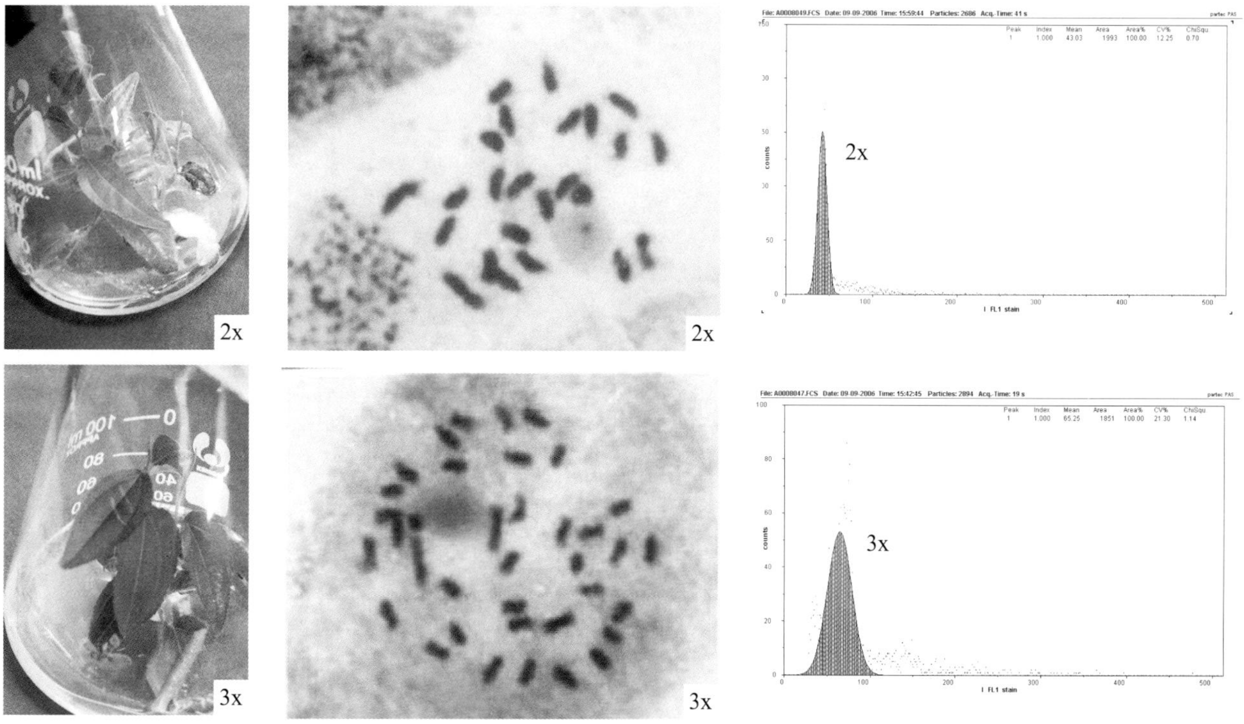

组培苗 Tissue culture plantlets　　染色体数目 Chromosome number　　流式细胞仪检验结果 Checking results of flow cytometry

图 6-32　不同倍性赞皇大枣的比较（武晓红，2008）

Figure 6-32　Comparison between different ploidy ‘Zanhuangdazao’（Wu,2008）

图 6-33 不同倍性临猗梨枣的结果状

Figure 6-33 Bearing status of different ploidy 'Linyilizao'

左 Left，临猗梨枣二倍体 Diploidy 'Linyilizao'；右，Right 临猗梨枣四倍体 Tetraploidy 'Linyilizao'

表 6-50 枣四倍体与二倍体的比较

Table 6-50 Comparison between tetraploidy and diploidy Chinese jujube

品种 Cultivar	花蕾量 / 吊 Flower number per bearing shoot	蕾径 Flower bud diameter (cm)	花粉量 Pollen amount	花粉活力 (TTC) Pollen activity (%)	四孔花粉比例 Percentage of 4-aperture pollen (%)	三孔花粉比例 Percentage of 3-aperture pollen (%)	有活力花粉比例 Percentage of aperture pollen (%)	四孔花粉大小 Size of 4-aperture pollen (μm)	三孔花粉大小 Size of 3-aperture pollen (μm)
辣椒枣四倍体 Tetraploidy 'Lajiaozao'	43.7	0.344±0.012	一般 Average	71.9	20.7	50.0	70.7	451.2±24.7aA	412.1±33.4bB
辣椒枣 (2x) Lajiaozao	86.0	0.238±0.011	多 Much	85.9	0.0	78.0	78.0		346.5±19.8bA
冬枣四倍体 Tetraploidy 'Dongzao'	36.1	0.336±0.018	少 Little	42.4	15.2	36.4	51.5	475.2±31.8aA	408.8±54.8bB
冬枣 (2x) Dongzao	75.3	0.365±0.050	少 Little	17.6	0.0	80.8	80.8		330.5±33.7aA
临猗梨枣四倍体 Tetraploidy 'Linyilizao'	32.4	0.366±0.018	多 Much	70.9	11.2	68.1	79.3	438.0±46.6aA	397.9±36.4bB
临猗梨枣 (2x) Linyilizao	34.0	0.308±0.011	多 Much	81.0	0.0	74.5	74.5		330.8±30.5bA

下对酸枣四倍体进行秋水仙素诱导，诱导出了酸枣八倍体(图 6-31)，在田间通过愈伤组织途径诱导出了‘月光’四倍体和‘龙枣’四倍体。

据刘平等 2008 年的观察，四倍体比二倍体萌芽晚 10d，枝条前期生长缓慢，花期晚。辣椒枣四倍体和冬枣四倍体花量减少 50%，辣椒枣四倍体和临猗梨枣四倍体花蕾显著增大，辣椒枣四倍体花粉量明显减少，花粉活力无显著变化，但普遍出现二倍体所没有的四孔沟花粉，且三孔沟花粉有增大的迹象(表 6-50)。此外，临猗梨枣四倍体果实表现巨大性，肉质细脆甘甜，但抗黑斑病能力较差。

酸枣八倍体与四倍体相比，叶片变小，节间变短，叶形指数和茎粗度变化不明显。赞皇大枣花粉植株(2n=2x=24)，能够正常生长。

四、优异资源的开发利用

(一) 育种应用

河北农业大学通过对枣种质资源多年的系统评价，筛选出了一批具有重要育种利用价值的雄性不育材料、自花不实或自花不育材料以及富含 cAMP、多糖、三萜酸、黄酮、芦丁、膳食纤维、皂甙等功能成分的优异资源，为枣树的种质创新和育种提供了基础资源，其中雄性不育材料等已经成功应用于育种实践。

(二) 生产应用

1. 地方品种的规模化开发

原产河北省太行山区中段赞皇县的赞皇大枣，是新中国成立后第一个在全国大面积推广的优良品种。在 20 世纪 80 年代，河北农业大学研究发现赞皇大枣为枣树中极为珍稀的自然三倍体品种，而且适应性强，丰产，干、鲜、蜜枣加工兼优。该珍稀品种很快得到了全国枣树界的认可。从 20 世纪 90 年代初期开始，赞皇县林业局建立了全国规模最大的规范化枣树嫁接育苗基地，每年培育赞皇大枣苗木数百万株，最高年份出售苗木达 2 000 万株以上，同时有大量的接穗出售到全国各地。据估算，赞皇大枣曾一度占异地引种枣树的一半以上。赞皇大枣已先后被引种到辽宁、陕西、山西、山东、河南、湖北、上海、新疆、甘肃、四川等地，在大多数北方地区特别是西北地区表现优异。与此同时，在赞皇县及其周边的临城、平山等县，赞皇大枣得到了大规模的发展，成为全国的十大主栽品种之一，仅在赞皇县其栽培面积就由 1984 年的 1 000hm^2 左右发展到如今的 30 000hm^2 以上。

20 世纪 90 年代初期，原产山西运城零星种植的临猗梨枣以其早果性、丰产性极强、果实特大等突出特点被全国各地引种，特别是山西、河北、山东、北京、宁夏、陕西等十几个省市均有大面积的栽培，现已成为全国最主要的鲜食品种之一。

20 世纪 90 年代后期，原仅在河北省黄骅和山东沾化有少量种植的优良鲜食品种冬枣，以其品质极佳的特点得到了大规模推广。短短十几年间，冬枣的栽培面积就由不足 100hm^2 迅速发展到 150 000hm^2，栽培区域也由河北沧州和山东滨州的局部地区栽培扩展了全国各地，成为了在全国推广范围最广、推广面积最大的鲜食品种，产量占全国鲜食枣 60% 以上。

2. 传统地方品种中优良变异的品种化开发

近年来，从赞皇大枣、金丝小枣、婆枣、圆铃、木枣、壶瓶枣、骏枣等传统地方品种中调查发现了一批优良类型，经系统评价和区域化试验，相继通过了各省市林木品种审定委员会的审定，并在适宜栽培区域进行了大面积示范推广，为我国枣树良种更新换代和多样化做出了重要贡献。如河北农业大学选育的极抗枣疯病品种‘星光’，通过高接改造病树和在病区建立新园，为避免枣疯病造成的树体死亡提供了崭新途径；河北农业大学选育的极早熟抗寒新品种‘月光’的推广，有力推动了河北省北部冷凉地区(承德市)鲜食枣产业的发展。

3. 特色优势枣树资源服务于观光旅游

随着社会的进步和观光农业的发展，在一些交通发达的平原和风景秀丽的山区，枣区的观光旅游日渐火爆，如河南新郑的枣乡风情游，河北赞皇县大枣采摘节、北京市的鲜枣采摘园等。观光区通过引种观赏品种、不同成熟期枣品种的合理搭配以及采用无公害或有机枣果生产技术，吸引了大量游客进行观光采摘，使枣树资源成为一种特色旅游资源，为当地的农业发展和新农村建设做出了贡献。

下篇　主要种质资源

优良种质是优质、丰产、安全、高效生产的物质基础。枣树极强的抗旱耐瘠薄能力、出色的营养和药用价值以及结果枝自然脱落习性等突出特点，决定了枣树种质资源的开发利用前景十分广阔、意义重大。

我国对枣种质资源的调查和整理工作最早可以追溯到 2 600 年以前。早在成书于周朝的《尔雅》中就记载了 11 个枣树品种，至元朝（1300 年）柳贯所著《打枣谱》一书记载的枣品种已达 73 个，到清朝（1720 年）吴其　所著《植物名实图考》记述的枣品种达到了 87 个。1993 年，曲泽洲、王永蕙教授主编出版的《中国果树志　枣卷》收录的枣品种多达 700 个。截至 2009 年 6 月，本书编委会收集整理出的已发现和报道过的枣品种（优系）有 944 个，枣树近缘种酸枣和毛叶枣的品种（优系）89 个。

本篇分 2 章，分别对我国主要的枣树种质资源以及枣树近缘种酸枣和毛叶枣的优异种质资源进行了介绍。其中我国主要的枣树种质资源分为 4 类，即传统主栽和地方名、特、优品种，新审（认）定品种，新鉴定品种和近年来新报道的尚未鉴定和审定的种质资源。对 264 个具重要开发价值或利用潜力的优异种质进行了详细介绍，内容涉及选育单位或个人、品种来源或原产地、分布、品种特性（经济学和植物学性状）、综合评价和适宜种植范围等。

（续）

省（自治区、直辖市）(Province, Autonomous region,Municipality)	品 种 Cultivar
天津 Tianjin	天津快枣 Tianjinkuaizao, 旻枣 Minzao
江苏 Jiangsu	苏南白蒲枣 Sunanbaipuzao, 雁来红 Yanlaihong, 南京枣 Nanjingzao
安徽 Anhui	宣城尖枣 Xuanchengjianzao, 郎溪牛奶枣 Langxiniunaizao
浙江 Zhejiang	义乌大枣 Yiwudazao
湖南 Hunan	糖枣 Tangzao, 湖南鸡蛋枣 Hunanjidanzao, 湖南牛奶枣 Hunanniunaizao
湖北 Hubei	湖北牛奶枣 Hubeiniunaizao
福建 Fujian	闽中面枣 Minzhongmianzao
广东 Guangdong	连县木枣 Lianxianmuzao
广西 Guangxi	灌阳长枣 Guanyangchangzao
四川 Sichuan	木洞小甜枣 Mudongxiaotianzao
重庆 Chongqing	涪陵鸡蛋枣 Fulingjidanzao
云南 Yunnan	云南小枣 Yunnanxiaozao, 宜良枣 Yiliangzao

1 板 枣

Banzao

别名及分布 别名稷山板枣，2n=2x=24。主要分布于山西稷山的陶梁、桃村、南阳、关城、下迪等村，襄汾也有少量栽培，为当地主栽品种，数量占当地枣树栽培总量的90%以上。2001年通过山西省林木品种审定委员会认定（5年），品种编号为晋R-SV-ZJ-010-2001（认定名称为‘稷山板枣’，申报单位为山西省稷山县林业局）。

经济学性状 果实9月中旬成熟，生育期100d左右。果实扁倒卵形，上窄下宽，侧面较扁，纵径3.2～3.4cm，横径2.7cm，侧径2.4cm。平均果重11.2g，最大16.2g，大小较整齐。果皮中厚，紫红色，果肉厚，绿白色，肉致密，味香甜，汁中多。可食率97.2%，制干率57.0%。果核纺锤形，纵径1.97cm，横径0.73cm，平均核重0.42g。核内多无种子。

植物学性状 树体较高大，枝条

图7-1 ‘板枣’结果状

Figure 7-1 Bearing status of Chinese jujube ‘Banzao’

图7-2 ‘板枣’树形

Figure 7-2 Tree form of Chinese jujube ‘Banzao’

较密，干性弱，树姿开张，树冠多呈自然半圆形。枣头红褐色，生长势中等，平均长40.0cm左右，着生二次枝3～5个。二次枝4～7节。针刺短小。枣股抽枝力强，抽生枣吊4～5个。枣吊长15.0cm左右，着叶9～12片。叶片卵圆形，深绿色，长4.8cm，宽2.4cm。叶尖渐尖，叶基圆形。花量中等，枣吊平均着花52朵，花序平均着花4朵。花径5.3～6.1mm。花初开时蜜盘呈黄色。蕾裂时间13点左右，为昼开型。

综合评价 树体较大，干性弱，树姿开张，成枝力较强；结果早，丰产稳产；果实中大，制干品质优良，兼可鲜食、加工；对气候适应能力较强，对肥水条件要求较高，抗枣疯病能力弱。

图7-4 ‘保德油枣’结果状

Figure 7-4 Bearing status of Chinese jujube ‘Baodeyouzao’

2 保德油枣

Baodeyouzao

别名及分布 别名油枣、佳县油枣等，2n=2x=24。分布于山西、陕西黄河沿岸，保德、兴县栽培较为集中，为地方品种。2001年通过陕西省林木良种审定委员会审定，品种编号为QLS036-J021-2001（审定名称为‘佳县油枣’，申报单位为西北农林科技大学和佳县林业局）；2003年通过山西省林木品种审定委员会认定（5年），品种编号为晋R-SV-ZJ-012-2003(认定名称为‘油枣’，申报单位为山西省保德县国营苗圃）。

图7-3 ‘保德油枣’果实形状

Figure 7-3 Fruit shape of Chinese jujube ‘Baodeyouzao’

图7-5 ‘保德油枣’树形

Figure 7-5 Tree form of Chinese jujube ‘Baodeyouzao’

经济学性状 果实9月下旬成熟，生育期105d左右。果实椭圆形，纵径3.5cm，横径2.1cm，平均果重11.6g，大小均匀。果皮中等厚，深红色，果肉厚，绿白色，质硬致密，汁液中多，味甜酸。含可溶性固形物33.6%，可溶性糖26.7%，可滴定酸0.78%，Vc 511mg/100g，可食率97.3%，制干率50.0%。干枣含可溶性固形物75.9%，可溶性糖71.3%，可滴定酸1.87%。果核纺锤形，纵径2.46 cm，横径0.68cm，平均核重0.30g，核内无种子。

植物学性状 树体较大，枝叶密度适中，树姿半开张，树冠呈自然半圆形。

综合评价 树体较大，树姿半开张，萌芽力强，成枝力中等；结果早，较丰产，采前落果和裂果较轻；果实中大，制干品质中上，兼可鲜食和加工；宜在晋陕黄河沿岸及其他气候和立地条件相似地区栽培。

3 北京白枣
Beijingbaizao

别名及分布 别名白枣、长辛店白枣、长辛店脆枣。主要分布于海淀区、朝阳区、丰台区等地，过去散植于房前屋后，田间地头，曾有较大的种植数量，属于北京名优果品。目前丰台区长辛店镇张家坟一带农户院落中还有数百年生的大树。2007 年通过北京市林木品种审定委员会的认定，品种编号为京 S-SV-ZJ-043-2007（认定名称为'长辛店白枣'，申报单位为北京市丰台区长辛店镇林业工作站）。

经济学性状 果实 8 月底进入脆熟期。果实长卵圆形，纵径 3.77cm，横径 2.76cm。平均果重 14.3g。果面深红色，果皮薄而脆，果肉呈绿色，肉质致密，酥脆，汁液多，味甜。脆熟期含可溶性固形物 29.6%，可滴定酸 0.26%，Vc 375mg/100g。果核小，纺锤形，多有种子。

植物学性状 树体中等大，干性较强，树姿半开张，树冠多自然圆头形。树干浅灰褐色，树皮粗糙，宽条状不规则纵裂，易剥落。枣头粗壮，阳面紫褐色或红褐色，阴面被有较厚的蜡质，呈浅灰褐色。针刺较发达，直刺长 1.0~1.8cm，2 年后逐渐脱落。二次枝粗直，曲折度小。枣股一般抽生枣吊 3~5 个。枣吊较粗，着生叶片 7~13 片。叶片中等大，卵状披针形，绿色。花量中等，花序着花 4~5 朵。

综合评价 树体中等大，干性较强，树姿半开张；结果早，生理落果和采前落果极轻，丰产性好；果实中大，早熟，鲜食品质优良。抗寒性强，抗旱、耐涝、耐瘠薄，易裂果，缩果病轻。适宜在城郊工矿区小面积经济栽培。

图 7-6 '北京白枣'果实形状

Figure 7-6 Fruit shape of Chinese jujube 'Beijingbaizao'

图 7-7 '北京白枣'结果状

Figure 7-7 Bearing status of Chinese jujube 'Beijingbaizao'

图 7-8 '北京白枣'树形

Figure 7-8 Tree form of Chinese jujube 'Beijingbaizao'

4 扁核酸
Bianhesuan

别名及分布 别名酸铃、铃枣、婆枣、串干、鞭干等，2n=2x=24。主要分布于河南黄河故道的内黄、濮阳、浚县、滑县、清丰、汤阴，因果核扁，果肉甜酸而得名。为河南栽培面积最大、产量最高的品种，栽培历史已有 2000 多年。是河北省南部和河南省北部的主要制干品种，品种来源不详。2005 年通过河北省林木品种审定委员会审定，品种编号为冀 S-SV-ZJ-018-2005（审定名称为'扁核酸'，申报单位为河北农业大学和新河县林业局）；2006 年通过河南省林木品种审定委员会审定，品种编号为豫 S-SV-ZJ-014-2006（审定名称为'扁核酸'，申报单位为河南安阳市林业局和濮阳市林业技术推广站）。

经济学性状 果实 9 月底到 10 月上旬成熟。果实椭圆形或圆形，侧面略扁，纵径 2.9~3.3cm，横径 2.5~2.7cm，单果重 10g 左右。果皮深红色，果肉绿白色，质地疏松，汁少，甜味较淡，略有酸味。含可溶性固形物 28.5%，可食率 96.0%。果核短梭形，侧面略扁，单核重 0.4g，一般无种子。

植物学性状 树体较高大，树姿开张，树冠呈自然半圆形。树干灰褐色，宽条裂，纹较浅，较易剥落。枣头棕褐色，有光泽。针刺长，发达，不易脱落。二次枝弯曲度大。5 ~ 6 年生壮龄枣股抽生 3 ~ 4 个枣吊。枣吊平均长 15.6 cm，着叶 8 ~ 11 片。叶较宽大，长 5.7~7.0cm，宽 3.0 ~ 3.2cm，卵圆形，深绿色，叶尖渐尖，较短，叶基宽圆或亚心形。叶缘平整，锯齿粗大，圆钝。花量中大，花径 6~7mm，为昼开型。

综合评价 树体较大，树姿开张；早果性较强，丰产、稳产；果实中大，适于制干；适应性强，抗裂果、抗缩果病能力稍差。

图 7-9 ‘扁核酸’果实形状

Figure 7-9 Fruit shape of Chinese jujube ‘Bianhesuan’

图 7-10 ‘扁核酸’树形

Figure 7-10 Tree form of Chinese jujube ‘Bianhesuan’

5 彬县圆枣

Binxianyuanzao

别名及分布 别名圆疙瘩枣、疙瘩枣、冬枣、冬疙瘩。分布于陕西、甘肃交界地带，以彬县、长武最多，在镇原、灵台、庆阳、宁县、泾川、崇信、平凉、庄浪、正宁、合水也有零星栽培，为当地原产的主栽品种之一，栽培历史悠久。

经济学性状 果实 10 月上旬成熟，生育期 115d 左右。果实长圆形或近圆形，纵径 3.8 ~ 4.2cm，横径 3.1 ~ 3.5cm，平均果重 17.4g，最大 22.4g，大小较整齐。果皮厚，紫红色，果肉白绿色，质地致密，较硬，汁液中等多，甜味较浓。鲜枣含可溶性固形物 26%，可溶性糖 25.0%，可滴定酸 0.28%，Vc 375 ~ 460mg/100g，可食率 96.3%。干枣含可溶性糖 70% 左右。果核较大，纺锤形，纵径 1.94cm，横径 0.77cm，平均核重 0.65g，核尖短，突尖，核蒂短，黄白色，渐尖，含仁率 40.8%。

植物学性状 树体高大，树姿开张，树冠多呈自然圆头形。树干灰褐色，皮裂纹深，纵宽条形，容易剥落。枣头黄褐色，较细软。针刺不发达，易脱落。枣股持续结果 8~10 年。叶片较小，卵圆形，绿色或黄绿色，叶尖钝尖，叶基宽楔形，叶缘有粗钝整齐的锯齿。花量大，花较大，花径 7mm，花粉较多，为昼开型。

综合评价 树体高大，树姿开张，成枝力较强；结果早，丰产稳产；果实大，适于制干和制作酒枣，品质中上；适应性较强，对肥水条件要求高，裂果少。

图 7-11 ‘彬县圆枣’果实形状

Figure 7-11 Fruit shape of Chinese jujube ‘Binxianyuanzao’

图 7-12 ‘彬县圆枣’树形

Figure 7-12 Tree form of Chinese jujube ‘Binxianyuanzao’

图 7-13 ‘茶壶枣’分歧枣吊

Figure 7-13 Secondary bearing shoot of Chinese jujube ‘Chahuzao’

图 7-15 ‘茶壶枣’枣核

Figure 7-15 Stone of Chinese jujube ‘Chahuzao’

图 7-16 ‘茶壶枣’树形

Figure 7-16 Tree form of Chinese jujube ‘Chahuzao’

6 茶壶枣

Chahuzao

分布 2n=2x=24。原产山东夏津、临清等地，数量极少，来源历史不详，在临清现有百年以上大树。

经济学性状 在山西太谷，果实9月下旬成熟。果实中大或较小，大小不匀，果实畸形，肩部常长出1至数个肉质凸起，高出果面5mm左右，有的在果实肩部两面各长出一个肉质凸出物，形似茶壶的壶嘴和壶把。平均果重7.4g，最大10.2g。果皮厚，红色，果肉中厚，绿白色，质地较致密，味甜略酸，汁中多。果核小，扁纺锤形，无种仁。

植物学性状 树体中大，树势中等或较强，树姿开张。枣头紫褐色，生长势强，木质较松，托叶刺不发达。枣股较小，抽生枣吊能力中强。枣吊粗而较长，部分有分歧现象。叶片大，深绿色。花量特大，花较大，为昼开型。

综合评价 树体中大，树姿开张；结果较早，丰产稳产；果实较小，可制干枣，品质中等；适应性强，果形奇特，观赏价值高，可作庭院观赏树栽培。

图 7-14 ‘茶壶枣’果实形状

Figure 7-14 Fruit shape of Chinese jujube ‘Chahuzao’

7 大白铃

Dabailing

别名及分布 别名梨枣、鸭蛋枣、鸭枣青、馒头枣。分布于山东的夏津、临清、武城、阳谷等地，河北献县也有发现，近20多年来，在山西、陕西、河南等地有一定规模发展。1999年通过山东省农作物品种审定委员会审定，品种编号为鲁种审字第296号（审定名称为‘大白铃’，申报单位为山东省果树研究所）。

经济学性状 果实9月中旬成熟，生育期95d左右。果实特大，近球形或短椭圆形，平均果重25.9g，最大80g。果皮薄，棕红色，果肉绿白色，质地松脆略粗，汁中多，味甜，口感好。鲜枣含可溶性固形物33%，可食

图 7-17 ‘大白铃’结果状
Figure 7-17 Bearing status of Chinese jujube ‘Dabailing’

率98.0%。果核较大，短梭形，核尖短，核纹中深，核内无种仁。

植物学性状 树体较小，树势中庸，发枝力中等。枣头红褐色，少光泽，平均长50～60cm。针刺短小，早落，或无针刺。枣股抽生枣吊3或4个。枣吊着生叶片11～15片。叶片深绿色，长4.4～5.9cm，宽2.5～3.0cm，叶缘锯齿中大，齿形整齐。枣吊中部花序着花10～11朵。花径6mm，初开时蜜盘呈浅黄色。

综合评价 树体矮化，成枝力中等；早果速丰，极丰产、稳产；果实中熟，特大，为优良的早熟鲜食品种；耐瘠薄，抗旱，抗寒，抗风，较抗炭疽病和轮纹病。

图 7-18 ‘大白铃’树形
Figure 7-18 Tree form of Chinese jujube ‘Dabailing’

8 大瓜枣

Daguazao

分布 分布于山东省东阿县临河店乡一带。1998年通过山东省农作物品种审定委员会审定，品种编号为鲁种审字第232号（审定名称为‘大瓜枣’，申报单位为山东省果树研究所）。

经济学性状 果实9月中旬成熟

图 7-19 ‘大瓜枣’果实形状
Figure 7-19 Fruit shape of Chinese jujube ‘Daguazao’

图 7-20 ‘大瓜枣’结果状
Figure 7-20 Bearing status of Chinese jujube ‘Daguazao’

图 7-21 ‘大瓜枣’树形
Figure 7-21 Tree form of Chinese jujube ‘Daguazao’

采收，生育期100d左右。果实大，椭圆形或近球形，纵径3.60cm，横径3.85cm，平均果重25.7g，最大50g以上。果皮薄，着色初为片红，后渐全红，果肉厚，乳白色，质地致密细脆，汁液中多，甜味浓，略有酸味。含可溶性固形物30%～32%，可食率95.0%。果核较大，平均重1.20g，倒卵形，少数核内含有种子。

植物学性状 树体较小，树姿开展，树冠较稀疏。树干灰褐色，树皮片状龟裂，较易剥落。枣头红褐色，平均长79.8cm。针刺不发达，细短，直刺长0.5cm左右，质软，半木质化，翌年逐渐脱落。枣股可持续生长结果10年左右，抽生枣吊3～5个。枣吊长10～18cm，着生叶片12片。叶片较小，长卵圆形，深绿色。花量大，初开花时蜜盘呈黄色。

综合评价 树体较小，树姿开展，成枝力较弱；早果速丰、丰产稳产；果实特大，为优良的中熟鲜食品种；对气候、土壤适应性较强，广温型，适栽区域广，抗果实轮纹病，较抗炭疽病。

9 大尖顶

Dajianding

别名及分布 别名尖幺枣、大家枣。分布于辽宁的朝阳、凌源、喀喇沁左翼、建昌、北票、建平一带，多小片栽于丘陵坡地、梯田边上，或在村宅旁零星栽植，是当地比较古老的枣树品种。

经济学性状 果实9月下旬成熟，生育期105~110d。果实中等大，长鸡心形，纵径3.0~3.3cm，横径2.0~2.1cm，平均果重9.0g，最大13.0g，大小不整齐。果皮厚，红褐色，色调较深，果肉乳黄色，较厚，质地松软，汁液少，鲜食甜酸。完熟期含可溶性固形物40%，可食率94.5%。干枣含可溶性糖71.3%，可滴定酸0.86%，略带辣味，果肉饱满，富弹性。果核中等大，纺锤形，纵径2.0~2.4cm，横径0.5~0.6cm，平均核重0.5g左右，核尖细长如针，长4~5mm，核内多含1粒种仁，饱满仁占20%左右。

植物学性状 树体较大，干性强，树姿直立，树冠多呈圆锥形或圆头形。树干灰褐色，皮裂纹呈条块状，容易剥落。枣头红褐色。针刺发达，不易脱落。枣股圆锥形，可持续开花结果10~15年。叶片中等大，卵状披针形，绿色，叶尖渐尖，叶基楔形，叶缘具粗浅锯齿，齿尖圆钝。花量中等，为昼开型。

综合评价 树体较大，干性强；产量中等，不很稳定；果实中大，品质中等，适于制干；耐旱、耐瘠薄，可在土壤条件较差的山区栽种，花期要求气温较高。

图7-22 ‘大荔龙枣’果实形状

Figure 7-22 Fruit shape of Chinese jujube ‘Dalilongzao’

10 大荔龙枣

Dalilongzao

别名及分布 别名龙爪枣、曲枝枣。主要分布于陕西大荔的石槽、羌白、八渔、苏村、西汉一带，蒲城的坞泥林场及西安莲湖公园等地也有零星栽培。

经济学性状 果实9月中旬着色成熟，生育期100~110d。果实中等大，椭圆形或倒卵形，纵径3.5~3.8cm，横径2.8~3.0cm，平均果重10.3g，最大14.6g，大小较整齐。果皮厚，紫红色，果肉绿白色，质地较粗硬，汁液少，风味淡。果核中等大，短梭形，平均核重0.5g，含仁率100%。

植物学性状 树体矮小，树姿开张，树冠自然圆头形或半圆形。树皮裂纹较深，方块形或不规则形，易剥落。枣头暗褐色，针刺不发达，当年脱落。

图7-23 ‘大荔龙枣’结果状

Figure 7-23 Bearing status of Chinese jujube ‘Dalilongzao’

枣头和二次枝枝形扭曲，并向四方延伸生长，形似长龙，故名“龙爪枣”、“曲枝枣”。枣股粗短，圆锥形，可持续开花结果6年。叶片较小，长卵圆形或卵状披针形，绿色。花量小，花径7.0mm，花初开时蜜盘黄色。

综合评价 树体较小，树姿开张，成枝力强；丰产稳产；果实不易裂果，可制干，品质一般；适应性较强，其枝条扭曲生长，枝形古朴奇特，观赏价值高，适宜庭院或盆景栽培。

图7-24 ‘大荔龙枣’树形

Figure 7-24 Tree form of Chinese jujube ‘Dalilongzao’

图7-25 ‘大荔龙枣’枣头

Figure 7-25 Extension shoot of Chinese jujube ‘Dalilongzao’

图7-26 ‘大荔圆枣’果实形状

Figure 7-26 Fruit shape of Chinese jujube ‘Daliyuanzao’

11 大荔圆枣

Daliyuanzao

分布 2n=2x=24。分布于陕西大荔的石槽、官池、苏村、八渔、张家等乡，为当地的主栽品种，起源不详。

经济学性状 在山西太谷，果实9月中旬成熟，生育期110d左右。果实大，卵圆形，纵径3.7~4.1cm，横径3.6~3.9cm，平均果重20.3g，最大25.4g，大小较均匀。果皮薄，紫红色，果肉绿白色，肉质致密细脆，汁液中等多，味甜。含可溶性固形物25%~28%，可溶性糖19.2%，可滴定酸0.24%，可食率92.9%。干枣含可溶性糖70.3%，可滴定酸0.69%。果核中等大，长倒卵形，纵径1.5~2.1cm，横径0.6~0.8cm，平均核重0.48g，含仁率30%左右。

植物学性状 树体较高大，干性强，树姿半开张，树冠呈自然圆头形。树干灰褐色，皮裂纹深，呈纵宽条形，不易剥落。枣头灰褐色，针刺较发达，枣股圆柱形，可持续开花结果10年左右。叶片小，卵圆形，绿色。花量小，花径中等大。

综合评价 树体较大，干性强，树姿半开张；结果早，丰产、稳产；果实大，可食率高，适于制干，品质中上；适应性强，耐瘠薄，在沙质土上表现良好。

图7-27 ‘大荔圆枣’树形

Figure 7-27 Tree form of Chinese jujube ‘Daliyuanzao’

12 大马牙
Damaya

别名及分布 别名长红枣。为长红枣品种群的重要品种，分布于山东滕县、邹县、枣庄、益都、临朐等地的丘陵山区，多作为主栽品种大面积栽于梯田地堰，与农作物长年间作，数量占当地枣树的70%~90%。

经济学性状 果实9月中旬成熟采收，生育期100d左右。果实长柱形，果顶一端略粗，侧向略扁，纵径4.1cm，横径2.3cm，侧径1.9cm，平均果重11.0g，最大13.1g，大小整齐。果皮中等厚，赭红色，果肉乳白色，质地略脆，较松软，汁液少。含可溶性固形物32.0%，可食率95.9%，制干率45%左右。干制含可溶性糖78%~80%。果核长梭形，细瘦，两端尖钝，纵径2.4cm，横径0.43cm，平均核重0.45g，多无种子。

图7-28 ‘大马牙’果实形状

Figure 7-28 Fruit shape of Chinese jujube ‘Damaya’

植物学性状 树体高大，枝叶密度中等，树姿直立开张，树冠呈自然圆头形或圆锥形。树干灰褐色，树皮片状条裂，较浅，容易剥落。枣头红褐色，长40~60cm，节间长6~8cm。针刺一般长1cm左右。二次枝4~7节，枝形弯曲。壮龄枣股抽生枣吊3~4个。枣吊长11.5~19.0cm，着叶10~13片。叶片长披针形，深绿色，长4.0~6.2cm、宽1.7~2.4cm，叶尖长，渐尖，先端尖圆或圆，叶基楔形、广楔形或圆形，叶缘锯齿浅小不整齐。花量小，花径6.0mm，初开时蜜盘浅黄色，花蕾上午10时前后开裂，为昼开型。

综合评价 树体高大，枝叶密度中等，树姿直立开张；丰产性很强；适于制干，品质良好；适应性强，耐旱，耐瘠薄，抗裂果，抗枣疯病和枣叶壁虱能力较强，开花坐果要求低限温度为24~25℃；适于花期气候温热的山区栽培。

图7-30 ‘大马牙’树形

Figure 7-30 Tree form of Chinese jujube ‘Damaya’

图7-29 ‘大马牙’结果状

Figure 7-29 Bearing status of Chinese jujube ‘Damaya’

13 大平顶
Dapingding

别名及分布 别名平顶枣。集中分布在辽宁西部的朝阳、凌源、喀喇沁左翼、建昌等地，北票、建平的南部也有零星分布，为当地主栽品种，栽培历史较长，品种来源不详。

经济学性状 果实10月初成熟，生育期110~115d左右。果实中等大，圆柱形或长椭圆形。纵径3.0~3.4cm，横径2.0~2.3cm，平均果重12g，最大14g，大小比较整齐。果皮薄脆，白熟期肩部受光处有环形红圈或不规则片状红晕，着色后呈橘红色，果肉较厚，乳黄色，质地致密，较脆，汁液中等多，甜味浓，略具酸味。完熟期含可溶性固形物42.2%，可滴定酸0.68%，可食率90%。果核大，纺锤形，纵径2.5~2.7cm，横径0.8~1.0cm，平均核重1.2g，核蒂较长，宽大，核尖细长，尖锐，核内常含种子，饱满种子占30%左右。

植物学性状 树体高大，树姿开张，树冠多呈自然半圆形或开心形。树干灰褐色，皮呈不规则条块状，容易剥落。枣头红褐色。针刺较发达。枣股可持续开花结果20年左右。叶片中等大，较窄，卵状披针形，深绿色，叶尖渐尖，先端钝圆，叶基宽楔形，叶缘具浅细锯齿，齿尖钝圆。花量大，花中等大，花径6mm左右，为昼开型。

综合评价 树体高大，树姿开张；结果早，丰产、稳产；果实中大，可食率较低，鲜食和制干品质上等；适应性强，耐寒、耐旱、耐瘠薄，但成熟期遇雨易裂果；适宜冬季寒冷、生长期短、秋季少雨的地区栽培。

图7-31 ‘大平顶’果实形状

Figure 7-31 Fruit shape of Chinese jujube ‘Dapingding’

图7-32 ‘大平顶’树形

Figure 7-32 Tree form of Chinese jujube ‘Dapingding’

14 大柿饼枣

Dashibingzao

分布 分布于山东的宁阳、肥城、兖州等地，数量极少。起源历史不详。

经济学性状 果实9月上、中旬成熟，生育期100d左右。果中大，扁圆如柿饼状，纵径2.0~2.2cm，横径2.8~3.5cm。平均果重9.0g，大小不整齐。果皮薄，红色，果肉浅绿色，质地细脆，汁液中多，甜味浓。果核短小，陀螺状，核壳软，易破碎，核内无仁。

植物学性状 树体较小，干性强，枣头多直立生长，树冠自然圆头形。树干深灰褐色，树皮裂纹深，窄条状，不易剥落。枣头棕褐色，稍有光泽，很少被覆蜡质。针刺不发达。叶片长卵形，中大，深绿色，叶尖较宽，尖圆，叶基圆形，锯齿疏，齿角圆，裂刻较深。花量大，花径6mm左右，为昼开型。

综合评价 树体较小，干性强，枣头多直立生长；产量中等，较稳定；果实大小、成熟期均不一致，成熟期很少裂果，适于鲜食，品质优良；适应性较强。

图7-33 ‘大柿饼枣’果实形状

Figure 7-33 Fruit shape of Chinese jujube ‘Dashibingzao’

图7-34 ‘大柿饼枣’结果状

Figure 7-34 Bearing status of Chinese jujube ‘Dashibingzao’

图7-35 ‘大柿饼枣’树形

Figure 7-35 Tree form of Chinese jujube ‘Dashibingzao’

15 冬 枣

Dongzao

别名及分布 别名黄骅冬枣、鲁北冬枣、沾化冬枣、冻枣、雁过红、果子枣、苹果枣、水枣、冰糖枣等，2n=2x=24。分布面广，山东乐陵、庆云、无棣、沾化、茌平、章丘等地，河北黄骅、盐山等地均有分布。河北黄骅的齐家务有上千亩的集中成片栽培的树龄在数百年以上的大树。1999 年通过山东省农作物品种审定委员会审定，品种编号为鲁种审字第 295 号（审定名称为‘鲁北冬枣’，申报单位为山东省果树研究所）；2005 年通过河北省林木品种审定委员会审定，审定编号为冀 S-SV-ZJ-020-2005（审定名称为‘黄骅冬枣’，申报单位为河北农业大学、黄骅市林业局）。

经济学性状 果实 10 月上中旬成熟采收，生育期 125~130d 左右。果实近圆形，似小苹果，纵径 2.7~3.4cm，横径 2.6~3.4cm，平均果重 11.5g，最大 35g。果皮薄而脆，赭红色，果肉绿白色，酥脆，细嫩多汁，甜味浓，味酸。鲜枣含可溶性固形物 30% 以上，可食率 96.9%。果核短纺锤形，纵径 1.6cm，横径 0.8cm，核重 0.33g，多数具饱满种子。

图 7-36 ‘冬枣’果实形状

Figure 7-36 Fruit shape of Chinese jujube ‘Dongzao’

植物学性状 树体中大，树姿开张，成枝力强，树冠自然半圆形。树干灰褐色，裂纹宽条状，粗糙，易剥落。枣头紫褐色。针刺退化。叶片圆形，两侧略向叶面皱起，深绿色，光泽较暗，叶尖渐尖，先端钝圆，叶基圆形，叶缘具细浅锯齿。花小，花径 6mm，初开时蜜盘黄色，为夜开型。

综合评价 树体中大，树姿开张，成枝力强；早果性、丰产性一般；果实极晚熟，中大，鲜食品质极上，耐贮藏；对肥水条件要求较高，抗旱、抗寒性弱，对溃疡病、轮纹病、炭疽病、褐腐病等果实病害抗性一般，裂果极轻；在北京以南地区均可正常生长。

图 7-38 ‘冬枣’树形

Figure 7-38 Tree form of Chinese jujube ‘Dongzao’

图 7-37 ‘冬枣’结果状

Figure 7-37 Bearing status of Chinese jujube ‘Dongzao’

16 敦煌大枣

Dunhuangdazao

别名及分布 别名哈密大枣、五堡大枣，维吾尔语名为库木勒其郎或穷其郎(意为大枣)。主要分布于甘肃敦煌，为当地的原产品种。100多年前引入新疆维吾尔自治区哈密市，逐渐在该市五堡乡扩大栽种，形成产区。目前，哈密市区、回城、大泉湾、大南湖等地也有少量栽种。

经济学性状 果实9月中旬成熟，生育期100d左右。果实中大，近卵圆形，平均纵径3.5cm，横径3.2cm。平均果重14.7g，最大25g，大小不整齐。果面不平整，有小块起伏。果皮较厚，紫红色，果肉浅绿色，肉质致密，较硬，汁液少，味酸甜，稍有苦味。含可溶性糖20%，可滴定酸0.64%，Vc 404mg/100g，制干率47%以上。干枣含可溶性糖74.7%~78.3%，可滴定酸1.0%~1.14%。果核较大，短纺锤形，纵径1.9cm，横径0.7cm。平均核重0.52g，核蒂较短，渐尖，核尖突尖，成扁刺状，长3mm左右，核内无种子。

植物学性状 树体较高大，干性较强，发枝力强，树姿半开张，树冠呈自然圆头形或自然半圆形。树干浅灰褐色，皮裂纹深，呈宽条块状，不易剥落。枣头黄褐色，阴面略呈灰绿色。针刺发达，2~3年后逐渐脱落。二次枝略弯曲。枣股圆锥形。叶片较小，卵状披针形，绿色，叶尖长，渐尖，叶基圆形或楔形，叶缘具均匀细钝的锯齿。花量小，花朵较大，花径7mm，为昼开型。

综合评价 树体较高大，干性较强，发枝力强，树姿半开张；结果早，丰产、稳产；耐贮运，鲜食、制干品质中上等，亦可加工蜜枣、酒枣等；适应性强，抗寒、耐旱，成熟期不抗风、易落果；适宜在甘肃河西走廊和新疆东部等干旱地区栽培。

图7-39 ‘敦煌大枣’果实形状

Figure 7-39 Fruit shape of Chinese jujube ‘Dunhuangdazao’

图7-40 ‘敦煌大枣’结果状

Figure 7-40 Bearing status of Chinese jujube ‘Dunhuangdazao’

图7-41 ‘敦煌大枣’树形

Figure 7-41 Tree form of Chinese jujube ‘Dunhuangdazao,

17 蜂蜜罐

Fengmiguan

分布 2n=2x=24。分布于陕西大荔的官池乡北丁、中草一带，为当地原产品种，数量不多，20 世纪 50 年代末，在江苏、南京、安徽、淮南等地引种，长势良好。目前，在山西、河北等地有一定规模栽培。

经济学性状 在山西太谷，果实 9 月上旬着色成熟。果实中等偏小，近圆形，纵径 2.5cm，横径 2.4cm，平均果重 8.2g，最大 11.0g，大小整齐。果皮薄，鲜红色，果肉绿白色，质地细脆，较致密，汁液较多。含可溶性固形物 25%~28%，可食率 94.0%。果核中大，短倒卵形，核重 0.5g，含仁率 90%。

植物学性状 树体中等大，干性较强，树姿半开张，树冠自然圆头形。树干灰褐色，皮裂呈不规则条块状。枣头红褐色，长 30~50cm，节间平均长 5.0cm，最长 8.5cm。针刺不发达，直刺长 0.3~0.5cm，逐渐脱落。二次枝 3~8 节。枣股一般抽生枣吊 3~5 个。枣吊长 11.0 -20.0cm，着叶 8~14 片。叶片中等偏小，卵状披针形，深绿色，长 2.5~5.4cm、宽 1.2~2.6cm。花量中大，花径 5~6mm，为昼开型。

图 7-43 ‘蜂蜜罐’树形

Figure 7-43 Tree form of Chinese jujube ‘Fengmiguan’

综合评价 树体中等大，干性较强，树姿半开张，发枝力中等；结果早，丰产稳产；成熟期较早，抗裂果，鲜食品质极上；适应性强，对土质要求不严，在沙质土上和黏壤土上都能正常生长结果，在我国南、北方均可栽培。

18 涪陵鸡蛋枣

Fulingjidanzao

别名及分布 别名大泡枣、奉节鸡蛋枣。分布在重庆涪陵、四川奉节、江北、巴县等地，为当地的主栽品种，品种来源不详，在涪陵等地已有 100 年以上的栽培历史。

经济学性状 在山西太谷，果实 9 月下成熟。果实中等大，倒卵圆形，纵径 4.1cm，横径 2.9cm，平均果重 16.4g。果皮红色，果肉绿白色，质地疏松，汁液多。白熟期含可溶性固形物 7.7%，鲜食味淡，可食率 95.4%。果核中等大，纺锤形，先端锐尖，针状，蒂部长，钝尖，纵径 2.9cm，横

图 7-42 ‘蜂蜜罐’果实形状

Figure 7-42 Fruit shape of Chinese jujube ‘Fengmiguan’

图 7-44 ‘涪陵鸡蛋枣’果实形状

Figure 7-44 Fruit shape of Chinese jujube ‘Fulingjidanzao’

径 0.85cm，平均核重 0.64g，含仁率达 93%。

植物学性状 树体高大，树姿较直立，树冠自然圆头形。树干灰褐色，树皮裂纹浅，不规则纵条形。枣头较细软，赤褐色。具针刺，刺中长。枣股圆锥形，可持续结果 10 年左右。叶片较小，卵圆形，深绿色，叶尖钝圆，叶基圆形，叶缘波状，具浅锯齿。花量大，花中大，花径 6mm。

综合评价 树体高大，树姿较直立；丰产性好；白熟期果实整齐，中等大，肉质疏松少汁，加工品质好，鲜果较耐贮运，为优良的蜜枣品种；适应性强，抗病力较弱，易感枣疯病。

图 7-45 ‘涪陵鸡蛋枣’结果状

Figure 7-45 Bearing status of Chinese jujube ‘Fulingjidanzao’

19 尜尜枣

Gagazao

别名及分布 别名嘎嘎枣、葫芦枣、马牙枣、呷呷枣、北京嘎嘎枣、北京尜尜枣。原产北京，为北京著名品种，主要分布在丰台区瓦窑、大灰场及房山北车营一带。

经济学性状 果实 9 月上中旬成熟。果实小，长葫芦形，平均纵径 3.5cm，横径 1.5cm，平均果重 4.4g。果皮薄，紫红色，果肉细嫩多汁，甜微酸。果核细小，长纺锤形，纵径 1.6cm，横径 0.3cm。

植物学性状 树体中等大，干性较强，树姿直立，树冠呈自然圆头形。树干灰褐色或褐色，树皮条状纵裂，表面粗糙，较易剥落。枣股圆柱形，多歪斜。叶片较小，卵状披针形，叶尖渐尖，先端钝圆或稍凹，叶基楔形，叶缘锯齿浅细。

综合评价 树体中等大，干性较强，树姿直立；丰产性强；鲜食品质上等；适应性一般。

图 7-46 ‘涪陵鸡蛋枣’树形

Figure 7-46 Tree form of Chinese jujube ‘Fulingjidanzao’

图 7-47 ‘尜尜枣’结果状

Figure 7-47 Bearing status of Chinese jujube ‘Gagazao’

图 7-48 ‘尜尜枣’树形

Figure 7-48 Tree form of Chinese jujube ‘Gagazao’

23 广洋枣

Guangyangzao

别名及分布 别名广洋大枣、镇平广洋枣、圆铃枣、小圆铃，2n=2x=24。分布于河南西南部的镇平枣区，为当地的主栽品种，栽培数量占当地枣树总数的90%，主产区为镇平、方城等县。2006年通过河南省林木品种审定委员会审定，品种编号为豫S-SV-ZJ-021-2006（审定名称为'广洋大枣'，申报单位为河南省南阳市镇平县林业局）。

经济学性状 果实9月中旬成熟，生育期100d左右。果实近圆形，纵径3.6cm，横径3.4cm，平均果重17.0g，大小较整齐。果皮薄，深红色，果肉绿白色，质地致密，汁液中多，较细脆，味甜。含可溶性糖31.3%，可滴定酸0.36%，Vc 330mg/100g。干枣肉质松软，有弹性，肉核比12:1，含可溶性糖68.4%，可滴定酸0.39%，可食率95.2%。果核倒卵形，纵径2.0cm，横径1.1cm，平均核重0.7g左右，核内多数含有种子，含仁率达80%左右。

植物学性状 树体较大，树姿开张，树冠呈自然半圆形。树干灰褐色，表面粗糙，皮不易剥落。枣头紫褐色，生长势较强。针刺发达，直刺长1.7cm，刺尖略弯，不易自然脱落。二次枝粗壮。枣股粗大，圆柱形。叶片较小，卵状披针形，浅绿色，长4.3cm、宽1.8cm，叶尖渐尖，叶基圆形，叶缘钝齿。

综合评价 树体较高大，树姿开张；产量较高，稳定；果实较大，裂果轻，品质上等，宜鲜食、制干和加工；适应性强，耐瘠薄；适宜气候温暖、生长季雨量较多的地区栽培。

图7-59 '广洋枣' 结果状

Figure 7-59 Bearing status of Chinese jujube 'Guangyangzao'

图7-58 '广洋枣' 果实形状

Figure 7-58 Fruit shape of Chinese jujube 'Guangyangzao'

图7-60 '广洋枣' 树形

Figure 7-60 Tree form of Chinese jujube 'Guangyangzao'

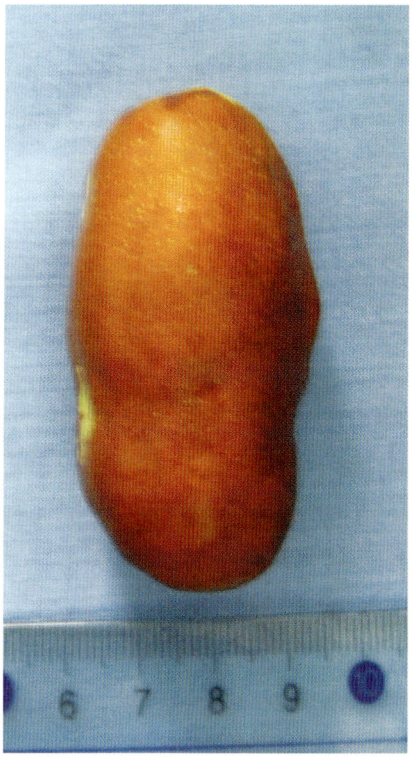

图 7-61 ‘蛤蟆枣’果实形状
Figure 7-61 Fruit shape of Chinese jujube ‘Hamazao’

24 蛤蟆枣

Hamazao

分布 2n=2x=24。分布于山西永济的仁阳一带，为当地主栽品种。因果面凹凸不平，且有深色斑纹，似蛤蟆背部皮纹，故名蛤蟆枣。

经济学性状 果实9月下旬进入脆熟期，生育期110d左右。果实特大，柱形或长圆形，侧面略扁，纵径5.6cm，横径4.0cm，侧径3.6cm。平均果重34.0g，大小不匀。果面有明显的小块瘤状隆起，果皮薄，深红色，有紫黑色斑，果肉厚，绿白色，质地较松脆，汁液中多，味甜。含可溶性固形物28.5%，可滴定酸0.43%，Vc 398mg/100g，可食率96.5%。果核纺锤形，两端尖长，纵径3.62cm，横径0.96cm，平均核重1.2g，核内无种子。

植物学性状 树体干性较强，树姿较直立，树冠乱头形。树干灰褐色，树皮裂纹较深，较易脱落。枣头红褐色，粗壮。枣股较粗，圆锥形。叶片长卵形，绿色，叶尖渐尖，叶基圆形。花量中大，花大，早上6时左右蕾裂，初开时蜜盘浅黄色。

综合评价 树体干性较强，树姿较直立；结果早，采前落果极轻，产量中等；果实成熟不一致，果实特大，可食率高，易裂果，较耐贮藏，为优良的较晚熟鲜食品种；抗晚霜能力较弱，抗枣疯病能力较强。

图 7-62 ‘蛤蟆枣’结果状
Figure 7-62 Bearing status of Chinese jujube ‘Hamazao’

25 湖北牛奶枣

Hubeiniunaizao

分布 在湖北分布较广，北部的枣阳刘升乡和随县唐镇乡，东部的孝感小河乡和阳新等枣区都有栽培，以孝感数量最多，是当地的乡土品种。

经济学性状 果实8月中旬成熟，生育期80d左右。果实中大，长圆形，纵径3.0~3.4cm，横径2.3~2.5cm，平均果重9.1g。果皮薄，赭红色，果肉白绿色，致密，汁液中等，味甜。白熟果含可溶性糖10.8%，可滴定酸0.2%，Vc 467mg/100g。果核较大，梭形，纵径2.0~2.5cm，横径0.6~1.0cm。

植物学性状 树体较大，枝条稀疏，树姿开张，呈自然半圆形。树干灰褐色，较平滑，皮不易剥落。枣头棕红色。针刺发达。枣股圆柱形，可持续结果15年。叶片中等大，卵状披针形或长椭圆形，绿色，叶尖急尖，叶基广楔形，叶缘锯齿细尖。花量特大，花小，花径5mm左右。

综合评价 树体较大，树姿开张，成枝力差；结果较晚，丰产、稳产；果实中等大，质脆味甜，宜鲜食和加工，品质中等；适应性一般，适应南方多雨气候条件。

26 湖南鸡蛋枣

Hunanjidanzao

别名及分布 别名溆浦鸡蛋枣。分布较广，主产于湖南溆浦、麻阳、辰溪、隆回、邵阳和南部衡山、祁阳、祁东、新田等地，栽培历史200年以上。

经济学性状 果实8月中旬成熟。果实大，阔卵形，纵径3.4~4.3cm，横径3.3~4.0cm，平均果重19.4g，最大33.4g，大小不整齐。果皮薄，开始着色时呈黄红色，后加深紫红色，果肉白绿色或乳白色，质地疏松较脆，汁液较少，味较甜。鲜枣含可滴定酸0.19%，Vc 334mg/100g，可食率95%。果核中大，纺锤形，纵径2.0~2.5cm，横径0.9~1.1cm，平均核重0.55g，少数核内具不饱满种子。

植物学性状 树体较小，发枝力中等，枝叶较稀疏，树姿开张，树冠圆头形。树干灰色或灰褐色，粗糙，皮裂纹较深，呈纵条不规则的长方块状，容易片状剥落。枣头棕红色或深褐色。针刺不很发达。枣股可持续结果12年以上。叶片较小，卵状披针形，深绿色，叶尖渐尖，先端尖圆，叶基圆形，叶缘锯齿较大。花量小，花径6mm。

综合评价 树体较小，树姿开张，发枝力中等；结果早，丰产、稳产；果实大，质地松脆，可食率高，不裂果，为我国南方优良的大果鲜食品种，也可加工蜜枣，适应性较强，耐旱性好，病虫较少。

图7-63 '湖南鸡蛋枣'果实形状

Figure 7-63 Fruit shape of Chinese jujube 'Hunanjidanzao'

图7-64 '湖南鸡蛋枣'树形

Figure 7-64 Tree form of Chinese jujube 'Hunanjidanzao'

27 湖南牛奶枣

Hunanniunaizao

分布 主产于湖南西部的溆浦低庄和麻阳以及南部的祁阳等地。

经济学性状 果实9月上旬成熟，生育期110d。果实中大，长圆柱形，似牛奶头，纵径4.1~4.6cm，横径2.5~2.9cm，平均果重9.7g，最大16.8g，大小不很整齐。果皮薄，浅棕红色，果肉白绿色，质地较致密，汁液少。含可滴定酸0.26%，Vc 520mg/100g，可食率96.0%，制干率43.5%。果核小，纺锤形，略弯曲，核尖长，先端尖锐，纵径1.7~2.3cm，横径0.74~0.80cm，平均核重0.35g，少数核内含有种子，含仁率12%左右。

植物学性状 树体中等大，枝系较密，树姿开张，树冠呈自然圆头形。树干灰黑色，粗糙，皮易小块状剥落。枣头红棕色。针刺较发达。枣股圆柱形，一般寿命10年左右。叶片大，卵状披针形，色泽较浅，叶尖渐尖，先端尖圆，叶基圆形或广楔形，叶缘锯齿较粗。花量大，花中等大，花径

6mm，为昼开型。

综合评价　树体中等大，枝系较密，树姿开张；早产、丰产、稳产；果实较大，果肉致密，汁少，制干率高，品质中等，适宜制干和加工蜜枣；适应性强，较耐瘠薄，抗虫性好。

28　壶瓶枣

Hupingzao

别名及分布　别名太谷壶瓶枣，2n=2x=24。分布于山西太谷、清徐、交城、文水、祁县、榆次、太原南郊等地，太谷和清徐最为集中，品质以太谷里美庄最为优良。壶瓶枣是一个古老的品种，起源历史目前尚不清楚，但各产区数百年生大树很多。2001年通过山西省林木品种审定委员会认定（5年），品种编号为晋R-SV-ZJ -011-2001（审定名称为‘太谷壶瓶枣’，申报单位为山西省太谷县林业局）。

经济学性状　果实9月中旬成熟，生育期100d左右。果实圆柱形或长倒卵形，纵径4.7cm，横径3.1cm，平均果重19.7g，最大22.1g。果皮薄，深红色，肉质脆而松，味甜汁中。含可溶性固形物37.8%，可溶性糖30.4%，可滴定酸0.57%，Vc 493mg/100g，可食率96.9%。果核纺锤形，纵径3.16cm，横径0.74cm，平均核重0.61g，核尖长，核面粗糙，小果核壳质软，核内多数无种子。

植物学性状　树势强健，树体高大，干性中强，树姿半开张，树冠多呈自然圆头形。枣头红褐色，生长势较强，平均长50cm左右，节间长7～9cm。二次枝6～7节。针刺中等长，较粗。枣股抽生枣吊3～4个。枣吊长14cm左右。叶片中等大，长卵形，深绿色。花量中等大，花较大，花径6.6～7.7mm，初开时蜜盘呈橘黄色，为夜开型。

综合评价　树体高大，干性中强，树姿半开张；早果、采前落果较严重，较丰产、稳产；果实大，品质优良，遇雨极易裂果浆烂，适宜制干、加工等，用途广泛；适应性和抗逆性强。

图7-67 ‘壶瓶枣’树形

Figure 7-67　Tree form of Chinese jujube ‘Hupingzao’

图7-65 ‘壶瓶枣’果实形状

Figure 7-65　Fruit shape of Chinese jujube ‘Hupingzao’

图7-66 ‘壶瓶枣’结果状

Figure 7-66　Bearing status of Chinese jujube ‘Hupingzao’

29 灰 枣

Huizao

别名及分布 别名新郑灰枣，2n=2x=24。分布于河南新郑市、中牟县、西华县和郑州市郊区，为当地主栽品种。起源于新郑，已有2700多年的栽培历史，至今尚有500多年生的老龄枣树，近年来在新疆地区有大规模发展，品质性状优于原产地，表现较好。2006年通过河南省林木品种审定委员会审定，品种编号为豫S-SV-ZJ-019-2006（审定名称为‘新郑灰枣’，申报单位为新郑市林业局）。

经济学性状 果实9月中旬脆熟，生育期100d左右。果实长卵形，纵径3.2~3.4cm，横径2.1~2.3cm，平均果重12.3g，最大13.3g，大小较均匀。果皮橙红色，果肉厚，绿白色，肉质致密，较脆，味甜，汁液较多，可食率97.3%，制干率50%左右。干枣肉质致密，有弹性，耐贮运。核小，纺锤形，纵径1.8cm，横径0.5cm，重0.31g，核尖短，含仁率高，种仁较饱满。

图7-68 ‘灰枣’果实形状

Figure 7-68 Fruit shape of Chinese jujube ‘Huizao’

图7-69 ‘灰枣’树形

Figure 7-69 Tree form of Chinese jujube ‘Huizao’

植物学性状 树体中等大，树姿半开张，树冠呈自然圆头形。树干皮条状纵裂。枣头红褐色，平均长40~70cm。针刺较发达，长1.5~2.5cm，多年后逐渐脱落。二次枝弯曲度大，节间长7.7cm。枣股抽生枣吊3~4个。枣吊长13.0~22.5cm，着叶10~18片，常有二次生长。叶片长卵形，深绿色，两侧略向上褶翘，长4.2~5.4cm、宽2.0~2.6cm，叶缘锯齿浅，齿距较大。花量大，花径5.5mm，花初开时蜜盘橙黄色，为昼开型。

综合评价 树体中等大，树姿半开张；结果较迟，丰产；果个中大，味甜，汁多，易裂果，适宜制干、鲜食和加工蜜枣，品质上等。适土性强，适于成熟期少雨的地区发展。

30 鸡心枣

Jixinzao

别名及分布 别名新郑鸡心枣、小枣，2n=2x=24。原产河南新郑，目前该县尚有400多年生的老树，分布于河南新郑、中牟等县和郑州市郊，为当地主栽品种之一，栽培数量约占该枣区的15%左右。

经济学性状 果实9月下旬成熟，生育期100d左右。果实多数为椭圆形，少数为鸡心形和倒卵形，纵径2.5~2.7cm，横径1.6~1.7cm，平均果重4.9g，最大5.3g，大小较整齐。果皮较薄，紫红色，果肉绿白色，质地致密略脆，味甘甜。含可溶性固形物31%，可食率91.8%，出干率49.9%。干枣肉质较紧实，有弹性，耐压挤，果肉含可溶性糖59.9%，可滴定酸0.25%。果核短纺锤形，平均核重0.4g，含仁率75%，种子较饱满。

植物学性状 树体中等大，树姿较直立，树冠呈圆锥形。树干灰褐色，皮裂纹较浅。枣头黄褐色，较细硬。

图7-70 ‘鸡心枣’果实形状

Figure 7-70 Fruit shape of Chinese jujube ‘Jixinzao’

图 7-71 ‘鸡心枣’树形
Figure 7-71 Tree form of Chinese jujube ‘Jixinzao’

针刺一般，长 1.5cm 左右。二次枝较长，弯曲度小，节间较短。枣股圆柱形。叶片长卵形，黄绿色，叶尖渐尖，叶基近圆形，叶缘具较整齐的锯齿。花量大，花径 7.6mm，花初开时蜜盘黄色，为昼开型。

综合评价 树体中等大，树姿较直立；丰产、稳产；果小，裂果轻，干枣耐贮运，制干品质优良。风土适应性较强，对枣锈病敏感；适于南方等多雨潮湿的地区适当发展。

31 金丝小枣

Jinsixiaozao

别名及分布 别名小枣，2n=2x=24。原产河北、山东交界地带，栽培历史悠久，果实晒至半干，掰开果肉可拉成 6~7cm 长缕缕金色细丝，故名“金丝小枣”。

经济学性状 果实 9 月下旬完全成熟，生育期 100d 左右。果实小，果形因株系而异，有圆形、椭圆形、长椭圆形、柱形、鸡心形、倒卵形、梨形等多种形状，平均果重 5g。果皮薄，鲜红色，果肉乳白色，质地致密细脆，汁液中等，味甘甜，微具酸味。鲜枣含可溶性固形物 34%~38%，Vc 560 mg/100g，可食率 96.0%，制干率 56.5%。干枣果形饱满，肉质细，富弹性，皮薄，色深红、光亮，皱纹细浅。果核小，梭形或长梭形，两端稍尖，平均核重 0.25g，部分类型核内含有种子。

图 7-72 ‘金丝小枣’结果状
Figure 7-72 Bearing status of Chinese jujube ‘Jinsixiaozao’

植物学性状 树体中等大，树冠多呈疏散分层形。树干浅灰褐色，皮粗糙，纵纹宽条片状，容易剥落。枣头灰黄色，阳面较浅，被白色浮皮，没有光泽。针刺较发达，二次枝略向下弯曲。枣股圆柱形或圆锥形。枣吊短。叶片较大，卵状披针形，绿色，叶尖渐尖，先端尖圆，叶基广圆，叶缘平，或略拢起，形成 1、2 道不规则的波褶，锯齿浅，尖端圆，不很规则。花量大，为昼开型。

综合评价 树体中等大，树势中等；结果较晚，盛果期丰产、稳产；果实皮薄，肉厚，核小，质地细，糖分高，味甘美，不抗裂果，耐贮运，适宜制干，兼可鲜食，品质优良；风土适应性较差，适宜花期温热、果实成熟期少雨的地区发展。

图 7-73 ‘金丝小枣’树形
Figure 7-73 Tree form of Chinese jujube ‘Jinsixiaozao’

32 晋 枣

Jinzao

别名及分布 别名彬县晋枣、吊枣、长枣、酒枣，2n=2x=24。分布于陕西、甘肃交界的彬县、长武、宁县、泾川、正宁、灰阳等地，泾河及其支流两岸坡地和源边地带，为当地原有的主栽品种，此外，甘肃镇原、环县、华池、合水、灵台、崇信、平凉等地也有分布。

经济学性状 果实10月初成熟，生育期110d左右。果实大，长卵形或长圆柱形，纵径4.6~6.0cm，横径3.1~3.8cm。平均果重21.6g，大小不整齐。果皮薄，赭红色，果肉厚，白绿色或乳白色，质地致密酥脆，汁液较多，甜味浓。含可溶性固形物31.2%，可溶性糖26.9%，可滴定酸0.21%，Vc 390mg/100g，可食率97.8%，制干率35%。干枣含可溶性糖68.7%~78.4%。果核中等大，长纺锤形，纵径2.6cm，横径0.6cm，平均核重0.46g，一般年份含仁率低于5%，个别年份达30%以上。

图7-74 ‘晋枣’结果状

Figure 7-74 Bearing status of Chinese jujube ‘Jinzao’

图7-75 ‘晋枣’树形

Figure 7-75 Tree form of Chinese jujube ‘Jinzao’

植物学性状 树体高大，枝量大，干性强，树姿直立，分枝角度小，树冠呈圆柱形。树干深灰褐色，皮裂纹深，裂片大，呈纵行的条块状，容易剥落。枣头深褐色，粗硬直立。针刺较发达，多年宿存。二次枝略弯曲。枣股大，圆柱形。叶片较小，窄长，呈长卵形或卵状披针形，绿色，叶尖渐尖，先端尖锐，叶基楔形或宽楔形，叶缘锯齿浅。花量大，花较大，花径7~8 mm，初开花蜜盘浅绿黄色，为昼开型。

综合评价 树体高大，干性强，分枝角度小，树冠紧凑；较丰产；果实大，皮薄、肉厚、核小、味甜，不抗裂果，适宜鲜食和制作蜜枣、酒枣，适应性较强，抗寒、抗风，较耐盐碱，不耐旱，要求较高的肥水管理；适于我国西北地区发展的鲜食、加工兼用的优良品种。

33 骏 枣

Junzao

别名及分布 别名交城骏枣，2n=2x=24。为地方品种，分布于山西交城的边山一带，为当地的主栽品种。其中以磁窑、瓦窑、广兴等村栽培集中，以瓦窑的品质最为著名。2001年通过山西省林木品种审定委员会认定（5年），品种编号为晋R-SV-ZJ -009-2001（审定名称为‘交城骏枣’，申报单位为山西省交城县林科所）。

经济学性状 果实9月中旬进入脆熟期，生育期100d左右。果实圆柱形或长倒卵形，纵径4.7cm，横径3.3cm。平均果重22.9g，最大36.1g。果皮薄，深红色，果肉厚，白色或绿白色，质地酥脆，味甜汁多。含可溶性固形物33%，可溶性糖28.7%，可滴定酸0.45%，Vc 432mg/100g，可食率96.3%。干枣含可溶性糖75.6%，

图7-76 ‘骏枣’果实形状

Figure 7-76 Fruit shape of Chinese jujube ‘Junzao’

可滴定酸 1.58%。果核纺锤形，纵径 3.2cm，横径 0.9cm，平均核重 0.85g，小果果核壁薄，质地软，有退化现象，含仁率 30%，种子不饱满。

植物学性状 树体较高大，干性强，树姿半开张，树冠多呈自然圆头形。树干皮裂纹较细，纵条状。枣头深褐色或紫褐色，平均枝长 54.8cm，抽生永久性二次枝 4~6 个。针刺细小，早落。二次枝弯曲度小。壮龄枣股抽生枣吊 3~4 个，枣吊长 16cm 左右，着叶 9~11 片。叶片中等大，长卵形，深绿色，长 6.6cm、宽 3.0cm，叶缘略有波形，锯齿浅或中等深。花量中等，花较大，花径 7.3~7.6mm，初开时蜜盘呈橘黄色，为夜开型。

综合评价 树体较高大，干性强，树姿半开张；采前易落果，较丰产；成熟期遇雨易裂果，鲜食、制干、加工兼用，品质上等；适土性强，耐旱涝、盐碱，抗枣疯病能力强。

图 7-77 ‘骏枣’结果状

Figure 7-77 Bearing status of Chinese jujube ‘Junzao’

图 7-78 ‘骏枣’树形

Figure 7-78 Tree form of Chinese jujube ‘Junzao’

34 喀什葛尔小枣

Kashigeerxiaozao

别名及分布 别名长枣，维吾尔族称索克其郎。集中分布于新疆喀什葛尔平原绿洲地带，昔日闻名的枣乡——卡夷克乡，据考证系清代乾隆年间引入，迄今有 200 余年的栽培历史。

经济学性状 果实 9 月中下旬成熟，生育期 105d 左右。果实小，卵圆形，平均纵径 2.6cm，横径 2.0cm。平均果重 4.5g。果皮红褐色，果肉绿白色，质地脆，汁多，味甜。果核小，梭形，先端尖突，核内具饱满种子，含仁率 90% 以上。

植物学性状 树体较高大，干性较强，树姿直立，树冠呈乱头形。树干灰褐色，皮裂纹深，呈纵条状，不规则，易剥落。枣头红褐色。有针刺。枣股圆柱形。叶片长 4.3 cm、宽 1.5cm，叶尖渐尖，叶基圆形，叶缘波状，齿角尖圆。花量中等，花甚小，花径 3.5mm，初开时蜜盘黄绿色。

综合评价 树体较高大，干性较强，树姿直立；产量中等；果实小，品质优良，鲜食制干兼用；适应性强，耐旱，较耐盐碱，抗病虫力强。

图 7-79 ‘喀什葛尔小枣’果实形状

Figure 7-79 Fruit shape of Chinese jujube ‘Kashigeerxiaozao’

图 7-80 ‘喀什葛尔小枣’树形

Figure 7-80 Tree form of Chinese jujube ‘Kashigeerxiaozao’

35 孔府酥脆枣

Kongfusucuizao

分布 分布于山东曲阜，为当地优良地方鲜食品种。2000年通过山东省农作物品种审定委员会审定，品种编号为鲁种审字第339号（审定品种名称为‘孔府酥脆枣’，申报单位为山东省果树研究所）。

经济学性状 果实8月中旬至9月中旬成熟。果实长椭圆形或长倒卵形，侧面略扁，大小整齐，平均果重12g左右，大果近20g。果皮较厚，深红色，肉质细、酥脆，汁中多，甜味浓，稍具酸味。白熟期可溶性固形物含量为28.0%，脆熟期达35%~36.5%，可食率96.5%。果核较大，长椭圆形，平均核重0.6g，大果核内常有种子。

植物学性状 树体高大，干性强，枝叶密度中等，树冠自然圆头形。枣头黑褐色，平均长80 cm左右，节间长6~8cm。二次枝5~7节。针刺不发达。枣股抽生枣吊3~4个。枣吊长21~24cm，着叶14~16片。叶片中等大，长卵形，深绿色，长5.9cm、宽2.8cm，叶缘略波状，锯齿中大。

综合评价 树体高大，干性强，成枝力中等；早果性强，嫁接当年即可挂果，丰产、稳产；果实中等大，鲜食松脆，质细，味浓，品质优良，为早熟鲜食枣良种；耐旱，对枣锈病和炭疽病抗性较强。

图7-81 ‘孔府酥脆枣’果实形状

Figure 7-81 Fruit shape of Chinese jujube ‘Kongfusucuizao’

图7-82 ‘孔府酥脆枣’树形

Figure 7-82 Tree form of Chinese jujube ‘Kongfusucuizao’

36 辣椒枣

Lajiaozao

别名及分布 别名献县辣椒枣、长脆枣、长枣、奶头枣。分布于山东、河北交界的夏津、武城、临清、冠县、深县、衡水、献县、交河、成安等地，多零星栽培。

经济学性状 果实9月下旬成熟，生育期110d左右。果实长锥形或长椭圆形，纵径3.8~4.9cm，横径2.4~2.6cm。平均果重11.2~12.0g，最大22g，整齐度高。果皮薄，紫红色，果肉白色，微显绿色，质地较细，酥脆，稍松软，汁液较多。半红果含可溶性固形物31%~32%、全红果36%~37%，可食率97.2%，制干率52.7%。果核长纺锤形，纵径2.2cm，横径1.0~1.1cm，平均核重0.33g，核内多不具种子。

植物学性状 树体高大，树姿较直立，半开张，树冠圆头形。树干灰褐色，裂纹宽条状，较粗糙，裂片易剥落。枣头红褐色。针刺不发达，易脱落。枣股圆柱形，可持续结果15~18年。叶片中大，长卵形或卵状披针形，绿色或深绿色，叶尖渐尖，叶基广楔形或圆形，叶缘平，具细锯齿，齿尖钝圆。花量大，花径6.2mm。

综合评价 树体高大，树姿较直立，半开张；较丰产；果实中等大，皮薄，含糖量高，酥脆甘甜，鲜食品质优良；适应性较强，抗风、耐旱、耐涝、耐盐碱。

图7-83 ‘辣椒枣’果实形状

Figure 7-83 Fruit shape of Chinese jujube ‘Lajiaozao’

图 7-84 ‘辣椒枣’树形
Figure 7-84 Tree form of Chinese jujube ‘Lajiaozao’

图 7-86 ‘郎家园枣’结果状
Figure 7-86 Bearing status of Chinese jujube ‘Langjiayuanzao’

37 郎家园枣
Langjiayuanzao

分布 原产北京朝阳区郎家园一带，据传是由野生种选择而来，山东、山西、河北、陕西等地曾引种。

经济学性状 果实9月上旬成熟，发育期95d左右。果实小，长圆形，纵径2.82cm，横径2.09cm，平均果重5.6g，最大7.0g，大小均匀。果皮薄，深红色，果肉绿白色，质地酥脆，细嫩多汁，甜味浓，稍有香气。含可溶性固形物35%，可食率95.7%。果核细小，长纺锤形，纵径1.5~1.8cm，横径0.5~0.6cm，平均核重0.24g，核蒂、核尖较短，略尖钝，核内多含种子。

植物学性状 树体中等大，干性较弱，树姿开张，树冠自然半圆形。树皮条状纵裂，不易剥落。枣头红褐色，枝形细直，针刺不发达，易脱落。枣股圆柱形。叶片中等大，卵状披针形，绿色，先端尖或稍凹，叶基圆或阔楔形，叶缘锯齿较浅。花量大，花径6mm，为夜开型。

综合评价 树体中等大，干性较弱，树姿开张；丰产性较差；果实皮薄核小，肉质酥脆，多汁甘甜，成熟期遇雨不裂果，品质上等，适宜鲜食，但采后不耐贮运。

图 7-85 ‘郎家园枣’果实形状
Figure 7-85 Fruit shape of Chinese jujube ‘Langjiayuanzao’

图 7-87 ‘郎家园枣’树形
Figure 7-87 Tree form of Chinese jujube ‘Langjiayuanzao’

38 郎溪牛奶枣
Langxiniunaizao

分布 主要分布在安徽郎溪的灵旦、花树、侯树、独山和广德的下寺、施村、梅村、刘达等地。为当地原产的主栽品种，栽培历史悠久，以制作蜜枣品质优良著称。

经济学性状 果实9月上旬成熟，发育期105d左右。果实较小，长卵圆形，纵径3.8cm，横径2.1cm，平均果重8.7g，大小较整齐。果面光滑，果皮薄，脆熟期赭红色，果肉淡绿色，较紧密，汁液少。白熟期含可溶性糖9.0%，可滴定酸0.51%，Vc 308mg/100g，可食率96.5%。蜜枣成品透明度高，渗糖匀透，成品率高，可达80%左右。果核细，长梭形，纵径2.31cm，横径0.49cm，平均核重0.3g，核内无种子。

图7-88 ‘郎溪牛奶枣’果实形状

Figure 7-88 Fruit shape of Chinese jujube ‘Langxiniunaizao’

植物学性状 树体较大，树姿开张，树冠多自然圆头形。树干灰褐色，树皮裂纹较细，长方形，不易剥落。枣头紫红色，较细。针刺发达。枣股圆柱形，连续生长结果6~8年，老龄枣股有分歧现象。叶片宽，卵圆形，中等大，浅绿色，厚薄中等，叶长5.9cm，叶宽3.6cm，叶尖渐尖，叶基楔形，叶缘具粗锯齿。花量小，初开花蜜盘淡黄色。

综合评价 树体较大，树姿开张；丰产、稳产；果实中等大，核小，汁少，成熟期遇雨裂果；制成的蜜枣外形整齐美观，半透明，迎光见核，果面富糖霜，品质上等，为优良的中熟蜜枣品种；适性较强，耐旱，抗风、抗寒，但不耐涝，不抗枣疯病。

图7-89 ‘郎溪牛奶枣’结果状

Figure 7-89 Bearing status of Chinese jujube ‘Langxiniunaizao’

图7-90 ‘郎溪牛奶枣’树形

Figure 7-90 Tree form of Chinese jujube ‘Langxiniunaizao’

39 郎 枣
Langzao

别名及分布 别名太谷郎枣，2n=2x=24。分布于山西太谷、祁县枣区，为当地的主栽品种，集中产区有太谷的北洸、侯城和祁县的东观、峪口等乡，栽种数量约占当地枣树总数的80%左右，起源历史不详。

经济学性状 果实9月中旬成熟，生育期100d左右。果实中等大，圆柱形，纵径3.9cm，横径3.0cm，平均果重14.9g，最大21.5g，大小较均匀。果皮较薄，深红色，果肉厚，绿白色，质地致密，汁液中多，味甜略酸。含可溶性固形物36.9%，可溶性糖32.5%，可滴定酸0.85%，Vc 389 mg/100g，可食率98.3%，制干率55.6%。干枣含可溶性糖60.2%，可滴定酸1.37%。果核小，纺锤形，纵径2.23cm，横径0.67cm，平均核重0.25g，核内不含种子。

植物学性状 树体高大，枝系较密，干性较强，树姿半开张，树冠呈自然圆头形。枣头红褐色，生长势较强。针刺较发达。枣股圆柱形，中等

图 7-91 ‘郎枣’结果状
Figure 7-91　Bearing status of Chinese jujube ‘Langzao’

图 7-92 ‘郎枣’树形
Figure 7-92　Tree form of Chinese jujube ‘Langzao’

大。叶片大，卵状披针形，绿色，长 6.8cm、宽 3.2cm，叶尖渐尖，叶基圆形。花量中大，花大，花径 7.0~7.6mm，初开时蜜盘黄色，为昼开型。

综合评价　树体高大，干性较强，树姿半开张，发枝力较强；采前落果较重，较丰产、稳产；果实中等大，核小，成熟期易裂果，可食率高，制干品质中上等；适土性强，耐干旱，抗枣疯病能力较弱。

40　连县木枣
Lianxianmuzao

分布　主要分布于广东连县星子、大路边等乡，系当地原产的乡土品种，占当地枣树总数的 60%，栽培历史 400 年左右。

经济学性状　果实 7 月底进入白熟期，整个果实生育期 115d 左右。果实中等大，圆锥形，纵径 3.8~5.0cm，横径 2.2~3.1cm，平均果重 13.3g，最大 15.6g，大小整齐。果皮中厚，红色，果肉白绿色，质地略松软，汁液中多，味甜。可食率 95.1%，出干率 50%。果核梭形，纵径 1.8~2.5cm，横径 0.6~0.7cm，含仁率 27%。

植物学性状　树体中大，树姿较直立，树冠自然半圆形。树干灰黑色，树皮厚，粗糙，片状开裂，易剥落。枣头棕红色，较粗壮。针刺不很发达。枣股可持续结果 10~15 年。叶片中等大，卵圆形，绿色，叶尖急尖，叶基广楔形，锯齿细，较浅粗。花量大，花径 7.5mm，花粉量中等，为夜开型。

综合评价　树体中大，树姿较直立；成熟期落果少，丰产稳产；果实成熟晚，中等大，肉质略松软，不裂果，干物质较多，为优良蜜枣品种；适应性较强，但不抗枣疯病。

图 7-93 ‘连县木枣’果实形状
Figure 7-93　Fruit shape of Chinese jujube ‘Lianxianmuzao’

图 7-94 ‘连县木枣’结果状
Figure 7-94　Bearing status of Chinese jujube ‘Lianxianmuzao’

图 7-95 ‘连县木枣’树形
Figure 7-95　Tree form of Chinese jujube ‘Lianxianmuzao’

41 临猗梨枣

Linyilizao

别名及分布 别名交城梨枣，2n=2x=24。分布于山西的运城、临猗等地，栽培历史有3000年之久。自20世纪90年代开始，在全国范围内广泛推广生产，现已在山西、河北、山东、北京等地区有大规模的发展。2003年通过山西省林木品种审定委员会认定（5年），品种编号为晋R-SV-ZJ-008-2001（认定名称为‘交城梨枣’，申报单位为山西省交城县林科所）；2005年通过河北省林木品种审定委员会审定，品种编号为冀S-EST-ZJ-019-2005（审定名称为‘临猗梨枣’，申报单位为河北农业大学）。

经济学性状 果实9月下旬至10月上旬成熟，发育期105~115d。果实特大，长圆形，果实纵径4.2cm，横径4.0cm，平均果重30g，最大40g。果皮薄，赭红色，果肉白色，肉质松脆，汁多味甜。鲜枣含单糖17%，双糖5.25%，可溶性糖22.3%，折光糖27.9%，糖酸比60∶1，Vc 292mg/100g，可食率96%。果核小，核内无种仁。

植物学性状 树体较小，枝叶较密，

图7-97 ‘临猗梨枣’树形

Figure 7-97 Tree form of Chinese jujube ‘Linyilizao’

干性弱，树姿开张，树冠圆头形。枣头红褐色，平均长32.6cm，节间长7.2cm。针刺不发达。枣股平均抽生枣吊4.4个。枣吊长16.3cm。叶片较小，卵圆形，深绿色，长5.3cm、宽2.4cm。花量小，花小，初开时蜜盘橘黄色，为昼开型。

综合评价 树体较小，干性弱，树姿开张，发枝力较强；早果速丰、采前落果较重，丰产、稳产；果实特大，外形美观，可食率高，为优良中熟鲜食品种；适应性强，适宜城郊、旅游区、工矿区栽培。

图7-96 ‘临猗梨枣’结果状

Figure 7-96 Bearing status of Chinese jujube ‘Linyilizao’

42 临泽小枣

Linzexiaozao

分布 分布于甘肃临泽、张掖、高台、酒泉、金塔等地，为当地原有的主栽品种，栽培历史悠久。

经济学性状 果实9月中旬成熟，发育期100d左右。果实小，椭圆形，平均纵径2.5cm，横径2.2cm，平均果重6.1g，最大9.5g，大小较整齐。果皮较薄，紫红色，果肉绿白色，质地致密，较细脆，汁液中等多，味甜略酸。含可溶性固形物35%~38%，可溶性糖32.8%，可滴定酸0.78%，Vc 663mg/100g，可食率94.9%，制干率50%以上。干枣含可溶性糖72.2%~82.2%。果核小，倒卵形，纵径1.64cm，横径0.72cm，平均核重0.31g，含仁率10%左右。

植物学性状 树体较高大，干性较强，树姿开张，树冠呈自然圆头形。树干灰褐色，皮裂纹较浅，呈细条块状，不易剥落。枣头红褐色。针刺发达，不易脱落。枣股圆锥或圆柱形。叶片中等大，长卵形，黄绿色，叶尖渐尖，

图7-98 ‘临泽小枣’果实形状

Figure 7-98 Fruit shape of Chinese jujube ‘Linzexiaozao’

叶基圆形或宽楔形，叶缘具宽钝锯齿。花量大，花较大，花径7mm。初开花蜜盘橘黄色，为昼开型。

综合评价　树体较高大，干性较强，树姿开张；早果、丰产；果实较小，肉质较致密，裂果轻，制干率高，为优良的制干品种；适应性强，抗风，极耐干旱；适宜西北干旱地区发展。

图7-99 ‘临泽小枣’结果状

Figure 7-99　Bearing status of Chinese jujube ‘Linzexiaozao’

图7-100 ‘临泽小枣’树形

Figure 7-100　Tree form of Chinese jujube ‘Linzexiaozao’

43 灵宝大枣

Lingbaodazao

别名及分布　别名灵宝圆枣、平陆屯屯枣、芮城屯屯枣、屯屯枣、疙瘩枣等。分布于山西平陆、芮城和河南灵宝等地。2006年通过河南省林木品种审定委员会审定，品种编号为豫S-SV-ZJ-016-2006（审定名称为‘灵宝大枣’，申报单位为河南省三门峡市林业技术推广站）。

经济学性状　果实9月中旬成熟。果实大，多为短圆筒形，纵径3.3~3.8cm，横径3.4~4.5cm，单果重23.4g左右，最大68.0g。果皮深红，果肉厚，绿白色，质韧汁少，味甘甜，肉质松软，风味佳，带有清香，含糖量高。可食率97.2%，出干率58%左右。果核小，短梭形，纵径1.34cm，横径0.8cm，平均核重0.51g，核尖较短，呈突尖状，含仁率70%左右，种仁较饱满。

植物学性状　树体高大，树姿直立半开张，枝系粗壮，树冠呈自然圆头形。树干皮裂纹条片状。枣头红褐色或紫褐色，长36~44cm，节间长6~9cm。二次枝3~6节，弯曲度较大。针刺较发达。枣股平均抽生枣吊3.4个。枣吊长12~15cm左右，平均着叶11片。叶片较小，卵圆形，深绿色，侧缘向叶面卷拢，呈匙形，长4.8cm、宽2.6cm。花量小，每花序平均着花1.9朵，并有间断着花习性，花中等大，花径5.4~7.5mm，为夜开型。

综合评价　树体高大，树姿直立，半开张，发枝力中等；结果较晚，较丰产；果实大，肉厚核小，可食率高，裂果轻，品质中上，适宜制干和加工蜜枣；适应性强，耐旱涝、瘠薄，抗霜力较弱，抗枣疯病力较强。

图7-101 ‘灵宝大枣’果实形状

Figure 7-101　Fruit shape of Chinese jujube ‘Lingbaodazao’

图7-102 ‘灵宝大枣’结果状

Figure 7-102　Bearing status of Chinese jujube ‘Lingbaodazao’

图7-103 ‘灵宝大枣’树形

Figure 7-103　Tree form of Chinese jujube ‘Lingbaodazao’

48 民勤小枣

Minqinxiaozao

分布 主要分布于甘肃民勤，其西南的近邻武威、永昌也有零星栽培，为当地原有的主栽品种。

经济学性状 果实9月底成熟，发育期90d左右。果实小，秤锤形，纵径2.4cm，横径2.1cm。平均果重5.3g，最大7.8g，大小较整齐。果皮较薄，赭红色，果肉浅黄绿色，质地致密，细脆，汁液较多，味甜微酸。含可溶性糖32%，可滴定酸0.56%，Vc 747.6mg/100g，可食率96.6%，制干率50%以上。果核小，倒卵形，核壳较薄，纵径1.3cm，横径0.6cm，平均核重0.18g，核尖扁楔形，突起似针刺，核蒂长，渐尖似喙状，黄白色，核内多无种子。

植物学性状 树体中等大，干性强，树姿直立，树冠呈自然圆锥形或圆头形。树干灰褐色，皮裂纹中等深，呈窄条状纵裂，不易剥落。枣头红褐色。

图7-111 ‘民勤小枣’果实形状

Figure 7-111 Fruit shape of Chinese jujube ‘Minqinxiaozao’

针刺发达。枣股可持续结果8年左右。叶片小，长卵形，绿色，叶尖尖圆，叶基楔形，叶缘具细匀的锯齿，齿角钝圆。花量小，花较大，花径7mm，为昼开型。

综合评价 树体中等大，干性强，树姿直立；结果早，产量高而稳定；果实小，肉质细脆，糖分高，富含Vc，制干率较高，干枣耐贮运，宜制干和鲜食；适应性强，耐旱、耐瘠薄、耐盐碱，抗寒、抗风；适于我国西北干旱地区栽种。

图7-112 ‘民勤小枣’树形

Figure 7-112 Tree form of Chinese jujube ‘Minqinxiaozao’

49 旻 枣

Minzao

分布 主要分布于天津西郊的张窝、傅村、木厂一带，为当地主栽品种。

经济学性状 果实9月中旬成熟，发育期95d左右。果实较小，椭圆形，纵径2.3cm，横径2.0cm。平均果重5.8g，最大22.0g，大小不整齐。果皮薄，深红色，果肉白色，质地细脆，甜酸适度，汁液中多。含可溶性固形物36%，可食率94.8%。果核较小，纺锤形，纵径1.40cm，横径0.44cm，核重0.3g，核内多含有不饱满的种子。

植物学性状 树体较大，树姿半开张，树冠自然圆头形。树干灰褐色，树皮裂纹纵条状，较细窄，不易剥落。枣头红褐色，粗壮，被灰色蜡质。枣股连续结果13~15年。叶片中等大，长卵圆形，绿色，叶尖渐尖，叶基宽楔形，叶缘具细锯齿。花量大，花径6.0mm，初开花蜜盘浅黄色。

综合评价 树体较大，树姿半开张；丰产、稳产；果实较小，肉质细，糖分高，裂果较轻，适宜鲜食和制作醉枣，品质上等；适性强，耐旱涝、盐碱，抗病力较强；适于滨海盐碱地栽培。

图 7-113 ‘旻枣’结果状

Figure 7-113　Bearing status of Chinese jujube ‘Minzao’

50 闽中面枣

Minzhongmianzao

别名及分布　别名棉枣、白枣。分布于福建各地，以福州、闽清、莆田等地数量较多，多零星栽培，莆田有小面积成片栽培，栽培历史 800 年以上。

经济学性状　果实长圆形，纵径 3.6cm，横径 2.3cm，平均果重 6.7g。果皮薄，暗红色，果肉白色，略带黄绿，质细味淡。可食率 94.5%。果核小，纺锤形，纵径 2.18cm，横径 0.51cm，平均核重 0.35g。

植物学性状　树体小，干性弱，树姿开张。枣吊长 19~26cm。叶片较大，卵形，绿色，长 5.8cm、宽 2.9cm，叶尖短，先端略尖，叶基圆，叶缘具钝锯齿。

综合评价　树体小，干性弱，树姿开张；果实易裂果，风味淡，鲜食、制干品质不良，只适宜加工。

图 7-114 ‘旻枣’树形

Figure 7-114　Tree form of Chinese jujube ‘Minzao’

51 鸣山大枣

Mingshandazao

分布　分布在甘肃敦煌，为敦煌大枣的变异单株，1979 年发现，1983 年正式命名。

经济学性状　果实 9 月上旬成熟，发育期 80d 左右。果实较大，圆柱形，平均纵径 4.8cm，横径 3.6cm，平均果重 23.9g，最大 42.0g，大小不整齐。果皮厚，红褐色，果肉绿白色，质地致密，细脆，汁液多，味甜。含可溶性固形物 37.5%，可溶性糖 31.4%，可滴定酸 0.54%，Vc 396mg/100g，制干率 52%。果核大，长纺锤形，纵径 2.8~3.6cm，横径 0.9cm，平均核重 0.9g，核蒂粗，渐尖，核尖突尖，细长，核内不具种子。

植物学性状　树体较大，树姿开张，树冠呈自然圆头形。树干浅灰褐色，皮裂纹深，呈宽条块状，容易剥落。枣头棕红色，顶芽连续生长能力强。针刺发达。枣股圆锥形。叶片中等大，卵圆形，绿色，叶尖渐尖，叶基圆形或宽楔形，叶缘锯齿细长。花量小，花较大，花径 7.4mm，初开花蜜盘浅橙黄色，为昼开型。

综合评价　树体较大，树姿开张，发枝力中等；早产、丰产；果皮较厚，耐贮运，鲜食、制干、加工兼用。适应性强，抗寒、耐旱、抗病虫能力强；适宜在干旱地区发展。

52 磨盘枣

Mopanzao

别名及分布 别名磑磑枣、磨子枣、葫芦枣、药葫芦枣，2n=2x=24。分布于山东乐陵、河北献县、陕西大荔、甘肃庆阳等地，栽培数量很少，多为庭院和四旁零星栽植，栽培历史悠久。

经济学性状 果实9月中下旬成熟。果实中大，磨盘形，果实中部有一条缝痕，形如磨盘，平均果重7.0g左右，大小较均匀。果皮厚，紫红色，果肉厚，绿白色，质地粗松，甜味较淡，汁少。鲜枣含可溶性固形物30.0%~33.0%，可食率93.5%，制干率50.5%。干枣含可溶性糖63.8%，可滴定酸0.9%。核极大，含仁率低。

植物学性状 树体较大，树姿开张。枣头紫褐色，托叶刺发达。枣股大，抽吊力较强，枣吊中长、较粗。叶片较大，宽披针形，深绿色。花量大，花大，为昼开型。

综合评价 树体较大，树姿开张；产量较低；果实奇特，品质中下，抗裂果，具有较高观赏价值，可作庭院观赏树栽培；适应性较强。

图7-115 ‘磨盘枣’果实形状

Figure 7-115 Fruit shape of Chinese jujube ‘Mopanzao’

图7-117 ‘磨盘枣’树形

Figure 7-117 Tree form of Chinese jujube ‘Mopanzao’

图7-116 ‘磨盘枣’结果状

Figure 7-116 Bearing status of Chinese jujube ‘Mopanzao’

53 木洞小甜枣

Mudongxiaotianzao

别名及分布 别名甜枣子。分布于四川东部和东南部的巴县、江北、丰都、奉节和重庆涪陵等地，有100年以上栽培历史，起源不详。

经济学性状 果实8月下旬成熟，生育期90d左右。果实中等偏小，圆柱形，腰部稍瘦，略微凹陷，纵径3.4cm，横径1.9cm，平均果重7.5g，最大9.4g，大小较整齐。果皮暗红色，白熟期果肉绿白色，质地致密，汁液中等多，味甜。含可溶性固形物17.2%，可食率96%。果核细小，长纺锤形，两端细长尖锐，纵径2.60cm，横径0.55cm，平均核重0.30g，核内通常不含种子。

植物学性状 树体较大，树姿半开张，树冠呈自然圆头形。树干灰褐色，皮裂纹较浅，呈不规则纵条形。枣头暗红褐色，较细弱。枣股可持续结果15年左右。叶片较小，卵圆形，深绿色，叶尖钝尖，叶基圆形，叶缘具不规则浅锯齿。花量小，花较大，花径7mm。

综合评价 树体较大，树姿半开

张；坐果率高，丰产、稳产；果实较小，肉质细，味甜，品质中上等，为鲜食、制干兼用的早熟品种；风土适应性强。

54 南京枣

Nanjingzao

别名及分布 别名京枣、枕头南京。产于浙江兰溪，为当地的主栽品种，有300年以上的栽培历史。

经济学性状 果实8月中旬进入白熟期，生育期70d左右。果实大，圆柱形，纵径3.4cm，横径2.9cm。平均果重19g，最大39.5g，大小不整齐。果面平整，稍有粗糙感，光泽较差，果皮呈暗紫红色，果肉白色，质地致密，较脆，汁液中多。白熟果含可溶性固形物14.8%，Vc 497mg/100g，可食率96.6%。干枣含可溶性糖72.4%，可滴定酸0.4%。果核中等大，长纺锤形，纵径2.10cm，横径0.85cm，平均核重0.69g，核内多含有1粒饱满的种子。

植物学性状 树体较高大，干性较强，树姿半开张，树冠多自然圆头形。树干灰褐色，树皮裂纹较深，不规则细纵条纹，不易剥落。枣头粗壮，棕色。无针刺。枣股圆柱形或圆锥形。叶片中等大，卵状披针形，深绿色，叶尖渐尖，叶基圆形，叶缘具粗浅的锯齿。花量大，花径6mm，为夜开型。

综合评价 树体较高大，干性较强，树姿半开张；产量较高但不稳定，花期忌阴雨低温，多以朴枣、马枣等品种作授粉树；果实大，皮肉色浅，质细，适宜制作蜜枣、南枣和红枣；适应性一般，耐旱、耐涝，不耐瘠薄。

图7-120 ‘南京枣’树形

Figure 7-120 Tree form of Chinese jujube ‘Nanjingzao’

图7-118 ‘南京枣’果实形状

Figure 7-118 Fruit shape of Chinese jujube ‘Nanjingzao’

图7-119 ‘南京枣’结果状

Figure 7-119 Bearing status of Chinese jujube ‘Nanjingzao’

55 宁夏长枣

Ningxiachangzao

别名及分布 又名马牙枣、灵武长枣，是宁夏一个地方乡土优良品种。2000~2005年，分别在宁夏引黄灌区的灵武、永宁、中宁、青铜峡、石嘴山等地，区域试验3000余亩。2005年通过宁夏回族自治区林木品种审定委员会审定，品种编号为宁S-SV-ZJ-003-2005（审定名称为'灵武长枣'，申报单位为宁夏农林科学院、灵武市林业局）。

经济学性状 果实9月下旬至10月初成熟，发育期115d。果实长圆柱形略扁，果个较大，平均果重15.0g，大小较整齐。果色紫红色（成熟好的优质果，果皮上有片状小黑斑），果肉白绿色，质地细脆，汁液较多，味甜微酸，鲜食品质上等。鲜枣含可溶性固形物31.0%，可溶性糖25.3%，可滴定酸0.41%，Vc 693mg/100g，可食率94%左右。

植物学性状 树体高大、树姿直立，树冠长椭圆形或自然圆头形。树干灰褐色，树皮粗厚，裂纹较细窄，条块状，不易剥落。枣头红褐色。针刺长，不易剥落。枣吊长10.5~30.0cm。叶片中大，长卵圆形或卵状披针形，叶尖渐尖，叶基圆形或宽楔形，叶缘具粗锯齿。花量大，花径7.0mm，为昼开型。

综合评价 树体高大、树姿直立；产量中等，不很稳定；果实中大，肉质酥脆，甜酸适度，为优良的中晚熟鲜食品种；风土适应性一般，耐寒性稍差。

56 宁夏圆枣

Ningxiayuanzao

别名及分布 别名小圆枣、蚂蚁枣。主要分布于宁夏回族自治区中部的中宁、中卫、灵武3个县，集中成片栽培，数量占当地枣树总数的85%以上。宁夏其他县市也有零星栽培，栽培历史有700年左右。

经济学性状 果实9月中下旬成熟，生育期100d左右。果实小，短柱形，平均果重6.3g，最大9.0g，大小较均匀。果皮深红色，果肉白绿色，质地致密细脆，汁液中等多，味甜微酸。含可溶性固形物33%~37%，可溶性糖28.9%，可滴定酸0.57%，Vc 600mg/100g，可食率95.5%，制干率51.2%。果核小，倒纺锤形，核重0.2~0.5g，核内无种子。

植物学性状 树体较大，树姿开张，树冠多呈自然圆头形。树干灰褐色，呈纵行的条块状，不易剥落。枣头褐色。针刺细短，易脱落。枣股可持续结果15年左右。叶片中等偏小，长卵圆形或卵状披针形，绿色，叶尖尖圆，叶基圆形，叶缘具粗锯齿。花量小，花大，花径8.0mm。

综合评价 树体较大，树姿开张；丰产、稳产；果实较小，干鲜兼宜；适应性强，抗寒、抗旱，耐盐碱，耐贫瘠。

57 宁阳六月鲜

Ningyangliuyuexian

别名及分布 别名六月鲜，2n=2x=24。分布于山东的宁阳、兖州、济宁等地。2000年通过山东省林木品种审定委员会审定，品种编号为鲁种审字第338号（审定名称为'六月鲜'，申报单位为山东省果树研究所）。

图7-121 '宁夏长枣'结果状

Figure 7-121 Bearing status of Chinese jujube 'Ningxiachangzao'

图7-122 '宁阳六月鲜'结果状

Figure 7-122 Bearing status of Chinese jujube 'Ningyangliuyuexian'

经济学性状 果实8月上旬开始成熟。果实长筒形，平均果重13.6g。果皮中等厚，浅紫红色，果肉绿白色，质细松脆，浓甜微酸可口。脆熟期含可溶性固形物32%~34%，可食率96.7%。果核中等大，长纺锤形或椭圆形，平均核重0.48g，核内都具1粒饱满种子。

植物学性状 树体较小，枝条较密，树姿开张，树冠半圆形。树干灰褐色，树皮纵条裂。枣头棕褐色，长30~50cm。针刺不发达，弱枝常无针刺。二次枝4~8节，枣股抽生枣吊3~5个。枣吊13~15cm，着叶10片。叶片较小，卵状披针形，绿色，长5.3cm、宽3.3cm，叶尖钝，叶基楔形，叶缘锯齿粗大。花量中等，花中大，为昼开型。

综合评价 树体较小，枝条较密，树姿开张，发枝力中等；较丰产，花期要求较高温度，若日均温低于24℃则坐果不良；果实中大，果肉松脆，质细，汁液较多，味浓适口，成熟期遇雨不裂果，鲜食品质优良；适应性较差，要求深厚肥沃的土壤条件。

图7-123 ‘宁阳六月鲜’树形

Figure 7-123 Tree form of Chinese jujube ‘Ningyangliuyuexian’

58 婆 枣

Pozao

别名及分布 别名串干、阜平大枣、新乐大枣、枣强婆枣。分布较广，为河北西部的主栽品种，太行山中段的阜平、曲阳、唐县、新乐、行唐等浅山丘陵地带为集中产区，衡水、沧州等地也有栽培。

经济学性状 果实9月下旬成熟采收，发育期105d左右。果实长圆形或卵圆形，侧面稍扁，大小较整齐。纵径3.4~3.8cm，横径2.7~3.2cm，平均果重11.5g，最大24.0g。果皮较薄，棕红色，果肉乳白色，粗松少汁。含可溶性固形物26%左右，可食率95.4%，制干率53.1%。干枣含可溶性糖73.2%，可滴定酸1.44%，肉质松软，少弹性，味淡。果核纺锤形，纵径2.1cm，横径0.8cm，核重0.53g，含仁率17%左右。

植物学性状 树体高大，干性强，树姿直立，树冠呈直展的圆头形或乱头形。树干灰褐色，裂纹浅，宽条状，皮易片状剥落。枣头紫褐色，被覆灰白色粗厚的蜡质浮皮。针刺发达，不易脱落。二次枝较短，向下弯曲成弓背形。枣股圆柱形。枣吊短而细。叶片卵圆形，深绿色，叶尖短，先端圆钝，叶基平或广圆，叶缘平整，锯齿浅圆。花量小，为昼开型。

综合评价 树势强健，干性强，发枝力弱；较丰产、稳产；果形整齐，果肉厚，制干率较高，适宜制作红枣和蜜枣，品质中上；风土适应性很强，耐旱、耐瘠薄，花期能适应较低的气温和空气湿度；适于成熟期少雨的地区栽种。

图7-124 ‘婆枣’果实形状

Figure 7-124 Fruit shape of Chinese jujube ‘Pozao’

图7-126 ‘婆枣’树形

Figure 7-126 Tree form of Chinese jujube ‘Pozao’

图7-125 ‘婆枣’结果状

Figure 7-125 Bearing status of Chinese jujube ‘Pozao’

59 三变红

Sanbianhong

别名及分布 别名三变色、三变丑，2n=2x=24。分于河南永城县十八里、城关、黄口等地，为当地主栽品种之一，品种来源不详。

图 7-127 ‘三变红’果实形状

Figure 7-127 Fruit shape of Chinese jujube ‘Sanbianhong’

经济学性状 果实9月中旬完全成熟，生育期95d左右。果实长椭圆形或长卵形，平均果重18.5g，最大23.1g，大小均匀。果皮中厚或较薄，落花后幼果紫色，随果实生长，色泽逐步减退，至白熟期呈紫条纹绿白色，成熟期变为深红色，果肉厚，绿白色，质地致密细脆，汁中，味甜。可食率95.6%，制干率38.5%。果核小，长纺锤形，平均核重0.81g，核尖长，含仁率低，种仁不饱满。

植物学性状 树体较大，树势中等或较强，树姿半开张。枣头紫褐色，托叶刺不发达。枣股中大，抽生枣吊能力中等或较强，枣吊中长。叶片中大，卵状披针形，绿色。花量大，花较小，为昼开型。

综合评价 树体较大，树势中等或较强，树姿半开张；结果较早，产量中等；鲜食品质好，落花后果实生育期色泽多变，观赏价值高，适宜鲜食、观赏；适应性强。

图 7-129 ‘三变红’树形

Figure 7-129 Tree form of Chinese jujube ‘Sanbianhong’

图 7-128 ‘三变红’结果状

Figure 7-128 Bearing status of Chinese jujube ‘Sanbianhong’

60 柿顶枣

Shidingzao

别名及分布 别名柿花枣、柿把枣、柿萼枣、柿蒂枣，2n=2x=24。分布于陕西大荔的石槽乡三教、马二、王马村一带，零星栽培，数量不多，起源历史不详。

经济学性状 果实9月中旬成熟采收，生育期100~110d。果实中等大，短柱形或椭圆形，纵径3.5cm，横径2.9cm，平均果重12.0g，最大14.7g，大小很不整齐。果肩圆或尖圆，萼片宿存，随果实发育增长而逐渐肉质化，呈五角星状的肉瘤，盖住果肩和梗洼，故名“柿蒂枣”。果皮厚，果肉乳白色，肉质较脆，汁液少，味甜。含可溶性固形物23%，可食率94.8%。果核较大，短纺锤形或长倒卵形，略弯曲成月牙状，腰部略扁，平均核重0.63g。核纹粗细、长短不一，呈不规则的纵斜条状或瘤状，核内多具种子。

植物学性状 树体适应性较强，树姿开张，树冠自然半圆形。树干深灰褐色，树皮裂纹中等深，裂片小，不规则长条形，不易剥落。枣头灰绿色，针刺不发达。枣股圆锥形，叶片卵圆形或长卵形，黄绿色，叶尖渐尖，叶基圆形，叶缘有细小短浅的锯齿。花量大，花径6.5mm，为昼开型。

综合评价　树体适应性较强，树姿开张；产量中等而稳定；裂果少，品质中等，较耐贮运，萼片宿存，宜制干和观赏。

图7-130 '柿顶枣' 幼果

Figure 7-130　Young fruit of Chinese jujube 'Shidingzao'

图7-131 '柿顶枣' 果实形状

Figure 7-131　Fruit shape of Chinese jujube 'Shidingzao'

61 苏南白蒲枣

Sunanbaipuzao

别名及分布　别名上海白蒲枣。广泛分布于江苏南部和上海市郊，主产吴县、无锡、溧阳、宜兴一带，为当地重要的主栽品种，有小面积集约栽培。

经济学性状　果实9月下旬成熟，生育期110d左右。果实中等大，长鸡心形，纵径4.2~4.8cm，横径2.2~2.5cm，平均果重9.9g，大小整齐。果皮较薄，赭红色，果肉乳白色，质地细脆，纤维少，汁液多。白熟期含可溶性固形物14%，可溶性糖11.7%，可滴定酸0.42%，Vc 521 mg/100g，可食率97.2%。果核小，长纺锤形，略弯曲，平均重0.28g，核内常有种子。

植物学性状　树体较大，干性强，树姿半开张，层性明显，树冠自然圆头形或长圆形。枣头棕褐色，针刺不发达，有退化现象。枣股抽枝力中等。叶片大，卵状披针形，绿色或深绿色，长5.1~5.8cm、宽2.3~2.5cm。花量大，花大、花径8mm左右，初开花蜜盘浅黄色，为昼开型。

综合评价　树体较大，干性强，树姿半开张；结果早，丰产稳产；果实中等大，皮色浅，肉质细脆，纤维少，甜味较淡，Vc含量高，裂果较重，适宜加工蜜枣；适应性强。

图7-133 '苏南白蒲枣' 树形

Figure 7-133　Tree form of Chinese jujube 'Sunanbaipuzao'

图7-132 '苏南白蒲枣' 果实形状

Figure 7-132　Fruit shape of Chinese jujube 'Sunanbaipuzao'

65 天津快枣

Tianjinkuaizao

分布 主要分布于天津西郊的张家窝、傅家、木厂等乡，为当地古老的早熟鲜食品种，栽培历史悠久。

经济学性状 果实8月中旬成熟采收，发育期75d左右。果实小，倒卵形，纵径2.2cm，横径2.0cm，平均果重5.0g，最大14.0g，大小较整齐。果皮薄，赭红色，果肉白色，酥脆多汁。含可溶性固形物31%，可食率95.8%。果核细小，纺锤形，纵径1.20cm，横径0.39cm，平均核重0.21g，核内多不具种子。

植物学性状 树体中大，树姿较开张，树冠自然圆头形。枣头浅红褐色，粗0.8~1.2cm。枣股平均抽生枣吊3.7个。枣吊长15~20cm，节间长1.0~1.8cm，着叶10~18片。叶片较小，卵圆形，绿色，长4.8cm、宽2.7cm，叶尖渐尖，叶基圆形，叶缘锯齿粗浅。花量大，花径6mm左右，初开时蜜盘浅黄色，为昼开型。

综合评价 树体中大，树姿较开张；结果晚，丰产、稳产；果实松脆多汁，甘甜，核小，为优良的早熟鲜食品种；适应性强，耐旱、耐涝、耐盐碱。

66 天水圆枣

Tianshuiyuanzao

分布 分布于甘肃天水地区渭河、犀牛江及其支流两岸的秦安、天水、甘谷、武山、清水、礼县等地，多零星栽培，为当地原产品种。

经济学性状 果实9月中下旬成熟，生育期95d左右。果实椭圆形，平均纵径3.0cm，横径2.6cm。平均果重8.8g，最大17.6g，大小较整齐。果皮厚，深红色，果肉绿白色，质地松脆，汁液较多，味甜酸。含可溶性糖21.6%，可滴定酸0.63%，Vc 563mg/100g，制干率42%。果核大，纺锤形，纵径2.0cm，横径0.8cm，平均核重0.53g，核蒂渐尖，核尖突尖，核内无种子。

植物学性状 树体较大，干性较强，树姿开张，树冠自然圆头形。树干灰褐色，树皮裂纹浅，小条块状，不易剥落。枣头红褐色。针刺不发达。枣股可持续结果8年。叶片小，卵圆形，绿色，叶尖突尖，叶基圆形或宽楔形，叶缘锯齿细而钝。花量小，花较大，花径6.8mm。

综合评价 树体较大，干性较强，树姿开张，发枝力较强；结果早，丰产稳产；果实中大，皮薄，肉质松脆，酸甜多汁，易裂果，为品质中等的早熟鲜食品种；适应性强，抗寒、耐旱、耐盐碱；适宜成熟期少雨的地区栽种。

67 桐柏大枣

Tongbaidazao

分布 分布于河南桐柏，为当地的稀有品种，来源不明。

经济学性状 果实9月上旬成熟，生育期110d左右。果实近圆形，特大，纵径5.1cm，横径5.0cm，一般果重46.0g左右。果皮中厚，赭红色，果肉厚，黄白色，质地较松，汁液少，甜度中等。含可溶性糖22.1%，可滴定酸0.32%，Vc 442mg/100g，可食率97.2%。果核大，短纺锤形，纵径2.8cm，横径1.1cm，重约1.3g。

植物学性状 树体较大，树姿开张，中、下层外围枝略下垂，树冠自然半圆形。树干灰褐色，表面粗糙，

图7-141 ‘天津快枣’果实形状

Figure 7-141 Fruit shape of Chinese jujube ‘Tianjinkuaizao’

图7-142 ‘天津快枣’树形

Figure 7-142 Tree form of Chinese jujube ‘Tianjinkuaizao’

图7-143 ‘桐柏大枣’果实形状

Figure 7-143 Fruit shape of Chinese jujube ‘Tongbaidazao’

图 7-144 ‘桐柏大枣’结果状

Figure 7-144 Bearing status of Chinese jujube ‘Tongbaidazao’

树皮不易剥落。枣头紫褐色，较粗壮。针刺发达，不易自然脱落。二次枝中等长。枣股圆柱形，较细。叶片较小，长卵圆形，深绿色，长 4.5cm、宽 2.5cm，叶尖渐尖，叶基圆形，叶缘波状，具细锯齿。花量大，初开花蜜盘浅黄色。

综合评价 树体较大，树姿开张，枝条柔软；较丰产；果实特大，肉质疏松少汁，品质中上等，不抗裂果，适于鲜食和加工；适应性与抗逆性较强，耐旱、耐盐碱，较耐瘠薄，病虫危害较轻。

图 7-145 ‘桐柏大枣’树形

Figure 7-145 Tree form of Chinese jujube ‘Tongbaidazao’

68 无核小枣

Wuhexiaozao

别名及分布 别名乐陵无核小枣、虚心枣、空心枣、哲，2n=2x=24。产于山东乐陵、庆云、无棣及河北盐山、沧县、交河、献县、青县等地。

经济学性状 在山西太谷，果实 9 月底成熟，生育期 95d 左右。果实多为扁圆柱形，中部略细，少数有核的大果，为长椭圆形。果实纵径 2.3~3.0cm，横径 1.2~1.8cm，平均果重 3.9g，最大 10g，大小不很均匀。果皮薄，鲜红色，果肉白色或乳白色，质地细腻，稍脆，汁液中等，味甚甜。含可溶性固形物 33.3%，可食率 96.1%，制干率 53.8%。干制红枣含可溶性糖 75%~78%，可滴定酸 10.8%，甜味鲜浓，无苦辣杂味。果核多数退化成不完整的薄膜，不具种仁，少数大果果核发育正常，长纺锤形，纵径 1.8~2.2cm，横径 0.5~0.7cm，核重 0.3~0.4g，有的内含 1 粒发育不充实的种子。

植物学性状 树姿开张，树冠呈自然半圆形。树干浅灰褐色，裂纹细条状，较粗糙，皮易剥落。枣头灰褐色，略有青灰色显露，枝面多蜡质浮皮，少光泽。枣股圆柱形。叶片卵状披针形，叶尖渐尖，较长，端部尖圆，叶基平圆，叶缘平整。花量较大，花径 5.8~6.2mm，初开花蜜盘黄色。

图 7-146 ‘无核小枣’果实

Figure 7-146 Fruit of Chinese jujube ‘Wuhexiaozao’

综合评价 树姿开张；较丰产；果小，果实品质优良，抗裂果，是非常优良的干、鲜兼用品种；适应性较差，要求深厚肥沃的土壤和成熟期少雨的气候。

图 7-147 ‘无核小枣’结果状

Figure 7-147 Bearing status of Chinese jujube ‘Wuhexiaozao’

图 7-148 ‘无核小枣’树形

Figure 7-148 Tree form of Chinese jujube ‘Wuhexiaozao’

69 襄汾葫芦枣

Xiangfenhuluzao

分布 主要分布于山西襄汾、新绛、稷山、闻喜、运城等地。

经济学性状 果实9月上旬成熟，生育期90d左右。果实多为葫芦形，平均果重10.0g，最大15.0g，大小不均匀。果皮薄，鲜红色，果肉浅绿色，质地细脆，汁多，味甜。干枣含可溶性糖66.3%，可滴定酸2.08%。果核纺锤形，纵径1.88cm，横径0.95cm，含仁率70%左右，种仁较饱满。

植物学性状 树体较大，枝叶较密，树姿开张，树冠呈自然半圆形。枣头长度40~50cm，枣股抽生枣吊3~4个。枣吊平均长25.0cm。叶片长卵形，长5.5cm、宽2.5cm。

综合评价 树体较大，树姿开张，发枝力差；产量中等、稳定；品质较好，适宜鲜食和观赏；耐旱力强，发芽后嫩芽抗霜冻，宜在城郊和工矿区少量发展。

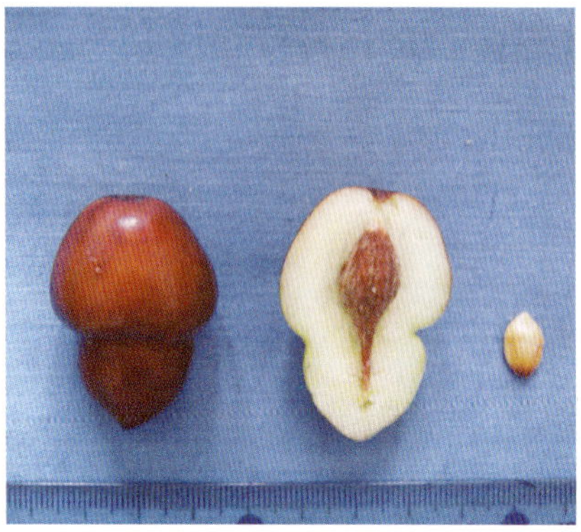

图7-149 ‘襄汾葫芦枣’果实形状

Figure 7-149 Fruit shape of Chinese jujube ‘Xiangfenhuluzao’

图7-150 ‘襄汾葫芦枣’结果状

Figure 7-150 Bearing status of Chinese jujube ‘Xiangfenhuluzao’

图7-151 ‘襄汾葫芦枣’树形

Figure 7-151 Tree form of Chinese jujube ‘Xiangfenhuluzao’

70 相 枣

Xiangzao

分布 2n=2x=24。主要分布于山西运城的北相镇一带，故名“相枣”，古时曾做贡品，故又名“贡枣”，为当地主栽品种，栽培历史达3000年之久。

经济学性状 果实9月下旬成熟，生育期110d左右。果实大，平顶锥形或卵圆形，纵径4.5cm，横径3.7cm，平均果重22.9g，最大29.5g，大小不整齐。果皮厚，紫红色，果肉厚，绿白色，质地较硬，略粗，汁液少，味甜。含可溶性固形物28.5%，可溶性糖25.5%，可滴定酸0.37%，Vc474mg/100g，可食率97.6%，制干率53%。干枣含可溶性糖73.5%，可滴定酸0.84%。核小，纺锤形，纵径2.5cm，横径0.83cm，平均核重0.56g，大果核内有不饱满的种子，小果核质地软，有轻度退化现象。

植物学性状 树体较小，干性强，树姿半开张，树冠多呈自然半圆形。枣头红褐色，生长势中等。针刺较发达。枣股圆柱形，中等大。叶片中等大，长卵圆形，深绿色，长6.2cm，宽3.0cm，叶尖渐尖，先端尖圆，叶基圆形。花量中等，花较小，花径6.3~6.5mm，

图7-152 ‘相枣’果实形状

Figure 7-152 Fruit shape of Chinese jujube ‘Xiangzao’

初开花蜜盘橘黄色，为夜开型。

综合评价 树体较小，干性强，树姿半开张；早产，产量中等，稳产；果实大，皮色紫红，光亮美观，果肉厚，核较小，制干率较高，干枣果皮富韧性，果肉富弹性，耐贮运，适宜制干和加工蜜枣；适土性较强，耐干旱，不耐霜冻。

图 7-153 ‘相枣’结果状

Figure 7-153 Bearing status of Chinese jujube ‘Xiangzao’

图 7-154 ‘相枣’树形

Figure 7-154 Tree form of Chinese jujube ‘Xiangzao’

71 宣城尖枣

Xuanchengjianzao

别名及分布 别名干枣，2n=2x=24。本品种有近 200 年的栽培历史。原产于安徽宣城的水东、主要分布于宣城水东、孙埠、杨林等乡镇，为当地的主栽品种。

经济学性状 果实 9 月上旬成熟，生育期 95d 左右。果实大，长卵圆形，纵径 4.8cm，横径 3.7cm，平均果重 22.5g，大小整齐。果皮红色，果肉乳黄色，质地致密，汁液少，甜，味淡。白熟期含可溶性糖 9.9%，可滴定酸 0.27%，Vc 351mg/100g，可食率 97%。果核梭形，纵径 2.9cm，横径 0.7cm，平均核重 0.65g，含 1 粒不饱满的种子。

植物学性状 树姿开张，发枝力较弱，树冠圆锥形。主干深灰色，树皮裂纹明显。枣头红褐色，连续生长力强。枣股圆柱形，多年生枣股有分歧现象。叶片卵状披针形，绿色，长 5.85cm、宽 3.59cm，叶尖渐尖，叶基楔形，叶缘具粗锯齿。花量大，初开花蜜盘淡黄色。

综合评价 树姿开张，发枝力较弱；早果性强，丰产、稳产；裂果轻，蜜枣果形整齐，透明度高，吸糖量高，肉厚核小，品质上等，有“金丝琥珀蜜枣”之称，为优良蜜枣加工品种；耐旱，不耐涝，抗风性差，不抗枣疯病。

图 7-155 ‘宣城尖枣’果实形状

Figure 7-155 Fruit shape of Chinese jujube ‘Xuanchengjianzao’

图 7-156 ‘宣城尖枣’结果状

Figure 7-156 Bearing status of Chinese jujube ‘Xuanchengjianzao’

图 7-157 ‘宣城尖枣’树形

Figure 7-157 Tree form of Chinese jujube ‘Xuanchengjianzao’

76 宜良枣

Yiliangzao

别名及分布 别名牛奶枣、糠枣、大枣、长枣。分布于云南的宜良、会泽、鲁甸、蒙自、建水、开远、东川以及丽江等地，为该省的主栽品种，多栽在海拔1300~1600m，年降水量700~900mm的干热少雨地带。

经济学性状 果实7月中下旬成熟，生育期95d左右。果实中等大，长圆形或圆柱形，纵径3.5~4.5cm，横径2.2~2.5cm，平均果重9.8 g，最大15g。果皮薄，黄褐色，果肉绿白色，质地疏松，汁液少。充分成熟的果实含可溶性固形物40.0%，可溶性糖39.1%，可滴定酸0.74%，可食率96.8%。果核小，呈细长梭形，两端尖锐，纵径2.8~3.2cm，横径0.5~0.55cm，平均核重0.32g，核内多不具种子。

植物学性状 树体较大，干性较强，树姿开张，树冠多自然圆头形。树干深灰色，树皮浅裂，不剥落。枣头暗褐色。针刺不发达。枣股可持续结果8年以上。叶片中等大或大，长卵圆形，绿色，叶尖渐尖，先端尖圆，叶基圆形，叶缘具粗钝锯齿。花量小，花径5~6mm。

综合评价 树体较大，干性较强，树姿开张；结果较晚，产量中等；果实中等大，肉质疏松，少汁，不抗裂果，鲜食味淡，品质中等，宜制作蜜枣，适应性强，耐旱、耐瘠薄。

77 义乌大枣

Yiwudazao

别名及分布 别名大枣。原产浙江东阳县茶场，由优良的实生株系选育而成。分布于浙江的义乌、东洋等地，为当地主栽品种，有700年以上的栽培历史。

图7-165 ‘义乌大枣’果实形状

Figure 7-165 Fruit shape of Chinese jujube ‘Yiwudazao’

图7-166 ‘义乌大枣’结果状

Figure 7-166 Bearing status of Chinese jujube ‘Yiwudazao’

经济学性状 果实8月下旬进入白熟期，9月中旬成熟。果实大，圆柱形或长圆形，纵径3.8cm，横径2.7cm。平均果重15.4g，最大18.5g，大小较匀。果皮较薄，赭红色，果肉厚，乳白色，质地稍松，汁液少。白熟期含可溶性固形物13.1%，Vc 503mg/100g，可食率95.4%。果核中等大，长纺锤形，两端尖细，纵径2.1cm，横径0.8cm，平均核重0.6g，核内常含有饱满种子。

植物学性状 树体较大，干性较强，树姿开张，树冠自然圆头形。树干灰白色，较光滑，树皮裂纹浅，不易剥落。枣头较细弱，棕红色。无针刺。枣股可持续开花结果10年左右。叶片中大，呈卵圆形，绿色，叶尖钝圆，叶基圆形，叶缘具粗锯齿，齿角钝圆。花量大，花径7mm，为夜开型。

综合评价 树体较大，干性较强，树姿开张；产量较高，但不很稳定；果实大，肉质较松，少汁，干物质多，适宜制作蜜枣和南枣，为优良加工品种；适应性较强，要求土壤肥沃，多以马枣做授粉品种，耐旱、耐涝，抗裂果；适宜花期降雨少、温度稍高的地区栽培。

78 玉田小枣

Yutianxiaozao

别名及分布 别名玉田银丝小枣，系地方名贵品种，2n=2x=24。分布于河北省玉田县、天津蓟县的丘陵地区，玉田孤村一带是集中产区，起源较早，栽培历史有500年以上。

经济学性状 果实9月下旬成熟，生育期100d左右。果实圆柱形或椭圆形，纵径2.7cm，横径2.2cm，平均果重7.2g，最大11.0g，整齐度较差。果皮棕红色，果肉黄白色，质地致密，酥脆，汁液中等，味甘甜，鲜枣含可溶性固形物28.0%以上，可食率94.2%。果核纺锤形，纵径1.50cm，

图7-167 ‘玉田小枣’果实形状

Figure 7-167 Fruit shape of Chinese jujube ‘Yutianxiaozao’

横径 0.71cm，核重 0.43g，含仁率高，多数有饱满的种子。

植物学性状 树体中等大，树姿开张，树冠多为圆头形。主干灰褐色，树皮小条裂，易剥落。枣头黄褐色。针刺长 1.1~1.2cm，易脱落。二次枝较弯曲。枣股圆柱形。叶片卵状披针形，深绿色，叶尖渐尖，端部钝尖，叶基圆形，叶缘具细小锯齿。花量大，花径 7.0mm，为昼开型。

综合评价 树体中等大，树姿开张；坐果稳定；果实抗裂果能力强，果肉厚，糖分高，出干率较高，干枣富有弹性，耐贮运，为优良的制干品种；适应性较强，抗旱，抗寒。

图 7-168 ‘玉田小枣’结果状

Figure 7-168 Bearing status of Chinese jujube ‘Yutianxiaozao’

图 7-169 ‘玉田小枣’树形

Figure 7-169 Tree form of Chinese jujube ‘Yutianxiaozao’

79 圆 铃

Yuanling

别名及分布 别名紫铃、圆红、紫枣、圆果圆铃，2n=2x=24。分布很广，盛产于山东、河北西南部、河南东部，为山东省主要的制干品种，在河北省中南部已经有 1000 多年的栽培历史，品种来源不详。在河北省南宫市已有 400 多年的栽培历史。主要分布在南宫市 15 个乡镇，450 个自然村，约有 40 多万株。2005 年通过河北省林木品种审定委员会审定，品种编号为冀 S-SV-ZJ-016-2005（审定名称为‘圆铃’，申报单位为河北农业大学、广宗县农林科技开发有限公司）。

经济学性状 果实 9 月上中旬成熟采收。果实近圆形，纵径 4.0~4.2cm，横径 2.7~3.3cm，平均果重 12.5g，最大 30.0g。果皮紫红色，有紫黑色点，果肉绿白色，口感较硬，汁液较少，甜。鲜枣含可溶性固形物 32% 左右，可食率 97% 左右。干枣含可溶性糖 74.5%，制干率 60.5%。果核纺锤形或短纺锤形，一般不含种子。

植物学性状 树体高大，树姿开张，树冠呈自然半圆形。主干皮裂纹细，小条块状。枣头红棕色或棕褐色，节间长。二次枝弯曲度大，6~8 节。枣股抽生枣吊 3~4 个。枣吊长 14~20cm，着叶 8~12 片。叶片卵圆形或宽披针形，深绿色，长 4.1~5.1cm、宽 2.2~2.6cm，叶缘具浅锯齿。花量中等大，每花序着花 3~7 朵，花径 6.5~7.0mm，初开花蜜盘浅黄色。

综合评价 树体高大，树姿开张；早果、丰产、稳产；抗裂果，果实品质优良，干枣肉厚，口感良好，适于干制、加工；对土壤、气候的适应性均强，耐干旱、耐盐碱和瘠薄，在黏壤土、沙质土、沙土上都能较好生长。

图 7-170 ‘圆铃’果实形状

Figure 7-170 Fruit shape of Chinese jujube ‘Yuanling’

图 7-171 ‘圆铃’结果状

Figure 7-171 Bearing status of Chinese jujube ‘Yuanling’

图 7-172 ‘圆铃’树形

Figure 7-172 Tree form of Chinese jujube ‘Yuanling’

80 云南小枣

Yunnanxiaozao

别名及分布　别名团枣、苦楝枣。产于云南的蒙自(新安所)、丽江(巨甸)、宜良、双柏等地，分布面广。

经济学性状　果实8月初成熟，生育期100d左右。果实小，长圆形，纵径2.5cm，横径2.2cm。平均果重7.0g。果皮薄，浅红褐色，果肉绿白色，质地致密，汁液中多。含可溶性固形物29%，还原糖15.5%，蔗糖6.7%，可溶性总糖22.2%，可滴定酸0.59%，可食率90.6%，制干率25%左右。果核大，纺锤形，两端尖锐，纵径1.8~2.0cm，横径0.7~0.8cm，平均核重0.66g。

植物学性状　树体中大，干性强，树姿直立，树冠圆柱形。树干灰褐色，树皮纵条状浅裂，不脱落。枣头赤褐色，被有白色蜡质。针刺较发达，不易脱落。枣股圆柱形。叶片小，卵状披针形，绿色，叶尖渐尖，先端圆钝，叶基宽楔形，叶缘具粗锯齿。

综合评价　树体中大，干性强，树姿直立；结果稳定，产量较高；果实中等偏小，果皮薄，肉质细，糖分较多，品质中等；适应性强，耐旱、耐瘠薄，为适宜南方多雨气候条件的中早熟鲜食品种。

图7-173‘云南小枣’结果状

Figure 7-173　Bearing status of Chinese jujube ‘Yunnanxiaozao’

81 赞皇大枣

Zanhuangdazao

别名及分布　别名金丝大枣、大蒲红枣，2n=3x=36。因干制红枣品质优良，可与金丝小枣媲美，故有‘金丝大枣’之称，是目前我国已发现的唯一的自然三倍体。原产河北赞皇及周边县区，为该县主栽品种，品种来源不详。在赞皇已有400多年栽培历史，20世纪70年代引入新疆南部，表现甚佳。

图7-174‘赞皇大枣’结果状

Figure 7-174　Bearing status of Chinese jujube ‘Zanhuangdazao’

经济学性状　果实9月下旬成熟，生育期110d左右。果实长圆形或倒卵形，纵径4.1cm，横径3.1cm，平均果重17.3g，最大29.0g，大小整齐。果皮深红褐色，较厚。果肉近白色，致密质细，汁液中等，味甜略酸。含可溶性固形物30.5%，可食率96.0%，制干率47.8%，干制红枣果形饱满，有弹性。果核纺锤形，纵径2.20cm，横径0.80cm，核重0.70g，核内不含种子。

植物学性状　树体较高大，树姿直立或半开张，树冠多为自然圆头形。主干深灰色，裂纹长条形、宽深，皮不易剥落。枣头浅棕褐色，节间长，表面附着一层很薄的、容易抹掉的灰白色蜡质物。针刺不发达，易脱落。

图 7-175 ‘赞皇大枣’树形
Figure 7-175 Tree form of Chinese jujube ‘Zanhuangdazao’

图 7-176 ‘赞新大枣’果实形状
Figure 7-176 Fruit shape of Chinese jujube ‘Zanxindazao’

二次枝向下弯曲不明显。枣股圆柱形。叶片大，心形或宽卵圆形，深绿色，叶尖渐尖，先端钝圆或锐尖，叶基广圆形或亚心形，叶缘具粗锯齿，齿刻深，齿尖圆。花量大，花径大。

综合评价 树体较高大，树姿直立或半开张；坐果稳定，产量较高；果实品质优良，适于干制红枣和蜜枣，也可鲜食，用途广泛；适应性较强，耐瘠耐旱，适于北方日照充足，夏季气候温热的地区发展。

82 赞新大枣

Zanxindazao

分布 产于新疆阿克苏地区，为阿拉尔农科所从 1975 年引入的赞皇大枣苗木中选出的一个优良株系，1985 年命名为‘赞新大枣’。

经济学性状 果实 10 月上旬成熟。果实大，倒卵圆形，纵径 4.1cm、横径 3.6cm，平均果重 24.4g，最大 30.1g，大小不很整齐。果皮较薄，棕红色，果肉绿白色，质地致密，细脆，汁液中多，味甜，略酸。果肉含可溶性糖 27%，可滴定酸 0.42%，可食率 96.8%，制干率 48.8%。干枣含可溶性糖 72.9%。果核大，长纺锤形，核内无种子。

植物学性状 树势强健，干性强，树姿较直立，树冠自然半圆形。针刺不发达。叶片大，卵圆形。花量大，花大。

综合评价 树势强健，干性强，树姿较直立；结果早，产量高而稳定；果实大，糖分和制干率较高，为优良的制干品种；适应性强，管理简便，较抗病虫，适宜秋雨少的地区发展。

图 7-177 ‘赞新大枣’树形
Figure 7-177 Tree form of Chinese jujube ‘Zanxindazao’

83 中阳木枣

Zhongyangmuzao

别名及分布 别名木枣、吕梁木枣、绥德木枣、条枣、木条枣(陕西延川)、长枣、油枣(陕西佳县)，2n=2x=24。分布于山西、陕西黄河两岸的中阳、柳林、石楼、临县、绥德、清涧、佳县、延川等地，为当地的主栽品种。起源历史悠久，栽培地域较广，分化出果形、品质略有差异的多种类型。

经济学性状 果实9月底成熟采收，生育期110d左右。果实圆柱形，侧面略扁。纵径4.2~4.5cm，横径2.8~3.2cm，平均果重14.1g，最大17.7g，大小较均匀。果皮厚，赭红色，果肉厚，绿白色，质地硬，稍粗，汁液较少，味甜，略具酸味。鲜枣含可溶性固形物28%~33%，可溶性糖21.7%，可滴定酸0.79%，Vc 462mg/100g，可食率96.8%，制干率48.6%。干枣含可溶性糖72%，可滴定酸1.34%。果核纺锤形，纵径2.2~2.8cm，横径0.6~0.8cm，平均核重0.53g，核内无仁或具不饱满的种子。

植物学性状 树体较大，树姿半开张，发枝力中等，树冠呈自然半圆形。树干灰褐色，皮裂纹中等深，条块状，容易剥落。枣头红褐色，背阴面浅褐色。针刺长1.2 cm左右。二次枝弧形，弯曲度大。枣股圆柱形。叶片卵状披针形，深绿色，叶尖渐尖，先端较锐，叶基圆形，叶缘波状，锯齿粗，密度中等。花量大，花径6.0~7.3mm，初开花蜜盘浅黄色，花蕾上午9~10时开裂，为昼开型。

综合评价 树体较大，树姿半开张，发枝力中等；结果较早，产量中等；果皮厚，肉质硬，成熟期能抗2d以内的短时阴雨，可食率高，适宜制干，品质中上等；适应性强。

图7-180 ‘中阳木枣’树形

Figure 7-180 Tree form of Chinese jujube ‘Zhongyangmuzao’

图7-178 ‘中阳木枣’果实形状

Figure 7-178 Fruit shape of Chinese jujube ‘Zhongyangmuzao’

图7-179 ‘中阳木枣’结果状

Figure 7-179 Bearing status of Chinese jujube ‘Zhongyangmuzao’

第二节 新审（认）定品种

据不完全统计，截至2009年6月，各省（自治区、直辖市）和国家林木（农作物）品种审定委员会共审定或认定了89个枣品种、91次（表7-2）。从省份看，河北审（认）定品种26个，山东19个，山西18个，河南9个，陕西8个，宁夏4个，辽宁3个，北京2个，江苏1个，重庆1个；从品种用途看，鲜食品种30个，制干品种26个，制干鲜食兼用品种33个。经过仔细甄别和比较，其中22个品种为《中国果树志•枣卷》记载过的传统地方品种，共审(认)定23次，包括'黄骅冬枣'(冬枣)、'鲁北冬枣'(冬枣)、'圆铃'(圆铃)、'扁核酸'(河北、河南均审定)(圆铃)、'新郑灰枣'（灰枣)、'灵宝大枣'（灵宝大枣)、'交城骏枣'(骏枣)、'太谷壶瓶枣'(壶瓶枣)、'临猗梨枣'(临猗梨枣)、'交城梨枣'（临猗梨枣)、'稷山板枣'（板枣)、'油枣'（油枣)、'佳县油枣'（油枣)、'官滩枣'（官滩枣)、'长辛店白枣'(北京白枣)、'灵武长枣'（宁夏长枣)、'大白铃'（大白铃)、'大瓜枣'（大瓜枣)、'孔府酥脆枣'（孔府酥脆枣)、'延川狗头枣'（延川狗头枣)、'六月鲜'（宁阳六月鲜)、'广洋大枣'（广洋枣)，这些品种已在本章第一节中介绍，这里不再赘述。

在审(认) 定的89个枣品种中，有67个在《中国果树志•枣卷》中没有记载，共审（认）定68次（'早脆王' 在河北省审定后，被引种到山西省后再次被审定)。从省份看，河北审（认）定了22个，山东14个，山西11个，陕西6个，河南5个，宁夏3个，辽宁3个，北京1个，江苏1个，重庆1个；按用途分，鲜食20个，制干21个，制干鲜食兼用26个。

近年来，枣新品种选育出现了以下几个新特点和趋势：

(1) 从新品种来源来看，由最初从主栽品种内部选优逐渐拓展到新发现珍稀地方品种的开发。自20世纪80年代起，相继开展了金丝小枣、婆枣、赞皇大枣、圆铃、扁核酸、木枣等传统主栽品种的内部选优。近年来，重点对一些地方珍稀种质如悠悠枣、月光、七月鲜等进行了发掘和开发。

(2) 从新选育品种的用途来看，由最初的以制干品种为主，逐渐拓展到鲜食品种的选育。20世纪后期从金丝小枣、圆铃、婆枣和赞皇大枣中选出了一批优良制干品种。进入21世纪后，各地相继选育出了早脆王、悠悠枣、月光、冷白玉、早丰脆、早熟梨枣、冀星冬枣等鲜食品种。

(3) 从育种目标来看，由最初的只注重丰产、稳产逐渐拓展到抗性品种、设施品种及高营养价值品种的选育。近几年先后选出了极抗枣疯病的星光，适合设施栽培的月光、七月鲜、早熟梨枣、乳脆蜜等。

本节重点对《中国果树志•枣卷》中没有记载过的67个已通过各省、自治区、直辖市林木（农作物）品种审定委员会审（认）定的新品种进行介绍（以品种名称汉语拼音为序)。

表7-2 近年新通过审定或认定的枣树新品种

Table 7-2 Newly released and registered Chinese jujube cultivars

序号 No.	省（自治区、直辖市）Province Autonomous region, Municipality	品种名称 Cultivar name	用途 Usage	审（认）定时间 Released/registered year	品种编号 Cultivar code	选育/申报单位 Breeding/declaring institute
1	河北 Hebei	赞玉 Zanyu	制干 Dry	2004	冀S-SV-ZJ-005-2004 Ji S-SV-ZJ-005-2004	河北农业大学，河北省赞皇县林业局 Agricultural University of Hebei(AUH), Zanhuang Forestry Bureau,Hebei

（续）

序号 No.	省（自治区、直辖市）Province Autonomous region, Municipality	品种名称 Cultivar name	用途 Usage	审（认）定时间 Released/ registered year	品种编号 Cultivar code	选育 / 申报单位 Breeding/declaring institute
2	河北 Hebei	圆铃 Yuanling	制干 Dry	2005	冀 S-SV-ZJ-016-2005 Ji S-SV-ZJ-016-2005	河北农业大学，广宗县农林科技开发有限公司 AUH, Agricultural and Forestry Science and Technology Developing Ltd. Co.
3	河北 Hebei	南宫大紫枣 Nangongdazizao	制干 Dry	2005	冀 S-SV-ZJ-017-2005 Ji S-SV-ZJ-017-2005	河北省农林科学院昌黎果树研究所 Changli Pomology Institute,Hebei Academy of Agricultural and Forestry Sciences
4	河北 Hebei	扁核酸 Bianhesuan	制干 Dry	2005	冀 S-SV-ZJ-018-2005 Ji S-SV-ZJ-018-2005	河北农业大学，河北省新河县林业局 AUH, Xinhe Forestry Bureau, Hebei
5	河北 Hebei	献王枣 Xianwangzao	制干 Dry	2005	冀 S-SV-ZJ-021-2005 Ji S-SV-ZJ-021-2005	河北献县林业局 Xianxian Forestry Bureau, Hebei
6	河北 Hebei	早脆王 Zaocuiwang	鲜食 Fresh	2001	HEBR2001-2203	河北省沧县金丝小枣良繁场 Jinsixiaozao Nursery Farm, Cangxian, Hebei
7	河北 Hebei	临猗梨枣 Linyilizao	鲜食 Fresh	2005	冀 S-EST-ZJ-019-2005 JiS-EST-ZJ-019-2005	河北农业大学 AUH
8	河北 Hebei	悠悠枣 Youyouzao	鲜食 Fresh	2005	冀 S-SV-ZJ-015-2005 Ji S-SV-ZJ-015-2005	河北省涿鹿县林业局 Zhuolu Forestry Bureau,Hebei
9	河北 Hebei	黄骅冬枣 Huanghuadongzao	鲜食 Fresh	2005	冀 S-SV-ZJ-020-2005 Ji S-SV-ZJ-020-2005	河北农业大学，河北省黄骅市林业局 AUH, Huanghua Forestry Bureau, Hebei
10	河北 Hebei	早熟梨枣 Zaoshulizao	鲜食 Fresh	2005	冀 S-SV-ZJ-022-2005 Ji S-SV-ZJ-022-2005	河北省沧州市林业科学研究所，中国科学院遗传与发展生物学研究所农业资源研究中心 Cangzhou Institute of Forestry Sciences, Hebei, Research Center of Agricultural Resources,Genetic and Developing Biology Institute,Chinese Academy of Sciences
11	河北 Hebei	月光 Yueguang	鲜食 Fresh	2005	冀 S-SV-ZJ-026-2005 Ji S-SV-ZJ-026-2005	河北农业大学 AUH
12	河北 Hebei	冀星冬枣 Jixingdongzao	鲜食 Fresh	2008	冀 S-SV-ZJ-005-2008 Ji S-SV-ZJ-005-2008	河北省沧州市林业科学研究所 Cangzhou Institute of Forestry Science,Hebei

(续)

序号 No.	省(自治区、直辖市) Province Autonomous region, Municipality	品种名称 Cultivar name	用途 Usage	审(认)定时间 Released/registered year	品种编号 Cultivar code	选育/申报单位 Breeding/declaring institute
13	河北 Hebei	沧蜜1号 Cangmi 1	鲜食 Fresh	2008	冀 S-SV-ZJ-006-2008 Ji S-SV-ZJ-006-2008	河北省沧州市农林科学院 Cangzhou Academy of Agricultural and Forestry Sciences, Hebei
14	河北 Hebei	无核红 Wuhehong	制干鲜食兼用 Dry or fresh	1998	HEBS1998 – 2201	河北省沧县金丝小枣良繁场，北京林业大学，河北省林木种苗管理站，河北省沧县农林局 Jinsixiaozao Nursery Farm,Cangxian,Hebei, Beijing Forestry University, Administration Station of Forestry Seedling,Hebei, Cangxian Agricultural and Forestry Bureau, Hebei
15	河北 Hebei	金丝蜜 Jinsimi	制干鲜食兼用 Dry or fresh	1998	HEBS1998 – 2202	河北省沧县金丝小枣良繁场，北京林业大学，河北省林木种苗管理站，河北省沧县农林局 Jinsixiaozao Nursery Farm,Cangxian,Hebei, Beijing Forestry University, Administration Station of Forestry Seedling,Hebei, Cangxian Agricultural and Forestry Bureau, Hebei
16	河北 Hebei	金丝丰 Jinsifeng	制干鲜食兼用 Dry or fresh	1998	HEBS1998 – 2203	河北省沧县金丝小枣良繁场，北京林业大学，河北省林木种苗管理站，河北省沧县农林局 Jinsixiaozao Nursery Farm,Cangxian,Hebei, Beijing Forestry University, Administration Station of Forestry Seedling,Hebei, Cangxian Agricultural and Forestry Bureau, Hebei
17	河北 Hebei	沧无1号 Cangwu 1	制干鲜食兼用 Dry or fresh	2001	HEBR2001-2201	沧州市林业科学研究所，中国科学院石家庄农业现代化研究所 Cangzhou Institute of Forestry Sciences, Hebei, Agricultural Mordenization Institute, Shijiazhuang, Chinese Academy of Sciences

（续）

序号 No.	省（自治区、直辖市）Province Autonomous region, Municipality	品种名称 Cultivar name	用途 Usage	审（认）定时间 Released/ registered year	品种编号 Cultivar code	选育 / 申报单位 Breeding/declaring institute
18	河北 Hebei	沧无 3 号 Cangwu 3	制干鲜食兼用 Dry or fresh	2001	HEBR2001-2202	沧州市林业科学研究所，中国科学院石家庄农业现代化研究所 Cangzhou Institute of Forestry Sciences, Hebei, Agricultural Modernization Institute, Shijiazhuang, Chinese Academy of Sciences
19	河北 Hebei	金魁王 Jinkuiwang	制干鲜食兼用 Dry or fresh	2001	HEBR2001-2204	河北省沧县金丝小枣良繁场 Jinsixiaozao Nursery Farm, Cangxian, Hebei
20	河北 Hebei	无核丰 Wuhefeng	制干鲜食兼用 Dry or fresh	2003	冀 S-SC-ZJ-009-2003 Ji S-SC-ZJ-009-2003	河北省青县林业局，河北省青县龙港园艺开发中心 Qingxian Forestry Bureau, Hebei, Longgang Horticultural Developing Center,Qingxian, Hebei
21	河北 Hebei	赞宝 Zanbao	制干鲜食兼用 Dry or fresh	2004	冀 S-SV-ZJ-004-2004 Ji S-SV-ZJ-004-2004	河北农业大学，河北省赞皇县林业局 AUH, Zanhuang Forestry Bureau, Hebei
22	河北 Hebei	赞晶 Zanjing	制干鲜食兼用 Dry or fresh	2004	冀 S-SV-ZJ-006-2004 Ji S-SV-ZJ-006-2004	河北农业大学，河北省赞皇县林业局 AUH, Zanhuang Forestry Bureau, Hebei
23	河北 Hebei	行唐长枣 Xingtangchangzao	制干鲜食兼用 Dry or fresh	2005	冀 S-SV-ZJ-023-2005 Ji S-SV-ZJ-023-2005	河北省行唐县林业 Xingtang Forestry Bureau, Hebei
24	河北 Hebei	行唐墩子枣 Xingtangdunzizao	制干鲜食兼用 Dry or fresh	2005	冀 S-SV-ZJ-024-2005 Ji S-SV-ZJ-024-2005	河北省行唐县林业 Xingtang Forestry Bureau, Hebei
25	河北 Hebei	行唐大圆枣 Xingtangdayuanzao	制干鲜食兼用 Dry or fresh	2005	冀 S-SV-ZJ-025-2005 Ji S-SV-ZJ-025-2005	河北省行唐县林业 Xingtang Forestry Bureau, Hebei
26	河北 Hebei	星光 Xingguang	制干鲜食兼用 Dry or fresh	2005	冀 S-SV-ZJ-027-2005 Ji S-SV-ZJ-027-2005	河北农业大学 AUH

（续）

序号 No.	省（自治区、直辖市）Province Autonomous region, Municipality	品种名称 Cultivar name	用途 Usage	审（认）定时间 Released/registered year	品种编号 Cultivar code	选育 / 申报单位 Breeding/declaring institute
27	山东 Shandong	乐金 2 号 Lejin 2	制干 Dry	1997	-	山东省德州市林业局，山东省乐陵市林业局 Dezhou Forestry Bureau, Shandong, Leling Forestry Bureau, Shandong
28	山东 Shandong	金丝 1 号 Jinsi 1	制干 Dry	1998	鲁种审字第 233 号 Luzhongshenzi 233	山东省果树研究所 Pomology Institute of Shandong
29	山东 Shandong	金丝 3 号 Jinsi 3	制干 Dry	1998	鲁种审字第 294 号 Luzhongshenzi 294	山东省果树研究所 Pomology Institute of Shandong
30	山东 Shandong	圆铃 1 号 Yuanling 1	制干 Dry	2000	鲁种审字第 340 号 Luzhongshenzi 340	山东省果树研究所 Pomology Institute of Shandong
31	山东 Shandong	研金 1 号 Yanjin 1	制干 Dry	2008	鲁 S-SV-ZJ-003-2008 Lu S-SV-ZJ-003-2008	山东省滨州冬枣研究 Binzhou Dongzao Institute, Shandong
32	山东 Shandong	研金 2 号 Yanjin 2	制干 Dry	2008	鲁 S-SV-ZJ-004-2008 Lu S-SV-ZJ-004-2008	山东省滨州冬枣研究 Binzhou Dongzao Institute, Shandong
33	山东 Shandong	茌圆金 Chiyuanjin	制干 Dry	2008	鲁 R-SV-ZJ-010-2008 Lu R-SV-ZJ-010-2008	山东省聊城市金龙林果科技有限公司 Jinlong Forestry and Fruit Sciences ltd,co., Liaocheng, Shandong
34	山东 Shandong	大瓜枣 Daguazao	鲜食 Fresh	1998	鲁种审字第 232 号 Luzhongshenzi 232	山东省果树研究所 Pomology Institute of Shandong
35	山东 Shandong	大白铃 Dabailing	鲜食 Fresh	1999	鲁种审字第 296 号 Luzhongshenzi 296	山东省果树研究所 Pomology Institute of Shandong
36	山东 Shandong	鲁北冬枣 Lubeidongzao	鲜食 Fresh	1999	鲁种审字第 295 号 Luzhongshenzi 295	山东省果树研究所 Pomology Institute of Shandong
37	山东 Shandong	孔府酥脆枣 Kongfusucuizao	鲜食 Fresh	2000	鲁种审字第 339 号 Luzhongshenzi 339	山东省果树研究所 Pomology Institute of Shandong
38	山东 Shandong	六月鲜 Liuyuexian	鲜食 Fresh	2000	鲁种审字第 338 号 Luzhongshenzi 338	山东省果树研究所 Pomology Institute of Shandong
39	山东 Shandong	早丰脆 Zaofengcui	鲜食 Fresh	2006	鲁 S-SV-ZJ-013-2006 Lu S-SV-ZJ-013-2006	山东省果树研究所 Pomology Institute of Shandong
40	山东 Shandong	伏脆蜜 Fucuimi	鲜食 Fresh	2006	鲁 S-SV-ZJ-014-2006 Lu S-SV-ZJ-014-2006	山东省枣庄市果树科学研究所 Fruit Sciences Institute, Zaozhuang, Shandong
41	山东 Shandong	乐金 1 号 Lejin 1	制干鲜食兼用 Dry or fresh	1997	-	山东省德州市林业局，山东省乐陵市林业局 Dezhou Forestry Bureau, Shandong, Leling Forestry Bureau, Shandong

（续）

序号 No.	省（自治区、直辖市） Province Autonomous region, Municipality	品种名称 Cultivar name	用途 Usage	审（认）定时间 Released/registered year	品种编号 Cultivar code	选育 / 申报单位 Breeding/declaring institute
63	山西 Shanxi	板枣 1 号 Banzao 1	制干鲜食兼用 Dry or fresh	2007	晋 S-SC-ZJ-005-2007 Jin S-SC-ZJ-005-2007	山西省林业科学研究 Shanxi Academy of Forestry Sciences
64	河南 Henan	豫枣 1 号 Yuzao 1	制干 Dry	2000	豫 S-SV-ZJ-004-2000 Yu S-SV-ZJ-004-2000	河南省中牟县林业 Zhongmu Forestry Bureau, Henan
65	河南 Henan	新郑红枣 1 号 Xinzhenghongzao 1	制干 Dry	2006	豫 S-SV-ZJ-004-2006 Yu S-SV-ZJ-004-2006	河南省新郑市枣树科学研究所 Xinzheng Institute of Jujube Sciences, Henan
66	河南 Henan	扁核酸 Bianhesuan	制干 Dry	2006	豫 S-SV-ZJ-014-2006 Yu S-SV-ZJ-014-2006	河南安阳市林业局，河南省濮阳市林业技术推广站 Anyang Forestry Bureau, Henan, Popularization Station of Forestry Techniques, Puyang, Henan
67	河南 Henan	广洋大枣 Guangyangdazao	制干 Dry	2006	豫 S-SV-ZJ-021-2006 Yu S-SV-ZJ-021-2006	河南省南阳市镇平县林业局 Zhenping Forestry Bureau, Nanyang, Henan
68	河南 Henan	新郑红枣 2 号 Xinzhenghongzao 2	制干 Dry	2007	豫 S-SV-ZJ-015-2007 Yu S-SV-ZJ-015-2007	河南省新郑市枣树科学研究所 Xinzheng Institute of Jujube Sciences, Henan
69	河南 Henan	新郑红枣 6 号 Xinzhenghongzao 6	制干 Dry	2007	豫 S-SV-ZJ-016-2007 Yu S-SV-ZJ-016-2007	河南省新郑市枣树科学研究所 Xinzheng Institute of Jujube Sciences, Henan
70	河南 Henan	豫枣 2 号 Yuzao 2	制干鲜食兼用 Dry or fresh	2001	豫 S-SV-ZJ-008-2001 Yu S-SV-ZJ-008-2001	河南省淇县林业局 Qixian Forestry Bureau, Henan
71	河南 Henan	灵宝大枣 Lingbaodazao	制干鲜食兼用 Dry or fresh	2006	豫 S-SV-ZJ-016-2006 Yu S-SV-ZJ-016-2006	河南省三门峡市林业技术推广站 Popularization Station of Forestry Techniques, Sanmenxia, Henan
72	河南 Henan	新郑灰枣 Xinzhenghuizao	制干鲜食兼用 Dry or fresh	2006	豫 S-SV-ZJ-019-2006 Yu S-SV-ZJ-019-2006	新郑市林业局 Xinzheng Forestry Bureau, Henan

（续）

序号 No.	省（自治区、直辖市）Province Autonomous region, Municipality	品种名称 Cultivar name	用途 Usage	审（认）定时间 Released/ registered year	品种编号 Cultivar code	选育/申报单位 Breeding/declaring institute
73	陕西 Shaanxi	佳县油枣 Jiaxianyouzao	制干 Dry	2001	QLS036-J021-2001	西北农林科技大学，陕西省佳县林业局 Northwest Agricutural and Forestry University, Jiaxian Forestry Bureau, Shaanxi
74	陕西 Shaanxi	阎良相枣 Yanliangxiangzao	制干 Dry	2001	QLS037-J022-2001	西北农林科技大学 Northwest Agricutural and Forestry University
75	陕西 Shaanxi	七月鲜 Qiyuexian	鲜食 Fresh	2003	QLS045-J030-2002	西北农林科技大学 Northwest Agricutural and Forestry University
76	陕西 Shaanxi	延川狗头枣 Yanchuangoutouzao	制干鲜食兼用 Dry or fresh	2001	QLS035-J020-2001	西北农林科技大学，陕西省延川县枣业局 Northwest Agricutural and Forestry University, Yanchuan Jujube Bureau, Shaanxi
77	陕西 Shaanxi	彬枣 3 号 Binzao 3	制干 Dry	2007.1	QLS068-J047-2006	陕西省林业技术推广总站，彬县林业工作站 Shaanxi Forestry Techniques Popularization Station, Binxian Forestry Station
78	陕西 Shaanxi	秦宝冬枣 Qinbaodongzao	鲜食 Fresh	2005.12	QLS064-J046-2005	西安市林业技术推广中心 Xi'an Forestry Techniques Popularization Center
79	陕西 Shaanxi	阎良脆枣 Yanliangcuizao	鲜食 Fresh	2007.1	QLS069-J048-2006	西安市阎良区林业科技中心，西北农林科技大学 Yanliang Forestry Science and Technology Center, Xi'an Northwest Agricutural and Forestry University
80	陕西 Shaanxi	蜜罐新 1 号 Miguanxin 1	鲜食 Fresh	2008.3	QLR012-J0012-2007	西北农林科技大学，渭南红久久枣业有限公司 Northwest Agricutural and Forestry University,Weinanhongjiujiu Jujube Ltd. Co.

3 沧蜜 1 号

Cangmi 1

选育单位 河北沧州市农林科学院

品种来源 从金丝小枣实生苗中选育而来，适于加工蜜枣。2008 年通过河北省林木品种审定委员会审定，品种编号为冀 S-SV-ZJ-006-2008。

品种特性 果实 8 月中旬白熟，9 月上中旬完熟，加工蜜枣采摘适期为白熟期。白熟期果实长圆形，平均果重 17.2g，最大 35.2g，果形一致。果皮薄，果顶凹，果肉白绿色，肉质疏松，汁液少，风味甜酸，含可溶性固形物 20% 左右，可食率 97.7%，白熟期可加工成蜜枣。完熟期果实可溶性固形物含量达 34.2%。枝条稀疏，适于密植。早果、丰产，8 年生树株产鲜枣 7.5～10kg，10 年生树 25～30kg，14 年生树 45～50kg。

用途 加工蜜枣、鲜食。

适宜种植范围 金丝小枣的分布区。

图 7-186 ‘沧蜜 1 号’树形
Figure 7-186 Tree form of Chinese jujube ‘Cangmi 1’

图 7-187 ‘沧无 1 号’结果状
Figure 7-187 Bearing status of Chinese jujube ‘Cangwu 1’

4 沧无 1 号

Cangwu 1

选育单位 河北省沧州市林业科学研究所，中国科学院石家庄农业现代化研究所。

品种来源 从无核小枣选育而来。2001 年通过河北省林木品种审定委员会认定，品种编号为 HEBR2001-2201。

品种特性 果实 9 月中旬成熟。果实长圆形，平均果重 4.5g，果个大小均匀。果皮薄、色泽鲜红光亮，味极甜，鲜枣可溶性固形物含量为 36.3%，可食率 100%，制干率 61.5%。果核退化，部分大果有少量渣滓。树体较小，树姿开张，树势中庸，发枝力强。进入结果龄期早。适应性强，耐瘠薄，耐盐碱，抗干旱。

用途 制干鲜食兼用。

适宜种植范围 在我国北方枣树栽培区有着广泛的推广前景，目前在河北、山东、河南、北京、天津等适宜枣树生长的地区均生长良好。

图 7-185 ‘沧蜜 1 号’结果状
Figure 7-185 Bearing status of Chinese jujube ‘Cangmi 1’

5 沧无 3 号

Cangwu 3

选育单位 河北沧州市林业科学研究所，中国科学院石家庄农业现代化研究所。

品种来源 从无核小枣选育而来。2001 年通过河北省林木品种审定委员会认定，品种编号为 HEBR 2001-2202。

品种特性 果实 9 月中下旬成熟。果实圆柱形，平均果重 3.3g，果个大小均匀。果皮薄，味极甜，鲜枣可溶性固形物含量 36.5%，可食率 100%，制干率 62.8%，鲜食品质一般，制干品质极上。核全部退化，核膜薄软无渣滓。树体较小，干性较弱，树姿开张，树势中庸，发枝力中等。进入结果龄期早，且连续丰产能力强，抗裂果能力极强，成熟期遇雨不裂果。适应性强，抗旱耐盐碱。

用途　制干鲜食兼用。

适宜种植范围　同沧无 1 号。

图 7-188 ‘沧无 3 号’果实

Figure 7-188　Fruit of Chinese jujube ‘Cangwu 3’

图 7-189 ‘沧无 3 号’结果状

Figure 7-189　Bearing status of Chinese jujube ‘Cangwu 3’

图 7-190 ‘沧无 3 号’树形

Figure 7-190　Tree form of Chinese jujube ‘Cangwu 3’

6 茌圆金

Chiyuanjin

选育单位　山东聊城市金龙林果科技有限公司。

品种来源　从山东茌平县的枣树资源中选育而来。2008 年通过山东省林木品种审定委员会认定（5 年），品种编号为鲁 R-SV-ZJ-010-2008。

品种特性　果实 9 月中下旬成熟。果实扁圆形，平均果重 21.7g，最大 32.5g。果皮中厚，紫红色，果肉硬，汁少味甜。可溶性固形物含量为 32.5%，可食率 97.8%，制干率 61.0%。树势强壮，树姿直立，针刺发达，萌枝力、成枝力强，树冠呈自然圆头形。丰产，抗裂果，抗旱，耐瘠薄，抗枣疯病，但不耐涝。

用途　制干。

适宜种植范围　鲁西北地区。

图 7-191 ‘茌圆金’果实形状

Figure 7-191　Fruit shape of Chinese jujube ‘Chiyuanjin’

图 7-192 ‘茌圆金’树形

Figure 7-192　Tree form of Chinese jujube ‘Chiyuanjin’

7 伏脆蜜

Fucuimi

选育单位 山东枣庄市果树科学研究所。

品种来源 从枣庄脆枣中选育而来。2002 年 9 月通过成果鉴定，并命名为“枣庄脆枣优系 1 号”。2002 年 10 月申请国家林业局植物新品种权时更名为‘伏脆蜜’。2006 年通过山东省林木品种审定委员会审定，品种编号为鲁 S-SV-ZJ-014-2006。

品种特性 果实一般在 8 月上旬采收上市，生育期 77~85d。果实短圆柱形，纵径 3.5cm，横径 3.0cm，平均果重 16.2g，最大 27.0g。白熟期果皮绿白色，成熟时果皮粉白色，阳面鲜红色，着色面 60% 以上，完熟时果皮紫红色，果面光滑洁净，极美观。果肉酥脆无渣，汁液丰富。脆熟期鲜果含可溶性固形物 29.9%，Vc 239mg/100g，可食率 96.9%，品质极上。核中大，长椭圆形，单核质量 0.50g，内有 1~2 粒种子。树体中大，树姿直立，结果以后略开张，树体结构紧凑，萌芽力及成枝力均强。早实丰产，嫁接第 2 年结果，5 年生树平均亩产 1586kg，不裂果。果实较耐贮藏，常温下货架期 7d 左右，-2~0℃低温条件下能保存 30d 以上。适应性强，较抗寒，抗旱、耐瘠薄。

用途 鲜食。

适宜种植范围 山东省枣产区。

图 7-193 ‘伏脆蜜’果实形状

Figure 7-193 Fruit shape of Chinese jujube ‘Fucuimi’

8 壶瓶枣 1 号

Hupingzao 1

选育单位 山西省林业科学研究院。

品种来源 从太谷县小白乡白燕村壶瓶枣变异单株选育而来，为大果型优良变异。2003 年通过山西省林木品种审定委员会审定，品种编号为晋 S-SV-ZJ-003-2003。

品种特性 果实 9 月中旬成熟。果个大，柱形，平均果重 35.0 g，最大 75.0g。含可溶性糖 35.0 %，可滴定酸 0.5%，Vc 530mg/100g，可食率 98.5%（对照壶瓶枣平均果重 18.3g，最大 28.3g，含可溶性糖 30.4%，可滴定酸 0.57%，Vc 493mg/100g，可食率 96.3%），品质优良。早果丰产性强，适应性同壶瓶枣。

用途 制干。

适宜种植范围 山西太原以南壶瓶枣栽培区。

9 冀星冬枣

Jixingdongzao

选育单位 河北省沧州市林业科学研究所。

品种来源 从冬枣中选育而来，个大，早果性强，易丰产。2008 年通过河北省林木品种审定委员会审定，品种编号为冀 S-SV-ZJ-005-2008。

品种特性 果实圆形，平均果重 16.6g，最大 35.0g。果皮薄，赭红色，果肉黄白色，肉质细嫩多汁，甜味浓、酥脆、口感好。白熟期果含可溶性固形物 18.6 %，脆熟期果实含可溶性固形物 25.0%，可溶性糖 24.7%，全红果含可溶性固形物 31.3 %，Vc 356mg/100g，可食率 97.3%。早果速丰，嫁接后 2 年即可结果，4 年进入盛果期，6 年生树平均株产 35.5kg 左右。

用途 鲜食。

适宜种植范围 可在河北省冬枣分布区栽培。

图 7-194 ‘壶瓶枣 1 号’结果状

Figure 7-194 Bearing status of Chinese jujube ‘Hupingzao 1’

图 7-195 ‘冀星冬枣’果实形状
Figure 7-195 Fruit shape of Chinese jujube ‘Jixingdongzao’

10 金昌 1 号

Jinchang 1

选育单位 山西省农业科学院植物保护研究所。

品种来源 从山西太谷县北洸乡枣品种园壶瓶枣的变异单株选育而来，个大，丰产性突出。2003 年通过山西省林木品种审定委员会审定，品种编号为晋 S-SV-ZJ-004-2003。

品种特性 果实大，呈短柱形，果顶稍膨大，纵径 5.0cm，横径 3.8cm，平均单果重 30.2g，最大 80.3g。果皮鲜红，酸甜爽口，肉厚、核小、汁多。鲜枣含可溶性糖 35.7%，可滴定酸 0.62%，Vc 533mg/100g，可溶性固形物 38.4%，可食率 98.6%，制干率 58.3%，干枣含可溶性糖 73.5%。树姿较开张，树冠半圆形。针刺不发达。叶片较大，浓绿色。早果、丰产性强，抗裂果，2000~2002 年裂果率分别为 0.4%、4.7%、9.6%。

用途 制干、鲜食、加工蜜枣。

适宜种植范围 山西太原以南壶瓶枣栽培区。

图 7-196 ‘金昌 1 号’果实形状
Figure 7-196 Fruit shape of Chinese jujube ‘Jinchang 1’

11 金魁王

Jinkuiwang

选育单位 河北省沧县金丝小枣良繁场。

品种来源 从金丝小枣中选育而来，为大果型优良变异。2001 年通过河北省林木品种审定委员会审定，品种编号为 HEBR2001-2204。

品种特性 果实 9 月中旬为脆熟期，9 月下旬完熟期，生育期 110d 左右。果实长卵圆形，平均纵径 4.1cm，横径 3.3cm，平均果重 11.9g，最大 14.8g，大小整齐。果实深红色，果肉厚绿白色，质细，味甜多汁，品质极上，含可溶性固形物 37.1%，可溶性糖 36.2%，可滴定酸 0.50%，Vc 450mg/100g，可食率 97.3%，出干率 65.5%。干枣皱纹细浅，果色有光泽，含可溶性糖

图 7-197 ‘金魁王’果实形状
Figure 7-197 Fruit shape of Chinese jujube ‘Jinkuiwang’

图 7-198 ‘金魁王’结果状
Figure 7-198 Bearing status of Chinese jujube ‘Jinkuiwang’

图 7-199 ‘金魁王’树形
Figure 7-199 Tree form of Chinese jujube ‘Jinkuiwang’

65.8%。果核小，纺锤形，一般无核仁。树势中等，枝条粗壮，萌芽力较强，树冠圆头形。丰产、稳产，无大小年现象。抗逆性强，抗干旱、水涝和盐碱，极少裂果和感染锈病。

用途 制干鲜食兼用。

适宜种植范围 河北省枣树适生区。

12 金莱特

Jinlaite

选育单位 山东烟台高新区新兴科技开发研究所。

品种来源 1998年枣树品种普查中，在牟平区高陵镇南辛山谷村筛选出优良单株，1999~2000年对该株系的植物学特征、生物学特性、果实经济性状作了详细调查分析后认为：该株系属当地栽植枣树的实生苗变异新品种。2005年通过山东省林木品种审定委员会审定，品种编号为鲁S-SV-ZJ-014-2005。

品种特性 果实近长筒形，两端较平，中部略粗，平均果重11~12g，最大15.2g。果肉白色，致密脆嫩，汁液较多，味甜微酸，口感佳，含可溶性固形物45%，品质极上，制干率达57.6%。早果性强，栽植当年即开花结果。丰产性好，在花期日均温20~22℃的低限温度条件下，亦坐果良好。抗缩果病。

用途 鲜食、制干兼用。

适宜种植范围 鲁东地区。

图7-200 ‘金铃长枣’果实形状

Figure 7-200 Fruit shape of Chinese jujube ‘Jinlingchangzao’

图7-201 ‘金铃长枣’树形

Figure 7-201 Tree form of Chinese jujube ‘Jinlingchangzao’

图7-202 ‘金铃圆枣’果实形状

Figure 7-202 Fruit shape of Chinese jujube ‘Jinlingyuanzao’

13 金铃长枣

Jinlingchangzao

选育单位 辽宁省朝阳市经济林研究所。

品种来源 为辽宁朝阳的地方品种。2002年通过辽宁省林木品种审定委员会认定，品种编号为辽S-SV-ZJ-002-2002，2004年通过国家林木品种审定委员会认定，品种编号为国R-SV-ZJ-005-2004。

品种特性 果个大，长圆柱形，纵径4.30cm，横径2.98cm，平均果重20.1g，最大28.0g。果肉致密，酸甜适口，鲜枣含可溶性糖31.25%，可滴定酸0.43%，Vc 370mg/100g，品质好。早果、丰产、稳产。树势强壮，抗寒、抗旱、抗病力强、耐瘠薄。

用途 制干、鲜食兼用。

适宜种植范围 适宜辽宁省北纬41.5º以南的枣树栽培区以及与朝阳枣栽培区土壤气候相近的地区栽培。

14 金铃圆枣

Jinlingyuanzao

选育单位 辽宁省朝阳市经济林研究所。

品种来源 来源于辽宁省朝阳县波罗赤镇南洼村米丈子组的地方品种。2002年9月24日通过辽宁省林木良种审定委员会审定，正式命名为‘金铃圆枣’。品种编号为辽S-SV-ZJ-001-2002，2004年通过国家林木品种审定委员会认定，品种编号为国R-SV-ZJ-006-2004。

品种特性 果个大，近圆形，纵径4.3cm，横径3.9cm，平均果重26.0g，最大75.0g。果肉致密，酥脆多汁。鲜枣含可溶性糖32.3%，可滴定酸0.39%，Vc 329mg/100g，鲜食品质极佳。早果、丰产、稳产。树体长势强壮，抗寒、抗旱、耐瘠薄，抗病力强。

用途 鲜食。

适宜种植范围 同金铃长枣。

图 7-203 ‘金铃圆枣’结果状

Figure 7-203 Bearing status of Chinese jujube ‘Jinlingyuanzao’

图 7-204 ‘金铃圆枣’树形

Figure 7-204 Tree form of Chinese jujube ‘Jinlingyuanzao’

15 金丝 1 号

Jinsi 1

选育单位 山东省果树研究所。

品种来源 从无棣县庞集乡刘王村的金丝小枣中优选而来，为大果型优良变异。1998 年通过山东省农作物品种审定委员会审定，品种编号为鲁 S-SV-ZJ-014-2005。

品种特性 果实 9 月中旬完熟采收，生育期 95d 左右。果实多呈倒卵形，少数椭圆形，平均果重 6.4g，比普通金丝小枣重 28%，果实整齐度较高。果皮薄，浅红褐色，果肉乳白色，质地致密，脆硬，汁液中多，味甜，含可溶性固形物 36.6%~39.0%，Vc 400mg/100g，可食率 95.4%，制干率 53.1%。干枣饱满美观，富弹性，含可溶性糖 82.0%。果核小，重 0.38g，含仁率 60%。结果早，果个均匀，特级果率高，裂果率低。抗风力较强，抗旱、耐瘠薄、较抗轮纹病和炭疽病。

用途 制干。

适宜种植范围 适宜在山东省德州、惠民、聊城、东营等地市和淄博、潍坊、青岛市的北部及烟台市西部以及河南省的东南部栽种，其他有类似气候环境条件的地区均可引种栽培。

图 7-205 ‘金丝 1 号’结果状

Figure 7-205 Bearing status of Chinese jujube ‘Jinsi 1’

图 7-206 ‘金丝 1 号’树形

Figure 7-206 Tree form of Chinese jujube ‘Jinsi 1’

16 金丝 2 号

Jinsi 2

选育单位 山东省果树研究所。

品种来源 从无棣县金丝小枣中优选而来，为大果型优良变异。1998年通过山东省农作物品种审定委员会审定，品种编号为鲁种审字第 234 号。

品种特性 果实 9 月 10 日前后着色，9 月 20 日前后完熟，生育期 100~105d。果实多为长椭圆形，平均果重 6.7g，最大 12.8g，整齐度高，无畸形。果皮较薄，浅红褐色，果肉乳白色，致密脆硬，汁液中多，味甘甜，含可溶性固形物 37.1%，最高达 42.2%，Vc 426mg/100g，可食率 95.0%，制干率 54.6%，干枣外形齐整，饱满，美观，皱纹中细，果皮韧性较强，果肉含可溶性糖 84.4%。果核小，梭形，平均核重 0.34g。树冠矮小紧凑，早果丰产，坐果稳定，较抗裂果、炭疽病和溃疡病。耐旱、耐涝力很强。

用途 制干、鲜食兼用。

适宜种植范围 适宜土壤肥沃，秋季少雨的地区发展栽培。

图 7-207 ‘金丝 2 号’结果状

Figure 7-207 Bearing status of Chinese jujube ‘Jinsi 2’

图 7-208 ‘金丝 2 号’树形

Figure 7-208 Tree form of Chinese jujube ‘Jinsi 2’

17 金丝 3 号

Jinsi 3

选育单位 山东省果树研究所。

品种来源 威海市环翠区戚家夼的地方品种，当地称‘家枣’。1998 年通过山东省农作物品种审定委员会审定，并命名为‘金丝 3 号’，品种编号为鲁种审字第 294 号。

图 7-209 ‘金丝 3 号’结果状

Figure 7-209 Bearing status of Chinese jujube ‘Jinsi 3’

品种特性 果实 9 月下旬完熟采收，生育期约 100d。果实长椭圆形，平均果重 8.8g，最大 12.0g。果皮较厚，略带鲜橙红色，果肉绿白色，细脆致密，汁液中多，甜味浓，微酸，含可溶性固形物 39%~42%，可食率 98%，制干率 55.5%。干枣皮纹细浅，个大肉厚，富弹性。果核短梭形，含仁率 65.1%~79.3%。树势中强，树姿开张，结构紧凑。树干灰褐色，枣头棕褐色，粗壮质硬，多直立生长。托叶刺较发达。枣股圆柱形。叶片卵状披针形，长 6.7cm，宽 3.1cm。花量中等，为昼开型。当年生枝结果能力强，结果早，丰产性强，坐果稳定，无采前落果现象，成熟期遇雨很少裂果。能适应凉爽的气候条件，抗寒，抗风，较耐瘠薄，抗病。

用途 制干。

适宜种植范围 在盐碱土、沙壤至粘壤土上都能正常生长结果。

18 金丝丰

Jinsifeng

选育单位 河北沧县金丝小枣良繁场、北京林业大学、河北省林木种苗管理站、沧县农林局。

品种来源 从沧县闫村乡程庄子的金丝小枣中选育而来，丰产性突出。1998 年通过河北省林木良种审定委员会的良种审定，品种编号为 HEBS1998-2203。

品种特性 果实在 9 月下旬成熟，生育期 110d 左右。果较大，卵圆形，纵径 2.4cm，横径 2.1cm，平均果重 5.26g。果皮薄，紫红色，果肉厚，成熟后果肉金黄色，含还原糖 14.1%~15.1%，有机酸 0.33%~0.41%，Vc363~451mg/100g，可食率 96.5%，

图 7-210 ‘金丝丰’结果状

Figure 7-210 Bearing status of Chinese jujube ‘Jinsifeng’

制干率 65.8%。干枣果形饱满，皱纹细浅，肉质致密味甜。果核小。树冠呈自然圆头形。主干树皮灰褐色，粗糙，当年生枣头黄棕色。幼树和徒长枝有针刺，后渐脱落。早果，丰产稳产，大小年不明显，自然落果、裂果均轻。适应性广，抗盐碱、抗旱涝能力较强。

用途 制干、鲜食兼用。

图 7-211 ‘金丝丰’树形

Figure 7-211 Tree form of Chinese jujube ‘Jinsifeng’

适宜种植范围 河北省枣树栽培区。

19 金丝魁王枣

Jinsikuiwangzao

选育单位 山东省商河县林业局果树站。

品种来源 从山东商河的金丝小枣中选育而来，为大果型优良变异。2002 年通过山东省林木品种审定委员会认定，品种编号为鲁 R-SV-ZJ-005-2002。

品种特性 果实 9 月中旬成熟。果实椭圆形，纵径 3.7cm，横径 2.7cm，单果重 12.5~15.0g，最大 16.0g，明显大于乐陵金丝小枣。果实皮薄，肉厚、细脆、味甜，鲜食制干品质均优。早果、丰产、抗逆性强。

用途 制干鲜食兼用。

适宜种植范围 山东省金丝小枣主产区。

图 7-212 ‘金丝魁王枣’果实形状

Figure 7-212 Fruit shape of Chinese jujube ‘Jinsikuiwangzao’

图 7-213 ‘金丝魁王枣’树形

Figure 7-213 Tree form of Chinese jujube ‘Jinsikuiwangzao’

20 金丝蜜

Jinsimi

选育单位 河北沧县金丝小枣良繁场、北京林业大学、河北省林木种苗管理站、沧县农林局。

品种来源 从与山东省林业厅交换的金丝小枣中选育而来。1998 年通过河北省林木良种审定委员会的良种审定，品种编号为 HEBS1998-2202。

品种特性 果实 9 月下旬完熟，生育期 100d 左右。果实长圆形，纵径 2.6cm，横径 1.9cm，平均果重 4.5g，最大 6.0g。果实紫红色，果肉厚，绿白色。含还原糖 15.5%~17.6%，可滴定酸 0.31%~0.49%，Vc 300~439mg/100g，可食率 96.8%，制干率 64.5%，干枣皮纹细浅味甜。果核小。树冠呈自然圆头形，主干树皮灰褐色。丰产稳产性强，适应性广，抗寒、抗旱、抗风、耐盐碱，不裂果或裂果极少，落果轻，锈病感病率低。

用途 制干、鲜食兼用。

适宜种植范围 河北省枣栽培区。

图 7-214 ‘金丝蜜’果实形状

Figure 7-214 Fruit shape of Chinese jujube ‘Jinsimi’

图 7-215 ‘金丝蜜’树形

Figure 7-215 Tree form of Chinese jujube ‘Jinsimi’

21 骏枣 1 号

Junzao 1

选育单位 山西省林业科学研究院。

品种来源 从山西交城县磁窑村交城骏枣变异单株选育而来，为大果型优良变异。2003 年通过山西省林木品种审定委员会审定，品种编号为晋 S-SV-ZJ-002-2003。

品种特性 果实 9 月上中旬成熟，生育期 100d 左右。果实柱形，平均果重 32.0g，最大 60.0g。果皮薄、深红色，果肉淡绿色，脆甜。鲜枣含可溶性糖 32.2%，可滴定酸 0.32%，Vc 453mg /100g，可食率 97.1%（对照品种骏枣平均果重 21.0g，最大 36.6g，含可溶性糖 28.7%，可滴定酸 0.45%，Vc 432mg/100g，可食率 96.0%），干枣含可溶性糖 76.0%，品质优良。果核长纺锤形，核尖长，核纹深，种仁不饱满。树势强健，树体高大，树姿半开张，树冠半圆形。树干灰黑色，皮裂纹较细，纵条状。早果丰产，抗寒性较强。

用途 制干、鲜食、加工蜜枣。

适宜种植范围 山西太原以南骏枣栽培区。

图 7-216 ‘骏枣 1 号’果实形状

Figure 7-216 Fruit shape of Chinese jujube ‘Junzao 1’

图 7-217 ‘骏枣 1 号’结果状

Figure 7-217 Bearing status of Chinese jujube ‘Junzao 1’

图 7-219 ‘乐金 2 号’结果状

Figure 7-219 Bearing status of Chinese jujube ‘Lejin 2’

22 乐金 1 号

Lejin 1

选育单位 山东省德州市林业局、乐陵市林业局。

品种来源 从金丝小枣优系中选出，早实丰产。1996 年通过山东省科委组织的专家鉴定，1997 年通过山东省农作物品种审定委员会审定。

品种特性 果实 9 月下旬成熟。果实短圆柱形或椭圆形，平均果重 5.9g，最大 6.7g。果皮紫红色，果肉黄白色，肉质细脆，汁中多，甘甜无苦涩，含可溶性固形物 36.7%，Vc 383mg/100g，可食率 96.8%，制干率 58.4%。干枣深红色，有光泽，皱纹少而细浅，富弹性，较耐挤压，可溶性糖含量达 80.1%。果核极小，梭形，平均重 0.23g。早实丰产性很强，抗裂果，成熟期遇雨裂果率不超过 3%。

用途 制干、鲜食兼用。

适宜种植范围 适宜在金丝小枣产区种植。

图 7-218 ‘乐金 1 号’结果状

Figure 7-218 Bearing status of Chinese jujube ‘Lejin 1’

23 乐金 2 号

Lejin 2

选育单位 山东省德州市林业局、乐陵市林业局。

品种来源 从金丝小枣中选出，抗裂果。1997 年通过山东省农作物品种审定委员会审定。

品种特性 果实 9 月下旬成熟。果实短圆柱形，纵径 2.8cm，横径 2.6cm，平均果重 6.85g，最大 7.8g，大小整齐。果皮薄，深红褐色，果肉乳白色，质地细密、脆硬、汁液中多，味甘甜。含可溶性固形物 34.4%，Vc 380mg/100g，可食率 96.4%，制干率 58.7%，干制红枣外观美观，纹少而浅，富弹性，果皮韧性强，可溶性糖含量 81.3%。果核小，纺锤形，平均重 0.25g。树势较强，枣头长 56.2cm，二次枝节间长 3.9cm，每枣股着生枣吊 1.8 个，枣吊长 12.7cm，着生叶片 8.5 个，叶片长 6.3cm、宽 3.1cm。早产、丰产，抗裂果，秋季遇雨裂果率不超过 5%。

用途 制干。

适宜种植范围 适宜在金丝小枣产区种植。

28 木枣 1 号
Muzao 1

选育单位 山西省林业科学研究院。

品种来源 从山西省临县木枣品种群中选出，为大果型木枣优良变异无性系。2007 年通过山西省林木品种审定委员会审定，品种编号为晋 S-SC-ZJ-004-2007。

图 7-228 ‘木枣 1 号’果实形状
Figure 7-228 Fruit shape of Chinese jujube ‘Muzao 1’

品种特性 果实大，圆柱形，腰部微凹，纵径 5.6cm，横径 3.6cm，侧径 3.2cm，平均果重 24.3g，最大 33.9g。果肉质地致密，味酸甜，品质中上。含可溶性糖 22.4%，可滴定酸 0.77%，Vc 499mg/100g，可食率 95.67%。树势强健，干性中强，树姿半开张，枝条中密。枣头多，生长量大。二次枝长 42.0cm，每股平均抽生枣吊 3 个，枣吊长 16.0cm。叶片大，卵状披针形，深绿色。

用途 制干。

适宜种植范围 山西省西部黄土丘陵木枣栽培区及生态条件类似的地区。

图 7-229 ‘木枣 1 号’结果状
Figure 7-229 Bearing status of Chinese jujube ‘Muzao 1’

29 南宫大紫枣
Nangongdazizao

选育单位 河北省农林科学院昌黎果树研究所。

品种来源 从河北南宫市的紫枣（圆铃）中选育而来，为大果型优良变异。2005 年通过河北省林木品种审定委员会审定，品种编号为冀 S-SV-ZJ-017-2005。

品种特性 果实扁圆形，紫红色，平均纵径 2.9cm，横径 3.4cm，侧径 3.1cm，平均果重 16.7g，最大 36.1g。鲜枣可溶性固形物含量为 31.0%，口味甜，可食率 97.9%，制干率 56.3%。早实丰产，1~2 年生树即能开花结果，3~4 年进入盛果期，成龄树平均株产干枣 16~18kg。抗逆性强，裂果较轻。

用途 适宜制干。

适宜种植范围 河北省中南部平原壤土、砂壤土和浅山丘陵地区栽培。

图 7-230 ‘南宫大紫枣’果实形状
Figure 7-230 Fruit shape of Chinese jujube ‘Nangongdazizao’

30 宁梨巨枣
Ninglijuzao

选育单位 宁夏银川市金百禾林牧有限公司。

品种来源 从临猗梨枣组培苗中选育而来，为大果型优良变异。2006 年通过宁夏回族自治区林木品种审定委员会认定，品种编号为宁 R-CV-ZJ-001-2006。

品种特性 果实 9 月中旬至 9 月末成熟，生育期 100~105d。果实圆形或椭圆形，平均果重 40.0g，最大 120g。果皮薄，果面不光滑，深红色，果肉厚，绿白色，汁多味甜，酥脆可口。鲜枣含可溶性固形物28.0%，可溶性糖27.8%，可滴定酸0.4%，Vc 300mg/100g，可食率96.3%。果核小，纺锤形，核重1.50g左右。树势中庸，发枝力强，树姿开张。结果早，易丰产，采前落果轻，基本无裂果，果实耐贮。适应性强，耐干旱、耐高温、耐盐碱，抗寒力较强，抗病能力强。

用途 鲜食。

适宜种植范围 宁夏贺兰山东麓有灌溉条件及宁夏引黄灌区及适宜枣树栽培的地区。要求年平均气温8.5℃以上，≥10℃活动积温3000℃以上，光照充足，年日照时数不少于3000h，土层深厚，土质砂壤土，无盐渍化，土壤通透性好，pH值小于8.5，地下水位1.5m以下。

图7-231 ‘宁梨巨枣’果实形状

Figure 7-231 Fruit shape of Chinese jujube ‘Ninglijuzao’

图7-232 ‘宁梨巨枣’结果状

Figure 7-232 Bearing status of Chinese jujube ‘Ninglijuzao’

31 七月鲜

Qiyuexian

选育单位 西北农林科技大学。

品种来源 从陕西省合阳县的农家品种中选育而来。2003年1月通过陕西省林木良种审定委员会审定，品种编号为QLS045-J030-2002。

品种特性 果实8月中下旬成熟，生育期85d左右。果实卵圆形，纵径5.0cm，横径3.6cm，平均果重29.8g，最大74.1g，果个均匀。果皮薄，深红色，肉质细，味甜，含可溶性固形物28.9%，可食率97.8%。树势中庸，树姿开张，树干灰褐色。早果性强，丰产稳产，不易裂果，适宜矮化密植和设施栽培。

用途 鲜食。

适宜种植范围 陕西关中。

图7-233 ‘七月鲜’果实形状

Figure 7-233 Fruit shape of Chinese jujube ‘Qiyuexian’

图7-235 ‘七月鲜’树形

Figure 7-235 Tree form of Chinese jujube ‘Qiyuexian’

图7-234 ‘七月鲜’结果状

Figure 7-234 Bearing status of Chinese jujube ‘Qiyuexian’

32 秦宝冬枣

Qinbaodongzao

选育单位 陕西西安市林业技术推广中心。

品种来源 从河北黄骅引进的冬枣中发现的优良单株，2005年通过陕西省林木良种审定委员会审定，品种编号为QLS064-J046-2005。

品种特性 果实近圆形，果面平整光洁，果皮薄，果肉绿白色；果个较大，果型美观，酸甜可口，细嫩酥脆，营养丰富，品质佳。裂果轻，抗病性较强。

用途 鲜食。

适宜种植范围 年降水量400-600mm，土壤pH值5.5~8.5的地区均可栽培。

图7-236 '秦宝冬枣'果实形状

Figure 7-236 Fruit shape of Chinese jujube 'Qinbaodongzao'

图7-237 '秦宝冬枣'树形

Figure 7-237 Tree form of Chinese jujube 'Qinbaodongzao'

33 帅枣1号

Shuaizao 1

选育单位 山西省林业科学研究院。

品种来源 从山西省石楼县的木枣中选育而来，为大果型优良变异。2006年通过山西省林木品种审定委员会审定，品种编号为晋S-SC-ZJ-005-2006。

品种特性 果实9月底成熟。果实长圆柱形，纵径4.5cm，横径3.5cm，侧径3.4cm，平均果重25.2g（比木枣大68%），最大47.6g。果肉质地致密，风味酸甜，含可溶性糖29.3%，可滴定酸0.53%，Vc 523mg/100g，可食率96.0%。树势中强，树姿直立，枣头数目少，生长势强。二次枝节间长，叶片大、深绿色。枣吊粗壮，生长量大。结果早，丰产性强。

用途 制干、鲜食、加工蜜枣。

适宜种植范围 山西省西部黄土丘陵枣树栽培区及生态条件类似地区。

图7-238 '帅枣1号'果实形状

Figure 7-238 Fruit shape of Chinese jujube 'Shuaizao 1'

图7-239 '帅枣1号'结果状

Figure 7-239 Bearing status of Chinese jujube 'Shuaizao 1'

图7-240 '帅枣1号'树形

Figure 7-240 Tree form of Chinese jujube 'Shuaizao 1'

34 帅枣 2 号
Shuaizao 2

选育单位 山西省林业科学研究院。

品种来源 从山西省石楼县的木枣中选育而来，为大果型优良变异。2006 年通过山西省林木品种审定委员会审定，品种编号为晋 S-SC-ZJ-006-2006。

品种特性 果实 9 月底成熟。果实长圆锥形，纵径 4.9cm，横径 3.7cm，侧径 3.0cm，平均果重 23.6g，最大 49.2g，比木枣大 57.3%。果肉质地致密，完熟期含可溶性糖 24.6%，可滴定酸 0.55%，Vc516mg/100g，可食率 95.0%。树势强健，树姿直立。枣头多，生长量大。二次枝节间长，叶片大，深绿色。枣吊粗壮，生长量大。结果早，丰产性强。

用途 制干、加工蜜枣。

适宜种植范围 同帅枣 1 号。

图 7-241 ‘帅枣 2 号’果实形状
Figure 7-241 Fruit shape of Chinese jujube ‘Shuaizao 2’

图 7-242 ‘帅枣 2 号’结果状
Figure 7-242 Bearing status of Chinese jujube ‘Shuaizao 2’

图 7-243 ‘帅枣 2 号’树形
Figure 7-243 Tree form of Chinese jujube ‘Shuaizao 2’

图 7-244 ‘帅枣 3 号’结果状
Figure 7-244 Bearing status of Chinese jujube ‘Shuaizao 3’

35 帅枣 3 号
Shuaizao 3

选育单位 山西省林业科学研究院。

品种来源 从山西省石楼县的木枣中选育而成，为大果型优良变异。2006 年通过山西省林木品种审定委员会认定（3 年），品种编号为晋 R-SC-ZJ-004-2006。

品种特性 果实大，短圆锥形，纵径 4.4cm，横径 3.5cm，侧径 3.2cm，平均果重 22.8g，最大 36.4g，比木枣大 52.0%。果肉质地致密，含可溶性糖 25.0%，可滴定酸 0.51%，Vc 513mg/100g，可食率 95.8%。树体高大，树姿直立，枣头生长势强，二次枝节间长。叶片大，深绿色。枣吊粗壮，生长量大。结果早，丰产性强。

图 7-245 ‘帅枣 3 号’树形
Figure 7-245 Tree form of Chinese jujube ‘Shuaizao 3’

用途 制干、加工蜜枣。

适宜种植范围 同帅枣 1 号。

40 无核红
Wuhehong

选育单位 河北沧县金丝小枣良繁场、北京林业大学、河北省林木种苗管理站、沧县农林局。

品种来源 从无核小枣中选育而来。1998 年通过河北省林木良种审定委员会良种审定，品种编号为 HEBS1998-2201。

品种特性 果实 9 月上旬开始着色，9 月下旬成熟，生育期 100d 左右。果实圆柱形，平均果重 3.1g。果皮薄，鲜红色，肉质细腻致密，味甜。枣果含还原糖 14.5%，可滴定酸 0.48%，Vc 363mg/100g，可食率 100%，出干率 64.1%。果核退化。采前落果少，丰产、稳产。适应性较强，耐旱、抗涝、抗盐碱、耐瘠薄。

用途 制干、鲜食兼用。

适宜种植范围 河北省枣树栽培区。

图 7-255‘无核红’果实形状

Figure 7-255 Fruit shape of Chinese jujube ‘Wuhehong’

图 7-257‘无核红’树形

Figure 7-257 Tree form of Chinese jujube ‘Wuhehong’

41 武隆猪腰枣
Wulongzhuyaozao

选育人 王先兰、罗平、程霞、朱文、罗会、梁刚。

品种来源 为地方品种。2006 年通过重庆市林木品种审定委员会审定，品种编号为渝 S-SV-ZJ-008-2006。

品种特性 果肉质地致密，汁液多，含糖量高，品质佳。树体高大，生长旺盛。较丰产，单株产鲜果可达 10kg。适应性强，耐干旱、耐瘠薄。

用途 鲜食。

适宜种植范围 适宜在重庆市内海拔 1000m 以下的砂壤、黄壤、紫色土、黏壤土地区种植。

图 7-258‘武隆猪腰枣’果实

Figure 7-258 Fruit of Chinese jujube ‘Wulongzhuyaozao’

图 7-256‘无核红’结果状

Figure 7-256 Bearing status of Chinese jujube ‘Wuhehong’

42 献王枣
Xianwangzao

选育单位 河北献县林业局。

品种来源 从河北省献县河街镇献王陵、张村乡、乐寿镇及东部枣区等地的‘小大枣’（又称‘大小枣’）中选育出来。2005年通过河北省林木品种审定委员会审定，品种编号为冀S-SV-ZJ-021-2005。

品种特性 果实9月中下旬成熟（比普通金丝小枣晚10d左右）。果实长圆形，纵径2.9~3.2cm，横径2.1~2.5cm，平均果重9.0g，最大12.0g。果皮深红色，果肉厚，黄白色，质地致密，汁液较多、脆甜，鲜枣含可溶性固形物32%左右，可食率90.4%，制干率高，干枣含可溶性糖76.5%。树姿开张，枝条结果后下垂，枝叶较密，树冠呈自然半圆形。早果、丰产，极少有裂果。耐干旱、耐盐碱。

用途 制干。

适宜种植范围 适合河北省中南部平原壤土、砂壤土地区栽培。

图7-261 ‘献王枣’树形
Figure 7-261 Tree form of Chinese jujube ‘Xianwangzao’

图7-259 ‘献王枣’果实形状
Figure 7-259 Fruit shape of Chinese jujube ‘Xianwangzao’

图7-260 ‘献王枣’结果状
Figure 7-260 Bearing status of Chinese jujube ‘Xianwangzao’

43 新郑红枣1号
Xinzhenghongzao 1

选育单位 河南新郑市枣树科学研究所。

品种来源 从灰枣中选育而来。2006年通过河南省林木品种审定委员会审定，品种编号为豫S-SV-ZJ-004-2006。

品种特性 果实9月中旬成熟。果实长卵形，紫红色，平均果重12.6g，大小整齐。制干率43.6%。树势强壮，树姿开张。当年生枣头结果能力强，丰产、稳产。耐干旱，抗盐碱，对土壤条件要求不严，抗缩果病、焦叶病，抗裂果。

用途 制干。

适宜种植范围 灰枣适生区。

图7-262 ‘新郑红枣1号’果实形状
Figure 7-262 Fruit shape of Chinese jujube ‘Xinzhenghongzao 1’

44 新郑红枣 2 号
Xinzhenghongzao 2

选育单位 河南新郑市枣树科学研究所。

品种来源 从灰枣中选出的大果、丰产优良类型。2007 年通过河南省林木品种审定委员会审定，品种编号为豫 S-SV-ZJ-015-2007。

品种特性 果实 9 月中旬成熟。果实长倒卵形，平均果重 10.8g（较灰枣增加 23.2%）。果皮橙红色，肉质致密，汁液中多。树势中强，树姿开张，成枝力强。早实性、丰产性和稳产性均优于灰枣。适应性、抗病性明显优于灰枣。

用途 制干。

适宜种植范围 灰枣适生区。

图 7-263 ‘新郑红枣 2 号’果实形状
Figure 7-263 Fruit shape of Chinese jujube ‘Xinzhenghongzao 2’

图 7-264 ‘新郑红枣 2 号’树形
Figure 7-264 Tree form of Chinese jujube ‘Xinzhenghongzao 2’

45 新郑红枣 6 号
Xinzhenghongzao 6

选育单位 河南新郑市枣树科学研究所。

品种来源 从新郑的鸡心枣中选出的丰产类型。2007 年通过河南省林木品种审定委员会审定，品种编号为豫 S-SV-ZJ-016-2007。

品种特性 果实 9 月中旬成熟。果实鸡心形，平均果重 5.3g（较鸡心枣增加 7.6%），果皮紫红色，肉质致密，汁液中多。制干率 55.3%，较对照增加 13.4%。果核纺锤形。树势较旺，树姿直立。适应性广，抗裂果，抗缩果病，对焦叶病表现敏感。

用途 制干。

适宜种植范围 鸡心枣适生区。

图 7-265 ‘新郑红枣 6 号’结果状
Figure 7-265 Bearing status of Chinese jujube ‘Xinzhenghongzao 6’

图 7-266 ‘新郑红枣 6 号’树形
Figure 7-266 Tree form of Chinese jujube ‘Xinzhenghongzao 6’

46 星 光
Xingguang

选育单位 河北农业大学。

品种来源 从骏枣中选育而来，为高抗枣疯病品种。2005 年通过河北省林木品种审定委员会审定，品种编号为冀 S-SV-ZJ-027-2005。

品种特性 果实大，圆柱形或倒卵圆形，平均果重 22.9g。果皮薄，果肉厚，脆熟期果实含可溶性固形物 33.1%，可溶性糖 28.7%，可滴定酸 0.45%，Vc 432mg/100g，可食率 96.3%，制干率 56.4%。树体半开张，发枝力中等，枝条粗壮。新枣头结果能力较强，较丰产，遇雨易裂果。对肥水要求较高，花期要求较高温度，坐果适温 23~25℃。极抗枣疯病，在太行山枣疯病重发区自然发病率为零，高接到重病树上后能够正常结果的达 100%。

用途 制干。

适宜种植范围 在河北省承德以南地区栽培，太行山区海拔 500 m 以下均可栽培。

图 7-267 ‘星光’结果状

Figure 7-267 Bearing status of Chinese jujube ‘Xingguang’

47 行唐长枣

Xingtangchangzao

选育单位 河北行唐县林业局。

品种来源 从行唐大枣（婆枣）中选育而来，丰产、稳产。2005 年通过河北省林木品种审定委员会审定，品种编号为冀 S-SV-ZJ-023-2005。

品种特性 果实个大，长柱形，纵径 4.0~5.2cm，横径 3.0~4.0cm，平均果重 22.0g，最大 40.0g。果皮薄，深红色，果肉厚，味甜。鲜枣含可溶性糖 25.3%，可滴定酸 0.57%，Vc 230mg/100g，可食率 92.0%，制干率 57.0%。早实性强，丰产、稳产，裂果率低。抗逆性强，抗风、抗旱、抗寒能力较强，抗枣疯病能力较强。

用途 制干、鲜食兼用。

适宜种植范围 河北省太行山枣树适生区。

图 7-268 ‘行唐长枣’果实形状

Figure 7-268 Fruit shape of Chinese jujube ‘Xingtangchangzao’

图 7-269 ‘行唐长枣’结果状

Figure 7-269 Bearing status of Chinese jujube ‘Xingtangchangzao’

图 7-270 ‘行唐长枣’树形

Figure 7-270 Tree form of Chinese jujube ‘Xingtangchangzao’

48 行唐大圆枣

Xingtangdayuanzao

选育单位 河北行唐县林业局。

品种来源 从行唐大枣（婆枣）中选育而来。2005 年通过河北省林木品种审定委员会审定，品种编号为冀 S-SV-ZJ-025-2005。

品种特性 果实个大，卵圆形，纵径 4.2~5.0cm，横径 3.4~3.8cm，平均果重 25.8g，最大 45.0g。果皮薄，深红色，果肉厚，味甜。鲜枣含可溶性糖 26.7%，可滴定酸 0.61%，Vc 413mg/100g，可食率 94.0%，制干率 58.4%。早实性强，丰产、稳产，裂果率低。抗逆性强，抗旱、抗涝、抗寒能力较强，抗枣疯病能力较强。

用途 制干、鲜食兼用。

适宜种植范围 河北省太行山枣树适生区。

图 7-271 ‘行唐大圆枣’果实形状

Figure 7-271 Fruit shape of Chinese jujube ‘Xingtangdayuanzao’

图 7-272 ‘行唐大圆枣’结果状

Figure 7-272 Bearing status of Chinese jujube ‘Xingtangdayuanzao’

图 7-273 ‘行唐大圆枣’树形

Figure 7-273 Tree form of Chinese jujube ‘Xingtangdayuanzao’

49 行唐墩子枣

Xingtangdunzizao

选育单位 河北行唐县林业局。

品种来源 从行唐大枣（婆枣）中选育而来。2005年通过河北省林木品种审定委员会审定，品种编号为冀S-SV-ZJ-024-2005。

品种特性 果实个大，倒卵形，纵径3.8~4.8cm，横径3.5~4.4cm，平均果重22.6g，最大40.6g。果皮薄，深红色，果肉厚，味甜。鲜枣含可溶性糖25.5%，可滴定酸0.57%，可食率96.0%，制干率57.5%。早实性强，丰产、稳产，裂果率低。抗逆性强，抗旱、抗涝、抗寒能力较强，抗枣疯病能力较强。

用途 制干、鲜食兼用。

适宜种植范围 河北省太行山枣树适生区。

图7-276 ‘行唐墩子枣’树形

Figure 7-276 Tree form of Chinese jujube ‘Xingtangdunzizao’

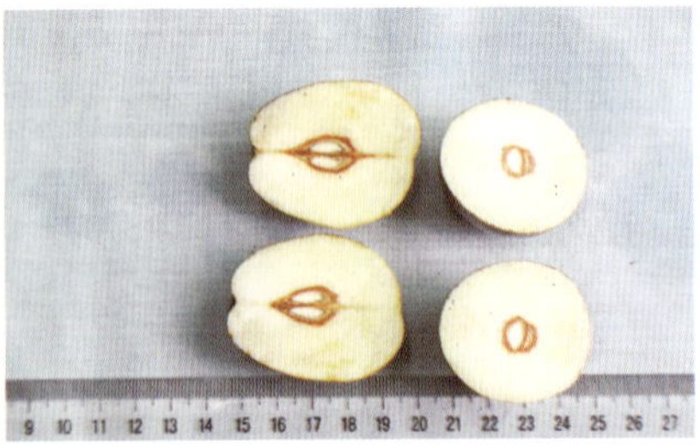

图7-274 ‘行唐墩子枣’果实

Figure 7-274 Fruit of Chinese jujube ‘Xingtangdunzizao’

图7-275 ‘行唐墩子枣’结果状

Figure 7-275 Bearing status of Chinese jujube ‘Xingtangdunzizao’

50 研金1号

Yanjin 1

选育单位 山东滨州冬枣研究院。

品种来源 从山东无棣县柳堡乡西岳李村的金丝小枣中选育而来。2008年通过山东省林木品种审定委员会审定，品种编号为鲁S-SV-ZJ-003-2008。

品种特性 果实长圆形，平均果重9.9g，最大20.2g。果皮紫红色，果肉黄白色，风味甘甜微酸。鲜枣含可溶性固形物37.3%，Vc 456mg/100g，可食率95.4%，制干率60.8%。树势健壮，树姿开张，树冠圆头形或圆锥形。丰产、稳产。

用途 制干。

适宜种植范围 鲁北、鲁西北枣产区。

图7-277 ‘研金1号’结果状

Figure 7-277 Bearing status of Chinese jujube ‘Yanjin 1’

图7-278 ‘研金1号’树形

Figure 7-278 Tree form of Chinese jujube ‘Yanjin 1’

51 研金 2 号

Yanjin 2

选育单位 山东滨州冬枣研究院。

品种来源 从山东无棣县小泊头镇史家村的金丝小枣中选育而来。2008 年通过山东省林木品种审定委员会审定，品种编号为鲁 S-SV-ZJ-004-2008。

品种特性 果实长椭圆形，平均果重 10.2g，最大 19.8g。果皮紫红色，果肉黄白色，风味甘甜微酸。鲜枣含可溶性固形物 37.5%，Vc 463mg/100g，可食率 95.4%，制干率 61.5%。树势健壮，干性强，发枝力强。早果、丰产，不易裂果。

用途 制干。

适宜种植范围 鲁北、鲁西北枣产区。

图 7-279 ‘研金 2 号’果实形状

Figure 7-279 Fruit shape of Chinese jujube ‘Yanjin 2’

图 7-280 ‘研金 2 号’树形

Figure 7-280 Tree form of Chinese jujube ‘Yanjin 2’

52 阎良脆枣

Yanliangcuizao

选育单位 西安市阎良区林业科技中心、西北农林科技大学。

品种来源 从西安市阎良区关山镇东丁村一代农家园内发现的，当地人称“疙瘩铃”。2007 年 1 月通过陕西省林木良种审定委员会审定，品种编号为 QLS069-J048-2006。

品种特性 果实圆柱形，黑红色，平均果重 19.0g。果皮中厚，果肉绿色，可食率 95%。树姿直立，树冠紧凑，发枝力中等，树冠圆锥形至半圆形。自花授粉坐果率一般，花量适中，丰产、稳产，果实脆熟期遇雨易裂果。

用途 鲜食。

适宜种植范围 陕西关中。

53 阎良相枣

Yanliangxiangzao

选育单位 西北农林科技大学。

品种来源 从当地品种‘临潼迟枣’中选育而来。于 2001 年通过陕西省林木良种审定委员会审定，品种编号为 QLS037-J022-2001。

品种特性 果实 9 月中下旬脆熟，10 月上中旬完熟。果实中等大小，扁圆形，平均纵径 3.3cm，横径 1.9cm，平均果重 9.5g，最大 15.0g。果皮中厚，赭红色，果肉绿白色，质地致密，汁液中多。含可溶性糖 29.2%，可滴定酸 0.31%，Vc 339mg/100g，可食率 96%，制干率 46%。干枣外形美观，黑红、光亮，饱满而富有弹性，味甜。果核纺锤形，长 1.86cm，宽 0.75cm，核重 0.40g，多含 1 粒种子。树姿直立，树势强盛，成枝力弱。丰产、稳产。适应性、抗逆性强，极抗裂果，但成熟期怕雾害。

用途 制干。

适宜种植范围 年均气温 11~13℃、年降水量 550~650mm 的地区。

图 7-281 ‘阎良相枣’果实形状

Figure 7-281 Fruit shape of Chinese jujube ‘Yanliangxiangzao’

图 7-282 ‘阎良相枣’树形

Figure 7-282 Tree form of Chinese jujube ‘Yanliangxiangzao’

54 悠悠枣

Youyouzao

选育单位　河北涿鹿县林业局。

品种来源　从河北省张家口市涿鹿县发现的地方优良鲜食品种。2005年通过河北省林木品种审定委员会审定，品种编号为冀 S-SV-ZJ-015-2005。

品种特性　一次果9月上中旬成熟，二次果9月下旬至10月初成熟。果实中等大，长椭圆形，两头略尖，一次果平均纵径 5.1cm，横径 2.4cm，单果重 12.3g，最大 20.0g，果皮薄，鲜红色，果肉绿白色，果肉细脆，汁液多，具清香味，风味酸甜，含可溶性固形物 35%~41%，可食率 97.2%。二次果平均纵径 3.9cm，横径 1.9cm，单果重 8.8g，果皮薄，棕红色，果肉绿白色，脆嫩爽口，具清香味，酸甜多汁，含可溶性固形物 35%~41%，可食率 96.2%。果核极小，平均核重 0.40g。干性较强，树姿开张。主干灰褐色、纵裂。当年生枣头红褐色，叶片中等大，阔卵圆形，深绿色。自花结实力强，早果、丰产性强，一年两熟，一次果约占 70%，二次果占 30%。抗逆性强，抗旱、抗寒、耐瘠薄，裂果率低。

用途　鲜食。

适宜种植范围　适于在土壤 pH 值 5.5~8.5、海拔 1000m 以下的河川、丘陵、山区栽植。

图 7-283 ‘悠悠枣’结果状

Figure 7-283　Bearing status of Chinese jujube ‘Youyouzao’

图 7-284 ‘悠悠枣’树形

Figure 7-284　Tree form of Chinese jujube ‘Youyouzao’

55 雨丰枣

Yufengzao

选育单位　山西省林业科学研究院。

品种来源　从引进的赞皇大枣中选育而成，抗裂果。2006 年通过山西省林木品种审定委员会审定，品种编号为晋 S-SC-ZJ-007-2006。

品种特性　果实大，长圆形，纵径 4.5cm，横径 3.4cm，平均果重 21.9g，最大 36.0g，果肉质地致密酥脆，风味酸甜。完熟期含可溶性糖 33.82%，可滴定酸 0.40%，Vc510mg/100g，可食率 95.0%。树冠圆头形，干性强，骨干枝分枝角度大。枣吊粗壮，生长量大。结果早，丰产性强，抗裂果。

用途　制干、鲜食兼用。

适宜种植范围　山西省太原以南枣树栽培区。

图 7-285 ‘雨丰枣’果实形状

Figure 7-285　Fruit shape of Chinese jujube ‘Yufengzao’

图 7-286 ‘雨丰枣’结果状

Figure 7-286　Bearing status of Chinese jujube ‘Yufengzao’

56 豫枣1号

Yuzao 1

选育单位 河南省中牟县林业局。

品种来源 从新郑的鸡心枣中选育而来，为具有无刺性状的优异品种。2000年通过河南省林木品种审定委员会审定，品种编号为豫S-SV-ZJ-004-2000。

品种特性 果实9~10月成熟。平均果重4.9g，最大7.9g，大小整齐。鲜枣含可溶性糖24.7%，制干率44.0%。树体无刺，方便枣园管理。早果、丰产，定植当年着花株率100%，结果株率30%，定植1年株产鲜枣0.5kg，定植3~4年株产鲜枣5~20kg。适应性强，在壤土、砂壤土生长、结果良好，沙丘上栽培，加强肥水管理，也能正常生长、结果、丰产。抗枣疯病。

用途 制干。

适宜种植范围 河南沙区、丘陵地及周边地区，也适合新疆、内蒙古沙区。

图7-287 ‘豫枣1号’结果状

Figure 7-287 Bearing status of Chinese jujube ‘Yuzao 1’

57 豫枣2号

Yuzao 2

选育单位 河南省淇县林业局。

品种来源 从地方品种淇县无核枣中选育而来。2001年通过河南省林木品种审定委员会审定，品种编号为豫S-SV-ZJ-008-2001。

品种特性 果实长形，平均单果重6.5g，最大10.5g。果肉脆甜，鲜枣含可溶性糖达36.0%，制干率达50.0%。果核退化，仅存少许半木栓化种核。丰产。适应性强，耐干旱瘠薄。抗病性强。

用途 制干鲜食兼用。

图7-288 ‘豫枣2号’结果状

Figure 7-288 Bearing status of Chinese jujube ‘Yuzao 2’

图7-289 ‘豫枣2号’树形

Figure 7-289 Tree form of Chinese jujube ‘Yuzao 2’

适宜种植范围 适宜在河南省黄河流域种植。

58 圆铃1号

Yuanling 1

选育单位 山东省果树研究所。

品种来源 从圆铃中选育而来（比普通圆铃增产30%左右）。2000年4月通过山东省农作物品种审定委员会审定。品种编号为鲁种审字第340号。

品种特性 果实9月上中旬成熟，生育期95d左右。果实圆柱形，纵径4.0~4.5cm，横径3.3~3.9cm，平均果重18.0g，最大21.5g。果皮中厚，紫褐色，果肉厚硬，绿白色，质地致密，汁液少，甜味浓。含可溶性固形物33.0%，可食率97.2%，制干率60.0%。干枣果肉厚，饱满，富弹性。果核纺锤形，核内多具种子。树势中等，树姿开张，树冠呈自然圆头形。枣头红棕色或棕褐色，节间长，永久性二次枝6~8节。枣股可持续结果6~8年。枣吊着叶8~12片。叶片卵圆形或宽披针形，深绿色。花量中等。结果早，丰产，花期能适应相对湿度低于40%的干燥天气，坐果低限温度为22~23℃，成熟期果实遇雨不裂果。

用途 鲜食、制干、加工蜜枣。

适宜种植范围 同圆铃。

图7-290 ‘圆铃1号’结果状

Figure 7-290 Bearing status of Chinese jujube ‘Yuanling 1’

59 月　光

Yueguang

选育单位　河北农业大学。

品种来源　在河北省满城县北赵庄发现的优良地方品种。2005 年 12 月通过河北省林木品种审定委员会审定，品种编号为冀 S-SV-ZJ-026-2005。

品种特性　果实 8 月中下旬成熟，生育期 80d 左右。果实近橄榄形，纵径 4.5cm，横径 2.3cm，单果重 10g 左右。果皮薄，深红色，果肉细脆、汁液多，酸甜适口，风味浓。白熟期即可鲜食，全红果含可溶性固形物 28.5%，可溶性糖 25.4%，可滴定酸 0.26%，Vc 206mg/100g，可食率 96.8%。果核小。新枣头结果能力强，早果丰产，为极早熟优良鲜食品种。枝条稀疏、托叶刺不发达、便于管理，尤其适合设施栽培，在普通塑料大棚栽植后第二年株产可达 700g，果实提前 20d 上市。适应性强，耐瘠薄，抗寒性突出，抗缩果病能力强，成熟期遇雨有轻微裂果。

用途　鲜食。

适宜种植范围　可在河北省承德以南广大地区栽培。

图 7-291 ‘月光’果实形状

Figure 7-291　Fruit shape of Chinese jujube ‘Yueguang’

图 7-292 ‘月光’露地栽培结果状

Figure 7-292　Bearing status of Chinese jujube ‘Yueguang’ in field

图 7-293 ‘月光’设施栽培结果状

Figure 7-293　Bearing status of Chinese jujube ‘Yueguang’ in protected orchard

图 7-294 ‘月光’树形

Figure 7-294　Tree form of Chinese jujube ‘Yueguang’

60 赞　宝

Zanbao

选育单位　河北农业大学，河北省赞皇县林业局。

品种来源　2n=3x=36。从赞皇大枣中选出，具有早果、丰产等突出特点。2004 年通过河北省林木品种审定委员会审定，品种编号为冀 S-SV-ZJ-004-2004。

品种特性　果实 9 月下旬成熟。果实短卵圆形，平均果重 20.0g，最大 28g，整齐度高。果皮紫红鲜亮，果肉口感酥脆，汁液中等，微酸。鲜枣含可溶性糖 31.0%，可滴定酸 0.26%，Vc 410mg/100g，制干率 58.1%，干枣含可溶性糖 74.5%。早果丰产，嫁接当年和根蘖苗翌年即挂果。树势中强，树姿开张，果吊比可达 1.41，但抗枣疯病能力较差。

用途　制干、鲜食、加工蜜枣。

适宜种植范围　赞皇大枣适宜栽培区。

图 7-295 ‘赞宝’果实形状

Figure 7-295　Fruit shape of Chinese jujube ‘Zanbao’

图 7-296 ‘赞宝’结果状

Figure 7-296　Bearing status of Chinese jujube ‘Zanbao’

61 赞 晶

Zanjing

选育单位 河北农业大学、河北省赞皇县林业局。

品种来源 2n=3x=36。从赞皇大枣中选出，具有果实大、丰产稳产等特点。2004年通过河北省林木品种审定委员会审定，品种编号为冀S-SV-ZJ-006-2004。

品种特性 果实9月中旬成熟。果实大，近圆形，平均果重22.3g，最大31.0g。果皮紫红鲜亮，果肉绿白色，口感酥脆，汁液中等，微酸。鲜枣含可溶性糖28.6%，可滴定酸0.31%，Vc 415mg/100g，制干率56.3%。干枣含可溶性糖63.4%。树势强健，树姿开张。丰产、稳产，果吊比1.26。

用途 制干、鲜食兼用。

适宜种植范围 赞皇大枣适宜栽培区。

图7-297 ‘赞晶’干枣果实

Figure 7-297 Dehydrated fruit of Chinese jujube ‘Zanjing’

图7-298 ‘赞晶’树形

Figure 7-298 Tree form of Chinese jujube ‘Zanjing’

62 赞 玉

Zanyu

选育单位 河北农业大学、河北省赞皇县林业局。

品种来源 2n=3x=36。从赞皇大枣中选出，具有丰产、稳产等特点。2004年通过河北省林木品种审定委员会审定，品种编号为冀S-SV-ZJ-005-2004。

品种特性 果实9月下旬成熟。果实长圆形，平均果重20.3g，最大26.5g。果皮褐红，亮度稍差，鲜枣质硬，汁液中等。鲜枣含可溶性糖28.5%，可滴定酸0.23%，Vc 341mg/100g。制干率62.8%，干枣含可溶性糖76.6%。树势中强，树姿开张。丰产、稳产，果吊比1.33。抗枣疯病能力略差。

用途 制干、加工蜜枣。

适宜种植范围 赞皇大枣适宜栽培区。

图7-299 ‘赞玉’果实形状

Figure 7-299 Fruit shape of Chinese jujube ‘Zanyu’

图7-300 ‘赞玉’树形

Figure 7-300 Tree form of Chinese jujube ‘Zanyu’

63 早脆王

Zaocuiwang

选育单位 河北省沧县金丝小枣良繁场。

品种来源 从山东庆云县引入的品种中选出。2001年通过河北省林木品种审定委员会审定，品种编号为HEBR2001-2003。‘早脆王’被引入山西，2007年通过山西省林木品种审定委员会审定，品种编号为晋S-ETS-ZJ-006-2007（审定名称为‘早脆王’，申报单位为山西省农业科学院园艺研究所）。

品种特性 果实9月初成熟。果实卵圆形，平均果重30.9g，最大87.0g。果皮鲜红，肉质酥脆，汁多味甜，含可溶性固形物39.6%，可食率96.7%。树势中强，主枝角度开张，易于管理。丰产性强，2年生嫁接树株产5kg左右。抗逆性强，具有较强抗干旱、水涝和盐碱能力，极少裂果和感染锈病。

用途 鲜食。

适宜种植范围 河北、山西、山东枣树适生区栽培推广。

图7-301 ‘早脆王’果实形状

Figure 7-301 Fruit shape of Chinese jujube ‘Zaocuiwang’

图7-302 ‘早脆王’树形

Figure 7-302 Tree form of Chinese jujube ‘Zaocuiwang’

64 早丰脆
Zaofengcui

选育单位 山东省果树研究所。

品种来源 从山东省泰安市徂徕镇徂徕村一农户中发现的。2006年通过山东省林木品种审定委员会审定，品种编号为鲁 S-SV-ZJ-013-2006。

品种特性 果实8月下旬成熟，生育期85d。果实近圆形，纵径3.0cm，横径2.9cm，平均果重12.1g，最大16.3g，果个大小均匀整齐。果皮薄而脆，果肉质地细腻酥脆，汁中多，甜味浓，含可溶性固形物31.2%，可食率97%。果核梭形，纵径1.35cm，横径0.66cm，平均核重0.33g，核尖较长，锐尖，核蒂短小，钝尖，核内多有1粒饱满种子。树姿半开张，树冠圆锥形。易成花，结果早。适应性广，抗逆性强，炭疽病、溃疡病、黑斑病病果率低于5%，轮纹病病果率为6%。

用途 鲜食。

适宜种植范围 山东省枣产区。

图 7-303 ‘早丰脆’果实形状

Figure 7-303 Fruit shape of Chinese jujube ‘Zaofengcui’

图 7-304 ‘早丰脆’树形

Figure 7-304 Tree form of Chinese jujube ‘Zaofengcui’

65 早熟梨枣
Zaoshulizao

选育单位 河北省沧州市林业科学研究所，中国科学院遗传与发展生物学研究所农业资源研究中心。

品种来源 河北省沧州地区的地方品种，以南皮、献县、沧县等地栽培最多，栽培历史悠久。2005年通过河北省林木品种审定委员会审定，品种编号为冀 S-SV-ZJ-022-2005。

品种特性 果实8月下旬成熟。果实大，多为梨形，大果为椭圆形或倒卵形，纵径3.5cm，横径3.2cm。平均果重17.8g，最大27.0g。果皮薄，赭红色，果肉厚，绿白色或乳白色，质细松脆，汁较多，味甜，略具酸味，含可溶性固形物21.0%，Vc 420mg/100g，可食率95.8%。树势中庸，树姿开张。枣头深褐色。丰产稳产，无大小年结果现象，不裂果，品质上等。在塑料大棚栽培当年即有少量结果，第二年平均株产1.7kg，第三年株产3.9kg，第四年株产5.0kg，枣吊平均坐果1.1个。

用途 鲜食。

适宜种植范围 适合河北省中南部栽培。

图 7-305 ‘早熟梨枣’果实形状

Figure 7-305 Fruit shape of Chinese jujube ‘Zaoshulizao’

66 张相公铃枣
Zhangxianggonglingzao

选育单位 辽宁省葫芦岛市连山区林业种苗站。

品种来源 在连山区张相公镇发现的优良单株。2007年通过辽宁省林木品种审定委员会认定，品种编号为辽 R-SV-ZJ-006-2007。

品种特性 果实圆柱形，平均果重9.0g。果皮鲜红色，果肉厚，汁液多、含糖量高，可食率达90%以上。果核小。丰产。耐贮藏。

用途 鲜食。

适宜种植范围 辽西、辽南地区。

图 7-306 ‘张相公铃枣’果实形状

Figure 7-306 Fruit shape of Chinese jujube ‘Zhangxianggonglingzao’

图 7-307 ‘张相公铃枣’结果状

Figure 7-307 Bearing status of Chinese jujube ‘Zhangxianggonglingzao’

图 7-308 ‘张相公铃枣’树形

Figure 7-308 Tree form of Chinese jujube ‘Zhangxianggonglingzao’

67 中宁圆枣

Zhongningyuanzao

选育单位 宁夏中宁县林业局。

品种来源 宁夏中宁县的乡土枣树品种。栽培历史已有300余年，经去劣提纯，繁殖栽培，已成为当地的主栽品种。2007年通过宁夏林木品种审定委员会审定，品种编号为宁S-SV-ZJU-006-2007。

品种特性 果个中大，短圆筒形，平均果重12.0g，最大19.0g，大小整齐。果皮薄，深红色，果肉绿白色，质细嫩脆，汁液多，味甜微酸。鲜枣含可溶性固性物28.0%，糖25.25%，可滴定酸0.58%，Vc 254mg/100g，可食率96.9%，制干率47%以上。干枣含可溶性糖58.18%，可滴定酸0.63%。果核较小，圆锥形，平均纵径1.76cm，横径0.55cm，平均核重0.31g，含仁率20%。树姿开张，易矮化密植栽培。花量大，花期长。早实、丰产。抗寒性强，耐瘠薄，耐干旱。

用途 鲜食。

适宜种植范围 年均温8℃以上、≥10℃年活动积温2900℃以上、无霜期150d以上、年日照时数2900h以上、土壤pH值8.5以下、土壤含盐量0.3%以下的砂壤土、轻壤土、壤土，有灌溉条件的地区均可种植。宁夏引黄灌区适宜枣树生长的地方均可栽植。目前是宁夏引黄灌区栽植规模较大的枣树品种之一。

图 7-310 ‘中宁圆枣’树形

Figure 7-310 Tree form of Chinese jujube ‘Zhongningyuanzao’

图 7-309 ‘中宁圆枣’结果状

Figure 7-309 Bearing status of Chinese jujube ‘Zhongningyuanzao’

2 红大一号

Hongda 1

选育单位 山东省滕州市果树开发中心。

品种来源 从泗洪大枣的根蘖苗中选出。2004 年 12 月 20 日通过枣庄市科技局组织的技术鉴定并命名。

品种特性 在枣庄，果实 9 月上旬成熟。果实圆筒形，果肩稍窄，较整齐，平均果重 59.6g，最大 120g。果梗洼小，浅或者中深。环洼大，中深。果柄较短，约有 2mm。果顶广圆，顶点凹进，部分凹陷较明显者状如佛手瓜。果皮赭红色，肉质酥脆无渣，汁液较多。鲜果含可溶性固形物 37.0%，Vc 239.2mg/100g，可食率 97.26 %，品质上等。核小，长椭圆形，核重 1.63g，内有 1~2 粒种子。较丰产，花期对温度的需求为普通型，抗裂果。适应性强，对土壤要求不严，耐干旱、瘠薄，较抗寒，抗枣疯病。

用途 鲜食、加工蜜枣。

适宜种植范围 适宜在黄河以南各枣产区种植。

3 冀抗 1 号

Jikang 1

选育单位 河北省林业科学研究院。

品种来源 从河北省鹿泉市梁庄村的婆枣中选育而成，抗缩果、抗裂果。2008 年经过河北省林业局组织的成果鉴定。

品种特性 果实 9 月下旬到 10 月上旬成熟，生育期 95~110d。果实圆柱形，深红色，平均果重 16.5g，最大 23.2g。果肉厚，近白色，肉质细，汁液多，味浓，酸甜。可溶性固形物含量达 29.5%，可食率 97.8%，制干率

图 7-312 ‘冀抗 1 号’果实形状

Figure 7-312 Fruit shape of Chinese jujube ‘Jikang 1’

55.4%。干枣含可溶性糖 77%，甜味鲜浓，肉厚，富弹性，果皮柔韧，色泽光亮，皱纹细浅。树势中庸，干性较强，发枝力弱。丰产，果吊比达 1.12，连续结果能力强。抗缩果、抗裂果能力强，2001~2008 年连续 8 年未见缩果病和裂果现象。

用途 制干。

适宜种植范围 同婆枣。

4 姜皇庄 1 号

Jianghuangzhuang 1

选育单位 河北省农林科学院昌黎果树研究所。

品种来源 从沧州地区的金丝小枣中选育而来。1998 年 10 月通过河北省科委组织的鉴定，现已在河北省范围内推广栽培，面积超过 120 hm^2。

品种特性 果实 10 月上旬成熟。果实较小，椭圆形，果顶圆形，微凹，平均果重 6.1g，最大 9.5g。果皮较薄，红色，肉厚，鲜枣肉质致密而脆，汁液中等偏多。含可溶性固形物 38.4%，Vc 478mg/100g，品质极佳，可食率 92.8%，制干率为 64.3%。干枣含可溶性糖 66.5%，核内无种仁。树势中庸，幼树生长旺盛，萌芽力较强。进入经济结果期较早，抗逆性、丰产稳产性及耐贮性均强，无裂果。

用途 鲜食、制干兼用。

适宜栽培范围 同金丝小枣。

图 7-313 ‘冀抗 1 号’结果状

Figure 7-313 Bearing status of Chinese jujube ‘Jikang 1’

5 金丝4号

Jinsi 4

选育单位 山东省果树研究所。

品种来源 1990年从金丝2号的自然杂交实生种子中选出，为大果型的优良变异。2003年通过山东省科技厅组织的成果鉴定。

品种特性 果实9月底10月初成熟，生育期105~110d。果实近长筒形，单果重10~12g，大小整齐。果皮薄，果肉细，质地致密脆嫩，味极甜，无杂味，口感极佳，含可溶性固形物40%~45%，可食率97.3%，制干率55%左右。红枣浅棕红色，肉厚富弹性，光亮美观，品质极上。早实性强，极丰产，无大小年现象，生产中不需环剥即可丰产。适应性强，在山地、丘陵、平原、盐碱地上均可栽培，抗炭疽病、轮纹病、抗裂果。

用途 制干、鲜食兼用。

适宜种植范围 可作为鲜食、制干兼用品种在我国北方和南方发展。

图7-314 ‘金丝4号’结果状

Figure 7-314 Bearing status of Chinese jujube ‘Jinsi 4’

6 京枣39

Jingzao 39

选育单位 北京市农林科学院林业果树研究所。

品种来源 北京市海淀区中关村居民院内。2002年9月通过北京市果树专家鉴定，并命名为‘京枣39’。

品种特性 果实9月中旬成熟，生育期100d左右。果实圆柱形，纵径4.7cm，横径3.8cm，平均果重28.3g，最大45g，大小较整齐。果皮着色前期阳面暗红色，背面浅绿色，全面着色后呈深红色，果肉绿白色，质地松脆，汁液较多，味酸甜，鲜食风味佳，品质上等。果肉含可溶性固形物25.4%，可溶性糖21.7%，可滴定酸0.36%，Vc 253mg/100g，可食率98.7%。果核小，纺锤形，平均核重0.27g，核蒂短，稍尖，核尖较长，渐尖，核壳薄，核内多无种子。树势强，干性强，树姿开张。结果早，丰产性好。适应性强，对土质要求不严，砂壤土、黏土、盐碱地均可种植，在贫瘠的山地上也能生长良好，抗旱、抗寒、耐瘠薄。较抗枣疯病、枣瘿蚊、枣锈病、灰斑病和炭疽病。

用途 鲜食。

适宜种植范围 经过10多年的观察及在北京市房山、怀柔、顺义、通州、延庆县（区）和山西临汾，河北遵化，安徽等地进行品种适应性试验，其枣果品质优良、丰产、抗病，综合性状表现稳定。在华北干旱、半干旱地区，年降水量300~650mm且无灌溉条件下生长良好，无需防寒即可越冬。

图7-315 ‘京枣39’结果状

Figure 7-315 Bearing status of Chinese jujube ‘Jingzao 39’

7 莒州贡枣

Juzhougongzao

选育单位 山东省莒州林业局。

品种来源 原产山东莒州峤山镇鸡兰村，数量稀少。莒州林业局进行了扩繁推广，1997年通过山东省日照市科学技术委员会鉴定。

品种特性 果实10月成熟。果实扁圆形或圆形，横径微大于纵径，平均果重27.6g，最大65.0g，较均匀整齐，无畸形果。成熟果呈赭红色，果肉淡绿色，致密，汁液中多，甜脆爽口，含可溶性固形物31.8%，可食率97%。核内有1枚种子，种子饱满率93%。树势强，萌芽率高，成枝力强，细弱枝少。叶片披针形，平均叶长6.2cm、宽2.7cm。自花结实率高，枣头枝结果力强，早期丰产性能优良。抗裂果。

用途 鲜食。

适宜种植范围 对土壤要求不严，在瘠薄山地粗放管理的条件下生长结果正常。

8 乐金3号

Lejin 3

选育单位 山东省德州市林业局、乐陵市林业局。

品种来源 从山东的金丝小枣优系中选出，1996年通过山东省科委组织的专家鉴定并命名。

品种特性 果实短圆柱形，纵径3.0cm、横径2.6cm，单果重5.9g，最大7.2g。果皮厚，紫红色，果肉乳白色，质地较硬脆，味甘甜无苦涩。含可溶性固形物33.8%，Vc 388mg/100g，可食率96.7%，制干率57.4%。干枣紫红色，有光泽，皱纹少而浅，富弹性，含可溶性糖79.7%。果核梭形，重0.27g。树势中等，干性弱，树姿开张，树冠呈圆头形，结果后枝条易下垂。叶片较小，长5.2cm，宽2.5cm。早实性强，嫁接幼树当年可结果。抗逆性强，耐干旱，抗雨涝、盐碱，在含盐量0.4%条件下能正常生长结果。

用途 制干。

适宜种植范围 适于鲁北等盐碱地区推广种植。

9 露脆蜜

Lucuimi

选育单位 山东省枣庄市市中区林业局。

品种来源 当地农家栽培的枣庄脆枣品种群中选出的成熟早、品质优的鲜食枣新品种，于2002年8月17日通过枣庄市科技局组织的专家验收，9月30日通过技术鉴定并命名为露脆蜜’。

品种特性 果实8月中旬脆熟，8月下旬完熟，生育期77~85d。果实中大，短圆柱形，果肩平整，与果顶等宽，梗洼小，浅或者中深。果顶广圆，顶点略凹，纵径3.5cm，横径3.0cm，平均果重16.2g，最大27.0g，大小较整齐。果皮紫红色，完熟时果面光滑洁净，极美观，果肉酥脆无渣，汁液丰富，脆熟期鲜果含可溶性固形物29.9%，Vc 239mg/100g，可食率96.5%，品质极上。核中大，长椭圆形，核重0.50 g，内有1~2粒种子。树势强健，干性和发枝力较强，树体结构紧凑，为自然圆头形。主干灰褐色，树皮裂纹窄条状，较深，不易剥落。枣头灰白色，略带浅褐色，长30~50cm。幼树期针刺少或不发达。二次枝一般4~8节。枣股细小，可持续结果6~8年，抽生枣吊3~5个。枣吊较短，长12~20cm，着叶8~12片。叶片较小，叶面平整，深绿色，多为卵状宽披针形。花量大，花较小，直径6mm左右，初开花蜜盘浅黄色，花粉量较大。早果性强，当年萌发的二次枝即可开花结果，花期对温度的需求为普通型，采前不裂果，丰产、稳产，果实较耐贮藏。适应性强，抗旱，耐瘠薄，在厚40cm以上土层均能正常生长结果，较抗寒。病虫危害极少。

用途 鲜食。

适宜种植范围 适宜在山东枣主产区种植。

10 盆枣1号

Penzao 1

选育单位 江苏省国营泗洪县五里江农场果树良种场。

品种来源 1998年选育出的适宜盆景栽培，观赏与鲜食为一体的珍稀鲜食大枣优良品种。

品种特性 果实9月中下旬成熟。果实长柱形，平均果重28g左右。果皮紫红色，果肉细脆、食之无渣，汁液丰富，风味浓甜，微酸。含可溶性固形物35.0%，可溶性糖22.0%，可滴定酸1.0%，品质上等。果核细长。早果丰产性强，在花盆内栽植小环境中，当年即坐果达25个左右，第二年株结果达70多个，平均株产鲜枣达2kg左右，不裂果。

用途 观赏、鲜食。

适宜种植范围 适于江苏枣产区。

11 盆枣2号

Penzao 2

选育单位 江苏省泗洪县五里江农场果树良种场。

品种来源 1999年选育成功的

适宜盆景栽培、观赏与鲜食为一体的珍稀鲜食大枣优良新品种。

品种特性　果实9月中下旬成熟。果实长柱形，平均果重20g左右。果皮浓红色，果肉细脆，食之无渣，汁液丰富，风味浓甜，微酸。含可溶性固形物38.0%，可溶性糖25.0%，可滴定酸0.50%，品质极上。果核细长。早果丰产，在花盆内栽植小环境中，当年坐果达35个左右，第二年株结果108个，平均株产鲜枣达2.2kg左右，大田栽植比盆栽产量高出52%以上，不裂果。

用途　观赏、鲜食。

适宜种植范围　同盆枣1号。

12 品10

Pin 10

选育单位　河北省农林科学院昌黎果树研究所。

品种来源　从金丝小枣中选育而成。1996年通过成果鉴定。

品种特性　平均果重4g以上。鲜枣含可溶性固形物39.5%，Vc 446mg/100g，可食率95.3%，制干率65.4%。干枣皮色紫红，皮纹细浅，富弹性，果个均匀，含可溶性糖69.4%。平均核重0.22g。坐果率高，易丰产、稳产，自然落果极轻，不裂果。抗盐碱能力强。

用途　制干、鲜食兼用。

适宜种植范围　同金丝小枣。

13 品17

Pin 17

选育单位　河北省农林科学院昌黎果树研究所。

品种来源　从金丝小枣中选育而成。1996年通过成果鉴定。

品种特性　果实纵径2.6cm，横径2.2cm，平均果重5g以上，最大8.1g，大小整齐。鲜枣含可溶性固形物39.0%，Vc 451mg/100g，可食率94.2%，制干率63.7%。干枣含可溶性糖68.9%。核重0.30g。适应性强，易丰产、稳产，采前落果少，成熟期遇雨裂果极少。

用途　制干、鲜食兼用。

适宜种植范围　同金丝小枣。

14 乳脆蜜

Rucuimi

选育单位　山东省枣庄市市中区林业局。

品种来源　从山东省枣庄市脆枣中选出，于2002年8月17日通过专家验收，9月30日通过枣庄市科技局组织的技术鉴定，定名为“乳脆蜜”。

品种特性　果实8月上旬脆熟，8月中下旬完熟，生育期75~82d。果实纺锤形，似羊乳头，平均果重15.7g，最大32.8g，大小整齐。白熟期果皮乳黄色，成熟时果皮阳面鲜红色，完熟时果皮紫红色，果肉酥脆，汁液丰富，脆熟期果实含可溶性固形物30.2%，Vc 253mg/100g，可食率95.7%，品质极上。核中大，长椭圆形。树冠中大，树姿较开张，萌芽率高，成枝力强，树形为自然圆头形。主干褐色，树皮裂纹宽条状，可以剥落。早期丰产性强，花量大，自花结实率1.1%，适合保护地高密度栽培。果实较耐贮藏，常温下货架期7d左右，一般冷藏条件保存35d左右。适应性强，抗旱，耐瘠薄，较抗寒，较抗枣疯病，病虫危害极少。

用途　鲜食。

适宜种植范围　山东枣主产区。

15 特2

Te 2

选育单位　河北省沧州市农科院。

品种来源　为金丝小枣实生选种而来，2007年通过成果鉴定。

品种特性　果实9月下旬成熟。果实长椭圆形，平均果重10.0g，果皮红色，含可溶性固形物31.7%，味甜。树体生长势中庸，丰产。抗性强，抗寒，抗旱，抗瘠薄，抗裂果，抗病虫能力强。

用途　制干、鲜食兼用。

适宜种植范围　同金丝小枣。

图7-316 ‘特2’结果状

Figure 7-316　Bearing status of Chinese jujube ‘Te 2’

16 特 3
Te 3

选育单位　河北省沧州市农科院。

品种来源　从金丝小枣实生选种而来。2007 年通过成果鉴定。

品种特性　果实 9 月 15 日成熟，圆形，深红色，平均果重 8.3g，含可溶性固形物 32.0%，味甜。丰产。抗性强，抗旱、瘠薄、寒，抗裂果、腐烂，抗病虫能力强。

用途　制干、鲜食兼用。

适宜种植范围　同金丝小枣。

图 7-317 ‘特 3’结果状

Figure 7-317　Bearing status of Chinese jujube ‘Te 3’

17 无核脆枣
Wuhecuizao

选育单位　山东省枣庄市薛城区园艺研究所。

品种来源　从当地无核的枣树单株中选出的优系。2000 年 9 月通过枣庄市果树专家组验收。

品种特性　果实 9 月中下旬成熟，生育期 100d 左右。果实长圆形，果面平整，平均果重 16.9g，最大 39.0g，大小较整齐。果皮中厚，色泽鲜红，有亮泽，果肉黄白色，质地致密，汁液中多，味甜，含可溶性固形物 35.6%，可溶性糖 19.1%，可滴定酸 0.21%、Vc 486mg/100g，鲜食品质上等，可食率近 100%。核退化或革质化。树体中等，树姿开张，发枝力强。针刺中等，长度 0.4~1.0cm。叶椭圆形，浅绿色，中厚。早产丰产，不裂果。

用途　鲜食。

适宜种植范围　耐瘠薄，沙质土、黏质土、低洼盐碱地及山坡、丘陵、平原等均可种植，在 pH 值 5.5~8.2、土壤含盐 0.4% 的条件下均能正常生长。

18 无核金丝小枣
Wuhejinsixiaozao

选育单位　河北省农林科学院昌黎果树研究所。

品种来源　从金丝小枣中选育而成的无核变异。1996 年通过成果鉴定。

品种特性　果实长柱形，侧面微凹，鲜枣平均果重 2.6g，含可溶性固形物 60% 以上，制干率 77.7%，品质极上。果核退化成膜片状，鲜食和加工均不用去核，较为方便。坐果率高。

用途　制干、鲜食兼用。

适宜种植范围　同金丝小枣。

19 雅　枣
Yazao

报道单位　山西临猗县科技局。

品种来源　从当地的牙枣中选育而来，2002 年 9 月份通过临猗县科技局组织的专家鉴定并定名。

品种特性　果实 8 月中旬开始成熟。果实长圆柱形或鸡卵状，纵径 6.0cm，横径 4.0cm，单果重 22.0g，最大 38.0g。果柄较短。白熟期果皮白绿色，含可溶性固形物 17.8%，脆熟期果面白红色，含可溶性固形物 29.7%。完熟期果皮紫红色，果肉绿白色，肉质细，汁多无渣，可食率 98.7%。干枣含糖量高。萌芽率高，成枝力强，树冠成形快。较抗裂果，较耐贮藏。

用途　制干。

适宜种植范围　在新疆、北京、温州、四川等地试栽都能正常生长结果。

20 阳 光

Yangguang

选育单位 山东省郓城县林业局。

品种来源 2001 年 1 月通过山东菏泽地区科委鉴定并命名。

品种特性 果实 9 月中下旬至 10 月上旬成熟，生育期 110~120d。果实大，近短圆柱形，平均果重 27.5g，最大 35.0g，大小、形状整齐。果肩和果顶广圆平整，没有沟棱，果面光滑，着色成熟后呈红褐色，光亮鲜艳。梗洼中等深，顶洼浅宽。果皮薄，果肉厚，淡绿色，质地细脆无渣，汁液中多，极甜微酸，冰糖味浓。果皮全面转红的脆熟期含可溶性固形物 36%~38%，可食率 97.0%，品质上等。果核纺锤形，两端尖，纵径 2.40cm，横径 1.20cm，平均核重 0.80g，不含种仁。树姿开张，树皮暗红褐色，细条裂，较易剥落。早实丰产性强，能自花结果，裂果轻，轮纹病和炭疽病病发生较轻。

用途 鲜食。

适宜种植范围 适于山东沿海地区种植。

21 园 丰

Yuanfeng

选育单位 河北省行唐县林业局、河北农业大学。

品种来源 从行唐大枣（婆枣）中选出。2009 年通过河北省石家庄市科技局组织的成果鉴定。

品种特性 果实 10 月下旬完熟。果实圆球形，平均果重 26.8g，最大 51.0g。果皮薄，肉厚核小，质地细密酥脆，汁液多，鲜食口感爽脆香甜，含可溶性固形物 33.0%，品质上等，可食率 95.1%，制干率 53.3%。树势中庸，成枝力强。早果、连续丰产能力强，缩果病轻微，裂果较少。

用途 制干、鲜食兼用。

适宜种植范围 同婆枣。

图 7-318 ‘园丰’果实形状

Figure 7-318 Fruit shape of Chinese jujube ‘Yuanfeng’

第四节 近年来新发现和报道的枣种质资源

除了前三节介绍的曾被《中国果树志·枣卷》收录以及通过审（认）定和鉴定的新品种外，近年来各地还相继发现和报道了一些新的地方农家品种和优系（表 7-4）。其中包括山西省农业科学院果树研究所国家枣种质资源圃（山西太谷）收集保存，并已在“多年生和无性繁殖作物种质资源信息网”上公布的 65 份资源，各地新发现资源 28 份（山东 7 份；河南 2 份；山西、宁夏、甘肃、天津、江苏、江西各 1 份；2006~2008 年，河北省林木种苗管理站组织的河北省首次林木种质资源普查中发现的 13 个农家品种）。另外，河北省首次林木种质资源普查中还发现了 63 个枣优系（优株），有的来源不详，需要进一步观察和评价（详见附录 2）。表 7-4 中列举了 93 份近年来新发现和报道的种质资源。

表 7-4 近年来新发现和报道的枣种质资源

Table 7-4 Chinese jujube germplasm found or reported lately

省(自治区、直辖市) Province, Autonomous region, Municipaltiy	种质资源名称 Germplasm name
河北 Hebei	沧县长小枣 Cangxianchangxiaozao, 沧县大枣 Cangxiandazao, 沧县屯子枣 Cangxiantunzizao, 沧县小枣 Cangxianxiaozao, 长江枣 Changjiangzao, 邯郸 19 Handan 19, 晋县木枣 Jinxianmuzao, 廊坊 19 Langfang 19, 廊坊 29 Langfang 29, 廊坊 39 Langfang 39, 菱枣 Lingzao, 门村小枣 Mencunxiaozao, 蜜枣 Mizao, 牛妈妈枣 Niumamazao, 兴隆大枣 Xinglongdazao, 清苑大丹枣 Qingyuandadanzao, 深县串杆红 Shenxianchuanganhong, 坛坛枣 Tantanzao, 献县木枣 Xianxianmuzao, 献县小小枣 Xianxianxiaoxiaozao, 献县圆小枣 Xainxianyuanxiaozao, 尧山历枣 Yaoshanlizao, 赞皇长枣 Zanhuangchangzao, 枣强脆枣 Zaoqiangcuizao, 枣强骨头小枣 Zaoqianggutouxiaozao

（续）

省(自治区、直辖市) Province, Autonomous region, Municipaltiy	种质资源名称 Germplasm name
山东 Shandong	冬脆蜜枣 Dongcuimizao, 红水城 Hongshuicheng, 乐陵小枣 Lelingxiaozao, 曲阜猴头枣 Qufuhoutouzao, 入口酥枣 Rukousuzao, 泰安灵枣 Taianlingzao, 滕州大马枣 Tengzhoudamazao, 滕州落地红枣 Tengzhouluodihongzao, 滕州躺枣 Tengzhoutangzao, 兖州三变色 Yanzhousanbianse, 沂蒙小雪枣 Yimengxiaoxuezao, 沂水大雪枣 Yishuidaxuezao, 早脆蜜 Zaocuimi, 枣王 1 号梨枣 Zaowang No.1 lizao
山西 Shanxi	洪赵脆枣 Hongzhaocuizao, 临汾蜜枣 Linfenmizao, 临猗笨枣 Linyibenzao, 临猗脖脖枣 Linyibobozao, 临猗辣椒枣 Linyilajiaozao, 临猗马铃枣 Linyimalingzao, 平陆棒棰枣 Pinglubangchuizao, 山西哈八枣 Shanxihabazao, 胜利枣 Shenglizao, 太谷葫芦枣 Taiguhuluzao, 太原秋团枣 Taiyuanqiutuanzao, 太原十月红 Taiyuanshiyuehong, 万荣福枣 Wanrongfuzao
河南省 Henan	安阳团枣 Anyangtuanzao, 金梅枣 Jinmeizao, 巨枣 Juzao, 林县无头枣 Linxianwutouzao, 灵宝灵 1 号 Lingbaoling 1, 内黄苹果枣 Neihuangpingguozao, 濮阳小枣 Puyangxiaozao, 新郑大枣 Xinzhengdazao, 新郑鸡蛋枣 Xinzhengjidanzao, 新郑尖头灰枣 Xinzhengjiantouhuizao, 新郑小圆枣 Xinzhengxiaoyuanzao, 永城圆红枣 Yongchengyuanhongzao
陕西 Shaanxi	大荔铃铃枣 Dalilinglingzao, 大荔知枣 Dalizhizao, 蒲城墩墩枣 Puchengdundunzao, 蒲城绵枣 Puchengmianzao, 蒲城圆梨枣 Puchengyuanlizao, 陕西大白枣 Shaanxidabaizao, 西营笨枣 Xiyingbenzao, 延川跌牙枣 Yanchuandieyazao, 中草笨枣 Zhongcaobenzao
宁夏 Ningxia	灵武长枣 2 号 Lingwuchangzao 2, 中宁吊铃枣 Zhongningdiaolingzao
甘肃 Gansu	靖远小口枣 Jingyuanxiaokouzao
天津 Tianjin	天津尜尜枣 Tianjingagazao, 蓟州脆枣 Jizhoucuizao
江苏 Jiangsu	姑苏小枣 Gusuxiaozao, 雁过红 Yanguohong
安徽 Anhui	阜阳蚂蚁枣 Fuyangmayizao, 阜阳木头枣 Fuyangmutouzao
浙江 Zhejiang	义乌棉絮枣 Yiwumianxuzao, 义乌酸甜枣 Yiwusuantianzao
湖南 Hunan	汝城枣 Ruchengzao, 溆浦尖枣 Xupujianzao, 溆浦六月枣 Xupuliuyuezao
广东 Guangdong	韶关白枣 Shaoguanbaizao, 韶关大枣 Shaoguandazao
重庆 Chongqing	北碚小枣 Beibeixiaozao
云南 Yunnan	西双小枣 Xishuangxiaozao
贵州 Guizhou	遵义甜枣 Zhunyitianzao
江西 Jiangxi	特早脆蜜王枣 Tezaocuimiwangzao

一、各地新发现的枣种质资源

1 沧县大枣
Cangxiandazao

河北省首次林木种质资源普查发现的农家品种，分布于沧州市吴桥、河间、青县等地，根蘖繁殖，栽培规模 $10hm^2$ 左右。果实暗红色，皮厚，个大肉厚、味甜，制干率高，较耐贮。丰产性一般。适应性较强，较抗旱、抗寒，抗病、虫害能力一般。

2 长江枣
Changjiangzao

河北省首次林木种质资源普查发现的农家品种，分布于承德市承德县，县域内均有分布，嫁接繁殖，来源不详，栽培规模 $12hm^2$ 左右。丰产，果实品质优良，较耐贮。适应性强，抗旱、抗寒、抗病虫。

3 冬脆蜜枣
Dongcuimizao

山东省枣庄市核果类果树研究所选育的极晚熟丰产鲜食优系。果实生育期 130d 左右。果实近圆形，平均果重 30g 以上，最大可达 60g 以上，整齐度高。果面鲜红亮丽，果肉蜜甜爽口，酥脆多汁，含可溶性糖 32.2%，可食率 93.8%。树体较矮化。早果性强，丰产性强，果实耐贮藏。抗病、抗裂果能力强。

4 邯郸 19
Handan 19

河北省首次林木种质资源普查发现的农家品种，分布于邯郸邱县，主要种植在各户的宅基，栽培历史悠久，栽培规模 $55hm^2$ 左右。丰产性一般，果实品质优良，较耐贮。适应性强，抗旱、抗寒。

5 红水城
Hongshuicheng

山东省聊城市柳圆工业园报道的晚熟鲜食枣品种，亦称冰糖枣、十月鲜，产于山东聊城。果实近圆形，果面平整光洁，形似苹果，单果重 16~25g，最大 45g。皮薄，果面光亮，质地细嫩，酥脆，多汁，浓甜，品质优。丰产性强，抗裂果。

6 蓟州脆枣
Jizhoucuizao

天津市林业果树研究所在天津市蓟县罗庄子镇花果峪村发现的优良鲜食优系。果实 9 月中下旬成熟。果实椭圆形，纵径 3.2~4.0cm，横径 2.3~2.9cm。平均果重 18.0g，最大 35.0g。果面褐红色，全红，光洁美观。核小肉厚。果皮薄，果肉绿白色，果肉细嫩多汁，鲜食无渣，风味甜，微酸，风味比冬枣略酸，品质上。鲜枣含可溶性固形物 35.00%，可滴定酸 0.43%，Vc 308mg/100g，果实硬度大，耐贮运性好。早实丰产，有轻微裂果。

7 金梅枣
Jinmeizao

河南省南阳大枣研究所培育。果实 9 月下旬至 10 下旬成熟，生育期 130d。果实近圆形，单果重 30g 左右，最大 65g。果实金红色，色泽光洁美丽，皮薄肉脆，细嫩多汁，甜似蜂蜜，枣味香浓郁，品质极佳。果实含可溶性糖 32.3%，Vc 352mg/100g，蛋白质 1.65%，果肉环磷酸腺苷含量 50mg/100g，可食率 93.8%。

8 靖远小口枣
Jingyuanxiaokouzao

甘肃省林业科学技术推广总站报道的地方品种。原产于甘肃省靖远县石门乡小口村。果实 9 月下旬成熟，生育期 100d。果实圆柱形，平均果重 21.82g，紫红色，果肉浅绿色，质地疏松，汁液少，味酸甜，品质上等。鲜枣含可溶性固形物 33.5%，可溶性糖 28.4%，Vc 131mg/100g，可食率 94.6%，制干率 58.6% 以上。干枣含可溶性固形物 68.9%，可溶性糖 64.5%。早实丰产，抗裂果能力强。

9 巨 枣
Juzao

河南省舞钢市科协报道的地方品种。果实 9 月上旬果实成熟，生育期 80~120d。果实椭圆形，平均果重 50g，最大 100g，果面平整光滑。果皮紫红色，核小肉厚，汁多脆甜，清香可口。鲜枣含可溶性糖 33%，可滴定酸 0.2%~1.5%，Vc 为 560mg/100g，可食率 97%。早果丰产。果耐贮运，适宜鲜食、加工。适应性较强，耐旱、耐瘠薄、耐盐碱、耐酸、耐寒、耐高温，能在-35℃安全越冬，在43℃高温下能正常生长。

10 廊坊 19

Langfang 19

河北省首次林木种质资源普查发现的农家品种，分布于廊坊市安次区，嫁接繁殖，来源不详，栽培年限20余年，栽培规模355hm^{2}左右。丰产性一般。果实品质较好，较耐贮。适应性强，抗旱、抗寒，病虫害发生少。

11 廊坊 29

Langfang 29

河北省首次林木种质资源普查发现的农家品种，分布于廊坊市香河县淑阳镇、刘宋镇、安平镇、蒋辛屯镇等，栽培年限不详，嫁接繁殖，栽培规模7hm^{2}左右。丰产性好。果实品质优良，风味佳，较耐贮。适应性强，抗旱、抗寒，抗病虫害能力一般。

12 廊坊 39

Langfang 39

河北省首次林木种质资源普查发现的农家品种，分布于廊坊市三河，栽培历史50年，嫁接繁殖，来源不详，栽培规模45hm^{2}左右。丰产性较好。果皮深红色、果肉厚、口感一般，较耐贮运。适应性较强，抗旱、抗寒能力较强，抗病虫能力较差。

13 灵武长枣2号

Lingwuchangzao 2

宁夏农业科学院和灵武市林业局在灵武长枣中选育的大果型单系。果实9月下旬全红，生育期95d左右。果实长椭圆形或长柱形（略扁），紫红色，果个大，平均果重21g，最大40g，纵径5.05cm，横径3.10cm，侧径2.60cm，大小不整齐。果肉肉质松脆，汁液较多，味甜、微酸，品质上等。鲜枣含可溶性固形物30.5%，可溶性糖24.8%，可滴定酸0.37%。

14 菱 枣

Lingzao

河北省首次林木种质资源普查发现的农家品种，分布于河北秦皇岛市卢龙县的卢龙镇、石门镇，栽培历史20年，嫁接繁殖，来源不详，栽培规模15hm^{2}左右。丰产性一般。果实品质优良，耐贮运，常温鲜枣可贮存20d，鲜食品质极佳。适应性强，抗旱、抗寒、抗病虫能力较强。

15 门村小枣

Mencunxiaozao

河北省首次林木种质资源普查发现的农家品种，分布于河北省廊坊市固安县宫村镇，栽培历史100年，嫁接繁殖，来源不详，栽培规模250hm^{2}左右。丰产。果实含糖量高，味甜，耐贮运。适应性强，抗旱、抗寒、抗病虫能力较强。

16 蜜 枣

Mizao

河北省首次林木种质资源普查发现的农家品种，分布于河北省廊坊市三河县，栽培历时50年，嫁接繁殖，来源不详，栽培规模3hm^{2}左右。丰产。果实品质优良，耐贮运，常温鲜枣可贮存20d，鲜食品质极佳。适应性强，抗旱、抗寒、抗病虫能力较强。

17 牛妈妈枣

Niumamazao

河北省首次林木种质资源普查发现的农家品种，原产于唐山市丰润县王官营镇下水路村，现在王官营镇、火石营镇、左家坞镇、丰润镇、姜家营乡均有分布，无性繁殖，来源不详。果实8月下旬成熟。果实长圆形，顶部近锥形、似牛乳状，胴部具有缢痕，整齐度好，平均果重12~13 g，最大20g。果皮红褐色，表面光滑洁净，果肉绿白、致密、肉细、汁多、味甜、无异味，鲜枣含可溶性固形物22.6%，可滴定酸0.24%，Vc 237mg/100g，可食率93.7%。核纺锤形，种仁饱满。坐果率高，丰产，自花结实性强，但果实不耐贮运。抗旱、抗寒、抗枣疯病能力强。

18 入口酥枣

Rukousuzao

山东省枣庄市邹坞园艺场在当地脆枣实生苗中发现的优良单株，因果实酥脆而得名。第一茬果8月中旬即可进入白熟期，8月底至9月初果实全红成熟，第二茬果10月上中旬成熟，进入白熟期以后的鲜枣酥脆爽口。果实圆形，平均果重15g，最大32g。果肉酥脆多汁，风味品质良好。树体矮化，枝条开张，可以进行密植栽培、保护地栽培或盆栽。早果性、丰产性好，当年嫁接，当年结果。抗旱，耐瘠薄，缩果病发生较轻。

19 胜利枣

Shenglizao

分布于山西临猗县，国家资源圃引种并对其进行了系统观察。果实10

月中旬成熟。果实较大，圆柱形，平均果重19.7g，果肉致密，汁液少，制干率高达60%以上，适宜制干。果核较大。树体紧凑健壮，树姿直立。新生枣头及二、三年生幼龄枝结果能力强、结果量占总产量85%以上，三年生幼树株产鲜枣可达11.7kg，果实发育需要较高积温。抗裂果，适合在年均温10℃以上地区及土层深厚，肥沃、平坦的水浇地上栽植。

20 坛坛枣

Tantanzao

河北省首次林木种质资源普查发现的农家品种，分布于河北省邯郸市大名县，各乡镇都有栽培。栽培历史100年以上，分株、嫁接繁殖。果实品质优良，耐贮运，常温鲜枣可贮存15d，鲜食品质佳。适应性强，抗旱、抗寒、抗病虫能力较强，食心虫常有发生，易落果。

21 特早脆蜜王枣

Tezaocuimiwangzao

江西省南昌县小兰葡萄良种场报道的地方品种。果实7月下旬成熟。果实圆柱形，红色，单果重30g左右，大小均匀。果肉酥脆，味甜，多汁，完熟期含可溶性糖30%~48%。核小肉厚，可食率高。早果丰产。抗裂果、炭疽病、锈病。

22 兴隆大枣

Xinglongdazao

河北省首次林木种质资源普查发现的农家品种，分布于河北省承德市兴隆县陡子峪，历史悠久，当地世代都叫此枣树为“大枣”。产量高，果实可贮藏60d，较耐运。抗寒性较强，抗旱性差，抗病虫害一般。

23 雁过红

Yanguohong

江苏省泗洪县五里江农场从雁来红的实生苗中选出的晚熟品种。果实圆形，平均果重52g，最大107g。果皮薄，食无残渣，果肉白色，致密，味甜微酸，含可溶性固形物33.0%，可溶性糖27.0%，可食率96.0%，鲜食品质上等。抗裂果，耐贮藏。

24 尧山历枣

Yaoshanlizao

河北省首次林木种质资源普查发现的农家品种，分布于河北省邢台市隆尧县的魏庄镇、固城乡，栽培历史300年，嫁接繁殖，为实生而来。果皮深红色、果肉厚、质地紧密，成熟期遇雨裂果严重，耐贮运。丰产性一般。适应性强，抗旱、抗寒、抗病虫能力较强。

25 沂蒙小雪枣

Yimengxiaoxuezao

山东省红枣研究所选育的晚熟鲜食品种。早果、丰产。果肉质细无渣，脆嫩多汁，浓甜微酸，鲜枣含可溶性糖26.3%~38.0%，Vc 385~460mg/100g，耐贮藏，适宜鲜食。

26 沂水大雪枣

Yishuidaxuezao

别名大雪枣、薛城冬枣。山东省果树研究所在山东省沂水县发现的自然实生枣优良品种。果实近圆形，大小整齐。平均果重32.1g，少数大果重45g左右，个别达105g。果皮棕红色，富光泽，阳面常有小片云絮状紫晕，果肉绿白色，致密细脆稍硬，味甜，近核处微酸。含可溶性固形物30%~32%，可溶性糖26%~28%，可滴定酸0.26%，Vc 385~430mg/100g，黄酮183~202mg/kg，可食率95.1%，鲜食品质上等。具有早实性较强、果型大、晚熟、耐贮、耐瘠耐旱、抗病等诸多优点。

27 早脆蜜

Zaocuimi

山东枣庄市邹坞园艺场发现的早熟鲜食优系。果实7月底开始成熟。果实大，长圆形，平均果重17.0g，最大28g以上。果肉酥脆，清香爽口，浓甜多汁，含糖高，品质极佳。结果早，幼树栽植当年即可结果。抗旱耐瘠薄，抗病性强。

28 枣王1号梨枣

Zaowang No.1 lizao

山东省平度市灰埠镇东张家村张学峰从梨枣芽变中选育而来。果实10月中下旬成熟。果实个大，平均果重44.0g，最大120g。果皮薄，赭红色，果肉脆，细嫩多汁，甘甜清香，鲜食品质极佳。鲜枣含可溶性糖27.5 %，可食率达96 %。萌芽发枝能力强。早果丰产、稳产。

二、国家枣种质资源圃新报道的种质资源

1 安阳团枣
Anyangtuanzao

来源 河南安阳。

经济学性状 在山西太谷，果实9月下旬成熟。果实长圆形，平均果重9.1g，浅红色。果肉细而酥脆，汁液中，味甜，适宜鲜食和制干，品质好。鲜枣含可溶性固形物31.2%，可溶性糖28.0%，可滴定酸0.48%，Vc 388mg/100g，可食率94.4%，果核椭圆形，平均核重0.51g，含仁率90.0%。

植物学性状 树势强，树冠伞形。枣头红褐色。针刺无，二次枝弯曲度中。枣吊长24.1cm。叶片卵圆形，浓绿色。每花序着花9朵，蜜盘直径3.2mm。

综合评价 树体较大，树势强；丰产性一般；品质上等，可鲜食或制干。

图 7-319 ‘安阳团枣’ 结果状
Figure 7-319 Bearing status of Chinese jujube ‘Anyangtuanzao’

图 7-320 ‘安阳团枣’ 树形
Figure 7-320 Tree form of Chinese jujube ‘Anyangtuanzao’

2 北碚小枣
Beibeixiaozao

来源 重庆北碚。

经济学性状 在山西太谷，果实9月下旬成熟。果实圆柱形，平均果重13.6 g，浅红色。果肉较致密，汁液多，味甜，适宜制干，品质中等。鲜枣可溶性糖21.8%，可滴定酸0.57%，Vc 607 mg/100g，可食率93.7%。果核纺锤形，平均核重0.86g，含仁率43.3%。

植物学性状 树势弱，树冠伞形。枣头红褐色。针刺无，二次枝弯曲度中。枣吊长19.4cm。叶片卵状披针形，浓绿色。每花序着花8朵，蜜盘直径3.2mm。

综合评价 果实中大，Vc含量极高，品质中等，适宜制干。

图 7-321 ‘北碚小枣’ 果实形状
Figure 7-321 Fruit shape of Chinese jujube ‘Beibeixiaozao’

图 7-323 ‘北碚小枣’ 树形
Figure 7-323 Tree form of Chinese jujube ‘Beibeixiaozao’

图 7-322 ‘北碚小枣’ 结果状
Figure 7-322 Bearing status of Chinese jujube ‘Beibeixiaozao’

3 沧县长小枣

Cangxianchangxiaozao

来源 河北沧县。

经济学性状 在山西太谷，果实9月下旬完全成熟。果实卵圆形，平均果重7.6g，浅红色。果肉细而致密，汁液中，味甜，适宜鲜食和制干，品质好。鲜枣含可溶性固形物35.4%，可溶性糖24.0%，可滴定酸0.63%，Vc 491mg/100g，可食率93.6%。果核纺锤形，平均核重0.25g，含仁率17%。

植物学性状 树势强，树冠圆形。枣头黄褐色。针刺不发达，二次枝弯曲度中。枣吊长19.8cm。叶片卵圆形，浅绿色。每花序着花8朵，蜜盘直径3.5mm。

综合评价 丰产、稳产；抗裂果能力极强，果实小，品质上等，可鲜食或制干。

图7-324‘沧县长小枣’果实形状

Figure 7-324 Fruit shape of Chinese jujube ‘Cangxianchangxiaozao’

图7-325‘沧县长小枣’结果状

Figure 7-325 Bearing status of Chinese jujube ‘Cangxianchangxiaozao’

图7-326‘沧县长小枣’树形

Figure 7-326 Tree form of Chinese jujube ‘Cangxianchangxiaozao’

4 沧县屯子枣

Cangxiantunzizao

来源 河北沧县。

经济学性状 在山西太谷，果实9月下旬成熟。果实卵圆形，平均果重8.4g，浅红色。果肉细而致密，汁液中，味酸甜，适宜鲜食和制干，品质好。鲜枣含可溶性固形物33.0%，可溶性糖24.4%，可滴定酸0.64%，Vc 500mg/100g，可食率96.5%。果核椭圆形，平均核重0.22g，含仁率2%。

植物学性状 树势中，树冠圆形。枣头黄褐色。针刺不发达，二次枝弯曲度中。枣吊长22.6cm。叶片卵圆形，浅绿色。每花序着花8朵，蜜盘直径3.3mm。

综合评价 成熟期遇雨易裂果，果个较小，品质上等，适宜鲜食或制干。

图7-327‘沧县屯子枣’果实形状

Figure 7-327 Fruit shape of Chinese jujube ‘Cangxiantunzizao’

图7-328‘沧县屯子枣’树形

Figure 7-328 Tree form of Chinese jujube ‘Cangxiantunzizao’

5 沧县小枣
Cangxianxiaozao

来源　河北沧县。

经济学性状　在山西太谷，果实9月下旬成熟。果实圆柱形，平均果重7.8g，浅红色。果肉细而致密，汁液中，味甜，适宜鲜食和制干，品质好。鲜枣含可溶性固形物31.2%，可溶性糖29.5%，可滴定酸0.79%，Vc 381mg/100g，可食率93.9%。果核纺锤形，平均核重0.35g，含仁率20%。

植物学性状　树势强，树冠圆形。枣头黄褐色。针刺无，二次枝弯曲度中。枣吊长20.9cm。叶片椭圆形，浅绿色。每花序着花4朵，蜜盘直径3.50mm。

综合评价　抗裂果能力较差，果个较小，品质优良，适宜鲜食或制干。

图7-329 ‘沧县小枣’果实形状
Figure 7-329　Fruit shape of Chinese jujube ‘Cangxianxiaozao’

图7-331 ‘沧县小枣’树形
Figure 7-331　Tree form of Chinese jujube ‘Cangxianxiaozao’

图7-330 ‘沧县小枣’结果状
Figure 7-330　Bearing status of Chinese jujube ‘Cangxianxiaozao’

6 大荔知枣
Dalizhizao

来源　陕西大荔。

经济学性状　在山西太谷，果实9月下旬成熟。果实扁圆形，平均果重14.0g，红色。果肉致密，汁液中，味甜，适宜鲜食和制干，品质中等。鲜枣含可溶性固形物30.9%，可溶性糖25.7%，可滴定酸0.67%，Vc 238mg/100g，可食率93.8%。果核纺锤形，平均核重0.72g，含仁率28%。

植物学性状　树势强，树冠乱头形。枣头红褐色。针刺发达，二次枝弯曲度中。枣吊长21.8cm。叶片椭圆形，绿色。每花序着花3朵，蜜盘直径3.1mm。

综合评价　丰产性一般；果个较大，品质中等，适宜鲜食或制干。

图7-332 ‘大荔知枣’果实形状
Figure 7-332　Fruit shape of Chinese jujube ‘Dalizhizao’

图 7-333‘大荔知枣’结果状
Figure 7-333 Bearing status of Chinese jujube ‘Dalizhizao’

图 7-334 ‘大荔知枣’树形
Figure 7-334 Tree form of Chinese jujube ‘Dalizhizao’

7 大荔铃铃枣

Dalilinglingzao

来源 2n=2x=24。分布于陕西大荔。

经济学性状 在山西太谷，果实 9 月中旬成熟。果实圆形，平均果重 10.6g，红色。果肉细而酥脆，汁液中，味甜，适宜鲜食和制干，品质好。鲜枣含可溶性固形物 31.8%，可溶性糖 27.1%，可滴定酸 0.60%，Vc 336mg/100g，可食率 93.6%。果核椭圆形，平均核重 0.54g，含仁率 15%。

植物学性状 树势强，树冠圆形。枣头黄褐色。针刺不发达，二次枝弯曲度中。枣吊长 18.0cm。叶片椭圆形，浓绿色。每花序着花 10 朵，蜜盘直径 3.1mm。

综合评价 结果早，较丰产；抗裂果，果个中大，品质优异，鲜食制干兼用。

图 7-335‘大荔铃铃枣’果实形状
Figure 7-335 Fruit shape of Chinese jujube ‘Dalilinglingzao’

图 7-336‘大荔铃铃枣’结果状
Figure 7-336 Bearing status of Chinese jujube ‘Dalilinglingzao’

图 7-337 ‘大荔铃铃枣’树形
Figure 7-337 Tree form of Chinese jujube ‘Dalilinglingzao’

13 乐陵小枣

Lelingxiaozao

来源 山东乐陵。

经济学性状 在山西太谷，果实9月中旬脆熟，10月上旬完全成熟。果实卵圆形，平均果重8.9g，红色。果肉细而致密，汁液多，味酸甜，适宜鲜食和制干，品质好。鲜枣含可溶性固形物31.8%，可溶性糖26.4%，可滴定酸0.59%，Vc 438mg/100g，可食率94.8%。果核纺锤形，平均核重0.31g，含仁率30%。

植物学性状 树势强，树冠圆形。枣头黄褐色。针刺不发达，二次枝弯曲度中。枣吊长18.7cm。叶片卵圆形，浓绿色。每花序着花10朵，蜜盘直径3.2mm。

综合评价 丰产性中等；果实小，品质优良，鲜食和制干兼用。

图7-348 ‘乐陵小枣’果实形状

Figure 7-348 Fruit shape of Chinese jujube ‘Lelingxiaozao’

图7-349 ‘乐陵小枣’树形

Figure 7-349 Tree form of Chinese jujube ‘Lelingxiaozao’

14 林县无头枣

Linxianwutouzao

来源 河南林县。

经济学性状 在山西太谷，果实9月下旬脆熟，10月上旬完全成熟。果实卵圆形，平均果重15.2g，红色。果肉粗而酥脆，汁液多，味极甜，适宜鲜食，品质好。鲜枣含可溶性固形物27.0%，可溶性糖22.8%，可滴定酸0.54%，Vc 361 mg/100g，可食率96.1%。果核近椭圆形，平均核重0.54g，含仁率90%。

植物学性状 树势强，树冠圆锥形。枣头红褐色。针刺不发达，二次枝弯曲度大。枣吊长23.4cm。叶片椭圆形，浓绿色。每花序着花6朵，蜜盘直径2.8mm。

综合评价 较丰产；抗裂果，果个较大，鲜食品质优良，较耐贮藏。

图7-350 ‘林县无头枣’果实形状

Figure 7-350 Fruit shape of Chinese jujube ‘Linxianwutouzao’

图7-351 ‘林县无头枣’树形

Figure 7-351 Tree form of Chinese jujube ‘Linxianwutouzao’

15 临汾蜜枣

Linfenmizao

来源 山西临汾。

经济学性状 在山西太谷，果实9月中旬成熟。果实卵圆形，平均果重7.4g，红色。果肉细而酥脆，汁液多，味极甜，适宜鲜食和制干，品质极好。鲜枣含可溶性固形物36.6%，可溶性糖23.4%，可滴定酸0.61%，Vc 284mg/100g，可食率97.1%。果核纺锤形，平均核重0.37g，含仁率43%。

植物学性状 树势中，树冠乱头形。枣头黄褐色。针刺不发达，二次枝弯曲度中。枣吊长23.6cm。叶片椭圆形，浓绿色。每花序着花8朵，蜜盘直径2.8mm。

综合评价 抗裂果能力较差，果个较小，鲜食品质极上。

图 7-352 ‘临汾蜜枣’果实形状

Figure 7-352 Fruit shape of Chinese jujube ‘Linfenmizao’

图 7-353 ‘临汾蜜枣’树形

Figure 7-353 Tree form of Chinese jujube ‘Linfenmizao’

图 7-354 ‘临猗笨枣’果实形状

Figure 7-354 Fruit shape of Chinese jujube ‘Linyibenzao’

16 临猗笨枣

Linyibenzao

来源 山西临猗。

经济学性状 在山西太谷，果实9月下旬完全成熟。果实长圆形，平均果重17.0g，紫红色。果肉细而疏松，汁液中，味甜，适宜制干，品质中等。鲜枣含可溶性固形物24.0%，可溶性糖17.4%，可滴定酸0.33%，可食率94.6%。果核倒纺锤形，平均核重0.92g，含仁率5%。

植物学性状 树势中，树冠偏斜形。枣头红褐色。针刺不发达，二次枝弯曲度中。枣吊长26.2cm。叶片椭圆形，绿色。每花序着花2朵。

综合评价 结果晚，产量一般；抗裂果能力强，果个大，品质中等，适宜制干。

图 7-356 ‘临猗笨枣’树形

Figure 7-356 Tree form of Chinese jujube ‘Linyibenzao’

图 7-355 ‘临猗笨枣’ 结果状

Figure 7-355 Bearing status of Chinese jujube ‘Linyibenzao’

17 临猗脖脖枣

Linyibobozao

来源 山西临猗。

经济学性状 在山西太谷，果实9月下旬完全成熟。果实扁圆形，平均果重22.9g，紫红色。果肉疏松，汁液少，味甜，适宜制干，品质中等。鲜枣含可溶性糖26.7%，可滴定酸0.49%，可食率96.4%。果核纺锤形，平均核重0.82g，含仁率7%。

植物学性状 树势中，树冠圆头形。枣头黄褐色。针刺不发达，二次枝弯曲度中。枣吊长30.1cm。叶片椭圆形，浅绿色。每花序着花3朵，蜜盘直径3.5mm。

综合评价 结果晚，产量一般；果个大，品质中等，适宜制干。

图7-357 ‘临猗脖脖枣’果实形状
Figure 7-357 Fruit shape of Chinese jujube ‘Linyibobozao’

图7-358 ‘临猗脖脖枣’ 结果状
Figure 7-358 Bearing status of Chinese jujube ‘Linyibobozao’

图7-359 ‘临猗脖脖枣’树形
Figure 7-359 Tree form of Chinese jujube ‘Linyibobozao’

18 临猗辣椒枣

Linyilajiaozao

来源 山西临猗。

经济学性状 在山西太谷，果实9月下旬成熟。果实圆锥形，平均果重20.8g，紫红色。果肉细而较致密，汁液中，味甜，适宜制干，品质中等。果形奇特，恰似尖尖的辣椒，极具观赏性。鲜枣含可溶性糖19.3%，可滴定酸0.36%，可食率93.4%。果核纺锤形，平均核重1.37g，含仁率12.2%。

植物学性状 树势中，树冠圆柱形。枣头红褐色。针刺无，二次枝弯曲度中。枣吊长24.2cm。叶片椭圆形，绿色。每花序着花5朵。

综合评价 抗裂果能力强，果实适宜制干和观赏。适应性一般。

图7-360 ‘临猗辣椒枣’果实形状
Figure 7-360 Fruit shape of Chinese jujube ‘Linyilajiaozao’

图7-361 ‘临猗辣椒枣’树形
Figure 7-361 Tree form of Chinese jujube ‘Linyilajiaozao’

19 临猗马铃枣

Linyimalingzao

来源 山西临猗。

经济学性状 在山西太谷，果实9月下旬成熟。果实圆柱形，平均果重15.2g，红色。果肉酥脆，汁液中，味酸甜，适宜鲜食和制干，品质中等。鲜枣可食率96.0%。果核椭圆形，平均核重0.61g，含仁率15.0%。

植物学性状 树势中，树冠圆柱形。枣头黄褐色。针刺不发达，二次枝弯曲度小。枣吊长26.5cm。叶片椭圆形，绿色。每花序着花6朵，蜜盘直径3.0mm。

综合评价 丰产性较差；鲜食、制干兼用。

图7-362 '临猗马铃枣' 果实形状

Figure 7-362 Fruit shape of Chinese jujube 'Linyimalingzao'

20 灵宝灵1号

Lingbaoling 1

来源 河南灵宝。

经济学性状 在山西太谷，果实9月下旬成熟。果实倒卵圆形，平均果重9.0 g，紫红色。果肉酥脆，汁液多，味甜，适宜鲜食和制干，品质上等。鲜枣含可溶性固形物32.0%，可食率95.1%。果核椭圆形，平均核重0.44g，含仁率53%。

图7-363 '灵宝灵1号' 果实形状

Figure 7-363 Fruit shape of Chinese jujube 'Lingbaoling 1'

植物学性状 树势强，树冠伞形。枣头黄褐色。针刺无，二次枝弯曲度小。枣吊长22.1cm。叶片椭圆形，浓绿色。每花序着花6朵，蜜盘直径3.2mm。

综合评价 树势强，丰产性一般；果实较小，鲜食和制干品质优良。

21 内黄苹果枣

Neihuangpingguozao

来源 河南内黄。

经济学性状 在山西太谷，果实9月中旬成熟。果实圆形，平均果重16.1g，红色。果肉细而酥脆，汁液多，味极甜，适宜鲜食，品质极上。鲜枣含可溶性固形物32.0%，可溶性糖22.7%，可滴定酸0.36%，可食率96.0%。果核纺锤形，平均核重0.64g，含仁率0。

植物学性状 树势强，树冠圆头形。枣头红褐色。针刺无，二次枝弯曲度小。枣吊长21.9cm。叶片椭圆形，浓绿色。每花序着花8朵，蜜盘直径3.0mm。

图7-364 '内黄苹果枣' 果实形状

Figure 7-364 Fruit shape of Chinese jujube 'Neihuangpingguozao'

综合评价 产量较低；为优质、中熟鲜食良种；树势旺盛，适应性广，抗逆性强；在我国南北枣区均可发展。

图7-365 '内黄苹果枣' 树形

Figure 7-365 Tree form of Chinese jujube 'Neihuangpingguozao'

图 7-366 ‘平陆棒棰枣’果实形状

Figure 7-366 Fruit shape of Chinese jujube ‘Pinglubangchuizao’

22 平陆棒棰枣

Pinglubangchuizao

来源 山西平陆。

经济学性状 在山西太谷，果实8月下旬进入白熟期，9月下旬完全成熟。果实圆柱形，平均果重9.8g，红色。果肉致密，汁液少，味酸，适宜加工蜜枣。鲜枣含可溶性糖21.0%，可滴定酸0.98%，Vc 450mg/100g，可食率95.7%。果核倒纺锤形，平均核重0.42g，含仁率8%。

植物学性状 树势弱，树冠圆锥形。枣头红褐色。针刺发达，二次枝弯曲度中。枣吊长22.5cm。叶片椭圆形，绿色。每花序着花4朵，蜜盘直径3.0mm。

综合评价 结果较早，产量一般；果个小，可加工蜜枣。

23 蒲城墩墩枣

Puchengdundunzao

来源 陕西蒲城。

经济学性状 在山西太谷，果实9月下旬完全成熟。果实扁圆形，平均单果重19.6g，浅红色。果肉粗而疏松，汁液中，味甜，适宜制干，品质中等。鲜枣含可溶性固形物33.6%，可溶性糖24.9%，可滴定酸0.47%，Vc 372mg/100g，可食率94.8%。果核倒纺锤形，平均核重0.92g，含仁率13%。

图 7-368 ‘平陆棒棰枣’树形

Figure 7-368 Tree form of Chinese jujube ‘Pinglubangchuizao’

植物学性状 树势强，树冠圆锥形。枣头红褐色。针刺不发达，二次枝弯曲度中。枣吊长22.7cm。叶片椭圆形，绿色。每花序着花4朵，蜜盘直径3.1mm。

综合评价 树势中强，产量中等；果实大，品质中等，可鲜食和制干；适应性中等，要求土壤条件较高。

图 7-369 ‘蒲城墩墩枣’果实形状

Figure 7-369 Fruit shape of Chinese jujube ‘Puchengdundunzao’

图 7-367 ‘平陆棒棰枣’结果状

Figure 7-367 Bearing status of Chinese jujube ‘Pinglubangchuizao’

图 7-370 ‘蒲城墩墩枣’树形

Figure 7-370 Tree form of Chinese jujube ‘Puchengdundunzao’

图 7-371 ‘蒲城绵枣’果实形状
Figure 7-371 Fruit shape of Chinese jujube ‘Puchengmianzao’

图 7-372 ‘蒲城绵枣’树形
Figure 7-372 Tree form of Chinese jujube ‘Puchengmianzao’

24 蒲城绵枣
Puchengmianzao

来源 陕西蒲城。

经济学性状 在山西太谷，果实10月上旬完全成熟。果实卵圆形，平均果重17.3g，赭红色。果肉细而致密，汁液多，味酸甜，适宜鲜食和制干，品质好。鲜枣含可溶性固形物37.2%，可溶性糖28.8%，可滴定酸0.57%，Vc 446mg/100g，可食率92.9%。果核椭圆形，平均核重0.99g，含仁率57%。

植物学性状 树势强，树冠圆形。枣头紫褐色。针刺不发达，二次枝弯曲度中。枣吊长22.4cm。叶片卵圆形，浅绿色。每花序着花3朵。

综合评价 产量偏低；果实大，品质好，适宜鲜食或制干。

25 蒲城圆梨枣
Puchengyuanlizao

来源 陕西蒲城。

经济学性状 在山西太谷，果实9月下旬成熟。果实倒卵圆形，平均果重19.0 g，红色。果肉细而疏松，汁液多，味极甜，适宜鲜食和制干，品质极好。鲜枣含可溶性固形物36.0%，可溶性糖29.9%，可滴定酸0.78%，Vc 427mg/100g，可食率96.0%。果核纺锤形，平均核重0.66g，含仁率65%。

植物学性状 树势中，树冠圆形。枣头红褐色。针刺不发达，二次枝弯曲度中。枣吊长25.2cm。叶片卵圆形，绿色。每花序着花6朵，蜜盘直径3.1mm。

综合评价 结果晚，较丰产；抗裂果能力极强，果个大，味极甜，品质极好，鲜食和制干兼用。

图 7-373 ‘蒲城圆梨枣’果实形状
Figure 7-373 Fruit shape of Chinese jujube ‘Puchengyuanlizao’

图 7-374 ‘蒲城圆梨枣’树形
Figure 7-374 Tree form of Chinese jujube ‘Puchengyuanlizao’

26 濮阳小枣

Puyangxiaozao

来源 河南濮阳。

经济学性状 在山西太谷，果实9月下旬成熟。果实长圆形，平均果重7.6g，浅红色。果肉细而较致密，汁液中，味甜，适宜鲜食，品质上等。鲜枣含可溶性糖27.4%，可滴定酸0.46%，可食率94.5%。果核纺锤形，平均核重0.42g，含仁率5%。

植物学性状 树势强，树冠伞形。枣头黄褐色。针刺无，二次枝弯曲度中。枣吊长23.6cm。叶片椭圆形，绿色。每花序着花9朵，蜜盘直径3.3mm。

综合评价 树势较强，较丰产；果实品质上等，适宜鲜食。

27 清苑大丹枣

Qingyuandadanzao

来源 河北清苑。

经济学性状 在山西太谷，果实9月中旬成熟。果实长圆形，平均果重10.2g，浅红色。果肉细而酥脆，汁液多，味甜，适宜鲜食和制干，品质上等。鲜枣含可溶性固形物29.0%，可食率95.5%。果核椭圆形，平均核重0.46g，含仁率87%。

植物学性状 树势中，树冠圆柱形。枣头黄褐色。针刺无，二次枝弯曲度小。枣吊长22.3cm。叶片椭圆形，绿色。每花序着花4朵。

综合评价 结果早，丰产；成熟期早，品质上等，是优良的早熟鲜食品种。

图7-375 ‘濮阳小枣’果实形状

Figure 7-375 Fruit shape of Chinese jujube ‘Puyangxiaozao’

图7-376 ‘濮阳小枣’树形

Figure 7-376 Tree form of Chinese jujube ‘Puyangxiaozao’

图7-377 ‘清苑大丹枣’果实形状

Figure 7-377 Fruit shape of Chinese jujube ‘Qingyuandadanzao’

图7-378 ‘清苑大丹枣’树形

Figure 7-378 Tree form of Chinese jujube ‘Qingyuandadanzao’

28 曲阜猴头枣

Qufuhoutouzao

来源 山东曲阜。

经济学性状 在山西太谷，果实9月下旬成熟。果实圆锥形，平均果重11.1g，红色。果肉酥脆，汁液中，味甜，适宜鲜食和制干，品质中等。鲜枣含可溶性糖26.3%，可滴定酸0.31%，可食率94.8%。果核纺锤形，平均核重0.58g，含仁率100%。

植物学性状 树势强，树冠伞形。枣头黄褐色。针刺无，二次枝弯曲度中。枣吊长23.1cm。叶片椭圆形，绿色。每花序着花8朵，蜜盘直径3.2mm。

综合评价 较丰产；抗裂果能力较强，果实中大，品质中上等，为鲜食、制干兼用品种。

图 7-379 ‘曲阜猴头枣’ 果实形状

Figure 7-379 Fruit shape of Chinese jujube ‘Qufuhoutouzao’

图 7-380 ‘曲阜猴头枣’ 树形

Figure 7-380 Tree form of Chinese jujube ‘Qufuhoutouzao’

图 7-382 ‘汝城枣’ 树形

Figure 7-382 Tree form of Chinese jujube ‘Ruchengzao’

29 汝城枣

Ruchengzao

来源 湖南汝城。

经济学性状 在山西太谷，果实9月下旬成熟。果实长圆形，平均果重4.4g，红色。果肉疏松，汁液中，味甜，适宜制干，品质中等。鲜枣含可溶性糖20.9%，可滴定酸0.86%，可食率93.0%。平均核重0.31g，含仁率98%。

植物学性状 树势弱，树冠偏斜形。枣头黄褐色。针刺发达，二次枝弯曲度中。枣吊长23.6cm。叶片椭圆形，绿色。每花序着花3朵，蜜盘直径3.0mm。

综合评价 产量中等；抗裂果能力较强，果实小，品质中等，适宜制干。

图 7-381 ‘汝城枣’ 结果状

Figure 7-381 Bearing status of Chinese jujube ‘Ruchengzao’

30 陕西大白枣

Shaanxidabaizao

来源 陕西延川。

经济学性状 在山西太谷，果实9月下旬成熟。果实扁圆形，平均果重23.1g，浅红色。果肉细而疏松，汁液多，味甜，适宜鲜食和制干，品质上等。鲜枣可食率96.0%。果核纺锤形，平均核重0.92g，含仁率0。

植物学性状 树势弱，树冠半圆形。枣头红褐色。针刺无，二次枝弯曲度小。枣吊长24.6cm。叶片椭圆形，绿色。每花序着花4朵，蜜盘直径2.9mm。

综合评价 树体较小，早产、丰产；果个特大，鲜食和制干品质上等。

图7-383‘陕西大白枣’结果状

Figure 7-383 Bearing status of Chinese jujube ‘Shaanxidabaizao’

图7-384‘陕西大白枣’树形

Figure 7-384 Tree form of Chinese jujube ‘Shaanxidabaizao’

31 山西哈八枣

Shanxihabazao

来源 山西离石。

经济学性状 在山西太谷，果实9月下旬成熟。果实扁圆形，平均果重25.2g，紫红色。果肉粗而较致密，汁液中，味酸甜，适宜制干，品质中等。鲜枣含可溶性固形物32.0%，可溶性糖23.5%，可滴定酸0.42%，可食率96.2%。果核椭圆形，平均核重0.96g，含仁率47%。

植物学性状 树势强，树冠伞形。枣头紫褐色。针刺不发达，二次枝弯曲度中。枣吊长18.6cm。叶片椭圆形，绿色。每花序着花4朵。

综合评价 结果晚，产量中等；抗裂果能力强，果个较大，品质中等，适宜制干。

图7-385‘山西哈八枣’果实形状

Figure 7-385 Fruit shape of Chinese jujube ‘Shanxihabazao’

图7-386‘山西哈八枣’结果状

Figure 7-386 Bearing status of Chinese jujube ‘Shanxihabazao’

图7-387‘山西哈八枣’树形

Figure 7-387 Tree form of Chinese jujube ‘Shanxihabazao’

图 7-388 ‘韶关白枣’果实形状
Figure 7-388 Fruit shape of Chinese jujube ‘Shaoguanbaizao’

32 韶关白枣
Shaoguanbaizao

来源 广东韶关。

经济学性状 在山西太谷，果实9月下旬成熟。果实长圆形，平均果重9.9g，浅红色。果肉较致密，汁液多，味酸甜，适宜鲜食和制干，品质中等。鲜枣含可溶性糖24.1%，可滴定酸0.65%，可食率95.4%。果核纺锤形，平均核重0.46g，含仁率83%。

植物学性状 树势弱，树冠偏斜形。枣头黄褐色。针刺发达，二次枝弯曲度小。枣吊长25.5cm。叶片椭圆形，绿色。每花序着花5朵，蜜盘直径2.8mm。

综合评价 树体较小，丰产性一般；果实小，适宜鲜食和制干。

33 韶关大枣
Shaoguandazao

来源 广东韶关。

经济学性状 在山西太谷，果实9月下旬成熟。果实圆锥形，平均果重10.7 g，红色。果肉较致密，汁液多，味酸甜，适宜鲜食和制干，品质上等。

图 7-389 ‘韶关大枣’果实形状
Figure 7-389 Fruit shape of Chinese jujube ‘Shaoguandazao’

鲜枣可食率93.5%。果核倒纺锤形，平均核重0.70g，含仁率100%。

植物学性状 树势中，树冠圆柱形。枣头红褐色。针刺无，二次枝弯曲度中。枣吊长25.5cm。叶片椭圆形，绿色。每花序着花3朵，蜜盘直径3.0mm。

综合评价 丰产性一般；果实适宜鲜食和制干，品质上等。

34 深县串杆红
Shenxianchuanganhong

来源 河北深县。

经济学性状 在山西太谷，果实10月上旬完全成熟。果实扁柱形，平均果重9.9g，红色。果肉粗而较致密，汁液少，味甜，适宜制干，品质中等。鲜枣含可溶性固形物32.4%，可溶性糖23.9%，可滴定酸0.70%，Vc 527mg/100g，可食率96.6%。果核长纺锤形，平均核重0.38g，含仁率2%。

植物学性状 树势强，树冠圆锥形。枣头紫褐色。针刺发达，二次枝弯曲度小。枣吊长16.6cm。叶片卵圆形，浓绿色。每花序着花3朵。

综合评价 丰产、稳产；用于制干；适应性较强。

图 7-390 ‘深县串杆红’结果状
Figure 7-390 Bearing status of Chinese jujube ‘Shenxianchuanganhong’

35 太谷葫芦枣
Taiguhuluzao

来源 山西太谷，2n=2x=24。

经济学性状 在山西太谷，果实9月中旬脆熟，下旬完全成熟。果实倒卵圆形，平均果重16.0g，红色。果肉细而疏松，汁液中，味甜，适宜鲜食和制干，品质中等。鲜枣含可溶性固形物30.6%，可溶性糖24.4%，可滴定酸0.72%，Vc 477mg/100g，可食率96.8%。果核纺锤形，平均核重0.56g，含仁率10%。

植物学性状 树势强，树冠圆形。枣头黄褐色。针刺不发达，二次枝弯曲度中。枣吊长24.9cm。叶片卵圆形，绿色。每花序着花3朵，蜜盘直径3.9mm。

综合评价 丰产、稳产；抗裂果能力较差，果实较大，品质中等，适宜鲜食和制干。

图 7-393 ‘太原秋团枣’果实形状
Figure 7-393 Fruit shape of Chinese jujube ‘Taiyuanqiutuanzao’

图 7-391 ‘太谷葫芦枣’结果状
Figure 7-391 Bearing status of Chinese jujube ‘Taiguhuluzao’

图 7-392 ‘太谷葫芦枣’树形
Figure 7-392 Tree form of Chinese jujube ‘Taiguhuluzao’

36 太原秋团枣
Taiyuanqiutuanzao

来源 山西太原。

经济学性状 在山西太谷，果实9月中旬完全成熟。果实圆形，平均果重11.9g，红色。果肉疏松，汁液中，味酸，适宜制干，品质下等。鲜枣可食率95.0%。果核纺锤形，平均核重0.48g，含仁率10%。

植物学性状 树势强，树冠伞形。枣头红褐色。针刺不发达，二次枝弯曲度中。枣吊长17.9cm。叶片椭圆形，绿色。每花序着花3朵，蜜盘直径3.3mm。

综合评价 丰产性一般；果个中大，品质较差，可用于制干。

图 7-395 ‘太原秋团枣’树形
Figure 7-395 Tree form of Chinese jujube ‘Taiyuanqiutuanzao’

图 7-394 ‘太原秋团枣’结果状
Figure 7-394 Bearing status of Chinese jujube ‘Taiyuanqiutuanzao’

图 7-396 ‘太原十月红’果实形状
Figure 7-396 Fruit shape of Chinese jujube ‘Taiyuanshiyuehong’

37 太原十月红
Taiyuanshiyuehong

来源 山西太原。

经济学性状 在山西太谷，果实10月上旬成熟。果实圆柱形，平均果重19.6 g，浅红色。果肉疏松，汁液中，味酸甜，适宜制干，品质中等。鲜枣含可溶性糖28.1%，可滴定酸0.33%，可食率96.4%。果核椭圆形，平均核重0.71g，含仁率41.7%。

植物学性状 树势强，树冠半圆形。枣头红褐色。针刺无，二次枝弯曲度中。枣吊长28.8cm。叶片椭圆形，绿色。每花序着花8朵，蜜盘直径2.8mm。

综合评价 丰产性中等；抗裂果能力较差，品质中等，适宜制干。

38 泰安灵枣
Taianlingzao

来源 山东泰安。

经济学性状 在山西太谷，果实10月中旬完全成熟。果实圆锥形，平均果重10.9 g，浅红色。果肉粗而致密，汁液少，味甜，适宜制干，品质中等。鲜枣含可溶性糖23.3%，可滴定酸0.63%，可食率92.0%。果核纺锤形，平均核重0.87 g，含仁率100%。

图 7-397 ‘泰安灵枣’果实形状
Figure 7-397 Fruit shape of Chinese jujube ‘Taianlingzao’

植物学性状 树势强，树冠伞形。枣头红褐色。针刺无，二次枝弯曲度中。枣吊长21.2cm。叶片卵圆形，绿色。每花序着花8朵，蜜盘直径3.2mm。

综合评价 较丰产；成熟期极晚，果个较小，品质中等，用于制作干枣；适应性强。

39 滕州大马枣
Tengzhoudamazao

来源 山东滕州。

经济学性状 在山西太谷，果实9月中旬成熟。果实圆锥形，平均果重7.2g，红色。果肉酥脆，汁液多，味甜，适宜鲜食，品质极上。鲜枣含可溶性糖23.4%，可滴定酸0.47%，可食率92.7%。平均核重0.53g，含仁率92%。

植物学性状 树势强，树姿直立，枣头黄褐色。无针刺，二次枝弯曲度中。枣吊长26.5cm。叶片椭圆形，浓绿色。每花序着花8朵，蜜盘直径3.3mm。

综合评价 丰产性差；品质优异，适宜鲜食，但果实较小，抗裂果能力较差；适应性强。

图 7-398 ‘滕州大马枣’果实形状
Figure 7-398 Fruit shape of Chinese jujube ‘Tengzhoudamazao’

图 7-399 ‘滕州大马枣’树形
Figure 7-399 Tree form of Chinese jujube ‘Tengzhoudamazao’

40 滕州落地红枣

Tengzhouluodihongzao

来源 山东滕州。

经济学性状 在山西太谷，果实9月下旬完全成熟。果实长圆形，平均果重8.7g，紫红色。果肉致密，汁液少，味酸，适宜制干，品质较差。鲜枣含可溶性糖24.1%，可滴定酸0.45%，可食率93.5%。果核倒纺锤形，平均核重0.57g，含仁率37%。

植物学性状 树势强，树冠乱头形。枣头黄褐色。针刺不发达，二次枝弯曲度中。枣吊长33.5cm。叶片椭圆形，绿色。每花序着花8朵，蜜盘直径2.8mm。

综合评价 丰产稳产；果个较小，品质较差，可用于制干；适应性强。

图7-400 ‘滕州落地红枣’果实形状

Figure 7-400 Fruit shape of Chinese jujube ‘Tengzhouluodihongzao’

图7-402 ‘滕州落地红枣’树形

Figure 7-402 Tree form of Chinese jujube ‘Tengzhouluodihongzao’

图7-401 ‘滕州落地红枣’结果状

Figure 7-401 Bearing status of Chinese jujube ‘Tengzhouluodihongzao’

41 滕州躺枣

Tengzhoutangzao

来源 山东滕州。

经济学性状 在山西太谷，果实9月下旬完全成熟。果实圆柱形，平均果重9.2g，红色。果肉酥脆，汁液多，味甜，适宜制干，品质好。鲜枣含可溶性固形物34.5%，可溶性糖28.8%，可滴定酸0.51%，Vc 332mg/100g，可食率95.6%。果核长纺锤形，平均核重0.39g，含仁率17%。

植物学性状 树势中，树冠圆形。枣头红褐色。针刺发达，二次枝弯曲度中。枣吊长20.2cm。叶片椭圆形，浓绿色。每花序着花6朵，蜜盘直径3.0mm。

综合评价 丰产、稳产；抗裂果，果实制干品质优良；适应性强。

图7-403 ‘滕州躺枣’果实形状

Figure 7-403 Fruit shape of Chinese jujube ‘Tengzhoutangzao’

图 7-404‘滕州躺枣’树形
Figure 7-404 Tree form of Chinese jujube ‘Tengzhoutangzao’

图 7-405‘天津尜尜枣’果实形状
Figure 7-405 Fruit shape of Chinese jujube ‘Tianjingagazao’

42 天津尜尜枣

Tianjingagazao

来源 天津。

经济学性状 在山西太谷，果实9月下旬完全成熟。果实卵圆形，平均果重11.0g，红色。果肉细而酥脆，汁液多，味酸甜，适宜鲜食，品质极

图 7-406‘天津尜尜枣’树形
Figure 7-406 Tree form of Chinese jujube ‘Tianjingagazao’

上。鲜枣含可溶性糖24.5%，可滴定酸0.35%，可食率94.7%。果核倒纺锤形，平均核重0.58g，含仁率63%。

植物学性状 树势强，树冠圆柱形。枣头黄褐色。针刺无，二次枝弯曲度中。枣吊长22.7cm。叶片椭圆形，绿色。每花序着花7朵，蜜盘直径3.2mm。

综合评价 丰产性较差，产量不稳定；适宜鲜食，品质优良。

43 万荣福枣

Wanrongfuzao

来源 山西万荣。

经济学性状 在山西太谷，果实9月下旬完全成熟。果实卵圆形，平均果重20.0 g，紫红色。果肉疏松，汁液少，味甜，适宜制干，品质中等。鲜枣含可溶性糖19.1%，可滴定酸0.30%，可食率94.9%。果核纺锤形，平均核重1.02g，含仁率6.7%。

植物学性状 树势强，树冠乱头形。枣头红褐色。针刺发达，二次枝弯曲度中。枣吊长21.5cm。叶片卵圆形，

图 7-407‘万荣福枣’结果状
Figure 7-407 Bearing status of Chinese jujube ‘Wanrongfuzao’

图 7-408‘万荣福枣’树形
Figure 7-408 Tree form of Chinese jujube ‘Wanrongfuzao’

浅绿色。每花序着花4朵，蜜盘直径3.2mm。

综合评价 抗裂果能力较强，果个大，品质中等，适宜制干。

图 7-409 ‘西双小枣’结果状

Figure 7-409 Bearing status of Chinese jujube ‘Xishuangxiaozao’

图 7-410 ‘西双小枣’树形

Figure 7-410 Tree form of Chinese jujube ‘Xishuangxiaozao’

44 西双小枣

Xishuangxiaozao

来源 云南西双版纳。

经济学性状 在山西太谷，果实10月上旬成熟。果实长圆形，平均果重5.8g，红色。果肉疏松，汁液多，味甜，适宜制干，品质中等。鲜枣含可溶性糖19.1%，可滴定酸0.46%，可食率90.3%。果核椭圆形，平均核重0.56g，含仁率98%。

植物学性状 树势中，树冠圆柱形。枣头黄褐色。针刺不发达，二次枝弯曲度中。枣吊长19.3cm。叶片椭圆形，绿色。每花序着花5朵，蜜盘直径2.8mm。

综合评价 结果较早，丰产性一般；抗裂果，果个小，品质中等，用于制干。

45 西营笨枣

Xiyingbenzao

来源 陕西西营。

经济学性状 在山西太谷，果实10月上旬成熟。果实扁柱形，平均果重15.0g，红色。果肉疏松，汁液中，味甜，适宜制干，品质好。鲜枣含可溶性固形物28.2%，可溶性糖20.8%，可滴定酸0.49%，Vc 350mg/100g，可食率93.8%。果核倒纺锤形，平均核重0.81g，含仁率10%。

植物学性状 树势强，树冠圆柱形。枣头紫褐色。针刺发达，二次枝弯曲度中。枣吊长22.7cm。叶片卵圆形，浓绿色。每花序着花4朵，蜜盘直径3.0mm。

综合评价 较丰产稳产；抗裂果能力中等，用于制干，品质优良。

图 7-411 ‘西营笨枣’果实形状

Figure 7-411 Fruit shape of Chinese jujube ‘Xiyingbenzao’

46 献县木枣

Xianxianmuzao

来源 河北献县。

经济学性状 在山西太谷，果实9月下旬成熟。果实圆形，平均果重10.7g，浅红色。果肉细而较致密，汁液中，味酸，适宜制干，品质中等。鲜枣含可溶性固形物31.2%，可溶性糖27.2%，可滴定酸0.83%，Vc 441mg/100g，可食率95.5%。果核椭圆形，平均核重0.41g，含仁率30%。

植物学性状 树势中，树冠圆形。枣头黄褐色。针刺发达，二次枝弯曲度小。枣吊长20.7cm。叶片椭圆形，浅绿色。每花序着花6朵，蜜盘直径3.6mm。

综合评价 较丰产；易裂果，适宜制干，品质中等。

图7-412‘献县木枣’果实形状

Figure 7-412 Fruit shape of Chinese jujube ‘Xianxianmuzao’

图7-413‘献县木枣’树形

Figure 7-413 Tree form of Chinese jujube ‘Xianxianmuzao’

47 献县小小枣

Xianxianxiaoxiaozao

来源 河北献县。

经济学性状 在山西太谷，果实9月下旬成熟。果实卵圆形，平均果重7.0g，红色。果肉细而疏松，汁液多，味甜，适宜鲜食和制干，品质好。鲜枣含可溶性固形物34.2%，可溶性糖23.6%，可滴定酸0.70%，Vc 444mg/100g，可食率93.9%。果核椭圆形，平均核重0.38g，含仁率17%。

植物学性状 树势强，树冠圆形。枣头黄褐色。针刺无，二次枝弯曲度小。枣吊长21.1cm。叶片卵圆形，浅绿色。每花序着花7朵，蜜盘直径3.4mm。

综合评价 抗裂果能力差，果个小，但品质好，适宜鲜食或制干。

图7-414‘献县小小枣’果实形状

Figure 7-414 Fruit shape of Chinese jujube ‘Xianxianxiaoxiaozao’

图7-416‘献县小小枣’树形

Figure 7-416 Tree form of Chinese jujube ‘Xianxianxiaoxiaozao’

图7-415‘献县小小枣’结果状

Figure 7-415 Bearing status of Chinese jujube ‘Xianxianxiaoxiaozao’

48 献县圆小枣

Xianxianyuanxiaozao

来源 河北献县。

经济学性状 在山西太谷，果实9月下旬成熟。果实卵圆形，平均果重6.3g，浅红色。果肉细而较致密，汁液多，味甜，适宜鲜食和制干，品质好。鲜枣含可溶性固形物33.0%，可溶性糖26.3%，可滴定酸0.52%，Vc 473mg/100g，可食率95.4%。果核椭圆形，平均核重0.29g，含仁率17%。

植物学性状 树势强，树冠圆形。枣头黄褐色。针刺发达，二次枝弯曲度中。枣吊长21.3cm。叶片卵圆形，绿色。每花序着花11朵，蜜盘直径3.6mm。

综合评价 产量较低；抗裂果能力较强，果个小，品质上等，适宜鲜食或制干。

图7-417 ‘献县圆小枣’果实形状

Figure 7-417 Fruit shape of Chinese jujube ‘Xianxianyuanxiaozao’

图7-418 ‘献县圆小枣’树形

Figure 7-418 Tree form of Chinese jujube ‘Xianxianyuanxiaozao’

49 新郑大枣

Xinzhengdazao

来源 河南新郑。

经济学性状 在山西太谷，果实9月下旬完全成熟。果实长圆形，平均果重14.1g，浅红色。果肉酥脆，汁液多，味甜，适宜鲜食和制干，品质上等。鲜枣含可溶性固形物25.0%，可食率95.7%，平均核重0.61g。核内含有种子。

植物学性状 树势中，树冠半圆形。枣头黄褐色。针刺不发达，二次枝弯曲度小。枣吊长19.4cm。叶片椭圆形，绿色。每花序着花7朵，蜜盘直径3.2mm。

综合评价 结果较早，产量中等；抗裂果能力较差，果个中大，品质好，适宜鲜食或制干。

图7-419 ‘新郑大枣’果实形状

Figure 7-419 Fruit shape of Chinese jujube ‘Xinzhengdazao’

图7-420 ‘新郑大枣’结果状

Figure 7-420 Bearing status of Chinese jujube ‘Xinzhengdazao’

图7-421 ‘新郑大枣’树形

Figure 7-421 Tree form of Chinese jujube ‘Xinzhengdazao’

50 新郑鸡蛋枣

Xinzhengjidanzao

来源 河南新郑。

经济学性状 在山西太谷，果实9月下旬脆熟，10月上旬完全成熟。果实卵圆形，平均果重21.8g，紫红色。果肉细而疏松，汁液中，味甜，适宜鲜食和制干，品质好。鲜枣含可溶性固形物27.0%，可溶性糖25.0%，可滴定酸0.45%，Vc 355mg/100g，可食率95.6%。果核纺锤形，平均核重0.95g，含仁率32%。

植物学性状 树势强，树冠乱头形。枣头红褐色。针刺发达，二次枝弯曲度小。枣吊长20.8cm。叶片卵圆形，浓绿色。每花序着花3朵，蜜盘直径2.9mm。

综合评价 产量较低；果个大，品质优异，适宜鲜食或制干。

图7-423 '新郑鸡蛋枣'树形

Figure 7-423 Tree form of Chinese jujube 'Xinzhengjidanzao'

51 新郑尖头灰枣

Xinzhengjiantouhuizao

来源 河南新郑。

经济学性状 在山西太谷，果实10月上旬完全成熟。果实圆锥形，平均果重4.1g，红色。果肉粗而致密，汁液中，味酸甜，适宜制干，品质好。鲜枣含可溶性固形物31.2%，可溶性糖25.9%，可滴定酸0.51%，Vc 551mg/100g，可食率93.5%。果核纺锤形，平均核重0.30g，含仁率63%。

植物学性状 树势强，树冠圆锥形。枣头黄褐色。针刺不发达，二次枝弯曲度中。枣吊长24.7cm。叶片卵圆形，绿色。每花序着花11朵，蜜盘直径3.2mm。

综合评价 结果较早，产量一般；抗裂果能力强，果个极小，品质好，适宜制干。

图7-422 '新郑鸡蛋枣'果实形状

Figure 7-422 Fruit shape of Chinese jujube 'Xinzhengjidanzao'

图7-424 '新郑尖头灰枣'树形

Figure 7-424 Tree form of Chinese jujube 'Xinzhengjiantouhuizao'

52 新郑小圆枣

Xinzhengxiaoyuanzao

来源 河南新郑。

经济学性状 在山西太谷，果实9月中旬脆熟，10月上旬完全成熟。果实卵圆形，平均果重11.8 g，浅红色。果肉致密，汁液中，味酸甜，适宜鲜食和制干，品质中等。鲜枣含可溶性固形物29.2%，可溶性糖25.8%，可滴定酸0.55%，Vc 414mg/100g，可食率94.1%。果核纺锤形，平均核重0.53g，含仁率60%。

植物学性状 树势中，树冠乱头形。枣头红褐色。针刺不发达，二次枝弯曲度小。枣吊长21.5cm。叶片卵圆形，绿色。每花序着花9朵，蜜盘直径3.5mm。

综合评价 较丰产；用于鲜食和制干。

图7-425 ‘新郑小圆枣’结果状

Figure 7-425 Bearing status of Chinese jujube ‘Xinzhengxiaoyuanzao’

53 溆浦尖枣

Xupujianzao

来源 湖南溆浦。

经济学性状 在山西太谷，果实10月上旬完全成熟。果实圆柱形，平均果重10.7g，红色。果肉较致密，汁液中，味酸，适宜制干，品质中。鲜枣可食率91.5%。果核纺锤形，平均核重0.91g，含仁率25%。

植物学性状 树势强，树冠乱头形。枣头红褐色。针刺发达，二次枝弯曲度小。枣吊长29.7cm。叶片椭圆形，绿色。每花序着花7朵，蜜盘直径3.2mm。

综合评价 丰产性中等；用于制干。

图7-426 ‘溆浦尖枣’果实形状

Figure 7-426 Fruit shape of Chinese jujube ‘Xupujianzao’

54 溆浦六月枣

Xupuliuyuezao

来源 湖南溆浦。

经济学性状 在山西太谷，果实9月上旬完全成熟。果实长圆形，平均果重6.3g，红色。果肉细而较致密，汁液少，味酸甜，适宜制干，品质中。鲜枣含酸0.40%，可食率90.5%，果核椭圆形，平均核重0.60g，含仁率80%。

植物学性状 树势弱，树冠伞形。枣头黄褐色。针刺不发达，二次枝弯曲度中。枣吊长21.5cm。叶片椭圆形，浅绿色。每花序着花6朵，蜜盘直径3.3mm。

综合评价 丰产性差；用于制干。

图7-427 ‘溆浦六月枣’果实形状

Figure 7-427 Fruit shape of Chinese jujube ‘Xupuliuyuezao’

图7-428 ‘溆浦六月枣’树形

Figure 7-428 Tree form of Chinese jujube ‘Xupuliuyuezao’

55 延川跌牙枣
Yanchuandieyazao

来源　陕西延川。

经济学性状　在山西太谷，果实9月下旬完全成熟。果实圆柱形，平均果重17.4g，红色。果肉细而疏松，汁液多，味甜，适宜制干，品质中等。鲜枣可食率94.2%。果核纺锤形，平均核重1.01g，含仁率65%。

植物学性状　树势强，树冠圆柱形。枣头浅灰或红褐色。针刺无，二次枝弯曲度小。枣吊长27.6cm。叶片椭圆形，浓绿色。每花序着花5朵，蜜盘直径3.0mm。

综合评价　结果较早，产量中等；果个较大，适宜制干。

图7-429 ‘延川跌牙枣’结果状
Figure 7-429　Bearing status of Chinese jujube ‘Yanchuandieyazao’

图7-430 ‘延川跌牙枣’树形
Figure 7-430　Tree form of Chinese jujube ‘Yanchuandieyazao’

56 兖州三变色
Yanzhousanbianse

来源　山东兖州。

经济学性状　在山西太谷，果实10月上旬完全成熟。果实幼果期由绿变为紫红色，一个月后再变绿，脆熟期由乳白转变为粉红色，成熟期变为深红色，颜色发生三次变化，果实在整个发育期都具有观赏性。果实圆柱形，平均果重10.3g，浅红色。果肉较致密，汁液中，味甜，适宜制干，品质中等。鲜枣含可溶性糖23.5%，可滴定酸0.33%，可食率95.4%。果核纺锤形，平均核重0.47g，含仁率40%。

植物学性状　树势中，树冠乱头形。枣头紫褐色。针刺无，二次枝弯曲度中。枣吊长22.8cm。叶片卵状披针形，浓绿色。每花序着花8朵，蜜盘直径3.1mm。

综合评价　较丰产稳产；果实从幼果期到成熟期具有观赏性，成熟果实用于制干。

图7-431 ‘兖州三变色’果实形状
Figure 7-431　Fruit shape of Chinese jujube ‘Yanzhousanbianse’

图7-432 ‘兖州三变色’结果状
Figure 7-432　Bearing status of Chinese jujube ‘Yanzhousanbianse’

图7-433 ‘兖州三变色’树形
Figure 7-433　Tree form of Chinese jujube ‘Yanzhousanbianse’

57 义乌棉絮枣

Yiwumianxuzao

来源　浙江义乌。

经济学性状　在山西太谷，果实10月上旬完全成熟。果实圆锥形，平均果重10.0g，红色。果肉较致密，汁液中，味甜酸，适宜制干，品质中等。鲜枣含可溶性糖23.9%，可滴定酸0.48%，可食率91.2%，果核纺锤形，平均核重0.88g，含仁率93%。

植物学性状　树势弱，树冠偏斜形。枣头红褐色。针刺发达，二次枝弯曲度中。枣吊长25.5cm。叶片卵圆形，绿色。每花序着花4朵，蜜盘直径2.7mm。

综合评价　结果晚，产量较低；果个中大，抗裂果品质中等，适宜制干。

图7-434 ‘义乌棉絮枣’果实形状

Figure 7-434　Fruit shape of Chinese jujube ‘Yiwumianxuzao’

图7-435 ‘义乌棉絮枣’树形

Figure 7-435　Tree form of Chinese jujube ‘Yiwumianxuzao’

58 义乌酸甜枣

Yiwusuantianzao

来源　浙江义乌。

经济学性状　在山西太谷，果实10月上旬完全成熟。果实倒卵圆形，平均果重5.7g，紫红色。果肉较致密，汁液少，味甜，适宜制干，品质较差。鲜枣含可溶性固形物32.0%，可食率91.3%，果核纺锤形，平均核重0.50g，含仁率0。

植物学性状　树势中，树冠圆锥形。枣头红褐色。针刺发达，二次枝弯曲度中。枣吊长25.9cm。叶片椭圆形，浅绿色。每花序着花4朵，蜜盘直径2.6mm。

综合评价　丰产性较差；果个小，品质较差，主要用于制干。

图7-436 ‘义乌酸甜枣’果实形状

Figure 7-436　Fruit shape of Chinese jujube ‘Yiwusuantianzao’

图7-437 ‘义乌酸甜枣’树形

Figure 7-437　Tree form of Chinese jujube ‘Yiwusuantianzao’

59 永城圆红枣

Yongchengyuanhongzao

来源　河南永城。

经济学性状　在山西太谷，果实9月中旬成熟。果实长圆形，平均果重13.6g，红色。果肉酥脆，汁液多，味甜，适宜鲜食和制干，品质上等。鲜枣含可溶性糖18.7%，可滴定酸0.35%，可食率94.8%。果核纺锤形，平均核重0.71g。核内含有种子，含仁率3%。

植物学性状　树势弱，树冠乱头形。枣头红褐色。针刺发达，二次枝弯曲度中。枣吊长21.4cm。叶片椭圆形，浅绿色。每花序着花3朵。

综合评价　丰产性中等；较抗裂果，果实中等大，鲜食制干兼用，品质优良。

图 7-438 ‘永城圆红枣’ 结果状
Figure 7-438 Bearing status of Chinese jujube ‘Yongchengyuanhongzao’

图 7-439 ‘永城圆红枣’ 树形
Figure 7-439 Tree form of Chinese jujube ‘Yongchengyuanhongzao’

60 赞皇长枣
Zanhuangchangzao

来源 河北赞皇。

经济学性状 在山西太谷，果实9月下旬成熟。果实卵圆形，平均果重17.9g，红色。果肉疏松，汁液中，味甜，适宜鲜食和制干，品质上。鲜枣可食率94.8%。平均核重0.93g，含仁率5%。

植物学性状 树势强，树冠乱头形。二次枝弯曲度中。枣吊长28.4cm。叶片卵圆形，浓绿色。每花序着花4朵，蜜盘直径3.4mm。

综合评价 结果较早，丰产、稳产；抗裂果，果个大，品质中等，适宜鲜食或制干。

图 7-440 ‘赞皇长枣’ 果实形状
Figure 7-440 Fruit shape of Chinese jujube ‘Zanhuangchangzao’

图 7-441 ‘赞皇长枣’ 树形
Figure 7-441 Tree form of Chinese jujube ‘Zanhuangchangzao’

61 枣强脆枣
Zaoqiangcuizao

来源 河北枣强。

经济学性状 在山西太谷，果实9月下旬成熟。果实卵圆形，平均果重10.8g，紫红色。果肉细而酥脆，汁液多，味极甜，适宜鲜食，品质极好。鲜枣含可溶性固形物30.0%，可溶性糖24.5%，可滴定酸0.52%，Vc 378mg/100g，可食率94.6%。果核纺锤形，平均核重0.65g，含仁率85%。

植物学性状 树势强，树冠圆形。枣头红褐色。针刺不发达，二次枝弯曲度大。枣吊长21.0cm。叶片椭圆形，绿色。每花序着花8朵，蜜盘直径3.3mm。

综合评价 丰产性一般；果个较小，但品质优异，适宜鲜食，适应性一般。

图 7-442 ‘枣强脆枣’ 结果状
Figure 7-442 Bearing status of Chinese jujube ‘Zaoqiangcuizao’

图 7-443 ‘枣强脆枣’ 树形
Figure 7-443 Tree form of Chinese jujube ‘Zaoqiangcuizao’

62 枣强骨头小枣

Zaoqianggutouxiaozao

来源　河北枣强。

经济学性状　在山西太谷，果实10月上旬成熟。果实卵圆形，平均果重7.3g，浅红色。果肉细而疏松，汁液多，味极甜，适宜制干，品质极好。鲜枣含可溶性固形物30.0%，可溶性糖23.9%，可滴定酸0.58%，Vc 462mg/100g，可食率94.4%。果核椭圆形，平均核重0.33g，含仁率20%。

植物学性状　树势强，树冠圆形。枣头黄褐色。针刺不发达，二次枝弯曲度小。枣吊长22.1cm。叶片卵圆形，绿色。每花序着花10朵，蜜盘直径3.3mm。

综合评价　产量较低；抗裂果能力差，鲜食品质极上。

63 中草笨枣

Zhongcaobenzao

来源　陕西中草。

经济学性状　在山西太谷，果实9月下旬脆熟，10月上旬完全成熟。果实圆柱形，平均果重17.9g，红色。果肉粗而较致密，汁液中，味甜，适宜鲜食和制干，品质中等。鲜枣含可溶性固形物27.6%，可溶性糖22.2%，可滴定酸0.51%，Vc 316mg/100g，可食率94.6%。果核倒纺锤形，平均核重0.75g，含仁率62%。

植物学性状　树势强，树冠乱头形。枣头红褐色。针刺发达，二次枝弯曲度中。枣吊长19.3cm。叶片卵圆形，浓绿色。每花序着花3朵。

综合评价　结果较晚，较丰产；抗裂果，果个大，品质中等，鲜食、制干兼用。

图7-446 ‘中草笨枣’树形

Figure 7-446　Tree form of Chinese jujube ‘Zhongcaobenzao’

图7-444 ‘枣强骨头小枣’果实形状

Figure 7-444　Fruit shape of Chinese jujube ‘Zaoqianggutouxiaozao’

图7-445 ‘中草笨枣’果实形状

Figure 7-445　Fruit shape of Chinese jujube ‘Zhongcaobenzao’

64 中宁吊铃枣

Zhongningdiaolingzao

来源 宁夏中宁。

经济学性状 在山西太谷，果实9月中旬脆熟，下旬完全成熟。果实扁柱形，平均果重19.9g，紫红色。果肉酥脆，汁液多，味极甜，适宜鲜食和制干，品质极上。鲜枣含可溶性糖21.2%，可滴定酸0.40%，可食率95.1%。平均核重0.98g，含仁率0。

植物学性状 树势中，树冠偏斜形。枣头紫褐色。针刺不发达，二次枝弯曲度中。枣吊长27.1cm。叶片椭圆形，绿色。每花序着花3朵，蜜盘直径2.9mm。

综合评价 结果较晚，不丰产；易裂果，果个大，品质极好，鲜食、制干兼用。

图7-447 ‘中宁吊铃枣’果实形状

Figure 7-447 Fruit shape of Chinese jujube ‘Zhongningdiaolingzao’

图7-448 ‘中宁吊铃枣’树形

Figure 7-448 Tree form of Chinese jujube ‘Zhongningdiaolingzao’

65 遵义甜枣

Zunyitianzao

来源 贵州遵义。

经济学性状 在山西太谷，果实10月上旬成熟。果实圆柱形，平均果重7.6g，红色。果肉较致密，汁液少，味甜，适宜制干，品质中等。鲜枣含可溶性固形物29.0%，可溶性糖21.8%，可滴定酸0.47%，可食率93.0%，果核纺锤形，平均核重0.53g，含仁率20%。

植物学性状 树势中，树冠圆锥形。枣头紫褐色。针刺不发达，二次枝弯曲度小。枣吊长26.0cm。叶片卵状披针形，绿色。每花序着花7朵，蜜盘直径2.9mm。

综合评价 结果早，坐果多，产量高而稳定；果实小，品质中等，适宜制作干枣。

图7-450 ‘遵义甜枣’树形

Figure 7-450 Tree form of Chinese jujube ‘Zunyitianzao’

图7-449 ‘遵义甜枣’结果状

Figure 7-449 Bearing status of Chinese jujube ‘Zunyitianzao’

第八章
枣树近缘种酸枣和毛叶枣的优异种质资源

在我国，酸枣和毛叶枣是除枣之外分布范围最广和利用价值最高的两种枣属植物。经过长期的自然选择及近年来的人工选育和引种，涌现出一批具有重要开发利用价值的优良品种和优异种质资源。本章重点介绍酸枣的遗传多样性及其 65 个优良品种、类型，以及我国大陆栽培的 18 个主要的毛叶枣品种。

第一节 酸枣的遗传多样性评价

一、酸枣果实的形态学多样性

我国酸枣资源极为丰富。据河北农业大学对全国酸枣主要分布区 211 个酸枣种质资源进行的调查分析，酸枣果形以圆形为主（占 66%），另有卵圆形、椭圆形、扁圆形等（图 8-1）。果实颜色以深红色（占 50%）和红色为主，另有 4% 的类型为橘黄色（图 8-2）。酸枣各类型果实大小差异显著，果实纵径范围为 0.65~2.58cm，横径范围为 0.57~2.48cm（图 8-3），单果重范围为 0.14~6.33g、平均为 1.90g，可食率为 51.7%~93.9%。酸枣果核形状有纺锤形、椭圆形、圆形、不规则形和倒卵形（图 8-4），单核重从 0.03~0.63g（图 8-5）。近 97% 的种质资源含有双仁，只发现一个类型不含种仁（图 8-6）。种仁以红色为主，占 72%，其次为橘黄色和深红色（图 8-7），千仁重的变化范围在 5.2~85.7g（图 8-8）（Liu Ping *et al.*,2009）。

图 8-1 不同酸枣类型的果实形状（杨雷，2004）
Figure 8-1 Fruit shapes of different sour jujube types (Yang,2004)

图 8-2 不同酸枣类型的果实颜色（杨雷，2004）
Figure 8-2 Fruit colors of different sour jujube types (Yang,2004)

图 8-3 不同酸枣类型的果实大小（杨雷，2004）
Figure 8-3 Fruit size of different sour jujube types (Yang,2004)

图 8-4 不同酸枣类型的果核形状（杨雷，2004）
Figure 8-4 Stone shapes of different sour jujube types (Yang,2004)

图 8-5 不同酸枣类型的果核大小（杨雷，2004）
Figure 8-5 Stone size of different sour jujube types (Yang,2004)

图 8-6 不同酸枣类型的种仁数量（杨雷，2004）
Figure 8-6 Kernel number of different sour jujube types (Yang,2004)

图 8-7 不同酸枣类型的种仁颜色（杨雷，2004）
Figure 8-7 Kernel color of different sour jujube types (Yang,2004)

图 8-8 不同酸枣类型的种仁大小（杨雷，2004）
Figure 8-8 Kernel size of different sour jujube types (Yang,2004)

二、酸枣的风味和营养多样性

不同酸枣类型果实的风味不同，口感以酸味居多，占50.7%，依次为酸甜(18.3%)、极酸(14.1%)、甜(8.5%)、甜酸(8.4%)。酸枣果实可溶性糖含量范围与枣基本相似，但总体平均含量偏低。可滴定酸含量的范围远远大于枣，平均可滴定酸的含量是枣果的近4倍。Vc含量为135~1393mg/100g • FW，平均值为554mg/100g • FW，高于枣(414mg/100g • FW)和猕猴桃(420mg/100g • FW)。果肉黄酮平均含量为0.92%~4.93%，是枣果的2倍多。但果肉皂甙含量远远低于枣果(董玉慧，2008；武媛林，2008；Liu Ping et al.,2009)(表8-1)。

三、酸枣优异种质资源的筛选

Liu Ping *et al.* (2009) 的研究表明，经K-S检验，供试149个酸枣类型单果重的分布不符合正态分布。按照等差分级的方法，果实大小可分为5级，四个分点值分别是1.4g，2.6g，3.9g和5.0g。单果重大于5.0g的大果型酸枣资源有延长1号、0616、邢台27号和邢台11号。

124个酸枣类型果实可溶性糖含量范围为6.9%~33.7%，经K-S检验，属于正态分布。按照概率分级的方法，果实可溶性总糖含量可分为5级，四个分点值分别是10%，13%，17%和20%。可溶性总糖含量高于20%的酸枣类型有14个，其中4个来自于陕西，10个来自于河

表 8-1 枣和酸枣果实主要营养成分的比较（董玉慧，2008；武媛林，2008；刘平等，2009）
Table 8-1 Comparison of nutrition in fruits of sour jujube and Chinese jujube (Dong,2008; Wu,2008; Liu *et al.*,2009)

性状 Character	种 Species	最小值 Min.	最大值 Max.	平均值 Average
可溶性总糖含量 Total soluble sugar content (%)	酸枣 Sour jujube	6.9	33.7	15.0
	枣 Chinese jujube	3.3	35.0	26.0
可滴定酸含量 Titratable acids content (%)	酸枣 Sour jujube	0.29	6.33	2.35
	枣 Chinese jujube	0.18	1.02	0.62
Vc含量 Vc content (mg/100g·FW)	酸枣 Sour jujube	135	1393	554
	枣 Chinese jujube	166	808	414
黄酮含量 Flavonoids content (%)	酸枣 Sour jujube	0.92	4.93	2.00
	枣 Chinese jujube	0.38	2.31	0.82
皂甙含量 Jujubosides content (‰)	酸枣 Sour jujube	0.04	0.98	0.52
	枣 Chinese jujube	1.9	4.5	3.3

北邢台。延长1号、0615、米脂2号、延长3号、邢台33号、A1、邢台6号、延长0号、Y0602的果实可溶性总糖含量高于22%。

124个酸枣类型果实可滴定酸含量范围为0.29%~6.33%，经K-S检验，属于正态分布。按照概率分级的方法，果实可滴定酸含量可分为5级，四个分点值分别是0.5%，1.5%，3%和4%。有26个酸枣类型的可滴定酸含量高于4%，属于高酸资源。其中，米脂2号、北奇1号、北奇2号、资源圃17号、北奇8号、资源圃S、资源圃11号、延长13号、延长3号、延长7号的可滴定酸含量高于5%。

124个酸枣类型果实Vc含量范围为135~1393mg/100g·FW，经K-S检验，属于正态分布。按照概率分级的方法，果实Vc含量可分为5级，四个分点值分别是270mg/100g·FW、440mg/100g·FW、670mg/100g·FW和840mg/100g·FW。有17个酸枣类型的Vc高于840mg/100g·FW，属于高Vc酸枣资源。其中，有10个来自河北邢台县东川口村，2个来自河北承德，5个来自河北满城。Vc含量高于1000mg/100g·FW的有新0704、0619、0602、0641、0601和0608。

武媛林(2008)应用满意度多维价值理论分析法，以果吊比、单果重、可食率、Vc、可溶性总糖含量、可滴定酸含量、多糖含量、糖酸比等8个性状为评价指标，从62个酸枣类型中筛选出了适于鲜食的优异酸枣资源6份，分别为延长1号、0616、0615、0618、Y0602和0604。以果吊比、含仁率、双仁率、千仁重、出仁率、仁纵径、仁横径、仁厚度、黄酮含量和皂苷含量等10个性状为评价指标，从62个酸枣资源中筛选出了适于药用的优异酸枣资源5份，分别为0641、佳县临0、0607、0629和延长0号。以果吊比、单果重、可食率、Vc、可溶性总糖含量、可滴定酸含量、多糖含量、糖酸比、含仁率、双仁率、千仁重、出仁率、仁纵径、仁横径、仁厚度、黄酮含量和皂苷含量等17个性状为评价指标，从62个酸枣类型中筛选出了鲜食与药用兼优的资源8份，分别为延长1号、0641、0615、0634、A1、0602、延长0号和0616。

第二节　酸枣的优异种质资源

1993年出版的《中国果树志·枣卷》记载了30个优良酸枣类型，近年来至少已有3个酸枣优系通过了新品种审定，分别是‘高Vc酸枣’、‘脆酸枣’和‘大老虎眼酸枣’。另外，河北农业大学多年来调查、收集、保存了300余个来自全国各地的酸枣类型，经系统评价筛选出了32个优异酸枣类型，其中有大果型(单果重>5g)酸枣资源4个，高Vc(Vc含量大于1000mg/100g·FW)资源6个，高酸(可滴定酸含量>5%)资源10个，高糖(可溶性总糖大于22%)资源9个，适于鲜食的资源6个，适于药用的5个，鲜食药用兼用的酸枣资源8个(表8-2)。另外，河北省枣树资源普查(2006~2008)中还发现了5株表现较好的酸枣类型。

下面重点介绍通过品种审定的3个酸枣品种、《中国果树志·枣卷》记载的30个品种和河北农业大学选出的32个优良酸枣类型(表8-2)。

表8-2　优异酸枣种质资源

Table 8-2　Excellent sour jujube cultivars and types

类别 Sort	品种或类型 Cultivar/type	突出特点 Characteristics	原产地 Origin
已审定品种 Released cultivars	高Vc酸枣 Gao Vc suanzao	大果、高Vc Big fruit, high Vc content	山东济南 Jinan,Shangdong
	脆酸枣 Cuisuanzao	早熟、丰产 Early ripening, high yield	山东济南 Jinan,Shangdong
	大老虎眼酸枣 Dalaohuyansuanzao	大果，早熟、丰产 Big fruit, early ripening and high yield	北京 Beijing

（续）

类别 Sort	品种或类型 Cultivar/type	突出特点 Characteristics	原产地 Origin
《中国果树志·枣卷》已报道优良类型 Recorded excellent types in the book "China Pomography - Chinese jujube"	长基枝酸枣 Changjizhisuanzao	鲜食品质佳 Excellent fresh taste	河北赞皇 Zanhuang,Hebei
	长卵形晚熟酸枣 Changluanxingwanshusuanzao	早果、晚熟，鲜食、制干、仁用 Early fruiting, late ripening, for table, dehydration or kernel usage	陕西，河北，山东，安徽 Shaanxi, Hebei, Shandong,Anhui
	长椭圆形大果酸枣 Changtuoyuanxingdaguosuanzao	果实特大 Extremely big fruit	安徽淮南 Huainan, Anhui
	长圆形小酸枣 Changyuanxingxiaosuanzao	丰产，果实小，仁用 High yield, small fruit, for kernel usage	河北迁安 Qian' an, Hebei
	朝阳麻枣 Chaoyangmazao	结果早 Early fruiting	辽宁 Liaoning
	刺酸枣 Cisuanzao	晚熟，果核木质突起，加工工艺品 Late ripening, irregular stone shape for handcraft making	河北易县，赞皇和邢台 Yixian,Zanhuang and Xingtai, Heibei
	黄皮酸枣 Huangpisuanzao	果实橘红色，仁用 Orange fruit, for kernel usage	河北邢台 Xingtai, Hebei
	佳县团酸枣 Jiaxiantuansuanzao	结果早，鲜食，制干，仁用 Early fruiting, for table, dehydration or kernel usage	陕西佳县 Jiaxian, Shaanxi
	锦西大酸枣 Jinxidasuanzao	晚熟，果实大，鲜食，仁用 Late ripening, big fruit, for table or kernel usage	辽宁锦西 Jinxi, Liaoning
	蓟县麻枣 Jixianmazao	丰产，果实大，晚熟，鲜食 High yield, big fruit, late ripening, for table	天津蓟县 Jixian, Tianjin
	鸡心形大酸枣 Jixinxingdasuanzao	产量高，果实大，鲜食 High yield, big fruit, for table	陕西神木 Shenmu, Shaanxi
	卵圆形小酸枣 Luanyuanxingxiaosuanzao	极丰产，晚熟，仁用 Extremely high yield, late ripening, for kernel usage	陕西佳县和山西襄汾 Jiaxian, Shaanxi and Xiangfen, Shanxi
	米酸枣 Misuanzao	早熟，果实特小，树体矮小 Early ripening, extremely small fruit, dwarf	河北邢台，滦平和陕西铜川 Xingtai and Luanping, Hebei; Tongchuan, Shaanxi

（续）

类别 Sort	品种或类型 Cultivar/type	突出特点 Characteristics	原产地 Origin
《中国果树志·枣卷》已报道优良类型 Recorded excellent types in the book "China Pomography - Chinese jujube"	砂酸枣 Shasuanzao	果肉多木质化颗粒，仁用 Flesh with lignified granule, for kernel usage	河北赞皇 Zanhuang, Hebei
	宿萼早熟酸枣 Su'ezaoshusuanzao	早熟，萼片宿存 Early ripening, sepal persistent	陕西佳县 J iaxian, Shaanxi
	甜溜溜 Tianliuliu	早果，高产 Early fruiting, high yield	河北唐县，赞皇和北京 Tangxian and Zanhuang, Hebei; Beijing
	脱刺酸枣 Tuocisuanzao	针刺脱落 Thorn dropped	河北赞皇 Zanhuang, Hebei
	椭圆甜酸枣 Tuoyuantiansuanzao	鲜食，含仁率低 For table, low ratio of kernel	陕西神木 Shenmu, Shaanxi
	小酸酸枣 Xiaosuansuanzao	果实小，味极酸 Small fruit, taste extremely sour	陕西，山西，河北，山东，河南，安徽，辽宁 Shaanxi, Shanxi, Hebei, Shandong, Henan, Anhui, Liaoning
	新郑甜酸枣 Xinzhengtiansuanzao	结果早，制干 Early fruiting, for dehydration usage	河南新郑 Xinzheng, Henan
	亚葫芦酸枣 Yahulusuanzao	果实亚葫芦形，观赏 squash-shaped fruit, for ornamental usage	河北邢台 Xingtai, Hebei
	颜吉山大酸枣 Yanjishandasuanzao	抗枣疯病 Resistant to jujube witches' broom	山东滕州 Tengzhou, Shandong
	永城甜酸枣 Yongchengtiansuanzao	易裂果 Sensitive to fruit cracking	河南永城 Yongcheng, Henan
	圆果大酸枣 Yuanguodasuanzao	晚熟，鲜食 Late ripening, for table	陕西，河北，山东，北京 Shaanxi, Hebei, Shandong, Beijing
	圆果早熟大酸枣 Yuanguozaoshudasuanzao	早熟，果实较大，鲜食 Early ripening, relative big fruit, for table	河北沧县 Cangxian, Hebei
	圆形大果酸枣 Yuanxingdaguosuanzao	果实大，鲜食，制干 Big fruit, for table, dehydration usage	山东 Shandong
	圆果晚熟大酸枣 Yuanguowanshudasuanzao	结果早，产量较高，果实大，鲜食 Early fruiting, high yield, big fruit, for table	陕西吴堡 Wubao, Shaanxi
	圆形小酸枣 Yuanxingxiaosuanzao	砧木资源 Rootstock of Chinese jujube	陕西，河北，山东，安徽，辽宁 Shaanxi, Hebei, Shandong, Anhui, Liaoning
	竹竿酸枣 Zhugansuanzao	丰产，仁用，鲜食 High yield, for table and kernel usage	河北赞皇 Zanhuang, Hebei
	紫蕾酸枣 Zileisuanzao	花蕾浅紫褐色，鲜食，仁用和观赏 Light purple flower bud, for table, kernel or ornamental usage	河北赞皇 Zanhuang, Hebei

2 大老虎眼酸枣
Dalaohuyansuanzao

选育单位 北京市京宝园艺场。

品种来源 2001年采集接穗，嫁接在北京市通州区潞城镇京宝园艺场苗圃，当年秋季少量结果，2003年单株产量达3kg左右。经初步观察鉴定后，确认是一个优良的早熟大果型酸枣品种。2004年后扩大试验观察群，优良性状表现稳定。2006年初步命名为“北京龙眼大酸枣”。2007年通过北京市林木品种审定委员会审定，定名“大老虎眼酸枣”，品种编号为京S-SV-ZS-055-2007。

品种特性 果实成熟早。果个中等大，纵径3.08cm，横径2.83cm，平均果重12.9g，最大21.7g。果实近圆形，果皮薄而脆，果肉脆熟期呈浅绿色，致密酥脆，汁液中多，酸味浓，略有甜味。含可溶性固形物24.8%，最高可达31.2%，可食率96.2%，鲜食品质上等。果核中大，单核重0.5g左右，椭圆形，纵径1.67cm，横径0.81cm，核尖短，急尖，常有分叉，核蒂短小，钝尖，核内多数有1~2粒大型饱满种子，有种仁果核占96.3%，双仁率占10%，出仁率可达106.7%。种仁椭圆形。花为夜开型。有自花结实能力，结果早、连续结果力强。适应性强。

用途 鲜食。

适宜种植范围 适应性强，在北京、河北及以南地区均可种植。宜选择较肥沃平地和丘陵山地建园。

图8-10‘大老虎眼酸枣’结果状

Figure 8-10 Bearing status of sour jujube ‘Dalaohuyansuanzao’

3 高Vc酸枣
Gao Vc suanzao

选育单位 山东省济南市林果技术推广站。

品种来源 在酸枣资源调查的基础上，筛选出果实个大、风味品质好、结果枝无刺、综合性状表现突出的优良单株96-2，简称优系2。2008年通过山东省林木品种审定委员会审定，正式定名为“高Vc”酸枣，品种编号为鲁S-SV-ZJS-005-2008。

品种特性 在山东济南南部山区，果实8月上旬白熟、中旬脆熟，生育期60~65d。果实较大，圆形或长圆形，纵径2.42cm，横径2.25cm，平均果重5.03g，最大8.30g，大小较整齐。果皮较薄，红色，果肉乳白色，质地细脆，风味酸甜。鲜果含可溶性固形物25.3%，可溶性糖21.5%，可滴定酸0.56%，Vc 445mg/100g，鲜食品质上等。树体中等，主干明显，生长势中庸，树冠紧凑，树冠自然圆头形。针刺细弱，且随着当年枝条的发育自然脱落，2年生以上结果枝无刺。结果早，当年萌发的二次枝即可开花结果，花量大，自花结实率为1.14%，自然授粉坐果率1.31%，早熟、丰产、稳产。抗旱、耐瘠薄、抗枣疯病，但不耐涝。

用途 鲜食、加工。

适宜种植范围 鲁中地区。建园以低山丘陵、日照充足的阳坡为宜。

图8-11‘高Vc酸枣’的果核和种仁

Figure 8-11 Stone and kernel of sour jujube ‘Gao Vc suanzao’

图8-12‘高Vc酸枣’结果状

Figure 8-12 Bearing status of sour jujube ‘Gao Vc suanzao’

图8-13‘高Vc酸枣’树形

Figure 8-13 Tree form of sour jujube ‘Gao Vc suanzao’

二、《中国果树志·枣卷》记载的酸枣品种

4 长基枝酸枣

Changjizhisuanzao

分布 河北赞皇。

经济学性状 果实9月中旬成熟。果实中等大,扁圆形,平均纵径1.50cm,横径1.90cm,单果重3.60g。果皮紫红色,果肉较厚,质地细脆,汁液多,味甜,可食率高。果核椭圆形,核都具种子。种仁饱满,近圆形。

植物学性状 树体中等大,干性强,树姿半开张,树冠呈自然圆头形。树干深灰色,栓皮粗糙,纵向深裂,容易剥落。枣头粗壮,浅灰色,平均长103cm,粗1.6cm。托刺较发达,直刺平均长1.5cm。二次枝粗长,稍上斜,平均长50.8cm,7~21节。枣吊平均长18.8cm,着叶13片左右。叶片较小,卵形,深绿色,长4.4cm、宽2.5cm,叶尖短,渐尖,叶基圆形,叶缘锯齿锐尖。花量特大,花中等大,花径6.3mm,中午12点前后蕾裂,为昼开型。

综合评价 树体中等大,干性强,树姿半开张;花量特大,但坐果少,产量低;果中等大,鲜食品质颇佳,出仁率中等,种仁饱满。适应性强,耐旱、耐瘠薄。

5 长卵形晚熟酸枣

Changluanxingwanshusuanzao

别名及分布 别名长果酸枣。分布较广,陕西、河北、山东、安徽诸省常见有野生植株,陕北神木贺家川乡斜塔村有小面积人工栽培。

经济学性状 果实9月中旬着色,9月底至10月上旬采收,生育期115d左右。果实较小,长卵形或长圆形,纵径2.70~2.80cm,横径1.60~1.70cm,侧径1.50~1.60cm,平均果重4.20g,大小不很整齐。果皮厚,褐红色,果肉薄,白绿色,质地粗而松软,汁液中多,味酸甜,制干率高。果核中等大,纺锤形,横径0.80cm,核内都具种子,且多双仁。

植物学性状 树体较高大,树姿略开张。树干灰褐色,皮裂片小,裂纹中深,不易剥落。枣头褐色,生长势较强,节间长5.5~9.0cm。针刺多,且粗长,直刺长2.8~4.0cm,钩刺长0.6~0.7cm。二次枝发育良好,枝形略弯曲,3~8节。壮龄枣股抽生枣吊2~5个。枣吊长9.0~19.0cm,着叶8~10片。叶片较小,卵形,黄绿色,长4.70~4.90cm、宽2.10~2.60cm,叶尖短,先端尖圆,叶基近圆形,叶缘锯齿浅。花量较小,花朵小,淡黄绿色。

综合评价 树体较高大,树姿略开张;结果早,产量中等;果实较小,肉薄,味酸甜,果核多含双仁,成熟期晚,适宜鲜食、制干和仁用。适应性较强,丘陵、川滩、砂质土、壤土和黏壤土上都能生长,但不抗病虫。

6 长椭圆形大果酸枣

Changtuoyuanxingdaguosuanzao

分布 产于安徽淮南上窑林场,数量不多。

经济学性状 果实9月中旬成熟,生育期105d左右。果实大,长椭圆形,侧面略扁,纵径3.60 cm,横径2.60cm,侧径2.40cm,平均果重10.5g,最大13.0g以上。果皮薄,果肉厚,浅绿白色,质地较粗松,纤维较多,汁液少,味甜酸。白熟期含可溶性固形物10.0%。核大,宽梭形,纵径2.60~2.80cm,横径1.00~1.10cm,平均核重1.20g,核蒂短宽,略尖,核尖粗,突尖,长4mm左右,核内都具种子。

植物学性状 树体中等大,树姿半开张,发枝力中等,树冠呈自然圆头形。枣头多直立生长,较粗壮,针刺不发达。枣股圆柱形。叶片中等大,卵状披针形,浅绿色,长4.8~6.2cm、宽2.6~3.0cm。

综合评价 树体中等大,树姿半开张,发枝力中等;产量低;果实大,为野生酸枣中罕见的大果类型,惟肉较粗,汁少,核大,品质中等。较耐瘠薄,忌花期低温、多雨。

7 长圆形小酸枣

Changyuanxingxiaosuanzao

别名及分布 别名磙子酸枣。分布于河北迁安。

经济学性状 果实9月中下旬成熟。果实极小,长椭圆形,平均纵径1.30cm,横径0.80cm,单果重1.20g。果皮红色,果肉硬脆,汁多,味酸甜。果核卵形或椭圆形,平均纵径1.00cm,横径0.60cm,核重0.29g。核内都含种子,双仁率8.90%,果核出仁率23.60%。

植物学性状 树势强,树姿开张。托刺发达,直刺长2cm左右。枣吊细短,平均长11.0cm,着叶9片左右。花小。

综合评价 树势强,树姿开张;丰产;果实极小,果肉汁多,味酸甜,种子饱满,出仁率高,为优良的仁用类型。

8 朝阳麻枣

Chaoyangmazao

别名及分布 别名马枣、圆枣、甜酸枣。分布在辽宁朝阳、凌源、喀左、建昌、北票等地，数量少，零星栽种，为当地栽培较早的由酸枣选出的半栽培型品种。

经济学性状 果实9月上旬成熟，生育期90d左右。果实小，扁圆或圆形，纵径1.80~2.10cm，横径1.70~2.00cm，平均果重3.70g，最大4.40g，大小较整齐。果皮薄，橘红色，果肉绿白色，质地细脆，汁液中等多，味甜酸适口，完熟果含可溶性固形物40.8%，可滴定酸1.37%，鲜食品质中等。果核短，纺锤形或圆形，纵径0.80~1.20cm，横径0.50~0.80cm，核内多含一粒饱满种子。

植物学性状 树体中等大，树姿开张，发枝力中等，树冠呈自然圆头形。树干灰褐色，块状裂纹，皮易剥落。枣头红褐色，平均长55.0cm，节间长6.0cm。针刺发达。壮龄枣股抽生枣吊4~5个。枣吊细，长13.0~15.0cm，着叶9~11片。叶片小，披针形，长3.30cm、宽1.30cm，叶尖渐尖，叶基楔形，叶缘具浅细锯齿。花量较大。

综合评价 树体中等大，树姿开张，发枝力中等；结实早，产量中等；果较小，可食率低，成熟期遇雨不裂果，鲜食品质中等；适应性强。

9 刺酸枣

Cisuanzao

分布 河北易县和赞皇、邢台等县，分布较广，但数量很少。

经济学性状 果实9月下旬至10月上旬成熟，生育期约115d。果实较小，呈倒卵形，果面有明显的不规则凹纹，纵径2.15cm，横径1.85cm，平均果重2.70g。果皮深红色，果肉乳白色，质地细脆，汁液多，味甜酸，可食率85.9%，制干率36.6%，鲜食品质一般。果核较小，倒卵形，有斑块或刺芒状木质突起，纵径1.35cm，横径0.88cm，平均核重0.38g，核含仁率100%，双仁率10.0%，出仁率15.0%。种仁饱满，短卵形或三棱状圆形，纵径6.9mm，横径5.6mm，侧径2.8mm，平均重0.60g。

植物学性状 树体较小，树姿半开张，发枝力中等，圆柱形或自然半圆形。树干棕灰色，粗糙，皮易剥离。枣头红褐色，阳面被覆灰白色蜡质，质地较软，平均长37.3cm，粗0.80cm，节间长5.4cm。针刺发达，直刺粗长直伸，易掰落。二次枝弯曲度140°~160°，平均长18.4cm，4~9节。叶片中等大，卵状披针形，深绿色，长4.90cm、宽2.30cm，叶尖长，渐尖，叶基阔楔形，叶缘锯齿细小，钝浅。花量大，花径5.8mm，为昼开型。

综合评价 树体较小，树姿半开张，发枝力中等；产量中上；果实较小，食用品质一般，种子发育良好，出仁率较高；风土适应性较强。

10 黄皮酸枣

Huangpisuanzao

分布 河北邢台，数量多，为当地的栽培品种。

经济学性状 果实小，长圆形，平均纵径2.10cm，横径1.70cm，干果重1.60g。果皮橘红色，晒干后呈黄色，果肉厚，味甜酸。果实出核率30.8%，出仁率14.8%。种皮紫红色。

植物学性状 树体中大，树势中强，树姿开张。叶片较小，长3.20cm、宽1.40cm。

综合评价 树体中大，树势中强，树姿开张；结果稳定，丰产性强；果实小，可食率低，果核出仁率中等，为良好的仁用品种；适应性强。

11 蓟县麻枣

Jixianmazao

别名及分布 别名大麻枣。产天津蓟县及河北东部，分布很广，数量较多。

经济学性状 果实10月初成熟，果实短椭圆形，纵径2.70cm，横径2.30cm，平均果重7.40g。果皮红褐色，果肉浅绿色，质地松脆，汁液少，味甜酸。果核中等大，近圆形，纵径1.64cm，横径0.75cm。

植物学性状 树体中等大，树势强，多呈自然圆头形。

综合评价 树体中大，树势强；产量较高；果实较大，肉质松脆，甜酸适口，适于鲜食，成熟期晚，为品质较好的鲜食晚熟酸枣资源。

12 鸡心形大酸枣

Jixinxingdasuanzao

别名及分布 别名卵形大酸枣。产于陕西神木万镇界牌村一带，多呈丛生状群落。

经济学性状 果实9月中下旬成熟采收，生育期约100d。果实较大，鸡心形或尖卵形，纵径2.4~2.6cm，横径和侧径1.7~2.0cm，平均果重5.0g左右，大小不整齐。果皮薄，着色前呈黄绿色，后由橙红色转成褐红色。果肉薄，淡黄色，质地细，稍软，汁液多，味酸甜。果核大，短梭形或倒卵形，纵径1.40~1.60cm，横径0.90cm，含仁率100%。

植物学性状 树体中等大，干

性强，树姿开张，树冠呈自然圆头形。树干灰褐色，皮裂纹浅，宽条形，不易剥落。枣头褐色，较细，长50~70cm，节间长7.0~8.0cm。针刺少，直刺长1.8cm左右，钩刺长0.3cm。二次枝3~6节。壮龄枣股抽生枣吊3~6个，枣吊长18.0~23.5cm，着叶13~15片。叶片中等大，披针形，浅绿色，长5.4~6.9cm、宽2.2~2.4cm，叶尖长，渐尖，先端尖圆，叶基阔楔形，叶缘锯齿极浅，细小。

综合评价　树体中大，干性强，树姿开张；结果稳定，产量高；果实较大，肉质细，汁多，味酸甜，不裂果，鲜食品质上等，果核大，多数含种仁；适应性强，对土壤要求不高，对病虫无明显抗性。

13 佳县团酸枣

Jiaxiantuansuanzao

分布　陕西佳县城关镇小会坪。栽培历史悠久，是陕北人工栽培面积最广的酸枣类型，现尚存有树龄300余年的大树，当地多在河滩地上建园栽种，果实销于附近城镇。

经济学性状　果实9月中旬成熟，生育期95d左右。果实较小，碗子形，纵径2.60cm，横径2.00cm，侧径1.90cm，平均果重5.2g，大小不整齐。果皮中等厚，着色前呈黄绿色，着色后转呈褐红色，果肉薄，白绿色，质粗，松软，汁液中多，味酸甜，可食率91.4%。果核较小，尖椭圆形，横径0.70cm，核重0.45g左右，核壳厚硬，含仁率100%。

植物学性状　树体较高大，树姿直立，主枝开张，树冠呈自然圆锥形。树干灰褐色、栓皮裂纹浅，裂片小，不易剥落。枣头褐色，长50~70cm，粗0.80cm左右，节间长5.0~9.0cm。针刺发达，直刺长3.6~3.8cm，钩刺长0.5~0.7cm。二次枝枝形较直，2~6节。壮龄枣股抽生枣吊2~6个，枣吊长16.0~17.0cm，着叶11~12片，枣吊无刺。叶片中等大，卵状披针形，深绿色，长6.0~6.5cm、宽3.7~3.8cm，叶尖尖圆，叶基圆，叶缘波状，锯齿大。花量大，花朵小。

综合评价　树体较高大，树姿直立，主枝开张；结果龄期较早，产量中等、稳定；果实较小，品质中上，可鲜食和制干、仁用；适应性强，耐旱，耐寒、耐瘠薄，在砂质土、粉砂壤土、黄绵土上均能生长，寿命长。

14 锦西大酸枣

Jinxidasuanzao

分布　分布辽宁锦西虹螺舰、石灰窑子、张相公村等地，为当地农民从野生酸枣选出的半栽培品种，栽培历史较长。

经济学性状　果实9月下旬采收，生育期110d左右。果实近圆形，平均果重6.00~7.00g，大小较整齐。果皮深红色，果肉细脆，汁液多，味酸甜，可食率94.5%。果核小，圆形，纵横径0.60cm，平均核重0.30g。核内含有1~2粒种子。

植物学性状　树体中等大，树姿开张，枝叶稠密，树冠多呈自然圆头形。树干浅灰褐色，皮裂纹呈不规则纵条形。枣头灰绿色，较细。针刺发达，不易脱落。二次枝弯曲度小。枣股可持续开花结果6年左右。枣吊长16.0cm，节间长1.0~2.0cm，着叶9~11片。叶片中等大，长卵形，绿色，叶尖渐尖，叶基圆形，叶缘具不规则锯齿。花量大，花径4.0mm，初开花蜜盘淡黄色。

综合评价　树体中等大，树姿开张，枝叶稠密；结果龄期较早，产量不稳定；果实中等偏小，肉细汁多味酸甜，鲜食品质中上等，可作鲜食和仁用栽培；适应性极强，尤耐干旱、瘠薄。

15 卵圆形小酸枣

Luanyuanxingxiaosuanzao

分布　分布较广，标本树位于陕西佳县和山西襄汾。

经济学性状　果实9月底至10月上旬成熟，生育期约115d。果实极小，卵圆形，纵径1.1~1.5cm，横径0.9~1.2cm。单果重0.6~1.2g。果皮褐红色，果肉薄，质地粗松，味酸。果核小，卵圆形或长圆形，纵径1.0~1.2cm，横径0.6~0.8cm，侧面略扁，平均核重0.27g，核内都具1~2粒种子，含仁率100%，果核出仁率23.9%。

植物学性状　树体为矮小灌木。枣头紫褐色，长20.0~30.0cm，平均节间长2.9cm，最长4.2cm。针刺发达，直刺长0.6~3.0cm。二次枝3~11节。枣股一般抽生枣吊2~3个。枣吊长4.8~11.2cm，着叶7~15片。叶片小，长卵形，绿色，长2.0~2.2cm、宽1.1~1.3cm，叶尖圆钝，叶基圆，叶缘锯齿细小，锐或钝。

综合评价　树体矮小；坐果稳定，极丰产；果实小，味酸，果核都含种子，出仁率很高，为优良的仁用类型；适应性强，耐瘠薄。

16 米酸枣

Misuanzao

分布　河北邢台、滦平和陕西铜川等地。

经济学性状　果实特小，圆形，平均纵径0.71cm，横径0.70cm，单果重约0.40g。果皮棕黄色，果肉薄，汁液少，味淡。果核近圆形，具两条对称的纵沟，平均纵径 0.42cm，横径 0.40cm，侧径 0.34cm，核内都具种子，含仁率 100%，双仁率 33.0%。种子饱满，棕色，椭圆形，纵径 0.35cm，横径 0.32cm，侧径 0.22cm。

植物学性状　树体矮小，呈灌木或小乔木状。枣头细弱，枣吊长约 11cm。叶片甚小，卵形或披针形，长 2.20cm、宽 1.10cm，叶尖渐尖，叶基楔形或亚心形。

综合评价　树体矮小，生长势较弱；果实特小，成熟期早，都含种子。

17 砂酸枣

Shasuanzao

分布　河北赞皇。

经济学性状　果实成熟较晚。果实小，不规则圆形，平均纵径 1.81cm，横径 1.75cm，单果重 2.80g。果皮深红色，果肉厚，味甜微酸，含形状不规则的木质颗粒。果核大，短圆锥形，顶端平圆，先端具尖凸，平均纵径 1.10cm，横径 1.05cm，核内都具种子，双仁率 33.3%。种子饱满，深棕色，扁圆形，平均纵径 0.75cm，横径 0.65cm，侧径 0.30cm。

植物学性状　树体中等大，树姿半开张。枣吊平均长 16.5cm。叶片较小，浅绿色，长椭圆形或卵形，叶长 4.10cm，叶宽 2.10cm，叶尖渐尖，叶基楔形或圆形，叶缘锯齿中深。

综合评价　树体中等大，树姿半开张；较丰产；果实小，果肉多木质化颗粒，不堪食用，种子饱满，出仁率较高，可以仁用；适应性一般。

18 宿萼早熟酸枣

Su' ezaoshusuanzao

别名及分布　别名泥河沟团酸枣。产于陕西佳县朱家坬乡泥河沟村，仅发现数株，是酸枣中少见的类型。

经济学性状　果实 8 月中旬着色，下旬采收，生育期 80d 左右。果实小，长圆形或卵圆形，纵径 1.6~2.1cm，横径 1.2~1.7cm，平均果重 1.5~2.4g，大小较整齐。梗洼周围常有 3~5 个萼片宿存。果皮薄，褐红色，果肉薄，乳白色，或浅绿色，质地细，较疏松，汁液中多，味酸甜。果核中等大，纺锤形或卵圆形，侧向略扁，横径 7.0mm，核蒂短，月牙形，核尖长 1.0~2.0mm，先端尖锐，含仁率 70%。

植物学性状　树体较高大，树姿开张，树冠呈自然圆头形。树干浅灰褐色，皮裂纹深，条块状，不易剥落。枣头红褐色，节间长 5.5~7.5cm。二次枝枝形弯曲，3~7 节，枝梢越冬后多干枯。针刺多，直针长 2.20cm。壮龄枣股抽生枣吊 3~5 个，枣吊长 5.0~18.0cm，着叶 6~13 片。叶片较小，卵状披针形，黄绿色，长 4.1~5.0cm、宽 1.9~2.4cm，叶尖长，先端尖圆，叶基宽楔形，罕见圆形，叶缘锯齿浅钝匀密。

综合评价　树体较高大，树姿开张；成熟期较早，产量低；果实小，部分萼片宿存，果肉薄，无栽培价值；适应性强。

19 甜溜溜

Tianliuliu

别名及分布　别名大酸枣、大溜溜。分布于河北唐县、赞皇和北京市郊等地。数量不多，常为农家栽种院内。

经济学性状　果实 9 月上旬成熟采收，生育期 90~95d。果实中等大，近圆形，纵径 2.4~3.1cm，横径 2.1~2.8cm，平均果重 4.0g。果皮较厚，紫红色，果肉较厚，浅黄色，质地较松，汁液中等，酸甜浓郁。果核纺锤形，纵径 1.70cm，横径 0.90cm，核内多数具有种子，含仁率 86.0%。

植物学性状　树体高大，干性较强，树姿半开张，树冠呈自然圆头形。树干浅灰黑色，皮裂纹深，呈较整齐的短片状，不易剥落。枣头紫褐色，略弯曲。枣股一般抽生枣吊 4、5 个。叶片大，椭圆形，叶面平展，深绿色，长 7.8cm、宽 4.7cm，叶尖较长，圆或尖圆，叶基亚心形，叶缘锯齿粗大，不整齐。

综合评价　树体高大，干性较强，树姿半开张；结果较早，丰产；果实中等大，质较松，汁中多，酸甜味浓，宜鲜食，品质中等，综合性状较好，可用作育种材料；适应性强，抗风，耐旱涝，耐瘠薄。

20 脱刺酸枣

Tuocisuanzao

分布　河北赞皇。

经济学性状　果实 9 月中下旬成熟。果实小，尖卵形，纵径 1.87cm，横径 1.25cm，平均果重 2.40g。果皮棕红色，果肉较薄，质地稍脆，汁少多渣，味酸略苦，可食率 84.8%，制干率 56.0%。果核较大，锥形，核尖端尖凸，纵径 1.58cm，横径 0.85cm，平均核重 0.36g，核内都具种子，双仁者约占 5%。种仁饱满，红棕色，纵径 0.71cm，横径 0.55cm，侧径 0.29cm，平均粒重 0.04g。

植物学性状　树体小，干性弱，树姿较开张。树干黑灰色，粗糙，皮易剥落。枣头棕褐色，略弯曲，平均长 58.2cm，节间长 8.5cm。针刺细弱，当年自然脱落。二次枝斜上生长，弯曲度 150°~160°，平均长 30.9cm，4~10 节。叶片中等大，卵状披针形，浅绿色，长4.8cm、叶宽2.0cm，叶尖渐尖，叶基楔形，叶缘锯齿钝粗。花量大，蕾径2.5mm，为夜开型。

综合评价　树体小，干性弱，树姿较开张；结果稳定，较丰产；果实较小，肉薄味酸多渣，食用价值不大，果核都具饱满种子，出仁率中等；适应性一般。

21 椭圆甜酸枣

Tuoyuantiansuanzao

别名及分布　别名神木甜酸枣、冰糖酸枣。分布较广，北方酸枣产区常见，多零星生长，标本树位于陕西神木贺家川乡刘家坡村。

经济学性状　果实9月中旬成熟采收，生育期95d左右。果实中等大，长圆形，纵径2.0~2.5cm，横径1.7~2.2cm，侧径1.6~1.9cm，平均果重4.5g，大小不整齐。果皮中等厚，褐红色，果肉较厚，绿白色，质细，致密，汁液多，味甜，无异味。果核中等大，纺锤形，含仁率50.0%。

植物学性状　树体高大，树姿较开张，树冠呈圆锥形。树干灰褐色，皮裂片小，裂纹中等深，不易剥落。枣头褐色，长50~70cm，粗0.7~0.9cm，节间长5.0~7.5cm。针刺多而发达，直刺长2.8~3.8cm。二次枝弯曲，2~11节。枣股一般抽生枣吊3~5个。枣吊长19.0~20.0cm，着叶9~12片。叶片大，卵状披针形，长5.7~6.9cm、宽2.9~3.0cm，叶尖渐尖，先端尖，叶基圆形，叶缘具锯齿，齿尖圆钝。

综合评价　树体高大，树姿较开张；结果稳定；果实中等大，果肉较厚，质细汁多，味甜，不裂果，制干率低，鲜食品质优良；适应性强，耐旱，耐寒，适土性广，但抗病虫性能较差。

22 小酸酸枣

Xiaosuansuanzao

分布　分布广泛，常见于陕西、山西、河北、山东、河南诸省，以及皖北、辽西等酸枣产区，多零星散生，标本树位于陕西佳县峪口乡和山西襄汾。

经济学性状　果实9月上中旬成熟采收，生育期约90d。果实小，近圆形，纵横径0.9~1.2cm，平均果重1.50g，大小不整齐。果皮厚，褐红色，果肉薄，绿白色，质地较细，稍松软，汁少，味酸。果核较小，圆形或椭圆形，纵径0.80~1.10cm，横径0.80cm左右。核纹细。核内含种子1、2个，含仁率100%。

植物学性状　树体中等大，主干强健，侧枝发育较弱，树姿开张，树冠呈圆锥形，枝系较紊乱。树干灰褐色，皮裂纹中深。条片状，不易剥落。枣头长30.0~50.0cm，针刺多，较发达，直刺长2.3~2.7cm，钩刺长0.4~0.5cm。枣股抽生枣吊2~5个。枣吊细短，长9.5~10.5cm，着叶15~17片。叶片极小，卵圆形，深绿色，长1.8~2.0cm、宽0.9~1.0cm，叶尖短，先端尖圆，叶基圆形，叶缘锯齿整齐浅细，齿角圆。

综合评价　树体中等大，干性强，树姿开张；产量低；果小，肉质较细，少汁，酸味重，鲜食品质差，制干率低，果核都具种子；适应性强，对土壤要求不高，耐旱，耐寒，耐瘠薄。

23 新郑甜酸枣

Xinzhengtiansuanzao

分布　分布于河南新郑孟庄乡，数量少，多零星栽植。栽培历史悠久，是当地从野生酸枣中选出经过长期栽培形成的半栽培品种。

经济学性状　果实9月下旬成熟采收，生育期110d左右。果实中等大，圆形，平均果重3.20g，大小较整齐。果皮橙红色，果肉绿白色，质地硬，汁液少，味甜酸。含可溶性固形物29.8%，可食率90.2%，制干率46.0%。果核小，纺锤形，平均核重0.32g，核内多数有饱满的种子。

植物学性状　树体较大，干性较强，树姿开张，树冠呈自然圆头形。树干灰褐色，裂纹深，皮不易剥落。枣头红褐色，较细弱。针刺发达，不易剥落。枣股较小，可持续开花结果8~10年。枣吊平均长14.0cm，着叶10片。叶片较小，长卵形，浅绿色，长4.30cm、宽2.20cm，叶尖渐尖，叶缘有较整齐的浅小锯齿。花量大，花径6.0mm，初开花蜜盘黄色。

综合评价　树体较大，干性较强，树姿开张；结果早，丰产；果实小，肉质粗硬，味甜酸，成熟期遇雨不裂果，可制干；该品种适应性强，耐旱，耐瘠，较抗病虫。

24 亚葫芦酸枣

Yahulusuanzao

分布　河北邢台。

经济学性状　果实小，亚葫芦形。平均纵径2.00cm，横径1.40cm，单果重2.00g。果皮紫红色，果肉黄白色，味甜。核短梭形，鲜枣出核率34.1%，果核出仁率14.0%。

植物学性状　树势中强，树姿开张。叶片较小，叶长4.00cm，叶宽2.00cm。

综合评价　树势中强，树姿开张；果实小，亚葫芦形，出仁率低。

25 颜吉山大酸枣

Yanjishandasuanzao

别名及分布 别名大酸枣。产于山东滕州东沙河乡颜吉山村，零星栽于丘陵地边和农家院内，数量不多。

经济学性状 果实9月上、中旬成熟。果实中等大，长椭圆形或鸡心形，纵径2.1~2.3cm，横径1.5~1.7cm，平均果重3.50g，大小整齐。果皮较薄，深橙红色，果肉绿白色，质地细脆，汁液中等，味甜酸。干枣肉较薄，品质中等。果核中等大，纺锤形，纵径1.60cm，横径0.70cm，平均核重0.49g，核内多数具1粒饱满种子。

植物学性状 树体中等大，树势较强，发枝力强，树姿开张，树冠呈自然半圆形或圆头形。树干灰褐色，皮裂纹呈不规则的宽条状，较易剥落。枣头黄褐色或浅棕黄色，枝面少光泽，很少灰白色的浮皮，有明显的纵条状曲折延伸凹凸不平的流水纹，节间长4.0~9.0cm。针刺发达，直刺长0.6~2.8cm。一年生基枝抽生的枣吊，部分节位的托叶，也呈针刺状，长2mm左右。枣股抽生枣吊3~5个。枣吊长18.0~24.0cm，着叶9~12片。叶片较小，卵状披针形，深绿色，长4.2~4.8cm、宽1.7~2.0cm，叶尖渐尖，先端尖圆，中脉先端呈突尖状伸出叶面，叶基圆形，叶缘锯齿浅细。

综合评价 树体中等大，树势较强，发枝力强，树姿开张；结果性能良好，产量较高；果实中等大，果皮较薄，肉质细脆，甜酸可口，鲜食品质中上，制干品质中等；适应性强，耐旱、耐瘠薄，抗枣疯病能力突出，与枣栽培品种嫁接亲合良好，不影响接穗长势。

26 永城甜酸枣

Yongchengtiansuanzao

分布 产于河南永城陈官庄带，零星栽植，为当地由野生酸枣选出的半栽培品种。

经济学性状 果实9月初开始成熟，生育期85d左右。果实中等大，倒锥形，纵径2.50cm，横径1.80cm，平均果重3.50g，大小较整齐。果皮紫红色，果肉浅绿色，质地致密，汁液中等多，可食率90.0%。果核较小，纺锤形，平均核重0.35g，核内含有种子2粒，1粒饱满，1粒较瘪。

植物学性状 树体较大，干性强，树姿半开张，树冠呈自然圆头形。树干灰黑色，皮裂纹深，纵条状，不易剥落。枣头紫褐色，平均长139.0cm，节间长14.0cm。针刺退化，细短早落。二次枝12节，结果有效节数7节。壮龄枣股抽生枣吊5个。枣吊粗长，一般长21.0cm，着叶12片。叶片小，卵圆形，深绿色，长3.2cm、宽2.3cm，叶尖渐尖，先端尖圆，叶基广楔形，叶缘波状，锯齿浅小。花量中等。

综合评价 树体较大，干性强，树姿半开张；较丰产；果实小，采前落果轻，遇雨易裂果，肉质细脆多汁，味甜酸可口，鲜食品质中上等；适应性较强。

27 圆果大酸枣

Yuanguodasuanzao

别名及分布 别名老虎眼、小牛眼酸枣、圆果酸枣。分布广，陕西北部、河北东部、山东中南部酸枣产区常见有零星野生植株，北京市近郊农民，常引栽于宅院内外。标本树位于陕北吴堡丁家湾乡薛家港村。

经济学性状 果实10月上、中旬成熟采收，生育期115d左右。果实中等大，圆形或近圆形，纵径1.5~2.1cm，横径1.4~2.2cm，平均果重4.40g，大小较整齐。果皮较厚，着色前为黄绿色，后呈褐红色，果肉白绿色，质地松脆，略粗，汁液少，味甜酸。果核较大，圆形或短椭圆形，纵径1.60cm，横径1.10cm，平均核重0.69g，核内多数含有种子。

植物学性状 树体呈小乔木或乔木，干性较弱，树姿开张，枝叶较稀，树冠呈自然半圆形。树干深褐色，皮裂纹浅，呈不规则宽条片状，容易剥落。枣头红褐色，节间长6.0cm左右。针刺较发达，直刺长1.9cm左右，二次枝发育良好。枣股中等大，寿命5~7年。枣吊长14.0~16.0cm，着叶15~19片。叶片较小，卵状披针形，绿色或深绿色，长2.8~4.5cm、宽1.6~2.1cm，叶尖长，尖圆，叶基圆形，叶缘锯齿浅小。花量中大，花径小。

综合评价 干性较弱，树姿开张，枝叶较稀；丰产、稳产；果实中等大，肉质较松脆，为优良晚熟鲜食酸枣品种；适应性强，耐旱，耐寒，耐瘠薄。

28 圆果晚熟大酸枣

Yuanguowanshudasuanzao

别名及分布 别名牛眼睛酸枣。产于陕西吴堡丁家湾乡薛家港村，为当地农民从野生酸枣中选出的优良酸枣品种。

经济学性状 果实9月底成熟采收，生育期105d左右。果实较大，圆形，纵径、横径均为2.3~2.4cm，平均果重6.00g，大小整齐。果皮薄，深红色，果肉厚，淡绿色，质地细脆，汁液较多。果核小，长卵圆形，纵径0.8~1.0cm，横径0.5~0.6cm，平均核重0.30g，核内都具种子，含仁率100%。

植物学性状 树体较小，树姿半开张，树冠呈圆头形。针刺发达，直刺长2.4cm左右，多年不落。枣吊长14.6~23.0cm，着叶11~17片。叶片小，卵状披针形，叶长2.4~3.9cm，叶宽1.2~1.8cm。花量中等，花径小。

综合评价 树体较小，树姿半开张；结果早，丰产；果实大，肉质细脆，酸甜可口，鲜食品质优良；适应性很强，耐旱，耐寒，耐瘠薄，在黄绵土、粉砂壤土上表现最佳。

29 圆果早熟大酸枣

Yuanguozaoshudasuanzao

别名及分布 别名婆枣酸。产于河北沧县小垛子村。数量极少。

经济学性状 果实8月上旬成熟，发育期仅65d左右。果实中等大，近圆形，纵径2.20cm，横径2.00cm，平均果重4.50g，最大5.90g，大小不整齐。果皮厚，紫红色，果肉薄，浅绿色，质地松，汁少，味酸。果核椭圆形，纵径1.21cm，横径0.69cm，平均核重0.32g，核内具型大饱满的种子，含仁率100%。

植物学性状 树体中等大，干性与发枝力均强，枣头多直立生长，树冠呈自然圆锥形。树干灰褐色，皮裂纹浅细，裂片小，易剥落。枣头紫红色。枣股一般抽生枣吊4、5个。枣吊短小，长7.5~14.5cm，着叶7~16片。叶片小，卵圆形，深绿色，长2.90cm、宽2.30cm，叶尖圆，先端略凹入，叶基圆或广楔形，叶缘锯齿细小。

综合评价 树体中等大，干性与发枝力均强；产量较低；果实中等大，果肉薄，质地松，宜鲜食，品质中等；适土性极强，耐旱、耐盐碱。

30 圆形大果酸枣

Yuanxingdaguosuanzao

分布 产于山东泰沂山区的枣庄市山亭区沈庄。数量很少，零星栽于农家院内，偶尔也混杂栽种在梯田枣行中，为当地原有的半栽培类型酸枣。

经济学性状 果实9月中下旬成熟，生育期约110d。果实较大，近圆形或短椭圆形，外形和果肉性状近似栽培品种扁核酸，纵径2.40cm，横径2.3~2.4cm，平均果重6.8g，最大8.0g，大小不整齐。果皮较厚，红色，果肉粗松，汁液少，酸甜味较浓。白熟期含可溶性固形物16.4%。果核较大，椭圆形，两端突起，稍尖，纵径1.40cm。横径0.80cm，平均核重0.75g，核内多具1粒饱满的种子。

植物学性状 树体中等大，树姿半开张，枝叶密度中等，树冠呈自然圆头形。树干灰褐色，皮裂纹较浅，宽条状，较易剥落。枣头褐色，较硬，多直立生长。针刺一般，直刺长1.20~1.50cm。枣股圆柱形。枣吊较短，长12.0~17.0cm，着叶7~10枚。叶片大，卵圆形，绿色，长5.4~6.2cm、宽2.8~3.0cm，叶尖短，渐尖，叶基近圆形，叶缘平，锯齿较大。

综合评价 树体中等大，树姿半开张，枝叶密度中等；坐果稳定；果实较大，肉质粗松，少汁，可鲜食和制干，品质中等；适应性较强，较耐瘠薄。

31 圆形小酸枣

Yuanxingxiaosuanzao

别名及分布 别名圆酸枣。分布广，陕西、河北、山东、安徽、辽宁等省酸枣产区常见其零星野生植株，样本树位于陕西佳县峪口乡白云山庙院内。

经济学性状 果实9月下旬成熟，生育期约105d。果实小，圆形，纵径1.7~1.8cm，横径1.6~1.7cm，平均果重2.50g，大小不很整齐。果皮较厚，褐红色，果肉薄，绿白色，质粗松，汁液中等，味酸甜，可食率71.0%。果核中等大，圆形或短卵圆形，横径0.60cm，含仁率100%。

植物学性状 树体小，树姿下垂，主枝开张角85°左右，树冠呈自然圆头形。树干灰褐色，皮裂片小，裂纹浅，容易剥落。枣头褐色，长40~70cm，节间长5.5~7.0cm。针刺极发达，直刺长3.1~3.8cm，钩刺长0.6~0.8cm。二次枝枝形略弯，4~10节。枣股小，抽生枣吊3~5个。枣吊长18.0~19.0cm，着叶14~18片。枣吊上的托叶呈针刺状。叶片小，卵状披针形，深绿色，长2.0~4.3cm、宽1.7~2.5cm，叶尖先端尖圆，叶基近圆形，叶缘锯齿浅细，齿角钝圆。花量中等，花径小。

综合评价 树体小，树姿下垂，主枝开张；果实小，肉质粗松，味酸甜，鲜食品质不佳，制干率低，果核都具种子，可作砧木资源利用；适应性强，耐旱，耐寒，耐瘠薄。

32 竹竿酸枣

Zhugansuanzao

分布 河北赞皇。

经济学性状 果实9月中旬成熟，生育期约100d。果实较小，椭圆形，纵径1.82cm，横径1.66cm，平均果重2.95g。果皮紫红色，果肉较厚，质地粗松，汁液多，味酸。可食率85.1%，制干率41.0%。果核较大，短倒卵形，纵径1.41cm，横径0.84cm，平均核重0.44g，含仁率100%，出仁率14.40%。种子饱满，棕色，卵形或椭圆形。

植物学性状 树体高大，干性极强，树冠呈圆柱形。树干深灰色，裂纹宽，较浅，容易剥落。枣头暗棕色，阳面被覆灰白色蜡质，平均长33.0cm，节间8.7cm。针刺不发达。二次枝平均长23.8cm，5~7节，弯曲度150°~155°。枣吊平均长21.1cm。叶片较小，卵状披针形，绿色，长4.90cm、宽2.00cm，叶尖渐尖，先端尖圆，叶基阔楔形或圆形，叶缘锯齿粗深。花量大，花径6.40mm，为夜开型。

综合评价 树体高大，干性极强；结实力强，易丰产；果实较小，鲜食品质中上等，含仁率高，种子饱满，可仁用和鲜食；风土适应性强。

33 紫蕾酸枣

Zileisuanzao

分布 河北赞皇。

经济学性状 果实9月中下旬成熟。果实小，短圆柱形或扁圆形，纵径1.54cm，横径1.71cm，平均果重1.80g。果皮紫红色，果肉较厚，质地细脆，汁液较多，味甜酸，可食率84.8%。果核小，短倒卵形，纵径1.01cm，横径0.88cm，平均核重0.27g，核内都具种子，双仁者占13.3%，出仁率18.5%。种子饱满，棕黄色，短倒卵形，平均重0.05g。

植物学性状 树体矮小，树姿开张，树冠呈自然半圆形。树干黑灰色，较粗糙，皮易剥落。枣头褐色。针刺较发达，不易掰落。枣吊初为紫绿色，后转呈绿色。花蕾浅紫褐色，白昼开裂。

综合评价 树体矮小，树姿开张；花蕾浅紫褐色，果实小，色泽艳丽美观，果肉细脆汁多，味甜酸，果核都含种子，出仁率较高，适于鲜食、仁用和观赏。

三、河北农业大学新选出的优异酸枣类型

34 北奇1号

Beiqi 1

原产河北满城，为高酸优异类型。果实椭圆形，纵径1.34 cm，横径1.10cm，平均果重0.91g。果肉含可溶性糖9.86 %，可滴定酸5.56%，糖酸比为1.8，Vc 862mg/100g • FW，可食率为80.4%。果核纵径0.92cm，横径0.59cm，平均核重0.18g，果核含仁率100%。千仁重38.3g。丰产，果吊比达1.22。

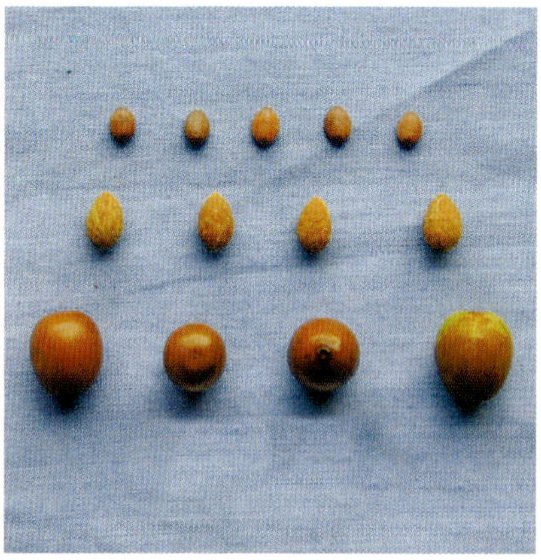

图8-14 ‘北奇1号’果实、果核和种仁

Figure 8-14 Fruit, stone and kernel of sour jujube ‘Beiqi 1’

35 北奇2号

Beiqi 2

原产河北满城，为高酸优异类型。果肉含可溶性糖12.43%，可滴定酸5.34%，糖酸比为2.3，Vc 886mg/100g • FW。丰产。

36 北奇8号

Beiqi 8

原产河北满城，为高酸优异类型。果肉含可溶性糖12.86%，可滴定酸5.18%，糖酸比为2.5，Vc 866mg/100g • FW。丰产。

37 佳县1号

Jiaxian 1

原产陕西佳县，为优异的药用类型。果核纵径0.96cm，横径0.78cm，平均核重0.29g，含仁率99%。仁纵径0.65cm，横径0.60cm，仁厚度0.31cm，千仁重67.0g。种仁含黄酮1.9%，皂甙0.94‰。丰产，果吊比达1.24。

38 米脂2号

Mizhi 2

原产陕西米脂，为高糖、高酸的优异类型。果实圆形，纵径1.41cm，横径1.34cm，平均果重1.28g。果肉含多糖2.44%，可溶性糖19.5%，可滴定酸6.33%，糖酸比为3.1，Vc 322mg/100g • FW，可食率78.0%。果核纵径1.09cm，横径0.78cm，平均核重0.28g，含仁率100%。千仁重52.0g。种仁含黄酮2.3%，皂甙0.59‰。丰产，果吊比达1.04。

39 邢台0601

Xingtai 0601

原产河北邢台县东川口村，为高Vc优异类型。果实椭圆形，纵径2.06cm，横径1.71cm，平均果重3.43g。可食率为91.0%。果肉含多糖1.53%，可溶性糖15.1%，可滴定酸3.06%，

糖酸比为4.8，Vc 1047mg/100g·FW。果核纵径1.31cm，横径0.71cm，平均核重0.31g，含仁率100%。千仁重60.3g。种仁含黄酮1.6%，皂甙0.44‰。丰产，果吊比达0.93。

图8-16 ‘邢台0604’结果状

Figure 8-16 Bearing status of sour jujube ‘Xingtai 0604’

40 邢台0602

Xingtai 0602

原产河北邢台县东川口村，为高Vc、鲜食、药用兼宜的优异类型。果实圆形，纵径1.82cm，横径1.88cm，平均果重3.02g。可食率88.9%。果肉含多糖0.89%，可溶性糖15.1%，可滴定酸2.36%，糖酸比为6.4，Vc 1291mg/100g·FW。果核纵径1.18cm，横径0.85cm，平均核重0.34g。果核含仁率100%，千仁重70.9g。种仁含黄酮1.9%，皂甙0.56‰。丰产，果吊比达0.71。

41 邢台0604

Xingtai 0604

原产河北邢台，为优异鲜食类型。果实近圆形，纵径2.01cm，横径2.26cm，平均果重4.4g。可食率为90.9%。果肉含多糖0.58%，可溶性糖16.1%，可滴定酸0.34%，糖酸比为47.4，Vc 246mg/100g·FW。果核纵径1.34cm，横径1.00cm，平均核重0.40g，果核含仁率100%。千仁重65.5g。种仁含黄酮2.4%，皂甙0.48‰。较丰产，果吊比达0.57。

图8-18 ‘邢台0607’结果状

Figure 8-18 Bearing status of sour jujube ‘Xingtai 0607’

42 邢台0607

Xingtai 0607

原产河北邢台，为优异药用类型。果实近圆形，纵径1.67cm，横径1.48cm，平均果重2.19g。果肉可溶性糖11.9%，可滴定酸2.48%，糖酸比为4.8，Vc 859mg/100g·FW，可食率81.4%。果核纵径1.27cm，横径0.87cm，平均核重0.41g，含仁率97%。仁纵径0.80cm，横径0.65cm，仁厚度0.27cm，千仁重69.5g。种仁含黄酮3.2%，皂甙0.83‰。丰产，果吊比达1.21。

图8-19 ‘邢台0607’树形

Figure 8-19 Tree form of sour jujube ‘Xingtai 0607’

图8-15 ‘邢台0604’果实形状

Figure 8-15 Fruit shape of sour jujube ‘Xingtai 0604’

图8-17 ‘邢台0607’果实形状

Figure 8-17 Fruit shape of sour jujube ‘Xingtai 0607’

54 邢台 33 号

Xingtai 33

原产河北邢台县东川口，为高糖优异类型。果实圆形，纵径1.82cm，横径1.86cm，平均果重3.30g。果肉含多糖9.38%，可溶性糖24.8%，可滴定酸1.15%，糖酸比为21.6，Vc 624mg/100g • FW，可食率为85.3%。果核纵径1.23cm，横径0.87cm，平均核重0.49g，含仁率100%。千仁重69.5g。

55 邢台 6 号

Xingtai 6

原产河北邢台，为高糖优异类型。果实近圆形，纵径1.96cm，横径1.71cm，平均果重2.99g。果肉含多糖12.8%，可溶性糖22.9%，可滴定酸1.19%，糖酸比为19.3，Vc 549mg/100g • FW，可食率为83.8%。果核纵径1.40cm，横径0.86cm，平均核重0.486g。千仁重66.8g。

56 邢台 Y0602

Xingtai Y0602

原产河北邢台，为高糖、优异的鲜食类型。果实圆形，纵径1.67cm，横径1.64cm，平均果重4.17g。果肉含多糖0.54%，可溶性糖22.5%，可滴定酸0.75%，糖酸比为30.0，Vc 513mg/100g • FW，可食率为90.3%。果核纵径1.36cm，横径1.04cm，平均核重0.40g，含仁率94%，千仁重65.9g。种仁含黄酮2.0%，皂甙含量0.49‰。丰产，果吊比达0.84。

图 8-28 ‘邢台 Y0602’ 果实形状

Figure 8-28 Fruit shape of sour jujube ‘Xingtai Y0602’

图 8-27 ‘邢台 6 号’ 果实、果核和种仁

Figure 8-27 Fruit, stone and kernel of sour jujube ‘Xintai 6’

57 延安 A1

Yan' an A1

原产陕西延安，为高糖，鲜食、药用兼宜的优异类型。果实圆形，纵径1.94cm，横径1.89cm，平均果重3.92g。果肉含多糖1.25%，可溶性糖24.6%，可滴定酸1.21%，糖酸比为20.3，Vc 357mg/100g • FW，可食率为89.3%。果核纵径1.38cm，横径0.87cm，平均核重0.42g，含仁率98%。千仁重84.6g。种仁含黄酮1.9%，皂甙0.62‰。较丰产，果吊比达0.53。

58 延长 0 号

Yanchang 0

原产陕西延长，为高糖，鲜食、药用兼宜的优异类型。果实近圆形，纵径 1.56cm，横径 1.62cm，平均果重 2.19g。果肉含多糖 2.18%，可溶性糖 22.6%，可滴定酸 3.63%，糖酸比为 6.2，Vc 602 mg/100g • FW，可食率 84.5%。果核圆形，纵径 1.16cm，横径 1.13cm，平均核重 0.34g，含仁率 98%，双仁率 9%。仁纵径 0.74cm，横径 0.65cm，厚度 0.28cm，千仁重 69.7g。种仁含黄酮 2.2%，皂甙 0.68‰。丰产，果吊比达 1.02。

图 8-29 ‘延长 0 号’果实形状

Figure 8-29 Fruit shape of sour jujube ‘Yanchang 0’

59 延长 13 号

Yanchang 13

原产陕西延长，为高酸的优异类型。果实圆形，纵径 1.48cm，横径 1.38cm，平均果重 1.27g。果肉含多糖 1.12%，可溶性糖 17.7%，可滴定酸 5.09%，糖酸比为 3.5，Vc 676mg/100g • FW，可食率 79.0%。果核纵径 1.13cm，横径 0.81cm，平均核重 0.27g，含仁率 97%。千仁重 38.7g。种仁含黄酮 1.3%，皂甙 0.27‰。丰产，果吊比达 1.13。

图 8-30 ‘延长 13 号’果实形状

Figure 8-30 Fruit shape of sour jujube ‘Yanchang 13’

60 延长 1 号

Yanchang 1

原产陕西延长，为大果，高糖，鲜食、药用兼宜的优异类型。果实圆形，纵径 2.36cm，横径 2.23cm，平均果重 6.33g。可食率为 91.7%。果核纵径 1.56cm，横径 0.92cm，平均核重 0.52g，含仁率 91%。千仁重 79.30g。种仁含黄酮 1.8%，皂甙 0.43‰。丰产，果吊比达 0.60。

61 延长 3 号

Yanchang 3

原产陕西延长，为高糖、高酸的优异类型。果实近圆形，纵径 1.39cm，横径 1.20cm，平均果重 0.97g。果肉含多糖 1.03%，可溶性糖 26.4%，可滴定酸 5.07%，糖酸比为 5.2，Vc 256mg/100g • FW，可食率为 73.4%。果核纵径 1.03cm，横径 0.77cm，平均核重 0.26g，含仁率 96%。千仁重 51.2g。种仁含黄酮 0.93%，皂甙 0.29‰。丰产，果吊比达 1.47。

62 延长 7 号

Yanchang 7

原产陕西延长，为高酸优异类型。果实圆形，纵径 1.48cm，横径 1.45cm，平均果重 1.53g。果肉含多糖 2.75%，可溶性糖 13.8%，可滴定酸 5.04%，糖酸比为 2.7，Vc 303mg/100g • FW，可食率 73.1%。果核纵径 1.12cm，横径 0.90cm，平均核重 0.41g，含仁率 97%。千仁重 63.4g。种仁含黄酮 1.0%，皂甙 0.25‰。丰产，果吊比达 1.11。

63 资源圃 11 号

Ziyuanpu 11

采自河北农业大学酸枣资源圃，为高酸优异类型。果肉可溶性糖 16.2%，可滴定酸 5.13%，糖酸比为 3.2，Vc 566mg/100g • FW。丰产。

64 资源圃 17 号

Ziyuanpu 17

采自河北农业大学酸枣资源圃，为高酸优异类型。果肉含可溶性糖 15.87%，可滴定酸 5.20%，糖酸比为 3.1，Vc 740mg/100g • FW。丰产。

65 资源圃 S

Ziyuanpu S

采自河北农业大学酸枣资源圃，为高酸优异类型。果肉含可溶性糖 14.2%，可滴定酸 5.16%，糖酸比为 2.8，Vc 698mg/100g • FW。丰产。

（续）

品种群 Cultivar group	品种 / 类型 Cultivar/type	分布 Distribution	主要特点 Main characteristics
台湾品种群 Taiwan group	肉龙 Roulong	台湾，海南，广东 Taiwan, Hainan, Guangdong	果大，质优，抗白粉病，抗逆性差 Big fruit, excellent quality, resistant to powdery mildew, poor tolerance to stress
	特龙 Telong	台湾，海南 Taiwan, Hainan	丰产，有酸味，作授粉树 High yield, sour, pollinating cultivar
	五千 Wuqian	台湾，海南，广西，广东，福建，云南，四川 Taiwan, Hainan, Guangxi, Guangdong, Fujian, Yunnan, Sichuan	果大，汁多，肉脆，口味好，产量高 Big fruit, rich juice, crisp, good taste, high yield
	新世纪 Xinshiji	台湾，海南，广西，广东，福建，云南，四川 Taiwan, Hainan, Guangxi, Guangdong, Fujian, Yunnan, Sichuan	中晚熟，高产，抗白粉病 Mid-late ripening, high yield, resistant to powdery mildew

本节重点对中国大陆栽培的分属于缅甸品种群，印度品种群和台湾品种群的18个品种进行简单介绍。

一、缅甸枣品种群

1 长叶枣

Long leaf ber

从缅甸引进，主要在云南、广西栽培。果形较长，呈橄榄形，果实纵径3.6cm，横径2.7cm。单果重约22.0g，皮薄，可溶性固形物10%~13%，无涩味，具牛奶味。枝干较密、较柔软，叶长形。不抗病。

图8-31 ‘长叶枣’果实

Figure 8-31 Fruit of ‘Long leaf ber’

2 圆叶枣

Round leaf ber

从缅甸引进，主要在云南、广西栽培。果实扁圆形，纵径2.5cm，横径3.3cm，单果重25g。果面不如长叶枣平滑，味淡，略带涩味。树势强壮，枝干结实，较稀疏，叶较圆。比长叶枣抗病，产量也较高。

二、印度枣品种群

3 高 朗

Gola

在印度、泰国、印度尼西亚栽培较多，在中国也有栽培，是栽培最广的早熟品种，商品性状好。果卵圆形，果皮成熟时金黄色，平均果重25g。果肉乳白色，脆甜，可溶性固形物16%~20%，有机酸0.14%~0.25%，Vc 70~140mg/100g·FW。枝条直立，叶顶钝圆、微卷，叶基尖削，叶倒卵形。

4 凯斯丽

Kathli

在印度的Haryana和Punjab、泰国、印度尼西亚栽培较普遍，在我国主要作为种质保存，属中熟品种。果形美观，卵形至椭圆形，浅黄色，平均果重17~22g。果实含可溶性固形物17.4%~18.5%，有机酸0.14%，可食率为97%。枝条直立，叶卵形，叶基尖削，叶顶弧形、卵形或倒卵形，叶尖急尖或钝圆。

5 萨瑙-5

Sanaur-5

印度Punjab的主栽品种，在泰国、印度尼西亚也有栽培，在我国主要作为种质保存，为中熟品种。果圆形或圆锥形，果实顶部有明显果点，具梗洼，成熟果黄绿色，平均果重为5.5~18.0g。果实含可溶性固形物20.5%，有机酸0.28%，可食率为92%。枝条直立，叶顶略尖到急尖，叶基圆，叶片卵形，略尖削，叶色深绿。

6 阿姆兰

Umran

在印度、泰国和印度尼西亚均有栽培，在我国主要作为种质资源保存，是一个十分高产的晚熟品种，大树最高株产可达250kg。果实卵形，梗洼不明显，表面光滑，果实成熟后为金黄色，属于大果型，果重32.5~60g。可溶性固形物含量可高达19.5%，有机酸0.28%~0.33%，可食率96.4%。树冠开展，叶顶钝圆，叶基尖削，叶片卵形，叶顶或近叶顶部扭曲，叶色深绿。

三、台湾青枣品种群

7 阿　莲

Alian

“阿莲”在20世纪80年代育成，主要在台湾、海南、广西、福建、云南、四川等地种植。成熟期为10月下旬至翌年2月下旬，是优良的早熟品种。果实扁圆形，似苹果，果皮黄绿色，肉白色，质脆，味清甜，单果重约70g，含可溶性糖13%~14%。

8 碧　云

Biyun

在20世纪80年代初期育成，台湾省有较大的种植面积，海南、广东种植面积较小。成熟期在11月下旬至翌年3月下旬。果实长卵形，重60~80g，皮较薄，浅绿色，肉质白嫩，青果略带涩味，成熟后脆甜，含可溶性糖13%~15%。有些地方用作授粉树。易感白粉病，抗逆境能力较差。

9 脆　蜜

Cuimi

我国台湾、海南、广东、广西、福建、云南、四川均有栽培，为中熟品种。单果重67.3g，果实脆甜，风味稍淡。果实含可溶性固形物13.0%，可溶性糖12.0%，可滴定酸0.18%，Vc 2.0mg/100g • FW。含仁率53.3%。易感白粉病，抗逆境能力强。

10 大利枣

Dalizao

别名利枣、大利。台湾、海南、广东、广西、福建、云南、四川等地均有栽培。为大果型品种，外形似青苹果，近圆形，含糖量高，核小，可食率高。成熟时果皮黄绿色，具有光泽，商品性好，适宜大面积推广。树体开张，枝条灰褐色，无刺或刺不明显。叶片深绿色，叶脉不明显，叶缘齿刻浅，叶片翻卷小。

图8-32 ‘大利枣’果实

Figure 8-32　Fruit of ber ‘Dalizao’

图8-33 ‘大利枣’结果状

Figure 8-33　Bearing status of ber ‘Dalizao’

11 大世界

Dashijie

我国台湾、海南、广东、广西、福建、云南、四川等地均有栽培，为晚熟品种。单果重75.8g，果实脆甜。果实含可溶性固形物12.1%，可溶性糖8.6%，可滴定酸0.11%，Vc 0.5mg/100g • FW。含仁率44.4%。易感白粉病，抗逆境能力较差。

12 福脆青

Fucuiqing

重庆市果树研究所2000年从台湾青枣‘福脆’群体中选育的一个早花早果的优良品种。果实成熟期在10月下旬~翌年1月上旬。果实大，椭圆形至长椭圆形，果顶微尖，单果重90~160g，最大190g。果皮绿色，果肉质地清脆，味浓甜，汁液多，无酸涩味，含可溶性固形物12.5%~15.3%，为鲜食、加工兼用品种。果实耐贮运。适应性广，抗逆性强，对土壤要求不严，但以土层深厚、肥沃、排水、透气性好的微酸性砂质壤土最适宜。

13 福　枣

Fuzao

又名福仔枣，在20世纪80年代育成，在台湾、海南均有栽培。成熟期在11月下旬至翌年3月下旬。果实扁圆形，两端稍凹陷，单果重约70g，味酸带涩，肉质较松。含可溶性糖12%~13%，品质中下。丰产性好，国内除湛江有种植一定面积外，广西南宁等地在1998年底也有推广种植。易感白粉病，抗逆境能力较差。

（续）

序号	品种名称	别名	原产省份	成熟期（月份）	果实形状	果实颜色	平均果重（g）	最大果重（g）	果肉质地	果肉汁液	可食率（%）	果核形状	制干率（%）	含仁率（%）	用途	备注
41	彬县水枣 A Δ		陕西	9 下	长圆	红	17.4	25.7	酥脆	中	95.9	纺锤		100	鲜食	
42	彬县酥枣 A	酥枣，酥晋枣，脆枣	陕西	9 底至 10 上	卵圆	深红	12.6	15.9	细，酥脆	多	96.2	倒卵状纺锤		22.0	鲜食	
43	彬县圆枣 A	圆疙瘩枣，疙瘩枣，冬枣，冬疙瘩	陕西，甘肃	10 上	长圆或近圆	紫红	17.4	22.4	较致密	中多	96.3	纺锤		40.8	制干，醉枣	
44	槟榔枣 A Δ		湖南	8 下	倒卵圆	浅红	8.2	18.9	酥脆	多	93.7	倒纺锤		43.0	鲜食	抗裂果
45	彬枣 3 号 B		陕西		圆柱	朱红	22.8		酥脆						制干	省级审定
46	冰糖枣 A		河北	10 上	椭圆	橙红	5.0		松脆	多	92.0	纺锤			鲜食	
47	玻璃脆 A		河南	9 上	长圆	橙红	10.6		酥脆	多	95.5	纺锤		高	鲜食	
48	薄皮枣 A Δ	溆浦薄皮枣	湖南	9 上	长圆	红	8.1	13.1	疏松	中	93.2	纺锤		80.0	鲜食	
49	卜列子枣 A	立不住枣	河北	10 下	圆柱	红黄	4.4		松脆	中	95.1	梭形		常无	鲜食	
50	不落酥 A Δ		山西	9 中	倒卵	浅红	19.6		酥脆	多	96.6	纺锤		96.0	鲜食	
51	布袋头枣 A		山东	9 上中	椭圆	赭红	8.5	12.0	疏松	少		长椭圆			制干	
52	沧蜜 1 号 B		河北	9 上中	长圆	红	17.2	35.2	疏松	少	97.7				鲜食	省级审定，抗裂
53	沧无 1 号 B		河北	9 中	长圆	鲜红光亮	4.5				100		61.5		干鲜兼用	省级认定，核退化
54	沧无 3 号 B		河北	9 下	圆柱		3.3				100		62.8		制干	省级认定，核退化

（续）

序号	品种名称	别名	原产省份	成熟期（月份）	果实形状	果实颜色	平均果重（g）	最大果重（g）	果肉质地	果肉汁液	可食率（%）	果核形状	制干率（%）	含仁率（%）	用途	备注
55	沧县长小枣D		河北	10上	卵圆	浅红	7.6		细，致密	中	93.6	纺锤		16.7	干鲜兼用	
56	沧县大枣F		河北沧州			暗红							高		制干	
57	沧县傻枣AΔ	枣强傻枣	河北	10初	圆柱	红	7.9		致密	少	90.9			93.0	制干	
58	沧县甜瓜枣A		河北	9中	倒卵圆	棕红	4.5	6.8	疏松	少	84.5	三棱				
59	沧县屯子枣D		河北	10上	卵圆	浅红	8.4		细，致密	中	96.5	椭圆		1.7	干鲜兼用	
60	沧县小枣D		河北	10上	圆柱	浅红	7.8		细，致密	中	93.9	纺锤		20.2	干鲜兼用	
61	茌圆金B		山东	9中下	扁圆	紫红	21.7	32.5	硬	少	97.8		61.0		制干	省级认定
62	茶壶枣AΔ		山东	9下	茶壶	红	7.4	10.2	较致密	中	92.0	扁纺锤		常无	观赏	果形独特
63	茶圆头A	秤砣枣	广西	8中	短柱或秤砣	褐红	13.1	22.0	脆		94.9	纺锤	45.0		干鲜兼用	
64	柴枣A	茶枣	福建		椭圆	暗红	9.9	15.0	较粗稍脆			近卵			鲜食	
65	长不齐A		河南	9上中	长圆	红褐		10.5	致密	中					制干	
66	长脆枣A	长铃枣，辣椒枣，尖顶脆枣	山东	8底至9上	长圆锥	紫红	12.0		细脆略松	较多		长梭			鲜食	抗裂果
67	长吊圆铃枣A		河南	9上	近圆	赭红	8.5		致密	多		纺锤			鲜食	
68	长果圆铃A		山东	9上中	长卵圆	紫红	12.3		致密较硬			梭		常无	制干，乌枣	抗裂果
69	长鸡心枣AΔ		河南	9下	鸡心	红	5.2	11.0	较致密	多	94.2	长梭或长卵	50.0	高	制干	抗裂果

（续）

序号	品种名称	别名	原产省份	成熟期（月份）	果实形状	果实颜色	平均果重（g）	最大果重（g）	果肉质地	果肉汁液	可食率（%）	果核形状	制干率（%）	含仁率（%）	用途	备注
70	长江枣 F		河北承德													
71	长铃子枣 A	脆枣，铃枣	河南	9 中	卵或长椭圆	紫红	8.3		脆	多	94.6	纺锤	36.4		鲜食	
72	长木枣 AΔ	乐陵长木枣，木枣，大木枣	山东	9 下	长圆	浅红	13.7	19.4	较致密	中	94.0	纺锤	58.1	27.0	制干	
73	长条枣 A	锥枣，木枣，锥木枣	陕西	10 上中	圆柱	赭红	17.1	26.6	致密较细	少	95.3	长纺锤	50.0	40.0	制干	抗裂果
74	长团枣 A	圆团枣，沙团枣，锥把团枣	陕西	9 中下	椭圆	褐红	9.7	14.6	粗，稍松软	中		倒卵		60.0	鲜食	抗裂果
75	长枣 A		湖南	8 中	长圆柱	紫红	4.5	12.5	疏松	中	95.9	倒卵状纺锤	37.8	低	制干，蜜枣	
76	朝阳秤砣枣 A	大头枣，砣枣	辽宁	9 中	倒卵或平顶锥	赭红	4.0	6.0	细酥脆	中	94.7	短纺锤		30.0	鲜食	抗裂果
77	朝阳大圆铃 A	铃枣	辽宁	9 中	短椭圆	橘红	9.0	12.5	酥脆	多	93.0	纺锤		30.0	鲜食	较抗寒
78	朝阳软核枣 A	无核枣，空心枣	辽宁	9 上中	长倒卵	橘红	4.0	5.5	细脆	多		纺锤		高	鲜食	
79	朝阳小圆铃 A	铃铛枣，圆枣	辽宁	9 中	短椭圆或近圆	橘红	6.0	9.0	酥脆	多	95.0	纺锤		30.0	鲜食	较抗寒
80	成武冬枣 AΔ	冬枣	山东	10 上中	卵圆	浅红	19.6	32.1	较致密	中	97.0	纺锤		43.0	鲜食	抗裂果
81	秤砣长红 A	枕头枣，串铃，长红枣，秤砣枣，黄瓤躺枣，早熟躺枣	山东	9 中	长秤砣	赭红	23.7		较细，松软稍脆	中	96.1		45.0		干鲜兼用	抗裂果
82	秤砣枣 A	老头枣	河北	9 中	椭圆	深红	18.9	25.5	疏松，酥脆	多	95.2	长纺锤		不饱满	鲜食	

（续）

序号	品种名称	别名	原产省份	成熟期（月份）	果实形状	果实颜色	平均果重（g）	最大果重（g）	果肉质地	果肉汁液	可食率（%）	果核形状	制干率（%）	含仁率（%）	用途	备注
83	迟疙瘩枣 A		陕西	9 中	平顶锥	褐红	11.1	18.0	较粗硬	中	94.3	短纺锤		100	鲜食	
84	臭枣 A		山西	9 下	圆柱				松						制干	
85	船枣 A	拐枣	浙江	9 上	长柱	紫红	8.0	15.0	疏松	较多	96.2	长纺锤	32.0		蜜枣	
86	串杆小枣 A Δ	深县串杆枣	河北	10 初	圆	红	9.2		较致密	中	92.5			常无	干鲜兼用	
87	串铃 A Δ	历城串铃枣	山东	10 初	扁柱	红	11.1		较致密	中	93.5			17.0	制干	
88	垂枝小枣 A		河北	9 中	长圆	红黄	3.7	4.1	致密较脆	中	93.5	长圆	63.0	常无	干鲜兼用	
89	淳安秤锤枣 A	梨枣	浙江	9 上	长秤砣	紫红	15.0	30.0	疏松	少	96.7	长纺锤	33.0		蜜枣	抗裂果
90	淳安大圆枣 A	苹果枣，圆铃枣	浙江	8 底	近球	紫红	18.0	38.0	疏松	极少	96.9	短纺锤	37.0		蜜枣	
91	淳安大枣 A		浙江	9 底	圆柱	紫红	18.0	40.0	疏松	少	96.8	纺锤	38.0		蜜枣	抗裂果
92	淳安胡桃枣 A	鸡蛋枣	浙江	8 下	椭圆或卵圆	紫红	16.5	35.0	疏松	少		纺锤	36.0		蜜枣，	抗裂果
93	淳安葫芦枣 A		浙江	9 上	倒葫芦	紫红	11.5	22.0	疏松	少	93.0	纺锤	34.0		干鲜兼用	抗裂果
94	淳安花红枣 A		浙江	9 上	近圆	紫红	12.0	20.0	松脆	多	96.6	纺锤	30.0		鲜食	
95	淳安磨盘枣 A	算盘子枣	浙江	9 上	磨盘状或算盘子状	紫红	13.0	27.0	疏松	少	91.0	纺锤	34.0		蜜枣，南枣	抗裂果
96	淳安木枣 A	树头枣	浙江	9 上	长椭圆或倒卵	紫红	12.5	25.0	紧密，较粗硬	少	97.0	长纺锤	52.5		制干	抗裂果

（续）

序号	品种名称	别名	原产省份	成熟期（月份）	果实形状	果实颜色	平均果重（g）	最大果重（g）	果肉质地	果肉汁液	可食率（%）	果核形状	制干率（%）	含仁率（%）	用途	备注
97	醋枣A	六月红	陕西	9上	近圆	鲜红	8.7	12.6	细脆致密	多	97.8	倒卵		低	鲜食，加工食醋	
98	脆长红A		山东	9中下	长圆或长卵	赭红	10.0		松脆	中		长梭		低	干鲜兼用	抗裂果
99	脆脆枣A	脆枣，早熟脆枣	陕西	9上	椭圆或长椭圆	褐	7.6	9.7	较细，酥脆	较多	96.6	纺锤		常无	鲜食	较抗寒
100	脆木枣AΔ		陕西	10上	圆柱	红	11.3		致密	中	94.0	长纺锤		100	鲜食	
101	翠铃枣A	毛猴枣	山西		长圆		13.2	17.6	致密							
102	大白铃A*	梨枣，鸭蛋枣，鸭枣青，馒头枣	山东，河北	9中	近球或短椭圆	棕红	25.9	80.0	松脆略粗	中多	98.0	短梭		常无	鲜食	省级审定
103	大白枣A		湖北		长椭圆	紫红			松脆			纺锤			鲜食	
104	大城苹果枣A	柿子枣	河北	8底	近圆球	红黄	23.3	33.2	致密酥脆	多	95.8	长圆		常无	鲜食	
105	大瓜枣A		山东	9上中	椭圆或近球	浅红	25.7	50.0	致密细脆	中多	95.0	倒卵形		低	鲜食	省级审定，抗寒
106	大果算盘枣A		湖南	8中	扁圆	浅棕红	8.3	11.5	松脆	较多	94.4	圆	37.0	常无	鲜食	抗病
107	大鸡心A		河南	9上	鸡心	暗红	11.0	13.4	致密	中	97.1	长纺锤		低	干鲜兼用	
108	大尖顶A	尖幺枣，大家枣	辽宁	9下	长鸡心	红褐	9.0	13.0	松软	少	94.5	纺锤		20.0	制干	抗裂果
109	大椒枣A		河南	8下至9上	长尖椒	紫红	12.0		致密	多		长纺锤			鲜食	
110	大介枣A	大马枣	辽宁	9下	弧或秤砣	紫红	8.0		粗硬	少		纺锤		低	制干	
111	大糠枣A	糠枣	北京	9上	长圆或卵圆	深红			软绵	较少		长圆或纺锤		高	蜜枣	

（续）

序号	品种名称	别名	原产省份	成熟期（月份）	果实形状	果实颜色	平均果重（g）	最大果重（g）	果肉质地	果肉汁液	可食率（%）	果核形状	制干率（%）	含仁率（%）	用途	备注
112	大荔秤锤枣A	疙瘩枣	陕西	9上中	短柱	紫红	18.5	24.0	较粗硬	中	90.7	短纺锤		100	制干	抗裂果
113	大荔疙瘩枣AΔ	木枣，十月枣	陕西	9下	卵圆	紫红	17.8	21.8	疏松	少	93.5	卵圆或短纺锤		93.0	制干	
114	大荔灰枣A	灰子枣	陕西	8下	长圆或倒卵	橙红	7.4	8.2	粗松	中	95.1	长倒卵		常无	制干	
115	大荔鸡蛋枣AΔ		陕西	9中	卵圆	紫红	16.2	36.7	酥脆	多	96.4	倒卵或纺锤		低	鲜食	
116	大荔林檎枣A		陕西	9中	扁圆	紫红	26.3	41.3	粗松	多	95.2	短梭或近圆		20.0	鲜食，制干，蜜枣	
117	大荔铃铃枣D		陕西	9下	圆	红	10.6		细，酥脆	中	93.6	椭圆		15.0	干鲜兼用	
118	大荔龙枣AΔ	龙爪枣，曲枝枣	陕西	9中	椭圆或倒卵	紫红	10.3	14.6	粗硬	少	94.0	短梭		100		枝条扭曲，宜观赏
119	大荔马牙枣AΔ	马蔺枣，马头枣	陕西	9中	圆锥	紫红	24.0		酥脆	多	92.5	长纺锤		87.0	鲜食	
120	大荔面枣AΔ		陕西	9上中	卵圆	紫红	11.7	20.4	致密	中	93.0	纺锤		100	干鲜兼用	
121	大荔水枣A		陕西	9初	短柱	深红	17.8	22.0	细，略松	较少	96.7	倒卵或纺锤		10.0	制干，蜜饯	抗裂果
122	大荔条枣A	条子枣	陕西	9上	长圆或圆柱	紫红	10.0		较致密			长倒卵纺锤		高	制干	
123	大荔相枣A	相枣	陕西	9上	卵圆或短柱	鲜红	16.3	18.8	细，略疏松	少	94.2	倒卵		90.0	制干	
124	大荔小枣A		陕西	8下至9初	长圆或倒卵	鲜红	10.2	12.5	致密细脆	中	93.1	倒卵或纺锤		100	制干	
125	大荔圆枣AΔ	铃铃枣	陕西	9中	卵圆	紫红	20.3	25.4	致密细脆	中	92.9	长倒卵		30.0	制干	
126	大荔知枣D		陕西	10上	扁圆	红	14.0		致密	中	93.8	纺锤		28.3	干鲜兼用	

（续）

序号	品种名称	别名	原产省份	成熟期（月份）	果实形状	果实颜色	平均果重（g）	最大果重（g）	果肉质地	果肉汁液	可食率（%）	果核形状	制干率（%）	含仁率（%）	用途	备注
155	端枣 A Δ		山西	9 中	圆	红	11.5	22.4	松软	中	92.4	纺锤		7.0	干鲜兼用	
156	端子枣 A Δ	太谷端子枣	山西	9 下	倒卵	红	8.1	17.5	疏松	少	95.1	长纺锤		73.0	制干	
157	短果长红 A	馍馍枣，大团枣	山东	9 中	短柱	赭红	10.2	12.6	较松软	少	96.7		49.0		制干	抗裂果
158	短基枝木枣 A		陕西	19 上中	长锥或圆柱	深红	8.2	9.7	致密，较细	中	97.0	长纺锤		常无	干鲜兼用	抗裂果
159	短枣 A Δ	米枣，糖枣，珠枣	广西	8 中	圆	红	7.5	10.0	较致密	多	91.0	倒纺锤		10.0	鲜食，药用	
160	短枝枣 A		陕西	9 下	长尖圆形	褐红	2.0		粗硬	少		纺锤		常无		
161	敦煌大枣 A	哈密大枣，五堡大枣	甘肃	9 中	近卵圆	紫红	14.7	25.0	致密较硬	少		短纺锤	47	常无	干鲜兼用	抗寒
162	墩墩枣 A	大荔墩墩枣	陕西	9 中	扁圆	紫红	8.4	11.6	硬，稍脆	中	94.0	短纺锤或近圆		90.0	干鲜兼用	
163	砘子小枣 A		河北	9 下	椭圆或圆	红	5.5	8.0	致密	中	95.8	短梭		高	制干	
164	鹅子枣 A Δ	鹅蛋枣	浙江		长圆	红	17.9	35.0	酥脆	少	95.2	椭圆		7.0	蜜枣，鲜食	
165	鄂西鸡蛋枣 A	鸭蛋枣	湖北	9 上	长圆	暗红	12.4		松软	多		梭			制干，加工	
166	耳坠子枣 A		河南	8 下	倒卵	橘红	9.7		致密	中	93.3	纺锤		高	干鲜兼用	
167	二类子枣 A		河北	9 下	长圆	深红	8.0	13.6	致密酥脆	中	95.5	纺锤		100	干鲜兼用	抗裂果
168	二秋枣 A		天津	8 中下	长椭圆	赭红	4.6	10.5	酥脆	多	94.8	纺锤		不饱满	鲜食	
169	二纹枣 A		河南	9 中	长柱	深红	19.0		较硬	稍多	96.8	纺锤	56.1		干鲜兼用	抗裂果
170	二义枣 A		辽宁		长椭圆	赭红	4.5					长梭				

（续）

序号	品种名称	别名	原产省份	成熟期（月份）	果实形状	果实颜色	平均果重（g）	最大果重（g）	果肉质地	果肉汁液	可食率（%）	果核形状	制干率（%）	含仁率（%）	用途	备注
171	繁昌长枣A		安徽	8底至10初	长柱	赭红	14.3		致密且脆		98.3	长棱		常无	蜜枣	
172	方木枣A	墩墩枣，方枣	陕西	9中下	短柱或方圆	深红	12.9	19.6	致密细脆	较多	96.6	倒卵状纺锤	53.0	常无	制干	
173	方头头枣A	秤锤枣，瓮瓮枣	陕西	9中下	倒卵	红	6.3		致密较硬	中	95.3	倒卵		常无	干鲜兼用	
174	房家堀小枣A		陕西	9中下	椭圆或卵圆	锈红	9.3	15.2	致密，较细	中	94.5	短纺锤		50.0	干鲜兼用	抗裂果
175	蜂蜜罐A Δ		陕西	9上	近圆	红	8.2	11.0	细脆致密	多	94.0	短倒卵		90.0	鲜食	抗裂果
176	蜂蜜枣A		湖北	8中	倒卵圆	浅棕红	3.0		细，酥脆	多		椭圆			鲜食	
177	伏脆蜜B		山东	8上	短圆柱	紫红	16.2	27.0	细脆	多	96.9	长椭圆		100		省级审定，树冠紧凑
178	涪陵鸡蛋枣A Δ	大泡枣，奉节鸡蛋枣	重庆	9下	倒卵圆	红	16.4		疏松	多	95.4	纺锤		93.0	鲜食	
179	府谷小枣A		陕西	9底至10初	短柱		4.0		松软，较粗	少		纺锤		常无	制干	
180	阜阳蚂蚁枣D		安徽	10上	卵圆	红	8.9		细，酥脆	多	93.4	纺锤		93.3	干鲜兼用	
181	阜阳木头枣D		安徽	10上	长圆	红	13.1		致密	中	97.0	纺锤		96.7	制干	
182	尜尜枣A	嘎嘎枣，葫芦枣，马牙枣，呷呷枣，北京嘎嘎枣，北京尜尜枣	北京	9上中	长葫芦	紫红	4.4		细嫩	多		长纺锤			鲜食	
183	干瓤枣A		河南	9中	椭圆	暗红	7.0		疏松	少	94.5	纺锤	62.5	高	制干	抗裂果

（续）

序号	品种名称	别名	原产省份	成熟期（月份）	果实形状	果实颜色	平均果重（g）	最大果重（g）	果肉质地	果肉汁液	可食率（%）	果核形状	制干率（%）	含仁率（%）	用途	备注
184	干尾巴枣 A Δ		陕西	8 下	扁柱	浅红	15.4	15.7	疏松	中	94.6	长倒卵		100	制干	
185	干枣 A		河南	8 下	近圆	紫红	7.0		坚硬	少	92.8	纺锤		100	制干	
186	高平小枣 A		山西	9 下	长圆	橙红	3.7		致密	多	95.7	纺锤		常无	干鲜兼用	
187	高枣 A		河南	9 中下	长圆	深红	9.8	13.0	较粗硬	中	95.3	纺锤		10.0	制干	抗裂果
188	疙瘩长红 A	牙枣，小牙枣，长红枣	山东	9 中	长柱或圆锥	赭红	7.5	12.0	较粗硬	少	93.2		47.0		制干	花期要求高温
189	疙瘩脆 A	大铃枣，大脆枣，泰安大脆枣，泰安疙瘩枣	山东	9 上	短椭圆，倒卵，心脏	棕红	13.5	21.6	疏松	中	95.0	短梭或长梭		高	鲜食	抗裂果
190	疙瘩枣 A		河南	10 中	长卵圆	深红	9.5	13.0	硬，致密	中	94.9	纺锤	40.0	80.0	制干	抗裂果
191	根德大枣 A	二十家大枣，大家枣	辽宁	9 中下	长卵圆或长柱	紫红	10.0	12.0	质细酥脆	中	96.0	纺锤		不饱满	制干	
192	钩钩枣 A		陕西	9 底至 10 初	长卵	褐红	14.0		致密，稍粗	较少		纺锤	70.0	80.0	干鲜兼用	抗裂果
193	狗牙酸 A		河南	9 上	卵圆	鲜红	7.3	8.2	脆	多	96.0	纺锤		10.0	干鲜兼用	抗枣疯病
194	狗牙枣 A	丁丁枣，长圆牙枣	陕西，甘肃	9 中	圆锥	橙红	5.2	10.0	较细，酥脆	中	95.0	长纺锤		低	鲜食	抗寒
195	姑苏小枣 D		江西	9 下	卵圆	浅红	12.0		细，酥脆	多	95.8	纺锤		8.3	干鲜兼用	
196	观音枣 A		湖南	9 上	长葫芦	鲜红	6.1	11.7	致密细脆	少	92.0	纺锤	49.1	80.0	制干	

（续）

序号	品种名称	别名	原产省份	成熟期（月份）	果实形状	果实颜色	平均果重（g）	最大果重（g）	果肉质地	果肉汁液	可食率（%）	果核形状	制干率（%）	含仁率（%）	用途	备注
197	官滩枣A	襄汾官滩枣	山西	9下	长圆	深红	9.0	12.0	细，致密	少	91.5	纺锤	52.0	高	制干	省级认定，抗裂果，抗枣疯病
198	冠县酥枣A		山东	8中下	长卵圆	红褐	9.5		酥脆	多		长纺锤		高	鲜食	
199	灌阳长枣A	牛奶枣	广西	9上	长圆柱	深赭红	14.3	20.5	较松脆	少	96.9	长纺锤	37.5	不饱满	蜜枣，鲜食，制干	
200	罐枣A		天津		椭圆	紫红	8.6				96.4	纺锤			鲜食	
201	光棍枣A		陕西	8底	椭圆	褐红	14.8	20.0	较松	中	95.5	长倒卵		40.0	制干	
202	广德木枣A	木头篓，白头枣	安徽	9中	圆柱	赭红	8.7		疏松	多	94.6	长圆		高	蜜枣，鲜食	抗枣疯病
203	广德羊奶枣A		安徽	9上	长椭圆	赭红	9.5		松脆	较多	96.1	长梭		无	蜜枣	
204	广洋枣A	镇平广洋枣，广洋大枣，圆铃枣，小圆铃	河南	9中	圆	深红	17.0		较致密	中	95.2	倒卵		80.0	鲜食，制干，加工	抗裂果，省级审定
205	磙枣A		湖北	8下	圆柱	紫红	10.0	15.0	较松脆	多		长椭圆	45.5		鲜食，制干，蜜枣	
206	崞县马奶枣A	尖头枣	山西	9下至10上	鸡心	褐	7.5		细脆	多					鲜食	抗寒
207	蛤蟆枣A		山西	9下	扁柱	深红	34.0		酥脆	中	96.5	纺锤		无	鲜食	抗枣疯病
208	邯郸19F		河北邯郸													
209	合阳疙瘩枣A		陕西	9下	倒卵圆	紫红	13.8	15.5	较粗硬	较少	94.1	倒卵		90.9	制干	
210	合阳蛤蟆枣A		陕西	9中	长卵圆	褐红	7.5	9.0	细，较松脆	较多	95.2	长柱或长倒卵		低	鲜食	

（续）

序号	品种名称	别名	原产省份	成熟期（月份）	果实形状	果实颜色	平均果重（g）	最大果重（g）	果肉质地	果肉汁液	可食率（%）	果核形状	制干率（%）	含仁率（%）	用途	备注
211	合阳鸡蛋枣A		陕西	9上中	圆或卵圆	紫红	25.2	34.1	粗，松软	中	97.8	短纺锤或倒卵状纺锤		20.0	鲜食	
212	合阳铃铃枣A∆	蛋蛋枣	陕西	9上	卵圆	紫红	18.1	12.3	疏松	中	95.4	倒纺锤		33.0	鲜食	
213	合阳绵枣A		陕西	9中	圆柱或长圆	深红	9.2	12.5	致密细脆	中	94.6	倒卵状纺锤		100	鲜食	
214	合阳崖枣A		陕西	9中	倒卵	紫红	13.3	14.5	较粗硬	少	94.4	倒卵状短梭		70.0	制干	抗裂果
215	河津水枣A		山西	9中	圆柱	深红	9.1		细致略粗	中	96.0	纺锤			干鲜兼用	
216	核桃纹A∆	团枣，圆红，大纹枣	山东，河南	9下	卵圆	紫红	20.8		致密	少	95.6	椭圆		13.0	干鲜兼用	花期对气温要求低
217	核桃枣A	圆枣，黑把把，驴粪蛋	陕西	9中	扁圆	褐红	22.2	28.2	较粗松	多	95.9	短梭	50.0	100	制干，蜜饯	
218	菏泽甜瓜枣A	瓜枣	山东	9中	长椭圆或长卵圆	深红	20.0	30.0	较细，酥脆	中	97.1	长纺锤		不饱满	鲜食	抗裂果
219	黑疙瘩枣A∆	黑月枣	陕西	9中下	扁圆	紫红	19.0	25.8	致密	中	94.0	倒卵		常无	制干	
220	黑山科大枣A	家枣	辽宁	9中下	长椭圆或长卵圆	鲜红	10.5	12.0	致密，较脆	中	96.6	纺锤		不饱满	干鲜兼用	
221	黑叶枣A∆	没心红	山西	9底	圆柱	紫红	15.4	20.0	致密	中	95.5	纺锤		7.0	干鲜兼用	
222	衡水缨不落A	鹰不落，硬不落	河北	9下	长圆	赭红	8.9	12.5	疏松	少		倒卵	60.0	高	制干	
223	红大一号C		山东	9上	圆筒	赭红	59.6	120.0	酥脆	较多	97.3	长椭圆形		100	鲜食，加工	
224	红疙瘩枣A		陕西	9上中	短筒状圆	紫红	9.9	11.8	较致密	中	96.5	倒卵		常无	制干	

（续）

序号	品种名称	别名	原产省份	成熟期（月份）	果实形状	果实颜色	平均果重（g）	最大果重（g）	果肉质地	果肉汁液	可食率（%）	果核形状	制干率（%）	含仁率（%）	用途	备注
225	红水城 E	冰糖枣，十月鲜	山东		近圆形		16-25	45.0	细嫩	多						
226	红头枣 A		安徽	8 底	圆柱	赭红	6.8		松脆	少	95.1	长梭		低	蜜枣，鲜食	
227	红圆枣 A	圆枣	河北	9 下	椭圆或卵圆	深红或紫	14.5		脆	中	95.0	短纺锤			干鲜兼用	
228	洪村脆枣 A Δ	大白枣，京南大白枣	北京	9 中	长圆柱	紫红	7.0	7.5	细软酥脆		95.6	纺锤		高	鲜食	
229	洪泽木枣 A Δ		江苏	9 中	圆	红	5.5		疏松	中	89.0	倒卵或近球		10.0	制干	
230	洪赵脆枣 D		山西	9 下	卵圆	浅红	10.7		疏松	多	95.0	纺锤		13.3	干鲜兼用	抗裂果
231	洪赵葫芦枣 A Δ		山西	9 上中	圆柱	紫红	12.3	18.5	致密	少	96.0	纺锤		10.0	干鲜兼用	抗裂果
232	洪赵十月红 A Δ		山西	10 上中	卵圆	红	10.1		较致密	少	92.3	纺锤	60.0	14.0	制干	抗裂果
233	洪赵小枣 A Δ		山西	9 下	圆	红	9.4	16.6	细，酥脆	多	94.6	长纺锤		13.0	干鲜兼用	抗枣疯病
234	壶瓶酸 A Δ		山西	9 中下	卵圆	浅红	8.5	10.6	疏松	中	94.8	纺锤		10.0	鲜食	
235	壶瓶枣 1 号 B		山西	9 中	柱形		35.0	75.0			98.5				制干	省级审定
236	壶瓶枣 A*	太谷壶瓶枣	山西	9 中	圆柱或长倒卵	深红	19.7	22.1	松脆	中	96.9	纺锤		低	鲜食，制干，加工	省级审定
237	湖北牛奶枣 A		湖北	8 中	长圆	赭红	9.1		致密	中		梭			鲜食，加工	
238	湖南秤砣枣 A Δ		湖南	10 上	扁圆	红	12.7	18.5	致密	中	87.1	椭圆	43.1	23.0	制干	
239	湖南鸡蛋枣 A	溆浦鸡蛋枣	湖南	8 中	圆	紫红	19.4	33.4	疏松较脆	多	95.0	纺锤		低	鲜食	抗裂果
240	湖南木枣 A Δ		湖南	10 上	扁圆	红	11.3	18.8	致密	少	92.3	倒纺锤		86.0	制干	

（续）

序号	品种名称	别名	原产省份	成熟期（月份）	果实形状	果实颜色	平均果重（g）	最大果重（g）	果肉质地	果肉汁液	可食率（%）	果核形状	制干率（%）	含仁率（%）	用途	备注
241	湖南牛奶枣 A		湖南	9 上	长圆柱	棕红	9.7	16.8	较致密	少	96.0	纺锤	43.5	12.0	制干，蜜枣	抗裂果
242	湖南沙枣 A		湖南	9 上	圆柱	赭红	6.3	8.6	致密细脆	较多		纺锤			鲜食	
243	湖南药枣 A		湖南	8 下	椭圆或近圆	赭红	2.2	6.9		少		倒卵		100	制干药用	
244	葫芦长红 A Δ	亚腰葫芦枣	山东	9 中	葫芦	红	7.7	18.2	致密	少	92.0	纺锤	48.0	常无	制干	
245	葫芦枣 A		河南	9 中	葫芦	赭红	11.6		酥脆	多	94.1	纺锤		低	干鲜兼用	
246	花红枣 A		河南	8 下	扁圆	赭红	8.7	13.6	致密	多	97.1	卵圆		高	鲜食	
247	花生枣 A	金丝小枣	浙江	9 上	圆柱	紫红	8.0	15.0	松脆	多	96.2	细长纺锤	33.0		鲜食	
248	华县脆枣 A		陕西	9 上中	卵圆或长圆	紫红	11.3	16.5	细脆致密	多	96.4	倒卵		无	鲜食	
249	黄口大枣 A		河北	9 下	长圆	紫红	5.7		致密	中	94.7	纺锤	75.0	无	制干	
250	黄皮枣 A		河南	9 中	卵圆	浅红	5.8		较致密	中	93.6	长纺锤	43.0	100	制干	抗裂果
251	灰条枣 A	灰毛梢枣，胖胖枣	陕西	10 上中	长圆或圆柱	鲜红	8.8	10.3	致密，稍粗	较多	96.0	长纺锤		无	干鲜兼用	
252	灰枣 A*	新郑灰枣	河南	9 中	长卵	橙红	12.3	13.3	较致密	多	97.3	纺锤	50.0	高	鲜食，制干，加工	省级审定
253	会泽小团枣 A		云南	8 上	圆球	赤褐	11.0		致密	多		卵圆			鲜食	亢裂果
254	鸡蛋枣 A	大鸡蛋枣，圆蛋枣	河北	9 中下	卵圆	深红	9.9	13.4	细脆	中	96.0	纺锤		高	鲜食	抗裂果
255	鸡心蜜枣 A	太谷鸡心蜜枣	山西	9 中下	鸡心	赭红	7.0		细脆	多	90.0	纺锤		90.0	鲜食	
256	鸡心枣 A	新郑鸡心枣，小枣	河南	9 下	鸡心或倒卵	紫红	4.9	5.3	较致密	少	91.8	短纺锤	49.9	75.0	制干	耐贮

（续）

序号	品种名称	别名	原产省份	成熟期（月份）	果实形状	果实颜色	平均果重（g）	最大果重（g）	果肉质地	果肉汁液	可食率（%）	果核形状	制干率（%）	含仁率（%）	用途	备注
257	吉枣 A	白枣	浙江	9 初	长圆或椭圆	紫红或深红	13.0	26.0	疏松	少	93.0	纺锤	36.0		蜜枣，鲜食	
258	季庄小枣 A		山西	9 下	椭圆	赭红	5.0				96.0	长椭圆			干鲜兼用	
259	蓟州脆枣 E		天津	9 中下	椭圆	褐红	18.0	35.0	细腻	多						
260	稷山长枣 A Δ	崖枣	山西	9 下	扁柱	紫红	11.7		致密	中	95.7	长纺锤	56.1	常无	制干	抗裂果
261	稷山蛤蟆枣 A	黎儿脆	山西	9 中	长圆	深红	28.0		脆	较多		纺锤			鲜食	抗霜冻
262	稷山圆枣 A Δ		山西	9 下	倒卵	紫红	23.3	31.0	较致密	少	95.6	纺锤	51.4	100	制干醉枣	
263	冀抗 1 号 C		河北	9 下至 10 上	圆柱	深红	16.5	23.2	细	多	97.8		55.4		制干	
264	冀星冬枣 B		河北	10 上中	圆	赭红	16.6	35.0	细脆	多	97.3					省级审定
265	佳县冬瓜枣 A	驴粪蛋枣	陕西	9 中	短柱或卵圆	褐红	14.9	20.5	粗，较硬	中	96.5	纺锤		低	兼用	抗寒，抗裂果
266	佳县牙枣 A Δ	倒卵形牙枣，牙枣	陕西	9 中	倒卵圆	红	11.5	12.7	致密	少	95.1			7.0	鲜食	
267	家枣 A		山东	9 中下	长椭圆	橙红	8.0		致密较脆	较少		短梭			干鲜兼用	花期适温低
268	尖尖枣 A		陕西	9 初	鸡心或尖卵	褐红	12.2	14.5	致密细脆	中	96.3	纺锤		70.0	鲜食	
269	尖木枣 A	细尾巴枣，大荔稚枣	陕西	9 下	尖卵或长卵	深红	11.1	15.4	较松	中	96.7	纺锤		无	制干	
270	尖头马枣 A Δ	马枣，牛奶枣，兰溪马枣	浙江	10 上	圆锥	浅红	8.5		较致密	中	92.0	长纺锤		90.0	蜜枣，南枣	
271	尖枣 A Δ	平陆尖枣	山西	10 上	圆柱	红	10.2	.	较致密	中	94.3	纺锤		93.0	干鲜兼用	抗裂果

（续）

序号	品种名称	别名	原产省份	成熟期（月份）	果实形状	果实颜色	平均果重（g）	最大果重（g）	果肉质地	果肉汁液	可食率（%）	果核形状	制干率（%）	含仁率（%）	用途	备注
272	姜皇庄1号C		河北	10上	椭圆	红色	6.1	9.5	致密而脆	较多	92.8		64.3	0	鲜食，干制	
273	交城甜酸枣AΔ		山西	9中	扁圆	紫红	8.4	10.4	疏松	中	93.3	纺锤		3.0	鲜食	
274	交河无核大枣A	无核枣	河北	9上	扁圆	红褐			松软							
275	结不俗A	一串红	河南	9上中	倒卵	红	9.0	11.0	脆	多	96.1	长卵	52.0	低	干鲜兼用	
276	金昌1号B		山西		短柱	鲜红	30.2	80.3		多	98.6		58.3		干鲜兼用	省级审定，抗裂果
277	金魁王B		河北	9下	长卵圆	深红	11.9	14.8		多	97.3	纺锤				省级审定
278	金莱特B		山东		近长筒		11.5	15.2	致密脆嫩	较多			57.6		干鲜兼用	省级审定，抗缩果，花期适温22-24℃
279	金铃长枣B		辽宁		长圆柱		20.1	28.0	致密						干鲜兼用	国家级审定，抗寒
280	金铃圆枣B		辽宁		近圆		26.0	75.0							鲜食	国家级认定，抗寒
281	金梅枣E		河南	9下至10下	近圆	金红	30.0	65.0	脆，细嫩	多	93.8					
282	金丝1号B		山东	9中	倒卵，椭圆	浅红	6.4		致密脆硬	中多	95.4	纺锤		60.0	制干	省级审定
283	金丝2号B		山东	9中下	长椭圆	浅红	6.4	12.8	致密脆硬	中多	95.0	梭形	54.6		干鲜兼用	省级审定，抗裂，树冠紧凑
284	金丝3号B		山东	9中	长椭圆	鲜橙红	8.8	12.0	致密细脆	中多		短梭	55.5	70.0	制干	省级审定，树冠紧凑，开张

（续）

序号	品种名称	别名	原产省份	成熟期（月份）	果实形状	果实颜色	平均果重（g）	最大果重（g）	果肉质地	果肉汁液	可食率（%）	果核形状	制干率（%）	含仁率（%）	用途	备注
285	金丝4号C		山东	9底-10初	长筒	浅红	10.0	12.0	致密细脆		97.3				干鲜兼用	
286	金丝丰B		河北	9中	卵圆	紫红	5.3				96.5		65.8		干鲜兼用	省级审定，抗裂果
287	金丝魁王枣B		山东	9中	椭圆		12.5	16.0	细脆						干鲜兼用	省级认定
288	金丝蜜B		河北	9中	长圆	紫红	4.5	6.0			96.8		64.5			省级审定
289	金丝小枣A	小枣	河北，山东	9下	多样	鲜红	5.0		致密细脆	中	96.0	（长）梭	56.5	低	干鲜兼用	
290	金丝枣A		山西	9下至10初	长圆，椭圆形	浅棕褐	3.5		致密细脆	多					鲜食	
291	金田峪水枣A		陕西	9中	长圆或卵圆	深红	15.0	19.0	细，较松脆	多	97.5	长倒卵		70.0	鲜食	
292	金乡鸡心枣A		山东	9上中	长鸡心或长卵	赭红	12.1	13.7	较细脆	中	96.5				鲜食	
293	锦西铃枣A	铃枣	辽宁	9下至10初	圆柱	鲜红	9.0		致密	多	94.4	纺锤		高	鲜食	抗寒
294	锦西木枣A	木枣，铃木枣	辽宁	9中下	椭圆	暗红	10.0	25.0	细稍硬	少		短纺锤	70.0		制干	抗寒
295	晋县 子枣A		河北	9下	近圆	棕红	13.5	16.7	致密	少	95.2	短梭		高	制干	干制不皱皮
296	晋县木枣D		山西	10上	扁柱	紫红	10.3		细，致密	中	94.6	纺锤		25.0	制干	维生素C含量极高
297	晋枣A	彬县晋枣，吊枣，长枣，酒枣	陕西，甘肃	10初	长卵或近圆柱	赭红	21.6		致密酥脆	中	96.2	长纺锤	35.0	较低	鲜食，蜜枣，酒枣	

（续）

序号	品种名称	别名	原产省份	成熟期（月份）	果实形状	果实颜色	平均果重（g）	最大果重（g）	果肉质地	果肉汁液	可食率（%）	果核形状	制干率（%）	含仁率（%）	用途	备注
298	京枣 39C		北京	9 中	圆柱	红褐	28.3	45.0	松脆	较多	98.7	纺锤		多无种子	鲜食	
299	井枣 A		河北	9 上	扁圆或长圆	紫红	7.9		较松	中		纺锤			鲜食	
300	靖远小口枣 E		甘肃	9 下	圆柱	紫红	21.8		疏松	少	94.6		58.6			
301	九月寒 A		湖北	9 下	长圆	浅棕	5.0	8.0	硬	少					干鲜兼用	
302	九月红枣 A		陕西	9 下	卵圆	褐红	10.0		粗松，较软	中		短纺锤	50.0	100	干鲜兼用	
303	九月青 A∆	十月青，冬枣，长红	河南，山东	10 上中	圆锥	浅红	10.0	14.5	较致密	多	96.0	倒纺锤		27.0	干鲜兼用	
304	莒州贡枣 C		山东	晚熟	扁圆或圆	赭红	27.6	65.0	致密脆硬	中多	97.0	三角形		97.0	鲜食	
305	巨野长铃枣 A	铃枣	山东	9 下	棒槌	赭红	10.0		脆，较硬	少		梭		低	干鲜兼用	
306	巨野脆铃 A	脆铃枣	山东	9 上中	圆或长圆	赭红	10.0	12.0	酥脆	中		长椭圆			鲜食	
307	巨野小枣 A	小铃枣	山东	9 中	椭圆或卵圆	棕红偏黄	5.2		致密，较硬	中					干鲜兼用	
308	巨枣 E			9 上	椭圆	紫红	50.0	100.0	脆	多	97.0					适应性极强。-35~43℃
309	俊枣 A∆	平顺俊枣	山西	10 上	扁柱	紫红	15.3	20.5	致密	少	96.4	纺锤		100	干鲜兼用	
310	骏枣 1 号 B		山西	9 上	柱	深红	35.0	70.0	脆		97.1	长纺锤		不饱满	鲜食，制干加工	省级审定，抗寒，抗枣疯病
311	骏枣 A	交城骏枣	山西	9 中	圆柱	深红	26.3	36.1	酥脆	多	96.3	纺锤		不饱满	制干，醉枣，蜜枣	省级认定，抗枣疯病
312	喀什葛尔小枣 A	长枣	新疆	9 中下	卵圆	红褐	4.5		脆	中		梭		90.0	干鲜兼用	

（续）

序号	品种名称	别名	原产省份	成熟期（月份）	果实形状	果实颜色	平均果重（g）	最大果重（g）	果肉质地	果肉汁液	可食率（%）	果核形状	制干率（%）	含仁率（%）	用途	备注
313	喀左木枣A	喀左长红，大城子大枣，东台子大枣	辽宁	9下	圆柱或倒卵	橘红	9.0	11.0	细	少	95.2	纺锤		不饱满	干鲜兼用	
314	卡腰枣A		河南	9上中	圆锥	暗红	16.5	25.3	致密稍脆	中	94.7	纺锤	47.0	不饱满	干鲜兼用	
315	糠头枣AΔ	祁阳糠头枣，糠皮枣	湖南	8下	倒卵圆	红	8.4	9.0	致密	中	89.0	纺锤		100	鲜食	抗裂果
316	孔府酥脆枣A*	脆枣，铃枣	山东	8中至9中	长椭圆或长倒卵	深红	12.0	20.0	酥脆，细	多	96.5	长椭圆		低	鲜食	省级审定
317	苦楝枣AΔ	连县苦楝枣	广东	10上	圆锥	浅红	6.1	9.3	较致密	多	93.7	纺锤		常无		
318	辣椒枣A	献县辣椒枣，长脆枣，长枣，奶头枣	河北，山东	9下	长锥或长椭圆	紫红	11.6	22.0	较细，酥脆，稍松软	多	97.2	长纺锤		低	鲜食	抗裂果
319	辣角枣A		陕西	10上中	长锥	鲜红或橙红	13.7	23.0	致密细脆	中	97.4	长纺锤	50.0	常无	制干	抗裂果
320	莱阳马枣A	马枣，大马枣，大麻枣	山东	9下至10上	平顶倒锥	褐红	9.5	14.0	脆，较致密	中		长纺锤		常无	干鲜兼用	花期要求交高气温
321	莱阳酥枣A	大马枣	山东	9底	长卵圆或长柱	紫红	10.0		较细	中		长椭圆		不饱满	鲜食	
322	兰溪团枣A	扑枣	浙江	8下白熟	不对称圆	暗紫红	19.0	30.0	较粗	少	85.5	椭圆			蜜枣	
323	兰州迟枣A		甘肃	10上	椭圆或短柱	紫红	11.6	16.6	硬	多		纺锤	42.0	常无	制干	
324	兰州圆枣A		甘肃	9下	椭圆或短柱	浅褐	11.4	25.5	较致密	较多		纺锤	40.0	13.0	干鲜兼用	花期要求较高气温，抗寒

（续）

序号	品种名称	别名	原产省份	成熟期（月份）	果实形状	果实颜色	平均果重（g）	最大果重（g）	具肉质地	果肉汁液	可食率（%）	果核形状	制干率（%）	含仁率（%）	用途	备注
325	烂头羊 A	黑羊头	河南	9 中	卵圆	红褐	11.8	12.3	松软	中	97.0	纺锤	44.5	低	干鲜兼用	
326	郎家园枣 A		北京	9 上	长圆	深红	5.6	7.0	酥脆细嫩	多	95.7	长纺锤		高	鲜食	
327	郎溪牛奶枣 A		安徽	9 上	长卵圆	赭红	8.7		较致密	中	96.5	梭		常无	蜜枣	抗寒
328	郎枣 A	太谷郎枣	山西	9 中	圆柱	深红	14.9	21.5	致密	中	98.3	纺锤	55.6	常无	制干	
329	廊坊 19F		河北													
330	廊坊 29F		河北													
331	廊坊 39F		河北			深红										
332	老婆枣 A		河南	9 中下	长椭圆	鲜红	10.6		脆	中	95.3	纺锤		高	干鲜兼用	
333	老头枣 A		河南	9 上	弯锥	红褐	11.7	15.7	疏松	少	92.3	长纺锤		高	制干	
334	乐金 1 号 B		山东	9 下	短圆柱或椭圆	紫红	5.9	6.7	细脆	中多	96.1	梭	58.4		干鲜兼用	省级审定，抗缩果
335	乐金 2 号 B		山东	10 下	短圆柱	深红褐	6.9	7.8	细密脆硬	中多	96.4	小纺锤				省级审定，抗裂果
336	乐金 3 号 C		山东		短圆柱	紫红	5.9	7.2	硬脆		96.7	梭	57.4		制干	
337	乐陵无核 1 号 B		山东	9 中	长圆柱	鲜红	5.7	6.5	细脆	中多	100.0	退化	58.1	常无	干鲜兼用	省级审定，果核退化，抗裂果
338	乐陵小脆枣 A	小脆枣，小铃枣	山东	8 上至 9 上	椭圆	浅赭红	4.6	5.2	细，松脆	中		长纺锤		无	鲜食	
339	乐陵小枣 D		山东	10 上	卵圆	红	8.9		细，致密	多	94.8	纺锤		30.0	干鲜兼用	

（续）

序号	品种名称	别名	原产省份	成熟期（月份）	果实形状	果实颜色	平均果重（g）	最大果重（g）	果肉质地	果肉汁液	可食率（%）	果核形状	制干率（%）	含仁率（%）	用途	备注
340	冷白玉枣 B		北京	9 底至 10 初	倒卵圆或椭圆		19.5	30.0	致密酥脆	多	96.8			较高	鲜食	省级审定，抗裂果，抗病
341	冷枣 A Δ	南京冷枣	江苏	9 上	圆柱	红	6.0		酥脆	多	93.2	纺锤			鲜食	
342	梨枣 A	山东梨枣，脆枣，铃枣，大婆枣，大绵枣	山东，河北	9 上中	椭圆或倒卵	赭红	16.5	55.0	细，松脆	较多	95.8	短梭		不饱满	鲜食	抗裂果
343	黎城小枣 A Δ		山西	10 上	卵圆	红	7.9	8.5	酥脆	多	94.3	纺锤		60.0	干鲜兼用	抗枣疯病，抗霜冻
344	李楼小枣 1 号 A		河南	9 中	椭圆	赭红	5.2	11.2	致密细硬	少	93.2	纺锤			干鲜兼用	
345	李楼小枣 2 号 A		河南	9 中	椭圆	橙红			致密酥脆	中	93.1	纺锤			鲜食	
346	历城小脆枣 A	脆酸枣	山东	9 上中	长圆或鸡心	赭红偏黄	10.0		脆	中					鲜食	
347	栗子枣 A		河北	9 下	近圆	黑紫红	13.0		紧密	少		椭圆			制干	
348	连县木枣 A		广东	7 底白熟	圆锥	黄红	13.3	15.6	略松软	多	95.1	纺锤	50.0	27.0	蜜枣	
349	连县糖枣 A Δ		广东	9 中	长圆	浅红	7.3	9.6	较致密	少	94.7	纺锤		常无	鲜食	
350	莲蓬籽枣 A		北京	9 中	长椭圆	紫红	2.0	2.5	稍粗，不脆	多	81.0	长椭圆		高	鲜食	抗裂果
351	两茬枣 A	两发枣	河北	8 中，10 中	圆形或扁圆	赭红	2.8	3.4	细脆	中		椭圆	40.0	100	鲜食	抗裂果
352	两发枣 A	二次枣	河北	8 中至 9 上，10 中下	乳头状	赭红	13.6	14.5	嫩脆	多	96.0	纺锤		不饱满	鲜食	

（续）

序号	品种名称	别名	原产省份	成熟期（月份）	果实形状	果实颜色	平均果重（g）	最大果重（g）	果肉质地	果肉汁液	可食率（%）	果核形状	制干率（%）	含仁率（%）	用途	备注
381	零陵圆枣A		湖南	8中	圆柱	棕红	4.4	7.6	疏松稍脆	少		纺锤			制干	抗裂果
382	留花枣A		山西	9下	椭圆	赭红	12.5		较松	少	94.0	纺锤		常无	制干	
383	柳罐枣AΔ		山西	9下	卵圆	红	21.4	23.5	致密	少	94.8	纺锤	56.0	17.0	制干	抗裂果
384	六月红小枣A		河北	9上	长圆	黄红	4.0	8.5	致密较硬	中	93.3	短梭		常无	鲜食	
385	六月枣A	六月炸	陕西	7底	圆柱	紫红	6.5	8.4	细、较松脆	中	92.7	椭圆		高	鲜食	
386	龙龙枣A	蒲城晋枣	陕西	9中下	椭圆		11.9	14.7	致密，较硬			纺锤		30.0	制干	
387	龙枣A	龙须枣，龙爪枣，蟠龙枣，龙头拐，曲枝枣	河北，山东，山西，陕西	9下	细腰柱	红	3.1	5.0	较粗硬	少		长梭		常无	观赏	树体矮小，枝形奇特，抗裂果
388	陇东马牙枣A	牙枣，马脸枣，马头枣	甘肃	10上	长椭圆或长柱	紫红	23.3	30.0	脆硬	多	96.9	棒槌		35.0	蜜枣	抗寒
389	陇南蜜枣A		甘肃	9中	短柱，椭圆，倒卵或卵	橙红	12.4	25.0	致密	多		纺锤		低	鲜食	
390	陇南木枣A		甘肃	9下	平顶长锥	橙红	13.5	21.0	较硬	少		纺锤		常无	蜜枣	
391	露脆蜜C		山东	9上	短圆柱	紫红	16.2	27.0	酥脆	丰富	96.5	长椭圆		100	鲜食	
392	驴奶头枣A	锥枣	陕西	10中	长卵	褐红	15.2	23.8	较致密	中	96.4	纺锤		40.0	制干	亢裂果
393	洛阳夏白枣A	白枣	河南	9上	圆柱	橘红	14.3	21.2	致密，细脆	少	95.7	长纺锤	58.0	不饱满	干鲜兼用	
394	落花红A	胎里红	河南	9上	长圆	赭红	5.8		较松脆	多	93.1	纺锤		低	兼用	

（续）

序号	品种名称	别名	原产省份	成熟期（月份）	果实形状	果实颜色	平均果重（g）	最大果重（g）	果肉质地	果肉汁液	可食率（%）	果核形状	制干率（%）	含仁率（%）	用途	备注
395	落时红 A	落花红，瓶枣，落丝红	河南	9 中下	倒卵或椭圆	橙红	7.5	12.2	脆	中		卵			干鲜兼用	
396	妈妈枣 A	铃枣，乳头枣，鸡心枣	山东，河北	9 下	卵圆或长卵圆	紫红	10.8	12.0	细，酥脆	多	96.1	纺锤		高	鲜食	
397	麻叶枣 A		河北		长椭圆		14.2					卵圆			制干	
398	麻子枣 A	麻枣	陕西	9 下	卵圆	褐红	14.9	17.3	致密	少	94.6	短纺锤		60.0	制干	
399	马鞭枣 A	淳安马牙枣	浙江	9 上	长椭圆或长倒卵	紫红	10.0	20.0	疏松	少	97.2	长纺锤	33.0		蜜枣，南枣	
400	马粪枣 A		浙江	8 中下	短柱		10.0		硬	少	93.9		26.1		蜜枣	
401	马红枣 A		江苏	8 中下	长椭圆	棕红	13.8		松脆	多	97.3	长卵圆	24.8		鲜食	
402	马连小枣 A	枣强马连小枣，车头小枣，铃枣	河北，山东	9 中下	圆柱或长圆	深红	8.4	10.3	致密细脆	中多	94.6	纺锤	53.4	低	干鲜兼用	
403	马铃枣 A		山东	9 上中	椭圆	紫红	6.8	7.6	细脆较松	多	96.0	梭		100	鲜食	
404	马泡枣 A		河南	9 中	长圆	暗红	4.6		细脆	中	95.7	纺锤	54.0	100	干鲜兼用	
405	马肾枣 A		河南	9 下	长椭圆	暗红	11.9		细脆	多	96.6	长纺锤		不饱满	干鲜兼用	
406	马牙白枣 A		北京	8 下	马牙		8.2		致密，细脆	多	92.9	梭			鲜食	
407	马牙大枣 A		河北	9 中	圆锥状	赭红	10.7	18.0	酥脆	多	93.7	纺锤			干鲜兼用	抗寒
408	马牙牛奶 A		江苏		倒卵	棕红	5.7		疏松，稍粗			短纺锤			鲜食	

（续）

序号	品种名称	别名	原产省份	成熟期（月份）	果实形状	果实颜色	平均果重（g）	最大果重（g）	果肉质地	果肉汁液	可食率（%）	果核形状	制干率（%）	含仁率（%）	用途	备注
409	马牙枣优系 B		北京		不对称长锥或长卵	棕红	14.0	21.5	致密酥脆	多	96.3	细长纺锤略歪斜		60.0	鲜食	市级审定
410	马养枣 A		河北	9 中	长圆	赭红	10.4	14.0	疏松	少	94.2	梭	64.0	100	制干	干性过强
411	马衣克枣 A		河南	9 中	长卵圆	棕红	6.6		致密	中	95.6	长纺锤	40.0	多不饱满	制干	
412	马子枣 A		山东	10 上中	椭圆	紫红	4.5		致密稍脆	少		短梭			制干	抗裂果
413	蚂蛉枣 A		山东	9 中	长柱或长锥	红褐	16.7	18.0	细脆	较多		长纺锤		高	鲜食	
414	馒头枣 A		河南	8 中下	近圆球	黄红	40.0	50.0	酥脆	较多	98.9	纺锤		无	鲜食	
415	美蜜枣 AΔ	太谷美蜜枣	山西	9 中	圆柱	红	10.5	11.7	细脆	多	96.2			33.0	鲜食	
416	门村小枣 F		河北廊坊													
417	孟村凌枣 A	凌枣	河北	9 中	长圆	黄红	5.2	8.5	松脆	中	94.8	短梭		高	鲜食，加工	
418	密云小枣 A	密云金丝小枣	北京	9 下	椭圆或倒卵圆	深橙红	5.5		较硬	中	96.7	长纺锤	60.0	常无	干鲜兼用	
419	蜜蜂枣 AΔ	溆浦蜜蜂枣	湖南	9 下	长圆	紫红	12.2	18.5	疏松	多	91.3	椭圆		3.0	鲜食	抗裂果
420	蜜蜂汁 A	汁枣	安徽	9 上	倒卵	赭红	6.3		致密细脆	中	93.7	纺锤		常无	鲜食，蜜枣	抗枣疯病
421	蜜罐新 1 号 B		陕西	8 上中	长圆		8.4			多	96.5					省级认定
422	蜜枣 F		河北廊坊												鲜食	
423	绵疙瘩枣 A		陕西	9 底 10 初	圆柱或椭圆	深红	14.2	25.4	粗，松软	中	95.0	倒卵		常无	鲜食，制干，蜜枣	

（续）

序号	品种名称	别名	原产省份	成熟期（月份）	果实形状	果实颜色	平均果重（g）	最大果重（g）	果肉质地	果肉汁液	可食率（%）	果核形状	制干率（%）	含仁率（%）	用途	备注
424	绵团枣 A	团枣	陕西	9 中	近圆	褐红	6.3		粗松	少	94.3	短纺锤		常无	鲜食	
425	绵枣 A Δ	献县绵枣，铃枣，脆枣	河北，山东	9 上	圆柱	红	8.9		致密	少	92.9			100	鲜食	
426	棉套枣 A	柿枣	辽宁	9 中下	椭圆	紫红	12.0	14.0	粗松，稍脆	少	93.3	短纺锤		不饱满	制干	抗裂果
427	面蛋圆枣 A	面蛋子枣	陕西	10 上	椭圆	赭红	11.0		稍脆	中		倒卵状纺锤			干鲜兼用	
428	面糊枣 A	面枣，银白枣	辽宁	9 中	圆柱	浅红	8.0	12.0	软，松散	少		纺锤			制干	
429	庙店小枣 A	水枣	陕西	9 上	椭圆	褐红	7.8	10.0	致密，较脆	中	94.3	倒卵		低	鲜食	
430	民勤小枣 A		甘肃	9 底	秤锤	赭红	5.3	7.8	致密，细脆	多	96.6	倒卵	>50.0	低	干鲜兼用	抗寒
431	民勤圆枣 A		甘肃	9 底	略扁圆	赭红	8.4	11.5	致密，较细脆	多		倒卵状纺锤	>50.0	常无	干鲜兼用	
432	旻枣 A	天津旻枣	天津	9 中	椭圆	深红	5.8	22.0	细脆	中	94.8	纺锤		低	鲜食，醉枣	
433	闽中面枣 A	棉枣，白枣	福建		长圆	暗红	6.7		细		94.5	纺锤			加工	
434	明庄小枣 A		河南	9 下	卵圆	赭红	8.1		细脆，致密	中	93.7	纺锤			鲜食	
435	鸣山大枣 A		甘肃	9 上	圆柱	红褐	23.9	42.0	致密，细脆	多		长纺锤	52.0	常无	干鲜兼用	抗寒
436	馍馍枣 A		河南	9 中	圆	紫红	15.1		松脆	中	97.8	纺锤		高	鲜食	
437	磨磨枣 A		陕西	9 下	磨盘	红	6.4	8.1	细，少松软	中		纺锤		低	鲜食	

（续）

序号	品种名称	别名	原产省份	成熟期（月份）	果实形状	果实颜色	平均果重（g）	最大果重（g）	果肉质地	果肉汁液	可食率（%）	果核形状	制干率（%）	含仁率（%）	用途	备注
438	磨盘枣A	磑磑枣，磨子枣，葫芦枣，药葫芦枣	陕西，河北，甘肃，山东	9中下	磨盘	紫红	7.0		粗松	少	93.5		50.5	低	观赏	果形独特，抗裂果
439	磨脐脐枣A		陕西	9下	平顶锥	赭红	8.6	11.5	细，略松软	中	96.7	短纺锤		10.0	鲜食	抗寒
440	磨脐枣A		河南	9上	平顶锥	赭红	10.0		致密	多		卵圆			鲜食	
441	磨塞子枣A		山东	9中下	卵圆	赭红	6.3	8.0	细硬	少		长陀螺		高	制干	
442	木洞糠枣A	木枣，泡枣，大枣	四川	8上白熟	短柱	暗红	11.2	12.9	疏松	少	92.6	长纺锤		低	蜜枣	抗裂果
443	木洞小甜枣A	甜枣子	四川	8下	圆柱	暗红	7.5	9.4	致密	中	96.0	长纺锤		常无	干鲜兼用	
444	木疙瘩枣A	疙瘩枣，正桩疙瘩枣，外桩疙瘩枣	陕西	9中	近圆	深红	9.6	13.0	致密	少	96.4	倒卵		10.0	制干	
445	木金枣A		陕西	9中	圆柱	褐红	8.3	16.0	致密	较少	95.9	纺锤或倒卵状纺锤		<10.0	制干	抗裂果
446	木铃A	木头疙瘩，黄皮铃枣	山东	9上中	卵圆或椭圆	暗赭红	9.0		稍粗	少		短纺锤	30.0		制干	
447	木母枣A		山西	9下	椭圆	赭红			紧密		94.0	纺锤		无	制干	
448	木头桃枣A		陕西	9中	卵圆	褐红	7.1	11.2	较硬	少	93.2	倒卵状纺锤		90.0	制干	
449	木头枣A		河北	9下	长圆	红	18.0	25.0	较硬	少	96.3	长椭圆		高		
450	木枣1号B		山西	9底	圆柱	红	24.3	33.9	致密		95.7				制干	省级审定

（续）

序号	品种名称	别名	原产省份	成熟期（月份）	果实形状	果实颜色	平均果重（g）	最大果重（g）	果肉质地	果肉汁液	可食率（%）	果核形状	制干率（%）	含仁率（%）	用途	备注
451	内黄妈妈枣AΔ		河南	9底至10上	奶头	深红	10.0	16.0	疏松	少	96.0	短梭	56.2	常无	观赏	果形奇异
452	内黄苹果枣D		河南	9下	圆	红	16.1		细，酥脆	多	96.0	纺锤		无	鲜食	
453	内黄甜瓜枣A		河南	9中	圆柱	橘红	5.8		较致密	多	92.9	纺锤		高	鲜食	
454	内黄小枣A		河南	9上	长圆	鲜红	5.0		较脆	中	96.0	纺锤		高	干鲜兼用	
455	奶头枣A	葫芦枣	河南	9下	葫芦	橙红	11.1		致密	中	95.5	卵圆		常无	制干	果形奇特
456	奶枣A	水枣	陕西	9中	近圆或短柱	橙红或鲜红	2.2		细，较松脆	中	84.3	纺锤			鲜食	抗裂果
457	南宫大紫枣B		河北		扁圆	紫红	16.7	36.1			97.9		56.3			省级审定
458	南京大木枣AΔ		江苏	9上	长圆	浅红	7.4		疏松	中	91.0	椭圆		常无	蜜枣	抗枣疯病
459	南京牛奶枣A		江苏		倒卵	棕红	8.5		松软	较少		纺锤			蜜枣	
460	南京枣A	京枣，枕头南京	江苏	8中白熟	圆柱	暗紫红	19.0	39.5	致密	中	96.6	长纺锤		高	蜜枣，南枣，红枣	
461	南乐糖枣AΔ		河南	10初	扁柱	紫红	9.8		致密	少	94.9	纺锤		60.0	干鲜兼用	
462	南皮脆枣A		河北	9中	长圆	黄红	6.3	9.2	致密酥脆	中	93.7	短梭		高	鲜食	
463	宁梨巨枣B		宁夏引进	9下	圆或椭圆	深红	40.0	120.0	酥脆	多	96.3	纺锤			鲜食	省级认定
464	宁夏长枣A*	马牙枣，灵武长枣	宁夏	9下至10初	长圆柱略扁	紫红	15.0		细脆	较多	94.0				鲜食	省级审定

（续）

序号	品种名称	别名	原产省份	成熟期（月份）	果实形状	果实颜色	平均果重（g）	最大果重（g）	果肉质地	果肉汁液	可食率（%）	果核形状	制干率（%）	含仁率（%）	用途	备注
465	宁夏圆枣A	小圆枣，蚂蚁枣	宁夏	9中下	短柱	深红	6.3	9.0	致密细脆	中	95.5	倒纺锤	51.2	常无	干鲜兼用	抗寒
466	宁阳脆枣A	脆枣	山东	8底至9初	椭圆形	黄红	10.2	25.5	酥脆	中		细梭		无	鲜食	抗裂果
467	宁阳六月鲜A	六月鲜	山东	8中	长椭圆，卵圆或倒	紫红	13.0	15.5	细脆	中多	96.7	长纺锤或椭圆		100	鲜食	省级审定，花期适温24℃
468	牛铃枣A		河南	9下	长圆	赭红	9.4		松脆	中	95.8	纺锤			干鲜兼用	
469	牛妈妈枣F		河北唐山	8下	长圆形	红褐		20.0	致密	多	93.7					
470	牛奶脆枣A∆	脆枣，大枣，油葫芦枣	陕西	10上中	倒卵圆	红	11.7	23.5	较致密	中	95.4	长纺锤		3.0	干鲜兼用	
471	牛奶头枣A	驴奶头枣	陕西	9下	长卵圆	深红	15.8	20.3	粗松	较少	97.5	纺锤			干鲜兼用	
472	牛心枣A	歪嘴枣，大尖枣	辽宁	9中	长鸡心	赭红	12.5	15.0	松软，稍粗	中	95.2	纺锤		25.0	制干	抗裂果，抗寒，耐贮运
473	耙齿枣A∆	大荔耙齿枣，把牙枣	陕西	9中	卵圆	紫红	10.4	21.0	细致密	中	94.6	倒卵		100	干鲜兼用	
474	泡泡红A	北京泡泡枣	北京	9上					致密，硬	少					制干，蜜饯	
475	泡枣A		湖南	8下	近圆球	白熟期乳黄	8.3	15.6	疏松	多		纺锤			蜜枣	
476	盆枣1号C		江苏	9中下	长柱形	紫红	28.0		细脆	丰富		细长			观赏，鲜食	
477	盆枣2号C		江苏	9中下	长柱形	浓红	20.0		细脆	丰富		细长			观赏，鲜食	
478	彭阳枣A		宁夏	9底	椭圆或圆	橙红	6.1	9.0	松，稍脆	少	93.4	扁纺锤		无	鲜食	

（续）

序号	品种名称	别名	原产省份	成熟期（月份）	果实形状	果实颜色	平均果重（g）	最大果重（g）	果肉质地	果肉汁液	可食率（%）	果核形状	制干率（%）	含仁率（%）	用途	备注
479	品 10C		河北			紫红	>4				95.3		65.4		鲜食，制干	
480	品 17C		河北				>5				94.2		68.9		鲜食，制干	
481	平核晋枣A		山西	9 下	圆柱	深红	13.7		较硬	较少	96.7	纺锤			制干	
482	平陆棒棰枣 D		山西	9 下	圆柱	红	9.8		致密	少	95.7	纺锤		8.3	蜜枣	
483	平南大枣A	大枣	广西	7 中白熟	长椭圆	白熟期浅绿	7.4	10.0	细脆	中		纺锤			蜜枣	
484	平南珠枣A		广西	7 上中	椭圆		3.5	4.0	松，稍脆			纺锤			鲜食	
485	平顺小枣A		山西	9 上	短柱	赭红	13.9		脆		94.3	纺锤		70	干鲜兼用	
486	平头小枣A		河南	9 中	短柱	紫红	4.4	5.5	细致密	中	93.2	纺锤	48.3	低	制干	
487	平遥大枣A Δ		山西	9 下	圆柱	红	7.4	12.0	致密	中	95.4			100	制干	
488	苹果枣 A		河北	9 中	近圆	紫红	20.6	27.2	细脆	多	95.1	短纺锤	50.0	无	干鲜兼用	
489	瓶子枣 A	脆枣，甜枣	辽宁	9 中下	长椭圆	橘红	8.0	10.0	细，酥脆	多	95.0	纺锤		不饱满	鲜食	
490	婆婆枣 A Δ	运城婆婆枣	山西	9 下	卵圆	红	14.1	19.3	致密	少	94.5	纺锤	47.5	93.0	制干	抗枣疯病，抗霜冻
491	婆枣 A	串干，阜平大枣，新乐大枣，枣强婆枣	河北	9 下	长圆或卵圆	棕红	11.5	24.0	松软	少	95.4	纺锤	53.1	17.0	制干	花期需要温度低
492	婆枣枝变 1号 A		河北	10 上	长圆或近圆	红黄	4.8	5.6	较粗	少	93.7	长圆	58.1	无	制干	

（续）

序号	品种名称	别名	原产省份	成熟期（月份）	果实形状	果实颜色	平均果重（g）	最大果重（g）	果肉质地	果肉汁液	可食率（%）	果核形状	制干率（%）	含仁率（%）	用途	备注
493	葡萄枣A	串干枣，婆枣，埴枣，埴大炮	河北	9中	短柱		3.5		松软	少	82.9	纺锤			鲜食	
494	蒲城墩墩枣D		陕西	9下	扁圆	浅红	19.6		粗．疏松	中	94.8	倒纺锤		13.3	制干	
495	蒲城晋枣AΔ	夏阳枣	陕西	9上	扁柱	红	10.4	14.1	较致密	中	95.0	倒纺锤		7.0	制干	抗裂果
496	蒲城梨枣A		陕西	9上	椭圆或卵圆	紫红	23.6	33.7	细，略疏松	多	98.2	倒卵，纺锤或圆柱		无	鲜食	
497	蒲城绵枣D		陕西	10上	卵圆	赭红	17.3		细，致密	多	92.9	椭圆		56.7	干鲜兼用	
498	蒲城圆梨枣D		陕西	10上	倒卵	红	19.0		细，疏松	多	96.0	纺锤		65.0	干鲜兼用	
499	濮阳小枣D		河南	10上	长圆	浅红	7.6		细，致密	中	94.5	纺锤		5.0	鲜食	
500	七月鲜A		河南	8下	卵圆	暗红	5.1		脆	多	95.1	纺锤		100	鲜食	
501	七月鲜B		陕西	8中下	卵圆	深红	29.8	74.1	细		97.8				鲜食	省级审定
502	齐脆枣A	关内枣，脆枣，齐头枣	辽宁	9中	短柱	橘红	4.5	6.0	细脆致密	多	90.0	倒卵状纺锤		20.0	鲜食	
503	齐疙瘩枣A		陕西	9下	长圆	紫红	12.4	13.8	致密	中		倒卵		4.0	干鲜兼用	
504	齐头白AΔ	白枣	河南	9下	卵圆	浅红	13.0	9.7	酥脆	多	96.6	椭圆			干鲜兼用	
505	淇县尖枣A		河南	9中	纺锤	暗红	3.6		松软	中	90.3	纺锤	47.9	高	制干	
506	旗鼓枣A		浙江	8下	旗鼓		5.4	9.6	致密	中	87.4	纺锤	25.3	高	鲜食	
507	秦宝冬枣B		陕西		近圆				细嫩酥脆						鲜食	省级审定，裂果轻

（续）

序号	品种名称	别名	原产省份	成熟期（月份）	果实形状	果实颜色	平均果重（g）	最大果重（g）	果肉质地	果肉汁液	可食率（%）	果核形状	制干率（%）	含仁率（%）	用途	备注
508	青皮烂 A		湖北	8 下	近球	浅棕	10.0	12.0	酥脆	中		卵			鲜食	
509	青县尖枣 A		河北	9 中	长椭圆	红	7.5	10.0	疏松	多	93.5	纺锤		高	鲜食	
510	青县六月鲜 A		河北	8 初	卵圆	紫红	2.7	3.7	脆致密	中	90.0	纺锤		无	鲜食	
511	青县马牙枣 A	大马牙枣	河北	9 上	长倒卵	红	7.9	10.0	酥脆致密	中	94.8	短纺锤		常无	鲜食	
512	青县木枣 A		河北	9 上	椭圆	紫红	7.5	18.6	较硬	中	95.1	短梭		30.0	兼用	
513	青枣 A		河南	10 上中	圆锥	橘红	7.0	7.5	较松	中	94.7	纺锤	37.0	低	干鲜兼用	
514	清涧白枣 A	柴枣，卵形白枣，菜婆婆枣，羊卵卵枣，圆白枣，瓮瓮枣，罐罐枣	陕西	9 中	卵圆或椭圆	褐红	12.5		粗松	少	92.5	纺锤	60.0	低	制干	抗裂果，抗寒
515	清涧脆枣 A		陕西	9 下	长圆	暗赭红	12.6	16.2	细酥脆	多		纺锤			鲜食	
516	清涧小团枣 A	沙团枣	陕西	9 中下	椭圆	深红	12.0		细酥脆	多	95.8	纺锤		低	鲜食	抗寒
517	清涧牙枣 A		陕西	9 上中	椭圆	鲜红	5.0	5.4	较细略松	多		短梭或长倒卵		无	干鲜兼用	
518	清徐圆枣 A Δ		山西	9 中	圆	红	11.5	13.6	疏松	中	93.5	纺锤		3.0	干鲜兼用	抗枣疯病
519	清苑大丹枣 D		河北	9 下	长圆	浅红	10.2		细，酥脆	多	95.5	椭圆		86.7	干鲜兼用	抗裂果
520	曲阜短脆枣 A	铃枣，脆枣	山东	9 上中	短柱	红褐	10.2		疏松，稍粗	少		纺锤		低	鲜食	
521	曲阜猴头枣 D		山东	9 下	圆锥	红	11.1		酥脆	中	94.8	纺锤		100	干鲜兼用	抗裂果

（续）

序号	品种名称	别名	原产省份	成熟期（月份）	果实形状	果实颜色	平均果重（g）	最大果重（g）	果肉质地	果肉汁液	可食率（%）	果核形状	制干率（%）	含仁率（%）	用途	备注
522	圈枣 A Δ		河北	9 中下	长圆	紫红	8.8	12.0	致密	中	93.6	圆		常无	鲜食	
523	全州秤砣枣 A	河南枣	广西	8 中	卵圆或短柱	浅红褐	23.3	32.0	细脆	较多	92.0	纺锤			制干，鲜食，蜜枣	
524	全州牛奶枣 A	糠头枣	广西	8 下至 9 上	圆柱	棕红	9.4	11.2	松软	少		长椭圆	30.0		蜜枣	
525	荣城麻枣 A	马枣	山东	10 初	倒平顶锥	紫红	5.5	6.2	疏松	少	92.3	短梭			制干	花期适温 22 ℃
526	肉兜子枣 A		河北	9 中下	圆至扁圆	红	4.2	6.2	致密	中	94.4	短梭		常无	制干	果肉肥厚，致密，抗裂果
527	汝城枣 D		湖南	9 下	长圆	红	4.4		疏松	中	93.0	纺锤		98.3	制干	抗裂果
528	乳脆蜜 C		山东	8 中下	纺锤	紫红	15.7	32.8	酥脆	丰富	95.7	长椭圆			鲜食	
529	入口酥枣 E		山东	8 底至 9 初	圆	红	15.0	32.0	酥脆爽口	多						极耐干旱
530	软核蜜 A	无核枣	河南	9 中	长圆	橙红	6.0		致密	中		纺锤	56.6	高	制干	核壳软，抗裂果
531	软核木枣 A		陕西	10 上	长圆	褐红	5.5		粗，松软	少		纺锤	60.0	无	制干	
532	三变红 A	三变色，三变丑	河南	9 中	长椭圆或长卵	深红	18.5	23.1	致密细脆	中	95.6	长纺锤	38.5	低	制干	
533	三棱小枣 A		河北	9 中	卵圆	红褐	4.1	5.5	紧密	多	87.8	纺锤		无	鲜食	
534	沙果枣 A	砘子枣	河北	9 上	砘或平顶锥	紫红	10.4		细腻	多	93.7	椭圆或短纺锤		57.1	鲜食	
535	沙糖枣 A Δ		湖南	9 中	卵圆	红	7.2	9.9	酥脆	多	90.2	纺锤		低	干鲜兼用	抗裂果
536	沙枣 A		山西	9 下	长圆	橙红	16.5	20.0	较松脆	中	95.5	纺锤	44.0	低	干鲜兼用	抗枣疯病

（续）

序号	品种名称	别名	原产省份	成熟期（月份）	果实形状	果实颜色	平均果重（g）	最大果重（g）	果肉质地	果肉汁液	可食率（%）	果核形状	制干率（%）	含仁率（%）	用途	备注
537	傻绵枣 A	大绵枣，晚绵枣	河北	9 中下	长圆	深红	12.2	20.0	致密较硬	少	95.9	短纺锤		较高	鲜食	
538	晒枣 A		北京	9 底至 10 上	似倒卵	红褐	5.6		粗硬	少	91.0	倒卵			制干	
539	山西哈八枣 D	离石哈巴枣	山西	9 下	扁圆	紫红	25.2		粗，较致密	中	96.2	椭圆		46.7	制干	
540	山枣 A Δ		山西	9 下	倒卵圆	紫红	15.7		较致密	少	94.1	椭圆		90.0	加工	
541	山楂枣 A	一点红	浙江	9 初	近圆球	紫红	5.5	10.0	松脆	多	92.5	纺锤	27.0		鲜食	树冠紧凑
542	陕西大白枣 D		陕西	9 下	扁圆	浅红	23.1		细，疏松	多	96.0	纺锤		无	干鲜兼用	极丰产，矮化
543	韶关白枣 D		广东	10 上	长圆	浅红	9.9		较致密	多	95.4	纺锤		83.3	干鲜兼用	
544	韶关大枣 D		广东	10 上	圆锥	红	10.7		较致密	多	93.5	倒纺锤		100	干鲜兼用	
545	蛇岩蜜枣 A		山西							多					鲜食	
546	深县串杆红 D		河北	10 上	扁柱	红	9.9		粗，较致密	少	96.6	长纺锤		1.7	制干	
547	神木无刺枣 A	木枣	陕西	9 下	椭圆或卵	褐红	20.0		粗，松软	少		纺锤	60.0	无	制干	
548	胜利枣 E		山西	10 中	圆柱	紫红	19.7		致密	少			60.0		制干	早果，矮化，极丰产，抗裂果
549	嵊县白蒲枣 A	白蒲枣	浙江	8 下白熟	椭圆或倒卵	赭红	12.0		较细	中	96.6	长纺锤		低	蜜枣	
550	狮头铃 A	柿子铃	山东	9 中下	椭圆，近圆或略扁	酱紫	16.0	29.5	硬，稍粗	少		短梭或近圆		70.0	制干	抗裂果

（续）

序号	品种名称	别名	原产省份	成熟期（月份）	果实形状	果实颜色	平均果重（g）	最大果重（g）	果肉质地	果肉汁液	可食率（%）	果核形状	制干率（%）	含仁率（%）	用途	备注
551	十月青 A	冬枣，小冻枣	河北	10 下	长柱	红褐	7.2	8.1	疏松，脆甜	多		纺锤			鲜食	
552	石磙枣 A	土枣，山枣，酸枣	湖北	8 中	长圆柱	暗红	17.0		脆，略疏松	中		椭圆			制干，鲜食，蜜枣	
553	石楼牙枣 A		山西	9 中	鸡心	赭红	7.8		细脆	中		纺锤		无	鲜食	抗霜冻
554	柿顶枣 A	柿花枣，柿把枣，柿蒡枣，柿蒂枣	陕西	9 中	短柱或椭圆	红	12.0	14.7	绞脆	少	94.8	短纺锤或长倒卵		高	制干	花萼肥大宿存
555	柿子枣 A	柿饼枣，脆枣，落地枣，落地碎	河北	8 下	椭圆或近圆	褐	5.0		细脆	多	92.0	纺锤			鲜食	
556	帅枣 1 号 B		山西	9 底	长圆柱		25.2	47.6	致密		96.0				干鲜兼用	省级审定
557	帅枣 2 号 B		山西	9 底	长圆锥				致密		95.0				制干加工	省级审定
558	帅枣 3 号 B		山西		短圆锥				致密						制干加工	省级认定
559	双瓣枣 A		甘肃	9 中下	扁秤砣	紫红	5.8	8.9	致密，较脆	中	92.0	长卵	57.5	无	制干	
560	水晶枣 A	脊枣，脆枣	浙江	9 上中	长倒卵	紫红	10.0	20.0	较细，松脆	多	96.1	长椭圆	30.0		鲜食	
561	水枣 A	镇原水枣	甘肃	9 下	扁圆或近圆	紫红	4.8	8.1	松脆	多		短纺锤			鲜食	
562	泗洪大枣 B		江苏	9 下	卵圆，近圆或长圆	紫红	30.0	107.0	酥脆	多					鲜食加工	省级认定，抗裂果，抗缩果，抗枣疯病
563	泗洪蚂蚁枣 A		江苏	9 上	长卵圆	深红	14.9		松脆	较多	97.4	长纺锤		54.5	鲜食	
564	泗洪沙枣 A		江苏	9 上	短圆柱或平顶锥	栗红	16.7		致密		97.6	长椭圆或陀螺	42.8	100	制干	抗裂果

（续）

序号	品种名称	别名	原产省份	成熟期（月份）	果实形状	果实颜色	平均果重（g）	最大果重（g）	果肉质地	果肉汁液	可食率（%）	果核形状	制干率（%）	含仁率（%）	用途	备注
565	嵩县大枣 A Δ		河南	10 上	卵圆	浅红	16.3	25.4	酥脆	多	96.4	倒纺锤		7.0	干鲜兼用	
566	苏南白蒲枣 A	上海白蒲枣	江苏	9 下	长鸡心	赭红	9.9		细脆	多	97.2	长纺锤		高	蜜枣，鲜食	
567	苏子峪大枣 A		北京	9 上中					致密细脆	中					干鲜兼用	
568	酥圆铃 A Δ	团铃，圆铃	山东	9 中	卵圆	紫红	8.3		致密	少	96.2	椭圆		100	干鲜兼用	抗裂果
569	肃宁枕头枣 A		河北	9 上	长柱	黄红	14.3	23.3	疏松	少	96.1	长纺锤		常无	干鲜兼用	
570	酸疙瘩枣 A Δ	彬县酸疙瘩枣	陕西	9 下	圆柱	紫红	14.5	19.8	酥脆	多	92.9	纺锤		100	干鲜兼用	Vc 含量高，抗病虫
571	酸鸡心枣 A		河南	9 下	长圆	鲜红	4.1	5.5	松	少	88.3	长卵	33.0	高	制干	
572	酸铃枣 A		河南	9 中下	圆柱	鲜红	5.5	6.5	硬	少	95.3	纺锤	37.0	有	制干	
573	酸木枣 A		陕西	9 下	长圆或倒卵	褐红	9.1	14.9	致密，较细	中	95.1	纺锤		20.0	鲜食	
574	酸团枣 A	酸圆团枣，圆酸团枣	陕西	10 上中	近圆或椭圆	褐红	9.0	12.3	松软，稍粗	少	95.8	纺锤		常无	制干	
575	酸圆团枣 A	酸团枣	陕西	9 中	短椭圆		9.0	12.3	粗硬	多	95.8	短梭			干鲜兼用	
576	算盘子枣 A		河南	9 上	扁圆	赭红	8.6		脆	多	95.3	纺锤	33.8		兼用	抗裂果
577	濉溪马铃枣 A	长枣	安徽	9 上	长圆	赭红	10.6	16.1	硬	少	96.0	纺锤		不饱满	干鲜兼用	
578	濉溪苹果枣 A	圆枣，圆红	安徽	8 下白熟	扁圆		10.3	15.4	松脆	多	98.8	椭圆		高	鲜食	抗裂果
579	濉溪圆红 A		安徽	8 下	长椭圆	赭红	11.6	15.8	较松	少	94.5	纺锤		高	鲜食	抗病，抗裂果

（续）

序号	品种名称	别名	原产省份	成熟期（月份）	果实形状	果实颜色	平均果重（g）	最大果重（g）	果肉质地	果肉汁液	可食率（%）	果核形状	制干率（%）	含仁率（%）	用途	备注
609	天津快枣A		天津	8中	倒卵	赭红	5.0	14.0	酥脆	多	95.8	纺锤		低	鲜食	
610	天生枣A		浙江	8中下白熟	卵圆		12.3	25.0	致密	少	96.3				鲜食	
611	天水圆枣A		甘肃	9中下	椭圆	深红	8.8	17.6	松脆	多		纺锤	42.0	常无	鲜食	抗寒
612	甜死枣A		山东	9上中	短柱	赭红	9.0	10.0	致密	中		长梭		高	鲜食	
613	甜枣A	糖枣，水蜜枣，水白枣，糖枣	安徽	9上	椭圆	赭红	5.0		松脆	多	88.8	纺锤		有	鲜食	抗枣疯病
614	甜子枣A	大红枣	河北	9上	扁圆	黄红	23.8	50.0	致密，酥脆	多	97.5	纺锤		低	鲜食	
615	条枣A	河津条枣	山西	9下	椭圆	深红	12.3		硬	中	97.0	纺锤			制干	
616	条枣B	永和条枣	山西										56.0		制干	省级认定
617	铁皮枣A		河南	9中	卵圆或圆柱	暗红	9.8		致密	少	92.9	纺锤			制干	抗裂果
618	同心圆枣B		宁夏	9下		深红	19.7	34.0	疏松	中多	95.5				鲜食	省级审定，抗寒，抗病虫
619	桐柏大枣A		河南	9上	近圆	赭红	46.0		较松	少	97.2	短纺锤			鲜食，加工	
620	团枣A		辽宁	9上	长椭圆	褐红	3.0	4.0	粗软			纺锤		高	制干	抗裂果
621	晚熟脆锥枣A	九月红	陕西	10上	尖顶圆柱	紫红	12.6	15.0	致密较硬	少	94.4	长纺锤		50.0	制干	
622	晚熟木枣A		陕西	10中	圆柱	橙红	7.4	8.0	粗，较硬	中	96.6	纺锤或倒卵状纺锤		12.5	干鲜兼用	抗裂果

（续）

序号	品种名称	别名	原产省份	成熟期（月份）	果实形状	果实颜色	平均果重（g）	最大果重（g）	果肉质地	果肉汁液	可食率（%）	果核形状	制干率（%）	含仁率（%）	用途	备注
623	晚熟圆铃A		山东	9底	短椭圆	紫红	13.5	18.0	硬实，致密	少		短纺锤		有	制干	
624	晚甜酥枣A		河北	9下	近圆	深红	16.9	22.4	酥脆	多、	97.1	纺锤		高	鲜食	较抗病虫
625	晚枣A	大枣	辽宁	10上	倒卵圆或椭圆	深褐红	6.0	10.0	细脆，较硬	少		纺锤		40.0	鲜食	抗寒
626	万荣福枣D		山西	9下	卵圆	紫红	20.0		疏松	少	94.9	纺锤		6.7	制干	
627	网枣A		湖南	8下	短圆柱	赭红	6.2		疏松	中					鲜食	
628	文县小枣A		甘肃	8中	近圆	赭红	6.8	10.0	致密	多		椭圆或近圆		90.0	干鲜兼用	
629	无棣甜酸枣A		山东	9上	椭圆	橙红	7.0		细脆	多		长纺锤		低	鲜食	
630	无核脆枣C		山东	9中下	长圆	鲜红	16.9	39.0	致密	中多	近100	退化或革质化			鲜食	
631	无核丰B		河北		长圆	红	4.6					退化	65.0			省级审定，果核退化
632	无核红B		河北	9下		鲜红	3.1	8.0	细腻致密				高			省级审定，果核退化
633	无核金丝小枣C		河北		长柱		2.5						77.7		鲜食，制干	
634	无核小枣AΔ	乐陵无核小枣，虚心枣，空心枣，哲	山东	9底	扁圆柱	红	3.9	10.0	酥脆	中	96.1	长纺锤	53.8		干鲜兼用	花期适温23℃以上，果核退化
635	无心核A		山西	9中	圆柱	深红			较松						干鲜兼用	核壳软
636	无针小枣A		河北	9中	长圆	黄红	6.6		酥脆	多		纺锤		高	鲜食	抗裂果，无刺

（续）

序号	品种名称	别名	原产省份	成熟期（月份）	果实形状	果实颜色	平均果重（g）	最大果重（g）	果肉质地	果肉汁液	可食率（%）	果核形状	制干率（%）	含仁率（%）	用途	备注
637	吴县水团枣 A Δ		江苏	9 初	倒卵圆	浅红	5.5		较致密	中	93.6	倒纺锤		17.0	鲜食	
638	吾儿枣 A		陕西	9 上	扁圆	褐红	4.7		细脆	多		卵圆		高	鲜食	
639	吾库扎克小枣 A Δ		新疆		卵圆	红	4.1		疏松	中	89.0	纺锤		常无		
640	五台锦枣 A		山西	10 上	长圆	紫红	3.0					纺锤		常无	制干	
641	武都大枣 A		甘肃	9 上	近圆或椭圆	褐红	13.5	32.1	致密	多		纺锤		77.0	鲜食	
642	武隆猪腰枣 B		重庆						致密	多						市级认定
643	西峰山大家枣 A		北京	9 下	倒卵圆	褐红	11.1	16.0	致密	中	92.7	短纺锤		低	干鲜兼用	
644	西峰山小枣 A Δ	西峰山小家枣，京西小枣	北京	9 下至 10 上	卵圆	红	5.5	12.6	酥脆	多	95.8	纺锤		10.0	干鲜兼用	
645	西双小枣 D		云南	10 上	长圆	红	5.8		疏松	多	90.3	椭圆		98.3	制干	
646	西营笨枣 D		陕西	10 上	扁柱	红	15.0		疏松	中	93.8	倒纺锤		10.0	制干	亢裂果
647	歙县秤砣枣 A		安徽	9 上	椭圆	赭红	16.3		致密，较硬	中	96.9	短纺锤		常无	蜜枣，鲜食	抗枣疯病
648	歙县马枣 A	马头枣	安徽	9 上	椭圆	赭红	16.3		疏松	少	96.4	纺锤		常无	蜜枣	抗裂果
649	细腰腰枣 A		陕西	10 上	扁圆柱	褐红	6.3	8.5	较粗硬	少	96.2	纺锤	>50.0	低	制干	抗裂果
650	下山枣 A	左口枣	浙江	9 上中	长椭圆	紫红	17.0	37.0	较韧	少	97.1	长纺锤	42.0		南枣，蜜枣	抗裂果
651	夏津长枣 A	大长枣	山东	9 上	短柱	棕褐	6.4		酥脆，较细	中		长梭		高	干鲜兼用	

（续）

序号	品种名称	别名	原产省份	成熟期（月份）	果实形状	果实颜色	平均果重（g）	最大果重（g）	果肉质地	果肉汁液	可食率（%）	果核形状	制干率（%）	含仁率（%）	用途	备注
652	夏津木枣A		山东	9中	短椭圆或近圆	赭红	10.0	11.0	致密稍硬	少		梭			制干	抗裂果
653	夏津小长枣A		山东	9中	长倒卵	紫红	5.6		致密细脆	中		梭		高	干鲜兼用	
654	夏枣A	圆枣	甘肃	9中	短椭圆	赭红	17.4	30.0	致密细脆	多		纺锤		50.0	鲜食	
655	献王枣B		河北	9中下	长圆	深红	9.0	12.0	较硬	较多	90.4		高		制干	省级审定，抗裂果
656	献县木枣D		河北	9下	圆	浅红	10.7		细，较致密	中	95.5	椭圆		30.0	鲜食	
657	献县小小枣D		河北	10上	卵圆	红	7.0		疏松	多	93.9	椭圆		16.7	干鲜兼用	
658	献县圆小枣D		河北	10上	卵圆	浅红	6.3		细，较致密	多	95.4	椭圆		16.7	干鲜兼用	
659	相枣A	运城相枣，贡枣	山西	9下	平顶锥或卵圆	紫红	22.9	29.5	硬，略粗	少	97.6	纺锤	53.0	不饱满	制干	抗裂果
660	香山小白枣A	山白枣，小白枣	北京	9下	长圆或卵圆	红褐	3.6	4.7	脆	中	93.8	纺锤		高	干鲜兼用	
661	香枣A	盐山香枣	河北	8下	长圆	红	3.3	4.9	致密，酥脆	多	96.1	纺锤		常无	鲜食	
662	湘西香枣AΔ	溆浦香枣	湖南	10中	长圆	紫红	6.9	17.5	较致密	中	88.4	纺锤		37.0	制干	抗裂果
663	襄汾葫芦枣A		山西	9上	葫芦	鲜红	10.0	15.0	细脆	多		纺锤		70.0	干鲜兼用	
664	襄汾龙枣A	龙枣	山西	9下	三棱				脆硬			纺锤		40.0	制干	
665	襄汾木枣AΔ		山西	9底	扁柱	红	17.9		较致密	少	94.1	纺锤	54.3	7.0	制干	抗裂果，抗霜冻
666	襄汾牛奶枣A		山西	9中	尖柱或葫芦	浅红									鲜食	
667	襄汾崖枣AΔ		山西	9下	圆	红	10.5	14.5	致密	中	96.4	纺锤		3.0	制干	抗裂果

（续）

序号	品种名称	别名	原产省份	成熟期（月份）	果实形状	果实颜色	平均果重（g）	最大果重（g）	果肉质地	果肉汁液	可食率（%）	果核形状	制干率（%）	含仁率（%）	用途	备注
668	襄汾圆枣 A Δ		山西	10 上	卵圆	红	16.4	18.9	酥脆	多	96.1	纺锤		73.0	鲜食	
669	象河大枣 A	九月青	河南	9 下	近圆柱	紫红	27.0			少	97.9	纺锤			制干，蜜枣	
670	象牙白 A		湖北	8 中下	长尖角	黄白									鲜食	
671	小斑枣 A		河北		倒卵	紫红	4.6		致密	中	93.5	倒卵		常无	制干	抗裂果
672	小布袋枣 A		河南		长圆	紫红	8.0		绞松	中	95.0	长椭圆		低	制干	
673	小大枣 A	大小枣	河北	9 下	长圆	赭红	8.6	17.9	致密	中等	95.8	椭圆		常无	制干	
674	小墩墩枣 A Δ	大荔小墩墩枣	陕西	9 中	圆	紫红	6.1	9.3	较致密	多	92.7	近圆		100	制干	抗裂果，花期要求气温较高
675	小果九月青 A	九月青	山东	9 底至 10 初	长柱或长倒卵	暗红	8.6	12.0	脆硬，略粗	中		纺锤		高	干鲜兼用	抗裂果
676	小果算盘枣 A Δ	小算盘	湖南	8 下	圆	紫红	8.5	10.9	较致密	中	91.4	椭圆		常无	鲜食	抗裂果
677	小葫芦头 A		山东	9 上	短椭圆	红褐	5.0		粗硬，较脆	少		短梭			鲜食	抗裂果
678	小葫芦枣 A	葫芦枣	河北	9 下	葫芦或近圆	红	3.2	8.0	致密，较硬	中	95.6	短梭		低	干鲜兼用	抗裂果
679	小尖顶 A	小家枣，尖尖枣	辽宁	9 上中	长椭圆	紫红	6.0	8.0	较脆	中	93.3	纺锤		30.0	鲜食	抗裂果，抗寒
680	小口枣 A		甘肃	9 下	椭圆或卵圆	紫红	15.2	25.0	疏松	少		纺锤	>42.0	15.0	制干	
681	小梨枣 A	梨枣，庆云小梨枣，铃枣	山东	9 上中	梨	黄褐	8.5	9.2	细脆	多	89.2	短梭		高	鲜食	
682	小马牙 A	长红枣	山东	9 中	长柱	赭红	6.7		较细	少	95.8	长纺锤	45.0		制干	抗裂果

（续）

序号	品种名称	别名	原产省份	成熟期（月份）	果实形状	果实颜色	平均果重（g）	最大果重（g）	果肉质地	果肉汁液	可食率（%）	果核形状	制干率（%）	含仁率（%）	用途	备注
683	小蜜枣A	蜜枣，扣子枣，一串铃	河南	9中	卵圆	鲜红	4.0		细脆致密	中	95.0	纺锤		高	干鲜兼用	
684	小木枣A	木小枣，磨塞子枣	河北，山东	9中	卵圆或长圆	紫红	4.6	7.6	硬致密	少	95.0	纺锤		高	制干	
685	小妮子枣A		河北	9下	短柱		2.4				89.7	长纺锤			鲜食	
686	小牛心枣A		河北	9下	鸡心	棕红	4.0	5.7	酥脆	中	96.5	纺锤		常无	鲜食	抗裂果
687	小平顶AΔ	小家枣	辽宁	9中	圆柱	橘红	6.0	8.0	细脆致密	中	93.4	纺锤		30.0	干鲜兼用	抗裂果，抗寒
688	小日月枣A	脆枣	陕西	9上中	长圆	深黄褐	10.0		细，松脆	多		纺锤		20.0	干鲜兼用	抗寒
689	小柿饼枣A	烧饼枣，扁枣，柿饼枣	山东，河南	9上	扁圆	浅红褐	5.6		细脆	多	93.7	陀螺		有	鲜食	
690	小躺枣A	猪牙枣，牙枣	山东	9中	圆锥	赭红	4.5		松脆，较细	中	95.5	长纺锤		低	干鲜兼用	
691	小团枣A	团枣，圆枣，灰团枣	陕西	9下	近圆	褐红	12.5	16.0	较细，略松软	多	96.0	纺锤		低	鲜食	抗裂果，抗寒
692	小硬枣A	晚熟枣	云南	9底至10初	鸡心	橙红	7.5		硬粗	多		短纺锤			鲜食加工兼用	抗裂果
693	小油香枣A		河北	10上	短柱	深紫红	2.9		较细	少		纺锤			干鲜兼用	
694	小圆晋枣A		陕西	10上	短卵圆		18.4	27.8	较松	少	96.5	纺锤		63.6	干鲜兼用	抗裂果
695	小圆铃枣A		山东	9底至10初	椭圆	赭红	4.5		细脆	中	84.7	椭圆		100	鲜食	
696	小圆枣AΔ	大荔小圆枣	陕西	8下	圆	紫红	10.7	12.8	酥脆	多	94.8	长倒卵		60.0	干鲜兼用	
697	小枣绵A		河北	9中	长圆	棕红	6.1	13.3	致密	少	93.1	纺锤			干鲜兼用	

（续）

序号	品种名称	别名	原产省份	成熟期（月份）	果实形状	果实颜色	平均果重（g）	最大果重（g）	果肉质地	果肉汁液	可食率（%）	果核形状	制干率（%）	含仁率（%）	用途	备注
698	孝感秤砣枣 A		湖北	8 下	倒卵	赭红			酥脆	中		椭圆			干鲜兼用	
699	忻县牙枣 A		陕西	9 下	长圆										鲜食	
700	新疆长圆枣 A	长枣	新疆	9 中	长圆	红褐	4.3		脆			纺锤		95.0	干鲜兼用	抗病虫
701	新疆小圆枣 A Δ	小红枣	新疆	9 中	圆	红	3.7		酥脆	多	87.8	圆		93.0		萌蘖力强，抗病虫
702	新郑大木枣 A	木枣	河南	9 下	长圆	紫红	19.6	21.1	硬，粗松	少	97.0	纺锤		不饱满	蜜枣，制干	抗病
703	新郑大枣 D		河南	9 下	长圆	浅红	14.1		酥脆	多	95.7				干鲜兼用	
704	新郑红 A	大灰枣	河南	9 下	长锥	红褐	13.2	13.9	略松脆	中	96.0	纺锤	46.4	低	干鲜兼用	
705	新郑红枣 1 号 B		河南	9 中	长卵	紫红	12.6						43.6		制干	省级审定，抗裂果，抗缩果
706	新郑红枣 2 号 B		河南	9 中	长倒卵	橙红	10.8		致密	中多					制干	省级审定
707	新郑红枣 6 号 B		河南	9 中	鸡心	紫红	5.3		致密	中多		纺锤	55.3		制干	省级审定，抗裂果，抗缩果
708	新郑鸡蛋枣 D		河南	10 上	卵圆	紫红	21.8		疏松	中	95.6	纺锤		31.7	干鲜兼用	
709	新郑尖头灰枣 D		河南	10 上	圆锥	红	4.1		粗，致密	中	93.5	纺锤	63.3	80.0	制干	
710	新郑铃枣 A		河南	9 中下	近圆	红褐	13.4	14.5	脆	多	97.5	卵或纺锤		高	干鲜兼用	抗病
711	新郑六月鲜 A		河南	8 下	长圆	橙红	7.1	8.0	细脆	多	95.1	卵圆		高	干鲜兼用	
712	新郑马牙枣 A Δ	马牙头，马牙酥	河南	9 中下	圆锥	红	13.3	18.7	酥脆	多	96.5	长纺锤		常无	制干	

（续）

序号	品种名称	别名	原产省份	成熟期（月份）	果实形状	果实颜色	平均果重（g）	最大果重（g）	果肉质地	果肉汁液	可食率（%）	果核形状	制干率（%）	含仁率（%）	用途	备注
713	新郑蜜枣A	小枣	河南	9中	椭圆	橙红	6.4		脆致密	多	94.5	纺锤		低	干鲜兼用	抗裂果，抗病
714	新郑酥枣A		河南	9中	长卵	红褐	22.5	24.0	松脆	多	97.8	纺锤		低	鲜食	
715	新郑小木枣A		河南	9下	近圆或长圆	橙红	6.7	7.5	硬	少	95.2	纺锤	43.0	有	制干	
716	新郑小圆枣D		河南	10上	卵圆	浅红	11.8		致密	中	94.1	纺锤		60.0	干鲜兼用	
717	兴隆大枣F		河北													
718	兴县老婆枣A		山西	9下	圆柱	深红	4.2					纺锤			制干	
719	星光B		河北		圆柱或倒卵圆		22.9				96.3		56.4		制干加工	省级审定，极抗枣疯病，花期适温23～25℃
720	星星枣A	定襄星星枣	山西	9下	长圆	紫红	10.3		松	少	92.2	纺锤	54.0	高	干鲜兼用	抗枣疯病
721	行唐长枣B		河北	9下	长柱	深红	22.0	40.0			92.0		57.0		干鲜兼用	省级审定，抗枣疯病，抗寒
722	行唐大圆枣B		河北	9下	卵圆	深红	25.8	45.0			94.0		58.4		干鲜兼用	省级审定，抗枣疯病，抗寒
723	行唐墩子枣B		河北	9下	倒卵圆	深红		40.6			96.0		57.5		干鲜兼用	省级审定，抗枣疯病
724	邢台九月青A	冬枣	河北	10下	椭圆或秤砣	红褐	5.4	7.9	酥脆	中	95.2	纺锤		100	鲜食	
725	盱眙小红枣A		江苏	8下	椭圆或长椭圆		6.2		较致密	中	97.7	短梭		常无	制干	抗裂果
726	溆浦葫芦枣A		湖南	9上	葫芦	紫红	4.4	5.6	松	少	91.8	纺锤	36.3	40.0	干鲜兼用	抗裂果

（续）

序号	品种名称	别名	原产省份	成熟期（月份）	果实形状	果实颜色	平均果重（g）	最大果重（g）	果肉质地	果肉汁液	可食率（%）	果核形状	制干率（%）	含仁率（%）	用途	备注
727	溆浦尖枣D		湖南	10上	圆柱	红	10.7		较致密	中	91.5	纺锤		25.0	制干	
728	溆浦六月枣D		湖南	9上	长圆	红	6.3		细，较致密	少	90.5	椭圆		80.0	制干	
729	溆浦米枣A		湖南	8中	圆柱	鲜红	3.2	9.8	致密，酥脆	中	89.6	倒卵	33.8	常无	鲜食	
730	溆浦柿饼枣A		湖南	9上	扁圆	紫红	11.1	13.3	粗，紧密	少	88.8	近圆	44.8	10.0	制干	抗病虫
731	溆浦甜酸枣AΔ		湖南	9中	长圆	紫红	7.1	11.0	较致密		91.2	纺锤	47.2	97.0	制干	
732	宣城尖枣A	干枣，长枣	安徽	9上	长卵圆	红	22.5		较致密	少	97.0	梭		不饱满	蜜枣	
733	宣城圆枣A	团枣	安徽	9上	近圆	赭红	24.5		致密细脆	中	97.4	短纺锤		高	蜜枣，鲜食	抗枣疯病
734	宣枣A		河南	9上	短倒锥	红褐	26.5		较疏松	少	95.5	短梭			干鲜兼用	
735	晅铃AΔ	宁阳晅铃，酸铃，大个子枣	山东	10上	圆柱	浅红	14.7	19.0	致密	少	95.4			37.0	蜜枣，鲜食	
736	旬邑壶瓶枣A	红瓶枣	陕西	9上	长椭圆或长卵圆	暗红	15.6		较致密	中	96.8	梭形或长倒卵		常无	制干	
737	鸭枣AΔ	南京鸭枣	江苏	8中下	圆	红	12.8		致密	少	93.2	椭圆		100	鲜食	抗裂果
738	雅枣C		山西	8中	长圆柱或鸡卵	紫红	22.0	38.0	细，无渣	多	98.7				制干	
739	亚腰长红A	藤县亚腰长红，笨枣，马尾枣，滑皮枣，青瓤躺枣，晚熟躺枣，枕头枣，长枣	山东，河北	9底	长柱	赭红	8.3		致密，较硬	少	97.2	长梭	46.5	常无	制干	

（续）

序号	品种名称	别名	原产省份	成熟期（月份）	果实形状	果实颜色	平均果重（g）	最大果重（g）	果肉质地	果肉汁液	可食率（%）	果核形状	制干率（%）	含仁率（%）	用途	备注
740	蔫把枣 A	萎把枣	陕西	8 下	椭圆或卵圆	深红	14.7	22.0	较致密	少	97.3	长椭圆或长倒卵		常无	制干	抗裂果
741	延川白枣 A		陕西	9 下	卵圆或短柱	褐红	20.0	33.8	松软	少	95.5	纺锤	66.7	90.0	制干	抗裂果
742	延川脆枣 A		陕西	9 中	卵圆	褐红	18.3	23.6	粗松	中	94.4	长倒卵		70.0	鲜食	
743	延川跌牙枣 D		陕西	9 下	圆柱	红	17.4		细，疏松	多	94.2	纺锤		65.0	鲜食	
744	延川冬瓜枣 A	驴粪瓜枣	陕西	9 下	长椭圆	褐红	14.2	24.3	致密，较细	中	97.3	纺锤或倒卵状纺锤		低	干鲜兼用	
745	延川狗头枣 A*	狗脑枣	陕西	10 上中	卵圆或锥	褐红	18.7	25.4	致密细脆	中多	94.2	纺锤	47.0	70.0	干鲜兼用	省级审定，抗寒
746	延川葫芦枣 A		陕西	9 上中	近圆	褐红	17.1	22.5	粗硬	少	94.7	椭圆	40.0	70.0	制干	
747	岩枣 AΔ		湖南	9 上	卵圆	紫红	12.1	21.9	疏松	中	92.2	纺锤	43.4	3.0	制干	抗裂果，抗病虫
748	研金 1 号 B		山东		长圆	紫红	9.9	20.2			95.4		60.8		制干	省级审定，树姿开张
749	研金 2 号 B		山东		长椭圆	紫红	10.2	19.8			95.4		61.5		制干	省级审定
750	阎良脆枣 B		陕西		圆柱	黑红	19.0				95.0					省级审定
751	阎良相枣 B		陕西	10 上	扁圆	赭红	9.5	15.0	致密	中多	96.0	纺锤	46.0	高	制干	省级审定
752	兖州三变色 D		山东	10 上	圆柱	浅红	10.3		较致密	中	95.4	纺锤		40.0	制干	果实颜色因发育阶段而变化
753	雁过红 E		江苏	10 下至 11 初	圆		52.0	107.0	致密无渣		96.0					

（续）

序号	品种名称	别名	原产省份	成熟期（月份）	果实形状	果实颜色	平均果重（g）	最大果重（g）	果肉质地	果肉汁液	可食率（%）	果核形状	制干率（%）	含仁率（%）	用途	备注
754	雁来红 A		江苏	9 上	长椭圆或长倒卵	赭红	9.7		致密			长梭		24.0	制干	抗裂果
755	羊角枣 A		河南		长圆锥	暗红	13.0		细脆	多	97.7	长梭			鲜食	
756	羊奶枣 A Δ	牛奶枣，西安羊奶枣	陕西	9 下	圆锥	红	13.4		酥脆	中	95.5	长纺锤		97.0	鲜食	
757	羊吾小枣 A	保樟枣	浙江	9 上	圆柱	紫红	6.5	10.0	流松	多	90.0	纺锤	30.0	高	鲜食	
758	阳光 C		山东	9 中，下	近短圆	红褐	27.5	35.0	细脆无渣	中多	97.0	纺锤		无	鲜食	
759	阳新花红枣 A		湖北	8 中下	近圆	暗红	12.5		细脆	多					鲜食	
760	阳新木枣 A	破絮砣	湖北	8 底至 9 初	近圆	赭红	13.0		松软	少						
761	洋枣 A		陕西	8 下	卵圆	鲜红	5.4	7.1	致密细脆	多	94.3	短纺锤		20.0	鲜食	
762	腰鼓形牙枣 A	牙枣	陕西	9 中	长椭圆	深红	6.9	11.6	致密细脆	多		倒卵状纺锤		常无	干鲜兼用	抗裂果
763	尧山历枣 F		河北			深红			紧密							
764	药葫芦枣 A		陕西	9 上	椭圆	红	13.1	17.3	较细，松脆	中	96.7	药葫芦		低	鲜食	
765	药枣 A	苦枣	陕西	9 上	近圆	红	15.2	22.6	致密	中	94.7	倒卵	高	100	制干	抗裂果
766	耀县大枣 A		陕西	9 上	长圆或倒卵	紫红	16.4	22.4	松脆	多	96.6	三角锥		低	干鲜兼用	
767	耀县吊吊枣 A		陕西	8 中	长圆柱	紫红	20.0		较松软	中		长纺锤			干鲜兼用	
768	耀县葫芦枣 A		陕西	9 上	平顶锥	赭红	20.0		松脆	中					制干	

（续）

序号	品种名称	别名	原产省份	成熟期（月份）	果实形状	果实颜色	平均果重（g）	最大果重（g）	果肉质地	果肉汁液	可食率（%）	果核形状	制干率（%）	含仁率（%）	用途	备注
769	野蔓子枣A		陕西	9中	长椭圆或长倒卵	浅红	7.8	11.0	细脆，较疏松	中	94.4	倒卵或长倒卵		有	干鲜兼用	
770	沂蒙小雪枣E		山东						细无渣	多						较耐贮
771	沂水大雪枣E	大雪枣，薛城冬枣	山东		圆形	棕红	32.1	105.0	致密细脆稍硬		95.1				鲜食	
772	宜良枣A	牛奶枣，糠枣，大枣，长枣	云南	7中下	长圆或圆柱	黄褐	9.8	15.0	疏松	少	96.8	细长梭		低	干鲜兼用	
773	义乌大枣A	大枣	浙江	9中	圆柱或长圆	赭红	15.4	18.5	疏松	少	95.4	长纺锤		高	蜜枣，南枣	抗裂果
774	义乌棉絮枣D		浙江	10上	圆锥	红	10.0		较致密	中	91.2	纺锤		93.3	制干	
775	义乌酸甜枣D		浙江	10上	倒卵圆	紫红	5.7		较致密	少	91.3	纺锤		无	制于	
776	缨络枣AΔ	北京缨络枣，莺落枣，硬不落枣	北京	9下	卵圆	紫红	14.9	13.0	酥脆	多	96.6	椭圆		47.0	干鲜兼用	抗裂果，花期要求温度低
777	樱桃枣A		河南	9中	卵	褐红	3.8		致密稍脆	多	91.8	卵	49.0	高	干鲜兼用	抗病虫
778	永城扁枣A		河南	9上	椭圆	赭红	15.4	17.8	疏松	中	97.4		39.2	高	制干	
779	永城长红AΔ	长红	河南	9下	圆柱	红	6.9	13.5	致密	少	94.1	纺锤	39.6	93.0	制干	抗裂果
780	永城长木枣A		河南	9上	长圆	赭红	11.0		疏松	少	96.5	长纺锤			制干	
781	永城糠枣A	绵套子枣	河南	9上中	长椭圆	暗红	17.9	20.0	疏松	少	95.7	长纺锤	36.4	低	制干，蜜枣	
782	永城妈妈枣A	妈妈枣	河南	8下	圆柱	暗红	10.2	13.3	疏松	中	91.9	纺锤	37.0	高	鲜食	

（续）

序号	品种名称	别名	原产省份	成熟期（月份）	果实形状	果实颜色	平均果重（g）	最大果重（g）	果肉质地	果肉汁液	可食率（%）	果核形状	制干率（%）	含仁率（%）	用途	备注
783	永城马奶子枣 A	长红枣，大白枣	河南，安徽	8 中下	椭圆，倒卵	赭红	11.1	15.7	疏松	少	95.3	纺锤	37.4	高	制干，蜜枣	
784	永城水枣 A	水铃枣	河南	8 底	扁圆或近圆	紫红	14.5	20.0	致密	多	97.9	短纺锤		不饱满	鲜食	
785	永城团枣 A		河南	9 上	圆柱	橘红	12.2	14.0	稍脆	中	96.3	纺锤		常无	干鲜兼用	
786	永城小药枣 A		河南	8 中	圆柱	红褐	3.7	8.0	致密细脆	多	95.4	纺锤		低	鲜食	
787	永城圆红枣 D		河南	9 下	长圆	红	13.6		酥脆	多	94.8	纺锤		3.3	干鲜兼用	
788	永济脆枣 A		山西	9 下	卵圆	橙红	11.5	14.3	较松	中	94.3	纺锤		不饱满	鲜食	
789	永济鸡蛋枣 A Δ		山西	9 下	卵圆	紫红	30.8		酥脆	多	95.9	纺锤		97.0	鲜食	
790	悠悠枣 B		河北	9 上中至 10 初	长椭圆	红	10.5	20.0	细脆	多	96.7	纺锤			鲜食	市级审定
791	油福水枣 A	薄皮枣	陕西	9 上	长卵	紫红	25.9	36.5	细密酥脆	特多	95.9	纺锤		95.0	鲜食	
792	油荷枣 A Δ		山西	9 中	长圆	紫红	10.4	23.0	疏松	少	93.5	倒纺锤		73.0	干鲜兼用	抗枣疯病
793	油瓶枣 A		河南	9 上	长倒卵	赭红	15.1		疏松	少	95.8	纺锤		高	制干	抗裂果，抗病虫
794	油头枣 A	贰枣	河北	9 上	椭圆	紫红	6.9	11.1	疏松	中	94.3	短梭		100	制干	
795	油香枣 A	油箱枣	山东，河北	9 中下	短柱	鲜红	8.4	12.5	致密，较脆	中		长椭圆或倒卵	60.0	低	干鲜兼用	
796	榆次九月青 A		山西		圆	橙红			较松						鲜食	
797	榆次十月红 A		山西	10 中											干鲜兼用	

（续）

序号	品种名称	别名	原产省份	成熟期（月份）	果实形状	果实颜色	平均果重（g）	最大果重（g）	果肉质地	果肉汁液	可食率（%）	果核形状	制干率（%）	含仁率（%）	用途	备注
798	榆次团枣AΔ		山西	9下	圆柱	浅红	18.7	19.4	较致密	中	96.0	纺锤		80.0	干鲜兼用	抗枣疯病
799	榆次牙枣AΔ		山西	9中	圆柱	红	16.3		松脆	中	94.8	纺锤		常无	鲜食，醉枣	抗霜冻
800	雨丰枣B		山西		长圆		21.9	36.0	致密酥脆		95.0				干鲜兼用	省级审定，抗裂果
801	玉田小枣A	玉田银丝小枣	河北	9下	圆柱或椭圆	棕红	7.2	11.0	致密酥脆	中	94.2	纺锤		高	制干	抗裂果，抗寒
802	芋头枣A		河南	9上	长卵或长圆	红褐	20.3	26.4	较疏松	中	97.0	长纺锤			鲜食	
803	郁南白枣A	珠枣	广东	7上	短圆柱	赭红	3.0		酥脆	少		梭			鲜食	抗裂果，抗病虫
804	郁南大枣A	白枣	广东	7中白熟	倒卵	赭红	5.0	7.0	略酥脆	少		卵圆	31.0		蜜枣	抗裂果
805	豫北黑叶枣A		河南	9中	长圆	紫红	13.0		较松	中		长纺锤	32.0		干鲜兼用	
806	豫北木枣A	木枣	河南	9下	长圆	紫红	16.7		疏松	少	93.4	纺锤			制干	
807	豫北酥枣A	酥枣	河南，山东	8中	椭圆	深红	12.0		脆	多	95.7	短纺锤		70.0	鲜食	
808	豫枣1号B		河南	9至10月			4.9	7.9					44.0		制干	省级审定，抗枣疯病
809	豫枣2号B		河南				6.5	10.5	脆			退化	50.0		干鲜兼用	省级审定，果核退化
810	垣曲枣AΔ		山西	10上	扁圆	紫红	6.2	9.2	致密	少	89.2	纺锤	56.4	高	制干	抗裂果
811	圆脆枣AΔ	夏县圆脆枣	山西	9下	圆柱	紫红	9.3	13.0	致密	少	93.2	纺锤		33.0	干鲜兼用	抗枣疯病
812	圆顶枣A	朝阳圆顶枣	辽宁	9中	圆柱或长倒卵	橘红	10.0	11.0	细酥脆	中	96.0	长倒卵		不饱满	鲜食	

（续）

序号	品种名称	别名	原产省份	成熟期（月份）	果实形状	果实颜色	平均果重（g）	最大果重（g）	果肉质地	果肉汁液	可食率（%）	果核形状	制干率（%）	含仁率（%）	用途	备注
843	枣强大婆枣 A		河北	10 中	倒卵	紫红	10.0	13.0	疏松酥脆	少		纺锤		低	制干，蜜枣	
844	枣强砘子枣 A	冬瓜枣	河北		扁圆	紫红	7.2		疏松	少		椭圆		高	制干	
845	枣强骨头小枣 D		河北	10 上	卵圆	浅红	7.3		细，疏松	多	94.4	椭圆		20.0	制干	
846	枣强躺枣 A		河北	9 上	长圆	黄红	7.7		酥脆	中	90.0	长椭圆		高	干鲜兼用	抗裂果
847	枣王 1 号梨枣 E		山东	10 中下		赭红	44.0	120.0	细脆	多	96.0					
848	枣阳大马牙 A		湖北	8 下	长圆	棕	15.0	28.0	致密	多		长梭			鲜食	
849	枣阳铃枣 A	响枣	湖北	8 中下	圆柱	赭红	4.2	7.0	酥脆	中		短纺锤		高	鲜食	
850	枣阳婆婆枣 A		湖北	8 下	近球	棕红	15.0	20.0	松脆，较致密	中		椭圆			制干	抗病
851	枣阳小马牙 A		湖北	8 下	长圆	浅棕	6.5		致密	多		长梭			鲜食	抗病虫
852	枣庄脆枣 A	脆枣，铃枣	山东	9 中	倒卵	紫红	8.7	10.0	细脆，致密	多	93.1	长椭圆		高	鲜食	树冠紧凑
853	枣庄小铃枣 A		山东	8 底至 9 上	长椭圆	暗红	4.0		较粗松	少		长梭		100	鲜食	抗裂果
854	枣庄小牙枣 A		山东		椭圆	红褐	4.0		较粗松	中		圆梭		高	鲜食	
855	粘核枣 A		河南	9 中	平顶锥	赭红	12.1		松脆	多	94.5	短梭	24.8	高	鲜食	
856	张相公铃枣 B		辽宁			鲜红	9.0		多		90.0				鲜食	省级认定
857	针葫芦 A Δ		山西	9 下	倒卵	红	11.8	16.0	酥脆	多	95.1	纺锤		57.0	干鲜兼用	
858	珍珠枣 A		湖南	8 上中	圆球	赭红	5.3	10.9	细脆	中		纺锤			干鲜兼用	抗裂果

（续）

序号	品种名称	别名	原产省份	成熟期（月份）	果实形状	果实颜色	平均果重（g）	最大果重（g）	果肉质地	果肉汁液	可食率（%）	果核形状	制干率（%）	含仁率（%）	用途	备注
859	镇平九月寒AΔ		河南	9中下	卵圆	浅红	14.5		较致密	中	96.0	倒纺锤		10.0	制干	
860	直社疙瘩枣AΔ		陕西	9上	卵圆	紫红	13.2	23.7	致密	少	93.1	椭圆		77.0	制干	
861	致枣A		河北	9底	长柱	赭红	2.5		疏松	少	92.0	纺锤			鲜食	
862	植枣A		河北	9中下	椭圆或近圆	深红	10.8	14.8	致密	少	95.4	纺锤或倒卵		高	鲜食	抗裂果
863	中草笨枣D		陕西	10上	圆柱	红	17.9		粗，较致密	中	94.6	倒纺锤		67.1	干鲜兼用	
864	中宁大红枣AΔ		宁夏	9中	长圆	紫红	12.5	15.5	疏脆	多	95.7	倒纺锤		常无	干鲜兼用	
865	中宁吊铃枣D		宁夏	9下	扁柱	紫红	19.9		酥脆	多	95.1	长纺锤		无	兼用	
866	中宁圆枣B		宁夏		短圆筒	深红	12.0	19.0	细嫩脆	多	96.9	圆锥	47.0		干鲜兼用	省级审定，树姿开张
867	中卫大枣A	驴粪蛋枣	宁夏	9中	椭圆或近圆	深红	18.5	30.0	疏松	少	96.0	长椭圆		不饱满	蜜枣	抗寒
868	中阳木枣A	木枣，吕梁木枣，绥德木枣，条枣，木条枣，长枣，佳县油枣	山西，陕西	9底	圆柱	赭红	14.1	17.7	硬，较粗	少	96.8	纺锤	48.6	不饱满	制干	抗裂，抗霜冻
869	中阳团枣AΔ		山西	9下	长圆	浅红	17.3	24.5	疏松	中	96.9	纺锤		100	干鲜兼用	
870	猪笼枣A	猪头枣	湖南	8下	椭圆	赭红	7.0		疏松	多		纺锤			制干	抗裂果
871	猪奶头枣A		山西	9中	长卵	赭红	12.0	22.0	致密	多	93.8	纺锤		80.0	鲜食	
872	猪牙晋枣A		山西	9中	长柱	深红	15.8		较硬	少	97.1	纺锤			干鲜兼用	

（续）

序号	品种名称	别名	原产省份	成熟期（月份）	果实形状	果实颜色	平均果重（g）	最大果重（g）	果肉质地	果肉汁液	可食率（%）	果核形状	制干率（%）	含仁率（%）	用途	备注
873	坠都子枣 A	瓶子枣，锥都枣	山东	9 中	长倒卵	紫红	9.6	10.7	细脆	中		长纺锤		不饱满	鲜食	
874	坠子白 A	小白枣	北京	8 下	卵或倒卵	褐红			脆嫩	多		椭圆或纺锤			鲜食	抗枣疯病
875	坠子枣 A		河南	9 下	倒卵	深红	4.6	5.3	细脆	多	86.4	纺锤	46.0	高	干鲜兼用	
876	滋味枣 A		河南	9 上	圆柱	紫红	8.5		致密，较硬	多		卵圆			鲜食	
877	紫铃蛋 AΔ		河北	9 中	卵圆	紫红	18.5		致密	少	95.8	椭圆		47.0	制干	抗裂果
878	紫皮 A		山东	9 中	长圆柱	紫红	11.5		粗松较软	少		长梭		不饱满	制干	抗裂果
879	紫小枣 A	紫枣	河北	9 上中	长圆	紫红	7.1	13.5	致密，较硬	中	95.9	短梭		高	干鲜兼用	
880	紫圆枣 AΔ	夏县紫圆	山西	9 中	较圆	紫红	16.2	21.0	较致密	中	94.4	长纺锤	56.0	10.0	制干	
881	遵义甜枣 D		贵州	10 上	圆柱	红	7.6		较致密	少	93.0	纺锤		20.0	制干	

注：A：《中国果树志•枣卷》记载的品种，共 700 个；
AΔ：《中国果树志•枣卷》记载的品种，但数据来源于国家枣种质资源圃，共 117 个；
A*：《中国果树志•枣卷》记载的品种，但数据来源于新审定品种数据，共 9 个；
B：在《中国果树志•枣卷》中没有记载，新通过省市、国家级林木品种审定委员会审（认）定的品种，共 67 个；
C：新鉴定品种，共 21 个；
D：国家枣种质资源圃登录的新种质资源，共 65 个；
E：近年来各地新发现的种质资源，共 15 个；
F：河北省首次林木种质资源普查发现的枣种质资源，共 13 个。

附录 2　河北省首次林木种质资源普查发现的枣优株（2006 ~ 2008）

序号	市	县区	乡	村	优株名称	起源或来源	数量（株）	突出特点
1	保定市	阜平	大台	大连地	大连地 1 号	偶然实生	1	丰产，果大，抗性强
2	保定市	唐县	羊角	木兰	木兰 1 号	根蘖苗	1	早熟，抗性强
3	保定市	唐县	雹水	黄金峪	黄金峪 1 号	人工	1	抗缩果病明显，抗枣疯病明显，产量高
4	保定市	唐县	羊角	木兰	木兰 2 号	根蘖苗	2	抗缩果病明显，抗枣疯病明显，产量高
5	沧州市	泊头	文庙	边渡里	边渡里 1 号	大无核，嫁接苗	1	含糖量高
6	沧州市	沧县	捷地	捷地	捷地 1 号	冬枣，嫁接	1	甜度大，肉质细脆，产量高，抗缩果和枣疯病
7	沧州市	沧县	官厅	沧县红枣良种基因库	基因库 1 号	冬枣实生	1	成熟期较早，抗缩果和枣疯病
8	沧州市	沧县	崔庄	程庄子	程庄子 1 号	分蘖苗	1	丰产，抗缩果和枣疯病
9	沧州市	沧县	崔庄	程庄子	程庄子 2 号	分蘖苗	1	丰产，抗缩果和枣疯病
10	沧州市	沧县	崔庄	刘崇坞	刘崇坞 1 号	分蘖苗	1	丰产，抗缩果和枣疯病
11	沧州市	沧县	高川	南北村	南北村 1 号	分蘖苗	1	丰产，抗缩果和枣疯病
12	沧州市	沧县	高川	泗庄	泗庄 1 号	分蘖苗	1	丰产，抗缩果和枣疯病
13	沧州市	海兴	苏基	张坟	张坟 1 号	冬枣，嫁接	2	生长结果能力强，果实个大，味甜
14	沧州市	黄骅	齐家务	聚官	聚官 1 号	冬枣	1	质优，抗性强
15	沧州市	任丘	议论堡乡	大街村	大街村 1 号	大铃枣，本地实生	1	坐果率高，成熟早，品质好
16	沧州市	任丘	新华路办事处	北小征村	北小征村 1 号	大铃枣，本地实生	1	坐果率高，成熟早，品质好
17	沧州市	任丘	新华路办事处	华新里五条 5 号	华新里五条 1 号	马牙枣，本地实生	1	鲜食品质好，果个大，果肉酥脆，浓甜，成熟期早
18	沧州市	献县	韩村	韩庄	韩庄 1 号	本地实生	1	抗裂果，抗性强，果实口感好，风味独特
19	沧州市	献县	韩村	韩庄	韩庄 2 号	本地实生	1	果个大，抗裂果，抗僵烂，晚熟
20	沧州市	献县	林业局	家属院	家属院 1 号	冬枣	1	果近圆形，个大，皮薄，丰产
21	沧州市	献县	淮镇	前孟村	前孟村 1 号	本地实生	1	果比普通小枣个大，果实酸甜，丰产

（续）

序号	市	县区	乡	村	优株名称	起源或来源	数量（株）	突出特点
22	沧州市	盐山	常庄	陈营	陈营村 1 号	石家庄	1	个大，制干率高
23	沧州市	盐山	小营	故城赵	故城赵 1 号	嫁接苗，接穗来源不详	1	果个大，枝条节间短，皮薄肉厚，抗裂果
24	承德市	隆化	中关	东升	东升村 -3 号	甜枣，人工栽植	1	产量高，抗逆性强，果实极甜
25	承德市	滦平	红旗镇	北白旗村	北白旗 1 号	葫芦枣	1	形状特殊，甜，抗逆性强
26	邯郸市	磁县	路村营	东田井村	东田井村 1 号	磁州脆枣	1	果大，脆甜
27	邯郸市	磁县	路村营	东田井村	东田井村 2 号	磁州脆枣	1	果大，脆甜
28	邯郸市	肥乡	辛安镇	西贾北卜	西贾北卜 1 号	蚂蚁枣，村外野生移植	2	皮薄，肉脆，核小
29	衡水市	枣强	枣强镇	老官里	老官里 1 号	庭院种植	2	果皮薄，果肉脆，味甜爽口
30	衡水市	枣强	枣强镇	彭杨庄	彭杨庄 1 号	庭院种植	2	果大圆，甜，品质优
31	廊坊市	大城	旺村镇	祖寺村	大金丝王	大城	1	果实大，品质好，干鲜兼用
32	廊坊市	大城	旺村镇	祖寺村	祖寺村 2 号	冬枣，大城	1	果实大，品质好，干鲜兼用
33	石家庄	鹿泉	宜安镇	牛山村牛山林场	牛山林场 1 号	葫芦枣，本地实生	2	观赏，含糖量高
34	石家庄	鹿泉	宜安镇	牛山村牛山林场	牛山林场 2 号	马枣，本地实生	2	抗逆性强
35	石家庄	鹿泉	白鹿泉	梁庄村	梁庄村 1 号	白枣芽变	2	抗缩果病
36	石家庄	赞皇	龙门	榆底	榆底 1 号	根蘖	1	果实较大，成熟较晚，抗裂果病
37	石家庄	赞皇	院头	杜家沟	杜家沟 1 号	九日青	1	抗裂
38	石家庄	赞皇	阳泽	大河道	大河道 1 号	小稚枣，根蘖	1	早熟，鲜食酥脆，酸甜适口，核较小
39	石家庄	赞皇	阳泽	大河道	大河道 2 号	不详	1	丰产，果大，质优
40	石家庄	赞皇	阳泽	大河道	大河道 3 号	不详	1	丰产，果大，质优
41	石家庄	赞皇	阳泽	大河道	大河道 4 号	不详	1	丰产，果大，质优
42	石家庄	赞皇	阳泽	大河道	大河道 5 号	不详	1	丰产，果大，质优
43	石家庄	赞皇	阳泽	大河道	大河道 6 号	不详	1	丰产，果大，质优

（续）

序号	市	县区	乡	村	优株名称	起源或来源	数量（株）	突出特点
44	石家庄	赞皇	阳泽	大河道	大河道 7 号	不详	1	丰产，果大，质优
45	石家庄	赞皇	阳泽	大河道	大河道 8 号	不详	1	丰产，果大，质优
46	石家庄	赞皇	阳泽	大河道	大河道 9 号	不详	1	丰产，果大，质优
47	石家庄	赞皇	阳泽	大河道	大河道 10 号	不详	1	丰产，果大，质优
48	石家庄	赞皇	阳泽	大河道	大河道 11 号	不详	1	丰产，果大，质优
49	石家庄	赞皇	院头	瓦窑	瓦窑 1 号	不详	1	果实较大
50	石家庄	新乐	长寿街办事处	何家庄	何家庄 1 号	不详	1	口感脆甜，香味浓郁
51	石家庄	行唐	九口子	咬角	咬角 1 号	不详	1	果大，皮薄，核小
52	邢台市	广宗	城关镇	夏庄村	夏庄村 1 号	紫枣选育	1	果大
53	邢台市	广宗	城关镇	大王村	大王村 1 号	紫枣选育	1	果大
54	邢台市	广宗	城关镇	姚庄村	姚庄村 1 号	紫枣选育	1	果大，含糖量高
55	邢台市	广宗	城关镇	姚庄村	姚庄村 2 号	紫枣选育	1	抗性强
56	邢台市	新河	新河镇	马圈	马圈 1 号	婆枣，本地偶然实生	2	成熟期早
57	邢台市	新河	仁里	西边	西边 1 号	婆枣，本地偶然实生	1	果个较大
58	邢台市	新河	西流乡	白杨林	白杨林 1 号	婆枣的变异	3	坐果率高，果个大，抗缩果病能力强
59	邢台市	威县	七级	西范庄	西范庄 1 号	空心枣，自然根蘖苗	1	空心软核，枣果甜，皮薄，结果均匀
60	邢台市	内丘	南赛乡	孙家坡	孙家坡 4 号	偶然实生	1	口感好
61	张家口	涿鹿	涿鹿镇	清宁堡	清宁堡 1 号	脆枣，本地	1	适宜鲜食
62	张家口	宣化	河子西	陈家庄	陈家庄 1 号	尜尜枣，当地	1	果实单果颗粒大，单株产量高
63	张家口	宣化	河子西	陈家庄	陈家庄 -2 号	尜尜枣，当地	1	果实成熟期提前 15 天

附录3 各枣种质资源圃保存的枣品种（类型）名录

资源圃	品种名录
国家枣种质资源圃 （在“枣种质资源信息网”上公布了243个品种和类型）	安阳团枣、保德小枣、保德油枣、保定斑枣、北碚小枣、北京泡泡枣、北京缨络枣、彬县黑疙瘩枣、彬县晋枣、彬县水枣、彬县酸疙瘩枣、彬县元枣、沧县长小枣、沧县金丝小枣、沧县屯子枣、沧县小枣、成武冬枣、大郎枣、大荔蜂蜜罐枣、大荔干尾巴枣、大荔疙瘩枣、大荔鸡蛋枣、大荔铃铃枣、大荔龙枣、大荔马牙枣、大荔耙齿枣、大荔西营笨枣、大荔小墩墩枣、大荔小圆枣、大荔圆枣、大荔知枣、大荔中草笨枣、定襄山枣、定襄小枣、定襄星星枣、定襄油荷枣、东阿大瓜枣、冬枣、奉节鸡蛋枣、阜阳蚂蚁枣、阜阳木头枣、姑苏小枣、灌阳长枣、灌阳短枣、合阳铃铃枣、河津晋枣、河津条枣、衡阳珍珠枣、洪赵脆枣、洪赵葫芦枣、洪赵十月红枣、洪赵小枣、稷山板枣、稷山长枣、稷山柳罐枣、稷山圆枣、佳县密点脆木枣、佳县牙枣、交城端枣、骏枣、交城甜酸枣、晋县木枣、喀什葛尔小枣、兰溪马枣、郎家园枣、玥溪牛奶枣、乐陵长木枣、乐陵磨盘枣、乐陵无核枣、乐陵小枣、黎城大马枣、黎城小枣、历城串铃枣、连县苦楝枣、连县木枣、连县糖枣、圆铃、林县无头枣、临汾蜜枣、临汾团枣、临汾针葫芦枣、临潼轱辘枣、临猗笨枣、临猗脖脖枣、临猗辣椒枣、临猗梨枣、临猗马铃枣、临泽大枣、灵宝灵1号、扁核酸、内黄苹果枣、南京大木枣、冷枣、南京鸭枣、南京枣、宁夏大红枣、宁阳六月鲜、宁阳垣铃枣、牛奶脆枣、平陆棒锤枣、平陆尖枣、平顺笨枣、平顺俊枣、不落酥、平遥大枣、平遥苦端枣、蒲城墩墩枣、蒲城晋枣、蒲城绵枣、蒲城圆梨枣、蒲城直社疙瘩枣、濮阳核桃纹枣、濮阳三变红枣、濮阳溏枣、濮阳小枣、祁阳糠头枣、清徐圆枣、清苑大丹枣、曲阜猴头枣、曲阜孔府酥脆枣、汝城枣、山西哈八枣、陕西大白枣、陕西面枣、陕西条枣、韶关白枣、韶关大枣、深县串杆红枣、深县串杆枣、大糖枣、嵩县大枣、苏木枣、苏南白蒲枣、太谷端子枣、太谷墩墩枣、太谷黑叶枣、壶瓶酸、壶瓶枣、太谷葫芦枣、郎枣、太谷铃铃枣、太谷美蜜枣、太谷胜利枣、太原秋团枣、太原十月红、泰安大脆枣、泰安疙瘩枣、泰安金丝新1号、泰安灵枣、酥圆铃、滕州长红枣、滕州大马枣、滕州落地红枣、滕州躺枣、天津尜尜枣、天津快枣、天津旻枣、万荣福枣、威海金丝新2号、威海金丝新3号、吴县水团枣、吾库扎克小枣、西安羊奶枣、西峰山小枣、西双小枣、夏津茶壶枣、夏津大白铃枣、夏县圆脆枣、夏县紫圆枣、献县大小枣、辣椒枣、献县绵枣、献县木枣、献县酸枣、献县无核大枣、献县小小枣、献县圆小枣、襄汾官滩枣、襄汾木枣、襄汾崖枣、襄汾圆枣、新疆小圆枣、新乐大枣、新郑长鸡心枣、新郑大马牙枣、新郑大枣、灰枣、新郑鸡蛋枣、鸡心枣、新郑尖头灰枣、新郑九月青枣、新郑齐头白枣、新郑酥枣、新郑小圆枣、溆浦槟榔枣、溆浦薄皮枣、溆浦秤砣枣、大果算盘枣、溆浦观音枣、湖南鸡蛋枣、溆浦尖枣、溆浦六月枣、溆浦蜜蜂枣、溆浦木枣、溆浦沙糖枣、溆浦糖枣、溆浦甜酸枣、溆浦香枣、溆浦小果算盘枣、溆浦岩枣、溆浦圆枣、宣城尖枣、延川跌牙枣、延川狗头枣、兖州三变色、义乌大枣、义乌鹅子枣、义乌棉絮枣、义乌酸甜枣、永城长红、永城圆红枣、永济蛤蟆枣、永济鸡蛋枣、榆次牙枣、玉田小枣、垣曲枣、榆次团枣、运城婆婆枣、相枣、赞皇长枣、赞皇大枣、赞皇紫零蛋、枣强脆枣、枣强骨头小枣、枣强马连小枣、枣强婆枣、枣强傻枣、葫芦长红、镇平广洋枣、镇平九月寒枣、胎里红、中宁吊铃枣、中宁小圆枣、中阳木枣、中阳团枣、遵义甜枣
沧县红枣良种基因库 （建立品种档案的201个品种和类型）	八升胡、板枣、扁柿枣、不落酥、布袋枣、茶壶枣、长鸡心枣3个品系、长木枣、朝阳圆枣、成武冬枣、崇县大枣、串杆、串铃、脆枣洪、大荔龙枣、大铃枣、大木枣、大酸枣、大雪枣、大叶无核、冬枣6个品系、端枣、端子枣、短果长红、敦煌大枣、墩墩枣、蜂蜜罐、甘肃小口、疙瘩枣、蛤蟆枣、狗头枣、骨头小枣、瓜枣、官滩枣、广洋大枣、河北龙须枣、河南龙枣、核桃纹、黑叶枣、壶瓶枣、葫芦长红、葫芦枣、湖南鸡蛋枣、怀柔大脆、灰枣5个品系、鸡蛋枣、稷山板枣、尖枣、结不齐、金芒果枣、金丝小枣37个品系、金丝1号、金丝2号、晋矮1号、晋矮3号、晋矮4号、晋枣、九月青、骏枣、孔府脆枣、辣椒枣、郎家园枣、棱枣、冷白玉、黎城小枣、连县木枣、临汾蜜枣、临猗梨枣、临泽大枣、临泽小枣、灵宝大枣、铃铃枣、宁阳六月鲜、妈妈枣、马连小枣、马铃脆、马牙枣、蚂蚱枣、馒馒枣、馒头枣、满城屯屯枣、猫儿头、美蜜枣、绵小枣、绵枣、民勤大枣、民勤小枣、鸣山大枣、磨盘枣、磨塞子枣、木枣、南京枣、牛角枣、平顺俊枣、平遥尖枣、苹果枣2个品系、婆婆枣、婆枣、清徐圆枣、肉兜子枣、软核枣、三变丑、三棱枣、山东梨枣、陕西鸡蛋枣、陕西酸疙瘩、嵊县白蒲枣、酥圆枣、酸鸡心枣、胎里红、太谷葫芦枣、糖枣、躺枣、团枣、晚绵枣、晚熟圆铃、文县砂糖枣、无核红、无核枣6个品系、无头枣、相枣、襄汾木枣、小梨枣、小木枣、小平顶、小紫枣、新磨盘、星光、宣城圆枣、雪枣、鸭枣、义乌大枣、鹰不落、圆铃小枣、圆枣、圆铃、月光、月牙枣、赞皇大枣、赞优1号、赞优2号、赞优3号、早脆王、早熟躺枣、中阳木枣、紫枣、遵义甜枣

（续）

资源圃	品种名录
新郑市枣树科学研究所（93个枣品种和类型）	板枣、北碚小枣、北京脆枣、不落酥、长红枣、秤砣枣、串杆红、脆枣、大白铃、大丹枣、大荔龙枣、大木枣、大枣、冬苹果、冻枣、端枣、蜂蜜罐、疙瘩枣、蛤蟆枣、轱辘枣、官滩枣、灌阳长枣、广阳枣、黑疙瘩、壶瓶枣、葫芦枣、黄骅冬枣、鸡蛋枣、尖枣、稷山圆枣、金芒果枣、金丝小枣、金丝枣、晋红枣（长红枣）、晋枣、九月青、骏枣、喀什小枣、糠枣、孔府酥脆枣、快枣、辣椒枣、郎家园枣、郎枣、冷白玉、黎城小枣、临汾团枣、灵宝大枣、灵宝圆枣、铃铃枣、柳罐枣、宁阳六月鲜、吕梁团枣、美蜜枣、米枣、面疙瘩、面枣、磨盘枣、木枣、奶枣、冷枣、牛奶枣、泡泡枣、婆婆枣、汝城大枣、三变红、砂枣、胜利枣、十月红、水枣、酥枣、胎里红、甜酸枣、团枣、灵宝大枣、无核枣、五星枣、相枣、襄汾圆枣、小小枣、小圆枣、小枣、蚂蛉枣、羊角枣、义乌大枣、樱桃枣、永和木枣、永和团枣、油枣、圆铃、圆枝枣、直社枣、紫圆枣
河北农业大学献县枣树试验站（87个枣品种）	鳌王、板枣、保德油枣、薄皮枣、不落酥、茶壶枣、长紫脆、脆蜜王、大白铃、大瓜枣、大荔龙枣、大马枣、大叶无核、冬枣、蜂蜜罐、伏脆、阜平大枣、尜尜枣、泰安疙瘩脆、蛤蟆枣、狗头枣、观音枣、官滩枣、合阳铃铃枣、河北脆枣、河北龙枣、洪赵脆枣、洪赵十月红、壶瓶枣、葫芦枣、灰枣、鸡心王、稷山长枣、稷山圆枣、交城端枣、金昌1号、金芒果枣、金丝2号、金丝3号、金丝4号、金丝小枣、晋枣、京39、骏枣、孔府酥脆枣、苦楝枣、辣椒枣、涞水铃枣、郎家园枣、临汾团枣、灵宝大枣、临猗梨枣、铃铃枣、六月红枣、宁阳六月鲜、露脆、马牙枣、南京枣、苹果枣、乳脆、三变红、陕西铃铃枣、双仁枣、泗洪大枣、酥圆铃、团枣、皖牛奶枣、无核丰、无核红、相枣、宣城尖枣、鸭食枣、义乌大枣、榆次团枣、园丰、圆脆枣、圆铃1号、圆铃2号、月光、月牙脆枣、赞宝、赞皇大枣、赞晶、赞玉、沾铃、珍珠王、中阳木枣
新疆温宿县枣资源圃（84个枣品种和类型）	板枣、不落酥、沧无1号、茶壶枣、长红枣、长紫脆、脆蜜王、大白铃、大瓜枣、大荔龙枣、大马枣、大叶无核、冬枣、蜂蜜罐、伏脆、阜平大枣、嘎嘎枣、泰安疙瘩脆、蛤蟆枣、狗头枣、观音枣、官滩枣、合阳铃铃枣、河北脆枣、洪赵脆枣、壶瓶枣、葫芦枣、灰枣、稷山长枣、稷山圆枣、交城端枣、金昌1号、金芒果、金丝2号、金丝3号、金丝4号、晋枣、京39、骏枣、孔府酥脆枣、苦楝枣、辣椒枣、涞水铃枣、郎家园枣、临汾团枣、灵宝大枣、临猗梨枣、铃铃枣、六月红、六月鲜、龙枣、露脆、宁阳六月鲜、马牙枣、磨盘枣、南京枣、苹果枣、乳脆、三变红、三变色、山东梨枣、陕西铃铃枣、十月红枣、泗洪大枣、酥圆铃、团枣、皖牛奶枣、无核丰、无核红、相枣、湘薄皮枣、星光、宣城尖枣、鸭食枣、义乌大枣、油枣、榆次团枣、圆脆枣、赞晶、赞玉、早脆王、沾铃、中阳木枣、紫株
山东省果树研究所（62个枣品种和类型）	鳌王，板枣，北京缨不落，茶壶枣，长鸡心，成武冬枣，大瓜枣，大马牙，大柿饼枣，冬枣，敦煌大枣，阜平大枣，泰安疙瘩脆，广洋大枣，衡水扁枝枣，衡水苹果枣，葫芦长红，湖南鸡蛋枣、江苏品种1，江苏品种2，金丝1号，金丝2号，金丝3号，金丝4号，晋枣，骏枣，孔府酥脆枣，辣椒枣，兰溪马枣，老婆枣，连县木枣，临汾团枣，宁阳六月鲜，龙枣，蚂蚁枣，猫儿头，七月鲜，三变色，山东梨枣，嵊县白蒲枣，实生磨盘枣，柿顶枣，嵩县大枣，随州大枣，无棣金丝小枣，无核小枣，小梨枣，星光，行唐大枣，宣城圆枣，薛城冬枣，义乌大枣，永济蛤蟆枣，园丰，圆铃1号，圆铃2号，月牙脆，运城蛤蟆枣，赞皇大枣，沾化冬枣，中阳木枣，遵义甜枣
河北农业大学枣资源圃（57个枣品种和类型）	扁核酸、不落酥、长红、串杆枣、串铃枣、脆枣、大荔龙枣、大马牙枣、大叶无核、冬枣、福枣、阜平大枣、核桃纹、红颜、壶瓶枣、湖南鸡蛋枣、葫芦枣、稷山圆枣、尖头灰、金丝小枣、锦城、晋枣、九月青、骏枣、辣椒枣、梨枣、灵宝大枣、灵宝圆枣、铃铃枣、马连小枣、面枣、磨盘枣、南京木枣、南京鸭枣、婆婆枣、三变红、沙枣、山西晋枣、山西条枣、束鹿糖枣、酥枣、躺枣、团枣、无等、无核大枣、相枣、襄汾圆枣、星光、亚腰长红、永城长红、圆枣、月出、月光、赞宝、赞晶、赞玉、中宁小枣
山西省农科院园艺所（56个枣品种和类型）	板枣、保德油枣、不落酥、茶壶枣、长红、成武冬枣、大白铃、大荔龙枣、大荔水枣、冬枣、蜂蜜罐、蛤蟆枣、观音枣、官滩枣、核桃纹、黑叶枣、壶瓶枣、灰枣、鸡蛋枣、尖头灰、尖枣、金丝小枣、晋枣、骏枣、孔府酥脆枣、辣椒枣、辣角枣、郎家园枣、郎枣、冷枣、临猗梨枣、铃铃枣、龙枣、磨盘枣、木枣、牛奶枣、泡泡枣、苹果枣、婆枣、清徐圆枣、三变红、十月红、柿顶枣、柿子枣、胎里红、团枣、灵宝大枣、屯子枣、相枣、襄汾圆枣、雪枣、羊奶枣、缨不落、圆铃、赞皇大枣、紫圆
河北省农科院石家庄果树研究所（45个枣品种和类型）	八月酥、沧无3号、茶壶枣、大荔龙枣、大叶无核、大圆丰枣、冬枣、蜂蜜罐、伏脆蜜、尜尜枣、国光枣、葫芦枣、姜闯2号、姜闯4号、金昌1号、金芒果枣、金丝小枣、金丝4号、晋矮1号、晋矮2号、晋矮3号、京枣39、泾渭鲜枣、莒州贡枣、辣椒枣、梨枣、龙枣、妈妈枣、盆枣2号、蓬莱仙枣、婆枣、入口酥、太行1号、乌叶枣、无核丰、无核优系、雁过红、羊奶枣、悠悠枣、赞宝、赞晶、赞玉、早脆蜜、早脆王、中华贡枣

附录 4　枣品种现场检测技术规范

1 范围

本技术规范规定：(1) 枣树品种现场检测的项目或指标；(2) 各项目的检测方法。

本技术规范适用于河北省枣树品种现场检测、新品种鉴定。

2 引用标准

下列标准包含的条文，通过在本标准中引用而构成本标准的条文。本标准出版时，所示版本均为有效，所有标准的各方应探讨使用下列最新版本的可能性。

DB13/T935-2008 果树品种（品系）现场检测技术规范。

3 术语和定义

除“河北省林业地方标准果树品种（品系）现场检测技术规范”中的术语和定义外，下列术语和定义也适于本规范。

3.1 树形

自然生长状态的树冠形状。

3.2 树势

正常生长树体的生长势状况。

3.3 托叶刺发达状况

树冠外围不同方位多年生枣头上针刺的发达程度。

3.4 果实形状

具有本品种果实成熟时应有的形状和特征。

3.5 果实纵径

果实的果顶到果肩部的最大距离。单位为 cm。

3.6 果实横径

果实横切面最宽处的直径。单位为 cm。

3.7 单果重

平均单个果实的质量。单位为 g。

3.8 果实发育期

从开花坐果到果实成熟的天数。

3.9 可食率

可食部分重量占整个果实重量的百分比。以 % 表示。

3.10 果实脆熟期

全树 3 年生以上枣股上 90% 枣果全红的日期，以“年月日”表示。

3.11 果实完熟期

全树 3 年生以上枣股上 90% 的枣果全红、色泽加深、果肉变软的日期，以“年月日”表示。

3.12 果实颜色

果实中部阳面表皮的颜色。

3.13 果皮厚度

果实阳面果肩部果皮的厚度。

3.14 果肉硬度

果实果肉所能承受的压力，以 kg / cm^2 压力计。

3.15 果实风味

枣果实的酸甜状况。

3.16 果核形状

果肉削除干净后核的形状。

3.17 含仁率

成熟果实中含仁果实数占果实总数的百分率。以 % 表示。

3.18 种仁饱满程度

成熟果实中种仁的发育程度。

3.19 可溶性固形物含量

每 100g 果肉含可溶性固形物（能溶于水的糖类、有机酸、维生素、可溶性蛋白、色素和矿物质等）的克数，以 % 表示。

3.20 可溶性糖含量

每 100g 果肉含可溶性糖的克数。以 % 表示。

3.21 可滴定酸含量

每 100g 果肉含可滴定酸的克数。以 % 表示。

3.22 维生素 C 含量

每 100g 果肉含维生素 C 的毫克数。单位为 $10^{-2}mg/g$。

3.23 物候期

指与季节性气候变化相适应的果树器官的动态时期。也是界定品种的重要依据。

3.24 早果性

幼龄树的结果能力。

3.25 丰产性

树体的结果能力。

3.26 单株产量

单株产果的重量，以 kg 来表示。

3.27 稳产性

连续大小年年份间产量变化的程度。

3.28 制干率

完熟期 100g 鲜果制干后的克数。以 % 表示。

3.29 抗裂果性

果实遇雨时忍耐或抵抗裂果的能力。

3.30 枣疯病抗性

枣树植株对枣疯病的抗性强弱，分为高抗、抗病、中抗、感病、高感。

3.31 缩果病抗性

枣果对缩果病的抗性强弱，分为高抗、抗病、中抗、感病、高感。

4 现场检测专家的组成

4.1 现场检测专家组一般由3～5名果树专家和管理专家组成（设组长1名），至少有1名从事枣树育种、栽培的专家。

4.2 具有特殊性状的品种（品系），需聘请相应领域专家，如抗病品种的现场检测应有相应病害研究专家参加。

4.3 拟申请品种审定的品种（品系），至少有2名品种审定委员会的成员参加。

5 检测时间和地点的选择

5.1 检测时间

5.1.1 选择最能反映品种（品系）特征的年份和时间。一般在正常生长结果年份的果实成熟期进行，但抗逆性（生物和非生物逆境）检测应选择存在相应逆境的年份和能充分反映相应抗性的时间。

5.1.2 检测时间以公历为准，精确到日，年用4位数表示，月和日用2位数表示，如2006年01月23日。

5.2 检测地点

5.2.1 选择能充分反映品种（品系）特性的果园，如抗寒品种宜选择在容易发生寒害的区域，抗盐碱品种宜选在盐碱化程度较高的区域等。

5.2.2 检测地点应同时有对照品种，并与被检测品种（品系）的立地条件、管理水平、树龄、砧木等一致。同时，对照品种最好是当地主栽品种，也可以是能突出待检测品种（品系）特点的品种，如待鉴定的品种为中熟鲜食的品种，则可选择其他中熟鲜食品种作对照。

5.2.3 详细记录检测地点的名称及其所在市、县（区）、村或具体单位的具体地点。

6 枣树品种现场检测技术规范

上述果树品种（品系）现场检测技术规范适用于本技术规范。需要特别指出的是枣树品种现场检测的指标和方法略有不同。主要指标及其检测方法如下：

6.1 树形

对照“枣种质资源描述规范和数据标准”树形模式图确定树形，可分为圆头形、圆锥形、圆柱形、偏斜形、乱头形、伞形、半圆形等。

6.2 树势

根据树体高度、冠径、干粗和枣头生长量等，综合判断树体的强弱状况，确定树势的强弱，分强、中、弱。

6.3 托叶刺发达程度

观察正常生长3年生以上枣头上的针刺状况，分为无刺、不发达和发达。

6.4 果实形状

于果实脆熟期，从树上随机采集树冠外围不同方位3年生以上枣股上发育正常的全红果实，做为样果，调查样果的形状，分为圆形、扁圆形、卵圆形、长圆形、倒卵圆形、圆柱形、圆锥形、磨盘形（带缢痕）、扁柱形、茶壶形。

6.5 果实纵径

以6.4中采集的样果为观测对象，取样量不少于30个，用游标卡尺测量果实的果顶至果肩部的最大距离，取平均值。单位为cm，精确到0.01cm。

6.6 果实横径

以6.4中采集的样果为观测对象，取样量不少于30个，用游标卡尺测量果实横切面最宽处的长度，取平均值。单位为cm，精确到0.01cm。

6.7 单果重

以6.4中采集的样果为观察对象，取样量不少于30个。称量全部样果质量，取平均值。单位为g，精确到0.1g。

6.8 果实发育期

至少观测3株样品树，参考前2年的情况，以3年的平均值为最终观察值。单位为d，精确到整数位。

6.9 可食率

以6.4中采集的样果为观测对象。先称量30～50个枣果的全部重量，然后削除果肉部分，再称枣核重量，最后按以下公式计算可食率。至少重复3次，取平均值。以%表示，精确到0.1%。

$$E = \frac{W_f - W_k}{W_f} \times 100\%$$

式中：E——可食率；W_f——果实重量；W_k——核重量。

6.10 果实颜色

在果实脆熟期，每株树选取树冠外围3年生以上的枣股上光照条件良好的全红果实 30 个以上，采用目测或用比色卡方法观察比较果实中部阳面果皮的颜色，根据观测结果，确定种质的果实颜色，分为浅红、红、紫红、赭红。

6.11 果皮厚度

以 6.4 中采集的样果为观测对象，从中部横切果实，采用目测和口感品尝的方法观测感觉果实表皮，并与下列各级对应的对照品种比较，确定种质果皮厚度的类型（薄：对照品种为沾化冬枣、宁阳六月鲜；中：对照品种为赞皇大枣、太谷壶瓶枣；厚：对照品种为哈密大枣、吕梁木枣）。

6.12 果实硬度

取样果 10 个，胴部去皮，用果实硬度计测量不同方位果肉硬度，每个果测量 3 个数值。求 10 个果的硬度平均值。单位是 kg/cm^2，精确到 0.1 kg/cm^2。

6.13 果实风味

按照 GB/T 10220-1988 感官分析方法总论中有关部分进行评尝员的选择、样品的准备以及感官评价的误差控制。

参照 GB/T 12316-1990 感官分析方法"A"－非"A"检验方法，请 10～15 名评尝员对果实进行尝评，通过与以下 3 类果实风味的对照品种进行比较，给出"与对照同"或"与对照不同"的回答。按照评尝员对每份种质和对照果实风味的评判结果，汇总对每份种质和对照的各种回答数，并对种质样品和对照的差异显著性进行 χ^2 测验，如果某样品与对照 1 无差异，即可判断该种质的果实风味类型；如果某样品与对照 1 差异显著，则需与对照 2 进行比较，依此类推。（1. 甜酸：对照品种为赞皇大枣；2. 酸甜：对照品种为太谷壶瓶枣；3. 甜：对照品种为陕西蜂蜜罐）。

6.14 果核形状

以 6.4 中采集的样果为观测对象，将枣果的果肉削除干净后，采用目测的方法观察枣核的形状，分为圆形、椭圆形、纺锤形、倒纺锤形。

6.15 含仁率

以 6.4 中采集的样果为观测对象，将枣核从中部横切，统计种仁饱满度为中、饱满的果实数，按以下公式计算含仁率。以 % 表示，精确到 0.1%。如 1 个果含 1 个以上种仁应备注记载。

$$Pk=\frac{n}{N}\times100\%$$

式中：Pk——含仁率；n——含仁果数；N——总果数。

6.16 种仁饱满程度

在果实完熟期，选取树冠外围不同方位 3 年生以上的枣股上枣吊中部发育正常的果实 30 个以上，将枣果从中部横切，目测观察种仁饱满程度（无：核壳心室内为空腔；

瘪：种仁与核壳心室间有较大空隙，种皮凹陷，种仁发黄或干枯；较饱满：种仁组织较致密，但不能完全充满心室；饱满：种仁组织致密，充满心室）。

6.17 可溶性固形物含量

将果肉切碎、混匀后，称取 250g，精确到 0.1g，放入加适量蒸馏水的高速组织捣碎机或匀浆机捣碎，用两层纱布挤出匀浆汁液测定。具体测定方法依据中华人民共和国国家标准：GB/T12295-1990 水果、蔬菜制品可溶性固形物含量的测定：折射仪法。至少重复 3 次，取平均值。以 % 表示，精确到 0.01%。

6.18 可溶性糖含量

样品前处理及具体测定方法依据中华人民共和国国家标准 GB/T6194-1986 水果、蔬菜的可溶性糖测定法。以 % 表示，精确到 0.01%。

6.19 可滴定酸含量

样品前处理及具体测定方法依据中华人民共和国国家标准 GB/T 12293-1990 水果、蔬菜制品的可滴定酸测定。以 % 表示，精确到 0.01%。

6.20 维生素 C 含量

样品前处理及具体测定方法依据中华人民共和国国家标准 GB/T 6195－1986 水果、蔬菜维生素 C 含量测定法（2，6－二氯靛酚滴定法）进行枣果维生素 C 含量的测定。单位为 $10^{-2}mg/g$，精确到 $0.01\times10^{-2}mg/g$。

6.21 早果性

每株选取树冠外围当年生枣头的枣吊 50 个，调查选取枣吊的坐果总数，按以下公式计算该样本树的吊果率。取 3 个有代表性的样株，求平均值，精确到 0.01。

$$B=\frac{n}{N}$$

式中：B——果吊比；n——坐果数量；N——调查枣吊总数。

6.22 丰产性

每株选取树冠外围 3 年生以上枣股上着生的生长中庸健壮的枣吊，一般每株树选 50 个枣股，每个枣股选 3 个枣吊，调查选取枣吊的坐果总数，按以下公式计算该样本树的吊果率。取 3 个有代表性的样株，求平均值，精确到 0.01。

$$B = \frac{n}{N}$$

式中：B——果吊比；n——坐果数量；N——调查枣吊总数。

6.23　单株产量

选取 3 株有代表性的样本树，通过估计树上果实的个数，结合单果重，来估测单株产量，取平均值。单位为 kg，精确到 0.1kg。

6.24　稳产性

在枣果采收期进行田间调查。至少选取 3 个样本树，两两比较分析至少连续 3 年的单株产量，按以下公式计算大小年程度，然后取平均值。以 % 表示，精确到整数位。

$$B = \frac{Y-y}{Y+y} \times 100\%$$

式中：B——大小年程度；y——小年产量；Y——大年产量。

依据调查结果，对照下列标准确定大小年程度（重：≥ 50%；中：30% ~ 50%；轻：< 30%）。

6.25　制干率

采完熟期的果实，称重后自然晒干（勿置于阳光直射处）至果实表面表现为明显失水，果皮呈微皱（含水量 25% 左右）时称重，按以下公式计算干枣占原鲜枣重量的百分率。以 % 表示，精确到 0.1%。

$$DR = \frac{W_d}{W_f} \times 100\%$$

式中：DR——制干率；W_d——制干枣重；W_f——鲜枣重。

6.26　抗裂果性

随机选取半红至全红状态的枣果 100 个以上，调查统计裂果果数，计算裂果率，以 % 表示。根据观测结果和下列标准，确定种质的抗裂果性能（极抗裂：裂果率< 30%；抗裂：30% ≤裂果率< 50%；中等：50% ≤裂果率< 70%；易裂：70% ≤裂果率< 90%；极易裂：裂果率≥ 90%）。

6.27　枣疯病抗性

取样品树 5 株，观察每株树枝条的发病情况，枣疯病病情分级标准如下：

0 级　无疯枝；

1 级　仅有 1~2 个小病枝，其他枝条外观正常；

2 级　病枝占总枝量的 1/4 以下，其他枝条外观正常；

3 级　病枝占总枝量的 1/4~1/2，其他枝条外观正常；

4 级　病枝占总枝量的 1/2~3/4 以上，但尚有枝条外观正常；

5 级　病枝占总枝量的 3/4 以上，病枝遍布全树，基本无正常枝条。

根据发病轻况，计算病情指数。病情指数的计算公式为：

$$DI = \frac{\sum(x_i s_i)}{XS} \times 100\%$$

式中：DI——病情指数；x_i——发病株数；s_i——代表级数；X——总树数；S——最高发病级数；i——病情级别。

抗性分级可分为高抗（病情指数 0 ~ 5.0）、抗病（病情指数 5.1 ~ 10.0）、中抗（病情指数 10.1 ~ 30.0）、感病（病情指数 30.1 ~ 50.0）、高感（病情指数 50.1 ~ 100）。

6.28　缩果病抗性

田间随机取样树 3~5 株，每株随机调查 100 个果实，统计果实的缩果病发病率，根据发病状况进行分级，具体分级标准如下。

分级	发病状况
0	无病斑
1	1 块病斑
2	2 块病斑
3	3 块病斑
4	3 块以上病斑

感病指数的计算公式为：

$$DI = \frac{\sum(x_i s_i)}{XS} \times 100\%$$

式中：DI——感病指数；x_i——发病果数；s_i——代表级数；X——总果数；S——最高级代表数值；i——病情级别

对感病指数求平均值，按照下列标准，将抗缩果病能力分 5 个级别。（高抗：DI < 5；抗病：5 ≤ DI < 10；中抗：10 ≤ DI < 30；感病：30 ≤ DI < 50；高感：≥ 50）。

7 现场检测报告

7.1 报告名称

包括品种(品系) 名称及其所属种名和“现场检测报告”等内容，如“‘月光’ 枣现场检测报告’”。

7.2 概述

包括检测的具体日期，组织现场检测单位，现场检测地点，被检测品种(品系) 的名称、来源及选育单位等。

7.3 检测现场基本情况

包括检测现场的土、肥、水条件和管理水平，被检测品种(品系) 的树龄、树形、树势、繁殖方法、栽植方式、栽植密度以及被检测品种(品系) 的对照品种、授粉品种等相关品种的有关情况。

7.4 现场检测结果

以文字和表格(附录 A)形式分别说明被检测品种(品系) 和对照品种的树高、冠幅等树体指标，单果重、果形、整齐度、色泽、硬度、脆度、风味、可溶性固形物含量、可食率、含仁率、种仁饱满程度等果实主要经济性状，以及早果性、单位面积产量、抗性等具体检测结果。

7.5 现场检测结论

对被检测品种的果实品质及早果性、丰产性、抗逆性等进行综合评价，指出其独特优点和在生产、科研中的应用前景。

7.6 专家组签名

检测专家组组长和成员应分别签字。

7.7 签署日期

专家组在现场检测报告上填写签名的日期。

7.8 现场检测报告范例

‘月光’ 枣现场检测报告参见附录 B。

附　录　A

（规范性附录）

枣树品种（品系）现场检测调查表

品种选育单　位				联系人		联系电话	
检测时间	年　月　日		检测地点	市（县）　乡（镇）　村（单位）			
果园基本情况							
被检测品种中文名称		被检测品种学名		对照品种中文名称		对照品种学名	
栽植方式		栽植行向		栽植密度（m×m）		管理水平	
树体基本情况							
品　种	树龄（年）	繁殖方式	授粉品种	平均株高（m）	平均冠幅（m）	树形（株形）	树势
被检测品种							
对照品种							
果实经济性状							
品　种	果实发育天数（d）	单果重（g）	果形	果形指数	整齐度	色泽	风味
被检测品种							
对照品种							
品　种	果肉硬度（kg/cm^2）	脆度	果核形状	可溶性固形物含量(%)	可食率(%)	含仁率(%)	种仁饱满程度
被检测品种							
对照品种							
其他经济性状							
品　种	早果性	单位面积产量（$kg/667m^2$）	枣疯病抗性	缩果率（%）	裂果率(%)		
被检测品种							
对照品种							
其他特色性状							
备　注							

李新岗，黄建，高文海，等 . 2004. 抗裂制干枣新品种‘阎良相枣’. 园艺学报 ,31 (3): 418.
李新岗，刘玉忠，同金霞，等 . 2003. 枣新品种‘延川狗头枣’. 园艺学报 ,30 (2): 247.
李新岗，同金霞，张同庆 . 2003. 枣制干新品种‘佳县油枣’. 园艺学报 , 30 (3): 373.
李玉成，虎久科，周全良，等 . 2007. 枣新品种宁梨巨枣的选育 . 中国果树 ,(6):10-13.
梁春莉 . 2005. 枣胚培养研究 [硕士学位论文]. 保定 : 河北农业大学 .
刘付勤 . 2002. 优质枣品种——红水城 . 农村实用科技信息 , (9):15.
刘玲，王玖瑞，刘孟军，等 . 2006. 枣不同品种花粉量和花粉萌发率的研究 . 植物遗传资源学报 , 7(3):338-341.
刘孟军 . 1987. 枣酸枣环核苷酸研究 [硕士学位论文]. 保定：河北农业大学 .
刘孟军 . 1996. 枣树数量性状的概率分级研究 . 园艺学报，23(2):105-109.
刘孟军 . 1999. 枣属植物分类学研究进展——文献综述 . 园艺学报 ,26(5):302-308.
刘孟军 . 2008. 中国枣属植物分类学研究 [博士学位论文]. 北京 : 北京医科大学 .
刘孟军，诚静容 . 1994. 枣和酸枣的分类学研究 . 河北农业大学学报 ,17(4):1-10.
刘孟军，王印肖，刘平，等 . 2008. 河北省地方标准——果树品种(品系）现场检测技术规范 (DB13/T935-2008).
刘孟军，王永蕙 . 1990. 酸枣果实生育期果肉 cAMP 和 cGMP 含量的研究 . 见：中国园艺学会编 . 中国园艺学会成立六十周年纪念暨第六届年会论文集 (I 果树). 万国学术出版社 , 278-280.
刘孟军，王永蕙 . 1991. 枣和酸枣等 14 种园艺植物 cAMP 含量的研究 . 河北农业大学学报 , 14(4): 20-23.
刘孟军，王永蕙 . 1993. 枣枝叶及酸枣幼苗中 cAMP 的研究 . 园艺学报 , 20(3):305-306.
刘孟军，王振一 . 2006. 枣树种质资源、良种选育和良种基地建设的现状、存在问题和对策 . 河北林业科技 , (增刊), 26-27.
刘孟军，赵锦，周俊义 .2006. 枣疯病病情分级体系研究 . 河北农业大学学报 ,29(1):31-33.
刘孟军，周俊义，刘平，等 . 2006. 极早熟鲜食枣品种‘月光’. 园艺学报 , 33 (5): 1162.
刘孟军，周俊义，赵锦，等 . 2006. 极抗枣疯病枣新品种‘星光’. 园艺学报 , 33 (3): 687.
刘孟军 . 2004. 枣优质生产技术手册 . 北京 : 中国农业出版社 .
刘孟军 . 2008. 中国枣产业发展报告 (1949-2007). 北京 : 中国林业出版社 .
刘平 . 2002. 赞皇大枣及相关类群群体遗传变异的分子评价 [博士学位论文]. 保定 : 河北农业大学 .
刘平，刘孟军，周俊义，等 . 2003. 枣树数量性状的分布及其概率分级指标体系 . 林业科学 , 39(6):77-82.
刘平，刘孟军，周俊义，等 . 2003. 喷施乙烯利对枣、酸枣花量及花粉发芽率的影响 . 干果研究进展 ,(3):190-192.
刘平，彭建营，彭士琪，等 . 2005. 应用 RAPD 标记技术探讨枣与酸枣的分类学关系 . 林业科学 , 41(2):182-185.
刘平，彭建营，彭士琪，等 . 2006. 赞皇大枣的群体遗传多样性评价 . 果树学报 , 23(5):685-689.
刘平，彭士琪，郭振怀 . 2002. 果树主要经济性状遗传动态 . 河北林果研究 , 17(3):267-274.
刘平，彭士琪，刘孟军，等 . 2002. 分子标记在果树上的应用及前景展望 . 河北农业大学学报 , 25(1):100-105.
刘平，薛智慧，邹向阳，等 . 2004. 枣、酸枣授粉生物学基础研究 . 果树学报 ,21(3):224-228.
刘平，邹向阳，薛智慧，等 .2004. 枣、酸枣不同部位花粉发芽率的研究 . 河北农业大学学报 ,27(2):48—50.
陆创成，陈雨闹 . 2004. 枣地方品种——雅枣 . 山西果树 ,(2):41.
鹿金颖 . 2003. 枣自然授粉实生后代杂种鉴定及遗传变异研究 [博士学位论文]. 保定 : 河北农业大学 .
卢艳清 . 2008. 枣抗裂种质筛选及其抗裂机理初步研究 [硕士学位论文]. 保定 : 河北农业大学 .
罗永平，田敬义，顾林军 . 1997. 金丝小枣和无核小枣新品种的选育 . 中国果树 , (4): 16, 25.
毛永民，申连英，毕平，等 . 1999. 不同枣品种果实抗裂果能力的比较研究 . 干果研究进展 ,145-149.
马元考，王世友，安佰国，等 . 2000. 晚熟鲜食枣优良品种莒州贡枣 . 中国果树 , (1): 22, 38.
苗利军 . 2006. 枣果中三萜酸等功能性成分分析 [硕士学位论文]. 保定 : 河北农业大学 .
慕子峰，陈瑞莲 . 2005. 国宝——金梅枣 . 中国果菜 , (4):48.
潘青华，白金，王保强 . 2003. 枣鲜食优质新品种京枣 39. 中国果树 , (4) :3-4.
彭博 . 2008. 枣树 2n 花粉研究 [硕士学位论文]. 保定 : 河北农业大学 .
彭建营 . 1991. 枣、酸枣花粉形态的研究——论枣品种分类和系统演化 [硕士学位论文]. 保定 : 河北农业大学 .
彭建营 . 1999. 枣种质资源的分子评价及无核性状的分子标记研究 [博士学位论文]. 泰安 : 山东农业大学 .
彭建营，刘平，周俊义，等 . 2005. “赞皇大枣”不同株系的染色体数及其核型分析 . 园艺学报 , 32(5):798-801.
彭建营，束怀瑞，彭士琪 . 2002. 用 RAPD 技术探讨中国枣的种下划分 . 植物分类学报 , 40 (1):89-94 (2002).

彭建营，束怀瑞，彭士琪，等 . 2001. 与枣核性状相关联的 RAPD 标记的筛选 . 果树学报，18(5):288-290.

彭建营，束怀瑞，孙仲序，等 . 2000a. 枣 RAPD 技术体系建立与几个品种亲缘关系的研究 . 农业生物技术学报，8(2)155-159.

彭建营，束怀瑞，孙仲序，等 . 2000b. 中国枣种质资源的 RAPD 分析 . 园艺学报，27 (3) : 171-176.

彭建营，王永蕙，彭士琪 . 1992. 用花粉形态鉴定枣品种和酸枣类型 . 河北农业大学学报， 15(中国枣研究专辑):31-34.

彭建营，王永蕙，彭士琪 . 1994. 枣和酸枣花粉的形态 . 见：张上隆，陈昆松主编 . 园艺学进展 ,133. 北京：中国农业出版社 .

彭艳芳 . 2003. 枣果营养成分分析与冬枣货架期保鲜研究 [硕士学位论文]. 保定：河北农业大学 .

彭艳芳 . 2008. 枣活性成分分析及枣腊提取工艺研究 [博士学位论文]. 保定：河北农业大学 .

祁业凤 . 2002. 枣 (*Ziziphus jujuba* Mill.) 胚败育机理及胚培养研究 [硕士学位论文]. 保定：河北农业大学 .

祁业凤，刘孟军 . 2004. 枣的胚败育及幼胚培养研究 . 园艺学报，31(1):78-80.

曲泽洲 . 1963. 我国古代的枣树栽培 . 河北农业大学学报 ,2(2):1-8.

曲泽洲，孙云蔚 . 1990. 果树种类论 . 北京：农业出版社 .

曲泽洲，王永蕙 . 1993. 中国果树志•枣卷 . 北京：中国林业出版社 .

曲泽洲，王永蕙，刘孟军 . 1987. 灰枣果实生育期果肉 cAMP 和 cGMP 含量动态研究 . 河北农业大学学报 ,10(专刊):1-6.

曲泽洲，王永蕙，吕增仁，等 . 1986. 枣和酸枣染色体数目研究 . 园艺学报 ,13(4):232-236.

曲泽洲，王永蕙，吕增仁，等 . 1987. 枣和酸枣粗线期染色体形态研究 . 河北农业大学学报 ,10(中国枣研究专辑):10-17.

曲泽洲，王永蕙，彭士琪，等 . 1989. 论枣树的起源与演化——依考古成果和叶化石 . 河北农业大学学报 ,12(增刊):93-98.

曲泽洲，王永蕙，张凝艳 . 1987. 用过氧化物酶同工酶研究枣和酸枣的亲缘演化关系 . 河北农业大学学报，10(中国枣研究专辑):68-69.

曲泽洲，王永蕙，张凝艳 . 1990. 同工酶在枣品种分类研究中的应用 . 河北农业大学学报， 13 (4): 1-7.

曲泽洲，王永蕙，周吉柱，等 . 1987. 关于枣树的起源问题 (第二报)——谈酸枣的演变枣树的起源问题 . 河北农业大学学报 ,10(中国枣研究专辑):1-9.

曲泽洲，王永蕙，周吉柱，等 . 枣开花生物学特性观察。枣科研论文选编（河北农业大学枣课题组内部资料） .

冉辛拓，王学军 . 2003. 金丝小枣抗裂新品系 ‘姜皇庄 1 号’ . 园艺学报，30 (2): 248 .

单公华，郭裕新，周广芳，等 . 2002. 晚熟鲜食品种鲁北冬枣 . 中国果树，(1):54.

单公华，王斌，周广芳，等 . 2001. 不同枣品种的早实丰产性考察 . 落叶果树 ,6 :115.

沈隽 . 1993. 中国农业百科全书果树卷 . 北京：农业出版社 .

石荫坪，耿如震，白瑞云 . 1985. 枣胚乳三倍体的育成及生物学细胞学研究 . 山东果树， (1): 1-3.

宋婉 . 1999. 中国枣优良品种 DNA 指纹图谱的研究 [博士学位论文]. 北京：北京林业大学 .

苏冬梅，陈书君，毕方铖 . 2001. 酸枣及 17 个枣品种叶片过氧化物酶同工酶的研究 . 园艺学报，28 (3): 265-267.

孙浩元 . 2006. 中国枣树优良品种资源的保存、繁殖技术及毛叶枣引种研究 [博士学位论文]. 北京：北京林业大学 .

孙宪华，刘雨田，张雪文，等 . 2001. 大果型鲜食枣新品种——阳光 . 中国果树 ,4(7):21-23.

唐兆青 .2004. 鲜食大红枣品种新秀——沂蒙小雪枣 . 农业知识 ,(9) :20.

田国忠，张志善，李志清， 等 . 2002. 我国不同地区枣疯病发生动态和主导因子分析 . 林业科学，38(2):83-91.

王斌，郭裕新，周广芳，等 . 2003. 枣鲜食品种大瓜枣的选育 . 中国果树，30 (4): 499.

王斌，郭裕新，周广芳，等 . 2001. 枣优良制干新品种——圆铃 1 号 . 园艺学报 ,28 (4): 377.

王斌，杨茂林，王玉奎，等 . 2007. 枣早熟优质新品种早丰脆的选育 . 中国果树 ,5:5-8.

王长柱，高京草，高华 . 1998. 枣主栽品种的抗裂性鉴定 . 西北农业学报 ,7(2):78-81.

王长柱，高京草，刘振中，等 . 2003. 早熟大果鲜食枣品种‘七月鲜’. 园艺学报，30(4):499.

王春桐，李传文，于婷娟，等 . 2008. 酸枣新品种高维 C 甜酸枣的选育 . 中国果树 ,(5):7-10.

王荷生 . 1992. 植物区系地理 . 北京：科学出版社 .

王继贵，孔德仓 . 2002. 鲜食枣新品种——早脆王 . 西北园艺 ,(1)42-43.

王玖瑞 . 2004. 枣树雄性不育和胚败育研究 [博士学位论文]. 保定：河北农业大学 .

王玖瑞，刘玲，刘孟军，等 .2006. 枣树雄性不育新种质的获得 . 园艺学报 ,33 (2): 374-377.

王玖瑞，刘孟军，梁海永 . 2005. 枣树单花不同开放阶段花粉萌发率和内源激素的变化 . 园艺学报，32 (4): 677-679.

王娜 . 2007. 枣体细胞胚胎发生及倍性种质创新 [博士学位论文]. 保定：河北农业大学 .

王娜，刘孟军，代丽，等 . 2005. 秋水仙素离体诱导冬枣和酸枣四倍体 . 园艺学报，32(6):1008-1012.

王小元，康黎芳，王云山，等 . 2002. 6 个枣品种最佳授粉组合的

研究 . 山西农业科学 ,30(3):45-48.
王秀伶，刘孟军，刘丽娟 . 1999a. 荧光显微技术在枣疯病病原鉴定中的应用 . 河北农业大学学报 , 22(4): 46-49.
王秀伶，彭士琪，王永蕙，等 . 1994. 酸枣、枣过氧化物酶同工酶数量化分析 . 见：张上隆，
陈昆松主编 . 园艺学进展 . 北京：中国农业出版社 ,1994,89-93.
王秀伶，邵建柱，张学英，等 . 1999b. POD 同工酶在酸枣、枣分类中的应用 . 武汉植物学研究，17(4): 307-313.
王尧 . 2008. 枣授粉生物学研究 [硕士学位论文]. 保定：河北农业大学 .
王永康，田建保，王永勤，等 . 2007. 枣树品种品系的 AFLP 分析 . 果树学报 ,24(2):146-150.
王永蕙，刘孟军 . 1989. 关于枣和酸枣学名的商榷 . 河北农业大学学报 ,12(1):10-13.
王永蕙，刘孟军 . 1992. 枣和酸枣种质资源性状描述系统研究 . 河北农业大学学报 , 15(3): 40-44.
王永蕙 . 1992. 枣树栽培 . 北京：中国农业出版社 .
王芝学，张殿义，杨丽芳 . 2006. 鲜食枣品种蓟州脆枣 . 中国果树，(5):68-69.
王泽伟 . 2004. 极早熟优质鲜食枣品种——伏脆蜜 . 西北园艺 ,(4):27.
未具名 . 2002. 台湾大果青枣新品种“高雄二号” . 台湾农业探索，(2):43.
温秀军，郭晓军，田国忠，等 . 2005. 几个枣树品种和婆枣单株对枣疯病抗性的鉴定 . 林业科学 ,41(3):88-96.
温秀军，孙朝晖，孙士学，等 . 2001. 抗枣疯病枣树品种及品系的选择 . 林业科学 ,37(5):87-92.
文亚峰，何钢 . 2007. 适合我国南方地区栽培的枣优良品种亲缘关系研究 . 果树学报 , 24(5) : 640-643.
文亚峰，何钢，张江 . 2007. 枣优良品种分子鉴别系统的开发 . 中南林业科技大学学报 ,27(6):119-121.
温陟良，王永蕙 . 1987. 三倍体赞皇大枣的核型分析 . 河北农业大学学报 , 15 (3): 67-71.
武晓红 . 2008. 枣花药再生植株及单倍体的获得 [硕士学位论文]. 保定：河北农业大学 .
武媛林 . 2008. 酸枣种质资源的评价及选优 [硕士学位论文]. 保定：河北农业大学 .
解进保 . 2003. 北京古枣优良品种介绍 . 北京农业 ,(5):21-22.
徐树文，白埃堤主编 . 2000. 山西省林木种质资源及区划 . 北京：中国林业出版社 .
徐秀良 . 2008. 红大 1 号枣新品种的选育 . 山西果树 ,(1):8-10.
徐秀琴，管跃义，刘金亮，等 . 2000. 金丝小枣 3 个新品种 . 河北林果研究 ,(5):164-166.
闫超 . 2008. 枣不同品种的结实和育性研究 [硕士学位论文]. 保定：河北农业大学 .
闫超，刘平，刘孟军，等 . 2009. 枣 (*Ziziphus jujuba* Mill.) 品种结实特性研究 . 植物资源学报 ,10(1):121-125.
闫桂军 .1984. 枣细胞学研究 [硕士学位论文]. 保定：河北农业大学 .
严仁玲，刘贵仁，张磊 . 1996. 离体诱导同源四倍体金丝小枣的研究 . 天津农学院学报 , 3 (1): 1-4.
杨斌 . 2008. 大枣地方品种——靖远小口枣 . 农村百事通 ,(5):30.
杨建波，李顺凯，王向积，等 . 2007. 台湾大青枣高朗 1 号引种观察初报 . 安徽农学通报 , 13(1): 112,175.
杨建华 . 2007. 骏枣 1 号枣树新品种选育研究 . 山西林业科技 ,1:16-18.
杨雷 . 2004. 酸枣种质资源果实营养成分分析及种质评价 [硕士学位论文]. 保定：河北农业大学 .
杨雷，周俊义，刘平，等 . 2006. 酸枣种质资源果实主要数量性状变异及概率分级 . 河北农业大学学报 ,29(1):34-37.
杨雷，周俊义，刘孟军，等 . 2005. 不同酸枣类型果实性状的灰色关联分析 . 干果研究进展 (4):73-77.
杨云贞 .1991. 枣品种的核型研究 [硕士学位论文]. 保定：河北农业大学 .
袁树森 . 1983. 陕西省榆林地区枣树志 .
於朝广，陈建中，殷云龙 . 2005. 5 个枣品种叶片过氧化物酶与酯酶同工酶的研究 . 江苏林业科技 ,32(5):15-18.
喻菊芳，魏天军，陈卫军，等 . 2004. 大果型鲜食枣新品系——灵武长枣 2 号 . 宁夏农林科技 ,(2):3.
于孟杰，毛远，马养民 . 1992. 枣果营养成分分析及其品质评判 . 陕西林业科技 ,4：38 - 44.
于婷娟，王春桐，李传文 . 2007. 极早熟鲜食枣新品种——济南脆酸枣的选育 . 山东林业科学 , (1):78-79.
曾路，张如意 . 1986. 枣属植物化学成分 . 中草药 ,17(12):25-34.
张景新，张殿林，赵占丰，等 . 2006. 蓟州脆枣品种特性及丰产栽培技术 . 天津农林科技 ,(1):21-23.
张俊娥 . 2001. 中国枣品种资源花粉生物学特性研究 [硕士学位论文]. 太谷：山西农业大学 .
张连增，张丽，朱永丰，等 . 2003. 枣耐寒鲜食新品种金铃圆枣 . 中国果树 , (1) :6-7.
张曼 . 2007. 枣胚挽救技术优化及应用 [硕士学位论文]. 保定：河北农业大学 .
张凝艳 . 1986. 枣同工酶的研究——用同工酶谱型研究枣品种和类型的分类亲缘演化关系 [硕士学位论文]. 保定：河北农业大学 .
张学英，王秀玲，彭士琪 . 1999. 枣不同品种花粉生活力和胚囊败育率的研究 . 干果研究进展 ,127-129.
张义勇 . 2005. 台湾青枣、火龙果北方日光温室栽培技术 . 北京：

中国农业出版社 .
赵爱玲 , 李登科 , 王永康 , 等 . 2009. 枣高营养特异种质资源的筛选及鉴定评价 . 干果研究进展 , (6) :81-84.
赵海亮 , 赵文东 , 高东升 , 等 . 落叶果树需冷量及其估算模型研究进展 . 北方果树 ,2007(6) : 1-3.
赵锦 . 2003. 枣疯病病原周年消长规律及其病害生理研究 [博士学位论文]. 保定 : 河北农业大学 .
赵锦 , 刘孟军 . 2001. 枣树 RAPD 分析条件的优化研究 . 果树学报 , 18(6): 329-332.
赵锦 , 刘孟军 , 周俊义 , 等 . 2006. 抗枣疯病种质资源的筛选与应用 . 植物遗传资源学报 , 7(4): 398-403.
赵云霞 . 2005. 丰润"牛妈妈"枣简介 . 河北果树 ,(4):50.
赵智慧 . 2003. 冬枣、临猗梨枣果实发育及品质的形成 [硕士学位论文]. 保定 : 河北农业大学 .
赵智慧 . 2006. 枣水溶性多糖的研究 [博士学位论文]. 保定 : 河北农业大学 .
郑世英 , 曾强成 , 谢兆辉 . 2005. 利用随机扩增多态性技术对金丝小枣 9 个品种的资源分析 . 德州学院学报 ,21(2):76-79.
周沛云 , 姜玉华主编 . 2003. 中华枣文化大观 . 北京 : 中国林业出版社 .
周伟强 . 2003. 特大青枣良种留香甜枣 . 农村实用科技信息 ,7:16.
Ashton R. 2006. Jujube-the Chinese date,Temp (USA):Third Millennium Publishing.
Brandis D. 1911. Indian Trees. London:Constable and Company LTD. 169-172.
Brummitt P K. 1992. Vascular Plant Familles and Genera. Kew: Royal Botanic Gardens,646-647.
Burmani J. 1737. Thesaurus Zeylanicus. 131-132.
Core E L. 1955. Plant Taxonomy. Prentice-Hall,IN.C., 354.
Don G A . 1832. General History of the Dichlamydeous Plants. London,2 : 22-27.
Hooker J D. 1872. Flora of British India. London, 1: 632-641.
Kim Y S.1984.A study on the characteristics and propagation of Korean domestic jujude (*Z. jujuba* Miller)Ph.D thesis of Tokyo Agricultural University,Japan.
Linnaei C. 1753. Species Plantarum. ed.1. (1):194.
Liu M J. 1995. A taxonomic Study on the Genus *Ziziphus*. Acta Horticulturae, 390:161-165.
Liu M J. 2003. Genetic Diversity of Chinese Jujube (*Ziziphus jujuba* Mill.). Acta Horticulturae, 623:351-355.
Liu M J. 2003. RAPD Analysis on the Cultivars, Strains and Related Species of Chinese Jujube. Acta Horticulturae, 622:477-484.
Liu M J. 2004. Embryo rescue of Chinese jujube. Acta Horticulturae, 663(1):479-482.
Liu M J. 2004. Screening of Chinese jujube germplasm with high resistance to witches' broom disease. Acta Horticulturae(国际园艺学报), 663(2):575-580.
Liu M J. 2006. Chinese jujube: botany and horticulturae. Horticultural Reviews, 32:229-298.
Liu P. 2006. Introduction of three newly selected Chinese jujube (*Ziziphus jujuba* Mill.) strains for table. 8th International Scientific Conference, Ecological Issues of Mountain Agriculture.Journal of Mountain Agriculture on the Balkans. 8(6):872-883. Troyan, Bulgaria.
Liu P, Peng J Y, Dai L, *et al*. 2009. Genetic variation of sour jujube (*Ziziphus acidojujuba* C. Y. Cheng et M. J. Liu) in Taihang Mountain by using RAPD technique. Acta Hort. 840:155-160.
Liu P, Liu M J, Yang L, *et al*. 2009. Genetic diversity of sour jujube (*Ziziphus acidojujuba* C. Y. Cheng et M. J. Liu) in China. Acta Hort. 840:203-208.
Liu P, Peng J Y, Zhao Z H, *et al*. 2009. Genetic variations of 'Zanhuangdazao' (*Ziziphus jujuba* Mill. cv. Zanhuangdazao) by using RAPD technique. Acta Hort. 840:149-154.
Miller P. 1768. Gardener's Dictionary. ed.8.(1).
Oh S D, Choi D G, Kim J H, *et al*. 1988. Study on the isozyme analysis for classification of Korean native jujube strains (*Ziziphus jujuba* Miller). J. Kor. Soc. Hort. Sci.,29(4):304-311.
Parrek O P. 2001. Fruits for the Future 2: Ber. International Centre for Underutilised Crops. Southampton, UK.
Willis J C. 1951. A Dictionary of the flowering plants and ferns (edi. 6). Cambridge: University of Cambridge Press, 698.
Zhao A L, Li D K, Wang Y K, *et al*. 2008. Study on the contents of triterpenic acid and flavonoids in jujubes of different cultivars in different growing periods at different positions.First international jujube symposium (Abstracts) :68.
Zhao Z H, Dai H, Wu X M, *et al*. 2007. Characterization of a pectic polysaccharide from the fruit of *Ziziphus jujuba*. Chemistry of Natural Compounds, 43(4):374-376.
Zhao Z H, Li J, Wu X M, *et al*. 2006. Structures and imunological activities of two pectic polysaccharides from fruits of *Ziziphus jujuba* Mill. cv. Jinsixiaozao. Hort. Food Research International, 39(8):917-923.
Zhao Z H, Liu M J, Tu P F. 2008. Characterization of Water Soluble Polysaccharides from Organs of Chinese Jujube (*Ziziphus jujuba* Mill. cv. Dongzao). European Food Research and Technology. 226(5):985-989.

枣、酸枣、毛叶枣品种（类型）中文名索引

K

L

W

X

Y

Z

枣、酸枣、毛叶枣品种（类型）拉丁名（汉语拼音）索引

K

L

M

N

P

Q

R

S

T

U

W

X

Y

Z

表格目录
LIST OF TABLES

第一章　CHAPTER 1

第三章　CHAPTER 3

第四章　CHAPTER 4

第五章 CHAPTER 5

第六章 CHAPTER 6

第七章 CHAPTER 7

第八章 CHAPTER 8

图片目录
LIST OF FIGURES (PLATES)

扉页　HEAD PAGE

第一章 CHAPTER 1

第二章 CHAPTER 2

第三章 CHAPTER 3

第四章 CHAPTER 4

第五章 CHAPTER 5

第六章 CHAPTER 6

第七章 CHAPTER 7

第八章 CHAPTER 8

缩略语
ABBREVIATIONS

%	Percent 百分之
AFLP	Amplified fragment length polymorphism 扩增片段长度多态性
℃	Centidegree 度
Ca	Calcium 钙
cAMP	3'-5'-cyclic adenosine monophosphate 3’-5’- 环磷酸腺苷
cGMP	3'-5'-Cyclic guanosine monophosphate 3’-5’- 环磷酸鸟苷
cm	Centimeter 厘米
CU	chill unit 冷温单位
d	Day 天
DAPI	4,6-diamidino-2-phenylindole 4,6- 二脒基 -2- 苯基吲哚
DW	Dry weight 干重
Fe	Iron 铁
FW	Fresh weight 鲜重
g	Gram 克
h	Hour 小时
HIV	Human Immunodeficiency Virus 人体免疫缺损病毒
hm^2	Hacter 公顷
HPLC	High pressure liquid chromatography 高效液相色谱法
I_2-KI	Potassium-Potassium Iodide 碘 - 碘化钾
IBA	Indole butyric acid 吲哚丁酸
JMS	Jujube Male Sterility 枣雄性不育
kg	Kilogram 千克
m	Meter 米
mm	Millimeter 毫米
ng	Nano gram 纳克
P	Phosphorus 磷
PCR	Polymerase chain reaction 聚合酶链式反应
POD	Peroxidase 过氧化物酶
PPO	Polyphenol oxidase 多酚氧化酶
RAPD	Random amplified polymorphic DNA 随机扩增多态性 DNA
Rf	Rate of flow 迁移率
s	Second 秒
SOD	Superoxide dismutase 超氧化物歧化酶
SRAP	Sequence related amplified polymorphism 序列相关扩增多态性
t	Ton 吨
Vc	Vitamin C 维生素 C
μm	Micrometer 微米
χ^2	chi-square 卡方

编后语

《中国枣种质资源》比较全面、系统地总结了30年来枣种质资源研究和利用取得的成果，特别是近20年来取得的最新进展。但是，枣种质资源的研究和利用仍然任重而道远。迄今，许多珍贵的地方品种资源特别是庭院中的优异资源还没有被发掘，随时面临被毁灭的危险，同时对枣近缘野生种的研究还很少；对枣品种的命名还缺乏科学规范的方法，枣品种的自然分类系统还没有建立起来；对枣种质资源的评价还不系统，枣树优异基因的发掘和利用急需加强；枣的传统品种仍占主导地位，品种退化、病虫危害和不能满足市场多样化需求等问题日益严重，利用现代育种技术培育新品种的工作才刚刚起步，革命性的创新品种还很少。我国有着非常丰富的枣种质资源，研究和利用潜力巨大。今后应付出更大的人力、物力、财力和创造力，加快枣种质资源研究和利用步伐，使之为我国农民增收和经济社会发展做出更大的贡献。

《中国枣种质资源》编写过程中，得到了有关省（自治区、直辖市）林木品种审定主管部门、国内外枣树界同行以及各位编委所在单位等的多方面支持；本书不仅凝聚了各位编委及其研究团队20多年来的自主研究成果，同时引用、参考和借鉴了国内外同行的大量有价值的研究成果特别是《中国果树志·枣卷》的有关资料。本书研究成果曾得到国家自然科学基金（39970523、39670520）、国家科技支撑计划（2008BAD92B03、2007BAD36B07、2006BAD18B02）、河北省科技支撑计划（06220117D-2、0602306）、河北省自然科学基金（C2009000534、C2008000303、C2007000452）等项目的资助，在此一并表示最诚挚的感谢！

《中国枣种质资源》编委会

2009年12月